Dr. rer. nat. Rouven Marian Metternich

Panta Rhei

Dr. rer. nat. Rouven Marian Metternich

Panta Rhei

Eine Reise auf dem Fluss der Evolution

wbg Academic

Die Deutsche Nationalbibliothek verzeichnet diese Publikation
in der Deutschen Nationalbibliographie; detaillierte bibliographische
Daten sind im Internet über http://dnd.d-nb.de abrufbar

wbg Academic ist ein Imprint der wbg

Die Herausgabe des Werkes wurde durch die
Vereinsmitglieder der wbg ermöglicht.
Satz und eBook: Satzweiss.com Print, Web, Software GmbH
Umschlagsabbildung: akg-images / Pictures From History
Gedruckt auf säurefreiem und
alterungsbeständigem Papier
Printed in Germany

Besuchen Sie uns im Internet: www.wbg-wissenverbindet.de

ISBN 978-3-534-40627-2

Elektronisch ist folgende Ausgabe erhältlich:
eBook (PDF): 978-3-534-40628-9

Inhaltsverzeichnis

Ich widme dieses Buch meiner geliebten Frau Stefanie und unseren zwei wundervollen Töchtern, auf das sie niemals vergessen, das auch sie ein Teil des grandiosesten Schauspiels im Universum sind: dem Leben.

(R)evolutionäre Gedanken

Evolution, dieses Wort kennen wir wohl alle und es kann vermutlich auch jeder etwas zu diesem Thema sagen. Das Wort „Evolution" begleitet die meisten von uns schon seit der Schulzeit. Es ist mit bestimmten bildlichen Darstellungen verknüpft, die sich sofort in unser Bewusstsein schleichen, sobald wir dieses Wort hören. Vermutlich denkt der überwiegende Teil der Menschen gleich an die berühmte Darstellung der Menschheitsentwicklung, in der man in mehreren Etappen die schrittweise Entwicklung von einem gebückt laufenden Primaten hin zum aufrecht gehenden *Homo sapiens sapiens* (dem modernen Menschen) verfolgen kann. Die nächste starke Assoziation mit dem Thema Evolution ist die mit dem Gesicht eines alten Mannes – Charles Robert Darwin, der in der Öffentlichkeit zwar bekannteste Entdecker des evolutiven Charakters der Natur, allerdings nicht der alleinige. Auch ich erinnere mich, wie ich als Kind zu Weihnachten Darwins Buch über „Die Entstehung der Arten" geschenkt bekam und wie ich mich zum ersten Mal mit der Veränderlichkeit und Anpassungsfähigkeit des Lebens beschäftigte. Bis heute lässt mich das Thema nicht los, sonst hätte ich nicht Biologie studiert und würde auch nicht an diesem Buch arbeiten.

Doch was hat mich dazu veranlasst, dieses Buch zu schreiben? Es war nicht der Mangel an Büchern zum Thema Evolution, sondern der Fakt, dass viele Bücher sich nur mit bestimmten Teilgebieten innerhalb der Evolutionsbiologie beschäftigen, wodurch meiner Meinung nach das große Ganze verloren geht. Viele dieser Bücher richten sich zudem vor allem an ein Fachpublikum und sind teilweise nicht mal für interessierte Laien verständlich geschrieben. Mit diesem Buch möchte ich versuchen, diese in der ersten Linie sprachliche Barriere zu überwinden. Schließlich wählt man durch die Sprache, die man nutzt, auch gleichzeitig, ob bewusst oder unbewusst, sein Publikum aus. Es ist schade, dass die faszinierendsten naturwissenschaftlichen Erkenntnisse den meisten Menschen nicht zugänglich sind und das nur, weil sie in einer Sprache geschrieben werden, die einem wissenschaftlichen Elfenbeinturm entspringt. Auch die Welt der Wissenschaft ist nicht gegen Narzissmus immun: So wird zwar unser Bild von der belebten Natur immer detailreicher, weil ihm grandiose Wissenschaftler unablässig neue Puzzleteile hinzufügen, allerdings werden diese Puzzlestücke häufig nicht in ein Gesamtbild eingefügt und es zählt mehr, welcher Wissenschaftler oder welches Institut mehr Teile vor sich aufgehäuft hat. In diesem Buch möchte ich die wichtigsten Teilstücke zu einem großen Bild zusammenfügen, damit die Evolution und die durch sie erreichte Komplexität des Lebens auf der Erde anders wahrgenommen wird, als dies heute leider der Fall ist.

Ein Schritt hin zu einem besseren Verständnis der Evolution ist meiner Meinung nach der Weg über bildliche Darstellungen. Beispielsweise das Bild von einem durch die „Zeit" fließenden Strom, der ausgehend von seiner Quelle seine Fließgeschwindigkeit aus verschiedenen Kräften speist. Eine dieser Kräfte ist die klassische, von Darwin im Groben beschriebene natürliche Selektion durch Mutation. Aber es gibt noch viele andere Kräfte, welche die Fließgeschwindigkeit dieses Stroms beeinflussen können, zum Beispiel Viren, nicht codierende DNS-Abschnitte wie Introns, Genduplikationen oder die Epigenetik. Obwohl man erst seit kurzer Zeit von diesen Prozessen und Akteuren weiß, kann man die Evolution aus heutiger Sicht ohne sie nicht mehr vollständig verstehen. Denn jegliche evolutive Veränderung eines Organismus, als Anpassung an seine Umwelt, die wir mit unseren Augen wahrnehmen können, egal ob es die Entwicklung des aufrechten Gangs von Mitgliedern der Art *Homo sapiens* ist oder das Auftreten von Schnäbeln bei Vögeln, sie alle gehen auf Veränderungen der genetischen Information zurück. Das Bild eines Flusses, der ausgehend von seiner Quelle immer weiter fließt und dabei stetig neue Seitenarme ausbildet, die sich ebenfalls weiter zu immer kleineren Flüssen verästeln, beschreibt das Wesen der Evolution recht gut. Auch die Evolution des Lebens auf der Erde ging von einem Punkt aus, der als Quelle allen Lebens verstanden werden kann, und floss von diesem Punkt an wie ein Fluss durch die Zeit. Auf ihrem Weg verästelte sich die Evolution immer weiter und schuf so stetig neue Arten, die sich ihrerseits zu neuen Arten und Unterarten weiterentwickelten oder einfach ausstarben. So wie ein Fluss sehr ruhige Abschnitte aufweist, in denen das Wasser durch ein breites sandiges Flussbett treibt, verlief auch die Evolution immer mal wieder sehr ruhig, ohne größere Veränderungen, die über das Hintergrundrauschen hinausgingen. Doch diese ruhigen Abschnitte wechselten sich immer wieder mit wilden Stromschnellen und tosenden Wasserfällen ab, in denen, im Zeitraffer der Evolution gesehen, in sehr kurzen Zeiträumen bahnbrechende Veränderungen stattfanden.

Ein anderes einprägsames Bild für die Evolution als Ganzes ist für mich persönlich das eines Buches, dessen verschiedene Kapitel die unterschiedlichen Triebkräfte darstellen. So gibt es ein Kapitel, das sich mit der stetig wirkenden Mutationsrate beschäftigt, also dem klassischen Darwinismus. Dieser besagt, dass die kontinuierliche Ansammlung kleiner Unterschiede (Mutationen) über Generationen hinweg einen Transformationsprozess auslöst, der die Vielfalt der lebendigen Welt erklären kann. Doch dank moderner Forschungsergebnisse wissen wir heute vieles, was Darwin aufgrund der Beschränktheit seiner Zeit noch nicht wissen konnte, nämlich dass das Buch der Evolution noch wesentlich mehr Kapitel beinhaltet. So gibt es ein Kapitel, in dem auch der Einfluss von Viren verdeutlicht wird. Diese genetischen Parasiten sind weithin nur als Krankheitserreger bekannt, doch ihr evolutives Potenzial wird gerade erst erkannt. So macht virale DNS nach heutigem Stand mindestens 5–8 % unseres gesamten humanen Genoms aus, während die DNS „unserer" proteincodierenden Gene nur knapp 1,5 % ausmachen. Ein weiteres Kapitel beschäftigt sich mit der Duplikation von genetischer Information. So haben sich zu unterschiedlichen Phasen der Evolutionsgeschichte einzelne Gene oder auch ganze Genome dupliziert (verdoppelt). Diese duplizierten Bereiche konnten so zu einer innovativen Spielwiese der Evolution werden, da die „Original-"Kopien nach wie vor im Genom vorhanden waren, um ihre Aufgaben zu erfüllen. Dadurch sank der Selektionsdruck auf diese neu entstandenen Areale beträchtlich und es wurde Platz geschaffen für das Auftreten von etwaigen Veränderungen (Mutationen). Heute geht man davon aus, dass auch das menschliche Genom zu 90 % aus duplizierten Bereichen hervorgegangen ist.

Ein weiteres wichtiges Kapitel im Buch der Evolution ist das der Epigenetik. Durch diese Steuerung der vorhandenen genetischen Elemente wird es der Evolution ermöglicht, gänzlich neue und nahezu unmöglich erscheinende Wege einzuschlagen. Ein schönes Beispiel hierfür ist der Lebenszyklus eines Schmetterlings. Seine Gene oder epigenetisch ausgedrückt, die Steuerung seiner Gene, ermöglicht es ihm, so verschiedene Gestalten anzunehmen wie eine Raupe und ein Schmetterling. Angenommen, es würden Außerirdische auf unserem Planeten landen und eine Bestandsaufnahme unserer Tier- und Pflanzenwelt vornehmen, sie würden mit nahezu 100%iger Wahrscheinlichkeit eine Raupe und einen Schmetterling zwei grundlegend anderen Spezies zuordnen, denn rein optisch sind nahezu keine Ähnlichkeiten zu erkennen. Doch greifen ihre Zellen auf die identische genetische Information zurück und nur durch einen Wechsel in der Steuerung dieser Gene wird es diesem Tier ermöglicht, zwei so unterschiedliche Gestalten anzunehmen. Dank der bahnbrechenden Erkenntnisse aus dem Bereich der Molekularbiologie besitzen wir heute die Möglichkeit, ungeahnte Einblicke in das Buch der Evolution zu erhaschen. Dadurch wird es uns möglich, mehr von den Abläufen der Evolution und über gleichwohl faszinierende wie unerwartete Verwandtschaftsverhältnisse zwischen den uns bekannten Lebewesen zu erfahren. Für die Evolution gilt das gleiche wie für jedes gute Buch, man kann es nur verstehen, wenn man alle Kapitel gelesen hat, nur so erschließt sich die Komplexität hinter dem Wort „Evolution" tatsächlich.

In jedem Buch, das die Evolution zum Thema hat, sollte der Autor sich einer wichtigen Frage stellen: nämlich der nach der Schnittstelle zwischen der abstrakten „Kraft", die wir als Evolution bezeichnen, und dem von uns wahrnehmbaren Teil der Natur, der als evolutiv selektierbar gelten kann. Über diese Fragestellung wird innerhalb der Biologie kontrovers diskutiert, da es insgesamt drei potenzielle Ebenen der Biologie gibt, die als selektierbar gelten können. Hierarchisch betrachtet gibt es die Gruppenselektion (auf Basis von Populationen), die Individualselektion (auf Basis von Individuen) und schließlich die Genselektion, welche die Gene selbst in den Fokus der Evolution stellt. Heute weiß man, dass Evolution ein schrittweiser, additiver Prozess ist, der auf die Veränderung des Erbmaterials eines Individuums angewiesen ist. Auch wenn mehrere Individuen einer biologischen Art sich zu Gruppen oder Populationen zusammentun können, so besitzen diese Gruppen jedoch keine biologische Individualität und stellen damit auch keine adäquaten Ansatzpunkte für einen evolutiven Prozess dar.

Stellen wir uns beispielsweise ein Rudel Löwen vor, das in der afrikanischen Savanne lebt und aus 20 verschiedenen Tieren besteht. Jedes dieser 20 Tiere innerhalb des Rudels unterscheidet sich genetisch betrachtet von jedem anderen, auch wenn sie nah genug miteinander verwandt sind, um sich paaren zu können und fruchtbaren Nachwuchs zu zeugen. Diese genetischen Unterschiede können sich sehr facettenreich manifestieren, zum Beispiel durch verschiedene Verhaltensweisen. So sind einige Löwen aggressiver oder mutiger, während wieder andere sich eher vorsichtig durch die Welt bewegen. Manche Löwen besitzen einen schnelleren Stoffwechsel oder sind einfach bessere Läufer als andere. Es sind gerade diese Unterschiede, die unser Löwenrudel vom Rennen um die kleinste evolutiv selektierbare biologische Einheit ausschließen. So ist es leicht sich vorzustellen, dass ein starker wie auch immer gearteter Selektionsdruck, zum Beispiel eine langanhaltende Dürre, einzelne Individuen innerhalb der Population begünstigen würde, während andere daran zugrunde gehen. Wenn wir das Bild von der Dürre gedanklich weitermalen, kann man davon ausgehen, dass verhältnismäßig kleine Individuen mit dieser Situation besser zurechtkommen als große. Denn die kleineren brauchen weniger Wasser und Nahrung und können vielleicht auch noch schneller rennen als die größeren, was sie mit Sicherheit zu erfolgreicheren Jägern macht. Gerade zu Zeiten von Dürren ist jeder einzelne Jagderfolg essenziell, nicht nur für das eigene Überleben, sondern auch für das Überleben der gesamten Population. Durch all diese Vorteile würden diese kleineren, erfolgreicheren Individuen sich auch häufiger paaren können und damit den Anteil ihrer (erfolgreichen) Gene im Genpool ihrer Population erhöhen.

Dieses Gedankenexperiment zeigt uns, das Populationen keine festen Gebilde darstellen, sondern sich ständig und vor allem willkürlich ändernde Zusammenschlüsse von Individuen sind und damit auch keine evolutiv selektierbare biologische Einheit darstellen können. Damit wären wir bei der zweiten Hierarchieebene angekommen: der Individualselektion. Hier gilt streng genommen das gleiche Prinzip wie bei der Gruppenselektion. Doch warum ist das so? Nun, ein individuelles Tier oder eine Pflanze mag für uns oberflächlich betrachtet wie ein eigenständiges Geschöpf wirken, das man nicht mehr in kleinere Teile aufspalten kann. Tatsächlich aber sind sie alle (einschließlich Sie, die dieses Buch lesen, und ich, der dieses Buch schreibt) das Produkt von Genen, welche sich zu Genomen zusammengetan haben, um unsere Körper als eine Art Gefäß zu konstruieren. Dieses Gefäß kann man gut und gerne als Überlebensmaschine bezeichnen, denn die alleinige Aufgabe, die unseren Körpern zukommt, ist der Erhalt und die Weitergabe der genetischen Information, die uns erschuf. Damit sind unsere Körper eine Art manifestiertes, genetisches Echo, das durch die Aktivität unserer Gene erzeugt wird und sich durch die (meistens sexuelle) Weitergabe selbst erhält.

Das mag für uns zunächst befremdlich klingen, da wir es gewohnt sind, einzelne Menschen, Tiere oder Pflanzen als die kleinste biologische Einheit zu betrachten, die sich eigenständig verhalten und sich durch sexuelle Reproduktion selbst erhalten. Doch eben aufgrund der sexuellen Vermischung bei der Reproduktion können Individuen per definitionem auch keine Kopien ihrer selbst erzeugen, um diese für die Zukunft zu bewahren. Um noch einmal auf unsere dürregeplagten Löwen in der Savanne Afrikas zurückzukommen: So haben wir bereits festgestellt, dass vor allem kleinere Löwen unter diesen Bedingungen Vorteile genießen, die ihnen helfen zu überleben und sich zu vermehren. Doch was geben diese erfolgreichen Tiere an die nächste Generation weiter, um diese positiven Eigenschaften zu erhalten? Ihre kleineren Körper? Ihren schnellen Stoffwechsel? Ihre langen Beine? Nein, natürlich nicht, sie tragen eben jene Gene in die nächste Generation, die ihnen geholfen haben zu überleben und eben diese körperlichen Eigenschaften auszubilden. Gene für geringere Körpergröße, Gene für einen effizienteren Stoffwechsel und Gene, die ihnen erlauben schneller zu laufen. Schließlich sind alle Merkmale eines Tieres oder einer Pflanze, die wir sehen oder abmessen können und die ihrem Träger das Leben und Überleben erleichtern, nichts anderes als ein physisches Echo der Aktivität bestimmter Gene.

Ich denke durch diese Gedanken erschließt sich uns langsam, dass einzelnen Lebewesen nicht die Rolle für die natürliche Selektion zukommt, wie wir es lange dachten. Wie wir heute wissen, existiert auch so etwas wie ein „Individuum" streng genommen gar nicht. Da jede Pflanze und jedes Tier, einschließlich des Menschen, ein eigenes Ökosystem darstellt, das Tausende von verschiedenen Arten beherbergt, von denen sie abhängig sind, um überhaupt existieren zu können. Um hier einmal etwas konkreter zu werden, wähle ich ein kurzes Beispiel, das uns Menschen betrifft. Der Mensch besitzt schätzungsweise 23 000 Gene, die in Protein übersetzt werden können und Teil unseres Genoms sind. Aber ist das wirklich das gesamte genetische Material, das unsere Existenz beeinflusst? Die Antwort auf diese Frage ist ganz einfach: nein. Genau genommen ist es nicht einmal ein Bruchteil der Gene, die unsere Körper enthalten. Moderne Schätzungen besagen, dass wir, wenn wir die Gene aller Bakterien, Pilze und Viren, die ein Teil unseres Körpers sind, zusammennehmen, auf eine Zahl von circa 8 Millionen kommen. Ausgeschrieben wirkt diese Zahl sogar noch erstaunlicher: 8 000 000. Diese enorm große Zahl von artfremden Genen soll uns nicht nur beeindrucken, nein sie soll viel mehr als pures Erstaunen auslösen. Sie zeigt uns, dass wir keine Individuen im klassischen Sinne sind, sondern regelrechte Ökosysteme. Und ein Ökosystem kann niemals die kleinste von der Evolution selektierbare Einheit darstellen.

Da wir nun zu der kleinsten biologischen Einheit um das Rennen nach der Wirkebene der natürlichen Selektion kommen, möchte ich an dieser Stelle auf den renommierten Evolutionsbiologen Richard Dawkins verweisen. Dessen Konzept eines Genselektionismus ist nach heutigem Wissenstand das einzige, das sich mit modernen Erkenntnissen deckt. Denn nur die Gene können als die kleinste biologische Einheit gesehen werden, die in einem zeitlichen Fluss, von einer Generation an die nächste weitergegeben und, gelenkt von der natürlichen Selektion, einer kontinuierlichen Qualitätskontrolle unterzogen werden. Vor allem aber, weil nur sie einem Zustand der Unsterblichkeit nahekommen und damit sogar in evolutiven Zeiteinheiten eine Relevanz haben, während die Lebenserwartung eines Individuums höchstens eine Generation beträgt.

In den Augen eines Genetikers sind Individuen, ihre Körper und sogar ganze Arten, egal ob Mensch, Löwe oder auch Eiche, keine stabilen Einheiten. Sie alle existieren nur für einen verhältnismäßig kurzen Zeitraum und sind bedingt durch die Evolution einem ständigen Wandel unterworfen. Sie ähneln eher den Wellen des Ozeans, welche sich auflösen und neu entstehen und deren Form durch äußere Bedingungen wie Windstärke und den physikalischen Eigenschaften des Wassers bestimmt wird. So wird auch die Form individueller Körper durch äußere Bedingungen und die Vorgaben der DNS bestimmt. Damit sind sie nichts als temporäre Gebilde, nicht stabil genug, um über Zeiträume hinweg zu bestehen, welche für die Evolution erforderlich sind. Ich werde im Laufe dieses Buches versuchen, unseren Blick auf die individuellen Körper aller Lebewesen zu ändern, da sie nur unter den uns vertrauten Zeiteinheiten eine festgelegte Form zu haben scheinen. Wenn wir uns unsere Körper nun in einem Zeitraffer vorstellen und in unsere eigene Evolutionsgeschichte zurückreisen, verschwimmen die anscheinend klaren Grenzen unserer Körper. Sie erscheinen eher wie eine zähe Flüssigkeit und haben nur noch wenig mit den festen Strukturen gemein, die sie uns vormachen zu sein. Wenn wir nun diese Zeitreise antreten oder anders ausgedrückt, uns in ein Boot setzen und den Fluss der Evolution vom Seitenarm des *Homo sapiens* aus bis hin zur Quelle herunterfahren, sehen wir, wie unsere Körper sich ständig verändern. Dort, wo eben gerade noch ein uns bekannter menschlicher Körper war, sehen wir auf einmal einen haarigen Primaten, der eher einem Schimpansen gleicht. Je näher wir in Richtung Quelle kommen, verändern sich unsere Körper immer weiter. Hin zu kleinen, auf allen vieren laufenden Säugetieren, hin zu Reptilien, hin zu Amphibien, die gerade den Weg aus dem Wasser hinter sich gebracht haben, hin zu Fischen, bis unsere Körper sich schließlich zu einzelligen Lebewesen reduziert haben.

Ich bin mir im Klaren, dass diese Definition von Evolution für viele Menschen grundlegend neu und ungewohnt ist, doch ich bin mir sicher, am Ende dieser Reise wird sie unser Bild des Lebens auf der Erde verändert haben. An dieser Stelle ist wichtig zu verstehen, dass unsere Körper, genauso wie die Körper aller anderen Lebewesen, nichts als temporäre Gebilde sind, die sich im Laufe der Zeit immer wieder neu anpassen, um ihrer Aufgabe bestmöglich nachzukommen: das Überleben der Gene zu sichern.

Um gewissen Kritikern vorzugreifen, möchte ich betonen, dass ich mich des Öfteren einer sehr bildhaften Sprache bedienen werde, um abstrakte und sehr komplexe Abläufe verständlich darzustellen. Dazu gehört ebenfalls, dass ich geist- und verstandlosen Molekülen gewisse, uns vertraut vorkommende Emotionen oder Absichten unterstellen werde, um deren chemisches Verhalten zu erklären. Ich bin mir selbstverständlich über die Tatsache im Klaren, dass Gene nicht „bewusst" miteinander konkurrieren oder dass Proteine wie die Natrium-Kalium-

ATPase (Natrium-Kalium-Ionenpumpe) kein „bewusstes“ Interesse an der Aufrechterhaltung eines elektrochemischen Gradienten zwischen dem Zytoplasma und der Zellumgebung haben. Trotzdem werde ich mich dieser Sprache bedienen, da sie die beobachtbaren Abläufe innerhalb der Natur am besten erklären kann.

Raum und Zeit

Ich werde Sie in diesem Buch mitnehmen auf eine Reise durch Raum und Zeit, entlang des genetischen Flusses der Evolution. Was meine ich damit? Die räumliche Komponente der Evolution stellen für mich die Körper aller Lebewesen auf der Erde dar, denn sie sind es, die durch die stetig wirkende Kraft der Evolution kontinuierlicher Veränderung unterworfen sind. Wir werden uns allerdings auf unserer Reise nicht nur auf die Körper als solche konzentrieren, sondern wir werden bis zu den kleinsten Einheiten des Lebens vordringen, den Zellen und Molekülen, aus denen all unsere Körper bestehen. Auf unserer Reise durch die Zellen selbst werden wir auf jenes Molekül stoßen, das komplexes Leben auf der Erde erst möglich gemacht hat und dem es bis heute in Form und Funktion komplett unterworfen ist: die Desoxyribonukleinsäure oder kurz DNS. Die DNS ist ein Riesenmolekül, dessen Länge den Durchmesser einer Zelle um das Millionenfache überschreitet und das nur dank einer komplexen dreidimensionalen Struktur überhaupt in einer Zelle Platz findet.

Um das einmal zu verdeutlichen, stellen wir uns einfach das Genom des *Homo sapiens* vor. Dieses hat eine Länge von circa 1,80 Metern, während eine durchschnittliche menschliche Zelle nur zwischen 6 und 7,5 Mikrometer (millionstel Meter) misst. Die Aufgabe, dieses schier endlos lange Molekül in eine so kleine Zelle zu packen und dabei gleichzeitig seine überlebenswichtigen Funktionen zu erhalten, würde wahrscheinlich jeden Ingenieur in den Wahnsinn treiben. Wie sie wahrscheinlich schon gehört haben, schweben die Gene auch nicht frei durch unsere Zellen, sie haben sich zu riesigen Molekülketten vereinigt, die wir heute als Chromosomen bezeichnen. Diese Chromosomen liegen in einem ganz bestimmten Zellkompartiment, dem sogenannten Zellkern oder Nukleus. Die Anzahl der Chromosomen unterscheidet sich bei den meisten Tier- und Pflanzenarten extrem, und schwankt zwischen 2 (Pferdespulwurm) und 1320 (gewöhnliche Natternzunge), der Chromosomensatz der Menschen liegt bei nur unauffälligen 46.

Das Genom ist ein weiterer wichtiger hierarchischer Begriff innerhalb der Genetik und beschreibt die Gesamtheit der als DNS vererbbaren Information eines Lebewesens. Wie entscheidend das Genom als Ganzes für die Funktionalität einer Zelle, eines Organismus und damit auch für das Leben als solches ist, hat man erst vor Kurzem begriffen. Ein Genom ist weit mehr als nur die Summe seiner proteincodierenden Gene, schließlich machen diese (wieder am Beispiel von uns Menschen) nur circa 1,5 % unserer gesamten DNS aus, was im Umkehrschluss bedeutet, dass über 98 % unserer DNS andere Aufgaben und Funktionen hat. Trotz dieser enormen Größe und Komplexität besteht DNS nur aus vier verschiedenen Bausteinen, den sogenannten Nukleotiden (A – Adenin, T – Thymin, G – Guanin, C – Cytosin). Durch die Aneinanderreihung dieser vier Nukleotidbausteine kann eine nahezu unendliche funktionelle und auch räumliche Komplexität erreicht werden. Wir werden auf unserer Reise die wichtigsten Aufgaben, Besonderheiten und viele Interaktionspartner der DNS kennenlernen, um uns ein genaueres Bild von der chemischen Sinfonie machen zu können, die uns alle am Leben erhält.

Die zeitliche Komponente unserer Reise wird uns zu den Ursprüngen des Lebens auf der Erde führen, zu eben jenem nicht eindeutig definierbaren Zeitpunkt der Erdgeschichte, an dem aus Chemie Biologie wurde. Wir werden uns anschauen, wie die anfängliche chemische Evolution in der sogenannten „Ursuppe" entstand und dazu führte, das komplexes, biologisches Leben entstehen konnte und das alles auf diesem kleinen, unauffälligen Gesteinsplaneten, den wir Erde nennen. Dieser Planet, der einen verhältnismäßig kleinen Stern (unsere Sonne) umrundet und der selbst am Rande eines kleinen Armes einer durchschnittlichen Spiralgalaxie gelegen ist, die allein schon rund 200 Milliarden Sterne besitzt und nur eine von schätzungsweise 100 Milliarden Galaxien im beobachtbaren Universum darstellt. Wir stehen auch heute erst am Anfang, wenn es darum geht, die komplexen Interaktionen in der Welt der Naturgesetze zu verstehen, denn sie offenbart ihre Geheimnisse nur selten freiwillig. Sowohl in der Welt der Astrophysik als auch in der der Biologie müssen Menschen mithilfe komplizierter Messverfahren und hypothetischen Gedankenexperimenten die für uns und unsere Augen unsichtbare Welt der Natur offenlegen, um sie verstehen zu können.

Da wir nun schon beim Thema Astrophysik sind, fällt es mir schwer, auf eine kleine Anekdote zu verzichten, in der es um eine Hypothese geht, die die Entstehung unseres Universums selbst auf einen evolutiven Prozess zurückführt. Sie stammt von dem theoretischen Physiker Lee Smolin (hier möchte ich besonders auf sein Buch „Warum gibt es die Welt" hinweisen), im Zentrum dieser Theorie stehen schwarzen Löcher. Diese faszinierenden Anomalien der Raumzeit, die entstehen, wenn Sterne mit einer minimalen Ausgangsmasse von drei Sonnen „sterben" und schließlich unter ihrer eigenen Masse kollabieren. In ihrer unmittelbaren Umgebung, sprich hinter dem sogenannten „Ereignishorizont", entsteht eine so starke Gravitation, dass keine Information, also weder Licht noch Radiowellen, es verlassen kann. Nach Einsteins allgemeiner Relativitätstheorie verformt ein schwarzes Loch aufgrund seiner Masse die Raumzeit so stark, dass die physikalischen Gesetze, wie wir sie kennen, die Ereignisse hinter dem „Ereignishorizont" nicht mehr beschreiben können. Und hier greift die Theorie von Lee Smolin, die besagt, dass in einem schwarzen Loch neue „Tochter"-Universen entstehen, die den Großteil ihrer Eigenschaften von dem jeweiligen „Mutter"-Universum vererbt bekommen, sich allerdings geringfügig in ihren für sie gültigen Naturgesetzen von dem „Mutter"-Universum unterscheiden.

In einem evolutiven Prozess würden dann Universen nach Langlebigkeit und „Reproduktionserfolg" (sprich der Fähigkeit, neue schwarze Löcher zu erzeugen) selektiert werden und sich so in der kosmischen „Population" durchsetzen.

Auch wenn diese Hypothese, abgesehen von mathematischen Berechnungen, wohl nie abschließend bestätigt werden kann, so ist sie deshalb nicht weniger faszinierend. Es sind schließlich gerade diese schwarzen Löcher, welche die Physik vor ihre größte Herausforderung stellen, weil hinter ihrem Ereignishorizont die Gesetze von Albert Einsteins Relativitätstheorie nicht mehr greifen. Einsteins Theorie beschreibt verblüffend genau die Abläufe im makroskopischen Teil unseres Universums und erlaubt uns immer wieder, Vorhersagen über physikalische Vorgänge zu treffen, die häufig erst zu einem späteren Zeitpunkt bestätigt werden können, wenn unsere technischen Mittel dies zulassen. Allerdings ist seine Theorie blind für die mikroskopische Welt der Quantenteilchen. Für diesen Teil unserer real existierenden Umwelt gibt es heute die zweite große physikalische Theorie, die der Quantenphysik. Die Quantenphysik beschreibt drei der vier Elementarkräfte unseres Universums, nämlich die elektromagnetische Wechselwirkung, die schwache Wechselwirkung und die starke Wechselwirkung. Nur die Gravitation, die vierte und schwächste Elementarkraft, kann von ihr nicht beschrieben werden. Da sich diese beiden Theorien (Einsteins Relativitätstheorie und die Theorie der Quantenphysik) nach heutigem Stand noch nicht vereinen lassen, suchen tausende Physiker nach wie vor nach dieser einen alles vereinenden sogenannten „Weltformel".

An diesem Punkt ist die Biologie der Physik allerdings schon voraus, denn die biologische „Weltformel", die alle Teildisziplinen der Biologie vereint, ist bereits entdeckt worden: die Evolutionstheorie. Nur dank ihr können wir heute viele, auf den ersten Blick unerklärliche biologische Phänomene deuten. Hiermit meine ich nicht nur die zum Teil aufsehenerregenden Körperformen mancher Pflanzen und Tiere, es geht noch viel tiefer, bis hin zu der Entstehung der komplexen dreidimensionalen Struktur der Proteine, der Zusammensetzung der verschiedenen genomischen „Ökosysteme" und sogar bis hin zur Entstehung des Lebens als solchem. An dieser Stelle möchte ich den renommierten Evolutionsbiologen Theodosius Dobzhansky zitieren:

„Nichts in der Biologie macht Sinn außer im Licht der Evolution."

Dieser evolutionäre Blick auf die Entstehung des Universums (ob er nun der Wahrheit entspricht oder nicht) mag für manche befremdlich klingen, doch eröffnet er uns ganz neue Blickwinkel auf das Leben im Allgemeinen und auch auf uns selbst als Menschheit. Wie oft muss man sich anhören, dass durch die wissenschaftlichen Erkenntnisse eine emotional kalte, rein auf Zahlen und Fakten basierte Welt geschaffen werde, in welcher der Einzelne nicht mehr zählt. Meiner Ansicht nach ist diese Sichtweise nicht nur falsch, es ist sogar genau das Gegenteil der Fall. Wir müssen nur lernen, unser erworbenes Wissen anders zu interpretieren und unser auf die Menschheit zentriertes Weltbild ändern. Dann, und nur dann, schafft die Wissenschaft gänzlich neue Verbindungen und familiäre Bande über die engen Grenzen unserer Spezies hinweg, in der ein jedes Tier, jede Pflanze, jeder Pilz, jedes Bakterium und sogar jeder Virus miteinander verwandt sind und auf einen gemeinsamen Vorfahren zurückgehen. Wissenschaft ist alles andere als fantasielose Rationalität, dargestellt durch mathematische Formeln, sie ist in ihrer Beschreibung der Natur bunter, kreativer und formenreicher als jedes Fantasiegebilde, das jemals dem menschlichen Geist entsprungen ist.

Dieser Blickwinkel auf das Leben erschafft Verbindungen und Zusammengehörigkeit in einem Maßstab, der jede uns bekannte Gesellschaftsform und Religion blass aussehen lässt, da er niemanden ausklammert, sich nicht nur auf eine Spezies konzentriert und stattdessen jedes Lebewesen miteinbezieht. Es geht sogar so weit, dass wir mit Fug und Recht behaupten können, mit dem gesamten Universum „verwandt" zu sein. Jedes Atom, aus dem unser Körper heute besteht, entstand einst im Inneren eines sterbenden Sterns unter unvorstellbarer Hitze und Druck, um schließlich in einer Explosion kosmischen Ausmaßes in die Weiten des noch jungen Universums geschleudert zu werden, um zu einem späteren Zeitpunkt die Rohmasse für Gesteinsplanten wie unsere Erde zu bilden. Und vielleicht sind sogar die in unserem Universum geltenden Naturgesetze selbst ein evolutiv „ererbtes" Merkmal einer übergeordneten, kosmischen Evolution.

Doch nun kommen wir wieder zurück zu unserer Reise durch die irdische Evolution des Lebens, die nach wie vor viele Geheimnisse vor uns versteckt hält. Um ein besseres Verständnis zu bekommen von dem, was Evolution tatsächlich bedeutet, reicht es manchmal schon aus, seine persönliche Denkweise anzupassen. An dieser Stelle möchte ich mal ein kleines Beispiel anführen: Nach wie vor ist es gängig zu denken, der Mensch sei die „Krone der Schöpfung". Auch wenn dieser Satz in vielen westlichen Ländern so nicht mehr allzu häufig zu hören ist, so zeigt unser tägliches Verhalten, dass wir ihn doch gesellschaftlich tief verinnerlicht haben. Wäre es uns ansonsten möglich, ein Wirtschaftssystem, das so stark auf die Ausbeutung der Natur fokussiert ist, am Leben zu erhalten oder beim Umgang mit Tieren in der industriellen Landwirtschaft jegliche Verhaltensweisen moralischen Ursprungs über Bord zu werfen?

Doch was wird durch diesen Satz noch impliziert? Abgesehen natürlich von der dem Menschen in die Wiege gelegten Bescheidenheit, kann aus diesem Satz gefolgert werden, die Evolution habe einen Zielpunkt und läuft „gesteuert" auf eben diesen zu. Wir werden auf unserer Reise an vielen Stellen sehen, warum diese Sichtweise grundlegend falsch ist. Doch weil Sätze wie dieser in unserer Gesellschaft immer häufiger Gehör finden, möchte ich schon zu Beginn dieses Buches eine Sache hervorheben: Evolution basiert auf der kontinuierlichen Veränderung der DNS, zum Beispiel durch Mutation, Insertion viraler DNS oder durch DNS-Duplikation, und sie läuft ungesteuert und hat demnach auch keinen „Zielpunkt".

Wir Menschen neigen dazu, aus Überheblichkeit und einer Gleichgültigkeit gegenüber anderen Arten uns selbst als dieses mystische „Ziel“ der Evolution zu betrachten. Wenn man sich mit Menschen unterhält, die dieses Weltbild verinnerlicht haben, fallen beispielsweise Sätze wie „Es kann ja schließlich kein Zufall sein, dass ausgerecht unsere Vorfahren all die Katastrophen und Massensterben der Vergangenheit überlebt haben“. Bei dieser Art der Argumentation vergisst man jedoch, dass so gesehen jede rezente (heute lebende) Art, egal ob Braunbär, Igel, Amsel oder Eiche, dann als Ziel der Evolution betrachtet werden kann. Diese Ansicht wäre ebenso falsch wie die, dass der Mensch eben dieses ominöse Ziel sei. So wie der Mensch davon überzeugt ist, sein Geist wäre die wunderbarste Schöpfung der Natur, so würde vermutlich ein Fisch entgegnen, es wäre sein stromlinienförmiger Körperbau, ein Falke würde sagen, es wäre seine Fähigkeit zu fliegen, und ein Baum würde auf seine Errungenschaften bei der Umwandlung von Sonnenlicht in organische Materie (Photosynthese) hinweisen. Auf diese Weise könnten alle Lebewesen sich auf gewisse körperliche Merkmale beziehen, die sie von anderen Lebewesen abheben und die ihnen besondere Überlebenschancen gewähren. Doch eines haben alle diese Merkmale, egal wie unterschiedlich sie auch sein mögen, gemeinsam: Sie sind alle durch Evolution entstanden und wurden von der natürlichen Selektion als nützlich erachtet, wodurch sie letztlich erhalten geblieben sind. Dies gilt sowohl für die körperlichen als auch für die geistigen Fähigkeiten aller Lebewesen, auch jener, die sich für etwas Besonderes halten.

Ein weiteres Hindernis auf dem Weg zu einem Verständnis von Evolution ist das Menschen dazu neigen, natürliche Prozesse nach den ihnen bekannten Vorstellungen von Zeit zu betrachten. Doch wenn wir uns einmal anschauen, welche Zeitspannen uns im alltäglichen Leben bereits als „lang“ vorkommen, wird eins deutlich, sie sind viel zu kurz. Man blickt ja bereits mit einiger zeitlicher Ehrfurcht auf die Arbeiten von Historikern oder Archäologen, die Geschehnisse oder Überreste aus den letzten Jahrhunderten, Jahrtausenden oder sogar Zehntausenden von Jahren bergen. Doch gemessen an den Zeitspannen, über die wir sprechen müssen, um ein Verständnis von der Evolution zu bekommen, sind sie erschreckend kurz. Es reicht schlicht und ergreifend nicht aus, über Jahrhunderte oder Jahrtausende zu sprechen, nicht einmal hunderttausende Jahre können uns viel sagen über das Wesen der Evolution und die Entstehung komplexen Lebens. Hierfür müssen wir unsere Uhren sehr viel schneller zurückdrehen. Hier wird uns langsam deutlich, dass wir über Millionen, hunderte Millionen und sogar Milliarden Jahre sprechen, wenn es um die Geschichte des Lebens auf der Erde geht.

An dieser Stelle gibt es eine verblüffende Ähnlichkeit zwischen der Evolution und der Geologie, also der Wissenschaft von der Entstehung und Entwicklung der Erde. Denn die Geschichte des Lebens ist auch gleichzeitig die Geschichte unseres Planeten. Nur durch die von der Erde bereitgestellten Bedingungen war die Entstehung von Leben überhaupt erst möglich und durch ihren steten Wandel wurde auch der Evolution stets die Richtung vorgegeben. Die enge Verwandtschaft dieser beiden Disziplinen erkennt man besonders deutlich daran, dass beide Wissenschaften auf die gleiche Zeitmessung zurückgreifen, auf die geologische Zeitskala. Beginnend vor circa 4,6 Milliarden Jahren, also dem Zeitpunkt der Entstehung unserer Erde, und dem Hier und Jetzt. An dieser Stelle ist es vor allem wichtig zu verstehen, dass beide Wissenschaften den Ist-Zustand der belebten wie der unbelebten Welt um uns herum nur erklären können dank dem Blick zurück in die Vergangenheit. So wissen wir heute, dass viele der grundlegenden Körperbaupläne nahezu aller heute lebenden Tierarten, einschließlich dem von uns Menschen, vor über 500 Millionen Jahren, in einem Erdzeitalter namens Kambrium, entstanden sind – und zwar als Anpassung an die Umweltbedingungen der damaligen Zeit und nicht etwa in Aussicht auf das, was einmal kommen wird. Schließlich kennt die Evolution keine Voraussicht. Jede Veränderung wird direkt geprüft und kann sich nur durchsetzen, wenn sie von Vorteil ist oder sich zumindest nicht als nachteilig erweist für das Überleben seiner Träger. Auf jede dieser Veränderungen baut die Evolution auf und fügt neue Details hinzu, die sich so im Laufe von Millionen Jahren akkumulieren und so die uns bekannte Vielfalt des Lebens hervorbringen. Es waren also die Umweltbedingen vor über 500 Millionen Jahren, die den Grundstein legten für unsere heutigen Körper, die durch die Bedingungen der heutigen Zeit stets weiter geprüft und verändert werden.

Auch innerhalb der Geologie gibt es dieses Zusammenspiel zwischen alt und neu. Eines der schönsten Beispiele für mich persönlich ist die Küste der südkroatischen Provinz Dalmatien. Hier treffen über tausend Meter hohe Berge auf das Wasser der Adria, doch ein Blick zurück in die Vergangenheit zeigt uns, dass selbst diese monumentalen Berge einst Teil eines prähistorischen Ozeans waren, und zwar der legendären Tethys. Die Tethys entstand einst durch das Auseinanderbrechen des Superkontinents Pangäa in die kleineren Kontinente Gondwana und Laurasia. Über Jahrmillionen hinweg lagerten sich Sedimente am Grund dieses Meeres ab und wurden im Laufe der Zeit zu Kalkstein und aus eben diesem Kalkstein bestehen die Gebirgszüge entlang der kroatischen Küstenlinie. Man kann also sagen, dass Abschnitte des heutigen Mittelmeeres durch die Millionen Jahren alten Überreste eines längst vergangenen, aber sehr viel größeren, prähistorischen Meeres begrenzt werden und so die dramatischen Landschaften Dalmatiens erschaffen.

Hier haben wir wieder die Parallelen zu unseren Körpern, auch sie fußen auf einem Millionen Jahre alten Fundament, das durch stete Weiterentwicklung in seine heutige Form gedrückt wurde. So wie die geologischen Kräfte Meeresboden im Laufe von Jahrmillionen in Berge verwandeln können, so kann die Evolution Fische in Menschen oder Elefanten verwandeln. Erst wenn wir uns in eben diesem Tempo durch die Jahrmillionen der Erdgeschichte bewegen, offenbart die Evolution ihren wahren Charakter: den einer unbändigen, das Leben formenden Kraft, die allen Lebewesen innewohnt und ihre, an eine zähe Flüssigkeit erinnernden Körper verformt, um sie stets besser an die vorhandenen Umweltbedingungen anzupassen. Um ein

Verständnis von den Mechanismen der Evolution zu bekommen, muss man also alle Kapitel ihres Buches lesen und vor allem seine innere Uhr auf „ihre" Zeit einstellen.

Nun beginnen wir unsere Reise durch die zeitlichen und räumlichen Schauplätze der Evolution mit den Grundbausteinen des Lebens auf der zellulären und molekularen Ebene. Denn diese Ebene birgt ihre ganz eigenen, für unsere Augen unsichtbaren Wunder und kann uns daher viele ungeahnte Besonderheiten der Evolution vermitteln. Ohne das „Kleine" kann man auch das „Große" nicht verstehen.

Raum – Gene und Genome

DNS, Molekül des Lebens

Wir beginnen unsere Reise durch den „Raum" nun bei dem, was das Fundament der Evolution und gleichzeitig die elementarste Einheit der belebten Natur darstellt, dem Gen. Doch was ist eigentlich ein Gen? Rein fachlich ausgedrückt ist ein Gen ein DNS-Abschnitt, der einen definierten Teil der Erbinformation speichert und der durch Reproduktion in einem zeitlichen Fluss an die Nachkommen weitergegeben werden kann. Nun sind wir bereits bei einem starken Bild angekommen, von dem wir schon im einleitenden Teil dieses Buches gehört haben, und zwar dem „Fluss der genetischen Information". Doch was ist darunter zu verstehen? Hier gibt es zwei verschiedene Möglichkeiten, dieses Bild zu deuten, die beide auf ihre Weise richtig sind. Zum einen ist es der zeitliche Fluss der Gene durch die evolutionären Zeiträume vom Beginn des Lebens auf der Erde bis zum heutigen Tag. Aber es gibt noch die zweite Möglichkeit, von einem Fluss der Information zu sprechen, nämlich auf rein molekularer Basis. Damit meint man im Allgemeinen den Weg vom Speichermedium der DNS hin zum fertigen Genprodukt, was in den meisten Fällen mit einem funktionsfähigen Protein gleichzusetzen ist. Doch hier kommt schon die erste Hürde auf uns zu, denn DNS wird nie direkt in Protein übersetzt. Es ist ein Zwischenschritt erforderlich, der nicht übergangen werden kann. Die DNS wird zunächst in RNS umgeschrieben (transkribiert), bevor sie in eine Proteinsequenz übersetzt (translatiert) werden kann. Ich verwende hier mit den Worten „umgeschrieben" und „übersetzt" ganz bewusst eine Analogie zu der uns bekannten Sprache, da auch die DNS als eine Art Schriftwerk zu verstehen ist, das aus vier verschiedenen Buchstaben besteht und durch dessen Reihenfolge eine molekulare Sinnhaftigkeit entsteht. Doch wenn die DNS ein Speichermedium darstellt, auf welche Art speichert sie die Information des Lebens, und was ist es überhaupt, wovon wir als „die Information des Lebens" sprechen?

Für die meisten Menschen, die bereits einige Grundkenntnisse der Biologie besitzen, und selbst für viele Biologen wird die Antwort lauten, dass DNS die Information für den Bau von Proteinen enthält. Und diese Antwort ist selbstverständlich richtig, jedoch umfasst sie nur einen kleinen Teil davon, was DNS kann und tut. Denn DNS ist schließlich nur der chemische Name für ein Molekül, das aus lediglich vier verschiedenen Bausteinen ganze Genome entstehen lässt, und es ist auch korrekt, dass Genome zum Teil aus Genen bestehen, die den Bauplan für komplexe Proteine und Enzyme enthalten. Doch wie wir noch erfahren werden, sind Genome weit mehr als nur die Summe der proteincodierenden Gene, die sie enthalten. Sie kontrollieren gezielt Aktivität und Funktion einzelner Gene durch die Gleichsetzung von Struktur und Funktion, sie bestehen zu einem Großteil aus parasitischen, viralen Sequenzen und sie codieren für eine Vielzahl regulatorischer Sequenzabschnitte, die niemals in Protein übersetzt werden müssen, um ihre Wirkung zu entfalten. Damit komme ich schon früher als eigentlich geplant zu einem der Kernpunkte dieses Buches, den ich zu einem späteren Zeitpunkt detailliert ausführen werde. Denn Genome sind weit mehr als nur riesige Datenspeicher der Evolution. Sie sind uralte, komplexe Ökosysteme, welche die Fähigkeit besitzen, sich im ständigen Wandel der Zeit gleichzeitig anzupassen und die in ihnen gespeicherte Information zu erhalten. Durch die hochgradig regulierte Aktivität dieser Genome werden auch ganz bestimmte räumliche Echos erzeugt. Diese räumlichen Echos sind letztendlich die Körper aller Lebewesen um uns herum, einschließlich unseres eigenen. Doch dazu später mehr.

In diesem Kapitel geht es vorerst um die Funktion und Struktur der DNS: So ist ein Speichermedium nur so gut wie seine Fähigkeit, Informationen zu erhalten und weiterzugeben. Das ist im Falle der DNS ein unfassbar komplexer Prozess, der nur durch das Zusammenspiel diverser Proteine und Enzyme sowie die Struktur der DNS selbst ermöglicht wird. Wir werden im Laufe dieses Abschnitts die wichtigsten Akteure dieses Prozesses kennenlernen und dadurch auch ein tieferes Verständnis für die Rolle der Gene in unserem alltäglichen Leben erlangen. Doch um ein tatsächliches Verständnis für die Funktion und das „Verhalten“ der Gene zu bekommen, müssen wir erstmal mehr über den Stoff erfahren, aus denen sie bestehen, nämlich die DNS selbst sowie über ihren molekularen Bruder, die Ribonukleinsäure (RNS).

Die DNS ist ein Makromolekül von unglaublichen Dimensionen, doch jedes DNS-Molekül besteht trotz seiner enormen Größe nur aus vier verschiedenen molekularen Bausteinen, den sogenannten Nukleotiden. Diese Nukleotide bestehen aus drei Komponenten:

- Ein Zuckermolekül, bestehend aus fünf Kohlenstoffatomen (2-Desoxyribose in DNS und Ribose in RNS)
- Jeweils eine Purin- oder Pyrimidinbase (Purinbasen: Adenin und Guanin; Pyrimidinbasen: Cytosin und Thymin; Uracil in RNA), die an das C_1-Atom der Zuckerkomponente gebunden ist
- Ein Phosphat-Rest, der an das C_5-Atom der Zuckerkomponente gebunden ist

Erst wenn diese drei Komponenten aneinander gebunden vorliegen, spricht man von einem Nukleotid, was man durchaus als funktionelle Einheit der DNS bezeichnen kann. Während die Zucker- und die Phosphatkomponente in jedem Nukleotid identisch sind, unterscheiden sie sich nur durch ihre unterschiedlichen Basen und werden entsprechend der in ihnen enthaltenen Base abgekürzt als A (Adenin), T (Thymin), C (Cytosin) und G (Guanin). Das bedeutet, durch die Kombination dieser vier Nukleotide wird die gesamte Information für das Leben auf der Erde gespeichert, erhalten und weitergegeben. Das Buch des Lebens auf der Erde ist also weder in den 26 Buchstaben des lateinischen Alphabets geschrieben noch in den 33 Buchstaben des kyrillischen Alphabets, sondern in den lediglich vier universell gültigen Buchstaben, aus denen die DNS aufgebaut ist. Daraus ergibt sich auch der faszinierende Rückschluss, dass es keinen qualitativen Unterschied gibt zwischen dem Erbmaterial einer Pflanze, dem eines Bakteriums oder dem von uns Menschen. Der Stoff, der uns zu Menschen macht und ein Darmbakterium zu einem Darmbakterium, unterscheidet sich also keineswegs durch seine chemische Signatur, sondern ausschließlich durch die veränderte Reihenfolge der gleichen vier Bausteine.

In DNS-Molekülen sind zum Teil viele Milliarden Nukleotide zu langen, unverzweigten Fäden miteinander verbunden, und zwar durch sogenannte Phosphodiester-Bindungen zwischen dem C_3-Atom eines Nukleotids und dem C_5-Atom des nächsten Nukleotids (siehe Abbildung). Wie wir heute wissen, liegt DNS auch nicht als einzelsträngiges Riesenmolekül vor, sondern bildet stets einen Doppelstrang, die uns bekannte Doppelhelix, dessen dreidimensionale Struktur im Jahre 1953 durch James D. Watson und Francis H. C. Crick entschlüsselt wurde. Durch diesen naturwissenschaftlichen Durchbruch wurde sozusagen über Nacht das Rätsel gelöst, wie die Erbinformation von einer Generation zur nächsten weitergegeben wird. Denn bis zur Mitte des 20. Jahrhunderts wurde tatsächlich die Ansicht vertreten, dass große Proteinmoleküle die Erbinformation weitereichen. Doch spätestens seit der Entschlüsselung der DNS-Struktur besteht kein Zweifel mehr daran, dass sie und nur sie für die Weitergabe und den Erhalt der Erbinformation verantwortlich ist. Jetzt wollen wir einen genaueren Blick auf die Struktur der DNS werfen und damit auch auf die Art und Weise, wie die Information, die unserem Sein zu Grunde liegt, gespeichert wird.

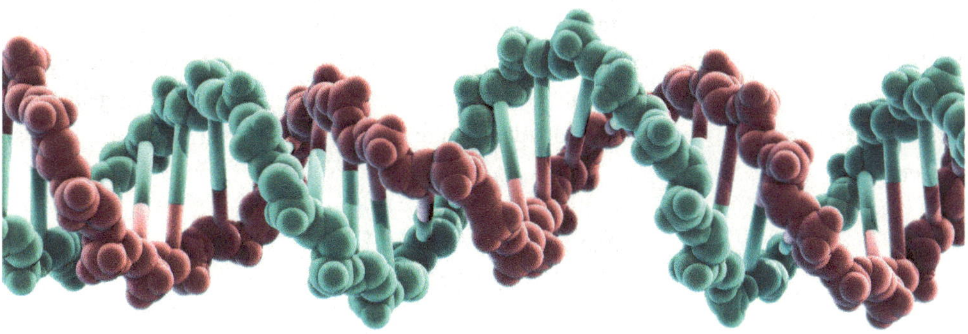

Abbildung 1: Schematische Darstellung eines DNS-Doppelstrangs. Die verschiedenfarbigen Linien verdeutlichen die Basenpaarungen nach den Watson-Crick-Regeln (A – Adenin, T – Thymin, C – Cytosin und G – Guanin). akg-images / Science Source

Beginnen werden wir unsere Betrachtung der DNS mit dem Abschnitt, der ihr ihre Stabilität verleiht, nämlich dem Rückgrat (Backbone). Das Rückgrat der DNS wird durch den Zucker 2-Desoxyribose und den bereits erwähnten Phosphat-Rest gebildet (Zucker-Phosphat Backbone). Die einzelnen Kohlenstoff-Atome der 2-Desoxyribose werden der Klarheit halber von 1′ (gesprochen 1 Strich) bis 5′ (5 Strich) nummeriert. Der Phosphat-Rest befindet sich am C_5′-Atom der Zuckerkomponente und bildet eine Phosphodiester-Bindung mit der Hydroxyl-Gruppe (OH-Gruppe) am C_3′-Atom des jeweils nächsten Nukleotids. Auf diese Weise bekommt ein jeder DNS-Strang ein 5′-und ein 3′-Ende, was für seine Funktion von entscheidender Bedeutung ist. Durch die einfache, aber stabile Anordnung von Zucker- und Phosphat-Bausteinen erschafft dieses starre, sich ständig wiederholende Gebilde einen Rahmen für die verborgene Komplexität der DNS. Denn diese liegt verschlüsselt in der Abfolge der nach innen gerichteten Purin- und Pyrimidinbasen, die an das C_1-Atom der jeweiligen Zuckerkomponente gebunden sind und damit in das Innere eines jeden DNS-Stranges hineinragen. Wie wir schon gehört haben, liegt die DNS in Form einer Doppelhelix vor. Daraus folgt, dass zwei in ihrer Basensequenz komplementäre DNS-Stränge sich miteinander zu eben dieser Doppelhelix verbinden. Doch was bedeutet an dieser Stelle „komplementär“? Nun aufgrund ihrer chemischen Eigenschaften können immer nur ganz bestimmte Basen eine Bindung miteinander eingehen und dadurch Basenpaare bilden. Zum einen verbindet sich die Purinbase Adenin mit der Pyrimidinbase Thymin (A–T) mithilfe von zwei Wasserstoffbrückenbindungen. Das zweite mögliche Basenpaar wird gebildet von der Purinbase Guanin und der Pyrimidinbase Cytosin (G–C). In diesem Fall werden sogar drei Wasserstoffbrückenbindungen ausgebildet, was dafür sorgt, dass Guanin-Cytosin-Basenpaare fester und stabiler sind als Basenpaarungen zwischen Adenin und Thymin. Aus dieser Art der komplementären Bindungen, auch Watson-Crick-Bindungen genannt (nach den Entdeckern der DNS-Struktur), ist die direkte Folge für die Doppelhelix, dass die Sequenz des einen DNS-Stranges in kompletter Abhängigkeit zum jeweils anderen entsteht. Jedem Adenin im DNS-Strang mit der Orientierung 5′–3′ steht ein Thymin im Strang mit der entgegengesetzten Orientierung (3′–5′) entgegen und jedem Guanin steht ein Cytosin gegenüber und so weiter.

GCATTTACGTA
CGTAAATGCAT

Abbildung 2: Schematische Darstellung der Watson-Crick-Bindungen zwischen den verschiedenen Nukleotiden der DNS.

DNS versus RNS

Doch die DNS ist nicht das einzige Molekül bestehend aus Nukleotiden (Polynukleotid), das eine große Rolle in der Biologie spielt, sondern es gibt auch noch den sehr engen molekularen Verwandten, die Ribonukleinsäure. Wenn wir die Unterschiede zwischen den beiden Geschwistermolekülen DNS und RNS betrachten, so liegt er hauptsächlich in der konstanten Komponente des Rückgrats. Molekular betrachtet ähneln sich DNS und RNS beträchtlich. Allerdings gibt es zwei wichtige Unterschiede. Der wichtigste zuerst: Das Zucker-Phosphat-Rückgrat besteht bei der **D**NS, wie der Name schon sagt, aus 2-**Desoxy**ribose, da die Hydroxyl-Gruppe (OH-Gruppe) am C_2'-Atom des Zuckers entfernt wurde, während sie bei der **R**NS, die **R**ibose als Baustein enthält, immer noch vorhanden ist. So klein dieser Unterschied auch erscheinen mag, er hat erheblichen Einfluss auf die chemischen Eigenschaften dieser beiden Moleküle. Im Gegensatz zur DNS, die stets in Form einer Doppelhelix, also doppelsträngig, vorliegt, ist die RNS bis auf wenige Ausnahmen als Einzelstrang aktiv. Dies hat einen enormen Vorteil für die RNS, denn nichtsdestotrotz können auch hier komplementäre Sequenzabschnitte innerhalb eines langen RNS-Moleküls miteinander feste Bindungen nach den Watson-Crick-Regeln eingehen. Auf diese Weise wird aus einem langen, unverzweigten RNS-Einzelstrang eine (abhängig von der Sequenz der Basen) komplexe dreidimensionale Struktur, die sogar vielfältige, enzymatische Funktionen erfüllen kann. Diese dreidimensionale Struktur wird auch Sekundärstruktur genannt, angelehnt an die hierarchischen Strukturebenen bei Proteinen, die wir in den nächsten Kapiteln noch kennenlernen werden. Auch im Falle der RNS nennt man die Abfolge der verschiedenen Nukleotide entlang der linearen RNS Kette ihre Primärstruktur.

Auf den ersten Blick mag sich das alles kompliziert anhören, allerdings helfen zum Verständnis dieser biologischen Abläufe und Strukturen einfache Bilder, die sich jeder leicht vor Augen führen kann. Man kann sich hier beispielsweise ein idealisiertes RNS-Molekül vorstellen wie eine Perlenkette, die aus vier verschiedenfarbigen Perlen besteht und eine Gesamtlänge von sagen wir mal 250 Perlen besitzt. Es gibt blaue, grüne, rote und gelbe Perlen, die in einer zufälligen Anordnung aufgefädelt sind. Nun stellen wir uns weiter vor, dass blaue und grüne Perlen sich ähnlich wie Magnete gegenseitig anziehen, und das Gleiche gilt auch für rote und gelbe Perlen. Legen wir jetzt unser idealisiertes RNS-Molekül der Länge nach auf einen Tisch, so wird es eine ganz bestimmte, charakteristische Form (Sekundärstruktur) annehmen, aufgrund seiner Primärstruktur (sprich der Sequenz oder Abfolge der verschiedenfarbigen Perlen) und wegen der physikalischen Eigenschaften, die wir den jeweiligen Perlen zugeschrieben haben. Diese dreidimensionale Sekundärstruktur erlaubt es den RNS-Molekülen, ganz bestimmte Aufgaben innerhalb einer Zelle zu erfüllen, ohne dass sie vorher in Proteine übersetzt werden müssen.

Wir sehen also schon hier, das RNS viel mehr ist als nur eine notwendige Zwischenstufe zwischen dem Speichermedium DNS und den enzymatisch wirkenden Proteinen, für die sie codiert. Es gibt eine große Vielfalt an verschiedenen RNS-Molekülen innerhalb einer jeden Zelle, die alle durch ihre spezielle Sekundärstruktur zentrale Funktionen innerhalb der Zelle erfüllen, ohne die sie nicht überleben könnte. Hieraus ergibt sich ein faszinierender Rückschluss über das Wesen der RNS selbst. Da sie nämlich als Polynukleotid (ähnlich wie die DNS) in der Lage ist, Informationen zu speichern, und zusätzlich durch ihre sequenzbedingte dreidimensionale Struktur katalytische Fähigkeiten besitzt, steht sie im Zentrum der sogenannten „RNS-Welt"-Hypothese. Wir werden in dem Kapitel über die „Alchemie des Lebens" noch vieles mehr über diese Theorie erfahren, die erklären kann, wie das Leben, wie wir es kennen, seinen Anfang nahm.

Doch ich möchte hier schon einmal einen Grundstein legen. Kurz gefasst besagt diese Theorie, dass vor der Verwendung von DNS als Speichermedium für die Information des Lebens, RNS eben diese Rolle übernahm. Man kann also sagen, dass die ersten „lebendigen" Moleküle der Erdgeschichte kurze Polynukleotide waren, die sich aus Ribonukleotiden zusammensetzten. Es stellt sich die Frage, ob eben diese RNS-Bausteine überhaupt zur Verfügung standen unter den geochemischen Bedingungen der frühen Erde, denn sonst würde es keinen Sinn machen, sich weiter mit dieser Theorie zu beschäftigen. Und tatsächlich konnte von einer Forschungsgruppe aus Manchester im Jahre 2009 gezeigt werden, dass die Synthese (Herstellung) von RNS-Bausteinen zu eben diesem frühen Zeitpunkt der Erdgeschichte bereits möglich war und dass alle dafür notwendigen Moleküle zur Verfügung standen.

Von einer RNS- zu einer DNS-Welt

Da wir nun wissen, dass die Herstellung von Polynukleotiden während der frühen Erdgeschichte nicht nur theoretisch, sondern auch praktisch möglich war, können wir einen Schritt weiter gehen. Wir können ganz bestimmte Eigenschaften festlegen, die ein Molekül besitzen musste, um zum „Urknall" des Lebens auf der Erde zu werden. Es gibt zwei zentrale Anforderungen an einen erstes ursprüngliches „Molekül des Lebens": Erstens muss es in der Lage gewesen sein, Information zu speichern (was die RNS als Polynukleotid *per definitionem* kann) und es muss zweitens die Fähigkeit besessen haben, autokatalytisch, sprich selbstständig, Kopien seiner selbst zu erzeugen. Dass dieser zweite Punkt von herausragender Bedeutung für die Entstehung und Entwicklung von Leben ist, liegt auf der Hand.

Stellen wir uns nur einmal die noch junge Erde vor, ein heißer Gesteinsplanet, der vor circa vier Milliarden Jahren noch in seinen Geburtswehen lag. Doch in seinen urzeitlichen Meeren, Seen und Pfützen spielen sich bereits unzählige chemische Reaktionen ab, die ausschließlich durch die Gesetze der Chemie bestimmt werden. Nun entstehen nach den ersten Millionen von Jahren reiner chemischer Willkür, Ketten von mehreren Ribonukleotiden, die durch ihre definierte Abfolge von Bausteinen in der Lage sind, bestimmte katalytische Funktionen zu erfüllen. Was sie allerdings nicht können ist Kopien ihrer selbst zu erzeugen. Was wird nun aus ihnen werden? Werden sie der Ausgangspunkt für die biologische Evolution auf ihrem Planeten werden? Die Antwort ist kurz und unausweichlich: Nein! Bedingt durch die sehr kurze Halbwertszeit von RNS-Polynukleotiden werden sie in kürzester Zeit wieder in ihre Einzelkomponenten zerfallen, ohne Kopien ihrer Selbst zu hinterlassen, und werden damit spurlos verschwinden. Sie entstehen und zerfallen, entstehen und zerfallen ... Gemessen an ihrer kurzen Lebensdauer sind sie scheinbar in einem ewigen Kreislauf aus Entstehung und Zerfall gefangen. Bis schließlich, bedingt durch einen Zufall, der in Millionen von Jahren und nach Milliarden von Fehlversuchen nur einmal passieren musste, eines dieser entstehenden Moleküle in der Lage war, sich selbst zu replizieren. Und das geschah nur aufgrund der zufällig entstandenen Reihenfolge seiner Bausteine. Auf diesen ersten „Replikator" geht alles Leben auf der Erde zurück.

Daraus können wir schließen, dass nur RNS-Moleküle, die durch die zufällig entstandene Abfolge von Bausteinen die katalytische Fähigkeit hatten, sich selbst zu replizieren, zum Ausgangspunkt für alle heute auf der Erde existierenden Lebensformen werden konnten. Da RNS allerdings weniger stabil ist als ihr enger Verwandter die DNS wurde sie im Laufe der kontinuierlichen Qualitätskontrolle, durch die natürliche Selektion, von der DNS als Speichermedium ersetzt. Auch heute noch werden die Desoxyribonukleotide der DNS aus den Ribonukleotiden (also den Bausteinen der RNS) synthetisiert, indem die 2′-Hydroxyl-Gruppe entfernt wird, und stellen damit eine Art „Upgrade" des ursprünglichen Speichermediums dar.

All diese gravierenden strukturellen und funktionellen Unterschiede zwischen dem reinen Speichermedium der DNS, mit ihrer erschreckend langen sich ständig wiederholenden Doppelhelix, und der funktionell und räumlich so vielfältigen RNS liegen trotz aller Ähnlichkeit vor allem an der Hydroxyl-Gruppe des zweiten Kohlenstoffatoms der Zuckerkomponente. Hier sieht man auf beeindruckende Weise, was eine kleine chemische Veränderung für ungeahnte Folgen nach sich ziehen kann. Denn ohne dieses „Upgrade" auf DNS wäre eine so komplexe Lebenswelt, wie wir sie kennen, niemals entstanden. Hier fühle ich mich unweigerlich an die Anekdote über den Flügelschlag eines Schmetterlings erinnert, der einen Sturm auslösen kann. Wie mächtig die Folgen dieses Sturms noch heute sind, sehen wir überall um uns herum in der atemberaubenden Vielfalt alles Lebendigen, die uns tagtäglich umgibt.

Damit haben wir jetzt den wichtigsten Unterschied zwischen DNS und RNS bereits kennengelernt. Doch wie eingangs erwähnt, gibt es noch ein zweites nennenswertes Merkmal, das diese beiden eng miteinander verwandten Moleküle unterscheidet. Ganz nebenbei bestätigt es auch noch die Hypothese der „RNS-Welt". Dieses Merkmal liegt allerdings nicht in der konstanten Komponente des Rückgrats versteckt, sondern betrifft die variablen Basen. Während DNS die Pyrimidinbase Thymin als Nukleobase verwendet, wird ihre Aufgabe in RNS von der Pyrimidinbase Uracil übernommen. Auch hier ist rein chemisch gesehen der Unterschied marginal. Er besteht aus einer einzigen Methyl-Gruppe, also einfach ausgedrückt aus einem Kohlenstoff-Atom und einem Wasserstoff-Atom, die in Thymin vorhanden sind und in Uracil nicht. Man kann also sagen, dass Thymin eine chemisch modifizierte, methylierte Form (mit einer Methyl-Gruppe versehene Form) von Uracil darstellt. Warum sollte nun DNS Thymin verwenden, während RNS auf Uracil zurückgreift? Die Gründe hierfür sind wieder in den chemischen Eigenschaften der zwei Moleküle zu finden und in dem Streben des genetischen Speichermediums nach maximaler Stabilität.

Rufen wir uns noch einmal ins Gedächtnis, dass durch die korrekte Abfolge der vier verschiedenen Basen entlang eines DNS-Stranges die Information für das Leben und Überleben eines Organismus gespeichert ist. Dann wird deutlich, dass der Austausch zweier Basen dramatische Folgen haben kann für das Überleben eines Individuums, da es den Informationsgehalt des Erbmaterials nachhaltig zu verändern vermag. Und genau ein solcher Basentausch kann leicht passieren, wenn ein Organismus Uracil als Bestandteil seiner DNS verwendet. Heute weiß man, dass Cytosin sich spontan durch einen chemischen Prozess namens „hydrolytische Deamination“ in Uracil umwandeln kann. Rufen wir uns nun noch einmal die Watson-Crick-Basenpaarung ins Gedächtnis, so erinnern wir uns, dass Cytosin sich bei der Replikation mit Guanin paart und Uracil mit Adenin. Wenn nun ein Cytosin sich ungewollt in ein Uracil wandelt, so würde bei der Replikation ebenfalls ein Guanin durch ein Adenin ersetzt werden, was unter Umständen zu einer nachhaltigen Veränderung der genetischen Information führen kann. Doch da man die natürliche Selektion, als kontinuierlich wirkende Triebkraft der Evolution, wie einen Mechanismus der Qualitätskontrolle begreifen kann, hat sie dafür gesorgt, dass sich genetische Informationsträger durchsetzen, die anstelle von Uracil Thymin verwenden. Denn dank dieser kleinen Modifikation (dem Anfügen eines einzigen Kohlenstoff- und Wasserstoffatoms) wurde die Stabilität der DNS als Speichermedium erheblich gesteigert. Von nun an war es nicht mehr möglich, dass sich eine Base ungewollt und vor allem willkürlich in eine andere wandeln kann.

Daraus ergibt sich allerdings eine weitere Frage: Wenn die Verwendung von Uracil den Informationsgehalt eines genetischen Speichermediums derart negativ beeinflussen kann, warum wird es dann immer noch von der RNS verwendet? Schließlich hatte die RNS laut der „RNS-Welt“-Hypothese doch sogar mehr Zeit als die DNS, um Uracil durch Thymin zu ersetzen, da es sie schlicht und ergreifend früher gab.

Diese Frage lässt dich durch eine wichtige Eigenschaft der Evolution beantworten. Schließlich wird jede evolutive Änderung oder Anpassung, die ein Organismus vornimmt (egal ob Elefant oder ein früher RNS-Replikator), durch eine effizienzbasierte Kosten-Nutzen-Rechnung beeinflusst. Nun ist DNS sehr langlebig, da die in ihrer Sequenz gespeicherte Information nicht nur zum Aufbau eines wie auch immer gestalteten Körpers genutzt, sondern auch an die nächste Generation weitergegeben wird. Aufgrund dieser besonderen Langlebigkeit besteht aus Sicht der natürlichen Selektion ein starker Selektionsdruck in Bezug auf die Erhaltung der genetischen Information. Das bedeutet, alle Faktoren, die dazu führen können, dass sich die sequenzabhängige Information der DNS willkürlich ändert, werden von ihr bestmöglich beseitigt. Auch wenn das wie im Falle vom Uracil-Thymin-Wechsel einen Mehraufwand durch die Methylierung bedeutet. Bei der RNS sieht das schon wieder ganz anders aus, denn seit der „genetischen Machtübernahme" durch die DNS ist sie nicht mehr für die Weitergabe der Erbinformation an die folgende Generation verantwortlich. Das bedeutet, dass Uracil bedingte Fehler keinen nachhaltigen Einfluss haben auf das Überleben des betroffenen Organismus oder sogar der ganzen Art. Hinzu kommt, dass RNS-Moleküle ohnehin nur sehr kurzlebig sind und häufig neu gebildet werden.

Aus diesen Gründen ergibt die evolutive Kosten-Nutzen-Rechnung keine Notwendigkeit, bei der RNS das aufwendiger herzustellende Thymin anstelle von Uracil zu verwenden. Mit all diesen Informationen kann man sich durchaus zu der Aussage hinreißen lassen, dass die RNS vergleichbar ist mit einem lebenden, molekularen Fossil. Ein Relikt aus einer längst vergangenen Zeit, in der RNS und nicht DNS das Leben prägte. Doch all die mannigfaltigen Funktionen, welche die RNS heute noch innerhalb einer jeden lebenden Zelle erfüllt, seien es die vielfältigen Aufgaben innerhalb der Proteinbiosynthese oder auch der Genregulation, sind wie ein unüberhörbares Echo eben jener Frühzeit des Lebens auf der Erde.

Da wir nun schon einiges über das „Molekül des Lebens", wie ich die DNS so gerne nenne, erfahren haben, schauen wir uns im folgenden Kapitel die nächste Stufe der genetischen Hierarchie näher an, das Gen, den modernen Erben der ersten Replikatoren. Um die komplexen genetischen Abläufe, durch die Gene in Proteine übersetzt werden, vereinfacht darzustellen, werden wir uns im nächsten Kapitel ein idealisiertes Gen vorstellen, anhand dessen wir uns an diese Abläufe herantasten werden.

Das Gen, Grundbaustein des Lebens

Gene sind die funktionellen Einheiten des Lebens, bestehend aus DNS. Dies entspricht einer ganz bestimmten Reihenfolge der vier uns bekannten Nukleotidbasen. Ihre Diversität (Vielfältigkeit) und ihre Variabilität (Veränderlichkeit) sind der Grund für die unglaubliche Vielfalt der Natur, die uns so fasziniert. Doch was ist denn nun eigentlich ein Gen? Wir haben bisher schon etwas gehört von „funktioneller Einheit" und von einer Abfolge oder Sequenz von Basen, welche in Protein übersetzt werden können – doch tatsächlich sind Gene viel mehr als das! Sie sind die direkten Nachfolger der ersten RNS-Replikatoren, die sich durch definierte molekulare Mechanismen vor langer Zeit zu den ersten Chromosomen oder besser gesagt Proto-Chromosomen verbunden haben. Durch diesen Zusammenschluss von sich gegenseitig positiv beeinflussenden Replikatoren wurde das, was wir heute Leben nennen, erst möglich und es wurde ein Prozess in Gang gesetzt, der bis zum heutigen Tag hin seine Wirkung entfaltet, die Evolution.

Dieser Verbund von einst freilebenden RNS-Replikatoren hat die synergistischen Effekte seiner Einzelkomponenten genutzt, um seine Überlebenschancen zu steigern. Sei es durch eine effektivere Nutzung von natürlichen Ressourcen, eine verlängerte Lebenserwartung oder durch eine schnellere Reproduktion. Dass dieser evolutionäre Trick, synergistische Gemeinschaften zu schließen, die sich gegenseitigen Nutzen bringen (natürlich auf Kosten der Selbstständigkeit), mehr als erfolgreich war, sehen wir unter anderem an uns selbst. Auch unsere Genome und ihre Chromosomen sind nichts anderes als das evolutionäre Ergebnis dieses frühen Fusionsprozesses. So wurden aus einst freilebenden und sich autonom vermehrenden RNS-Replikatoren echte Teamplayer, die sich zu immer größer werdenden Gruppen zusammentaten, um ihre Überlebenswahrscheinlichkeit in einer sich ständig durch Evolution verändernden Umwelt zu steigern.

Um den immer komplexer werdenden Informationsgehalt ständig wachsender Proto-Chromosomen genauer an die nächste Generation weitergeben zu können, wurde schließlich die RNS über die Zeit hinweg in DNS abgewandelt. Auch die genetische Abhängigkeit der einzelnen Replikatoren zueinander nahm immer weiter zu. Doch nicht nur die Abhängigkeiten, sondern auch die neuen Möglichkeiten, die diesen genetischen Verbänden nun offenstanden, nahmen nahezu unbegrenzte Ausmaße an. Von nun an wurden aus diesen einstmals freilebenden Replikatoren wahrhaft meisterliche Konstrukteure immer komplexerer Überlebensmaschinen, die ihnen das Dasein sicherten. Diese genetischen Überlebens- oder Reproduktionsmaschinen sind das, was wir um uns herum als Pflanzen, Pilze, Bakterien, Tiere und schließlich uns selbst wahrnehmen. Diesen Ablauf hat meines Erachtens nach niemand schöner oder sogar poetischer formuliert als der Evolutionsbiologe Richard Dawkins in seinem Buch „Das egoistische Gen“:

> „Doch dürfen wir sie (die Replikatoren) nicht frei im Meer umhertreibend suchen; dieses ungebundene Leben haben sie seit langem aufgegeben. Heute drängen sie sich in riesigen Kolonien, sicher im Innern gigantischer, schwerfälliger Roboter, hermetisch abgeschlossen von der Außenwelt; sie verständigen sich mit ihr auf gewundenen, indirekten Wegen, manipulieren sie durch Fernsteuerung. Sie sind in dir und in mir, sie schufen uns, Körper und Geist, und ihr Fortbestehen ist der letzte Grund unserer Existenz. Sie haben

einen weiten Weg hinter sich, diese Replikatoren. Heute tragen sie den Namen Gene, und wir sind ihre Überlebensmaschinen."

Als Konstrukteure alles Lebendigen und daher als einzig sinnhafter Ansatzpunkt der natürlichen Selektion besitzen die Gene auch eine erstaunlich komplexe Anatomie. Ich finde das Wort Anatomie an dieser Stelle äußert passend, da Gene trotz ihrer oberflächlich betrachteten, geradlinigen Struktur eine komplizierte Abfolge von regulatorischen, codierenden (Information enthaltenen) und nicht codierenden Abschnitten aufweisen.

Wir werden uns im Folgenden ein idealisiertes Gen vorstellen, wie man es in jedem Tier, einschließlich uns Menschen, oder auch in jeder Pflanze finden kann. Anhand dieses Gens werden wir die strukturellen Eigenschaften von Genen kennenlernen und einen Eindruck von den komplexen Abläufen bekommen, die dazu führen, dass ein gegebenes Gen in ein spezielles, funktionsfähiges Protein übersetzt werden kann. Wie wir bereits wissen, sind moderne Gene, anders als ihre Vorgänger aus der RNS-Welt, nicht mehr in der Lage, sich autonom zu verwalten. Stattdessen gibt es eine festgelegte Reihenfolge von Abläufen, die dazu führt, dass die Übersetzung (Translation) der DNS-Sequenz eines Gens in ein Protein stattfinden kann. Zunächst wird die Abfolge der DNS-Bausteine in eine identische Abfolge von RNS-Bausteinen umgeschrieben. Ich verwende hier das Wort „umgeschrieben", da DNS und RNS einander sehr ähnlich sind und es sich gewissermaßen um zwei verschiedene Dialekte ein und derselben Sprache handelt, wie zum Beispiel Hochdeutsch und Bayrisch. Anschließend wird diese RNS-Sequenz in eine Abfolge aus Aminosäuren übersetzt, also in ein Protein verwandelt. Auch das Wort „übersetzt" verwende ich hier ganz bewusst, da es sich bei Aminosäuren um eine gänzlich andere Substanz handelt, die chemisch betrachtet nichts mit den Nukleotidbasen der DNS oder RNS zu tun hat. Hierbei handelt es sich also eher um zwei verschiedene Sprachen. Um dieser Analogie treu zu bleiben, kann man sich vorstellen, dass ein gegebener Text ursprünglich auf Deutsch geschrieben nun in Hebräisch übersetzt wird. Doch woran erkennt nun die zelluläre Maschinerie, an welcher Stelle ein Gen anfängt, wo es aufhört und welche Bereiche überhaupt übersetzt werden müssen und welche nicht?

Der Promotor, Komplexität durch Regulation

Ein jedes Gen beginnt mit einer bestimmten regulatorischen Sequenz, dem sogenannten Promotor. Dieser Promotor gehört selbst nicht zu dem späteren Genprodukt, sprich dem Protein. Er ist so etwas wie ein Erkennungssignal für eben jene Enzyme, welche die DNS-Sequenz eines Gens in RNS umschreiben. Man kann die Funktion eines Promotors eher mit der eines Leuchtturms vergleichen, der vorbeifahrenden Schiffen signalisiert „Hier ist ein Hafen, hier kannst du anlegen". Ähnlich wie ein uns bekannter Hafen, so besteht auch der Promotor unseres Gens aus verschiedenen Abschnitten, die alle wichtige Funktionen erfüllen. Alle Abschnitte unseres Promotors samt ihren Funktionen dienen der aufwendigen Regulation des Genproduktes. Die unterschiedlichen Sequenzbereiche, aus denen sich der Promotor zusammensetzt, sind Bindestellen für diverse Transkriptionsfaktoren, also Proteine, die für eine erfolgreiche Umschreibung der DNS erforderlich sind. Diese regulatorischen Sequenzen unterscheiden sich logischerweise nur durch ihre Nukleotidsequenz. Die schiere Anzahl unterschiedlicher regulatorischer Sequenzen kann mitunter sehr einschüchternd wirken. Es gibt beispielsweise Inr-Elemente (Initiator-Element), TATA-Box oder BRE-Elemente (TFIIB recognition element), CAAT-Boxen, DPE-Sequenzen (Downstream promotor element) oder CpG-Inseln, um nur einige zu nennen. Je nachdem, welche dieser Elemente in welchem Umfang im Promotor eines Gens vorhanden sind, binden unterschiedliche Transkriptionsfaktoren und regulieren damit auch, ob und wenn ja in welchem Ausmaß ein Gen in Protein umgewandelt wird. Um das Ganze noch komplizierter zu machen, gibt es auch noch sogenannte Enhancer (Verstärker) und Silencer (Dämpfer) Sequenzen, die viele tausend Basen vor (upstream) oder hinter (downstream) dem eigentlichen regulatorischen Promotor liegen können. Diese weit vom Gen entfernten DNS-Bereiche werden durch eine Schlaufenbildung der DNS in die räumliche Nähe des Promotors gebracht und sind dadurch in der Lage, die Transkription positiv oder negativ zu regulieren.

Jenes Enzym, das die DNS-Sequenz unseres Gens in RNS umschreibt, heißt RNS-Polymerase II und ist selbst ein Enzymkomplex, bestehend aus insgesamt zwölf Untereinheiten. Aber selbst dieser Komplex ist nach wie vor nicht ausreichend, um eine erfolgreiche Transkription (Umschreibung von DNS in RNS) allein zu starten. Zunächst bildet sich rund um den Promotor ein sogenannter Transkriptionsinitiationskomplex, der noch einmal aus mindestens sechs Enzymkomplexen, den sogenannten allgemeinen Transkriptionsfaktoren, besteht. Ohne hier näher auf die komplizierten biochemischen Abläufe einzugehen, wird uns nun zum ersten Mal wirklich deutlich gemacht, wie komplex diese Abläufe tatsächlich sind. Hier findet auf molekularer Ebene eine vielschichtige Arbeitsteilung statt (genau wie in einem Hafen). Der erste dieser allgemeinen Transkriptionsfaktoren, der den Promotor erkennt und an diesen bindet, heißt TFIID, das TF steht für <u>T</u>ranskriptions<u>F</u>aktor, dass II für die RNS-Polymerase II und das D für den Faktor selbst. TFIID ist ein faszinierender Enzymkomplex von überragender Komplexität und wir werden ihn uns als einzigen der allgemeinen Transkriptionsfaktoren etwas genauer betrachten, da er uns viel über den Aufbau und die Funktionsweise von Gen-Promotoren im Allgemeinen erklären kann.

Wie bereits erwähnt ist TFIID ein „Enzymkomplex", das bedeutet, er besteht selbst aus mehreren Proteinen, von denen alle ihre eigene Funktion erfüllen. Auf der einen Seite besteht TFIID aus dem TATA-Box-Bindeprotein (kurz TBP) und diversen (bis zu 14 verschiedenen) TBP-assoziierten Faktoren (TAFs). Aufgrund dieser Menge an regulatorischen Proteinen, die an der Bildung dieses Komplexes beteiligt sind, ist TFIID größer als die eigentliche RNS-Polymerase selbst. Das TBP-Protein ist dabei der vermutlich am weitesten verbreitete Transkriptionsfaktor innerhalb der belebten Welt, der auf nahezu allen Ästen in dem weit verzweigten Baum des Lebens auftritt. Von primitiven einzelligen Lebewesen bis hin zu uns Menschen oder Walen, ist er über Hunderte von Millionen Jahren der Evolution erhalten geblieben.

Zunächst erkennt das TBP, als zentraler Bestandteil des TFIID Komplexes, die sogenannte TATA-Box, einen Adenin(A)- und Thymin(T)-reichen Sequenzabschnitt, der immer 26 bis 34 Basen vor der tatsächlichen Startstelle der Transkription liegt. Sie liegt also vor dem ersten codierenden Bereich eines jeden Gens. Auch der Promotor unseres idealisierten Gens besitzt eine solche TATA-Box und bedingt durch ihre spezifische Sequenz von DNS-Bausteinen wird sie von dem im Zellkern herumtreibenden TFIID-Komplexen erkannt. Durch die Erkennung und initiale Bindung des TBP-Proteins an die TATA-Box wird eine ganze Kaskade von Ereignissen am Promotor unseres Gens in Gang gesetzt. Nun kommen auch die TBP-assoziierten Faktoren, die sogenannten TAFs, mit ins Spiel. Denn wie wir bereits gesehen haben ist die TATA-Box nur eine von vielen verschiedenen genregulatorischen Sequenzen, die darüber entscheiden, ob, wann und wie stark ein Gen aktiviert wird.

So erkennen und binden beispielsweise TAF1 und TAF2 das Inr-Element, welches Initiator-Element genannt wird, da es direkt am Ort des Transkriptionsstarts liegt. Doch wie die meisten Proteine, so besitzen auch viele TAFs mehr als nur eine Funktion. TAF1 ist dabei keine Ausnahme, neben der Bindung des Inr-Elements greift es sogar durch weitere enzymatische Aktivitäten in die dreidimensionale Struktur der DNS selbst ein, um diese für die Transkriptionsmaschinerie besser zugänglich zu machen. Doch wie genau diese Manipulation durch Proteinkinase- und Histon-Acetyl-Transferase-Aktivitäten im Einzelnen funktioniert, ist an dieser Stelle nicht weiter relevant. Für den jetzigen Zeitpunkt soll es ausreichen, die komplexen Abläufe am Promotor unseres Gens erahnen zu können.

Ein weiteres regulatorisches Grundelement vieler Promotoren ist das bereits erwähnte DPE (Downstream promotor element). Sein Name lässt bereits darauf schließen, dass dieses Element hinter dem Transkriptionsstartpunkt liegt und damit bereits mit in RNS umgeschrieben wird. Dieses Element wird von einer weiteren Gruppe von TAF-Proteinen erkannt und gebunden, namentlich von TAF6 und TAF9. Ein weiterer Wirkmechanismus dieser allgemeinen Transkriptionsfaktoren ist die Interaktion mit einer sich ständig wechselnden Auswahl an sogenannten speziellen Transkriptionsfaktoren, die sich zu verschiedenen Zeitpunkten und in verschiedenen Zellen stets unterscheiden. Diese sind, anders als die uns bekannten allgemeinen Transkriptionsfaktoren, nicht für den generellen Ablauf der Transkription *per se* erforderlich, sie dienen vielmehr der hoch komplexen Steuerung der Zelltyp-spezifischen

Genregulation. Durch diese Faktoren weiß jede Zelle eines Körpers zu welchem Zeitpunkt und bedingt durch welche äußeren Einflüsse, welche Gene aktiviert und welche unterdrückt werden müssen. TAF4 beispielsweise interagiert mit dem speziellen Transkriptionsfaktor Sp1 (specificity protein 1), der selbst mit weit vom Promotor entfernten Enhancer-Sequenzen interagiert, um mit ihm gemeinsam an CpG-Inseln zu binden.

Da vielen meiner Leser hier verständlicherweise schon der Kopf qualmt vor lauter Wirkmechanismen und Interaktionen, werde ich nun versuchen, das Gesagte in ein größeres Bild einzufügen. Ich bin allerdings der Überzeugung, dass einige, kurze Exkursionen zu den molekularen Abläufen erforderlich sind, um ein wahres Verständnis für die genetische Natur des Lebens zu bekommen. Bis zu diesem Zeitpunkt haben wir allerdings erst einige Funktionen und Interaktionen einiger Proteinbestandteile eines einzigen von insgesamt sechs allgemeinen Transkriptionsfaktoren gehört. Ohne jetzt viel mehr ins Detail zu gehen, kann man vielleicht mit viel Fantasie erahnen, wie komplex die Abläufe sind, die sich in jeder unserer Zellen Tag für Tag hunderttausendfach wiederholen.

Bisher haben wir einiges vom allgemeinen Transkriptionsfaktor TFIID gehört, der zusammenfassend gesagt den Promotor eines jeden Gens gezielt erkennt und bindet, um damit eine Ansatzstelle für alle weiteren fünf allgemeinen Transkriptionsfaktoren zu bilden. Ich habe eingangs erwähnt, wir schauen uns den TFIID-Komplex näher an, damit wir daraus auch etwas über Gen-Promotoren im Allgemeinen lernen können. Ist das der Fall? Nun wir haben gesehen, wie viele verschiedene regulatorische Elemente Bestandteil des genetischen Repertoires dieser Promotoren sind und dass durch dieses Repertoire, in Abhängigkeit des TFIID-Komplexes, die Aktivität eines jeden Gens gesteuert wird. Wenn wir also von der „Anatomie" eines Gens sprechen, kann man behaupten, der Promotor ist die Schaltzentrale oder, etwas provokanter ausgedrückt, das Gehirn eines Gens. Doch nun gehen wir einen Schritt weiter auf dem langen Weg von Gen zum Protein.

Dieser nächste Schritt besteht aus der Bindung der zwei Transkriptionsfaktoren TFIIA und TFIIB an den bereits an die DNS gebundenen TFIID-Komplex. Diese zwei Faktoren festigen nicht nur die Bindung von TFIID an die DNS, sie bilden auch eine Plattform für die tatsächliche RNS-Polymerase, also das zentrale Enzym für die Umschreibung von DNS in RNS. Zwei weitere Transkriptionsfaktoren TFIIF und TFIIE sind dafür verantwortlich, dass die RNS-Polymerase direkt an den Startpunkt der Transkription geführt wird und dass die Anlagerung des letzten Faktors gewährleistet werden kann. Dieser letzte Transkriptionsfaktor ist TFIIH und er ist von entscheidender Bedeutung für den gesamten restlichen Ablauf der Transkription, da die Einzelkomponenten des TFIIH-Komplexes zum einen für die Loslösung der RNS-Polymerase vom Promotorkomplex sorgen und gleichzeitig den DNS-Doppelstrang teilweise entwinden. Beide diese Prozesse sind unabdingbar, damit die RNS-Polymerase die genetische Information eines Gens von DNS in RNS umschreiben kann.

Transkriptionsfaktoren und ihr Beitrag zur Evolution

Nun haben wir schon einiges erfahren über die allgemeinen Transkriptionsfaktoren, doch es gibt noch eine weitere Gruppe von Proteinen, die für die Umschreibung von DNS in RNS erforderlich sind. Diese Proteine sind allerdings viel mehr als nur eine Plattform für einen Prozess, der nahezu unverändert in jedem Zellkern abläuft. Diese Proteine und die evolutiven Prozesse, die ihre Vielfalt erschufen, sind der ursächliche Grund für die Existenz höheren Lebens und damit auch uns selbst. Die Rede ist hier von speziellen Transkriptionsfaktoren. Auch wenn diese Bezeichnung eher trocken klingen mag, so ist die Vielfalt, die sich dahinter verbirgt, erstaunlich und wunderschön. Doch bevor wir tiefer in die Welt dieser erstaunlichen Proteine vordringen, müssen wir uns noch ein paar biologische Fakten vor Augen führen.

Als biologisches Beispiel wähle ich in den folgenden Abschnitten, aus allen mir zu Verfügung stehenden Arten, den *Homo sapiens* aus. Das tue ich nicht, weil er in irgendeiner Weise etwas Besonderes darstellt, sondern schlicht und ergreifend, weil ich als Autor und vermutlich auch die meisten meiner Leser dieser Art angehören. Wie wir nun bereits erfahren haben, ist die Größe des menschlichen Genoms erstaunlich. Die Information zur Schaffung eines Menschen umfasst circa 3,27 Milliarden Basenpaare. Das bedeutet für uns, 3 270 000 000-mal werden hier Adenin, Thymin, Cytosin und Guanin in einer bestimmten Sequenz aneinandergereiht. Insgesamt beinhaltet diese unglaubliche Menge an DNS circa 23 000 Gene und unvorstellbar viele, zum Großteil noch unbekannte regulatorische Elemente. Und nun kommen wir zu einer faszinierenden Eigenschaft vielzelliger Organismen, die bekannterweise aus vielen unterschiedlichen Zelltypen bestehen.

Da sind zum Beispiel die Nervenzellen unseres Gehirns, die Zellen unserer Haut, die unserer Leber, unserer Niere oder unserer Lunge, es gibt die Zellen unseres Immunsystems, die uns vor Krankheitserregern schützen, oder die verschiedenen Zellen auf unserer Netzhaut, die uns das Sehen ermöglichen. All diese Zellen, genauso wie alle, die ich hier nicht erwähnt habe, besitzen in ihrem Zellkern die gleiche genetische Information, die gleichen 3,27 Milliarden Basenpaare. Ein schönes Bild hierfür ist das eines riesigen Gebäudes, in dem jede Zelle eines Körpers einen separaten Raum darstellt. Es wäre vermutlich das größte Gebäude der Welt, da ein durchschnittlicher menschlicher Körper aus schätzungsweise 100 Billionen Zellen besteht. Und in jedem dieser 100 Billionen Zimmer befindet sich nicht nur der Bauplan für das jeweilige Zimmer selbst, sondern der für das gesamte Gebäude. Auch wenn für den Bau eines bestimmten Zimmers nur wenige Seiten des Bauplans erforderlich wären, so enthält es dennoch die Gesamtinformation für den Bau des Gebäudes.

Doch wie ist es möglich, diese Vielfalt unterschiedlicher Zelltypen, die alle ihre ganz bestimmten Aufgaben im Organismus übernehmen, zu erschaffen, wenn alle auf die gleiche Information zurückgreifen müssen? Die Antwort hierauf lautet Regulation!

Denn nur Regulation ermöglicht Komplexität und wir leben in einer wahrhaft komplexen Welt. Und jene Proteine, die diese Regulation ermöglichen, nennen wir spezielle Transkriptionsfaktoren. Ich hoffe, dieser Begriff erscheint nun etwas weniger trocken.

Nun kommen wir wieder auf das Kernthema dieses Buches zurück, die Evolution. Denn heute weiß man, dass die Evolution der Genregulation Hand in Hand ging mit der Evolution organismischer Komplexität. Anders ausgedrückt, nur dank der gesteigerten gegenseitigen Regulation der Gene untereinander war es ihnen möglich, aus einzelligen Bakterien gigantische, vielzellige Überlebensmaschinen hervorzubringen, deren Komplexität im Laufe der Evolution stets anstieg. Doch was sind eigentlich diese ominösen Transkriptionsfaktoren und wie haben sie es geschafft, die evolutionäre Innovation auf so vielfältige Weise voranzutreiben? Die Antwort ist in ihrer dreidimensionalen Struktur zu finden, denn Transkriptionsfaktoren haben eine Eigenschaft, die anderen Proteinen verwehrt bleibt. Sie können direkt an bestimmte DNS-Sequenzen binden. Auf dieser Interaktion zwischen dem fertigen Produkt und seinem eigenen Speichermedium basiert ein Großteil der genetischen Regulation. Vermittelt wird diese Bindung von verschiedenen DNS-Bindedomänen (DBD). Diese Domänen sind in der Regel kurze Proteinabschnitte, die aufgrund ihrer räumlichen Struktur ganz bestimmte regulatorische DNS-Sequenzen gezielt erkennen und binden können. Gerade in den letzten Jahren hat sich gezeigt, dass keine andere Gruppe von Proteinen besser geeignet ist, um einen Einblick in die Abläufe der Evolution zu erhaschen. Heute kann man mithilfe genetischer Methoden weit in die Vergangenheit zurückblicken und sogar regelrechte Protein- und Genstammbäume identifizieren.

Gerade diese modernen Methoden zeigen uns auf erstaunliche Weise, dass das Leben auf der Erde nicht immer so komplex war, wie es das heute ist. Sie strafen damit auf elegante Art und Weise eben jene ewig gestrigen Lügen, die nach wie vor von dem sogenannten intelligenten Design reden und von dem Konzept einer nicht reduzierbaren Komplexität überzeugt sind. Ich will hier noch einmal betonen, dass die Evolution keine zielgerichtete Kraft darstellt, die danach strebt, das Leben immer komplexer werden zu lassen. Damit ist auch die Komplexität des Lebens, wie wir es heute auf der Welt noch sehen können, nicht das Ziel des evolutiven Prozesses. Vielmehr ist diese Komplexität Folge zufälliger genetischer Veränderungen, die von der natürlichen Selektion begünstigt wurden und sich deshalb erhalten konnten.

Der Fakt, dass so viele körperliche Merkmale von Pflanzen und Tieren so perfekt erscheinen, dass sie in den Augen vieler Menschen „designt“ sein müssen, hat seinen Ursprung ebenfalls in einer grundlegenden Eigenschaft der Evolution selbst. Sie stellt einen additiven Prozess dar, in dem einmal entstandene Merkmale ständig verbessert und weiterentwickelt werden, sofern sie dem Träger Vorteile bringen. Diese Vorteile müssen jedoch einer für die Evolution messbaren Einheit entsprechen, was bedeutet, sie müssen sowohl die Überlebenswahrscheinlichkeit als auch die Reproduktion eines Individuums positiv beeinflussen. So gibt es heute eine Vielzahl handfester, molekularer Erkenntnisse, die die besondere Stellung der Transkriptionsfaktoren innerhalb der Evolution des komplexen Lebens unterstreichen.

So besitzen die Transkriptionsfaktoren nach heutigem Stand eine besondere Eigenschaft, die so auf keine andere Proteinfamilie, ja nicht einmal die DNS selbst übertragbar ist. Zwischen der Zunahme ihrer Vielfalt und der Komplexität des Lebens besteht eine direkte Korrelation. So dachte oder besser gesagt hoffte man lange Zeit, die immer moderneren Methoden der DNS-Sequenzierung würden endlich zutage bringen, was die meisten Menschen schon immer zu wissen glaubten. Man erwartete eine wissenschaftliche Bestätigung alter religiöser Dogmen, nach denen der Mensch das komplexeste Wesen auf der Erde ist. Wie ernüchternd müssen für viele Menschen die Daten des „Human Genome Project" gewesen sein, als sie 2001 veröffentlicht wurden. Nun wusste man schwarz auf weiß, dass das menschliche Genom nicht die erwarteten 80 000 bis 100 000 Gene besaß, sondern nur knapp 23 000 proteincodierende Gene. Dies liegt im absoluten Durchschnittsbereich für Säugetiere und macht damit die erhoffte Stellung des Menschen innerhalb der Genetik zunichte.

Nachdem man nun wusste, dass die Anzahl der Gene keine Korrelation zur Komplexität des betreffenden Organismus zulässt, erhoffte man sich diese durch eine weitere genetische Maßeinheit, den sogenannten C-Wert. Dieser beschreibt die gesamte Menge an genomischer DNS in Basenpaaren, was auf den ersten Blick durchaus Sinn ergibt, da man heute weiß, dass ein Löwenanteil der genomischen DNS nicht in Protein übersetzt wird. Doch auch hier wurden die Hoffnungen enttäuscht und aufgrund der Vergleiche zwischen den C-Werten verschiedener Arten spricht man heute sogar vom C-Wert-Paradoxon. Diese Vergleiche haben etwas ganz anderes gezeigt als das, was man sich davon erhofft hatte. Denn die reine Menge an genomischer DNS sagt doch recht wenig aus über die Komplexität des betreffenden Organismus. Vergleichen wir doch beispielsweise einmal das Genom des Menschen, das wie wir uns erinnern aus circa 3,27 Milliarden Basenpaaren besteht, mit dem einer einzelligen Amöbe (*Amoeba dubia*). Nun mag sich die Zahl 3,27 Milliarden schon nach recht viel DNS anhören, doch wie kann es sein, dass ein einzelliges Lebewesen wie die Amöbe die 200-fache Menge an DNS in ihrem Genom besitzt, ungefähr 686 Milliarden Basenpaare? Ich gehe einmal davon aus, dass kein Mensch ernsthaft die Meinung vertreten würde, die Amöbe sei ein komplexeres Lebewesen als der Mensch, nur weil ihr Genom aus mehr Basenpaaren besteht.

Und dies war auch nur ein Beispiel von Tausenden, die ich hier hätte wählen können. Es gibt unzählige Organismen, die größere Genome besitzen als der Mensch, so zum Beispiel viele Amphibien, Fische oder Pflanzen, ohne dabei komplexer zu sein als dieser. So besitzen auch einige Salamander-Arten Genome, die bis zu 40-mal mehr DNS enthalten als das menschliche Genom, ohne dabei 40-mal so komplex zu sein.

Auch die Genome nahezu aller Pflanzen enthalten mehr DNS als die Genome der Menschen. Was uns allerdings auch nicht sonderlich überraschen sollte, wenn man sich die vielen physiologischen Fähigkeiten der Pflanzenwelt betrachtet. Die auffälligste von allen ist selbstverständlich die Photosynthese, sprich die Fähigkeit einer Pflanze, mithilfe von Sonnenenergie organische Materie zu generieren. Bei diesem Thema fällt mir auch spontan eine Anekdote aus meiner Studentenzeit ein, denn auch für viele Biologiestudenten war die Information, dass Pflanzen, ja sogar einfache Gräser, mehr Gene enthalten als wir Menschen, eine große Überraschung. Auf das Erstaunen von uns Studenten hin reagierte der Professor mit folgender Frage: Wer von euch ist denn in der Lage sich zu ernähren, indem er die Füße in die Erde steckt und das Gesicht in die Sonne hält?

Was ich hier versuche deutlich zu machen ist Folgendes: Die Erkenntnisse aus der Genetik zeigen uns immer wieder, dass nichts in der Natur so einfach ist, wie es zunächst erscheint. So sagt weder die Anzahl der Gene, noch die Gesamtmenge an DNS zwangsläufig etwas über die Komplexität eines Organismus aus. Und hier kommen wir wieder zurück zu unseren Transkriptionsfaktoren, denn nach dem heutigen Wissensstand können nur sie eine Korrelation vorweisen, die etwas über die Komplexität eines Lebewesens aussagt. Selbst ihre ureigene Struktur und ihre Verbreitung innerhalb der Genome sind als Indikatoren für ihre besondere Rolle innerhalb der Evolution zu werten.

Bei allen höheren Tieren (Metazoen) sind beispielsweise die Transkriptionsfaktoren durchschnittlich länger im Vergleich zu allen anderen Proteinen im Genom und sie beanspruchen ebenfalls einen erheblichen Teil aller Gene des Genoms für sich. So sind in tierischen Genomen schätzungsweise 4,7 % aller proteincodierenden Gene des Genoms Transkriptionsfaktoren, bei uns Menschen sind sogar nicht weniger als 6 % aller Gene als Transkriptionsfaktoren beschrieben. Damit haben wir auch endlich eine direkte Korrelation zwischen der Komplexität eines Organismus und einer messbaren genetischen Komponente. Der Grund, warum diese speziellen Proteine im Laufe der Evolution immer größer wurden, war und ist auch gleichzeitig der Schlüssel zu ihrem Erfolg. Wenn man sich einen durchschnittlichen Transkriptionsfaktor näher betrachtet, so besteht er aus verschiedenen Domänen, die alle unterschiedliche Aufgaben erfüllen. Die wichtigsten Abschnitte sind bei diesen Proteinen logischerweise jene, die DNS-Abschnitte erkennen und binden (DNS-Bindedomänen). Durch sie erlangen diese Proteine ihre einzigartige Eigenschaft, direkten Einfluss zu nehmen auf die Aktivität der Gene. Eine zweite wichtige Eigenschaft dieser Proteine besteht in ihrer hohen Interaktivität, was bedeutet, dass sie in der Lage sind, mit diversen anderen Proteinen zu interagieren, um so ihre eigene Aktivität besser an die jeweiligen Gegebenheiten anzupassen.

Man kann also sagen, dass Transkriptionsfaktoren sich mit anderen Proteinen absprechen, um die bestmögliche Arbeit zu leisten. Verantwortlich für diese Interaktionen sind die sogenannten „intrinsically disordered regions“ (ID-Regionen). Sie verdanken ihren Namen der Tatsache, dass sie regelrecht unstrukturiert wirken, was in der Welt der Proteine nur sehr selten der Fall ist. Doch durch dieses Strukturmerkmal besitzen sie die Fähigkeit, flexibel bestimmte Proteinstrukturen auf anderen Proteinen zu erkennen und zu binden. Dank dieser interaktionsfreudigen Proteindomänen konnten sich im Laufe der Evolution gigantische Proteinnetzwerke ausbilden, die sich gegenseitig regulieren, um auf diese Weise zu einer Spielwiese der Evolution zu werden. Tatsächlich haben sich im Laufe der Zeit gerade diese Proteindomänen innerhalb der Transkriptionsfaktoren extrem angereichert, sodass sie heute bei menschlichen Transkriptionsfaktoren bis zu 49 % der gesamten Proteinsequenz ausmachen.

Wie wichtig diese nur scheinbar ungeordneten Proteindomänen wirklich sind, zeigen Vergleiche von Proteinsequenzen zwischen Menschen und Mäusen. Für diese Vergleiche wurden sogenannte orthologe Transkriptionsfaktoren miteinander verglichen. Anstelle von „ortholog“ könnte man hier allerdings auch „verwandt“ sagen. Denn als ortholog bezeichnet man in der Genetik Gene, die aufgrund ihrer Sequenzähnlichkeit miteinander verwandt sein müssen, auch wenn sie in weit voneinander entfernten Spezies vorkommen. Sie gehen in jedem Fall auf einen gemeinsamen (Gen-)Vorfahren zurück.

Auch wenn es sich zunächst merkwürdig anhören mag, so ist es tatsächlich so, dass jedes einzelne Gen seine ganz individuelle Verwandtschafts- und Entwicklungsgeschichte besitzt. Ein kurzes, aber aussagekräftiges Beispiel hierfür ist die Geschichte unserer Globin-Gene, also jener Gene, die für die sauerstoffbindenden Proteine unserer roten Blutkörperchen codieren. Vorläuferformen dieser Gene finden sich bereits in den Genomen von Bakterien, allerdings nur in einfacher Ausführung und noch mit anderer Funktion. Bei uns Menschen sowie allen anderen Säugetieren, Vögeln, Reptilien und Amphibien gibt es jedoch zwei Gencluster, die in a- und b-Cluster unterteilt werden. Aufgrund der sehr hohen Sequenzähnlichkeit zwischen den verschiedenen Globin-Genen wissen wir, dass sie durch Duplikation von einem gemeinsamen Vorläufergen auseinander hervorgegangen sind. Dank der Verteilung dieser zwei Globin-Gencluster im Tierreich können wir sogar sagen, wann diese Duplikation vonstattenging, und zwar vor circa 500 Millionen Jahren in dem Genom eines kieferlosen Fisches, der sich damit als Urahn aller Amphibien, Reptilien, Vögel und Säugetiere herausstellen sollte. So gibt es heute tatsächlich kein Tier aus dieser 500 Millionen-jährigen Ahnenreihe, dass diese Aufteilung in a- und b-Cluster nicht besitzt. Auf diese und andere Arten besitzt eines jedes Gen seine ganz individuelle Ahnenreihe, die zwar für jedes Gen in unterschiedliche Etappen aufgeteilt ist, aber doch die eine oder andere Gemeinsamkeit besitzt. Sie alle sind zu irgendeinem Zeitpunkt durch Duplikation aus einem Vorläufergen entstanden. Damit sind also die Globin-Gene aller heute lebenden Wirbeltiere miteinander verwandt oder genetisch ausgedrückt „ortholog“.

Für unser Beispiel bedeutet dies, dass die miteinander verglichenen Gene (oder wie in diesem Fall die Transkriptionsfaktoren) von ein und demselben Vorgängergen im letzten gemeinsamen Vorfahren der beiden Spezies abstammen. Für unseren speziellen Fall betrachten wir also einen Zeitraum von ungefähr 90 Millionen Jahren, als sich die Linie der Primaten von der der Nagetiere abspaltete. Nur einmal zur Verdeutlichung: Als diese Aufspaltung von Primaten und Nagetieren vonstattenging, herrschten die Dinosaurier noch weitere 25 Millionen Jahre über die Welt, bis sie schließlich unfreiwillig von unseren Säugetiervorfahren abgelöst wurden. Diese von uns betrachteten und miteinander verglichenen Proteine haben also für eine Zeitspanne von circa 90 Millionen Jahren eine komplett voneinander unabhängige Evolution durchlaufen. Wie unterschiedlich diese Evolution verlief, erkennt jeder, wenn er eine Maus mit einem Menschen oder einem Schimpansen vergleicht. Doch sieht man diese auffälligen Unterschiede auch beim Vergleich dieser miteinander verwandten Transkriptionsfaktoren? Die Antwort ist wie so oft in der Genetik überraschend, denn sie lautet: Nein. Tatsächlich sind 90,5 % der verglichenen Sequenzen identisch zwischen Menschen und Mäusen und das trotz 90 Millionen Jahre eigenständiger Evolution und vor allem trotz der hohen Dichte unstrukturierter ID-Regionen.

Dieses Beispiel aus der Forschung soll uns genau wie alle vorherigen Beispiele vor allem eines zeigen, nämlich wie wichtig Transkriptionsfaktoren für die Entstehung von organismischer Komplexität sind und auch wie diese besonderen Proteine dabei geholfen haben, diese komplexe Welt zu erschaffen.

Seit dem Beginn des Lebens auf der Erde gab es schon viele Phasen des kreativen Wandels innerhalb der Evolution, die man gut und gerne als Explosion bezeichnen kann. Deren Nachhall ist bis heute in unser aller Körper und der uns umgebenen Natur zu hören. Für viele dieser Phasen gibt es für uns Wissenschaftler messbare Belege, doch bis vor Kurzem musste man sich hier noch weitgehend mit dem Fossilbericht zufriedengeben. Diese fossilierten Überreste früheren Lebens kann man mithilfe der Sedimentschicht, innerhalb derer sie gefunden werden, zeitlich relativ genau einordnen. Doch der Fossilbericht ist auch sehr lückenhaft und da auch die Qualität der Fossilien mit zunehmendem Alter stetig abnimmt, kann man also sagen, je weiter man in der Zeit zurückreist, desto schlechter und lückenhafter wird auch der Fossilbericht. Eine weitere Schwachstelle, die den Fossilien anhaftet, ist, dass sie keinerlei DNS mehr enthalten, was es schwierig macht, etwaige Verwandtschaftsverhältnisse offenzulegen. An dieser Stelle muss ich wieder auf die Durchbrüche der molekularen Biologie verweisen. Dank ihr haben wir heute eine zweite Option, um in die Vergangenheit zu schauen. Es ist in etwa so, als würde man die Brille wechseln, mit deren Hilfe man nach hinten schaut. Selbstverständlich ist das, was man sieht, etwas völlig anderes, während man mithilfe des Fossilberichts körperliche Eigenschaften ausgestorbener Tiere und Pflanzen betrachtet und analysiert. So schaut man durch die Brille der Genetik auf die Gene und Proteine heute noch lebender Nachfahren und naher Verwandter bereits ausgestorbener Lebewesen, um so einen Einblick in deren Entwicklung zu bekommen.

Das faszinierende an diesen beiden Methoden ist, dass sie sich gegenseitig bestätigen und damit unser heutiges Wissen über die Entwicklung des Lebens erst ermöglicht haben. An dieser Stelle möchte ich zwei beeindruckende Beispiele nennen, deren Protagonisten jedem Leser vermutlich bekannt sein werden. Das erste Beispiel kommt aus der Pflanzenwelt und es geht um die wahrscheinlich schönste Errungenschaft der pflanzlichen Evolution, die Blüte.

Die erste Blüte

Auch wenn schön duftende und blühende Pflanzen uns heute allgegenwärtig erscheinen, so gibt es sie noch gar nicht allzu lange. Die ersten Fossilien von Blüten sind ungefähr 130 Millionen Jahre alt und stammen damit aus der Zeit der Dinosaurier. Zu dieser Zeit waren die ersten Blüten noch winzige Farbtupfer in einem Meer aus unterschiedlichen Grüntönen. Mit diesem Wissen aus dem Fossilbericht können wir leider nicht viel darüber sagen, wie die Evolution es vollbracht hat, dieses in der Regel bisexuelle Wunderwerk, das wir heute Blüte nennen, zu erschaffen. Doch an dieser Stelle kommt uns die moderne Genetik zur Hilfe, die uns sagt, dass im gleichen Zeitraum, der uns vom Fossilbericht vorgegeben wird, auch eine molekulare Revolution vonstattenging, für die der Fossilbericht jedoch blind ist.

Diese stille Revolution ermöglichte es einigen Pflanzen, die ersten Blüten zu erschaffen. Die Hauptakteure in diesem evolutiven Schauspiel waren, wie sollte es anders sein, Transkriptionsfaktoren – also eben jene DNS-bindenden Proteine, von denen wir nun schon so einiges gehört haben. Diese für die Entwicklung von Blüten entscheidenden Proteine wurden allerdings nicht neu erfunden, sie kamen bereits bei den Vorfahren der heutigen Blütenpflanzen vor und selbst hier waren sie schon bei dem Aufbau der Reproduktionsorgane mit beteiligt. Doch vor circa 130 Millionen Jahren vermehrten sich diese Gene durch Duplikation innerhalb des Genoms einzelner Pflanzen und konnten so auch neue, komplexere Interaktionsnetzwerke aufbauen. Was es diesen Pflanzen schließlich ermöglichte, die Bildung eines so komplexen Reproduktionsapparats wie der Blüte zu bewerkstelligen. Das evolutive Echo dieser neuen Innovation erstreckte sich jedoch nicht nur über die Pflanzenwelt, in der die Blütenpflanzen schnell eine dominante Rolle einnehmen konnten, sondern auch bis weit hinein ins Reich der Tiere. Allen voran das Schicksal der Insekten wurde hiervon stark beeinflusst, denn es kam dank des Mechanismus der Koevolution zu einer starken gegenseitigen Abhängigkeit.

Diese geht sogar so weit, dass viele Pflanzen sich nur noch mithilfe ganz bestimmter Insekten vermehren können und auf der anderen Seite bestimmte Pflanzen die alleinige Nahrungsquelle für einige Insektenarten darstellen. Daraus folgt, dass genetische Veränderungen in den Genomen solcher Pflanzen auch direkte Veränderungen in den Genomen ihrer sechsbeinigen Lebenspartner zur Folge haben. Sollte sich beispielsweise aufgrund einer zufälligen Mutation die Blütenform einer Pflanze ändern, wird das auch eine notwendige Veränderung der Mundwerkzeuge des Bestäuberinsekts nach sich ziehen. Viele dieser dynamischen Lebenspartnerschaften kennen wir heute schon und doch ist uns, gerade dank unseres Wissens, bewusst, wie wenig wir tatsächlich über diese in Millionen von Jahren gewachsenen und aneinander angepassten ökologischen Zusammenhänge wissen. Umso mehr sollte uns auch die heutige Rate des Artensterbens erschrecken lassen, denn das Verschwinden einer Art bedeutet auch gleichzeitig das Verschwinden anderer Arten, die von dieser direkt oder indirekt abhängig sind.

Die Intelligenz der Tintenfische

Das zweite Beispiel, das die wichtige Rolle der Transkriptionsfaktoren verdeutlichen soll, kommt aus dem Tierreich. Allerdings geht es diesmal nicht um uns Menschen, aber um ein Lebewesen, das eine zentrale Eigenschaft mit den Mitgliedern der Art *Homo sapiens* teilt, und zwar seine Intelligenz. Das Tier, um das es hier geht, ist ebenfalls um ein Vielfaches intelligenter als nahezu alle anderen Arten innerhalb seines Tierstammes. Wie sich der ein oder andere vielleicht schon denken kann, handelt diese kurze Geschichte vom Oktopus. Einem Tier, das aufgrund seiner kognitiven Fähigkeiten sowie auch anderen körperlichen Eigenschaften weit aus dem Stamm der übrigen Weichtiere hinausragt. Der Philosoph und Taucher Peter Godfrey-Smith schrieb in seinem Buch „Other Minds“ folgende passende Worte:

> „Kopffüßler – Oktopoden, Kalmare und Nautilusse – sind eine Insel geistiger Komplexität inmitten des Ozeans wirbelloser Tiere.“

Oktopusse zählen, zusammen mit anderen Vertretern der Kopffüßer, zu den mit Abstand intelligentesten wirbellosen Tieren, die wir kennen. Es gibt sogar Experimente, die ihre kognitiven Fähigkeiten mit denen von Säugetieren gleichsetzen oder sie sogar noch höher ansiedeln. Sie besitzen beispielsweise neben einem differenzierten Kurz- und Langzeitgedächtnis und ausgedehnten Schlafperioden auch die Fähigkeit, verschiedene Individuen anderer Arten zu erkennen und zu unterscheiden. So können Oktopusse, die in Gefangenschaft leben, durchaus zwischen verschiedenen Tierpflegern unterscheiden und ihnen ein entsprechendes Verhalten entgegenbringen. Beispielsweise schießen sie einem unliebsamen Menschen gerne mal einen Wasserstrahl ins Gesicht. Eine weitere Besonderheit ist die Fähigkeit zur Abstraktion. Als Abstraktion bezeichnet man in der Psychologie die geistige Fähigkeit, den Informationsgehalt eines wie auch immer gearteten Reizes so weit herabzusetzen, dass aus ihm allgemeine Modelle und Vorstellungen entstehen können. Dank dieser Fähigkeit sind wir Menschen beispielsweise in der Lage, einem relativ wertlosen Stück Papier wie einem Hundert-Euro-Schein einen so hohen Wert beizumessen, wie wir es tun.

Doch wie ist es möglich, dass ein Vertreter der Weichtiere, zu dessen Stamm vorwiegend Schnecken und Muscheln gehören, solche kognitiven Fähigkeiten erlangt? An dieser Stelle war man wieder dazu geneigt zu glauben, dass Oktopusse besonders viele Gene besitzen und ein allgemein wesentlich komplexeres Genom aufweisen müssen als alle anderen Vertreter der Weichtiere. Doch wie aus der Biologie nicht anders zu erwarten, ist dem nicht so. Tatsächlich sind weite Teile des Genoms dieser intelligenten Kopffüßer ziemlich durchschnittlich für einen Vertreter dieses Tierstammes.

Eine besondere Auffälligkeit hat die Sequenzierung des Oktopus-Genoms dennoch ergeben und diese betrifft wieder Transkriptionsfaktoren oder anders gesagt die Meisterregulatoren der biologischen Komplexität. In diesem Fall haben sich ganz bestimmte DNS-Bindedomänen im Genom vervielfacht, und zwar sogenannte Zinkfinger-Bindedomänen. So besitzen Oktopusse insgesamt 1790 proteincodierende Gene, mit eben dieser DNS-Bindedomäne. Im Vergleich dazu besitzen andere Weichtiere nur durchschnittlich 200–400 solcher Proteine und selbst der Mensch besitzt auch nur 764 Proteine mit einem Zinkfinger-Motiv. Interessanterweise werden die meisten dieser regulatorischen Proteine während der Embryonalentwicklung und in den Nervengeweben dieser Tiere aktiviert. Diese Expressionsmuster geben uns auch eine Erklärung für die Sonderstellung dieser Tiere innerhalb des Stammes der Weichtiere. Denn gerade während der Embryonalentwicklung wird der Körperbauplan eines jeden Tieres festgelegt und je mehr Transkriptionsfaktoren zu dieser Zeit aktiv sind, desto komplexer kann auch der spätere Körperbau gestaltet werden. Das gleiche gilt selbstverständlich auch für die Entwicklung des Nervensystems und das erklärt schließlich auch die mehr als erstaunliche Intelligenz dieser durch und durch bemerkenswerten Weichtiere.

Anders als bei den uns bekannten Gehirnen der Wirbeltiere kann man nicht wirklich sagen, wo das Gehirn eines Oktopusses beginnt und wo es endet. Es befindet sich nicht nur im Kopf des Tieres, sondern ist sogar zu zwei Dritteln in seinen Armen zu finden und durchzieht damit nahezu seinen gesamten Körper.

Doch diese Tiere sollten uns noch weit mehr zu denken geben, denn alle anderen Tiere, denen wir heute eine höhere Intelligenz zusprechen, egal ob Affen, Wale oder Elefanten, sie alle befinden sich im Stamm der Säugetiere. Damit kann man sagen, dass unser aller Intelligenz einen gemeinsamen Ursprung hatte. Bei den Oktopussen sieht das allerdings schon ganz anders aus.

Unser letzter gemeinsamer Vorfahre lebte schätzungsweise vor 600–700 Millionen Jahren und sah vermutlich einem schleimigen Wurm ähnlicher als einem Menschen oder einem Oktopus. Daher kann man hier wohl nicht von einem hochintelligenten Lebewesen sprechen. Daraus lässt sich leicht ableiten, dass sich die Intelligenz von Säugetieren und die von Oktopussen völlig unabhängig voneinander entwickelt hat. Ein faszinierendes Beispiel dafür, dass auch Intelligenz nur eines von vielen Merkmalen ist, die unabhängig voneinander in der Evolution immer wieder aufblühen können. Hier bekommen wir ein weiteres Mal gezeigt, dass es nicht die schiere Menge an Genen ist, die der Komplexität den Weg bereitet, sondern vielmehr das deren Regulation der ausschlaggebende Faktor ist. Und Regulation ist nun einmal die Kernkompetenz der Transkriptionsfaktoren. Sie haben sich im Laufe der Evolution, gelenkt durch die ständige Qualitätskontrolle der natürlichen Selektion, immer mehr DNS-Bindedomänen angeeignet, um so ihre Bindung an die DNS zu verbessern. Sie haben auch ihre sozialen Fähigkeiten optimiert, damit sie mit einer breiten Masse an anderen Proteinen interagieren können, umso ihre eigene Aktivität besser zu regulieren. So wurden sie im Laufe der Evolution zu wahrhaft meisterhaften Instrumenten der molekularen Sinfonien, deren Klänge unsere Zellen am Leben halten.

Eine zelluläre Sinfonie

Nun sind wir der großen Frage einen Schritt nähergekommen, wie es möglich ist, dass Gene nicht nur solche riesigen, vielzelligen Organismen wie den Menschen erschaffen, sondern auch wie sie es fertig bringen, so viele verschiedene Zelltypen zu generieren. Ohne diese speziellen Transkriptionsfaktoren lässt sich diese Frage nicht vollständig beantworten, denn sie sind es, die die Gene in ihrer Aktivität regulieren und gleichzeitig durch ihre ständige Interaktion mit ihrer molekularen Umgebung auch sich selbst regulieren.

Das schon genannte Bild der molekularen Sinfonie finde ich sehr hilfreich, wenn es um die Abläufe innerhalb einer Zelle geht. Wie ein Komponist, der eine Sinfonie schreibt, ist auch die Evolution stets danach bestrebt, eine größtmögliche Harmonie zu erzielen, wenn es um die molekularen Abläufe einer Zelle geht. In jeder Zelle müssen zu jeder Zeit viele tausende Proteine gleichzeitig viele hundert Aufgaben erfüllen und dass nur, damit die Zelle am Leben erhalten werden kann. Nun muss sie allerdings auch noch so gut wie irgend möglich auf Signale aus ihrem Umfeld reagieren können, was die gesamten Abläufe noch weiter verkompliziert. Und hier bekommt das Bild von einer Sinfonie eine ganz neue Bedeutung, denn die Prinzipien sind die gleichen. Die molekulare Sinfonie wird erst harmonisch, wenn jedes Protein zu genau der richtigen Zeit am richtigen Ort seine Aufgaben erfüllt. Auch eine Sinfonie klingt erst harmonisch, wenn die Streicher zu genau der richtigen Zeit die richtigen Noten spielen und das gleiche gilt für die Holzbläser, Blechbläser und Klavierspieler, jeder muss in Abhängigkeit von anderen Akteuren präzise reagieren können. Und so kann man sagen, dass jede Zelle, abhängig von ihrer Identität, eine andere Sinfonie spielt, da andere Proteine aktiv sind. Doch der gemeinsame Dirigent ist die DNS und die Instrumente, welche die unterschiedlichen Sinfonien erklingen lassen, sind die Transkriptionsfaktoren.

Erinnern Sie sich noch, wie wir zu dem Thema Genregulation und Transkriptionsfaktoren gekommen sind? Nun, es ging um die Anatomie von Genen, doch alles, was wir bisher gehört haben, bezieht sich nach wie vor auf die Schaltzentrale eines Gens, seinen Promotor oder, wie ich ihn im Bilde der Anatomie auch gerne nenne, den Kopf eines Gens. Hier findet nahezu die gesamte Steuerung und Regulation eines Gens statt – sei es durch die generellen oder die diversen speziellen Transkriptionsfaktoren: Sie alle erkennen und binden ganz bestimmte DNS-Sequenzen oder andere an der Regulation beteiligte Proteine und sie alle finden ihr Ziel mithilfe des Promotors. Mit was könnte man diese Schaltzentrale besser vergleichen als mit dem Gehirn in unserem Kopf, der auch die Steuerung seines Körpers übernimmt. Wenn nun alle Transkriptionsfaktoren in der korrekten Abfolge an den Promotor gebunden haben, kann sich die RNS-Polymerase von ihm lösen und beginnt ihre Reise entlang des eigentlichen Gens. Und auf dieser Reise wollen wir die RNS-Polymerase begleiten und damit einen Schritt weitergehen, weg vom Promotor. Wir werden uns hierbei die Struktur des „Genkörpers“ etwas näher betrachten, also den Teil eines Gens, der tatsächlich in RNS umgeschrieben wird. Denn auch hier werden wir viel erfahren können über die Natur der Gene und ihre Evolution.

Exons und Introns – neue Wege für die Evolution

Hätte man Genetiker vor den großen Durchbrüchen der molekularen Genetik gefragt, wie wohl ein typisches Gen aufgebaut ist, so wäre die Antwort wahrscheinlich ähnlich realitätsgetreu ausgefallen wie die nach der vermuteten Anzahl der Gene im menschlichen Genom. Genauso wenig, wie wir 100 000 proteincodierende Gene besitzen, genauso wenig wird die gesamte DNS-Sequenz eines Gens in Protein umgewandelt. Wie so häufig in der Biologie ist die Antwort um ein Vielfaches komplizierter und gleichzeitig erstaunlicher. Denn proteincodierende Gene besitzen bei allen höheren Lebensformen häufig eine komplexe Abfolge codierender und nichtcodierender Bereiche. Die codierenden Abschnitte, sprich jene, die schließlich in Protein umgeschrieben werden, bezeichnet man als Exons, was so viel bedeutet wie „**ex**pressed regi**on**“ oder „**ex**primierte Regi**on**“. Jene Abschnitte, die keine Information für die Umwandlung in eine Proteinsequenz enthalten, bezeichnet man als Introns oder „**int**ergenic **r**egi**on**“. Diese Exon-Intron-Struktur von vielen Genen widerlegt wieder einmal das starre Bild, das viele Wissenschaftler lange Zeit von Genen gehabt haben.

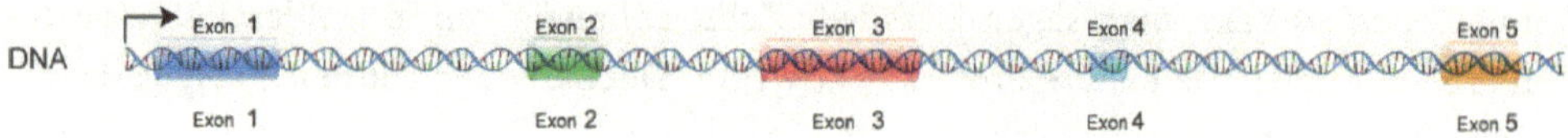

Abbildung 3: Exon-Intron-Struktur eines eukaryotischen Gens: Man erkennt die unterschiedlichen codierenden Exons (Exon 1, Exon 2, Exon 3, Exon 4 und Exon 5), die zu einem späteren Zeitpunkt in Protein übersetzt werden. Diese Exons werden regelmäßig durch die nicht codierenden Introns unterbrochen. Von Wikimedia Commons, Autor: National Human Genome Research Institute

Auch wenn heute bereits viel über die Eigenschaften und Funktionen dieser Struktur bekannt ist, so gibt es nach wie vor viele unbeantwortete Fragen. Es weist allerdings auch bei weitem nicht jedes Gen eine solche Abfolge codierender und nicht codierender Abschnitte auf. Während Bakterien keinerlei Introns aufweisen, so sind es bei der Bäckerhefe (*Saccharomyces cerevisiae*), ein Organismus, der sich nicht nur bei Bäckern, sondern auch bei Genetikern einer sehr hohen Beliebtheit erfreut, immerhin 280 der circa 5800 Gene, die eben diese nicht codierenden Introns besitzen. Das sind gerade einmal 4 % und hört sich wirklich nicht nach viel an, doch steigen wir die Evolutionsleiter etwas weiter hinauf, sieht das Ganze schon anders aus. Ein weiterer beliebter Modellorganismus in der Genetik ist der kleine Fadenwurm *Caenorhabditis elegans*, der eine faszinierende Eigenschaft besitzt, die sich Zellkonstanz nennt. Das bedeutet, jeder hermaphroditische Wurm besteht aus genau 959 Zellen, was ihn zu einem interessanten Versuchstier in der medizinischen Forschung macht. Doch beim Thema Introns ist dieser kleine Wurm der Hefe um einiges voraus, denn bei ihm besitzen schätzungsweise 25 % seiner Gene nicht codierende Introns.

Da wir nun schon dabei sind, uns genetische Modellorganismen zu betrachten, können wir auch einen Ausflug in die Pflanzenwelt machen und treffen hier auf die Ackerschmalwand (*Arabidopsis thaliana*). Bei dieser Pflanze besitzen stolze 80 % der Gene Introns, und zwar durchschnittlich vier bis fünf pro Gen. Wenn wir hier von durchschnittlich vier bis fünf Introns pro Gen sprechen, bedeutet dies, dass einige Gene nur sehr wenige Introns besitzen, während andere sehr viele ihr Eigen nennen. So gibt es bei der Ackerschmalwand auch sehr große und komplexe Gene, die aus mehr als 50 Introns bestehen. In der Welt der Tiere zeichnet sich nochmal ein anderes Bild ab. In Wirbeltier-Genomen besitzen 95 % aller proteincodierenden Gene eine Exon-Intron-Struktur und viele der Intron-Sequenzen sind mehrere 1000 Basenpaare lang. Tatsächlich machen Intron-Sequenzen knapp 30 % des gesamten menschlichen Genoms aus, während nur circa 1,5 % unserer DNS die Informationen für den Bau von Proteinen codieren. Wahrscheinlich stellt sich nun fast jedem Leser nur eine Frage: Warum? Warum wird die genetische Information für die Konstruktion unserer Körper auf diese Art und Weise gestückelt und warum sind eben jene Genabschnitte ohne ersichtliche Funktion so viel größer als die codierenden Bereiche?

Durch unser heutiges Wissen über die Evolution können wir auf jeden Fall eine Sache feststellen: Auch die nicht codierenden Bereiche des Genoms haben eine Funktion inne, da sie ansonsten im Laufe der Evolution mit an Sicherheit grenzender Wahrscheinlichkeit verloren gegangen wären. Eine der Hauptaufgaben, die diese intrinsischen Sequenzen besitzen, ist gleichzeitig eine direkte Folge ihrer Existenz, die Fragmentierung der proteincodierenden Gene. Schon anhand der von mir gewählten Beispielorganismen (Bakterien, Hefe, Fadenwurm, Pflanze und Wirbeltier) und deren Gehalt an Intron enthaltenen Genen lässt sich eine interessante Aussage treffen, die wir uns allerdings erst noch erklären müssen. Zusammen mit der Menge an Introns in den Genen wächst auch die Komplexität eines Lebewesens. Doch warum wächst mit einer steigenden Fragmentierung von Genen die Komplexität eines Organismus? Wie wir schon gehört haben, war es lange Zeit gang und gäbe zu denken, man bräuchte einfach nur viele Gene, um einen komplexen Organismus zu erschaffen, doch heute weiß man, dass die Evolution um ein Vielfaches intelligenter vorging.

Sie hat wie immer den effizientesten Weg eingeschlagen und erkannt, dass man mit der Fragmentierung von vorhandenen Genen das gleiche erreichen kann wie mit einer größeren Anzahl an Genen. Um den folgenden Prozess zu verstehen, muss man wissen, dass, nachdem ein Gen mitsamt seinen Introns und Exons durch die Wirkung der RNS-Polymerase in RNS umgeschrieben wurde, die Introns entfernt werden. Danach werden die codierenden Bereiche zusammengefügt, um so in Protein umgewandelt zu werden. Genau bei diesem Prozess wird auch die Funktion der Introns deutlich, denn dieser Prozess ist im höchsten Maße dynamisch und ebenfalls einer vielfältigen Regulation unterworfen. Nachdem die DNS-Sequenz eines kompletten Gens mitsamt seinen Exons und intrinsischen Sequenzen in RNS umgeschrieben wurde, nennt man das so entstandene Molekül mRNS. Das m steht im Englischen für Messenger und bedeutet so viel wie „Boten“-RNS. Diesen Namen verwendet man, um deutlich zu machen, dass die mRNS eine Botschaft enthält, und zwar die codierte Botschaft für den Bau eines ganz bestimmten Proteins. Doch enthält sie wirklich nur diese eine Botschaft?

Wie man den vorangegangenen Ausführungen entnehmen kann, ist dem nicht so. Dank eines Prozesses, den man als alternatives Spleißen bezeichnet, können so aus einem Gen verschiedene Proteine entstehen. Spleißen bedeutet allgemein ausgedrückt, dass Entfernen der nicht codierenden Introns und das anschließende Verbinden der codierenden Exons. Ich möchte hier gar nicht näher auf die molekularen Prozesse eingehen, die für das Entfernen der Introns verantwortlich sind, denn ich halte es für wesentlich wichtiger zu verstehen, was das Wort „alternativ“ an dieser Stelle bedeutet. Betrachten wir hierfür noch einmal unser idealisiertes Gen.

Wir haben schon viel erfahren über seinen Promotor und die diversen regulatorischen Sequenzen, die seine Aktivität steuern, doch nun folgen wir der RNS-Polymerase auf ihrem Weg entlang des Gens. Dieses Enzym, welches die lineare DNS-Sequenz unseres Gens in RNS umschreibt, ist blind für die ständig wechselnden, unsichtbaren Grenzen zwischen codierenden Exons und nicht codierenden Introns. Sie rennt einfach mit einer Geschwindigkeit von circa 20 Nukleotiden pro Sekunde über sie hinweg. Unser Gen besteht aus insgesamt zehn Exons, die durch neun Introns voneinander getrennt sind. Die Länge an Introns übersteigt die Länge der codierenden Bereiche um ein Vielfaches, nahezu alle von ihnen sind mehrere tausend Basenpaare lang und doch werden sie alle durch den Prozess des Spleißens aus der finalen RNS-Sequenz gelöscht, bevor diese als Vorlage für ein Protein verwendet wird. Oberflächlich betrachtet mag dies verschwenderisch wirken, doch das ist es nicht. Dank des alternativen Spleißens ist es möglich, unterschiedliche Exons miteinander zu verbinden und das hat enorme Folgen. Sehen wir uns nochmal unser idealisiertes Gen an, das aus zehn Exons besteht: Es ist nun möglich, dass einfach alle neun Introns herausgeschnitten werden und die verbleibenden zehn Exons miteinander verbunden werden. Doch dank des alternativen Spleißens ist es genauso gut möglich, dass einzelne Exons übersprungen werden und damit den gleichen Weg einschlagen wie die Introns und sich damit nicht in einer Proteinsequenz wiederfinden. Durch das Herausschneiden verschiedener Exons entstehen auch deutlich voneinander verschiedene mRNS-Moleküle. Da diese schließlich als Vorlage für Proteine dienen, entstehen auch verschiedene Proteine, die zum Teil gänzlich andere Funktionen innerhalb der Zelle erfüllen können. Bei einem Gen, das aus zehn Exons besteht, kann man sich leicht errechnen, wie viele mögliche Optionen es gibt, wenn immer nur ein Exon verloren geht. Doch wir wären nicht in der Biologie, wenn damit schon die gesamte Bandbreite an Möglichkeiten ausgeschöpft wäre. Tatsächlich ist es so, dass auch mehrere Exons gleichzeitig wegfallen können, unabhängig davon ob sie direkt hintereinander liegen oder nicht. Das bedeutet, dass die vorhandenen Exons eines Gens auf äußerst dynamische Weise miteinander verbunden werden können, um damit auch eine sich ständig wechselnde Auswahl an Proteinen zu erschaffen.

Dank dieses Vorgangs sind die möglichen Optionen, verschiedene Proteine aus einem Gen zu erschaffen, schon deutlich schwerer zu bestimmen. Um zu verstehen, welche zum Teil abstrus komplexen Dimensionen durch das alternative Spleißen entstehen können, entfernen wir uns kurz von unserem idealisierten Gen und betrachten uns ein echtes Gen, und zwar das Gen *Dscam* (Down syndrome cell adhesion molecule) aus der Fruchtfliege *Drosophila melanogaster.* Dieses Gen besteht aus insgesamt 115 Exons, von den 20 in jedem mRNS-Molekül vorkommen, während die restlichen 95 alternativ gespleißt werden können. Daraus ergibt sich eine mögliche Zahl von 38 016 verschiedenen RNS-Varianten, die logischerweise alle etwas unterschiedliche Proteine erschaffen. Es konnte bereits gezeigt werden, dass zu unterschiedlichen Entwicklungszeitpunkten der Fruchtfliege auch unterschiedliche Varianten von *Dscam* gebildet werden. Daraus lässt sich ableiten, dass während der Embryonalentwicklung andere Proteinvarianten gebildet werden als im Erwachsenenalter. Darüber hinaus konnte auch eine zelltypspezifische Regulation offengelegt werden, was bedeutet, dass verschiedene Zellen, die im *Dscam*-Gen gespeicherte Information unterschiedlich nutzen, um ihre eigenen Anforderungen zu erfüllen. Ähnlich verhält es sich auch für das menschliche Gen *Neurexin*, das aus 23 Exons aufgebaut ist, und für das schätzungsweise über tausend verschiedene Proteinvarianten existieren.

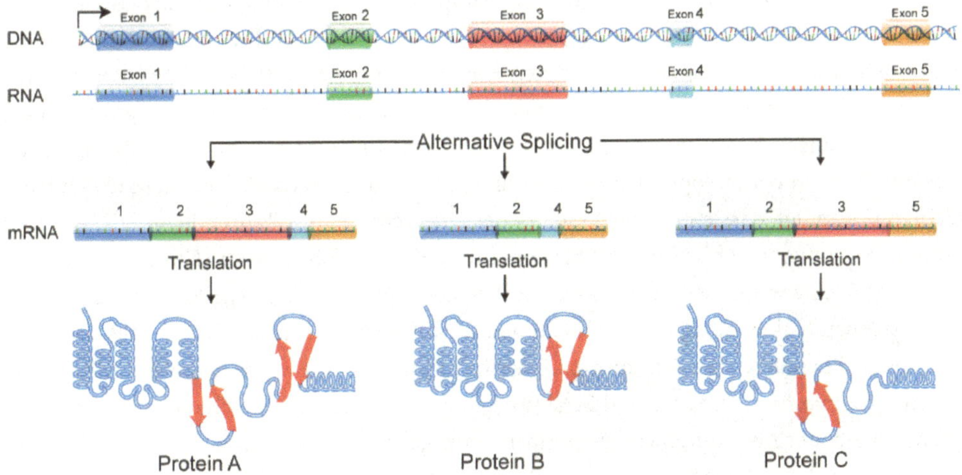

Abbildung 4: Mechanismus des alternativen Spleißens: Man sieht hier beispielhaft, auf welche Art und Weise die unterschiedlichen codierenden Bereiche eines Gens (Exon 1, Exon 2, Exon 3, Exon 4 und Exon 5) miteinander verbunden werden können, um so schließlich verschiedene Proteine (Protein A, Protein B, Protein C) zu erzeugen (aus ein und demselben Gen). Von Wikimedia Commons, Autor: National Human Genome Research Institute

Es steht zwar noch nicht abschließend fest, ob tatsächlich alle potenziell möglichen Varianten des *Dscam*-Gens oder des *Neurexin1*-Gens auch gebildet werden, aber es zeigt uns die nahezu unbegrenzten Möglichkeiten, die komplexe Genome entwickelt haben, um mit einer begrenzten Menge an Genen eine maximale Informationsdichte zu erreichen. Doch es gibt sogar noch einen weiteren Mechanismus, auf den das alternative Spleißen zurückgreifen kann, und zwar ist es nicht nur möglich, zwischen verschiedenen Exons zu wählen, es ist ebenfalls gezeigt worden, dass zwischen verschiedenen Spleißstellen innerhalb eines Exons gewählt werden kann. Spätestens jetzt sind wir an ein Maß der Komplexität herangekommen, an dem es keinen Sinn mehr macht, über mögliche Varianten eines Gens zu spekulieren, da die Möglichkeiten einfach zu vielfältig sind. Aber ich denke, es ist ausreichend, um ein Gefühl von der Komplexität zu erhalten, die uns und die gesamte belebte Welt um uns herum erschaffen hat.

Gene als „lebende" Mosaike

Denken wir nun noch einmal an die knapp 23 000 Gene im menschlichen Genom, gepaart mit unserem Wissen über den Einfluss von alternativem Spleißen und dem Fakt, dass schätzungsweise 95 % unserer Gene alternativ gespleißt werden können. So eröffnet sich uns ein gänzlich neues Bild von unserer eigenen genetischen Komplexität. Nun verstehen wir vielleicht auch, warum die Entdeckung der Introns, und damit einhergehend die Fragmentierung von Genen, sowie deren alternatives Spleißen zu den überraschendsten und gleichzeitig erstaunlichsten Erkenntnissen in der biologischen Forschung des 20. Jahrhunderts zählten. Schließlich hätte niemand vermutet, dass ein einziges Gen in der Lage sein soll, für Tausende unterschiedliche Proteine zu codieren, schließlich galt bis dahin die „Ein-Gen-Ein-Enzym"-Hypothese als Maß der Dinge. Heute wissen wir also, dass Gene viel mehr sind als nur lineare Sequenzen von vier verschiedenen Nukleotiden, sie sind hochkomplex aufgebaute, lebende Mosaike aus codierenden und nicht codierenden Abschnitten. Hier vollbringt die DNS etwas, was sie so einzigartig macht, sie kombiniert Struktur und Funktion par excellence. Allein durch das Vorhandensein nicht codierender Abschnitte wird der Informationsgehalt der codierenden Bereiche ins nahezu unermessliche gesteigert. Durch diese Paarung von genetischer Effizienz und der gleichzeitigen Explosion des „potenziellen" Informationsgehalts der DNS war es der Evolution möglich, ganz neue Wege einzuschlagen.

So verdanken wir es auch dem Vorhandensein von Introns in unseren Genen, dass unsere einzelligen Vorfahren sich zu Kolonien verbunden haben, die sich im Laufe der Evolution immer fester aneinander gebunden fühlten, um so eines Tages zum Ausgangspunkt für alles vielzellige Leben zu werden, einschließlich uns selbst. Doch für diesen Übergang vom freiheitsliebenden Einzelgänger hin zu einem sozialen Lebewesen, das sich zunächst mit Hunderten, dann mit Tausenden, später mit Millionen und schließlich sogar mit Billionen anderen seiner Art zu gigantischen Überlebensmaschinen zusammenschließt, war noch ein weiterer Intron-bedingter Mechanismus erforderlich: das sogenannte Exon-Shuffling. Das englische Wort „shuffle" bedeutet so viel wie mischen und dadurch wird auch schon deutlich, was mit Exon-Shuffling gemeint ist. Es geht um das Mischen von Exons.

Wir wissen nun bereits, dass die Gene höherer Organismen einen modulartigen Aufbau besitzen und haben auch schon gehört, dass dank dieser Struktur das alternative Spleißen deutlich mehr Proteine erzeugen kann, als es Gene gibt. Doch das alternative Spleißen kann in der Regel nur jene Exons miteinander verbinden, die ohnehin Bestandteil ein und desselben Gens sind, und es kann keine Exons miteinander verbinden, die sich in unterschiedlichen Genen befinden. Und genau das wird dank des Exon-Shufflings umgesetzt, es ermöglicht den Transfer eines oder mehrerer Exons von einem Gen zu einem anderen. Tatsächlich ist dies häufig die Geburtsstunde eines neuen Gens mit zum Teil völlig neuen Funktionen.

Durch den Hinzugewinn eines neuen Exons ändert sich häufig auch die Funktion und damit die Identität eines Proteins. Zur Veranschaulichung betrachten wir noch einmal unser idealisiertes Gen, das sich aus zehn Exons zusammensetzt. Nun wird eines dieser Exons durch eine spontane Mutation so verändert, dass sich auch die darin gespeicherte Proteinstruktur verändert und dadurch eine andere dreidimensionale Form annimmt. Diese neuartige Proteinstruktur ermöglicht es dem Protein (für das unser Gen codiert) als Ganzem, neue nützliche Funktionen innerhalb der Zelle zu erfüllen. Doch diese zufällig durch Mutation entstandene, evolutive Innovation ist auf dieses eine Protein begrenzt und auch wenn andere Proteine von dieser Innovation profitieren könnten, sie besitzen schlicht und ergreifend nicht das dafür notwendige codierende Exon. Dank verschiedener genetischer Rekombinationsmechanismen ist es jedoch möglich, dass Exons zwischen Genen ausgetauscht werden können. Dies geschieht natürlich, genau wie die ursprüngliche positive Mutation selbst, komplett auf zufälliger Basis. In den meisten Fällen hat ein solches Exon-Shuffling, aus offensichtlichen Gründen, katastrophale Folgen für das betroffene Gen. Wenn sich jedoch das „richtige" Exon an der „richtigen" Stelle in das „richtige" Gen einbaut, kann es auch zu einer durchaus positiven Kombination von Proteindomänen kommen. Diese positiven Veränderungen werden anschließend von der natürlichen Selektion begünstigt und können sich durchsetzen, bis sie sich schließlich in einer gegebenen Population ausgebreitet haben.

Es gibt hier zwei verschiedene Möglichkeiten, was die Funktion des verschobenen Exons betrifft: Entweder es behält seine Funktion bei und überträgt diese lediglich auf ein neues Protein oder es erhält eine neue Funktion, bedingt durch das neue Protein, in dem es sich nun wiederfindet.

Hierfür möchte ich ein faszinierendes Beispiel aus dem echten Leben nennen, das uns auch deutlich macht, welchen massiven Einfluss der Mechanismus des Exon-Shuffling wahrscheinlich auf den Übergang vom einzelligen zum mehrzelligen Leben hatte. Und zwar wurden die Genome von zwei uns bereits bekannten Organismen miteinander verglichen, zum einen das der einzelligen Hefe und zum anderen das des vielzelligen Fadenwurms *C. elegans*. Die Wahl fiel auf diese beiden Organismen, da sie zum einen bereits gut erforscht sind und zum anderen die Hefe ein bereits höher entwickeltes einzelliges Lebewesen darstellt, während der Fadenwurm ein noch sehr ursprüngliches vielzelliges Lebewesen ist. Daher bieten diese zwei Organismen ein gutes Versuchspärchen, wenn es um die Erforschung des Übergangs vom einzelligen zum vielzelligen Leben geht. Interessanterweise fand man heraus, dass zwei ganz bestimmte Proteindomänen der Immunglobuline in der Hefe ausschließlich im Zellinneren, sprich intrazellulär, genutzt werden, während sie im Fadenwurm C. *elegans* in erster Linie bei Proteinen im Zelläußeren, also extrazellulär, vorkommen. Das bedeutet, dass sich hier Proteindomänen, die sich in einem einzelligen Organismus für zellinterne Aufgaben entwickelt haben, in einem höher entwickelten Organismus gänzlich anderen Aufgaben stellen, wie in diesem Fall der Zell-Zell- oder Zell-Substrat-Kommunikation.

Hier liegt auch einer der Gründe, warum ich mich für genau dieses Beispiel entschieden habe, denn eine der wichtigsten Fähigkeiten, die eine Zelle in einem vielzelligen Organismus leisten muss, ist die der kontinuierlichen Kommunikation. Der Kommunikation sowohl mit benachbarten Zellen als auch mit der restlichen Umgebung der Zelle. Nur so „weiß" eine Zelle, wo sie sich innerhalb des Organismus befindet und wie sie am besten auf einen bestimmten Reiz zu reagieren hat. Gerade deswegen ist dieses Beispiel so aufregend, weil man hier mit etwas Fantasie beobachten kann, wie eine einzelne Proteindomäne eines einzelligen Lebewesens seinen Nachfahren, dank des Exon-Shuffling, erlaubt, sich zu vielzelligen Lebewesen weiterzuentwickeln. Selbstverständlich reicht das Verschieben eines Exons bei weitem nicht aus, um den Übergang vom einzelligen zum vielzelligen Leben zu erklären. Hierfür sind Millionen, wenn nicht Milliarden kleiner Veränderungen und Anpassungen über einen Zeitraum von Millionen von Jahren hinweg erforderlich gewesen. Jedoch haben wir dank dieser Erkenntnis und vielen anderen, die auf diesem Feld bereits gemacht wurden, einen kleinen Einblick bekommen in das, was uns zu dem gemacht hat, was wir heute sind. Auch aufgrund der Möglichkeit, dass Exons zwischen verschiedenen Genen ausgetauscht werden können, konnten sich die für höhere Organismen typischen Repertoires an sogenannten Multidomänen-Proteinen bilden. Dies sind Proteine, die verschiedene Domänen aufweisen und dadurch unterschiedliche Funktionen erfüllen können, auch in Abhängigkeit von der Zelle, in der sie sich befinden, und von der Kombination anderer Proteine um sie herum. Diese Multidomänen-Proteine, die in erster Linie durch das Verschieben von Exons entstehen, bieten so auch eine Möglichkeit, sich durch die Evolutionsgeschichte zu bewegen. Je höher ein Organismus entwickelt ist, desto höher ist auch die Anzahl solcher Proteine in seinem Genom.

Um herauszufinden, inwieweit Exon-Shuffling zu der Entwicklung höheren Lebens beigetragen hat, wurden ebenfalls die Genome von Hefe, Fadenwurm, Fruchtfliege und Mensch miteinander verglichen und man fand heraus, dass die Frequenz an Multidomänen-Proteinen in eben jener Reihenfolge zunimmt, in der auch die Komplexität des jeweiligen Organismus zunimmt.

An dieser Stelle sehen wir noch einmal deutlich, auf welche erstaunliche Art und Weise Introns, deren Existenz die Wissenschaft so überrascht hat, die Evolution des komplexen Lebens beeinflusst oder besser gesagt erst ermöglicht haben. Ohne die genetische Vielfalt, die durch alternatives Spleißen und durch Exon-Shuffling erreicht wird, wäre höheres Leben, wie wir es kennen, schlicht und ergreifend nicht möglich.

Die vielfältigen Aufgaben der Introns

Lange Zeit war es selbstverständlich unter Wissenschaftlern zu denken, dass die Unmengen an nicht codierenden DNS-Abschnitten in den Genomen höherer Lebewesen nichts weiter sind als ein evolutionäres Überbleibsel aus längst vergangener Zeit. Und wie das Überreste halt so an sich haben, besitzen sie auch keine relevanten Funktionen mehr in der molekularen Inszenierung moderner Zellen. Ich erinnere mich auch noch an diverse Diskussionen während meiner Zeit als Doktorand an der Universität, in denen auch weitgehend diese prominente Meinung vertreten wurde. So war ich seit jeher der Meinung, dass diese enorm großen Abschnitte unseres Genoms eine Funktion beinhalten müssen, auch wenn wir diese bisher noch nicht kennen. Der evolutionäre Aufwand, diese Bereiche über Jahrmillionen hinweg loszuwerden, kann niemals größer sein als jener, sie billionenfach mit uns herumzuschleppen. Wir denken noch einmal daran, dass jeder unserer Körper aus durchschnittlich 100 Billionen Zellen besteht und jede dieser Zellen beinhaltet diese nicht codierenden DNS-Abschnitte. Was wäre das für eine grandiose Verschwendung von kostbaren Ressourcen, die durchweg anders genutzt werden könnten? Und haben wir nicht bereits gelernt, dass die Evolution nach einer strengen Kosten-Nutzen-Rechnung jede Änderung gründlich prüft? Nach alledem muss also etwas, was dermaßen hohe Kosten mit sich bringt, auch einen deutlichen Nutzen haben, ansonsten würde die Evolution diese riesigen Introns aus unseren Genomen tilgen oder sie zumindest deutlich verkleinern. Auch wenn ich während meiner Zeit an der Universität noch nicht die richtigen Argumente zur Hand hatte, um meine Meinung zu untermauern, so besitze ich sie heutzutage.

Selbst wenn wir nach wie vor nur an der Oberfläche gekratzt haben, was die Funktion der Introns betrifft, so wissen wir heute doch schon einiges mehr über sie als noch vor zehn Jahren. So haben kürzlich zwei Arbeitsgruppen unabhängig voneinander zeigen können, dass Introns anscheinend eine wichtige zelluläre Funktion zukommt bei der Toleranz von Mangelzuständen. Gezeigt wurde das bisher an einem genetischen Modellorganismus, den wir bereits kennengerlernt haben, der Bäckerhefe *Saccharomyces cerevisiae*. Um herauszufinden, ob und wenn ja welche Funktion diesen Genabschnitten zukommt, wurden sie aus einigen Hefezellen schlicht und ergreifend entfernt. Mithilfe der modernen Molekulargenetik ist dies nicht so schwer wie es zunächst klingen mag, denn die Hefe besitzt ja schließlich nur 280 Gene mit Introns. Als man diese gentechnisch-modifizierten (Intron-freien) Hefezellen nun mit wildtypischen Zellen verglich, sah man unter normalen Wachstumsbedingungen keinerlei Unterschiede. Beide Zelllinien teilten sich und gediehen prächtig. Doch wenn man nun einen Mangelzustand herbeiführte, in dem man den Zellen die Nährstoffe entzog, sah man plötzlich einen dramatischen Unterschied. Ein Großteil der Intron-freien Hefestämme starb unter den gegebenen Umständen deutlich schneller als jene Hefestämme, die alle ihre Introns noch besaßen. Doch durch welchen Mechanismus können diese nicht codierenden Abschnitte eine Zelle vor dem Hungertod bewahren?

Kurz gesagt haben die Introns dafür gesorgt, dass die Zelle in eine Art Energiesparmodus übergeht. Dadurch überlebten diese Zellen unter nährstoffarmen Bedingungen länger. Anders als lange vermutet konnte gezeigt werden, dass einige Introns nach dem Herausschneiden nicht direkt abgebaut wurden, sondern dass sie sich angereichert haben. Dadurch verlangsamten sie eben jenen Prozess, durch den sie selbst entstanden sind, nämlich das Herausschneiden von Introns. Damit hemmen sie logischerweise auch die Produktion neuer Proteine, was eine der energieaufwendigsten Aktivitäten einer Zelle darstellt. Denn die größten Energieverbraucher innerhalb einer Zelle sind die „Fabriken der Proteine", die Ribosomen, riesige Komplexe aus diversen Proteinen und Ribonukleinsäuren. Auch diese unablässig tätigen Werkstätten werden durch die Introns auf noch nicht vollständig geklärte Weise gehemmt, um so den Energieverbrauch einer Zelle niedrig zu halten. Schon bis hierhin ist es faszinierend zu sehen, welche vielfältigen Funktionen die Introns ausführen und doch sind diese Erkenntnisse relativ neu. Man sollte daher nicht der Versuchung anheimfallen zu glauben, man wüsste bereits alles, was es über diese DNS-Abschnitte zu wissen gibt. Es ist eher wahrscheinlich, dass wir noch nicht einmal die gesamte Spitze des Eisbergs als solche erkannt haben und viele Funktionen werden wir wohl auch nie erfahren können, da sie über so enorm lange Zeiträume hinweg ablaufen, dass wir für sie schlicht und ergreifend blind sind.

Auf ein Merkmal dieser nicht codierenden DNS-Bereiche möchte ich allerdings noch einmal eingehen und das ist deren Länge. Wie bereits erwähnt ist die Länge der Introns sehr unterschiedlich. Es gibt Introns mit einer Länge von zum Teil weniger als 100 Basen und es gibt Introns, die aus vielen 10 000 Basen bestehen. Doch wie ist diese große Bandbreite zu erklären, da ja auch schon sehr kurze Introns in der Lage wären, das so wichtige alternative Spleißen zu ermöglichen? Schließlich muss man bedenken, dass jedes Nukleotid, egal ob codierend oder nicht codierend, von der RNS-Polymerase abgelesen und umgeschrieben werden muss und das mit einer relativ konstanten Geschwindigkeit. Diese Geschwindigkeit liegt nach verschiedenen Schätzungen zwischen 20 und 60 Basen pro Sekunde. Für einige Gene mit besonders langen Introns wie zum Beispiel dem menschlichen TOP-1-Gen bedeutet das, dass die Umschreibung von DNS in RNS mehr als eine Stunde in Anspruch nimmt. Wie kann das unter den für die Evolution so wichtigen Effizienzkriterien erklärt werden?

Oder haben die Genome tatsächliche keine evolutive Kontrolle über die Länge der Introns, sodass diese unkontrolliert wachsen können? Wie Sie es sich bereits denken können, ist dem nicht so, tatsächlich verhält es sich sogar genau anders herum. Über die Länge der Introns kann auch das Vorhandensein des von einem bestimmten Gen codierten Proteins gesteuert werden. Dies ist von herausragender Bedeutung gerade während der Embryonalentwicklung sämtlicher höherer Tiere und Pflanzen. Denn gerade in dieser kritischen Entwicklungsphase, in der auch der grundlegende Körperbauplan angelegt wird, gibt es viele Proteine, deren Vorhandensein stark oszilliert. Dies bedeutet einfach ausgedrückt, dass es zu sich wiederholenden zeitlichen Schwankungen kommt.

Dieses zeitliche Schwankungsmuster kann nun von lebenden Organismen als eine Art Zeitmesser verwendet werden, wenn es darum geht, ein zeitliches Muster in ein räumliches zu übertragen. Und das ist es, was während der Embryonalentwicklung vonstattengeht. Ein schönes Beispiel hierfür ist das Gen *Hes7*, dem während der Embryonalentwicklung eine wichtige Rolle zukommt und dessen Bildung ebenfalls innerhalb eines festgelegten zeitlichen Rahmens schwankt. Dieser Rahmen ist im Falle von *Hes7* ziemlich genau zwei Stunden lang. Der Grund für dieses Schwankungsmuster ist das Protein Hes7 selbst, denn als DNS-bindender Transkriptionsfaktor bindet es unter anderem an seinen eigenen Promotor und blockiert diesen. Damit reprimiert Hes7 sich letztendlich selbst. Doch bedingt durch seine relativ kurze Halbwertszeit hat dieses Protein nur eine ganz bestimmte Lebenszeit und nach ungefähr zwei Stunden wird es schließlich abgebaut. Mit dem Protein verschwindet auch die Blockade des *Hes7*-Promotors und es kann ein neues Protein entstehen und damit auch ein neuer Zyklus. Diese Autoregulation ist enorm wichtig, da sie ein zeitliches Muster erzeugt, das der Organismus dafür nutzen kann, räumliche Strukturen zu erschaffen. In diesem Fall sich wiederholende segmentartige Strukturen, sogenannte Somiten, aus denen im späteren Verlauf der Entwicklung unsere Wirbel und Rippen hervorgehen werden. Indem man nun bei Mäusen die Introns aus dem *Hes7*-Gen entfernt hat, verlor sich auch das zeitliche Muster, innerhalb dessen das Proteinprodukt dieses Gens auftritt, und es kam dadurch zu schweren Entwicklungsstörungen. Interessanterweise hat es sich gezeigt, dass diese längenabhängige Funktion der *Hes7*-Introns über viele verschiedene Säugetierarten (einschließlich uns Menschen) hinweg erhalten geblieben ist. In der Genetik spricht man in einem solchen Fall von konserviert.

Konserviert bedeutet, dass ein bestimmtes genetisches Merkmal, in diesem Fall die Längen der *Hes7*-Introns, über Jahrmillionen der Evolution hinweg erhalten bleiben, weil sie für ihren Träger von Vorteil sind und schon kleine Veränderungen mit dem Tod des betreffenden Individuums einhergehen können. Solche Veränderungen werden somit von der natürlichen Selektion ausselektiert und können damit auch nicht an die nächste Generation weitergegeben werden. Dies ist nur ein Beispiel, das stellvertretend für viele weitere steht, wenn es darum geht, wie Introns nicht nur durch ihr Vorhandensein, sondern auch durch ganz bestimmte Eigenschaften wie ihre Länge wichtige Funktionen erfüllen. Vor allem aber zeigt es, dass Genome durchaus Einfluss haben auf die Länge von Introns. Gerade Gene, die häufig und in großen Mengen in RNS umgeschrieben werden, enthalten in der Regel nur kurze Introns, während Gene, die nur selten gebraucht werden oder dessen Auftreten in einem zeitlichen Rahmen oszilliert, oft größere Introns besitzen.

Wir haben in diesem Abschnitt nun schon einiges gelernt über die nicht codierenden Abschnitte unseres „Genkörpers“. Wir wissen jetzt, dass sie weit mehr sind als nutzlose Überreste längst vergangener Tage. Sie haben der Evolution erst die Möglichkeit gegeben, solche komplexen Lebewesen zu erschaffen, die wir heute kennen und zu denen auch wir selbst gehören. Durch die Fragmentierung von Genen und die daraus resultierenden Prozesse wie das alternative Spleißen und das Exon-Shuffling wurde eine unvorstellbare biologische Vielfalt erreicht. Doch Introns sind nicht nur molekulare Grenzen zwischen codierenden Genbereichen, sie sind selbst wichtige Orte der Regulation und besitzen Eigenschaften, die unabhängig von ihrer Sequenz die Evolution beeinflussen. Wenn jedoch diese Introns so ungemein wichtig sind für die Entwicklung höheren Lebens, dann stellt sich auch die Frage, wo sie eigentlich herkommen und wie sie es geschafft haben, all diese Funktionen zu erhalten.

Diese Geschichte, die auch am biologischen Ursprung unseres Selbst steht, hören wir im nächsten Abschnitt. Es ist eine Geschichte friedlichen Zusammenlebens, feindlicher Invasion und bestmöglicher Abschottung. Es ist auch die Geschichte der Entstehung unserer Zellen.

Der Ursprung der Introns oder die Endosymbiontentheorie

Wie wir es auch aus unserem Privatleben kennen, kann Zusammenleben entweder friedlich oder auch feindselig ablaufen, es kann passieren, dass der eine den anderen nicht akzeptiert, weil er ihm zu ähnlich ist oder sie zu verschieden sind. Doch auch in einer durch Konkurrenz bestimmten Umwelt kann das Leben einen Mittelweg wählen. So können zwei unterschiedliche Individuen gerade durch ihre verschiedenartigen Fähigkeiten voneinander profitieren. Doch was hat das genau mit dem Ursprung der Introns zu tun? Nun bevor wir das erfahren, müssen wir jedoch zuerst einen kurzen Ausflug in die Systematik unternehmen, also den Teil der Biologie, der jedes bekannte Lebewesen entsprechend seiner Stammesgeschichte in bestimmte Gruppen einteilt. Die höchste Kategorie, in die man ein Lebewesen einteilen kann, ist die Domäne. Heute gibt es drei verschiedene Domänen, in der jedes Lebewesen seinen Platz findet, da sind zu einen die Bakterien, die Archaeen und die Eukaryoten.

Bakterien werden vermutlich jedem ein Begriff sein. Diese einzelligen Lebewesen haben nahezu jedes Biotop auf der Erde bevölkert von den ozeanischen Tiefseegräben bis hin zu den antarktischen Polgebieten, von den Regenwäldern Amazoniens bis zu den Wüsten dieser Welt. Es gibt fast keinen Ort auf diesem Planeten, wo man nicht unzählige Bakterienarten findet. Auch alle höheren Lebensformen, einschließlich uns Menschen, sind auf verschiedenste Weise von diesen einzelligen Organismen abhängig. Zum einen, da sie jedes unserer Organe besiedelt haben und damit unseren Körper erst funktionsfähig machen, aber auch weil sie im Laufe der Evolution Teil unserer ureigen Selbst geworden sind.

Archaeen sind die zweite große Domäne des lebendigen Lebens, sie teilen auch oberflächlich betrachtet viele Eigenschaften mit den Bakterien. So sind auch sie einzellige Organismen, dessen DNS als zirkuläres Ringmolekül vorliegt und nicht durch eine besondere Kernmembran geschützt ist. Jedoch gibt es diverse molekulare Unterschiede zwischen ihnen und den Bakterien, die dazu geführt haben, dass sie heute eine eigene Domäne darstellen. Die auffälligste Eigenschaft dieser Archaeen ist ihr Hang zum Extremen, sie existieren und gedeihen unter Bedingungen, die für alle anderen Lebewesen (einschließlich Bakterien) tödlich wären. Dazu gehören Lebensräume von teilweise über 100 Grad Celsius, bei den jede andere Zelle zerkochen würde, Lebensräume mit sehr niedrigen und sehr hohen pH-Werten, die andere Zellen schlicht und ergreifen auflösen würden, Lebensräume mit sehr hohem Salzgehalt, der andere Zellen sofort töten würde, oder Lebensräume, in denen sehr hoher Druck herrscht, unter dem andere Zellen zerdrückt werden würden.

Obwohl diese einzelligen Lebewesen aufgrund ihrer extremen Eigenschaften und Vorlieben den Anschein erwecken, sie seien dem Geist eines unzurechnungsfähigen Science-Fiction-Autors entsprungen, so sind sie uns doch viel ähnlicher, als wir zunächst denken.

Und mit diesem kleinen Hinweis kommen wir nun zu der Domäne, die uns am bekanntesten sein sollte, die der Eukaryoten. Schließlich gehören auch wir zu dieser Domäne, genau wie alle anderen Tiere, Pflanzen, Algen und Pilze. Doch was zeichnet die Mitglieder dieser Domäne aus oder was unterscheidet sie von den anderen Domänen – abgesehen natürlich von ihrer schieren Größe und Komplexität im Vergleich zu den Mitgliedern der Bakterien und Archaeen? Nun hier gibt es viele Unterschiede auf der molekularen und auf der zellulären Ebene, wie zum Beispiel das Vorhandensein eines internen Membransystems, vor allem zum Schutz der DNS. Auch die Struktur der DNS selbst, die bei Bakterien und Archaeen einem Ringmolekül gleicht und bei Eukaryoten als lineares Chromosom vorliegt, der Aufbau ihrer Gene und vieles andere unterscheiden sich. An dieser Stelle könnte ich ewig fortfahren, wenn es darum geht, Unterschiede aufzuzählen, doch ich halte es für interessanter, hier eine kurze Geschichte über die evolutionäre Entstehung der ersten Eukaryotenzelle zu erzählen. Denn dies ist nicht nur die Geschichte der dritten Domäne des Lebens, sondern auch vermutlich die der Introns.

Was steht eigentlich hinter dem kryptischen Begriff „Eukaryot“? Wörtlich aus dem Altgriechischen übersetzt bedeutet es „echter Kern“ und bezieht sich damit direkt auf eines der Hauptmerkmale einer eukaryotischen Zelle, den Zellkern. Doch eine eukaryotische Zelle unterscheidet sich auch in anderen Eigenschaften von einer bakteriellen oder Archaeen-Zelle. Sie ist mindestens 3- bis 4-mal so groß, besitzt ein internes Membransystem, damit Moleküle nicht wie bei Bakterien und Archaeen frei durch die Zelle treiben, sondern gezielt von A nach B transportiert werden können.

Alles in allem kann man sagen, dass Eukaryoten eine sehr viel komplexere zelluläre Organisation aufweisen im Vergleich zu Bakterien oder Archaeen. Wie konnte diese Komplexität sich entwickeln und wie sah die Welt aus, die diese Anpassung erforderlich machte? Auch wenn wir heute mithilfe moderner Methoden vieles schon beantworten können, so werden wir doch nie alles wissen und der Grund dafür ist schlicht und ergreifend der zeitliche Abstand zu jener Zeit, als die erste Eukaryotenzelle entstand. Und selbst in der Formulierung „erste Eukaryotenzelle" liegt schon die nächste Schwierigkeit, schließlich war die Entwicklung dieses Zelltyps zweifelsohne ein langer, kontinuierlicher Prozess. Wenn ich in diesem Zusammenhang von einem langen Prozess spreche, dann meine ich einen Zeitraum, der sich über viele Millionen Jahre erstreckte und unzählige Zwischenstufen umfasste, von denen sich nur wenige weiterentwickelten. Die überwiegende Mehrheit hingegen konnte dem Selektionsdruck nicht standhalten. Des Weiteren haben die beteiligten Zellen uns auch logischerweise keine Fossilien hinterlassen, auf die wir zurückgreifen könnten. Von daher haben wir es wieder einmal der modernen Genetik zu verdanken, dass wir diesen Evolutionsprozess heute so gut nachstellen können. Auch wenn die Zellen, um die es hier geht, uns keine Fossilien hinterlassen haben, so haben doch alle Beteiligten genetische Fingerabdrücke am Tatort zurückgelassen, und zwar in jedem von uns.

Der Ursprung unserer Komplexität

Unsere Reise beginnt vor schätzungsweise zwei Milliarden Jahren (anders ausgedrückt vor 2000 Millionen Jahren). Zu dieser Zeit war Kenorland, der erste Superkontinent der Erdgeschichte, gerade entstanden und es herrschten nach wie vor lebensfeindliche Temperaturen an seinen Gestaden. Doch die Ozeane wurden schon seit fast zwei Milliarden Jahren von Bakterien und Archaeen besiedelt, die bereits eine enorme Vielfalt hervorgebracht haben. Zu eben jenem Zeitpunkt, der nicht viel genauer zu datieren ist, holte die Evolution gerade tief Luft für ihren nächsten großen Sprung, der das Antlitz der Erde nachhaltig verändern sollte.

Irgendwo in den Tiefen dieses Urozeans kam es zu einer Liaison, deren Beteiligte nicht nur zwei verschiedenen Arten angehörten, sondern sogar zwei verschiedenen Domänen des Lebens (mehr gab es zu diesem Zeitpunkt auch noch nicht). An diesem unbekannten, aber historischen Schauplatz, der aufgrund des Kontinentaldriftes gar nicht mehr existieren kann, tat ein hungriges Archaeum das, was es am besten kann, es verschlang ein kleineres Bakterium. Doch diesmal war etwas anders! Das Bakterium wurde nicht wie üblich verdaut, es lebte fortan weiter in seinem neuen zu Hause, dem stets hungrigen Archaeum.

Von nun an waren die Schicksale dieser beiden Zellen eng miteinander verwoben, das Archaeum bot dem kleinen Bakterium Schutz vor der rauen Umwelt des Urozeans, und das Bakterium … was genau tat das Bakterium eigentlich für seinen neuen Wirt? Es tat etwas, was von so ungeheurer Wichtigkeit für seinen Wirt war, dass diese Endosymbiose heute als eine der größten und wichtigsten Revolutionen in der belebten Welt in allen Geschichtsbüchern stehen sollte. Es ermöglichte dem Archaeum, in einer Umwelt zu überleben, in dem der Gehalt eines tödlichen Zellgiftes immer mehr zunahm, woran die meisten seiner Artgenossen zugrunde gingen. Dieses Zellgift kennen wir heute als Sauerstoff. Aber Sauerstoff ein Gift? Heute weiß doch jedes Kind, dass Sauerstoff überlebenswichtig ist! Doch was heute gilt, muss noch lange nicht vor zwei Milliarden Jahren gegolten haben und tatsächlich existierte in den ersten knapp zwei Milliarden Jahren der Erdgeschichte nahezu kein freier Sauerstoff in der Atmosphäre. Was logischerweise bedeutet, dass alle Lebewesen, die sich bis zu diesem Zeitpunkt entwickelt haben, sich an eine Welt ohne freien Sauerstoff angepasst hatten. Was führte nun dazu, dass auf einmal Sauerstoff in der Atmosphäre zur Verfügung stand?

Dies hatte tatsächlich keine geologischen Gründe, sondern vielmehr biologische. Wie schon erwähnt hatten einzellige Lebewesen wie Bakterien schon Milliarden Jahre Evolution hinter sich gebracht und haben auf diesem Weg erstaunliche Fähigkeiten erlangt. Eine der wichtigsten war die Möglichkeit, Sonnenlicht zur Energiegewinnung zu nutzen. Die Photosynthese ermöglichte es so einigen Bakterien, allen voran den sogenannten Cyanobakterien, auf eine nahezu unerschöpfliche interstellare Energiequelle zu vertrauen. Das Problem war nur, dass die Photosynthese auch Abfallprodukte hervorbringt, und hier sind wir wieder beim Sauerstoff. Die Cyanobakterien gediehen dank der neuen Energiequelle prächtig und erzeugten auf diesem Wege immer mehr und immer mehr freien Sauerstoff, der sich über viele Millionen Jahre hinweg im Meerwasser und in der Atmosphäre anreicherte. Nun ist Sauerstoff eine hochreaktive Substanz und absolut tödlich für alle Lebewesen, die keine Abwehrmechanismen dafür entwickelt haben. Dies führte zu einem wahren Massaker unter den Lebewesen der damaligen Zeit, daher sprechen Wissenschaftler von der sogenannten „großen Sauerstoffkatastrophe".

Damit liegt der Grund für das erste große Massensterben der Erdgeschichte bei dem Stoff, auf den wir heute alle so angewiesen sind. Der Fakt, dass ich heute in der Lage bin, dieses Buch zu schreiben, und Sie es lesen können, bedeutet, dass nicht alle Lebewesen an dieser prähistorischen Sauerstoffflut verendet sind. Schließlich sind die Sauerstoffkonzentrationen damals nicht über Nacht explodiert, sondern sie sind über einen Zeitraum von schätzungsweise 50 Millionen Jahren hinweg kontinuierlich gestiegen. Dies war mehr als genug Zeit für einige Bakterien, sich an diesen neuen molekularen Nachbarn anzupassen, und nicht nur das, sie waren sogar in der Lage, die Vorteile des Sauerstoffs für sich nutzbar zu machen. Denn bei jedwedem Stoffwechsel, der auf die Oxidation von Sauerstoff setzt, wird mehr thermodynamisch nutzbare Energie frei als bei sauerstofffreien Stoffwechselarten. Genau diese Eigenschaft erlangte auch unser armes kleines Bakterium, das gerade von einem hungrigen Archaeum einverleibt wurde. Damit wäre auch die Frage beantwortet, was dieses Bakterium seinem neuen Wirt als Gegenleistung für den angebotenen Schutz bieten kann, denn umsonst ist in der Natur nichts.

Von nun an lebte das Bakterium sicher im Inneren des größeren Archaeums und sorgte im Gegenzug dafür, dass beide in einer mit Sauerstoff angereicherten Umgebung überleben konnten. Dadurch waren sie sogar in der Lage, Lebensräume zu erschließen, die für den früheren Wirt tödlich gewesen wären. Heute wissen wir, dass alle Eukaryoten, also alle Tiere (einschließlich uns Menschen), alle Pflanzen, alle Algen, alle Pilze und alle Protisten (einzellige Eukaryoten) auf dieses eine singuläre Ereignis zurückgehen. Wir alle zusammen sind die Erben dieses gefräßigen Archaeums und seines sauerstofftoleranten Bakteriums.

Im Laufe von Millionen Jahren der Evolution passten sich die beiden Zellen immer mehr aneinander an, bis sie schließlich vollständig von dem jeweils anderen anhängig waren, um überleben zu können. Die Wirtszelle wurde komplett abhängig von der sauerstoffbasierten Energiezufuhr seines kleineren Mitbewohners, und was aus dem kleinen Bakterium wurde, ist sogar noch faszinierender. Da ihre einzige Aufgabe von nun an darin bestand, Energie zu liefern und Sauerstoff zu verstoffwechseln, während alles andere, was zum Überleben notwendig war, von der Wirtszelle übernommen wurde, konnte die Evolution sich von ihrer pragmatischsten Seite zeigen. Das Genom des kleinen Bakteriums wurde fast komplett reduziert und codiert heute nur noch für wenige ausgewählte Gene. Einige Gene wurden sogar in das Genom der Wirtszelle integriert und sind beim Bakterium selbst verloren gegangen. Das Ganze geht soweit, dass diese ursprünglichen bakteriellen Gene von der Wirtszelle gebildet werden, nur um anschließend wieder ins Bakterium transportiert zu werden. Allerdings würde ich spätestens ab diesem Moment nicht mehr von einem Bakterium sprechen, sondern ich würde dieses ehemals freilebende Bakterium mit einer anderen Bezeichnung versehen, einer, die wir alle noch aus dem Biologieunterricht unserer Schulzeit kennen, dem Mitochondrium.

Wir haben alle in der Schule von diesen universellen Kraftwerken einer jeden eukaryotischen Zelle gehört, aber häufig wurde uns ihre einzigartige Entstehungsgeschichte vorenthalten. Vor allem der Fakt, dass alle Mitochondrien sämtlicher höherer Lebewesen auf ein einziges Fusionsereignis zweier verschiedener Zellen zurückgehen, die nur zusammen kamen aufgrund eines weltweiten Massensterbens, ist für mich besonders faszinierend. Selbst über die Abstammung unserer heutigen Mitochondrien können wir schon einiges sagen, so wissen wir dank genetischer Analysen, dass diese einst freilebenden Vorfahren unserer zellulären Kraftwerke zu den α-Proteobakterien zählten. Heute sind sie allerdings so stark reduziert, dass sie unmöglich außerhalb unserer Zellen überleben könnten.

Weitere Belege für die sogenannte Endosymbiontentheorie gibt es in Hülle und Fülle, so besitzt die DNS der Mitochondrien stark bakterienähnliche Promotoren und Ribosomenbindestellen. Des Weiteren sind die Ribosomen der Mitochondrien selbst nahezu identisch mit denen von Bakterien. Trotz dieser Milliarden Jahre der Untermiete besitzen unsere Mitochondrien tatsächlich noch ihre eigenen Ribosomen, die denen von Bakterien mehr gleichen, als denen ihrer Wirtszelle. Genauso haben sie ihr eigenes Genom und dieses ist, ebenfalls wie bei

Bakterien üblich, zirkulär und besitzt eine besondere Ähnlichkeit mit dem von α-Proteobakterien. Genau wie diese Bakterien teilen sich auch heutige Mitochondrien noch unabhängig von ihrer Wirtszelle durch Zweiteilung. Ein weiteres schlagkräftiges Argument ist, dass Mitochondrien eine doppelte Hüllmembran besitzen, von der die äußere dem Aufbau nach einer eukaryotischen Zelle entspricht, während die Innere eindeutig bakteriellen Ursprungs ist.

Daraus ergibt sich ein faszinierender Schluss: Der einzige Grund, warum wir und alle anderen höheren Lebewesen in einer so sauerstoffreichen Umgebung wie der unseren leben können, ist der, dass wir kleine Bakterien in uns tragen, die uns das Atmen erst ermöglichen. Das meiste, was wir bisher gehört haben, bezog sich jedoch nur auf den bakteriellen Endosymbionten, doch was ist mit dem zweiten Partner dieser Symbiose? Was wissen wir über die frühere Wirtszelle und damit über unser aller Vorfahren?

Vieles liegt hier noch im Dunklen und das aus mehreren Gründen: Zum einen ist da die zeitliche Barriere von knapp zwei Milliarden Jahren, aber es gibt auch eine evolutionäre Barriere. Diese liegt vor allem darin begründet, dass die frühere Wirtszelle massive genetische und zelluläre Veränderungen durchgemacht hat nach der Aufnahme seines neuen Lebenspartners. Was heute als gesichert angesehen wird, ist das es sich um ein Archaeum handelte, und hier wird auch klar, warum wir diesem, die Extreme liebenden Einzellern näherstehen, als es auf den ersten Blick scheinen mag. Auf genetischer Ebene zeigen unsere Gene eine deutlich höhere Ähnlichkeit zu denen von Archaeen als zu denen von Bakterien (ganz im Gegensatz zu den Genen der Mitochondrien). Diese Ähnlichkeiten, die für universelle eukaryotische Gene beschrieben worden, sind ein weiterer Beweis dafür, dass eukaryotische Zellen, also auch unsere Zellen, aus einer Verschmelzung von Archaeen und Bakterien entstanden sind. Es wurde lange darüber spekuliert, wie dieser unser Vorfahr (molekular betrachtet) ausgesehen haben könnte, und welche Eigenschaften er besessen haben muss.

Eine essenzielle Eigenschaft muss die der Phagozytose gewesen sein, was aus dem Altgriechischen übersetzt so viel bedeutet wie „Zellfressen“ – also die Aufnahme kleinerer Partikel oder Zellen zwecks Nahrungsaufnahme. Ansonsten hätte er schließlich auch nicht unser kleines Bakterium in sich aufnehmen können, um damit Geschichte zu schreiben. Diese Eigenschaft ist allerdings nicht beschrieben für Bakterien oder heutige Archaeen. Dies ist vermutlich so, weil dieser Prozess ein hohes Maß an zellulärer Organisation erfordert, was die Möglichkeiten von einzelligen Bakterien oder Archaeen übersteigt.

Aber ist das tatsächlich so? Nachdem man dachte, man würde wohl nie ein Archaeum finden, dass die notwendigen Eigenschaften besitzt, verließ unverhofft Loki, der alte nordische Gott des Feuers und des Schabernacks, sein Schloss und übertraf damit alle Hoffnungen, die Biologen jemals gehabt haben. Zur Erklärung: Als „Loki's castle“ oder auf Deutsch „Loki's Schloss“ bezeichnet man ein Gebiet von fünf hydrothermalen Schloten entlang des mittelatlantischen Rückens zwischen Grönland und Norwegen. Da diese hydrothermalen Schlote auch im weiteren Verlauf dieses Buches noch sehr wichtig werden, möchte ich kurz einmal erklären, wie sie entstehen und was sie überhaupt sind. Überall dort, wo die ozeanische Erdkruste aufbricht, also vor allem entlang der Kontinentalplatten, dringt auch Ozeanwasser in die Tiefe der Erdkruste ein. Teilweise mehrere Tausend Meter tief bis an den Rand des Erdmantels, wo es auf glühendes Magma trifft. Unten angekommen wird das Wasser so stark erhitzt, dass es mit bis zu 400 °C wieder nach oben schießt und am Meeresboden als hydrothermaler Schlot zu sehen ist. Auf dem Weg durch die Erdkruste reichert sich das Wasser mit allerhand vulkanischen Gasen und mineralischen Stoffen an, die so an den Meeresboden transportiert werden und das austretende Wasser schwarz färben.

Daher kommt auch der Spitzname für diese Schlote: „black smokers" oder schwarze Raucher. Als Biologen genomische Analysen der Sedimente in dem Gebiet von Loki's castle durchführten, stießen sie auf etwas, mit dem niemand mehr gerechnet hätte: vollständige Genome noch völlig unbekannter Archaeenarten, die man fortan als Lokiarchaeota oder kurz Loki bezeichnete. Das besondere an diesen nach einem nordischen Gott benannten Archaeen ist, dass sie alle Eigenschaften ineinander kombinieren, die Wissenschaftler für den frühesten eukaryotischen Vorfahren angenommen haben. Dazu gehören 36 hochkonservierte Gene, die Teil des zellulären Informationsverarbeitungssystems sind, also die Vorfahren von Genen, die bis dato nur in Eukaryoten beschrieben wurden. Des Weiteren enthält das Genom von Loki Gene für ein komplexes Zytoskelett und diverse Proteine, die essenziell sind für die Modellierung von Membranen. Das bedeutet, sie besitzen das gesamte notwendige Handwerkszeug für den komplexen Mechanismus der Phagozytose.

Spätestens nach diesen Erkenntnissen besteht kein vernünftiger Zweifel mehr an der Tatsache, dass die Ursprünge aller eukaryotischen Zellen innerhalb der Archaea zu suchen sind. Mit der Entdeckung von Loki sind wir der Suche nach unser aller Vorfahren einen großen Schritt nähergekommen. Ob wir jedoch noch viel weiter kommen, ist fraglich. Auch wenn wir vieles noch nicht wissen über das Aussehen und Verhalten von Loki und anderen Archaeen, so dürfen wir nicht vergessen, dass mehr als zwei Milliarden Jahre der Evolution vergangen sind zwischen heutigen Forschungen und dem Entstehungsprozess der eukaryotischen Zelle – und damit auch zwischen uns und unserem tatsächlichen Vorfahren.

Nun wissen wir schon einiges über die Protagonisten und die Abläufe dieses Theaterstücks aus grauer Vorzeit, doch wie verbinden wir das jetzt mit der Entstehung der Introns in den heutigen Genen höherer Lebewesen? Tatsächlich sind diese nach heutigem Wissen untrennbar miteinander verbunden. Bisher klang die ganze Geschichte doch eigentlich sehr harmonisch. Zwei unterschiedliche Zellen sind miteinander verschmolzen und jede profitierte auf irgendeine Weise von dieser neuartigen Liaison, bis ab einem bestimmten Zeitpunkt aus zwei Zellen eine wurde. Doch der Weg hin zur eukaryotischen Zelle war alles andere als friedlich, denn es tobte ein erbarmungsloser genetischer Krieg zwischen den beiden betroffenen Parteien und viele der Errungenschaften, die heute als typisch eukaryotisch bezeichnet werden, dienten vor allem der Verteidigung und der Abschottung gegen ein genetisches Bombardement.

Wir erinnern uns, dass beide Zellen, aus deren Verschmelzung wir entstanden sind, keinen Zellkern besaßen und auch keine fragmentierten Gene, ganz im Gegensatz zu allen eukaryotischen Zellen, die ja aus dieser Fusion hervorgehen sollten. Wie lässt sich das erklären? Am besten durch das Vorhandensein sich autonom vermehrender genetischer Einheiten, die in vielen bakteriellen Genomen vorkommen, darunter auch den α-Proteobakterien, aus denen unsere Mitochondrien entstanden sind. Diese sogenannten Gruppe-II-Introns kommen zwar bei Bakterien relativ häufig vor, sind allerdings sehr selten bei Archaeen anzutreffen. Letztere konnten daher auch keine wirksamen Mechanismen aufbauen, um diese egoistischen genetischen Elemente an ihrer Ausbreitung zu hindern. Und da beginnt auch der Konflikt zwischen den beiden Zellen. Die Gruppe-II-Introns begannen nun, die Wehrlosigkeit der neuen Wirtszelle eiskalt auszunutzen, vermehrten sich nahezu ungehindert und bauten sich selbst an jeder für sie passenden Stelle im Genom des gefräßigen Archaeums ein.

Nachdem unser Vorfahr nun also der großen Sauerstoffkatastrophe knapp entkommen konnte, sieht er sich nun der „großen Intronkatastrophe" gegenüber. Diese sich wahllos vermehrenden genetischen Parasiten können die gleiche Wirkung haben wie ein Kugelhagel. Sie können durch den Einbau in die DNS die codierenden Bereiche von Genen zerstören, sodass keine funktionsfähigen Proteine mehr gebildet werden können, oder sie manipulieren durch ihre Sequenz regulative Bereiche der DNS, sodass Gene nicht mehr korrekt reguliert werden.

Es blieb der Wirtszelle nur eine Wahl: Wenn sie weiterhin überleben wollte, musste sie sich anpassen. Und das tat sie auch mithilfe der Werkzeuge, die wir bei Loki entdeckt haben, so war sie in der Lage, ihr Zellinneres durch Membranmodellierung in Kompartimente zu unterteilen. Dadurch entwickelte sich in erster Linie der Zellkern. Dieser war für zwei Aspekte von besonderer Bedeutung. Zum einen schützte er die DNS vor dem weiteren Bombardement durch die Gruppe-II-Introns des bakteriellen Untermieters und er sorgte dafür, dass durch Introns belastete Gene nicht direkt durch Ribosomen in Protein umgeschrieben wurden. Also entwickelte die Wirtszelle auch einen Mechanismus, durch den die fehlerhaften Transkripte von ihren Introns befreit wurden. Diesen Mechanismus bezeichnen wir heute als Spleißen. Schließlich war es gerade diese Fähigkeit, die komplexes Leben, wie wir es kennen, erst ermöglichte.

Man kann also sagen, dass die Evolution aus den Zitronen, die ihr vorgehalten wurden, immer wieder köstliche Limonade gemacht hat, denn schließlich ging sie selbst aus den größten Katastrophen gestärkt hervor. Doch woher wissen wir, dass unsere heutigen Introns von den Gruppe-II Introns der Bakterien abstammen?

Das liegt schlicht und ergreifend an der erstaunlichen Ähnlichkeit zwischen diesen bakteriellen Gruppe-II-Introns und den Introns unserer eigenen Gene. Schließlich bestehen auch einige Komponenten unseres eigenen Spleiß-Apparates, der ja dazu dient, eben diese Introns zu erkennen und zu entfernen, aus den terminalen Bereichen der Gruppe-II-Introns sowie aus Proteinen, die selbst von heutigen Archaeen noch zur RNS-Verarbeitung genutzt werden. Anders ausgedrückt ist es uns heute möglich, nahezu die gesamte Evolution unserer eukaryotischen Spleiß-Maschinerie auf Komponenten zurückzuführen, die in Bakterien und Archaeen zu finden sind. Erst als unsere Zellen also in der Lage waren, mit diesem Intron-Bombardement unseres Untermieters zurechtzukommen, stellte sich eine Art Status quo ein, an dessen Ende die eukaryotische Zelle stand. Diese unterscheidet sich mit allen ihren Besonderheiten sehr stark von ihren Vorfahren aus dem Reich der Bakterien und Archaeen. Nur dank dieser strukturellen und funktionellen Änderungen war es der Evolution möglich, komplexere, vielzellige Organismen hervorzubringen. Wir sehen aber auch, dass die Evolution unserer Zellen keineswegs vorherbestimmt war, sondern sie war die Folge diverser Katastrophen, deren Aneinanderreihung zu diesem Wunderwerk führte. Die Kosten, welche die Wirtszelle für all diese strukturellen Maßnahmen in Kauf nehmen musste, waren allerdings immens und wir wissen ja bereits schon, dass die natürliche Selektion nur Veränderungen akzeptiert, die eine positive Kosten-Nutzen-Bewertung aufweisen können.

Ein Grund für die positive Bilanz unserer, in der Anschaffung sehr teuren Zellen dürfte die hohe Flexibilität sein, die wir dank unserer fragmentierten Gene aufweisen. Man kann vermuten, dass die frühen, sich wahllos vermehrenden mobilen Gruppe-II-Introns das Aufkommen von Multidomänen-Proteinen erst ermöglichten – durch die Rekombination ähnlicher Abschnitte zwischen verschiedenen Genen. Auch wenn die überwiegende Mehrheit dieser Rekombinationen zerstörerische Wirkung gehabt haben wird, so werden sie einige sehr nützliche Kombinationen hervorgebracht haben, ohne dabei wichtige Informationen zu verlieren. Damit hätten wir auch die Frage nach dem Ursprung der Introns so gut es geht beantwortet und haben, denke ich, ein besseres Verständnis dafür bekommen, was für eine außergewöhnliche Rolle diese nicht codierenden DNS-Bereiche für uns spielen. Über vieles lässt sich verständlicherweise nur spekulieren, wenn es darum geht, den Ursprung der eukaryotischen Zelle zu definieren. Allerdings ist unser Wissen zu diesem Thema in den letzten Jahren enorm gewachsen und es wird weiterwachsen.

Dank dieses Wissens können wir heute schlüssige Thesen aufstellen, die dieses in den Tiefen der Zeit liegende Rätsel lösen können. Dieses Szenario, welches ich gerade beschrieben habe, deckt sich mit dem heutigen Wissen über Genetik und Evolution am besten und abgesehen davon: Ist es nicht auch mindestens so aufregend wie ein Actionfilm?

Auf das Ende kommt es an!

An dieser Stelle fällt es mir leicht eine Verbindung zwischen einem guten Buch und dem Aufbau eines Gens zu schaffen, denn für beide gilt: Wenn das Ende nicht stimmt, ist es egal, was vorher geschrieben wurde. Auf unserer Reise entlang eines idealisierten Gens haben wir die meisten Stationen bereits hinter uns gebracht und wir haben bei jeder Station eine kurze Pause eingelegt und uns genauer umgeschaut. Was wir während dieser Pausen gesehen haben, hat uns viel erklären können, wie die belebte Welt um uns herum entstand und mit welchen Tricks die Evolution die Komplexität des Lebens nach und nach steigerte.

Die erste Station war die Schaltzentrale unseres Gens, der sogenannte Promotor, der durch seine Sequenz eine Anlaufstelle für eine unermessliche Bandbreite von Transkriptionsfaktoren darstellt. Dank dieser Fähigkeiten kann ein jedes Gen entsprechend seiner Umgebung anders reguliert werden, wodurch schließlich in jeder Zelle eines Körpers eine andere molekulare Sinfonie ertönt, die für das Schicksal einer Zelle verantwortlich ist.

Die zweite Station war der sogenannte „Körper" unseres Gens, der in codierende und nicht codierende Segmente unterteilt ist, die sich in einer steten Folge ablösen, jedoch in ihrer Länge stark variieren können. Wir haben gesehen, wie wichtig diese Struktur für die Entstehung von Komplexität ist und dass Mechanismen wie das alternative Spleißen sowie das Exon-Shuffling wichtige Werkzeuge der Evolution darstellen. Damit kann aus einer geringen Anzahl an Genen ein nahezu unerschöpfliches Repertoire an Proteinen erzeugt werden. Wir warfen auch einen Blick weit zurück in die Vergangenheit unserer Erde und wurden Zeuge eines beispiellosen Ereignisses – der Verschmelzung zweier verschiedener Zellen, aus deren molekularem Kampf wir letztlich alle hervorgegangen sind.

Nun erreichen wir die vorerst letzte Station auf unserer Reise entlang eines typischen eukaryotischen Gens. Wir haben das letzte codierende Exon erreicht, doch die RNS-Polymerase läuft weiter mit einer Geschwindigkeit von circa 60 Basen pro Sekunde entlang des DNS-Strangs und schreibt ihre Sequenz weiter in RNS um. Wir haben bereits erfahren, wie die beteiligten Proteine erkennen, an welcher Stelle ein Gen beginnt, doch wie wird das Ende eines Gens festgelegt und wie wichtig ist es überhaupt, ein definiertes Ende zu besitzen? Selbstverständlich ist es von herausragender Bedeutung für ein jedes Gen, sein eigenes Ende zu definieren, denn ansonsten würde die RNS-Polymerase immer weiter auf dem DNS-Strang entlanglaufen und würde jedwede Form anfänglicher Regulation ad absurdum führen. Die RNS-Polymerase erkennt das Ende eines Gens durch eine kurze, aber höchst aussagekräftige Nukleotidsequenz. Dieser regulatorische Endpunkt, auf den fast jedes Gen zurückgreift, ist trotz seiner Wichtigkeit nur sechs Nukleotide lang und hat eine nahezu identische Abfolge in allen Genen, sie lautet AAUAAA. Etwa 10 bis 30 Nukleotide nach dieser Sequenz wird das im Entstehen begriffene RNS-Molekül abgespalten. Daran sind wiederum verschiedene Proteine beteiligt, die an der RNS-Polymerase selbst gebunden sind und dafür sorgen, dass jedes Transkript an der richtigen Stelle geschnitten wird. Doch was ist die richtige Stelle?

Man hat vor Kurzem herausgefunden, dass nicht nur alternatives Spleißen den Informationsgehalt eines Gens erhöhen kann, sondern dass es auch alternative Start- und Terminationspunkte für die Transkription eines bestimmten Gens gibt. In Säugetieren konnte gezeigt werden, dass nicht weniger als 70 % aller Gene mehrere verschiedene potenzielle Endpunkte besitzen und ebenfalls mehr als 50 % alternative Startpunkte für die Umschreibung in RNS.

Das nun entstandene RNS-Molekül, die Boten-RNS, wäre in diesem „reinen“ Zustand jedoch höchst instabil, daher wird sie noch zu guter Letzt modifiziert. Das bedeutet, ihr werden mehrere hundert Adenylat-Moleküle angehängt, die ihre Stabilität gewährleisten. Um das Ganze noch etwas komplizierter zu gestalten, besitzen diese Boten-RNS-Moleküle selbst nach dem Entfernen der Introns noch nicht codierende Abschnitte, die bis zum Abbau des Moleküls erhalten bleiben. Allerdings werden diese Bereiche nicht in Protein übersetzt und heißen daher untranslatierte Regionen oder kurz UTR. Diese UTRs befinden sich am Beginn und am Ende eines jeden Gens und sind regelrecht vollgestopft mit Bindestellen für spezielle Proteine oder regulatorische RNS-Moleküle. Sie sind sozusagen das regulative Zentrum eines solchen Boten-RNS-Moleküls und übernehmen dadurch die Aufgaben, die der Promotor in der DNS-Variante des Gens innehat. Durch die sequenzabhängige Bindung von bestimmten Proteinen und regulatorischen RNS-Molekülen entscheidet sich nicht nur die Lebensdauer der Boten-RNS, sondern auch die Rate, mit der die Ribosomen die geheime Information der Boten-RNS in Protein umwandeln.

Auch hier wird uns wieder verdeutlicht, wie komplex die Steuerung der genetischen Information vonstattengeht, und man kann sagen, dass unserer molekularen Sinfonie nach und nach immer mehr Noten hinzugefügt werden. Wodurch auch das Endprodukt, oder besser gesagt unser Bild des Endproduktes, immer komplexer wird. Da, wo wir zu Zeiten der „Ein-Gen-Ein-Enzym“-Hypothese noch „Alle meine Entchen“ gehört haben, lauschen wir nun Beethovens 7. Sinfonie, und niemand weiß, um wieviel komplexer unser Bild noch werden wird.

Als die Chemie sprechen lernte – Der lange Weg vom Gen zum Protein

Sprache, kaum eine Fähigkeit ist gerade für uns Menschen von größerer Bedeutung. Sie ermöglicht es uns, miteinander zu kommunizieren, Erfahrungen und Gefühle auszudrücken, doch allem voran ist sie wichtig bei der Weitergabe von Wissen. Denn in erster Linie dank ihr muss nicht jede Generation bereits Bekanntes stets neu entdecken, nein, eine jede Generation kann ihr gesammeltes Wissen an ihre Nachfolger weitergeben, sodass diese auf dem bereits vorhandenen Wissen aufbauen können. Es liegt auf der Hand, dass je komplexer das eigene

Wissen wird, desto schwieriger wird es auch, es ohne die Hilfe einer gemeinsamen Sprache weiterzugeben. So könnte ich das Wissen, wie man ein Feuer macht, auch ohne große sprachliche Fähigkeiten an meine Kinder weitergeben, in erster Linie durch das Vormachen bestimmter Handgriffe. Doch es wäre eine sehr schwierige Aufgabe, die Einsteinsche Relativitätstheorie ohne die Zuhilfenahme einer gemeinsamen Sprache erklären zu wollen.

Heute weiß man, dass alle Lebewesen auf ihre ganz bestimmte Art in der Lage sind, untereinander zu kommunizieren. Selbst Pflanzen haben im Laufe der Evolution Mittel und Wege gefunden, Informationen auszutauschen. Sie nutzen ähnlich wie Bakterien und andere Einzeller allerdings keine akustische, sondern eine chemische Sprache, für die wir taub sind. Auch im Tierreich haben sich unglaublich komplexe „sprachliche Fähigkeiten" entwickelt und das ganz unabhängig voneinander. Lange Zeit glaubten wir, dass nur wir Menschen einen komplexen Sprachgebrauch benutzen würden, der neben einer vielfältigen Grammatik auch diverse regionale Dialekte hervorgebracht hat. Doch auch diese Säule ist bereits gefallen. Insbesondere Wale stechen hierbei hervor, da sie neben ihrer hochentwickelten sozialen Lebensweise auch eine vielfältige Sprache besitzen, die in verschiedene regionale Dialekte unterteilt ist. Das Besondere an diesen komplexen Sprachen, egal ob von Mensch oder Wal, ist, dass sie die erlernten Worte oder Lautfolgen nach festgelegten Regeln kombiniert, denn nur auf diese Weise erhalten die aneinander gereihten Worte einen tieferen Sinn.

Wie aus Genen Proteine werden

Damit haben wir auch schon den perfekten Übergang zu unserer nächsten Etappe: Unser vorläufiges Ziel war es ja, dem genetischen Fluss vom Speichermedium der DNS hin zum funktionsfähigen Protein zu folgen. Auf diesem Weg haben wir bereits viel gelernt über den Aufbau unserer Gene und wie die in ihr gespeicherte Information zunächst in RNS umgewandelt wird, bevor sie eine neue Sprache lernt. Das Erlernen dieser neuen, vielfältigeren Sprache eröffnete der Evolution gänzlich neue und unverhoffte Möglichkeiten. Auch der Mensch hätte niemals seinen globalen Siegeszug antreten können, hätten ihm nicht seine sprachlichen Fähigkeiten dazu ermächtigt, in großen Gruppen aufeinander abgestimmt zusammenzuarbeiten, um auf diese Art gemeinsame Ziele zu erreichen.

Das gleiche gilt hier für das Leben selbst genauso. Es wäre niemals auch nur vergleichbar komplex geworden, hätte es nicht gelernt, die Sprache der Proteine zu sprechen. Doch um diese Sprache zu erlernen, war ein komplett neues Alphabet erforderlich und dieses bestand nicht wie gewohnt aus den vier bereits bekannten Nukleotiden der RNS, sondern aus insgesamt 20 verschiedenen Aminosäuren, den sogenannten proteinogenen Aminosäuren. Aminosäuren sind relativ einfach aufgebaute, auf Kohlenstoff basierte chemische Verbindungen, die alle einen ähnlichen Aufbau haben. Um ein zentrales Kohlenstoffatom befinden sich ein Wasserstoffatom, eine stickstoffhaltige Aminogruppe (NH_2) und eine Carboxy-Gruppe (COOH). Diese konstante Komponente ist, wie wir es schon von der DNS-Backbone kennen, für die festen Bindungen zwischen zwei Aminosäuren verantwortlich. Diese Bindung nennt man Peptidbindung.

Wo es eine konstante Komponente gibt, da gibt es in der Regel auch eine variable, und genau diese ist für die chemisch-physikalischen Eigenschaften einer jeden Aminosäure hauptverantwortlich. Jede der 20 proteinogenen Aminosäuren unterscheidet sich durch eine spezielle Seitenkette, die je nach Art bestimmte elektrostatische Eigenschaften mit sich bringt. Sie entscheidet darüber, ob sie positiv (Arginin, Lysin) oder negativ (Glutaminsäure, Asparaginsäure) geladen ist oder ob sie polar (Serin, Histidin) oder hydrophob (Alanin, Valin) ist. Doch die Sprache der Proteine unterscheidet sich von der der Ribonukleinsäuren nicht nur durch das komplexere Alphabet (20 anstelle von vier Buchstaben), auch die Grammatik ist eine gänzlich andere. Während bei den Ribonukleinsäuren in erster Linie die Primärstruktur, also die lineare Sequenz der einzelnen Bausteine von Bedeutung ist, um die Funktion zu gewährleisten, so spielt bei den Proteinen vor allem ihre dreidimensionale Gestalt die entscheidende Rolle. Jedes funktionsfähige Protein ist auf seine korrekte Form angewiesen, die es im Raum einnimmt, und seine dreidimensionale Form ist codiert in der Abfolge von Aminosäuren.

Bei der Herstellung eines neuen Proteins wird je eine Aminosäure an die nächste gehängt, sodass am Ende ein langer Faden aus verschiedenen Aminosäuren gebildet wird. Dieser Faden wird sich noch während seiner Entstehung, gelenkt durch die Abfolge und die chemischen Eigenschaften seiner Aminosäurebausteine, zu einer einzigartigen Form falten. Genau diese Form wird es sein, die dem Protein seine ganz spezielle Funktion innerhalb der Zelle zukommen lässt. An dieser Stelle könnte man jetzt noch tiefer eintauchen in die Grammatik der Proteinsprache und die so entstehenden Sekundärstrukturen wie α-Helices und β-Faltblätter genauer unter die Lupe nehmen. Oder wir könnten sogar über die Tertiärstrukturen sprechen, also die Abfolgen der so entstandenen Sekundärstrukturen innerhalb eines Proteinmoleküls. Und es gibt sogar Quartärstrukturen, also Proteine, die ihre biologische Funktion erst erfüllen können, wenn sie mit anderen Proteinen verbunden sind.

Aber ich denke, das war genug Grammatik für einen Tag und die Kernaussage ist vermutlich auch klar geworden: Die Sprache der Proteine ist grundlegend anders als die der Ribonukleinsäuren. Nun können wir uns allerdings die Frage stellen, wie es unsere Zellen schaffen, als Dolmetscher zu fungieren zwischen diesen beiden so verschiedenen Sprachen. Denn wie ist es möglich, einen Text, der aus nur vier verschiedenen Buchstaben (den Nukleotiden) besteht, in eine Sprache zu übersetzen, die sich aus 20 Buchstaben (den Aminosäuren) zusammensetzt.

Eigentlich ist die Lösung dieses Rätsels ganz einfach, sie lautet Codierung. Man nutzt verschiedene mögliche Kombinationen aus dem Buchstabenrepertoire der RNS, um für die in höherer Zahl vorhandenen Buchstaben der Proteinsprache zu codieren. Hierfür werden immer drei RNS-Basen als Codon zusammengefasst und codieren je nach Nukleotidfolge für eine andere Aminosäure. Um hier mal einige Beispiele zu nennen, codiert die Basenkombination UUU – also dreimal die Nukleotidbase Uracil – für die Aminosäure Phenylalanin, die Kombination UCU – also Uracil, Cytosin, Uracil – für die Aminosäure Serin und die Basenkombination CAA – Cytosin, Adenin, Adenin – für die Aminosäure Glutamin. Auf diese Art codiert jede Dreierkombination von RNS-Bausteinen genau für eine bestimmte Aminosäure, das ist der berühmte genetische Code. Ihn zu entschlüsseln, war eine wissenschaftliche Mammutaufgabe, doch sie ermöglichte es uns schließlich, eine Blaupause vom Leben selbst zu erstellen. Von nun an wussten wir, auf welche Weise die DNS ihre Information speichert und wie sie abgerufen wird. Insgesamt ergeben sich aus dieser Triplett-Codierung 64 mögliche Variationsmuster, von denen tatsächlich 61 genutzt werden, um für Aminosäuren zu codieren. Die restlichen drei Codons (UGA, UAG, UAA) stellen universelle Stopcodons dar. Da sie für keine Aminosäure codieren, dienen sie als Erkennungssignal für das Ende der Translation.

Doch hier stoßen wir auf eine mathematisch notwendige Schwachstelle im genetischen Code, er ist „degeneriert". Das bedeutet, wir haben 61 genutzte Variationsmuster von Nukleotiden, die jedoch für nur insgesamt 20 unterschiedliche Aminosäuren codieren. Warum wurde trotz dieser Schwachstelle diese eben beschriebene Triplett-Codierung von der natürlichen Selektion als vorteilhaft erachtet? Schlicht und ergreifend, weil sie bei den 20 zur Verfügung stehenden Aminosäuren die effizienteste Codierungsform darstellt. Würden nur zwei Nukleotide für jeweils eine Aminosäure codieren, gäbe es bei vier verschiedenen Nukleotiden nur 16 mögliche Kombinationen oder, anders ausgedrückt, würde man vier mögliche Buchstaben aus dem vorhandenen Alphabet alternativlos streichen. Eine Folge dieser Degeneration ist allerdings, dass mehrere verschiedene Triplett-Muster für ein und dieselbe Aminosäure codieren können. So gibt es beispielsweise sechs verschiedene Nukleotidfolgen für die Aminosäure Serin, vier für Alanin, drei für Lysin aber nur eine für Tryptophan. Tatsächlich ist auch diese Verteilung von Triplett-Codes nicht willkürlich gewählt, dank dem kontinuierlichen Einfluss der natürlichen Selektion, der stets dem effizientesten Überlebensmechanismus den Vortritt lässt, besitzen jene Aminosäuren, die häufig für den Proteinaufbau gebraucht werden, auch die meisten Codons.

Die Evolution zeigte schon auf vielfältige Weise, dass sie eine Meisterin darin ist, auch aus oberflächlich betrachtet negativen Gegebenheiten stets etwas Positives zu gewinnen. Eben dieses Talent zeigte sie auch beim genetischen Code, gerade durch seine „Ungenauigkeit" verschafft sie sich eine enorme Fehlertoleranz. Schließlich sind Proteine für ihre Funktion komplett abhängig von der korrekten Abfolge von Aminosäuren, sprich ihrer Primärstruktur, denn diese bestimmt ihre dreidimensionale Struktur und damit auch ihre korrekte Funktion. So wird eine für den Proteinaufbau vorgesehene Aminosäure im Allgemeinen durch die ersten beiden Plätze im RNS-Triplett bestimmt und interessanterweise ist die mittlere Base eines Tripletts im Groben für den chemischen Charakter der eingebauten Aminosäure verantwortlich, sprich ihre Polarität oder ihre Ladung. Das bedeutet, sollte es zu einer Punktmutation kommen, die ein gegebenes Basentriplett verändert, ist die Wahrscheinlichkeit dank des degenerierten Charakters des genetischen Codes sehr hoch, dass zumindest eine Aminosäure mit einem ähnlichen Charakter in das entstehende Protein eingebaut wird. Dies beeinflusst die spätere Funktion des Proteins weniger stark als eine Aminosäure mit grundlegend anderen Eigenschaften.

Ribosomen, Übersetzer der molekularen Sprachen

Doch welcher Teil der zellulären Maschinerie spielt diese fundamental wichtige Rolle des Übersetzers zwischen der Sprache der Ribonukleinsäuren und der Proteine? Verantwortlich hierfür sind die sogenannten Ribosomen. Und es ist durchaus angebracht, hier von einer Maschinerie zu sprechen, denn das, was gerade so einfach erklärt wurde, ist in Wirklichkeit von verwirrender Komplexität. Die Ribosomen, die Dolmetscher einer jeden Zelle, sind gigantische makromolekulare Zusammenschlüsse von Proteinen und RNS-Molekülen, die zusammen einen Großteil der Trockenmasse einer jeden Zelle ausmachen. So wird die Anzahl an Ribosomen in einer durchschnittlichen eukaryotischen Zelle auf mindestens 1 000 000 geschätzt.

Alle Ribosomen, egal ob von Bakterien, Archaeen oder Eukaryoten, bestehen aus zwei Untereinheiten, einer großen und einer kleinen. Allerdings sind die Ribosomen von eukaryotischen Zellen deutlich größer und komplexer als jene von Bakterien oder Archaeen. So besteht die große ribosomale Untereinheit bei Säugetieren aus insgesamt 49 verschiedenen Proteinen und drei RNS-Molekülen, der sogenannten ribosomalen RNS (rRNS), von der die Größte aus stolzen 4718 Nukleotiden besteht. Diese schiere Masse an Proteinen und RNS-Bausteinen macht deutlich, wie komplex der Übersetzungsvorgang gesteuert wird. Vor allem interessant ist aber, dass die tatsächliche enzymatische Aktivität der Ribosomen, also die Herstellung der Proteine, nicht von den Proteinen innerhalb der Ribosomen durchgeführt wird, sondern von den RNS-Bausteinen. Die Proteine fungieren hier eher als eine Art Strukturelement, um die enzymatische Aktivität der RNS-Moleküle voll auszuschöpfen.

Zelluläre RNS-Moleküle sind aber nicht nur dafür verantwortlich, innerhalb der Ribosomen die einzelnen Aminosäuren zu Proteinen zu verbinden, sie sorgen auch dafür, dass die Aminosäuren überhaupt zu den Ribosomen gelangen.

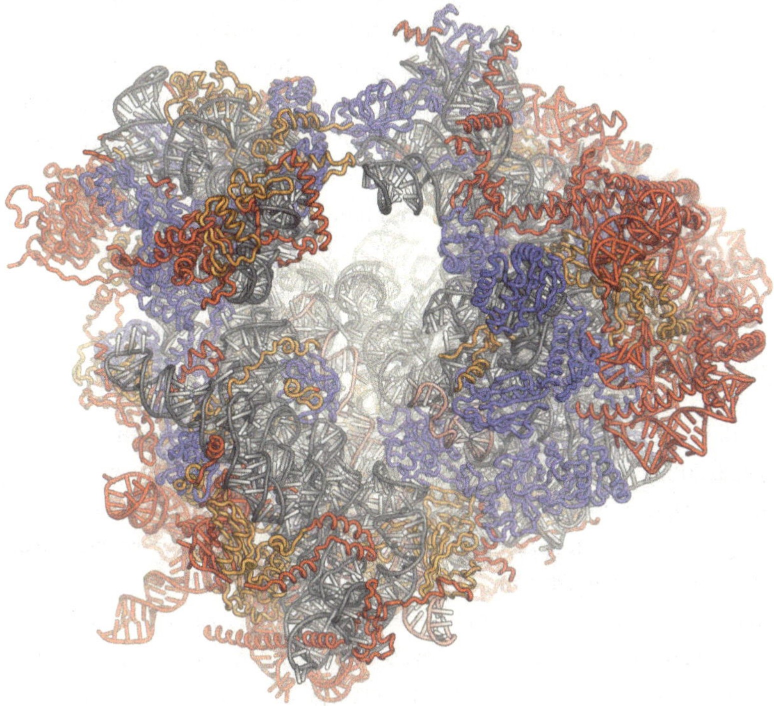

Abbildung 5: Struktur eines eukaryotischen 80S-Ribosoms, am Beispiel des Wimperntierchens Tetrahymena thermophila. Von Wikimedia Commons, Autor: Fvoigtsh

Schließlich treiben die Aminosäuren nicht willkürlich durch das Zellinnere. Sie sind an spezialisierte RNS-Einheiten gebunden, die transferRNS(tRNS)-Moleküle. Diese RNS-Bausteine haben allesamt eine ähnliche dreidimensionale Struktur und erinnern entfernt an den Buchstaben L, an dessen Ende jeweils eine spezifische Aminosäure gebunden ist. Am anderen Ende liegt das sogenannte Anticodon, sprich eine exponierte Abfolge dreier Nukleotide von den bereits erwähnten 64 möglichen Kombinationen. Die verschiedenen tRNS-Moleküle unterscheiden sich tatsächlich in erster Linie durch die Basenkombination in ihrer Anticodonschleife und tragen passend dazu eine vorbestimmte Aminosäure bei sich.

Um nochmal das vorher bereits erwähnte Beispiel von Phenylalanin aufzugreifen, das durch das mRNS-Codon UUU codiert wird, so können wir sagen, dass jenes tRNS-Molekül, das diese Aminosäure gebunden hat, das Anticodon AAA besitzt. Da auch diese Basenpaarungen, wie wir es bereits wissen, nach den Watson-Crick-Regeln erfolgen. Es sind also diese tRNS-

Moleküle, die den genetischen Code von der Theorie in die Praxis umsetzen, da sie als Einzige wissen, welche Basenkombination für welche Aminosäure codiert.

Dieser genetische Code, der aus einer vorgegebenen Nukleotidsequenz ein funktionelles Protein entstehen lässt, verbirgt in sich auch eine tiefgreifende Wahrheit über das irdische Leben als solches. Denn er ist der abschließende Beweis dafür, dass alles Leben auf der Erde miteinander verwandt ist und auf einen gemeinsamen, längst vergessenen Vorfahren zurückgeht. Der Grund, warum ich das mit einer solchen Sicherheit sagen kann, ist seine Universalität, das bedeutet, er ist in allen uns bekannten Lebewesen identisch, sprich universell gültig. Jedes Bakterium, jede Pflanze und jedes Tier, einschließlich uns Menschen, nutzt mit kleinen Abweichungen die gleichen Basenkombinationen für die gleichen Aminosäuren. Genetisch betrachtet sprechen also alle irdischen Lebewesen die gleiche Sprache.

Doch wie diese Sprache und die ihr zugrunde liegenden Mechanismen entstanden sind, ist noch nicht vollständig geklärt. Das wird vermutlich auch nie passieren, einfach aufgrund der langen Zeit, die seitdem vergangen ist. Man schätzt heute, dass die chemischen Fundamente unserer heutigen genetischen Sprache vor über vier Milliarden Jahren gelegt wurden und damit tief in der längst vergangenen Zeit der RNS-Welt verborgen sind.

Der Fakt, dass winzige RNS-Moleküle keine Fossilien hinterlassen, auf die wir bei unserer Recherche zurückgreifen könnten, macht die Suche nach dem Ursprung unserer genetischen Sprache noch deutlich schwieriger. Allerdings ermöglichen uns die enormen Fortschritte in den Bereichen der Chemie und der Genetik doch eine Zeitreise, die es uns erlaubt, einen Blick zu werfen auf die wahrscheinlichen biochemischen Ereignisse, die zur Entstehung dieser Sprache führten.

Diese Reise führt uns zurück in die Urzeit unserer Erde vor circa 4000 Millionen Jahren. Zu dieser Zeit bestand das Leben auf der Erde, sofern man es schon als „Leben“ bezeichnen möchte, aus kleinen RNS-Bausteinen, die durch ihre dreidimensionale Form in der Lage waren, verschiedene enzymatische Reaktionen durchzuführen. Zu ihrem chemischen Repertoire zählte zwangsläufig auch die Fähigkeit, Kopien ihrer selbst zu erzeugen, ansonsten hätte sich aus ihnen kein weiteres Leben entwickeln können. Aber auch diverse andere chemische Reaktionen zählten zu den Fähigkeiten dieser sogenannten „Ribozyme“. Heute weiß man, dass die potenziellen Fähigkeiten dieser enzymatisch aktiven RNS-Moleküle unglaublich vielfältig sind und dass man nahezu jede für einfaches Leben notwendige chemische Reaktion auch von ihnen durchführen lassen kann. Allerdings sind die Entstehung und evolutionäre Entwicklung eines effizienten Translationssystems etwas ganz anderes. Der Grund hierfür ist die notwendige Komplexität eines solchen Systems. Wir erinnern uns, dass die Translationsmaschinerie einer Säugetierzelle aus über 50 verschiedenen Proteinen und mehreren geradezu riesigen RNS-Molekülen besteht.

An dieser Stelle beißt sich die Katze selbst in den Schwanz, denn ein effizient funktionierendes Translationssystem ist auf die Präsenz von Proteinen angewiesen und gleichzeitig können Proteine nicht ohne ein funktionierendes Translationssystem entstehen.

Die nächste Hürde auf unserem Weg ist eine grundlegende Eigenschaft der Evolution an sich, nämlich die Tatsache, dass die Evolution keine Voraussicht besitzt. Durch sie kann sich also kein System entwickeln unter der Annahme, dass es einmal in ferner Zukunft nützlich werden wird, wenn ein bestimmtes Maß an Komplexität erreicht ist. Schon Darwin wusste, dass sich Evolution nur vollziehen kann durch kleine, kontinuierliche Schritte, von denen jeder einen Vorteil bringen muss für seinen Träger. Daher spricht man auch vom darwinischen Kontinuitätsprinzip.

Doch ein System, das von so verwirrender Komplexität ist wie das Translationssystem und gleichzeitig für sein eigenes physisches Vorhandensein selbst verantwortlich ist (ohne Proteine keine Translation und ohne Translation keine Proteine), kann sich nicht aus dem Nichts heraus entwickelt haben. An dieser Stelle reiben sich wahrscheinlich viele religiöse Kleingeister die Hände und sprechen mangels besseren Wissens von ihrer so geliebten „nicht reduzierbaren Komplexität“ und sehen nun sogar einen wissenschaftlichen Beweis für ihre mittelalterliche Denkweise. Doch auch dieses evolutionäre Problem lässt sich relativ leicht lösen, und zwar dank einer faszinierenden Eigenschaft der Evolution selbst. Denn biochemische Systeme, die durch einen wie auch immer gearteten Selektionsdruck entstehen, können ihre Funktion im Laufe der Zeit auch einfach wechseln. So hat sich höchstwahrscheinlich auch unser heutiges Translationssystem als evolutionäres Nebenprodukt eines gänzlich anderen Selektionsprozesses entwickelt, wodurch im Laufe der Zeit die Fähigkeit zur Proteinsynthese entstand. Doch wie könnte ein solcher Selektionsprozess ausgesehen haben?

Die Geschichte von der Erfindung der Proteine

Um das zu beantworten, müssen wir eine Zeitreise unternehmen an einen nicht genau definierbaren Zeitpunkt der Erdgeschichte, der nach heutigen Schätzungen wie bereits erwähnt vor ungefähr 4000 Millionen Jahren liegt. Zu dieser Zeit bestimmten vermutlich noch RNS-basierte Ribozyme den Lauf des frühen Lebens. Diese hatten sich allerdings schon zu kleineren Verbänden zusammengetan oder, wie ich sie auch gerne nenne, zu „egoistischen Kommunen“. Hierbei handelt es sich um eine Reihe verschiedener Ribozyme, von denen jedes die Fähigkeit hatte, eine andere chemische Reaktion katalysieren zu können, durch die auch die anderen RNS-Moleküle als Mitglieder der gemeinsamen „Kommune“ profitierten. Nehmen wir zum Beispiel an, dass Ribozym R katalysiert eine Reaktion, bei der aus der chemischen Verbindung A die Verbindung B wird, und diese Verbindung B unterstützt die Reaktion, die vom Ribozym P durchgeführt wird.

Auf diese Weise können sich im Laufe der Zeit Gemeinschaften von katalytischen RNS-Molekülen herausbilden, die sich gegenseitig unterstützen und so die gemeinsame Fitness erhöhen. Anders als bei den Kommunen der Sechzigerjahre lebten diese nicht in heruntergekommenen Wohnungen, sondern in anorganischen Kompartimenten in der Nähe hydrothermaler Schlote, die zum Großteil aus Schwefel-Eisen-Verbindungen bestanden. Das besondere an diesen Gemeinschaften war vor allem, dass die einzelnen Mitglieder von nun an nicht mehr allein aufgrund ihrer eigenen Fitness von der frühen Evolution selektiert wurden, sondern dass sie von nun an als Gruppe wahrgenommen werden konnten. Und wie das bei Gruppen so ist, sind sie, sofern sie aus den richtigen Mitgliedern bestehen, im Vorteil gegenüber Einzelgängern. Das trifft auf einzelne Moleküle genauso zu wie auf Individuen höherer Lebewesen. Stellen Sie sich mal ein einzelnes RNS-Molekül vor. Das kann vielleicht ein oder zwei verschiedene chemische Reaktionen durchführen, aber das wars dann auch. Eine Gruppe allerdings von, sagen wir mal, 80 verschiedenen RNS-Molekülen kann im Vergleich dazu ein Vielfaches mehr leisten, und da diese Moleküle auf engen Raum innerhalb eines definierten Kompartiments zusammenleben, unterstützen sie sich damit auch gegenseitig. Daher geht man heute davon aus, dass die Erfolgsgeschichte des zellulären Lebens auf der Erde ihren Anfang nahm mit einer gut eingespielten sozialen Gruppe egoistisch handelnder RNS-Moleküle in anorganischen Kompartimenten in der Nähe hydrothermaler Quellen auf dem Boden eines Urmeeres vor circa 4000 Millionen Jahren.

Doch so schön harmonisch diese Gruppen auch wirken mögen und so überlegen sie auch waren im direkten Vergleich zu den früheren freilebenden RNS-Molekülen, so hätten sie nie wirklich komplexer werden können als diese bereits beschriebene Gruppe von circa 80 RNS-Molekülen. Um den nächsten Schritt in Richtung Komplexität zu gehen, war eine zweite Stoffgruppe erforderlich, die zu dieser Zeit ebenfalls schon auf der Erde vorhanden war, die Aminosäuren. Wie bereits erwähnt, ist es der Evolution nicht möglich, einen Prozess wie die Translation, die erst funktionsfähig wird, wenn sie ein solch hohes Maß an Komplexität erreicht hat, *de novo* entstehen zu lassen. Wir müssen uns also eine Abfolge kleiner, für die Evolution machbarer Schritte überlegen, die unter den Umständen der frühen Erde von Vorteil waren und zur Entstehung dieses einmaligen, universell von allen Lebewesen genutzten Prozesses der Translation führen konnten.

Wir können auf jeden Fall sagen, dass die ersten Schritte auf dem langen Marsch hin zur Proteinbiosynthese nichts damit zu tun gehabt haben, einmal Proteine entstehen zu lassen. Vielmehr ging es darum, die Effizienz der vorhandenen Ribozyme dabei zu erhöhen, ihre chemischen Reaktionen ablaufen zu lassen. Tatsächlich konnte bereits gezeigt werden, dass bestimmte Ribozyme durch die Bindung kleiner Peptide oder einzelner Aminosäuren enorm stimuliert werden können. Auf diese Weise würden jene, durch Aminosäuren stimulierte Ribozyme durch die natürliche Selektion herausgepickt und bevorzugt werden im Vergleich zu

Ribozymen, welche diese chemische Unterstützung nicht annehmen können. Sie würden sich daher in den kleinen „egoistischen Kommunen“ verbreiten und so immer zahlreicher werden.

In einem weiteren Schritt würden diese Ribozyme dann die Fähigkeit erlangen, mehrere Aminosäuren miteinander zu verbinden, um so die Effizienz der eigenen Reaktion noch weiter zu erhöhen. Im Zuge der Evolution könnten diese so entstandenen Peptide sich vom Ribozym lösen und auf diese Weise auch die katalytischen Fähigkeiten anderer Mitglieder der Ribozym-Kommune positiv beeinflussen. Das alles passiert durch einen Prozess, der schon seit Anbeginn des Lebens auf der Erde die Evolution vorantreibt, durch Duplikation genetischer Elemente und anschließende Subfunktionalisierung. Was sich hier so kompliziert anhört, bedeutet ganz einfach, dass eine entstandene Kopie des ursprünglichen Ribozyms sich aufgrund des positiven Selektionsdrucks auf die Produktion dieser kurzen Aminosäureketten spezialisiert, während die ursprüngliche Kopie nach wie vor die gleiche Reaktion durchführt wie vorher. Da nun auch der chemische Mehrwert der Aminosäuren von der Ribozym-Kommune entdeckt wurde, war es von Vorteil, diese flüchtigen Verbindungen gewissermaßen festhalten zu können, damit sie der Gemeinschaft weiterhin Vorteile verschaffen konnten. Daher wurden jene Gemeinschaften von Ribozymen von der natürlichen Selektion bevorzugt, welche Mittel und Wege fanden, diese freiumhertreibenden Aminosäuren fest an sich zu binden. Dies taten sie durch kleine Aminosäure-bindende RNS-Moleküle, sogenannte Aminoacyl-tRNS. Diese Aminosäure-bindenden RNS-Moleküle waren damit die Vorläufer unserer heutigen tRNS-Moleküle, die heute noch die Aminosäuren binden und sie zum Ort der Proteinbiosynthese transportieren.

Von nun an konnten die Ribozyme diese Aminoacyl-tRNS-Moleküle anstelle von freien Aminosäuren binden, was sich wiederum positiv auf die Stabilität und Präzision der Bindung selbst auswirkte. Auch wenn zu Beginn dieser Entwicklung die tRNS-Moleküle die vorhandenen Aminosäuren noch unspezifisch gebunden haben, so drückte die natürliche Selektion wieder mithilfe von Duplikation und Subfunktionalisierung die Entstehung immer neuer tRNS-Moleküle weiter voran. Und das ging solange, bis jede zur Verfügung stehende Aminosäure ihre eigene tRNS besaß. Diese konnten nun von verschiedenen Varianten von Ribozymen gebunden werden und dadurch unterschiedlichste kurze Aminosäureketten oder kurz gesagt Peptide hervorbringen. Diese konnten ihrerseits bestimmte Funktionen erfüllen innerhalb des dynamischen Ensembles von RNS-Molekülen. Geleitet von der natürlichen Selektion wurden stets jene Gemeinschaften als positiv selektiert, in denen die neuentstehenden Peptidketten den höchstmöglichen Vorteil für das Gesamtsystem erwirtschafteten.

Von diesem Zeitpunkt an können wir bereits von einem Proto-Ribosom sprechen, da wir nun alle Bestandteile in einer rudimentären Form vorliegen haben. Wir haben die tRNS-Moleküle, welche die Aminosäuren einfangen und an den Ort der Proteinsynthese transportieren können, wir haben spezialisierte Ribozyme, welche diese Aminoacyl-tRNS-Moleküle binden können, und wir haben Ribozyme mit der Fähigkeit, diese Aminosäuren miteinander zu Peptiden zu verbinden.

Hier kann man gut sehen, wie eine Reihe, für sich allein betrachtet, kleiner Veränderungen Tür und Tor öffneten für den wahrscheinlich größten Durchbruch in der Geschichte des Lebens auf der Erde. Denn ohne die Erschließung der Proteine für die Biochemie einer Zelle (oder Proto-Zelle) wäre komplexes Leben niemals möglich gewesen und mit komplex meine ich hier auch schon Bakterien oder Archaeen. Schließlich wurde die maximale Komplexität einer Gemeinschaft „egoistischer RNS-Moleküle" auf circa 80 verschiedene Einheiten errechnet und viel weiter wäre es schlicht und ergreifend nicht gegangen.

Wenn wir uns das Leben auf unserer Erde heute betrachten, könnte der Sprung rückblickend kaum größer gewesen sein. Dank der Nutzung der Aminosäuren zur Herstellung von Proteinen wurden die einstmal halbwegs autarken RNS-Moleküle, die sich zwar innerhalb ihrer Gemeinschaft gegenseitig etwas unterstützen konnten, zu einer Form der Zusammenarbeit gezwungen, die vorher kaum denkbar gewesen wäre. Von nun an war die Funktion des einen Moleküls komplett abhängig von der Funktion nahezu aller anderen Moleküle und keiner konnte sich mehr komplett unabhängig entwickeln. Ab jetzt sind sie zu einer funktionellen Einheit verschmolzen, die gemeinsam für ihr Überleben sorgt. Die einen fangen und binden die vorhandenen Aminosäuren, die anderen binden einen codierenden Strang an den die Aminosäure-bindenden Moleküle in der vorgegebenen Reihenfolge angeheftet werden und wieder andere verschmelzen die Aminosäuren zu Proteinen, die als fertiges Produkt ihre katalytische Funktion erfüllen werden, zum Vorteil des Gesamtsystems. Von daher ist es leicht vorstellbar, dass kurz nach der Entstehung der Translation dieses gesamte proto-zelluläre System eine einzige sich selbst-replizierende Proteinmaschinerie war. Und hierfür gibt es auch aktuelle Beweise aus der Forschung, die diese These untermauern.

Das Ur-Genom

Die genaue Analyse der ribosomalen RNS-Abschnitte des Darmbakterium *Escherichia coli* (kurz *E. coli*) hat gezeigt, dass dieses strukturelle und katalytisch aktive Element der Ribosomen doch weit mehr ist als bisher vermutet. Schon lange sah man in der katalytischen Aktivität der rRNS das sicherste Indiz dafür, dass die Hypothese der RNS-Welt korrekt ist. Sie beweist, dass selbst die wichtigsten Funktionen, die eine Zelle durchführen können muss (in diesem Fall die Proteinbiosynthese) von spezialisierten RNS-Molekülen ausgeführt wird. Doch was ist mit der zweiten wichtigen Funktion, die die RNS beherrschen sollte, die Fähigkeit, Informationen zu speichern? Kein Genetiker hätte sich ernsthaft darüber gewundert, wenn die heutigen ribosomalen RNS-Moleküle, die schon seit vielen Milliarden Jahren rein strukturbedingte Funktionen erfüllen, diese Fähigkeit verloren hätten. Doch dann kam die große Überraschung: Durch die Analyse der rRNS-Sequenzen kam heraus, das versteckt in der Nukleotidfolge dieser Moleküle die Information für sämtliche transferRNS-Moleküle für alle 20 verschiedenen Aminosäuren codiert vorliegen. Damit noch nicht genug, konnten auch integrale Bestandteile von ribosomalen Proteinen, Polymerasen, Ligasen, Synthetasen und Phosphatasen identifiziert werden. Das mag sich alles etwas kryptisch anhören, doch einfach ausgedrückt bedeutet es, dass die ribosomalen RNS-Moleküle oder besser gesagt ihre molekularen Vorfahren in der Lage waren, sämtliche Proteine herzustellen, die für die Aufrechterhaltung einer Translationsmaschinerie notwendig waren.

Diese Entdeckung ist nicht nur faszinierend, sie bestätigt auch das Bild, das wir gerade gezeichnet haben von der evolutiven Entwicklung der Proteinsynthese. Es befördert weiterhin die ribosomale RNS von einem rein strukturellen Element der Ribosomen zu der Keimzelle des heutigen Lebens. Dank dieser Erkenntnisse sieht es so aus, als wäre die ribosomale RNS der direkte Nachfahre des uns bereits bekannten proto-zellulären Systems, das aus der Erschließung der Proteine entstand. Das alles macht sie zu einem Überbleibsel eines urzeitlichen Genoms, das ein selbst organisiertes, selbst replizierendes und autokatalytisches System codierte und damit eine fehlende Brücke zwischen autonomen Makromolekülen und zellulären Systemen darstellt. Ausgehend von diesem urzeitlichen Genom, das im Vergleich zu den Genomen vieler heutiger Lebewesen geradezu winzig erscheint, gepaart mit seiner neuen Fähigkeit, Aminosäuren zu katalytisch aktiven Proteinen zu verbinden, war der Evolution fast keine Grenze mehr gesetzt, um sich auszutoben. Doch trotz all der Neuerungen und genetischen Erweiterungen, die dieses „Ur-Genom" erfahren hat, ist es uns als eine Art molekulares Fossil erhalten geblieben und ist in all unseren Zellen zu jeder Sekunde aktiv, um uns am Leben zu erhalten.

Doch bevor wir nun einen genaueren Blick auf unsere modernen Genome werfen, gehen wir tatsächlich noch einen Schritt weiter zurück in der Geschichte des Lebens – und damit gehen wir soweit, wie es nur geht. Denn nun werden wir den Ursprung des Lebens als solches betrachten, den Übergang von der unbelebten Chemie hin zur belebten Biologie.

Die Alchemie des Lebens, aus „unbelebt" mach „belebt"

Die Frage nach dem Ursprung des Lebens, kaum eine Frage könnte philosophischer sein als diese und wahrscheinlich beschäftigt auch keine andere Frage die Menschheit als Ganzes schon länger. Seitdem Individuen unserer Art denken können, versuchten sie Antworten zu finden oder zu erfinden, um das Dasein der belebten Welt um uns herum und schließlich auch uns selbst erklären zu können. Heute, da wir das Wesen der Evolution erkannt haben, wissen wir, wie man die belebte Welt und ihre Vielfalt erklären kann. Gleichzeitig wissen wir auch, dass alle vorherigen Versuche dies zu tun grandios falsch lagen. Und selbst Darwin war sich trotz der religiösen und gesellschaftlichen Widerstände seiner Zeit der Tatsache bewusst, dass alles irdische Leben auf einen gemeinsamen Vorfahren zurückgeht. So schrieb er in den Schlussbemerkungen zu seinem Meisterwerk „Über die Entstehung der Arten" folgende Zeilen:

> „Die Analogie würde mich noch einen Schritt weiter führen, nämlich zu glauben, dass alle Pflanzen und Thiere nur von einer einzigen Urform herrühren ... Demungeachtet haben alle lebenden Wesen Vieles miteinander gemein in ihrer chemischen Zusammensetzung, ihrer zelligen Structur, ihren Wachsthumsgesetzen, ihrer Empfindlichkeit gegen schädliche Einflüsse ... Daher geht jedes individuelle organische Wesen von einem gemeinsamen Ursprung aus."

Diese Erkenntnis ist gemessen an der Zeit, aus der sie stammt, und der Bestimmtheit, mit der sie formuliert wurde, hochgradig bewundernswert. Doch zu allererst erklärt die Evolution nur, wie sich von einem bereits vorhandenen, primitiven Lebewesen (wenn wir die ersten proto-zellulären RNS-Gemeinschaften schon als solche bezeichnen wollen) die uns bekannte Welt entwickeln konnte. Wie aber war es auf der frühen Erde möglich, dass diese chemischen Verbindungen, die allen Lebens vorausgegangen sind, selbst entstehen konnten und vor allem woher kamen sie? Verständlicherweise liegen viele der Antworten auf diese Frage noch immer im Dunkeln und viele werden es auch bis in alle Ewigkeit bleiben, ganz einfach, weil Moleküle keine Fossilien hinterlassen und auch kein Chemiker vor Ort gewesen wäre, der hätte Buch führen können über die ablaufenden Reaktionen. Aber dennoch ist es uns heute möglich, viele Aspekte zu beleuchten, die uns immer detailreichere Einblicke verschaffen in eine noch unbelebte Erde, die zum Zeitpunkt der ersten präbiotischen chemischen Reaktionen selbst noch in den Geburtswehen lag. Die chemischen Prozesse, über die wir in diesem Kapitel sprechen werden, spielten sich vermutlich vor etwas mehr als vier Milliarden Jahren ab, zu einem Zeitpunkt also, als die Erde selbst noch sehr jung war.

Die Entstehung unserer Erde wird heute auf eine Zeit vor circa 4,6 Milliarden Jahren datiert. Zu dieser Zeit fingen aufgrund ihrer Gravitation verschiedengroße „Planetesimale", also interstellare Gesteinskörper und gleichzeitig Bausteine für spätere Planeten, an, sich zusammenzulagern. Diese Planetesimale entstanden innerhalb unseres Sonnennebels, jener Molekülwolke, die unsere noch junge Sonne umgab. Diese Moleküle fingen schließlich an sich zu verklumpen und wurden so immer größer. Sie wuchsen von wenigen Millimetern hinzu vielen Kilometern im Durchmesser und wurden so zu den Bausteinen der Planeten unseres heutigen Sonnensystems, wie auch der Erde selbst. Heute besteht unser Sonnensystem aus insgesamt acht Planeten, die ihr gemeinsames Zentralgestirn (die Sonne) alle in unterschiedlichen Abständen umkreisen. Einige von ihnen, wie Venus oder Merkur, sind der Sonne dabei so nah, dass ihre Oberfläche geradezu gekocht wird, während der äußere Rand unseres Sonnensystems von den sogenannten „Eisriesen“ dominiert wird. Uranus und Neptun sind so unglaublich weit von der Sonne entfernt, dass ihre Strahlen sie nicht mehr ausreichend erwärmen können, womit sie der Kälte des Universums schutzlos ausgeliefert sind. Die Erde jedoch entstand genau in der richtigen Entfernung zur Sonne, um zu einer grandiosen Bühne für das Leben zu werden.

Kurz nachdem sich die junge Erde vor circa 4,567 Milliarden Jahren geformt hatte, geschah dann etwas, was wie das Armageddon gewirkt haben musste, aber für die Zukunft unserer belebten Erde von unschätzbarem Wert war. Es kam zu einer Kollision von unvorstellbaren Ausmaßen. Ein Himmelskörper namens Theia, der selbst die Größe des Mars hatte, kollidierte mit der noch jungen Erde und verschmolz mit ihr. Durch die Wucht dieses Zusammenpralls schmolzen nicht nur beide Gesteinsplanten, sondern es war auch die Geburtsstunde unseres Mondes, unseres ständigen Begleiters, ohne den wir alle heute nicht hier wären. Denn er stabilisierte die junge Erde, die noch in ihrer „Sturm-und-Drang“-Phase war und leistete damit seinen Beitrag zur Entstehung des Lebens. Doch nach dieser „Mutter aller Kollisionen“ war das kosmische Bombardement von Himmelskörpern noch lange nicht vorbei, nein, es dauerte sogar noch viele hundert Millionen Jahre lang an. Am schlimmsten war es vermutlich in der Zeit zwischen 4,2 und 3,8 Milliarden Jahren vor unserer Zeit. Gerade dieses kosmische Artilleriefeuer war von unschätzbarem Wert für das spätere Leben auf der Erde. Auch wenn bedingt durch die Folgen dieser ständigen Kollisionen die Erde lange Zeit unbewohnbar war und ausschließlich aus geschmolzenem Gestein bestand, so brachten die Kometen und Asteroiden vermutlich die Saat des Lebens auf diesen unseren Gesteinsplanten.

Der kosmische Ursprung unserer „Selbst“

Sowohl DNS als auch RNS bestehen aus fünf verschiedenen Nukleotidbasen (Adenin, Guanin, Thymin, Cytosin und Uracil), die aufgrund ihrer Abfolge bestimmte Funktionen erfüllen – sei es das Speichern genetischer Information oder die Katalyse bestimmter chemischer Reaktionen. Eine Frage, welche die wissenschaftliche Welt bis heute in ihren Bann zieht, ist die nach dem Ursprung dieser auf Kohlenstoff basierenden, ringförmigen Basen, die im Zentrum dieser lebendigen Moleküle stehen. Der möglichen Antwort auf diese Frage sind Wissenschaftler vor Kurzem einen großen Schritt nähergekommen, denn sie haben es tatsächlich geschafft, diese für das Leben essenziellen Bausteine unter abiotischen Bedingungen herzustellen. Gerade die physikalischen Rahmenbedingungen für die Entstehung dieser Moleküle sollten uns aufhorchen lassen.

Nur zur Erinnerung: Es gibt zwei Familien von Ringmolekülen, die von DNS als auch von RNS genutzt werden. Zum einen die Purinbasen (Adenin und Guanin) und zum anderen die Pyrimidinbasen (Cytosin, Thymin und Uracil) und für beide Familien konnten Synthesewege beschrieben werden, die ohne die Existenz von Leben vonstattengehen. Vor allem für die Pyrimidinbasen sind die modernen Ergebnisse faszinierend, denn Wissenschaftler der NASA haben es vor Kurzem geschafft, alle drei biologisch aktiven Basen herzustellen, und zwar unter Bedingungen, wie sie nur in den Tiefen des Universums vorkommen. Unter unvorstellbarer Kälte und hochenergetischer, absolut tödlicher UV-Strahlung entstanden sowohl Thymin und Cytosin als auch Uracil. Die Erforschung von Asteroiden belegt nun ebenfalls, dass sie diese Pyrimidinbasen enthalten und damit wie eine Art interstellares Verteilungssystem fungieren können, das diese Bausteine des Lebens unter anderem auch auf die junge Erde gebracht hat. Doch Asteroiden enthalten nicht nur die Pyrimidinbasen Thymin, Cytosin und Uracil, sondern auch die Purinbasen Adenin und Guanin wurden in ihnen entdeckt.

Auch hier wurden Synthesewege beschrieben, die unter den Bedingungen des Weltraums ablaufen und damit ebenfalls unabhängig sind von der Existenz von Lebewesen. Es spricht also vieles heute dafür, dass die Bausteine unserer Erbinformation in den Weiten des Weltraumes entstanden sind und so zum Teil bereits Bestandteil der Planetesimale waren, aus denen sich die frühe Erde formte. Zu einem anderen Teil kamen sie von den Asteroiden und Kometen des „großen Bombardements“. Diese Erkenntnisse zeigen, dass nicht nur die Atome, aus denen wir bestehen, sondern auch die komplexen Moleküle unserer Erbinformation, die aus diesen Atomen geformt werden, in den Tiefen des Universums entstanden sind. Das wirft auch ein neues Licht auf die Frage, ob Leben auf der Erde etwas Besonderes ist.

Heute geht man tatsächlich davon aus, dass dem nicht so ist, da die organischen Moleküle, die das Fundament darstellen für die Entstehung von Leben, vermutlich im ganzen Universum vorkommen. Daher suchen Astrophysiker krampfhaft das Universum nach erdähnlichen Planeten ab. Wenn man davon ausgehen kann, dass die für das Leben notwendigen Moleküle nahezu überall vorkommen, dann liegen die wichtigsten Faktoren für die Entstehung von Leben in den Eigenschaften des jeweiligen Planeten selbst.

Eine der fundamentalsten Variablen für die Entstehung von Leben ist die Entfernung eines Planten zu seiner Sonne. Ist er ihr zu nah, ist es zu heiß und alles Wasser verdampft, ist er zu weit weg, ist es zu kalt und das Wasser (wenn vorhanden) ist zu Eis gefroren. So besitzt ein jeder Stern seine eigene sogenannte „habitable Zone“, in der die Temperaturen geeignet sind für die Entstehung von Leben und in der Wasser in seiner flüssigen Form vorkommen kann. Wie wir wissen, liegt die Erde genau innerhalb dieser Zone ihres Sterns, der Sonne, und daher konnte das Leben sich auf ihr auch so grandios entfalten. Die richtigen Temperaturen, das Vorhandensein der notwendigen Moleküle und Wasser in seiner flüssigen Form waren einige der zentralen Zutaten, die für den Übergang von einer unbelebten Chemie hin zur belebten Biologie mit all ihren Wundern notwendig waren.

Von der Chemie zur Biologie

Nun da alle Zutaten in der Ursuppe vorhanden waren, konnte der Chemieunterricht losgehen. Auch wenn das meiste aus der Frühzeit des biologischen Lebens auf Erden weiterhin im Dunkeln liegt, so können wir doch einige Aussagen und Vermutungen über diese Zeit anstellen. Einiges lässt sich aus den heutigen Gesetzmäßigkeiten in der belebten Welt ableiten, denn schließlich kann man mithilfe eines Produktes immer auch einige Aussagen treffen über seine Entstehungsgeschichte. Nehmen wir zur Verdeutlichung ein Beispiel aus der Küche. Wenn ich Ihnen nun passend zur Analogie der „Ursuppe" eine Gemüsesuppe vorsetze, können sie direkt sagen, welche Gemüsearten ich für die Zubereitung verwendet habe, egal ob Brokkoli, Blumenkohl, Karotten oder Kartoffeln. Und dank Ihrer Erfahrung mit dem Kochen anderer Suppengerichte können Sie auch einige Aussagen treffen über die Basis des Gerichts und darüber, welche Gewürze ich verwendet habe. Ähnlich verhält es sich auch bei der Entstehung des Lebens. Dank der chemischen Eigenschaften unserer Erbinformation und anderer essenzieller Abschnitte der Chemie unserer Zellen können wir heute bereits viele Aussagen treffen, wie Leben entstanden sein könnte. Des Weiteren sind die Gesetze der Chemie und der Physik unabhängig von der Zeit, zu der sie ablaufen. Sie waren vor vier Milliarden Jahren die gleichen wie heute.

Nun sah unsere Erde vor knapp vier Milliarden Jahren allerdings ganz anders aus als sie es heute tut, Gott sei Dank möchte man sagen. Abgesehen von dem ständigen Meteoriten- und Asteroidenschauer, der die Erde erschütterte, und dessen freiwerdende Kollisionsenergien sie immer weiter aufheizten, war auch die Zusammensetzung der Atmosphäre eine grundlegend andere. Auch wenn heute noch viel über die genaue Gaszusammensetzung der Erdatmosphäre diskutiert wird, so steht fest, dass freier Sauerstoff nahezu nicht zur Verfügung stand. Dafür war aber jede Menge CO_2 vorhanden, wodurch die noch junge Erde zusätzlich aufgeheizt wurde. Doch das Leben hatte zu dieser Zeit noch mehr Feinde als Meteoriten und CO_2, auch die starke UV-Strahlung hätte entstehendes Leben direkt zerstört. Denn ohne freien Sauerstoff in der Atmosphäre gibt es auch keine schützende Ozonschicht, welche diese tödliche Strahlung abhalten könnte. Daher hätte sich Leben niemals an Land entwickeln können.

Nur im Wasser des damals allgegenwärtigen Urozeans war dies möglich, da auch Wasser ab einer bestimmten Tiefe einen Schutz gegen UV-Strahlung bietet. Daher konnten im Wasser dieses weltumspannenden Ozeans, dessen chemische Zusammensetzung eine gänzliche andere war als in den heutigen Ozeanen, einzelne RNS-Nukleotide immer wieder Bindungen miteinander eingehen und so kurze Ketten bilden, die anschließend eine bestimmte dreidimensionale Form annahmen. So wurden aus einzelnen Molekülen Molekülketten, die sich in den Bereichen des Urozeans anreichern konnten, wo die physikalisch-chemischen Bedingungen dies zuließen. Diese Molekülketten entstanden und zerfielen abhängig von ihrer chemischen Halbwertszeit, die für diese Art von Molekülen sehr kurz ist. Allerdings gab es auch keinen zeitlichen Druck und so bildeten sich ständig neue RNS-Moleküle und zerfielen dann wieder in ihre Einzelteile. Bildung und Zerfall, Bildung und Zerfall. Das alles wiederholte sich wahrscheinlich über einen Zeitraum von Tausenden, wenn nicht sogar Millionen von Jahren hinweg, ohne dass eines dieser Moleküle merkliche Spuren hinterließ. RNS-Ketten können zwar bestimmte chemische Reaktionen durchführen, da sie bedingt durch ihre Ladungsverteilung definierte räumliche Formen annehmen. Doch nach ihrem Zerfall hinterließen sie nichts außer den Nukleotidbausteinen, aus denen sie bestanden. All das sollte sich jedoch ändern mit einem RNS-Kettenmolekül, das bedingt durch seine Abfolge von Bausteinen eine ganz besondere Fähigkeit erlangte, die Fähigkeit, sich selbst zu replizieren – also identische Kopien seiner selbst herzustellen.

Diese Entwicklung eines Kopierprozesses sollte damit der Startschuss werden für die Entstehung von Leben. Auch wenn ich dieses sich selbst replizierende Molekül noch nicht als Lebewesen bezeichnen würde, so steht es mit Sicherheit am Anfang einer langen Reise, die mit komplexen Lebewesen wie uns selbst endet. Dieser zufällige Entwicklungsschritt musste in Millionen von Jahren nur einmal passieren und war er einmal in der Welt angekommen, konnte er sich immer weiter ausbreiten.

Ähnlich wie bei einem Schneeballsystem breiteten sich diese ersten Replikatoren immer weiter aus. Schon nach der ersten Replikation waren es zwei Moleküle, in der dritten Generation waren es schon vier, dann acht, dann 16 und so weiter. Schon zu dieser frühen Stunde des „Lebens" trat die natürliche Selektion auf die Bildfläche. Denn bei all diesen Kopiervorgängen kommen immer mal wieder Fehler vor in Form kleiner Mutationen, sprich zufälligen Änderungen in der Abfolge von RNS-Bausteinen. Diese Änderungen führten dazu, dass verschiedene Varianten des ursprünglichen Replikators entstanden, von denen einige besser darin waren sich selbst zu kopieren und andere schlechter. In diesen gemischten Populationen „überlebten" vor allem jene Replikatoren, die besonders gut darin waren, Kopien ihrer selbst zu erzeugen. Sie setzten sich gegenüber ihrer weniger effizienten Verwandtschaft durch und verdrängten sie nach und nach. Ein weiterer wichtiger Faktor, den die natürliche Selektion zu diesem Zeitpunkt als vorteilhaft erachtet hätte, wäre die durchschnittliche Lebenserwartung dieser Moleküle, denn je langlebiger ein bestimmtes Molekül ist, desto mehr Zeit hat es auch, Kopien seiner selbst zu erzeugen.

Auf diese oder ähnliche Weise hätte die natürliche Selektion schon nach kurzer Zeit eine ganze Reihe verschiedener Replikatoren hervorgebracht, die besonders gut darin sind, sich selbst zu kopieren. Doch nun war es an der Zeit, einen Schritt weiter zu gehen, denn schließlich bildeten sich in dieser „Ursuppe“ nicht nur sich selbst replizierende RNS-Moleküle. Es muss auch Unmengen verschiedener anderer Moleküle gegeben haben, die alle unterschiedliche Fähigkeiten besaßen. Ohne die Fähigkeit der Replikation waren sie jedoch alle dazu verdammt spurlos zu verschwinden, so als hätte es sie nie gegeben. Um diese chemischen Prozesse nutzbar zu machen und sie für die Zukunft zu erhalten, kristallisierte sich schon zu diesem frühen Zeitpunkt eine zentrale Eigenschaft der belebten Natur heraus, die Kooperation. Diese Kooperation während der Zeit der RNS-Welt war von herausragender Bedeutung für alles, was später passieren sollte. Schließlich sind einem einzelsträngigen RNS-Molekül erhebliche chemische Grenzen gesetzt, was Stabilität und auch Größe betrifft. Das bedeutet, sie hätten sich niemals allein zu den gigantischen Chromosomen entwickeln können, die wir heute kennen. Dazu war ein erhebliches Level an Zusammenarbeit erforderlich, die viele einzelne RNS-Moleküle leisten mussten.

Dies kann man sich in etwa so vorstellen: Von den vielen verschiedenen RNS-Replikatoren, die alle schon nach Effizienz und Langlebigkeit selektiert worden sind, haben vermutlich einige die Fähigkeit entwickelt, nicht nur sich selbst, sondern auch andere RNS-Moleküle zu kopieren. Dies wäre das erste Auftreten von altruistischem (selbstlosem) Verhalten in der Geschichte des Lebens gewesen, da es auf den ersten Blick vor allem anderen Molekülen hilft, „am Leben“ zu bleiben, während man selbst nur seine Ressourcen verschwendet. Wie kann man sich also erklären, dass so etwas von der natürlichen Selektion als positiv gesehen werden kann, da sie doch normalerweise nur „egoistische“ Verhaltensweise anerkennt, die das eigene Überleben sichern?

Auch unter egoistischen Gesichtspunkten kann eine solche oberflächlich betrachtet selbstlose Tat positiv sein, wenn zum Beispiel unser „selbstloser Replikator“ von den chemischen Reaktionen der von ihm kopierten RNS-Moleküle selbst profitiert. Nehmen wir einmal an, ein RNS-Molekül A produziert durch chemische Katalyse das Produkt B und dieses Produkt B hat einen positiven Einfluss auf die Langlebigkeit und Stabilität unseres Replikators. In diesem Fall würde ein Replikator-Molekül, das in der Lage ist, die ständige Produktion des Produktes B, durch das Kopieren von RNS-Molekül A, zu gewährleisten, von der natürlichen Selektion bevorzugt werden und könnte sich in seiner Umgebung durchsetzen. Selbstverständlich liefen all diese Reaktionen noch rein zufällig ab und es war ein ständiges „try and fail“. Der Umstand, dass ein Replikator andere RNS-Moleküle kopiert, von denen er selbst nicht profitieren kann, wird eher die Regel als die Ausnahme gewesen sein. Doch waren diese Prozesse erst einmal in Gang gesetzt, hatten diese RNS-Moleküle alle Zeit der Welt, um sich zu funktionierenden Gruppen zusammenzufinden, und eben jene Gruppen, egal wie selten sie auch waren, hätten sich in der Population zwangsläufig durchgesetzt.

Der nächste wichtige Schritt war das Finden einer nützlichen Umgebung, die gewährleisten konnte, dass unser eingespieltes Team von Molekülen auch eine gewisse Integrität besaß. Damit wurde es auch nicht mehr ständig von parasitischen RNS-Einheiten geplagt, die versuchten, ihr eigenes Überleben auf Kosten der kooperierenden Gemeinschaft zu sichern. An dieser Stelle kommen die anorganischen Eisen-Schwefel-Kompartimente in der Nähe hydrothermaler Schlote ins Spiel, von denen wir schon im letzten Kapitel gehört haben. In diesen Kompartimenten, die wahrscheinlich die Vorläufer unserer heutigen Zellen waren, konnten die kooperierenden RNS-Moleküle sich immer mehr aufeinander einspielen und schließlich in den uns bereits bekannten egoistischen Kommunen aufgehen.

Schon in diesen rudimentären Anfängen des Lebens zeigt sich eine der faszinierendsten Eigenschaften der Evolution: Sie ist ihre eigene Triebfeder. Durch die ständige Veränderung ihrer Organsimen verändert sie auch gleichzeitig ihre eigene Umgebung und damit auch den Selektionsdruck, der dazu führt, dass diese Organismen überleben können. Der nächste große Schritt, den die Evolution durchsetzen sollte, veränderte die belebte Welt so immens wie kaum ein zweiter: Es war die Entdeckung, dass RNS-Gemeinschaften ihre Gesamteffizienz enorm steigern konnten, wenn sie sich mit Aminosäuren verbanden. Dieser Schritt führte, wie wir im vorherigen Kapitel gesehen haben, zur Entwicklung der Translation. Gleichzeitig führte er dazu, dass alle anderen RNS-Gemeinschaften, die zu dieser Zeit existierten und diesen Schritt noch nicht entwickelt hatten, für immer von der Bildfläche der Evolution verschwanden, da sie der Konkurrenz schlicht nicht mehr gewachsen waren.

Und tatsächlich ist die Entstehung komplexen Lebens alles andere als ein linearer Prozess. Gerade in der Anfangszeit des Lebens auf der Erde wird es die verschiedensten Molekülgemeinschaften gegeben haben, die alle ihre eigenen spezifischen Eigenschaften besaßen. Sie alle unterschieden sich darin, wie sie ihre Erbinformation weitergaben und wie sie die zur Verfügung stehenden Ressourcen chemisch nutzten. Doch am Ende hat sich immer nur eine Variante durchgesetzt und von dieser stammen alle Lebewesen der Erde gemeinsam ab. Wir alle sind also die Produkte eines Jahrmilliarden andauernden Selektionsprozesses, der immer nur jene Individuen überleben ließ, die am besten an ihre jeweilige Umwelt angepasst waren.

Wir entspringen also einer geraden Linie von Siegern im Wettlauf des Überlebens, denn ansonsten wären wir heute nicht hier. Dieser Wettlauf begann mit den ersten sich selbst replizierenden RNS-Molekülen. Sie selbst erschufen sich ein Umfeld, in dem sie ihr eigenes Überleben sichern konnten und bildeten stets neue Populationen innerhalb derer sie um die zur Verfügung stehenden Ressourcen konkurrierten. Dieser Konkurrenzkampf war auch stets eine Triebfeder der evolutiven Innovation, den stets nur die Innovationsführer überleben konnten. Jene RNS-Replikatoren, die am effizientesten sich selbst kopierten, die schnell die Vorteile der Kooperation für sich entdeckten, jene, die ihre gemeinschaftliche Integrität sicherstellen konnten, oder jene, die die Vorteile der Aminosäuren erkannten.

Alle anderen Überlebenssysteme der damaligen Zeit sind heute spurlos verschwunden, wir wissen heute nur, dass es sie gegeben haben muss, da Evolution nicht geradlinig verläuft, sondern sich stets aus einer Gruppe verschiedener Variationen die besten heraussucht.

Unser aller Vorfahr

Nun haben wir schon einiges erfahren über die Entstehung von Leben auf der Erde und wie es nach heutigem Stand vermutlich ablief. Wir haben gehört, wie die Moleküle des Lebens entstanden sind und wie sie ihren Weg auf unseren Planeten gefunden haben, wie der Übergang von willkürlichen chemischen Prozessen hin zu einer evolutiven Biologie vonstattenging und auch wie die Proteine ihren Weg in die Welt des Lebendigen fanden. Jetzt ist es an der Zeit, dass wir über LUCA sprechen. Und nein LUCA ist kein italienischer Wissenschaftler, auf dessen Ergebnisse ich mich jetzt berufen will. LUCA ist unser aller Vorfahr und mit „unser aller" meine ich auch „unser aller". Jedes heute auf der Erde existierende Lebewesen, egal ob Mensch, Elefant, Baum, Sonnenblume, Bakterium oder Pilz, alle unsere Stammlinien laufen in ihm zusammen.

LUCA ist eine Bezeichnung aus dem Englischen und steht für „Last Universal Common Ancestor", was so viel bedeutet, wie letzter universeller gemeinsamer Vorfahre. LUCA ist vor allem ein theoretisches Konstrukt, es gibt keine fossilen Beweise für seine Existenz und trotzdem können wir heute mit Sicherheit sagen, dass er existiert hat. Aber LUCA war keineswegs das erste Lebewesen in der Geschichte unserer Erde, er wird sich seinen Lebensraum zweifelsohne mit einer Vielzahl anderer früher Lebensformen geteilt haben. Doch im Unterschied zu LUCA sind alle anderen spurlos ausgestorben und nur LUCA und seine Nachfahren konnten sich durchsetzen und die Welt unter sich aufteilen. Zu verdanken haben wir dieses Wissen vor allem erneut der modernen Genetik, die es uns heute ermöglicht, die Gene und Genome heutiger Lebewesen zu sequenzieren und zu analysieren. Genomische Vergleiche zwischen allen uns bekannten Lebewesen, also egal ob Pflanze, Tier, Pilz, Bakterium, Archaeen oder Viren, zeigen, dass wir alle mit einander verwandt sind. Hierfür gibt es verschiedenste Beweislinien, doch die wichtigste unter ihnen ist der genetische Code. Dieser ist trotz seiner Willkürlichkeit für alle Lebewesen nahezu identisch. Mit willkürlich meine ich an dieser Stelle, dass es keine molekulare Grundlage dafür gibt, dass eine festgelegte Abfolge von Nukleotiden für eine bestimmte Aminosäure codieren sollte. Und nichtsdestotrotz verwenden alle Lebewesen den gleichen Codierungsschlüssel für ihre Proteine, was übrigens auch der Grund dafür ist, dass wir menschliches Insulin in Bakterien produzieren lassen können.

Wir sind sogar in der Lage, einige Aussagen darüber zu treffen, wie LUCA gelebt hat, wo er gelebt hat und wovon er sich ernährte. Das mag sich für viele Leser vielleicht unglaubwürdig anhören, wie will man schließlich solche detailreichen Aussagen treffen über ein Lebewesen, das es so schon seit vielen Milliarden Jahren nicht mehr gibt. Nun die Antwort ist eigentlich ganz einfach: Wir betrachten seine Nachkommen. In den Genomen heutiger Lebewesen ist noch viel verborgenes Wissen gespeichert. Wenn wir die Genome von Tieren, Pflanzen, Pilzen, Bakterien und Co vergleichen, fällt auf, dass es einige Gemeinsamkeiten gibt. Diese können von ganz allgemeiner Natur sein wie zum Beispiel, dass sie alle DNS als Speichermedium verwenden, dass sie alle auf den gleichen genetischen Code zurückgreifen, dass ihre Proteinbiosynthesewege hochgradig ähnlich sind, dass sie alle RNS als Zwischenmedium bei der Translation verwenden, dass verschiedene Stoffwechselwege in allen Reichen des Lebens nahezu identisch ablaufen, wie zum Beispiel die Glykolyse (der schrittweise Abbau von Zuckermolekülen zwecks Energiegewinnung) und vieles mehr. Doch neben diesen allgemeinen Gemeinsamkeiten gibt es auch eine ganze Reihe spezifischer Fakten, durch die eine direkte Verwandtschaft aller Lebewesen bewiesen werden kann. Allen voran, kommen wir nun wieder auf die Gene zu sprechen.

Die vergleichende Genetik hat gezeigt, dass eine ganze Reihe von Genen in allen lebenden Organismen vorkommt und demnach von einem gemeinsamen Vorfahren weitergegeben worden sein muss. Die Schätzungen darüber, wie viele unserer heutigen Gene tatsächlich auf LUCA zurückgehen, gehen weit auseinander, ältere Publikationen sprechen von knapp 60 Genen, neuere gehen sogar von 355 aus. Fest steht jedoch, dass wir dank dieser Daten einige Eigenschaften unseres ältesten gemeinsamen Verwandten aufdecken können, auch wenn er schon vor knapp vier Milliarden Jahren gelebt haben sollte.

Sein genetischer Code basierte höchstwahrscheinlich schon auf DNS und verwendete die gleichen vier Basen, aus denen auch unsere heutige DNS besteht, was dafür spricht, dass er bereits nach der RNS-Welt lebte. Des Weiteren besaß er bereits eine komplett funktionsfähige Translationsmaschinerie und verwendete ebenfalls RNS als Vermittler zwischen der DNS und den Proteinen. Für den Aufbau von Proteinen setzte er bereits auf die gleichen 20 Aminosäuren wie alle seine heutigen Nachfahren und das, obwohl noch viele andere Aminosäurespezies zur Verfügung stehen würden, die ebenfalls für den Aufbau von Proteinen nutzbar wären. Die so montierten Proteine gestatteten es ihm, überlebenswichtige Stoffwechselwege zu unterhalten, die ihm Energie und zelluläre Bausteine wie Aminosäuren und Nukleinsäuren zur Verfügung stellten. Seine Zelle war bereits mit einer Fettmembran umgegeben, besaß ein auf Wasser basierendes Zytoplasma und diente ihm damit als perfektes Reaktionsgefäß. Sein Lebensraum war vermutlich immer noch derselbe, an dem auch schon die ersten egoistischen RNS-Kommunen entstanden sind und von dem wir schon so viel gehört haben in Bezug auf die Entstehung des Lebens: die hydrothermalen Schlote am Meeresboden. Aber warum hat nur LUCA zusammen mit seinen Nachkommen die Zeit überdauern können, während alle anderen seiner Zeitgenossen das Zeitliche segneten? Diese Frage können wir nicht mit Sicherheit beantworten, da alle anderen Lebensformen aus jener Zeit keine Spuren hinterlassen haben, weder in Stein noch in heute lebenden Nachkommen. Es ist aber davon auszugehen, dass zu dieser Zeit viele verschiedene Überlebensmechanismen von der Evolution ausgetestet wurden, unterschiedlichste Arten der Informationsweitergabe, der Energiegewinnung und der Anpassungsfähigkeit an eine sich bereits ständig wechselnde Umwelt. Als das Leben noch dabei war sich zu entwickeln, war es vermutlich auch nicht weiter schwierig, verschiedene Lösungen auszuprobieren, weil genug Ressourcen zur Verfügung standen. Doch als sich das frühe Leben immer weiter ausbreitete, wurden auch eben jene Reserven immer knapper und schließlich musste die Evolution einen Sieger ernennen – und sein Name war: LUCA.

An dieser Stelle sehen wir auch, dass der Prozess des Aussterbens ein ganz natürlicher ist innerhalb der Evolution. Ab einer bestimmten Schwelle können nur neue Arten und Lebenswege entstehen, wenn alte verschwinden. Erinnern wir uns noch einmal an das Bild von einem Fluss, das ich zu Beginn dieses Buches von der Evolution gemalt habe, der ausgehend von seiner Quelle sich in immer mehr Nebenarme verästelt. Wenn nun einer dieser Seitenarme die Möglichkeit hat, in ein neues, tiefergelegenes (effizienteres) Flussbett zu wechseln, wird er das auch tun und das hat höchstwahrscheinlich zur Folge, dass der alte Flussarm austrocknet. Genau das ist mit allen anderen Lebewesen, mit denen LUCA sich seine Umwelt geteilt hat, auch passiert. Denn LUCA war dieses tiefere, effizientere Flussbett der Evolution, das seine Ressourcen am effektivsten zu nutzen vermochte und sich damit gegenüber seinen Konkurrenten durchsetzte. Genau das prophezeite auch schon Charles Darwin, und zwar ganz ohne molekulargenetische Forschungsergebnisse, nur durch die Beobachtung der Natur, als er schrieb: „*... dass alle Pflanzen und Thiere nur von einer einzigen Urform herrühren ...*"

Aus heutiger Sicht betrachtet war LUCA eine extrem reduzierte und primitive Lebensform, wenn wir ihn überhaupt als Lebewesen wahrgenommen hätten. Aber zu seiner Zeit war er der effektivste und effizienteste Organismus der Welt. Was uns noch einmal deutlich macht, dass man ein evolutives Produkt, wie immer es auch aussehen mag, immer nur anhand seiner eigenen Umwelt betrachten kann und dass man mit Begriffen wie „primitiv" äußerst vorsichtig umgehen sollte.

Zu diesem Zeitpunkt hatte die Evolution alle notwendigen Werkzeuge beisammen, um wirklich komplexes Leben zu erschaffen, auch wenn dies nie ihr erklärtes Ziel war. Tatsächlich ist ein Drang hin zu höherer Komplexität der Evolution fremd, weswegen die einzelligen Lebewesen wie Bakterien und Archaeen die Welt für die nächsten knapp drei Milliarden Jahre für sich haben sollten. Wenn wir nun die wichtigsten alchimistischen Einzeletappen von der unbelebten Chemie hin zur Biologie für zukünftige Alchimisten zusammenfassen wollen, würden wir beginnen mit dem ersten RNS-Molekül, das die Fähigkeit besaß, sich selbst zu kopieren, womit es nicht nur die Vererbung in die Welt brachte, sondern auch gleichzeitig die Evolution selbst in Gang setzte. Der zweite wichtige Schritt war die Kooperation, wodurch sich rudimentäre RNS-Gemeinschaften bildeten, die sich gegenseitig unterstützen konnten, um ihre eigenen „egoistischen" Überlebenschancen zu erhöhen. Darauf folgte die Kompartimentierung, also das Finden eines gemeinsamen „Zuhauses", in dem man ungestört von etwaigen Schmarotzern (parasitischen RNS-Molekülen) weiter zusammenwachsen konnte.

Nun kommt der vermutlich wichtigste Schritt, die schrittweise Entwicklung der Translation, also das Erlernen einer neuen, vielfältigeren Sprache, die dank der chemisch-katalytischen Eigenschaften der Proteine ganz neue, nahezu unbegrenzte Entwicklungsmöglichkeiten erschuf. Irgendwann zwischen diesem Durchbruch und dem Auftauchen von LUCA steht der Wechsel von RNS zu DNS. Da die Proteine von nun an die Aufgaben der chemischen Katalyse übernahmen (weil sie darin besser sind als RNS) konnte sich die RNS auf das Speichern von Information spezialisieren, wodurch sie sich im Laufe der Zeit zu DNS weiterentwickelte (da sie Information besser speichern kann als RNS). Mit diesem Wechsel einher ging auch eine Verschmelzung der einzelnen RNS/DNS-Moleküle, die bis dahin noch unabhängig voneinander in der Zelle vorlagen, hin zu den ersten Chromosomen. Von nun an waren diese Moleküle nicht nur funktionell voneinander anhängig, sondern sie gingen so weit, wie sie nur gehen konnten, sie verschmolzen zu einer räumlichen Einheit und das ist bis heute so geblieben. Heute bilden diese miteinander verbundenen Moleküle regelrechte genetische Ökosysteme, die Genome.

Genomische Ökosysteme und ihre Regulation

Ich habe mich bewusst dafür entschieden, das Kapitel über Genome an den Schluss des Abschnittes mit der Überschrift „Raum" zu setzen. Denn ein Verständnis von dem, was Genome nach dem heutigen Stand des Wissens sind, vieles voraussetzt, was wir in den vorherigen Kapiteln gehört haben. Wir werden immer wieder auf bestimmte Gene und ihre Intron-Exon-Struktur zusprechen kommen, wir werden viel hören über nicht codierende RNS-Moleküle, aber auch Transkriptionsfaktoren werden uns wieder begegnen. Tatsächlich bewegten mich gerade meine Recherchen über Genome dazu, mein Buch in die zwei Abschnitte „Raum" und „Zeit" zu unterteilen. Auch wenn es leicht ist, die Evolution nur anhand ihres zeitlichen Verlaufs zu beschreiben, so wäre dieses Bild nicht vollständig. Ich habe mir lange überlegt, wie ich die strukturellen Eigenschaften der DNS und RNS am besten in diesen zeitlichen Verlauf einbauen könnte. Doch gerade die moderne Genomforschung zeigte mir, dass dieses Feld viel zu komplex und wichtig ist, um es nur in einen anderen Verlauf zu integrieren. Daher entschied ich mich dafür, diesem Wissen einen eigenen Abschnitt zu widmen. So begannen wir unsere Reise bei der DNS selbst, von dort aus lernten wir die Struktur, die Regulation und den Aufbau eines durchschnittlichen Gens kennen und warfen schließlich auch noch einen Blick auf die Entstehung des Lebens selbst.

Nun stehen wir am Beginn eines Kapitels, in dem all dieses Wissen zusammenfließt und in dem es buchstäblich um die „räumliche" Ausdehnung von DNS geht. Denn Genome sind nicht nur die Gesamtheit unseres Erbguts oder die modernen Erben der ersten RNS-basierten Lebewesen, sie sind vor allem eines, räumliche Gebilde.

Die Ökosysteme in uns

Für mich ist die beste Art, ein Genom zu beschreiben, der Vergleich mit etwas, was ihm am nächsten kommt, und das ist ein Ökosystem. Wenn man nach der Definition eines Ökosystems sucht, liest man meistens etwas von einer Lebensgemeinschaft verschiedener Arten innerhalb eines bestimmten, wie auch immer gearteten, Habitats. Nun stellt sich aber die Frage, von welchen Lebensgemeinschaften sprechen wir denn eigentlich innerhalb von Genomen und von welchen verschiedenen Arten? Schließlich bestehen doch Genome nur aus schier endlosen DNS-Strängen? An dieser Stelle ist nun zum ersten Mal das bereits erworbene Wissen notwendig, denn DNS ist nicht gleich DNS. Sie ist in funktionelle Einheiten unterschiedlichsten Ursprungs unterteilt, so gibt es proteincodierende Gene, Pseudogene, regulatorische RNS-Gene, regulatorische Sequenzen oder auch repetitive (sich wiederholende) Sequenzen, die rein strukturelle Funktionen erfüllen. Und alle diese verschiedenen Arten von DNS-Abschnitten formen sich ihr eigenes, genomisches Ökosystem. Dies ist durchaus vergleichbar mit dem Ökosystem Wald, der auch erst von den Organismen, die ihn bevölkern, überhaupt erschaffen wird.

Versuchen Sie sich mal einen Wald vorzustellen, in dem keine Tiere leben, dessen Böden nicht von Pilzen durchwachsen und auch nicht von Sträuchern überwuchert sind und zu guter Letzt in dem keine Bäume wachsen. Genauso wie mit einem Wald verhält es sich auch bei einem Genom, es ist ein komplexes Ökosystem, erschaffen von den Organismen, die es bevölkern, und ist damit auch selbst die Grundlage seiner eigenen Existenz. Auch wenn uns diese „genomischen Lebewesen“ noch reichlich abstrakt vorkommen, so spielt doch ein jedes von ihnen seine eigene, essenzielle Rolle, wenn es darum geht, komplexes Leben entstehen zu lassen. Ein Ökosystem ist nur dann gesund, wenn alle Organismen, die es bewohnen, ihre ureigene Rolle übernehmen. Nehmen wir hier noch einmal ein vereinfachtes Beispiel aus dem Wald. Dieser kann auf lange Sicht nur bestehen, wenn Raubtiere wie Wölfe die Zahl pflanzenfressender Rehe regulieren. Diese würden ansonsten alle frisch gekeimten Bäume fressen, wodurch sich der Wald in wenigen Jahrzehnten in eine ausgedehnte Steppe verwandeln würde. Auf ähnlich konstruierte, aber anders gegliederte Hierarchien sind auch genomische Ökosysteme gebaut, nur dass die Protagonisten in diesem Falle keine Pflanzen oder Tiere sind, sondern Gene, RNS-Moleküle oder nicht codierende DNS-Abschnitte. So wie ein Wald stirbt, wenn das ökologische Gleichgewicht zerstört ist, so führt auch ein falsches Gleichgewicht im genomischen Ökosystem zum Tod der betroffenen Zelle oder sogar zum Tod des gesamten Organismus.

Mehr als nur Schrott

An dieser Stelle betrachten wir nun den bekanntesten, aber erstaunlicherweise auch einen der kleinsten Bewohner dieses Ökosystems, das proteincodierende Gen. Für viele mag dies unwirklich klingen, aber tatsächlich ist nur ein sehr kleiner Teil unseres Genoms damit betraut, für Proteine zu codieren. In Zahlen ausgedrückt sind es gerade einmal 1,5 % unserer DNS. Diese 1,5 % haben es allerdings in sich, sie beherbergen mehr als 23 000 Gene (im Falle des modernen Menschen), die anschließend in Proteine übersetzt werden, und bilden damit das Rückgrat unserer Zellen und Körper. Doch der Besitz dieser proteincodierenden Gene allein ist ohne jegliche Bedeutung, solange kein Mechanismus zur gezielten Steuerung vorhanden ist. Denn nicht in jeder Zelle unseres Körpers ist das gesamte Repertoire an Genen rund um die Uhr aktiv. Tatsächlich wird die Identität einer jeden Zelle festgelegt durch ein einmaliges Genaktivitätsmuster, das seinen Ursprung hat in dem Vorhandensein bestimmter Proteine und Proteinvarianten. Doch da es in diesem Kapitel um die Genome als Ganzes gehen soll, werden wir diese Minderheit der „klassischen" Gene schnell hinter uns lassen und uns lieber damit beschäftigen, was denn die Restlichen circa 98,5 % unseres Genoms für eine Funktion haben.

Lange Zeit bezeichnete man diese Bereiche unseres Erbguts sehr anerkennend als „junk-DNA" oder auf Deutsch als Schrott-DNS, weil man sich in Wissenschaftskreisen einfach nicht vorstellen konnte, dass nicht codierende DNS eine nennenswerte Funktion besitzen kann. Selbst in vielen Lehrbüchern der Genetik, die noch aus meiner Studienzeit stammen, findet sich das Wort „Schrott-DNS". Tatsächlich sind gerade erst in den letzten Jahren viele Erkenntnisse über diese „dunkle Materie unseres Genoms" erwachsen und schärfen heute unser Bild der Genetik.

Heute müssen sich viele Wissenschaftler eingestehen, dass die Betitelung als „Schrott-DNS" ein grober Fehler war und keinesfalls bedeuten soll, dass sie keine Funktion besitzt, sondern dem geschuldet war, dass wir sie nicht kannten. Und da der Mensch sich allgemein sehr schwer damit tut, wenn er etwas nicht versteht oder nicht verstehen kann, bestreitet er lieber jegliche Funktion und fügt das klangvolle Wort „Schrott" hinzu. Heute sind wir an dieser Front allerdings schon sehr viel weiter und wissen bereits um einige (wenn auch natürlich bei weitem nicht um alle) Funktionen dieses riesigen Bereichs unseres Genoms. Bevor wir hier jedoch tiefer ins Detail gehen, sollten wir uns vor Augen führen, dass neuste Forschungen gezeigt haben, dass nicht weniger als 80 % unseres gesamten Genoms in RNS umgeschrieben wird. Schon diese unerwartet hohe Zahl legt die Vermutung nahe, dass sich hinter diesem unglaublichen Energieaufwand, den unsere Zellen für diese Umschreibung investieren müssen, doch die eine oder andere Funktion stecken muss.

Schon unter evolutionären Gesichtspunkten muss hier ein Mehrwert zu finden sein, ansonsten wären unsere Zellen schon längst durch effizientere Systeme ersetzt worden. Und siehe da, heute ist aus dem zarten Pflänzchen über eine vermutete Funktion nicht codierender DNS-Abschnitte ein wahrer Dschungel erwachsen, der nicht einfach zu durchschauen ist. Um dieses Dickicht etwas zu lichten, werden wir im Folgenden diese nicht codierenden DNS-Bereiche in zwei Gruppen einteilen, die funktionellen Einheiten auf der einen Seite und die strukturellen auf der anderen. Wie Sie sich bereits denken können, ist die Trennlinie zwischen (funktioneller) Funktion und struktureller Funktion rein willkürlich von mir gezogen und dient vor allem der Verbildlichung eines unvorstellbar komplexen Prozesses. Sie täuscht damit nur vor, eine klar definierte Linie zu sein, während der Grenzverlauf in der Realität stets ein fließender ist.

Was verstehe ich denn nun unter „funktionellen" nicht codierenden DNS-Abschnitten? Hierbei handelt es sich nach meiner Definition um DNS-Bereiche, die nicht in Protein übersetzt werden, aber dennoch direkt als RNS-Molekül in das zelluläre Geschehen eingreifen können oder aber auch indirekt andere Gene regulieren können und das sogar teilweise, ohne vorher in RNS übersetzt werden zu müssen.

Nicht codierende RNS (ncRNA)

Schauen wir uns zuerst das vermutlich wichtigste Element dieser funktionellen nicht codierenden DNS-Einheiten an, die nicht codierenden RNS-Moleküle (non-coding RNAs). Diese umfassen für das Überleben einer Zelle unverzichtbare Moleküle wie ribosomale RNS-Moleküle oder transferRNS-Moleküle, also die wichtigsten Bestandteile der Proteintranslationsmaschinerie. Gerade über die ribosomalen RNS-Moleküle und ihre Entstehung haben wir ja bereits einiges gehört, doch die besondere Bedeutung dieser funktionellen RNS-Einheiten spiegelt sich auch in ihrer genomischen Organisation wider. Die Gene, die für die verschiedenen ribosomalen RNS-Einheiten codieren, liegen in riesigen Clustern auf den Chromosomen 13, 14, 15, 21 und 22 und wiederholen sich dort bis zu 400-mal. Doch damit noch nicht genug, diese ribosomalen DNS-Bereiche bilden dank ihrer einzigartigen Organisation sogar ein eigenes Subkompartiment innerhalb des Zellkerns, den sogenannten Nukleolus. In ihm werden ribosomale RNS-Moleküle wie am Fließband produziert, bis sie schließlich bis zu 80 % der gesamten RNS innerhalb einer Zelle ausmachen. Dieser Nukleolus besitzt allerdings keine Membran, die ihn vom restlichen Teil des Genoms räumlich isoliert, und ist trotzdem ein Schlüsselmerkmal einer jeden eukaryotischen Zelle.

Der Grund, warum er so auffällig ist, ist seine extrem hohe Dichte an DNS, RNS und erstaunlicherweise Protein. Denn im Nukleolus werden nicht nur die ribosomalen RNS-Einheiten produziert, nein, hier ist auch der Ort, an dem die gesamten ribosomalen Untereinheiten zusammengebaut werden. Das erklärt auch den hohen Proteinanteil in diesem Bereich des Zellkerns. Alle der über 50 verschiedenen ribosomalen Proteine, die vorher im Zytoplasma hergestellt wurden, werden einzig aus diesem Grund in den Kern „importiert". Nach der abgeschlossenen Montage der großen und der kleinen ribosomalen Untereinheiten werden diese wieder ins Zytoplasma der Zelle transportiert, um dort ihrer Funktion nachgehen zu können. Und ist es nicht faszinierend, dass ausgerechnet jene Bereiche unseres Genoms sich zum markantesten Subkompartiment des Zellkerns zusammenschließen, die nach aktuellen Hypothesen die Keimzellen dieser unserer Genome darstellen?

Die zweiten für die Proteintranslation essenziellen RNS-Bestandteile, die transferRNS-Moleküle, gehören ebenfalls zu diesen nicht codierenden RNS-Bereichen, und auch sie liegen innerhalb eines Genoms in vielfacher Ausführung vor. Im menschlichen Genom befinden sich 446 einzelne Gene für transferRNS-Moleküle. Wenn wir uns nun noch einmal die Frage stellen nach der Bedeutung nicht proteincodierender DNS-Bereiche, sollten wir nur an diese beiden Gruppen denken. Es sind diese Moleküle, die den universellen genetischen Code von der Theorie in die Praxis umsetzen und damit eine Proteinherstellung erst zulassen.

Damit wird auch klar, dass ohne diese „nicht codierenden" DNS-Bereiche auch keine „codierenden" Bereiche existieren würden, da eine Proteintranslation schlicht nicht möglich wäre. Doch auch diese ribosomalen Einheiten haben wir schon in einem früheren Kapitel kennengelernt. Daher verlassen wir nun diesen „produktiven" Seitenarm der nicht codierenden DNS und wenden uns nun dem „regulativen" Abschnitt zu. Und hier wird es schon schwieriger werden, die Übersicht zu behalten.

Lange nicht codierende RNS

Regulation, kaum ein Begriff ist wichtiger, wenn es um das Verständnis von Biologie geht. Bis jetzt haben wir nur über den regulativen Einfluss von Proteinen gesprochen. Daher ist es nun an der Zeit, über den regulativen Einfluss von RNS-Molekülen zu sprechen, denn dieser ist nach heutigem Stand des Wissens kaum zu überschätzen. Mit den regulativen RNS-Molekülen lernen wir nun auch einen weiteren faszinierenden Teil der Bewohner unserer genomischen Ökosysteme kennen und dieser Teil ist an Vielfältigkeit kaum zu überbieten. Der Einfachheit halber werde ich die verschiedenen regulativen RNS-Moleküle in zwei unterschiedliche Gruppen einordnen: zum einen die kurzen nicht codierenden RNS-Moleküle (short non-coding RNAs „sncRNA"), die in der Regel nicht länger sind als 50 Nukleotide, und die langen nicht codierenden RNS-Moleküle (long non-coding RNAs „lncRNA"), die länger sind als 200 Nukleotide.

Beginnen wir unsere Safari durch die Welt der regulativen RNS-Moleküle nun bei den langen nicht codierenden RNS-Varianten. Diese sind nicht nur unglaublich vielgestaltig, sondern sie regulieren auch nahezu jeden bekannten Aspekt der genomischen und zellulären Aktivität. Eine der herausragenden Aufgaben dieser langen RNS-Moleküle (die keinerlei Information für funktionsfähige Proteine in sich tragen) ist die Regulation der Genaktivität. Wir haben ja bereits einiges darüber gehört, dass jede Zelle im Körper eines Menschen, einer Eiche oder jedes anderen komplexen Lebewesens trotz der gleichen genetischen Grundausstattung ein anderes Repertoire an Genen aktiviert, um ihren Aufgaben bestmöglich nachzukommen. Genauso haben wir schon erfahren, auf welche Weise Proteine, allen voran DNS-bindende Transkriptionsfaktoren daran beteiligt sind, dieses Genaktivitätsmuster zu erzeugen und aufrechtzuerhalten.

Doch ein weiterer wichtiger Akteur bei dieser genetischen Inszenierung agierte lange Zeit im Verborgenen und das, obwohl er an jedem Prozess der Genregulation mit beteiligt ist. Viele Transkriptionsfaktoren benötigen beispielsweise bestimmte nicht codierende RNS-Moleküle, um andere Proteine als Cofaktoren binden zu können, oder aber sie dienen sogar direkt als Cofaktoren für Transkriptionsfaktoren, damit diese überhaupt in Lage sind, ihre Aufgaben zu erfüllen. Durch diese doppelte Regulation der Genaktivität, durch reine Transkriptionsfaktoren auf der einen Seite und durch lange nicht codierende RNS-Moleküle auf der anderen Seite wird ein noch viel höheres Maß an Zelltypspezifität gewährleistet. Denn während gerade einmal gut 19 % der mRNS (jene RNS-Moleküle, welche die Vorstufe für Proteine darstellen) einer durchschnittlichen Zelle als zelltypspezifisch eingestuft werden, werden stolze 87 % der bekannten lncRNS-Moleküle in einer zelltypspezifischen Art und Weise reguliert und gebildet. Besonders in den Vordergrund tritt ihre Funktion bei der Entwicklung und Funktion eben jenes Organs, das uns Menschen so besonders macht, dem Gehirn.

Gerade hier wurde die höchste Zahl an verschiedenen lncRNS-Molekülen nachgewiesen und häufig ist das Vorhandensein dieser einzelnen regulativen RNS-Einheiten von Zelle zu Zelle unterschiedlich und beeinflusst damit nicht nur die Entwicklung des Gehirns, sondern auch dessen korrekte Funktion. Diese ist wie keine andere von der zelltypspezifischen Reaktion auf eingehende Reize und der anschließenden Reizverarbeitung abhängig.

Heute beginnen wir zu erahnen, inwiefern nicht nur die vorhandenen Proteine an diesen Prozessen beteiligt sind, sondern eben auch die regulativen (lnc)RNS-Moleküle. Wir haben ja bereits gehört, dass diese manipulativen langen RNS-Moleküle mit den Transkriptionsfaktoren interagieren können, um die Genaktivität einer Zelle zu regulieren. Doch damit hört es noch lange nicht auf. Die Evolution muss schon sehr früh das innovative Potenzial dieser Moleküle erkannt haben. Schließlich sind sie heute in nahezu jeden Aspekt des zellulären Lebens mehr oder weniger involviert. Und da die Regulation der genetischen Aktivität vermutlich der wichtigste und zentralste Punkt des zellulären Lebens darstellt, greifen sie auch aktiv in jeden einzelnen Teilschritt mit ein. Beginnend bei der Umschreibung eines Gens vom Speichermedium DNS hin zum Transportmedium der RNS, über die Modifizierung der mRNS selbst bis hin zur Herstellung der Proteine und deren späterer Funktion. Für alle diese Fähigkeiten gibt es bereits jetzt hunderte Beispiele aus verschiedenen Organismen und unterschiedlichen Zelltypen. Trotzdem wäre es noch übertrieben zu sagen, dass wir bereits an der Oberfläche gekratzt haben, wenn es um ein umfassendes Verständnis dieser regulativen RNS-Einheiten geht. Schließlich haben neuere Studien aus dem Jahr 2018 gezeigt, dass es alleine im Menschen schätzungsweise 270044 verschiedene lange nicht codierende RNS-Moleküle gibt, die alle ihre eigene Funktion erfüllen und damit unseren Zellen helfen, ihre eigene Komplexität und die Komplexität des gesamten Organismus zu erhalten.

Bevor wir nun unsere Safari fortsetzen und die kurzen nicht codierenden RNS-Sequenzen betrachten, möchte ich noch ein kurzes, aber eingängiges Beispiel nennen, auf welche Art und Weise diese langen RNS-Moleküle die Aktivität eines Gens regulieren können. Ich bin mir zwar der Tatsache bewusst, dass dies nur ein Mechanismus von wahrscheinlich Hunderten ist und auch nur eine Funktion von noch einmal Tausenden anderen Funktionen dieser Moleküle repräsentiert. Aber nichtsdestotrotz zeigt es uns, wie unglaublich einfallsreich die Evolution mit den ihr zur Verfügung stehenden Bausteinen umgeht, um Komplexität zu erzeugen.

Wir kennen bereits die Aufgabe eines Genpromotors, der die Umschreibung eines Gens in RNS kontrolliert. Unter anderem tut er das, in dem er die Zusammensetzung eines Transkriptionsinitiationskomplexes an der korrekten Stelle ermöglicht. Nun gibt es RNS-Moleküle, die genau in diesen Prozess eingreifen, um die Umschreibung eines bestimmten Gens in RNS zu verhindern. Dadurch kann logischerweise auch in einem nächsten Schritt kein Protein gebildet werden. Umgesetzt wird das ganze durch die Bindung des besagten RNS-Moleküls an die Promotorregion des Zielgens. Dadurch entsteht eine sogenannte Triplex-Struktur aus der doppelsträngigen DNS im Promotorbereich und der einzelsträngigen regulativen RNS. Diese Struktur verhindert, dass sich die generellen Transkriptionsfaktoren zu einem funktionsfähigen Transkriptionsinitiationskomplex zusammenzufügen, wodurch das betroffene Gen am Ende auch nicht in ein Protein transformiert werden kann.

Diese Art der Genregulation ist höchst effektiv, da sie den gesamten Ablauf der Genexpression schon zu Beginn lahmlegt. Gemessen an den Tausenden vergleichbaren Triplex-Strukturen, die in eukaryotischen Genomen nachgewiesen wurden, scheint diese Art der Genregulation durch RNS-Moleküle sich großer Beliebtheit zu erfreuen. Dennoch stellt sie gleichzeitig nur einen von unzähligen anderen Methoden dar, durch die die genetische Aktivität im Speziellen und die zelluläre Aktivität im Allgemeinen durch lange nicht codierende RNS-Moleküle reguliert wird. Durch die schrittweise Entdeckung der Funktionen dieser faszinierenden Moleküle werden unserer molekularen Symphonie der Zellen immer mehr Noten hinzugefügt und der Klang wird immer runder und voller.

microRNS, molekularer Zwerg, aber evolutionärer Riese

Diese kurzen, nicht codierenden RNS-Moleküle sind wahrlich faszinierende Bestandteile der genomischen Ökosysteme. Denn wie so oft im Leben sollte man sich nicht von der Größe allein täuschen lassen. Obwohl diese Molekülklasse selbst in den Augen eines Genetikers sehr klein ist, so ist ihr Einfluss auf die Evolution und die Komplexität des Lebens nicht zu unterschätzen. Was bedeutet „kurz" oder „klein" an dieser Stelle wirklich? Nun in diese Kategorie von regulativen RNS-Molekülen fallen ausschließlich Moleküle, die weniger als 50 Nukleotide lang sind. 50 Nukleotide, geradezu winzig im Vergleich zu den Genen, die sie regulieren, und auch winzig im Vergleich zu den langen, nicht codierenden RNS-Einheiten, die ohne Probleme viele Tausende Nukleotide lang sein können. Nun stellt sich allerdings die berechtigte Frage, wie kann etwas so kleines tatsächlich einen relevanten Einfluss haben auf einen vergleichsweisen riesigen Organismus oder sogar die ganze Evolution? Diese Frage werden wir mithilfe einer besonderen Gruppe kurzer RNS-Moleküle versuchen zu klären, den sogenannten mircoRNS-Molekülen. Sie gehören heute zu den am besten untersuchten Mitgliedern dieser faszinierenden Molekülklasse und sie werden ihrem Namen durchaus gerecht, denn sie sind wirklich winzig, mit einer durchschnittlichen Länge von gerade einmal 22 Nukleotiden.

Doch diese 22 Nukleotide haben es in sich. Sie sind in der Lage, sich an komplementäre RNS-Bereiche von mRNS-Molekülen zu binden, wodurch diese in ihrer Aktivität reguliert werden. Bei Tieren, einschließlich uns Menschen, findet diese Bindung in erster Linie an der untranslatierten Region (UTR) am Ende eines mRNS-Moleküls statt. Diese UTRs sind mit Bindestellen für regulative Proteine und RNSs regelrecht vollgestopft. Die Bindung dieser kleinen microRNS-Moleküle an die UTR eines mRNS-Transkripts kann unterschiedlichen Einfluss haben auf die proteincodierende mRNS. Es kann ihre Langlebigkeit beeinflussen, es kann die Rate der Translation an den Ribosomen beeinflussen (also die Effizienz, mit der die Ribosomen die in der mRNS codierte Information in Protein umsetzen) oder sogar dafür sorgen, dass die betroffene mRNS komplett zerstört wird.

Doch wie können 22 Nukleotide dafür verantwortlich sein, dass ein viele tausend Nukleotide langes mRNS-Molekül zerstört wird? Die Antwort hierauf lautet: mithilfe von spezialisierten Proteinen, die das zerstörerische Werk vollbringen. Diese kurzen microRNS-Moleküle binden an das Zentrum eines Proteinkomplexes, welcher den treffenden Namen „RNA induced silencing complex" (RISC) trägt. Das bedeutet übersetzt so viel wie „RNS induzierter Ruhigstellungskomplex". Sobald dieser RISC-Komplex mithilfe einer passenden microRNS sein Ziel erkannt und gebunden hat, kann er mit seinem Werk beginnen. Hier gibt es eine verblüffende Bandbreite von Wirkmechanismen, mit der die passende mRNS ruhiggestellt werden kann. Sie hängt davon ab, welche Proteine und Proteinvarianten Teil des Komplexes sind. So können sie zum Beispiel weitere Proteine hinzuziehen, die lediglich dafür sorgen, dass die betroffene mRNS nicht translatiert werden kann, aber zumindest erhalten bleibt, oder sie können die mRNS komplett abbauen, sodass mal mehr, mal weniger oder mal gar nichts von ihr vorhanden ist. Auf diese elegante Art und Weise kann ein Gen auch post-transkriptionell (sprich nach der Transkription in RNS) effektiv reguliert werden. Wir haben gerade erst gehört, dass auch lange, nicht codierende RNS-Moleküle zum Beispiel mithilfe der beschriebenen Triplex-Strukturen ebenfalls ein Gen ruhigstellen können. Wofür braucht man dann noch die Mechanismen der microRNS? Der Hauptgrund liegt im „Finetuning": Während die Triplex-Strukturen ein Gen nach einem On- und Off-Schema regulieren, erhält eine Zelle durch die Aktivität der microRNS die Möglichkeit, ein Gen durch sein RNS-Transkript für eine gewisse Zeit ruhigzustellen (ohne das Transskript zu zerstören), dafür zu sorgen, dass es mal mehr und mal weniger stark vorhanden ist, oder es auch gegebenenfalls ganz zu zerstören. Hierdurch kann eine jede Zelle das vorhandene genetische Material optimal nutzen und die genetische Aktivität zu jeder Zeit den aktuellen Bedürfnissen anpassen. Von daher ist es nicht weiter verwunderlich, dass auch so kleine Moleküle wie microRNSs mit ihren 22 Nukleotiden im Laufe der Evolution immer wichtigere Funktionen erhielten. Sie erweiterten die Anpassungsfähigkeit und das Potenzial für die immer weiterwachsende Komplexität des Lebens und tun dies heute noch.

So sind im menschlichen Genom heute knapp 523 verschiedene microRNS-Gene beschrieben, die über 60 % unserer proteincodierenden Gene regulieren. Ein Großteil dieser kleinen regulatorischen RNS-Moleküle ist trotz ihrer geringen Größe extrem hoch konserviert, was ihre evolutionäre Rolle noch einmal unterstreicht. Um hier nur mal ein paar Beispiele zu nennen, so sind 200 von den knapp 523 microRNS-Genen in uns Menschen, in unserer evolutionären Linie erhalten geblieben seit unserem letzten gemeinsamen Vorfahren mit den Knochenfischen und von diesen 200 Genen sind noch einmal 75 konserviert seit unserem gemeinsamen Vorfahren mit den Insekten und Würmern.

Das bedeutet, mehr als ein Drittel der microRNS Gene, die heute noch für unseren Körper essenziell sind, haben sich seit mehr als 400 Millionen Jahren nicht verändert. Sie sind sogar heute noch in allen Knochenfischen, Amphibien, Reptilien, Vögeln und Säugetieren gleichermaßen erhalten geblieben.

An dieser Stelle wird noch einmal besonders deutlich, dass diese kleinen, nicht codierenden RNS-Moleküle große Fußspuren in unseren Genomen hinterlassen haben. Und diese Fußspuren sind tiefer, als wir lange dachten. Ganz bestimmte Eigenschaften der microRNS-Gene erlauben uns heute, ihre evolutionären Stammbäume exakt zu rekonstruieren. Ein wichtiger Punkt ist, dass kontinuierlich neue Gene dieser Art hinzukommen. Und sobald diese microRNSs in ein genregulatorisches Netzwerk eingebaut sind, zeigen sie ein enorm hohes Maß an Konservierung. Das bedeutet, dass ihre Sequenz durch die Wirkung der natürlichen Selektion erhalten bleibt, da jede Änderung mit einer geringeren Überlebenswahrscheinlichkeit bestraft werden würde.

So deuten moderne Studien daraufhin, dass der Hinzugewinn von neuen microRNS-Genen im Laufe der Evolution fast eins zu eins korreliert mit der Zunahme an organismischer Komplexität. Diese Korrelation ist besonders beeindruckend, wenn man sich vor Augen führt, dass jene erdgeschichtlichen Zeitalter, welche das höchste Maß an organismischer Innovation aufzuweisen haben (allen voran das Kambrium, das vor 540 Millionen Jahren begann) nicht durch einen signifikanten Zugewinn neuer proteincodierender Gene gekennzeichnet sind, sehr wohl aber durch einen Zugewinn an neuen microRNSs. Es ist also nicht so, dass die absolute Zahl an proteincodierenden Genen höhere Komplexität bedingt, sondern viel eher so, dass immer komplexer werdende genregulatorische Netzwerke diese Komplexität erzeugen. Heute wissen wir, dass gerade nicht codierende DNS-Abschnitte einen Löwenanteil haben an der Entstehung und Aufrechterhaltung dieser genetischen Netzwerke. Dank dieser regulatorischen RNS-Moleküle und ihrer unfassbar erscheinenden Diversität ist es einer jeden Zelle möglich, das eigene genetische Programm stets den aktuellen Bedingungen anzupassen.

Nur zur Erinnerung, alle diese nicht codierenden „Bewohner der genomischen Ökosysteme", egal ob ribosomale RNS, tRNS, lange oder kurze nicht codierende RNS-Moleküle, sie alle galten bis vor relativ kurzer Zeit noch als Teil der „Schrott-DNS". Doch wie wir nun gesehen haben, sind Genome weit mehr als nur die Summe ihrer proteincodierenden Gene. Die wahre Komplexität liegt mehr in der Regulation und weniger im Vorhandensein proteincodierender Gene.

Doch noch sind wir mit unserer Entdeckungstour zu den Bewohnern der Genome lange nicht am Ende. Als nächstes lernen wir die viralen Bewohner unserer Genome kennen, und wenn es Ihnen so geht wie mir, werden Sie Viren anschließend mit anderen Augen sehen, denn wir haben ihnen viel zu verdanken.

Viren und die Evolution

Viren sind nicht nur unglaublich klein, sie sind auch in den Augen der meisten Menschen nichts als gemeine Krankheitserreger, die abgesehen von Leid und Tod nicht viel vorzuweisen haben. Gerade in Zeiten wie heute gilt dies umso mehr. Denn ich schreibe dieses Buch zu einem Zeitpunkt, an dem sich mehr als die Hälfte der Weltbevölkerung unter Hausarrest befindet, aufgrund einer viralen Pandemie. Was könnte da näher liegen, als Viren schlicht als lästige Krankheitserreger zu bezeichnen.

Doch auch diese allgemeingültige Aussage, die vermutlich der Großteil der Menschheit unterschreiben würde, ist nach heutigem Wissensstand nicht mehr haltbar.

Natürlich sind Viren Krankheitserreger und jedes Jahr für Millionen Tote verantwortlich. Doch neben diesen kurzfristigen (oft tödlichen) Eigenschaften besitzen sie, wie wir heute wissen, noch ein zweites Gesicht, eines, das sich nicht durch kurzfristige Krankheitsverläufe darstellt, sondern eines, das sogar langfristige evolutionäre Trends auslösen kann. Viren sind eigentlich nicht viel mehr als kurze DNS- oder RNS-Stränge, die von einer Proteinhülle umgeben sind, und doch ist ihr Lebenszyklus, so einfach er auch sein mag, äußert erfolgreich.

Viren besitzen anders als Bakterien oder Eukaryoten keine klassische Zelle. Sie haben damit auch keinen eigenständigen Stoffwechsel und können sich auch nicht auf sich allein gestellt vermehren, weshalb viele Wissenschaftler Viren nicht einmal als Lebewesen einordnen. Aus dieser Diskussion möchte ich mich hier allerdings heraushalten.

Fakt ist, dass Viren hocheffiziente, egoistische genetische Einheiten darstellen, denen es reichlich egal ist, was menschliche Wissenschaftler von ihnen denken und wie sie sie klassifizieren. Viren benötigen für ihren Lebenszyklus eine vollfunktionsfähige Wirtszelle, das können sowohl Bakterien, Archaeen als auch Eukaryoten wie der Mensch sein. Nachdem ein Virus mit seiner Wirtszelle verschmolzen ist, entlässt er sein Genom in das Zytoplasma der unglückseligen Zelle und geht damit in die nächste Phase seines Lebenszyklus über.

Unter all den verschiedenen Viren, die es gibt, beschäftigen wir uns nun mit den sogenannten Retroviren. Hierbei handelt es sich um RNS-basierte Viren, die ihr Genom zunächst mithilfe eines Enzyms namens reverse Transkriptase in DNS umschreiben. Nach dieser Umschreibung wandert das Genom weiter bis in den Zellkern, baut sich mithilfe bestimmter Proteine in das Genom der Wirtszelle ein und übernimmt schließlich die totale Kontrolle über die jeweilige Zelle. In diesem Fall ähnelt ein Virus einem Piraten, der ein fremdes Schiff kapert und es schließlich für seine eigenen, egoistischen Zwecke missbraucht. Der Virus legt nahezu alle zelleigenen Stoffwechselprozesse lahm und manipuliert die Zelle dahingehend, dass sie ausschließlich neue Viren produziert – und zwar solange, bis die Zelle am Ende abstirbt und damit gleichsam Millionen neuer Viren in die Freiheit entlässt. Diese machen sich dann ebenfalls auf die Suche nach neuen Opfern. Aber Viren können auch ruhen, nachdem sie sich in ein Genom eingebaut haben, und verwandeln sich nicht zwangsläufig direkt in einen molekularen Berserker. An dieser Stelle kommen wir an einen wichtigen Punkt, wenn es darum geht zu verstehen, wie und warum diese winzigen, potenziell zerstörerischen Viren den Lauf der Evolution mitbeeinflussen können. In den meisten Fällen befällt ein Virus eine somatische Körperzelle und baut sich in dessen Genom ein. Doch diese Zellen sterben spätestens mit dem Tod des jeweiligen Individuums zusammen mit dem Virus, der sich in diesem Genom versteckt. Doch in einigen wenigen Fällen hat ein Virus das Glück, in eine Keimbahnzelle zu gelangen, aus der sich entweder Spermien oder Eizellen entwickeln. In noch weniger Fällen entwickelt sich aus dem betroffenen Spermium oder der betroffenen Eizelle tatsächlich ein neuer Organismus, der als Bestandteil seines Genoms das jeweilige Virus mit sich herumträgt und ihm ein Zuhause gibt.

Von nun an bezeichnet man diese Viren als „endogene Retroviren". Diese ERVs können sich für viele Millionen Jahre in den Genomen der folgenden Generationen aufhalten und werden stets an die nächste Generation weitergegeben, bis sie im Genpool der Wirtspopulation fixiert sind. In den meisten Fällen durchlaufen diese viralen Sequenzen allerdings Mutationen, die den Virus inaktivieren und so dafür sorgen, dass er keine Gefahr mehr für den Wirtsorganismus darstellt. Diese endogenen Retroviren machen heute stolze 5 bis 8 % des menschlichen Genoms aus und zeigen mit ihren knapp 98 000 Sequenzelementen eine enorme evolutive Kapazität.

Wir erinnern uns noch einmal daran zurück, dass die Sequenzen unserer proteincodierenden Gene nur 1,5 % unseres Genoms ausmachen und damit dem viralen DNS-Anteil deutlich hinterherhinken. Doch wie beeinflussen diese inaktiven, Millionen Jahre alten Viren den Lauf der Evolution? Nun selbst, wenn die viralen Proteine durch Mutationen stillgelegt wurden, so enthalten sie nach wie vor regulative Sequenzen. Diese Sequenzen, an der richtigen Stelle im Genom platziert, können auch die Aktivität unserer eigenen Gene steuern. Und tatsächlich passiert genau das überall in unserem Genom: Uralte virale DNS-Sequenzen steuern heute noch die Aktivität unserer Gene. Diese viralen regulatorischen Sequenzen wirken auf einige unserer Gene wie alternative Promotorregionen oder wie Enhancer-Sequenzen. Es gibt sogar Fälle, in denen ist virale DNS der alleinige Regulator eines humanen Gens. Ein anschauliches Beispiel hierfür ist das humane Gen *AMY1C*, das für das Enzym Amylase codiert. Amylase ist ein Verdauungsenzym, das normalerweise nur in der Bauchspeicheldrüse gebildet wird und dafür verantwortlich ist, dass Stärke in Zuckermoleküle aufgespalten wird. Doch dank eines endogenen Retrovirus, das sich in den Promotor dieses Gens einbaute, veränderte sich auch seine zelltypspezifische Regulation selbst und siehe da, von nun an produziert auch unsere Speicheldrüse Amylase. Durch diesen regulatorischen Hinzugewinn startet die Verdauung stärkehaltiger Nahrung nun bereits in unserem Mund und nicht erst im Magen.

Doch wer nun denkt, wir verdanken unseren heimlichen genetischen Untermietern nicht mehr als Amylase in unserem Speichel, der hat weit gefehlt. Sie beeinflussten unsere Evolution weit stärker, als viele dies je für möglich gehalten haben. Eine der größten innovativen Durchbrüche in unserer Evolutionsgeschichte war ohne Frage die Entwicklung der Plazenta. Eben jenes Organ, das uns im Mutterleib mit Sauerstoff und Nährstoffen versorgt und durch das wir gleichzeitig die anfallenden Abfallprodukte unseres Stoffwechsels abgeben können. Nur dank dieses Organs können sich Säugetiere innerhalb des Mutterleibes so weit entwickeln, bis sie lebend geboren werden. So konnten sie schließlich das bis zu diesem Zeitpunkt notwendige Eierlegen hinter sich lassen.

Doch die Plazenta tut noch weit mehr als das, sie sorgt auch dafür, dass der Embryo nicht wieder vom Mutterleib abgestoßen wird. Selbst bei aller Kindesliebe ist ein sich entwickelnder Embryo biologisch betrachtet ein Fremdkörper innerhalb des Muttertieres. Schließlich enthält er zur Hälfte die körperfremden Gene des Vaters, gegen die sich das Immunsystem der Mutter normalerweise direkt verteidigen würde. Dieser immunologische Schutz vor der Mutter war höchstwahrscheinlich sogar die primäre Aufgabe der Plazenta, während die Nahrungsmittelversorgung im Verlauf der Evolution erst später hinzukam. Doch was hat das alles mit Viren zu tun? Nun die Antwort ist ganz einfach: Ohne sie würden wir heute vermutlich immer noch Eier legen.

Es ist ein virales Protein, das dafür sorgt, dass die Plazenta ihre Aufgaben erfüllen kann und dass sie sich überhaupt entwickeln konnte. In diesem Fall handelt es sich auch nicht um ein alternativ reguliertes Säugetiergen. Es ist tatsächlich ein komplett virales Gen, das von den Zellen unserer Vorfahren vor knapp 160 Millionen Jahren „domestiziert" wurde, um fortan unser Überleben zu erleichtern.

Dieses virale Gen, oder besser gesagt das von ihm codierte Protein, hilft beim Aufbau des sogenannten Syncytiotrophoblasten, einer vielkernigen Zellschicht, die durch Fusion mehrerer Zellen entsteht und dadurch wie eine übergangslose Barriere zwischen dem Embryo und der Mutter fungiert. Nur dank der Aufnahme und anschließenden „Domestikation" dieses uralten viralen Gens in unser Genom sind wir heute, wer wir sind, denn dieses Organ ist der ursächliche Grund für die Entstehung und den Erfolg der Säugetiere.

Pseudogene, die Untoten in unseren Genomen

Das waren jetzt nur zwei Beispiele, wie Viren unsere Evolution mit beeinflusst haben, aber ich denke, sie zeigen uns sehr deutlich, dass Viren weit mehr sind als nur lästige Krankheitserreger. Sie sind eine der großen evolutionären Triebfedern, die das Leben seit jeher mitformten und ihm neue Türen öffneten, da sie in der Lage sind, in relativ kurzen Zeitspannen riesige Evolutionssprünge zuzulassen. Doch Viren können sogar noch mehr. Sie sind sogar in der Lage, Tote wiederzubeleben. Denn selbst Gene können in einem übertragenen Sinne „sterben". Sie durchlaufen einen für unsere Verständnisse unvorstellbar langen und komplexen Lebenszyklus – von ihrer Entstehung, ihrem Einbau in ein molekulares Netzwerk, über die ständige Anpassung und Veränderung ihrer Sequenz und am Ende bis zu ihrem Tod. Doch wie sieht der Tod eines Genes eigentlich aus, schließlich handelt es sich hierbei nicht um ein atmendes Lebewesen, wie wir es kennen. Und dank ihrer weitläufigen Verbreitung innerhalb diverser Populationen sind Gene auch nicht vom Überleben eines einzelnen Organismus abhängig. Man bezeichnet ein proteincodierendes Gen als „tot", wenn es seine ureigenste Funktion nicht mehr erfüllen kann, sprich wenn seine Sequenz derartige Veränderungen erfährt, die dazu führen, dass es nicht mehr in Protein umgesetzt werden kann. In aller Regel passiert so etwas häufig, nachdem ein Gen oder ein ganzer Chromosomenabschnitt dupliziert wurde. Hiernach existieren immerhin zwei identische Kopien von ein und demselben Gen, was in der Regel keinen großen Vorteil mit sich bringt, da das ursprüngliche Gen nach wie vor komplett funktionsfähig im Genom vorliegt und seine Aufgaben auch voll umfänglich erfüllen kann. Daher besteht kein sequenzerhaltender Selektionsdruck auf der neuentstandenen Kopie.

Aus diesem Grund können sich hier schnell Mutationen anreichern, die das neue Gen in die Bedeutungslosigkeit verbannen. Ein auf diese Art und Weise „verstorbenes Gen“ bezeichnet man als Pseudogen und man kann tatsächlich aufgrund der Sequenzähnlichkeit bei nahezu jedem dieser Pseudogene noch das entsprechende Elterngen identifizieren, von dem es abstammt. Neuste Forschungen haben ergeben, dass das menschliche Genom bis zu 14 000 dieser toten Gene in sich trägt. Diese Zahl ist insofern beindruckend, da dies mehr als der Hälfte unserer „lebenden“ proteincodierenden Gene entspricht. Und welch Wunder, auch diese Bewohner unserer Genome wurden und werden als „Schrott-DNS“ betitelt, da es lange Zeit so aussah, als hätten sie keinerlei Funktion mehr. Doch wie fast immer lag dies nicht an ihrer tatsächlichen Funktionslosigkeit, sondern vielmehr daran, dass unser Wissen noch nicht ausreichend war, um ihre Funktionen auch erkennen zu können. Nach wie vor werden viele Pseudogene in RNS umgeschrieben und dienen in vielen Fällen der Regulation ihrer Elterngene. Zum Beispiel, in dem sie regulative mircoRNS-Moleküle wie ein Schwamm abfangen, die auf diese Weise nicht mehr das funktionsfähige „Elterngen“ regulieren können.

Ein schönes Beispiel hierfür ist die Regulation des Proto-Onkogens BRAF. Das Protein, das von diesem Gen codiert wird, ist involviert in die Regulation von Zellwachstum und kann, wenn es im Überfluss vorhanden ist, Krebs auslösen. Um das zu verhindern, ist in jeder Zelle, in der BRAF aktiv ist, auch eine microRNS vorhanden, die die Sequenz seiner mRNS erkennt und dafür sorgt, dass dieses potenziell gefährliche Protein in genau der richtigen Menge vorkommt. Nun besitzt BRAF allerdings auch ein Pseudogen, das nach wie vor in RNS umgeschrieben wird und dank seiner Sequenzähnlichkeit wie ein Magnet für die bereits erwähnten microRNS-Moleküle wirkt. Wir sehen uns hier also einem fein austarierten Gleichgewichtszustand gegenüber, der allerdings auch störungsanfällig sein kann. Wenn nun aufgrund einer kleinen Mutation das Pseudogen für BRAF aktiver wird, fängt es auch mehr microRNS-Moleküle ab, die sich dann nicht mehr an der Regulation des tatsächlichen BRAF Gens beteiligen können. Dieses zellwachstumregulierende Protein kann sich nun schnell innerhalb der betroffenen Zelle anreichern und schließlich zur Bildung eines Tumors beitragen.

Dies ist nur ein Beispiel von vielen dafür, wie diese totgeglaubten Gene heute noch eine wichtige Funktion innerhalb unserer Zellen erfüllen und ebenfalls ihr regulatives Potenzial erhöhen können. Aber auch jene Pseudogene, die nicht mal mehr in RNS umgeschrieben werden und selbst heute noch von vielen Biologen als molekularer Schrott betrachtet werden, bergen in sich ein enormes evolutives Potenzial. Denn sie können durchaus auch wiederbelebt werden und nun dank der in Millionen von Jahren angehäuften Mutationen gänzlich neue Funktionen besitzen und seinem Träger damit unverhofften Nutzen bringen. Damit besitzen diese „toten“ Gene nicht nur direkten regulativen Nutzen für seinen Besitzer, sondern sie bergen auch einen rein potenziellen Nutzen. Dieser kann aus Sicht der Evolution mindestens genauso wichtig sein, da er unter Umständen sehr schnelle neue Anpassungen und Fähigkeiten hervorbringen kann. Doch wie können nun ausgerechnet Viren an der Wiederbelebung dieser Genleichen beteiligt sein? Diese Frage können wir gut mithilfe eines wiederbelebten menschlichen Gens beantworten.

Das Gen, von dem hier die Rede ist, heißt *IRGM*, diese Abkürzung steht für Immunity-related GTPase M. Gene aus dieser Familie spielen eine wichtige Rolle bei der zellulären Immunabwehr gegen Bakterien. Nun ist es allerdings so, dass in jener Evolutionslinie, die auch zu uns Menschen führen sollte, dieses Gen durch den Einbau eines mobilen genetischen Elements ausgeschaltet wurde. Wir können heute sogar dank der vergleichenden Genetik den ungefähren Zeitpunkt dieses genetischen Ereignisses festlegen, und zwar auf circa 40 Millionen Jahre vor unserer Zeit. Daher finden wir Kopien dieses Pseudogenes sowohl in den Altweltaffen, zu denen auch der moderne Mensch zählt, als auch in den Neuweltaffen. Doch vor ungefähr 20 Millionen Jahren kam es wieder zu einem unerwarteten Ereignis in unserer Abstammungslinie: Nach 16 Millionen Jahren der genetischen Bedeutungslosigkeit wurde eben dieses *IRGM*-Gen dank dem viralen Promotor eines endogenen Retrovirus wieder zum Leben erweckt.

Damit besitzen nicht nur wir Menschen, sondern auch unsere näheren Verwandten, wie Schimpansen, Gorillas oder Orang-Utans, dieses wiederbelebte Gen, nicht jedoch die weiter von uns entfernten Neuweltaffen. Nun haben wir also nicht nur einen weiteren Bewohner unserer genomischen Umwelt kennengelernt, sondern wir haben auch erfahren, dass Viren als Geburtshelfer oder besser gesagt als „Wiedergeburtshelfer" für unsere totgeglaubten Gene fungieren können.

Genome, dreidimensionale Ökosysteme

All das, was wir hier gehört haben, bildet natürlich nur einen winzigen Teil dessen ab, was wir schon heute über die Bewohner unserer Genome wissen. Ich bin mir durchaus der Tatsache bewusst, dass selbst alles heutige Wissen zu diesem Thema nur ein Millionstel dessen ist, was unsere Genome tatsächlich ausmacht. Würde man heute sagen, wir wüssten alles Wichtige über Genome, ist es in etwa so, als würde man ein Schnapsglas in den Pazifik halten und nach eingehender Analyse sagen: „Wir wissen alles Wichtige über die Ozeane." Aber nichtsdestotrotz denke ich, es reicht aus, um ein Eindruck von der ungreifbaren Komplexität zu bekommen, der wir uns beim Thema Genome gegenübersehen. Und vor allem haben wir gehört, auf welche Art und Weise alle diese Bewohner Einfluss auf die Evolution als Ganzes nehmen können, unabhängig davon wie klein sie auch sein mögen. Doch jetzt wird es Zeit, noch einen Schritt weiterzugehen, denn letzten Endes kann man ein wie auch immer geartetes Ökosystem nicht verstehen, in dem man sich nur seine einzelnen Bewohner ansieht. Sie werden auch die komplexen Abläufe innerhalb eines Waldes niemals verstehen können, wenn Sie sich nur separat mit Eichen, Birken, Linden, Kiefern, Pilzen und Füchsen beschäftigen. Sie müssen sich das von all diesen Lebewesen erschaffene System als Ganzes betrachten, um ein tieferes Verständnis davon zu bekommen. Genauso verhält es sich auch mit Genomen. Natürlich ist es notwendig, die einzelnen Bewohner kennenzulernen, doch am Ende muss man sich das von ihnen erschaffene Ökosystem als Gesamtheit vor Augen führen.

So wie die uns vertrauten irdischen Landschaften wie Wälder, Steppen oder Korallenriffe verschiedenen Lebewesen ein Zuhause geben, so bilden auch Genome innerhalb ihres Zellkerns unterschiedlichste Landschaften, in denen jeweils andere genomische Bewohner aktiv sind. Diese „Landschaften" werden in der Regel durch komplexe dreidimensionale DNS-Strukturen gebildet. Durch diese räumlichen Gebilde ist die DNS in der Lage, Form und Funktion auf geniale Weise miteinander zu verbinden. Wir alle kennen das bekannte Bild von den 23 verschiedenen menschlichen Chromosomen. Doch diese X-förmigen Gebilde, die wir alle noch aus unseren Schulbüchern kennen, treten nur während einer Zellteilung auf. Während aller anderen Phasen im Leben einer Zelle bieten unsere Chromosomen ein gänzlich anderes Bild. Und dieses Bild nimmt immer mehr Konturen an und überrascht uns stets aufs Neue mit seiner Komplexität.

Diese X-förmigen räumlichen Gebilde stellen den höchsten Verpackungsgrad unser aller DNS dar. Doch welche Zwischenstufen existieren noch zwischen dem zwei Nanometer breiten DNS-Strang und den circa 1400 Nanometer breiten Chromosomen und vor allem warum gibt es diese hierarchischen Verpackungsmuster überhaupt? Die Frage nach dem „Warum" ist hier noch am leichtesten zu beantworten, denn die ungefähre Länge des menschlichen Genoms, wenn man alle DNS-Stränge der verschiedenen Chromosomen aneinanderlegt, beträgt knapp zwei Meter. Diese zwei Meter DNS müssen irgendwie in einem Zellkern Platz finden, der gerade einmal circa zehn Mikrometer Durchmesser besitzt. Das funktioniert nur durch ein kompliziertes Verpackungsmuster. Die Frage nach dem „Wie" ist hier schon schwieriger zu beantworten und beschäftigt auch heute noch tausende Wissenschaftler weltweit. Der Verpackungsgrad der DNS dient nicht ausschließlich ihrer platzsparenden Unterbringung im Zellkern, vielmehr ist er auch eine der höchsten und wichtigsten Ebenen der Genregulation. An dieser Regulation sind, wie sollte es auch anders sein, maßgeblich diverse Proteine mitbeteiligt, die mit ihrer Masse der DNS in nichts nachstehen. Daher sprechen wir bei unserem nukleären Erbgut auch von Chromatin und nicht nur von DNS. Als Chromatin bezeichnet man den DNS-Protein-Komplex in unseren Zellkernen.

Die wichtigsten Proteine bei der Verpackung von DNS sind die Histone, sie formen einen Komplex aus stets acht Proteinen, um welchen sich die DNS-Doppelhelix windet. Hierbei entsteht eine DNS-Protein-Struktur, die man als Nukleosom bezeichnet. Zwischen zwei Nukleosomen befindet sich ein freier DNS-Bereich, den man Linker-DNS nennt, von durchschnittlich 80 Basenpaaren Länge. Auf dieser Hierarchieebene erscheint unser Erbgut wie eine Perlenkette, in dem die Nukleosomen die Perlen darstellen und die sie verbindende DNS die Kette. Doch hier endet die Verpackung unseres Erbgutes noch lange nicht, ein weiteres Mitglied der Histon-Familie ist nun dafür verantwortlich, dass diese genetischen Perlen miteinander verbunden werden. Durch dieses Verbinden der Chromatinperlen (Nukleosomen) entsteht ein bereits sehr aufwendig gefalteter DNS-Protein-Komplex von circa 30 Nanometer Durchmesser. Solch ein Chromatinstrang besitzt bereits eine 50-fach höhere Informationsdichte im Vergleich zu der einfachen Doppelhelix. Dadurch wird deutlich, wie unsere Zellen es vollbringen, solch ungeheure DNS-Mengen überhaupt unterzubringen. Diese 30-Nanometer-Stränge sind auch der anschließende Rohstoff für die weitere Verpackung unserer Erbinformation. Durch fortlaufende Schleifenbildung entstehen nicht nur immer komplexere dreidimensionale Chromatinstrukturen, sondern auch die Informationsdichte pro Raumeinheit wird so kontinuierlich erhöht. Wie man in der Abbildung 6 gut erkennen kann, lässt sich der Weg von der einfachen DNS-Doppelhelix hin zu den im Mikroskop leicht erkennbaren Chromosomen sehr anschaulich nachempfinden und zeigt uns sogleich, wie ungeheuer geschickt die Evolution vorgegangen ist bei der Unterbringung unserer riesigen Genome.

Doch sind wir an diesem Punkt noch nicht am Ende, wenn es um die Struktur unserer Genome geht, denn einen Haken hat diese dichte Verpackungsweise unserer DNS. Ist sie einmal in solch feste Chromatinstrukturen eingebunden, lässt sich die in ihr gespeicherte Information nicht mehr abrufen. Das bedeutet, dass Gene innerhalb dieser DNS-Protein-Komplexe nicht mehr aktivierbar sind und damit auch nicht in Protein übersetzt werden können. Daraus ergibt sich, dass bestimmte Abschnitte unserer genomischen DNS stets frei, sprich nicht in Chromatin verschlossen, vorliegen müssen, um ihre Funktion zu erfüllen. Und es ist tatsächlich so, dass unsere Genome sehr viel Ähnlichkeit haben mit einem Mosaik, das aus freien DNS-Bereichen besteht, die immer wieder unterbrochen werden von inaktiven, in Chromatin gebundenen Bereichen. Diese Bereiche (also sowohl die aktiven als auch die inaktiven) unterscheiden sich von Zelle zu Zelle und bilden somit das höchste Glied innerhalb der Genregulation, da sie mit der Zugänglichkeit bestimmter genomischer Abschnitte überhaupt erst einen Rahmen festlegen, innerhalb dessen andere Faktoren wie Transkriptionsfaktoren oder microRNS-Moleküle die Aktivität jener Bereiche genauer regulieren können.

Durch die sehr dynamische Verschiebung der Grenzen zwischen aktiv und inaktiv lässt sich wieder einmal ein nahezu unerschöpflich vielfältiges Muster an Genaktivität erzeugen. Diese Aktivitätsmuster haben die regulativen Möglichkeiten unserer Zellen um ein Vielfaches gesteigert und sind essenziell an der Entstehung unterschiedlicher Zelltypen innerhalb eines Organismus beteiligt. Denn jeder Zelltyp, egal ob Hautzelle, Leberzelle, Nierenzelle oder Nervenzelle, zeigt ein anderes Muster an aktiven und inaktiven genomischen Bereichen und zeigt uns damit ein anderes genetisches Mosaik. Auch wenn die verwendeten Steine in den unterschiedlichen Mosaiken stets die gleichen sind, so ist ihre Anordnung doch immer anders.

Nun stellt sich aus Sicht der Evolution jedoch die berechtigte Frage, ob diese DNS-bindenden Histone nur dazu da sind, unsere riesigen Genome in unsere Zellen zu pressen oder aber ob unsere Genome nur dank dieser Proteine überhaupt so groß werden konnten, ihre ursprüngliche Funktion jedoch eine andere war. Nun weiß man schon lange, dass Histone zu den am stärksten konservierten Proteinen innerhalb der Eukaryoten gehören. So ging man schon seit jeher davon aus, dass sie ein ererbtes Merkmal aller höheren Lebewesen darstellen und damit auf unseren letzten gemeinsamen Vorfahren zurückgehen müssen. Die moderne Genetik konnte schließlich den evolutionären Ursprung dieser durch und durch besonderen Proteine aufdecken und siehe da, er liegt bei den uns bereits bekannten Archaeen – eben jenen einzelligen Organismen, in denen alle vielzelligen Lebewesen ihren Ursprung fanden. Diese sehr ursprünglichen Mikroorganismen besitzen Proteine, die unseren Histonen nicht nur sehr ähnlich sind, sondern die dank moderner Sequenzanalysen als ihr Ursprung gelten können. Und wie vermutet liegt ihre Hauptfunktion nicht in der Verpackung der DNS, sondern vielmehr in ihrer Regulation.

Hier hat die Evolution wieder einmal gezeigt, dass sie eine Meisterin darin ist, vorhandene Potenziale bestmöglich zu nutzen. Die Regulation der genetischen Information ist für alle Lebewesen von entscheidender Bedeutung, jedoch haben Archaeen noch relativ übersichtliche Genomgrößen. Daher ist die Fähigkeit zur effektiven Verpackung der DNS bei Ihnen noch nicht übermäßig notwendig. Allerdings trugen diese zur Genregulation entwickelten Proteine (prä-Histone) bereits das dafür notwendige Potenzial in sich und die Evolution wusste dieses Potenzial nach der Entstehung der ersten eukaryotischen Zelle zu nutzen. Hieran sieht man auch noch einmal eindringlich, wie die Evolution als Ganzes funktioniert. Sie erfindet nicht einfach neue Proteine für einen zukünftigen Zweck (da sie keine Voraussicht kennt), sie plant nicht und sie bereitet sich auch nicht auf spätere Trends wie beispielsweise größere Genome vor, da sie keinen Zielpunkt besitzt. Stattdessen nutzt sie bereits vorhandene Moleküle und Eigenschaften und überträgt ihnen zwecks höherer Überlebenschancen Stück für Stück neue Aufgaben. Und mit der Zeit sind sie an diese Aufgaben so gut angepasst, dass es schwierig ist, ihre ursprünglichen Funktionen noch zu entschlüsseln.

Heute wissen wir also, dass auch unsere DNS-Verpackungsgehilfen, die Histone, ein bedeutendes Erbe unserer einzelligen Vorfahren sind, denen wir unsere heutige Komplexität maßgeblich zu verdanken haben. Denn nur dank ihnen konnten unsere Genome im Laufe von Jahrmillionen die für unsere vielfältigen Körper notwendige Größe annehmen.

Der epigenetische Faktor

Wenn wir uns diese komplexen Aufeinanderfolgen von offenem und geschlossenem Chromatin innerhalb eines Zellkerns betrachten, verstehen wir auch, warum die Histone und andere

Faltungsproteine als genomische Architekten bezeichnet werden. Sie tun nämlich etwas, dass wir schon von den uns bekannten Architekten kennen, sie nutzen gekonnt räumliche Strukturen, um ganz bestimmte Funktionen zu erfüllen. Doch es liegt auf der Hand, dass eine so verantwortungsvolle Aufgabe wie die Genomarchitektur selbst einer übergeordneten Regulation und Kontrolle bedarf. Nach allem, was wir bereits über die Evolution gelernt haben, wissen wir, dass sie sehr pedantisch sein kann. Und hier kommt ein neues Schlagwort ins Spiel, welches sich in wissenschaftlichen Kreisen höchster Beliebtheit erfreut, die Epigenetik.

Hierbei geht es um die Dynamik und die Vererbung von Genaktivitätsmustern. Diese Muster werden durch die verschiedenen Chromatinzustände (offen oder geschlossen) erzeugt und sind von immenser Bedeutung, da sie unter anderem durch die hervorgerufenen Genaktivitätsmuster einer Zelle ihre Identität verleihen. Bei der Epigenetik spricht man daher auch von einer Form der weichen Vererbung, da hier genetische Information verändert und weitergegeben wird, ohne dabei die Sequenz der DNS selbst zu beeinflussen. Das funktioniert durch zwei unterschiedliche Arten der Modifikation, zum einen wird die DNS selbst modifiziert und zum anderen die Histone, also die Architekten unserer Genome.

Doch so unterschiedlich diese zwei Arten auch sein mögen, sie bewirken am Ende das gleiche, sie manipulieren die Aktivität der genetischen Information, in dem sie bestimmte Bereiche der DNS ruhigstellen oder aber aktivieren. Auf dem Level der DNS kommt es in erster Linie zu einer Methylierung von CpG-Inseln, also regulatorischen Cytosin- und Guanin-reichen Abschnitten, die häufig in den Promotoren von Genen vorkommen. Durch das Anheften einer Methyl-Gruppe an das Cytosin entsteht 5-Methylcytosin, das sich eigentlich genauso verhält wie jedes andere Cytosin, allerdings mit einer gravierenden Ausnahme. Abschnitte mit einem hohen Grad an Methylierung sind weniger aktiv als andere genomische Bereiche. Diese Methylierungsmuster haben also einen direkten Einfluss auf das Aktivitätslevel von Genen und, was für die Evolution von besonderem Interesse ist, sie betreffen auch die Keimbahnzellen und werden daher von einer Generation an die nächste weitergegeben.

Eine faszinierende Eigenschaft der Keimbahnzellen (Spermien und Eizellen) von Säugetieren ist, dass sie während ihrer Entwicklung ihre vollständigen DNS-Methylierungsmuster verwerfen und es zu einer festgelegten „Neu-Methylierung" kommt. Dieses neue Muster von DNS-Markierungen verleiht zum einen den embryonalen Stammzellen eines sich entwickelnden Embryos ihre einzigartigen Fähigkeiten. Es steuert aber auch maßgeblich die wichtigsten Schritte während der Embryonalentwicklung. Jetzt wird deutlich, was mit dem Begriff der „weichen Vererbung" gemeint ist. Bisher haben wir ausschließlich von genregulatorischen Faktoren gehört, dessen Aktivität und Funktion von der DNS-Sequenz ihrer eigenen Gene abhängig war. Doch bei der Epigenetik haben wir es mit einem Mechanismus der Genregulation zu tun, der komplett unabhängig ist von der DNS-Sequenz irgendeines bestimmten Gens.

Wie ungeheuer einflussreich die Steuerung der Genaktivität durch DNS-Methylierung für die Evolution sein kann, belegt ein Blick auf unsere eigene Abstammung. Vergleichen wir einmal die Genome von uns modernen Menschen mit denen unserer engsten Verwandten, den Schimpansen und Bonobos. Hier fällt eine Tatsache direkt ins Auge, sie sind nahezu identisch. Mit einer Übereinstimmung von knapp 99 % ist es schwer zu sagen, wo die genetisch notwendigen Unterschiede für unsere Andersartigkeit liegen sollen. Neuste Forschungen scheinen heute einen der Schuldigen identifiziert zu haben, und mal wieder sind es nicht „andere" Gene, die uns „anders" machen, sondern es ist ihre „andere" Regulation. Ein Vergleich zwischen den Methylierungsmustern von uns Menschen und von Schimpansen macht deutlich, dass die Unterschiede zwischen unseren Arten hier zu suchen sind und nicht etwa nur in den Sequenzen unserer DNS.

So wurden allein ungefähr 800 Gene gefunden, deren Muster an DNS-Methylierungen sich bei uns und den großen Affen unterscheidet, und man schätzt, dass mindestens 2500 Gene aufgrund von Methylierung unterschiedlich reguliert werden. Während einige nur bei uns Menschen methyliert vorliegen, sind wieder andere Gene ausschließlich bei Schimpansen, Bonobos oder Gorillas methyliert und dementsprechend reguliert. Diese regulatorischen DNS-Markierungen sind auch keineswegs willkürlich über das Genom verteilt, sie betreffen vorwiegend Bereiche, die für die Embryonalentwicklung oder die Regulation von Gehirnstrukturen verantwortlich sind. So zeigen beispielsweise Gene, die an der Regulation des Blutdrucks und der Entwicklung der Bogengänge im Innenohr beteiligt sind, ausschließlich bei Menschen veränderte Methylierungsmuster. Das ist besonders interessant, wenn man berücksichtigt, dass für die Erlernung des aufrechten Ganges massive Veränderungen in der Durchblutungsphysiologie notwendig waren und auch Anpassungen beim Gleichgewichtssinn unabdingbar mit dem aufrechten Gang verwoben sind. Allein diese zwei separaten Beispiele zeigen, welchen Einfluss DNS-Methylierungen auch in unserer jüngeren Entwicklungsgeschichte gespielt haben. Sie waren maßgeblich an der Entwicklung „typisch menschlicher" Eigenschaften beteiligt.

Auch wenn in diesem Bereich der Genetik noch viel zu erforschen ist, so ist doch auch heute schon klar, dass epigenetische Modifikationen der DNS eine herausragende Rolle einnehmen bei der evolutionären Anpassungsfähigkeit von Individuen an ihre Umwelt. Ein Grund hierfür ist, dass diese Art der Genregulation schneller umzusetzen ist als eine Veränderung der DNS-Sequenz selbst und sie ist auch noch reversibel. Das bedeutet, dass diese Methylierungsmuster auch jederzeit wieder entfernt werden können, um den ursprünglichen regulativen Zustand wiederherzustellen. Eine weitere Besonderheit ist, dass diese genregulatorischen Muster sich auch von Zelle zu Zelle unterscheiden, während eine Veränderung der DNS-Sequenz jede Zelle eines Organismus gleichermaßen betreffen würde. Hierdurch wird auch ein riesiger Beitrag geleistet für die unterschiedliche Steuerung der Gene zwischen verschiedenen Geweben und Zellen, und das dies einen enormen evolutiven Vorteil bringt steht außer Frage.

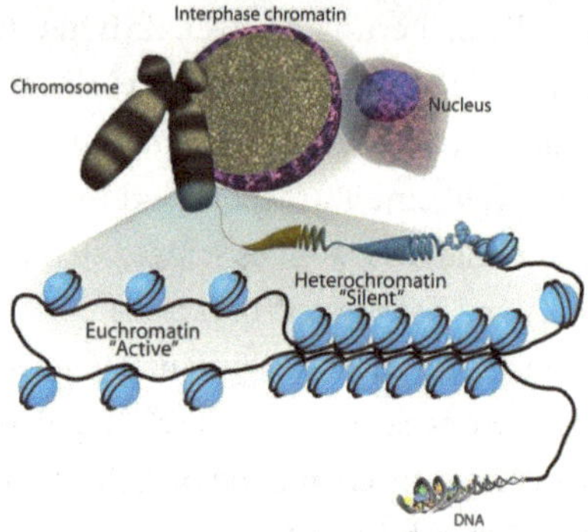

Abbildung 6: Die komplexe Verpackung unserer DNS: Darstellung der Struktur der unterschiedlichen Verpackungsgrade unserer DNS. Man erkennt auch die perlenkettenartige Struktur dieser DNS-Protein-Komplexe, die die Unterbringung unserer Genome in den Kernen unserer Zellen erst ermöglichen. Von Wikimedia Commons, Autor: Sha, K. and Boyer, L. A. The chromatin signature of pluripotent cells (May 31, 2009), StemBook, ed. The Stem Cell Research Community, StemBook, doi/10.3824/stembook.1.45.1

Doch die Epigenetik hält noch weitaus mehr Überraschungen für uns bereit. Sie beeinflusst die Genaktivität nicht nur durch Veränderungen an der DNS selbst, sondern auch die Architekten unserer Chromatinstruktur, die Histone, unterliegen ihrer strengen Kontrolle. Die bis zum heutigen Tag nur schemenhaft offengelegte Komplexität dieses Kontrollmechanismus versetzt jeden, der sich mit dem Thema auseinandersetzt, in Staunen. Doch bevor wir tiefer in diese Materie eintauchen, müssen wir noch etwas mehr wissen über die Verpackungskünstler, die wir Histone nennen. Insgesamt existieren fünf Familien von Histon-Molekülen, die alle unterschiedliche Aufgaben haben. Die Mitglieder von vier dieser Familien (H2A, H2B, H3 und H4) formen die Nukleosomen, also die DNS-Protein-Perlen. Der fünften Familie (H1) gehören die sogenannten Linker-Histone an, jene Proteine, die die verschiedenen Nukleosomen selbst miteinander verbinden und damit den hohen Verpackungsgrad des Chromatins überhaupt erst zulassen. Alle Histone sind positiv geladene Proteine, was ihnen die Bindung an die negativ geladene DNS ermöglicht, und sie alle besitzen einen unstrukturierten Schwanz aus Aminosäuren, der aus den geformten Nukleosomen hinausragt. Es ist dieser Aminosäureschwanz, der für die genregulatorischen Eigenschaften dieser Proteine verantwortlich ist.

Ebenso wie auch die DNS durch das Anheften von Methylgruppen modifiziert werden kann, so können auch bestimmte Aminosäurereste im Schwanz dieser Histone modifiziert werden. Zu den häufigsten und am besten untersuchten Modifikationen zählen Methylierungen, Acetylierungen und Phosphorylierungen. Durch das Hinzufügen dieser sehr kleinen chemischen Verbindungen, verändert sich häufig das Bindungsverhalten der Histone zu der DNS, wodurch betroffene DNS-Bereiche entweder aktiviert oder gehemmt werden können. Ein gutes Beispiel hierfür ist das Anheften von negativ geladenen Acetyl-Gruppen ($C(O)CH_3$) an die Aminosäure Lysin, die häufig in Histonschwänzen vorkommt. Durch diese Modifikation wird die positive Ladung der Histone schwächer, wodurch sie weniger gut an die negativ geladene DNS binden können. Dank dieser schwächeren Bindung der Histone wird die DNS besser zugänglich für andere Proteine wie zum Beispiel Transkriptionsfaktoren. Deshalb gehen Acetylierungen stets mit einer Aktivierung der betroffenen DNS-Bereiche einher.

Bei der Methylierung sieht das Ganze schon etwas komplizierter aus. Anders als bei der Acetylierung kann es hier entweder durch das Anheften einer Methylgruppe zu einer Monomethylierung kommen oder aber es können auch zwei oder drei Methylgruppen angefügt werden (Di-, Trimethylierung). Je nachdem, welches Lysin im Schwanz eines Histons wie stark methyliert wird, ändert sich auch der hervorgerufene Einfluss auf die DNS und selbst ein und dasselbe Lysin kann unterschiedliche Auswirkungen haben, abhängig davon, wie stark es methyliert wird. Um hier ein einziges Beispiel zu nennen, schauen wir uns die Aminosäure Lysin an Position vier im Schwanz von Histon H3 genauer an. Diese Aminosäure kann entweder gar nicht, einfach, doppelt oder dreifach methyliert werden. Die einfache Methylierung führt zu einer Aktivierung der betroffenen genomischen Region, während das Anheften von zwei Methylgruppen zu einer Inaktivierung führt. Wird nun sogar noch eine dritte Methylgruppe hinzugefügt, kommt es erneut zu einer Aktivierung.

Für wen das schon kompliziert zu sein scheint, der sollte sich vor Augen halten, dass jedes Histon viele verschiedene modifizierbare Aminosäurereste in sich trägt, das sind neben Lysin zum Beispiel Arginin, Threonin, Serin oder Tyrosin. Jede dieser Aminosäuren kann auf unterschiedlichste Art und Weise verändert werden, was wiederum unterschiedliche Auswirkungen hat auf das Aktivitätslevel bestimmter DNS-Regionen. Letzten Endes zählt auch nicht eine einzelne modifizierte Aminosäure, egal ob acetyliert oder methyliert, denn zu jedem Zeitpunkt sind zahlreiche Aminosäuren im Schwanz eines Histons modifiziert mit zum Teil unterschiedlichen Auswirkungen. Daher kommt es am Ende auf die Kombination der verschiedenen Aminosäureveränderungen in einem Molekül an.

Über diese Kombinatorik wissen wir heute noch sehr wenig, aber wir wissen, dass sie existiert und dass sie darüber entscheidet, welche Gene aktiv sind und welche nicht. Heute spricht man bei dieser Kombinatorik vom „Code der Histone", vergleichbar mit dem genetischen Code.

Doch der Histon-Code ist um ein Vielfaches komplizierter, weil seine Kombinationsmöglichkeiten unproportional viel höher sind und vor allem weil seine Auswirkungen stets vom Vorhandensein unterschiedlichster Proteine anhängig sind. Seine Wirkmechanismen sind keineswegs immer so einfach nachzuvollziehen wie im Falle der Lysin-Acetylierung, wo es nur um die entgegengesetzte Ladung zwischen Histon und DNS geht. Viele Modifikationen von Histonen haben keinerlei direkten Einfluss auf die Bindung zwischen Histon und DNS. Vielmehr rekrutieren diese modifizierten Aminosäuren bestimmte Proteinkomplexe. Diese Proteinkomplexe können anschließend dafür sorgen, dass genomische Bereiche dicht verpackt werden oder aber sie öffnen die Chromatinstruktur durch das Verschieben der Nukleosomen und aktivieren damit die betroffenen Gene.

Durch diese Art der Regulation sind auch die Auswirkungen der Histonmodifikationen hochgradig zelltypspezifisch, da es immer auch darauf ankommt, welche Proteine und Proteinkomplexe in der jeweiligen Zelle vorhanden sind. Alle diese Variablen und potenziellen Kombinationsmöglichkeiten können einen leicht in den Wahnsinn treiben und legen auch die Vermutung nahe, dass wir diesen Code nie ganz entziffern werden. Schließlich kommt allein im Schwanz des Histons H3 19-mal die Aminosäure Lysin vor und jeder dieser Bausteine kann entweder gar nicht, einfach, doppelt oder dreifach methyliert werden. Das bedeutet, wir haben insgesamt 280 Millionen potenzielle Lysinmethylierungsmuster nur im Schwanz von Histon H3. In diese Zahl ist auch noch nicht mitinbegriffen, dass Lysinreste auch acetyliert werden können und dass es auch drei Argininreste gibt, die ebenfalls methyliert werden können. Des Weiteren gibt es acht Beispiele für Threonin-, Serin- und Tyrosin-Phosphorylierungen im Schwanz dieses Histonproteins.

Alle diese potenziellen Modifikationen, die ich hier gerade erwähnt habe, spielen sich nur in einem einzigen Histon ab und hiervon gibt es wie bereits erwähnt noch diverse andere. Daher sucht man heute gezielt nach bestimmten Modifikationsmustern, um herauszufinden, welche Muster welchen Einfluss haben auch die Aktivität untergeordneter Gene. Tatsächlich kennt man heute schon viele Tausend konservierte Modifikationsmuster, die im menschlichen Genom ihre Aufgaben erfüllen. Doch bei der zugrunde liegenden Komplexität können wir noch lange nicht davon sprechen, den „Code der Histone“ entziffert zu haben.

Die funktionellen Einheiten unseres Genoms

Diese epigenetischen Schwankungen der Genaktivitätsmuster versetzen komplexe Organismen in die Lage, zum Teil notwendige Anpassungen an die Umwelt schneller umzusetzen, als dies durch eine Veränderung ihrer DNS-Sequenz möglich wäre. Da diese Sequenzveränderungen rein statistisch weniger häufig und auch nicht zielgerichtet auftreten, müsste man stets warten, bis eine Mutation an genau der richtigen Stelle in Genom auftritt. Zur Veranschaulichung stellen wir uns nun mal einen archaischen *Homo sapiens* vor, der sich auf der Suche nach neuem Lebensraum für sich und seine Familie stets weiter nach Norden ausbreitet. Doch so weit im Norden sieht er sich nun einer neuen Herausforderung gegenüber, er muss sich und seine Liebsten nun irgendwie vor dem kälteren Klima schützen. Die schnellste und effektivste Möglichkeit, sich der neuen Witterung anzupassen, wäre es, das ein oder andere Tier zu erlegen und sich aus der Haut und dem Fell wärmende Kleidung zu fertigen. Dagegen würde der Bau einer witterungsbeständigen Unterkunft aus Holz und Steinen sehr viel mehr Zeit und Ressourcen in Anspruch nehmen. In diesem Bild steht die Herstellung wärmender Kleidung für die schnellen epigenetischen Anpassungen an die neuen Umweltbedingungen, während der zeitraubende Bau einer festen Behausung eher der klassischen genetischen Veränderung entspricht.

Heute gibt es einige Wissenschaftler, die den Einfluss der Epigenetik auf den Lauf der Evolution als mindestens genauso groß einstufen wie den der klassischen Genetik. Welcher Einfluss nun größer ist, sei mal dahingestellt. Fakt ist, dass beide Mechanismen der Veränderung und Vererbung die Evolution in ihrem Verlauf **gemeinsam** beeinflussen und so den natürlichen Reichtum unserer Natur hervorbringen. Doch die Epigenetik steuert nicht nur, welche Gene wann aktiv sind, sie regelt auch die internen Kommunikationswege zwischen diesen aktiven Bereichen, in dem sie genau festlegt, welche regulatorischen Sequenzen welche Gene regulieren können. Gäbe es dieses Hierarchielevel nicht, so würde die gegenseitige Beeinflussung der unzähligen regulatorischen Elemente und die von tausenden Genen, die in jeder Zelle zeitgleich aktiv sind, in einem unkoordinierten Durcheinander enden.

Organismische Komplexität, wie wir sie jedoch von höheren Tieren und Pflanzen kennen, erfordert eine extrem feine Abstimmung der zellinternen Kommunikation. Wie diese Kommunikation jedoch aufeinander abgestimmt wird, war lange Zeit ein Rätsel bis modernste genetische Methoden dazu in Lage waren, die dreidimensionale Struktur unserer Genome zu entschlüsseln.

Damit unsere Genome genau festlegen können, welche regulatorischen Sequenzen mit welchen Genen zu interagieren haben, werden sie zu funktionellen Einheiten zusammengefasst. Diese Einheiten haben auch tatsächlich ein greifbares räumliches Echo, sie bilden definierte Schleifen aus. Diese funktionellen Einheiten werden TADs genannt, was für topologisch assoziierte Domänen steht (topological associated domains), und sind architektonisch definierte Chromatineinheiten, die viele hunderttausend Basenpaare lang sein können. Die wichtigste Eigenschaft dieser Domänen ist das, was ihnen auch ihre einzigartige Funktion zuteilwerden lässt. Sie beschränken die Kommunikation zwischen regulativen DNS-Bereichen und den von ihnen regulierten Genpromotoren auf eine definierte Domäne. Das bedeutet ganz einfach ausgedrückt, dass eine Enhancer- oder Silencer-Sequenz nur Gene an- oder ausschalten kann, die innerhalb der gleichen topologisch assoziierten Domäne liegen. Durch diese Aufteilung unserer Genome in TADs werden funktionelle genetische Landschaften gebildet, die nicht nur funktionell, sondern auch räumlich (topologisch) voneinander getrennt sind.

Die Grenzen dieser Domänen werden durch spezielle Transkriptionsfaktoren definiert, die mithilfe von anderen strukturellen Proteinen in der Lage sind, Schleifen zwischen zwei definierten Domänengrenzen auszubilden. Diese Genom-organisierenden Transkriptionsfaktoren heißen CTCF (CCCTC-binding factor) und erkennen ganz bestimmte DNS-Sequenzen, welche die Domänengrenzen letztendlich festlegen. Gegenseitige genetische Beeinflussung ist von nun an fast nur noch innerhalb jener DNS-Bereiche möglich, die zwischen zwei solchen Domänengrenzen liegen und damit zu einer topologischen Region zusammengefasst werden. Daraus folgt auch, dass Gene, die innerhalb der gleichen Domäne liegen, in der Regel co-reguliert werden und damit ähnliche Expressionsmuster zeigen.

Nach dieser Entdeckung ging man selbstverständlich erst einmal davon aus, dass diese funktionellen Domänen sich von Gewebe zu Gewebe und von Zelle zu Zelle unterscheiden und auch maßgeblich daran beteiligt sind, die unterschiedlichen Identitäten unserer Zellen durch unterschiedliche Genregulation zu festigen. Auch wenn dieser Gedanke nicht gänzlich falsch war, so fand man zunächst heraus, dass die Domänengrenzen zwischen den einzelnen TADs erschreckend hoch konserviert sind und das nicht nur zwischen den verschiedenen Zellen eines Organismus, sondern sogar zwischen allen möglichen verschiedenen Tierarten. So sind beispielsweise 75,9 % der Domänengrenzen im Genom einer Maus auch in den Genomen von uns Menschen noch zu finden und das nach knapp 90 Millionen Jahren der unabhängigen Evolution zwischen Primaten und Nagetieren.

Doch wenn diese TADs so hoch konserviert sind und gleichzeitig dafür verantwortlich sind, die Interaktion zwischen Regulator und Gen zu beeinflussen, wie kann man sich dann die großen Unterschiede zwischen den verschiedenen Organismen oder auch zwischen unterschiedlichen Zellen eines Organismus erklären? Wie schon erwähnt, sind diese topologischen Bereiche sehr groß und sie können in sehr dynamische und zelltypspezifische Subdomänen eingeteilt werden, die je nach Organismus und sogar je nach Zelltyp aktiv oder ruhend sind. Aufgrund der hohen evolutionären Konservierung dieser genomischen Strukturen, können wir davon ausgehen, dass ihre Funktion als übergeordnete regulative Einheit des Genoms und die Zusammensetzung der Gene, die sie enthalten, eine sehr enge Co-Evolution durchgemacht haben. Von der natürlichen Selektion wurden stets nur jene Domänengrenzen als positiv angesehen, in denen sowohl die regulativen Sequenzen als auch die betroffenen Gene bestmöglich miteinander harmonieren.

Ein Teil einer solchen durch Co-Evolution eingeschworenen Gemeinschaft zu werden ist nicht leicht, das kann man gut daran erkennen, was passiert, wenn es durch Mutation zu einer kleinen Verschiebung solcher Grenzen kommt. Eine solche Verschiebung führt unweigerlich zu einer Veränderung genregulatorischer Netzwerke, die über Millionen von Jahren hinweg zusammengewachsen sind. Das in seltenen Fällen positiv enden, aber sehr viel häufiger zu schweren oder tödlichen Krankheitsverläufen führt. Die häufigsten Krankheitsbilder, die mit einer Verschiebung von TAD-Grenzen einhergehen, sind entwicklungsbedingte Fehl- oder Missbildungen sowie Krebs. Denn gerade Krebs basiert ja auf einer fehlerhaften Regulation definierter Gene und die Entdeckung dieser funktionellen genomischen Strukturen wird die Forschung in diesem Bereich ohne Frage stark beeinflussen. Schon kurz nachdem man diese Domänen identifiziert hat, fand man heraus, dass viele Krebsarten eine Folge solcher Grenzverschiebungen sind, durch die nun ein bestimmtes Onkogen (tumorförderndes Gen) unter die Kontrolle eines anderen Regulators kommt, dadurch übermäßig aktiv wird und so seine folgenreiche Wirkung entfalten kann.

Dieser modulare Aufbau unserer Genome bestärkt auch den evolutionären Imperativ nach Anpassungsfähigkeit, denn durch die auf definierte Domänen eingeschränkte funktionelle Reichweite bestimmter Regulatoren können hier leichter Veränderungen geprüft werden. Da sie nur lokal wirken und Bereiche in benachbarten Domänen nicht weiter beeinflussen können, ist der Selektionsdruck in diesen genomischen Bereichen weniger groß und lässt mehr Platz für mögliche Veränderungen. Daher kann man durchaus sagen, dass diese mit sich selbst interagierenden Domänen die privilegierteste Chromatinstruktur darstellen, die wir heute kennen, und auch diese Strukturen werden maßgeblich durch epigenetische DNS-Methylierungsmuster geformt und definiert.

Wenn wir nun einmal die wichtigsten strukturellen Eigenschaften unserer Genome zusammenfassen wollen, beginnen wir am besten damit, dass jedes Chromosom einen definierten Bereich des Zellkerns für sich beansprucht. Während sich die transkriptionell aktiven Bereiche der Chromosomen mit ihren aktiven Genen verstärkt im Zentrum eines Kerns tummeln, so befinden sich die ruhiggestellten Abschnitte eher am äußeren Rand des Kerns in der Nähe zur Kernmembran. Aktive und passive Bereiche der Genome werden vor allem durch die Chromatinstruktur bestimmt, die sich durch ihre unterschiedliche Bindung an DNS-bindende Histone definiert. Auf der nächsten Hierarchieebene folgen die durch Schleifenbildung entstandenen hochkonservierten topologischen Domänen mit ihren dynamischen, zelltypspezifischen Subdomänen. Auf allen diesen unterschiedlichen hierarchischen Ebenen vereinen unsere Genome Struktur und Funktion so meisterhaft, dass man sie kaum noch voneinander trennen kann.

Gerade bei der Entwicklung unserer Genome hat die Evolution nichts dem Zufall überlassen. Dank der ständigen Kontrolle und Selektion war es ihr möglich, aus vereinzelten freiumhertreibenden RNS-Molekülen gigantische DNS-basierte Ökosysteme zu erschaffen, die sich nicht nur selbst am Leben erhalten, sondern die auch die unglaublich komplexe und vielgestaltige Lebenswelt unserer Erde erst ermöglichten.

Zeit für eine Zeitreise

Nun sind wir mit unserer Erkundung durch die wichtigsten räumlichen Komponenten der Evolution schon sehr weit gekommen. Wir haben gesehen, wie das Speichermedium der DNS aufgebaut ist und durch welche evolutionären Prozesse es geformt wurde. Allen voran hat uns der Aufbau der Gene selbst begleitet und wie ihre mosaikartige Struktur aus codierenden und nicht codierenden Bereichen die Bühne für die Komplexität des Lebens bereitet hat. Doch für die Erschaffung dieser komplexen Lebenswelt waren nicht nur einzelne Gene ausschlaggebend, sondern auch allen voran ihre gigantischen Zusammenschlüsse, die wir Genome nennen. Es waren diese genetischen Ökosysteme mit all ihren unzähligen regulatorischen Hierarchien, die sich alle durch gewundene Wege gegenseitig regulieren und beeinflussen und die komplexes Leben erst ermöglichten. Neben der Betrachtung all dieser chemischen und molekularen Figuren auf dem Schachbrett irdischen Lebens sind wir auch immer mal wieder durch die Zeit gereist und haben uns gezielt wichtige Ereignisse der evolutionären Entstehungsgeschichte genauer betrachtet – beispielsweise als vor knapp vier Milliarden Jahren das Leben auf der Erde entstand und wie aus willkürlicher Chemie Biologie erwuchs.

Ein weiterer wichtiger Meilenstein, den wir uns genauer angesehen haben, begegnete uns vor ungefähr zwei Milliarden Jahren, als ein gefräßiges Archaeum mit einem Sauerstoff-verwertenden α-Proteobakterium verschmolz. Dadurch verbesserte es nicht nur seine eigenen Überlebenschancen, sondern wurde auch gleichzeitig zum Ausgangpunkt allen eukaryotischen Lebens.

Damit haben wir auch direkt den perfekten Übergang geschaffen zum zweiten Teil dieses Buches. Nun werden wir eine einmalige Zeitreise unternehmen, die unseren Blick auf die Evolution verändern wird. Wir werden sehen, wie die Evolution es fertigbrachte, aus einzelligen Kleinstlebewesen komplexe Tiere und Pflanzen entstehen zu lassen, die heute alle Winkel dieser Erde bewohnen. Wir werden auch versuchen, die mehr als gewundenen Pfade zu rekonstruieren, die das Leben auf der Erde einschlagen musste, und zu erkennen versuchen, wie sich die Erde auch nach sämtlichen katastrophalen Rückschlägen immer wieder neu erfand.

Zeit – Der Fluss des Lebens

Welche Reise könnte faszinierender sein als jene mitten durch die größte und beeindruckendste Show der Erdgeschichte. Ähnlich wie ein epochales Theaterstück ist die Geschichte der biologischen Evolution gespickt von unvorstellbaren Dramen, unvorhersehbaren Wendungen, gnadenlosen Konkurrenzkämpfen und immer wiederkehrenden, geradezu kitschig wirkenden Phasen des Überflusses, in denen sich ein ökologischer Underdog bis an die Spitze der Nahrungskette aufschwingen konnte. Doch bevor wir uns in das gerade beschriebene Abenteuer stürzen, werfen wir noch einen kurzen Blick zurück auf das, was wir bereits erfahren haben. An dieser Stelle wird uns klar werden, warum wir unsere Reise beim Klein-Klein der Moleküle und Gene begonnen haben. Schließlich sind es diese elementaren Einheiten der lebendigen Welt, die auch den größten Lebewesen zugrunde liegen und ihnen eine Daseinsberechtigung verleihen. So wurden wir Zeugen, wie aus einer Gruppe kleiner Moleküle die ersten primitiven proto-Lebensformen wurden, wie sie lernten, Kopien ihrer selbst zu erzeugen, und wie sich diese Replikatoren mit anderen, nahe verwandten Molekülen zusammentaten, um ihre verschiedenartigen Fähigkeiten einander zugutekommen zu lassen. Anschließend konnten wir beobachten, wie diese Gemeinschaften aus verschiedenen Molekülen immer weiter zusammenwuchsen und wie diese auf Nukleinsäuren basierten „egoistischen Kommunen" lernten, aus Aminosäuren Proteine zu erschaffen, wodurch letztlich der Weg zur ersten echten Zelle geebnet wurde. Diese ersten Zellen spalteten sich sehr früh in zwei verschiedene Lager, auf der einen Seite die Bakterien und auf der anderen Seite die Archaeen. Diese beiden einzelligen Domänen des Lebens dominierten für mindestens zwei Milliarden Jahre das irdische Leben und formten bereits komplexe Ökosysteme, lange bevor vielzellige Lebensformen die Bühne der Evolution betraten. Die verschiedenen Arten dieser vergangenen, einzelligen Lebenswelt unterschieden sich weniger in ihrer äußeren Erscheinungsform als vielmehr durch die diversen Stoffwechselwege, durch die sie in der Lage waren die unterschiedlichsten Habitate zu erobern.

Auch der nächste wichtige Schritt hin zu dem komplexen Leben, wie wir es kennen und zu dem auch wir selbst gehören, ist uns nicht mehr fremd. Wir haben gesehen, wie zwei Individuen dieser unterschiedlichen Domänen miteinander verschmolzen und so die Geburtsstunde der dritten Domäne des Lebens einläuteten. Die so entstandene eukaryotische Zelle ist sowohl in ihrer Struktur als auch in ihrer Funktion ein Produkt der gegenseitigen Feindschaft, Abschottung, aber auch der Zusammenarbeit dieser zwei grundverschiedenen Zellen. Allen voran wegen ihrer komplexen Genstruktur, die anders als bei Bakterien und Archaeen in codierende und nicht codierende Bereiche unterteilt ist, standen diesem Zelltyp gänzlich andere evolutionäre Türen offen, durch die weder Bakterien noch Archaeen jemals hätten hindurchgehen können. Unter anderem dank dieses Unterschieds konnten die genetischen Gemeinschaften, die wir heute als Genome bezeichnen, in bis dato ungeahntem Maßstab wachsen. Dadurch wurden schließlich nicht nur die genomischen Ökosysteme immer vielfältiger und komplexer, sondern im gleichen Moment auch ihre räumlichen Echos. Denn diese immer komplexeren Genome erschufen auch immer komplexere Überlebensvehikel, die es ihnen ermöglichten, in einer begrenzten, sich ständig verändernden und auf Konkurrenz basierten Welt fortzubestehen. Auch unsere Körper sind formal betrachtet nichts anderes als die Überlebensvehikel unserer Gene, die sich seit dem Entstehen des komplexen tierischen Lebens vor mehr als 540 Millionen Jahren stetig weiter anpassen müssen, um überleben zu können, in einer Welt, die für Stillstand keinen Raum lässt.

Im folgenden Teil dieses Buches werden wir uns weniger den molekularen Grundlagen des Lebens widmen. Wir werden vielmehr dem tatsächlichen Verlauf der organischen Evolution folgen, zumindest soweit unsere heutigen Erkenntnisse dies zulassen. Und ich hoffe, es wird Sie genauso faszinieren wie mich selbst zu erfahren, wie unglaublich viel wir heute von längst vergangenen Welten rekonstruieren können und inwiefern diese untergegangenen Welten auch unsere heutigen Körper formten. Wir haben schon zu einem früheren Zeitpunkt gehört, dass man sich die Evolution wie einen Fluss vorstellen kann, der jedoch nicht durch den Raum, sondern durch die Zeit hinweg fließt.

Dieser Fluss bildet ein immer komplexeres Netzwerk aus Seitenarmen, je weiter man durch die Zeit reist. Jeder neue Seitenarm in diesem Gedankenexperiment entspricht einer neuen Art, die sich zu jeder Zeit aus bereits etablierten Arten heraus entwickeln kann. Je mehr Zeit man verstreichen lässt, desto mehr Seitenarme entstehen auf jeder Seite des Flusses, bis wir es mit einem undurchsichtigen Wirrwarr aus kleineren und größeren Wasserwegen zu tun haben. Dieses Bild ist aus mehreren Gründen durchaus passend, um das Wesen der Evolution zu verstehen. Doch wenn wir uns das Leben als einen Flusslauf vorstellen wollen, so dürfen wir nicht an einen von uns Menschen künstlich begradigten Fluss wie den Rhein oder den Mississippi denken. Es gibt keinen Hauptast der Evolution, an dessen Ende wir Menschen stehen oder irgendeine andere Art und zu dessen Rändern kleinere unwichtige Seitenarme entstanden sind. Vielmehr entspricht der Lauf der Evolution einem Mangrovenwald, durch den unzählige, kaum voneinander zu trennende Flussarme nebeneinander herlaufen und bei dem keiner wichtiger oder unwichtiger ist als der jeweils andere. Wenn uns die Erforschung der Erdgeschichte eines verdeutlicht hat, dann dass selbst die kleinste und unauffälligste Tiergruppe in der Lage ist, sich bis an die Spitze der Nahrungskette vorzuarbeiten. Egal ob Gliederfüßer, Fisch, Amphibium, Reptil oder Säugetier, der Kampf um die Vorherrschaft wird nie enden, solange das Leben existiert. Schlussendlich sich alle Tiere und Pflanzen nichts als die ferngesteuerten Überlebensvehikel ihrer Gene, die nur ein Ziel verfolgen, den Selbsterhalt, und um den in einer begrenzten Welt zu gewährleisten, ist Konkurrenz unausweichlich.

Wenn wir uns nun im Folgenden durch die Erdgeschichte bewegen, werden wir mit zwei wichtigen Hierarchien konfrontiert, zum einen mit der biologischen Einteilung des Lebens in Ordnungen, Familien, Gattungen oder Arten und zum anderen mit der geologischen Zeitskala, die die Erdgeschichte in aufeinanderfolgende Zeitalter einteilt. Auch wenn beide diese Systematiken für uns zwingend erforderlich sind, um die Geschichte des Lebens auf der Erde tatsächlich zu verstehen, so haftet doch beiden der gleiche Makel an. Sie erzeugen künstliche Lücken in einem durch und durch lückenlosen Ablauf. Oft sind diese rein willkürlich gezogenen Grenzlinien zwischen verschiedenen Tier- oder Pflanzenarten und auch die zwischen den Erdzeitaltern selbst extrem irreführend und verdanken ihre Existenz nicht der Darstellung der Wirklichkeit, sondern sind eher Ausgeburten wissenschaftlicher Konventionen. Doch wenn man sich dieser Schwächen bewusst ist, können sie trotz allem von großer Hilfe sein.

Die geologische Zeitskala versucht nun, die gesamte Erdgeschichte in ein systematisches Korsett aus verschiedenen Hierarchien zu drücken. Die höchstrangige Einheit in dieser Hierarchie ist das Äon, wovon es insgesamt vier Stück gibt. Jedes Äon besteht seinerseits aus mehreren (meistens allerdings drei) Ären und jede Ära kann noch einmal in verschiedene Perioden eingeteilt werden. Auch wenn man hier mit dieser Einteilung noch beliebig weiter gehen könnte, werden wir uns auf unserer Reise auf diese drei Hierarchiestufen konzentrieren, um nicht das Wesentliche aus den Augen zu verlieren. Nahezu die gesamte Reise, auf die wir uns nun begeben werden, spielt sich ohnehin in einem einzigen Äon ab und zwar dem sogenannten „Phanerozoikum", was übersetzt so viel bedeutet wie das „Zeitalter des sichtbaren tierischen Lebens". Alle anderen Äonen, die davor liegen, spielten zwar auch eine wichtige Rolle für die Entstehung und Entwicklung des Lebens, allerdings wurden diese Zeitalter ausschließlich von einzelligen Lebewesen wie Bakterien, Archaeen oder Protisten (einzelligen Eukaryoten) dominiert und können uns daher nicht viel über die jüngere Entwicklung des komplexen Lebens mitteilen. Namentlich heißen diese Äonen Hadaikum, Archaikum und Proterozoikum, sie reichen von der Entstehung unseres Planeten bis hin zum Aufkommen der ersten komplexen, vielzelligen Lebewesen. Im ersten Teil dieses Buches spielten sich nahezu alle historischen Zwischenstationen in genau diesen Äonen ab. Auch wenn die einzelligen Ökosysteme, die zu diesen Zeiten entstanden sind, durchaus vielfältig waren, so haben sie uns allesamt keine nennenswerten Fossilien hinterlassen und hatten vermutlich, von ihrem genetischen Erbe einmal abgesehen, keinen direkten Einfluss auf den Ablauf der späteren Evolution. Aus diesem Grund wird auch die Gesamtheit dieser drei Äonen schlicht als Präkambrium zusammengefasst, also als die Zeit vor dem Kambrium: jener legendären Periode, die das Phanerozoikum, also die „Zeit des sichtbaren tierischen Lebens", tatsächlich einleitete und von dem aus ein kontinuierlicher Fossilbericht vorliegt.

Das Äon des Phanerozoikums, durch die unsere Reise gehen wird, ist in drei große Ären eingeteilt und zwar das Paläozoikum, das Erdaltertum, das Mesozoikum, das Erdmittelalter, und schließlich das Känozoikum, die Erdneuzeit. Diese drei Ären umfassen eine Zeit von ungefähr 541 Millionen Jahren. Während dieser Zeit wurden aus einfachen Organismen komplexe Tiere, die sich zunächst in allen Ozeanen ausbreiteten und von dort aus schließlich das Land eroberten. Sie passten sich auch hier immer mehr dem Leben an Land an und überstanden selbst diverse planetare als auch kosmische Katastrophen. Diese 541 Millionen Jahre lange Geschichte, die bis zum heutigen Tag reicht, ist wohl die aufregendste Geschichte, der man lauschen kann, und Tag für Tag kommen neue Teile von ihr ans Licht, da auch unser Verständnis vom Leben selbst immer komplexer wird. Von diesen drei Zeitaltern ist das Paläozoikum das längste, es alleine umfasst eine Zeit von knapp 288 Millionen Jahren und wird in insgesamt sechs Perioden unterteilt, das Kambrium, das Ordovizium, das Silur, das Devon, das Karbon und schließlich das Perm. Diese sechs Perioden der Erdgeschichte sahen die ersten wirklich komplexen Ökosysteme kommen und gehen. Sie sahen, wie die ersten Fische durch die Meere schwammen, wie sie sich zu Amphibien weiterentwickelten, um auch an Land überleben zu können, und wie aus einigen Amphibien Reptilien wurden, um dem Leben im und am Wasser schließlich vollends entfliehen zu können. Während dieser sechs Perioden, wurde das Leben als solches stets neu auf die Probe gestellt und auch unsere direkten Vorfahren haben alle diese Prüfungen immer wieder bestanden, denn sonst wäre heute keiner von uns hier. Diesen unseren Vorfahren, denen wir unsere heutige Existenz verdanken, werden wir auf unserer Reise durch die Zeit stets folgen. Wir werden sehen, wie sich ihre Körper im Laufe der Zeit immer wieder veränderten, um nicht vom Wandel überrollt zu werden. Eines der beeindruckendsten Dinge, die wir hier lernen werden, ist, dass unsere Körper selbst, so starr und unveränderlich sie uns auch erscheinen mögen, in Wahrheit so flexibel sind wie Knete in den Händen der Evolution.

Daher werden wir auf dieser Reise entlang des Flusses der Evolution mit seiner verwirrenden Vielfalt an Seitenarmen stets versuchen, jenen Flussläufen zu folgen, die schließlich zu uns Menschen geführt haben. Doch wir werden keineswegs nur unsere eigenen Vorfahren näher betrachten, denn das würde nur einen winzigen Bruchteil der einzigartigen Geschöpfe betreffen, welche die Evolution erschaffen hat. Nein, wir werden uns an jeder Station genau umsehen und versuchen, einen Blick zu werfen auf Welten, die so schon lange nicht mehr existieren, dessen evolutionäres Echo allerdings bis heute zu hören ist, wenn man bereit ist, seine Sinne zu schärfen.

Wenn man die geologische Zeitskala genauer betrachtet, fällt auf, dass es eine relativ genaue Einteilung gibt, was die jeweiligen Zeiträume betrifft. So beginnt beispielsweise das Kambrium vor genau 541 Millionen Jahren und endet vor 485,4 Millionen Jahren, abgelöst wird es durch das Ordovizium, das logischerweise vor eben 485,4 Millionen Jahren beginnt und sich bis 443,3 Millionen Jahren vor unserer Zeit erstreckt. Wie aber kommen diese Einteilungen zustande? An dieser Stelle wird es aus evolutionärer Sicht interessant, denn fast alle Übergänge zwischen den verschiedenen Perioden der Erdgeschichte (zumindest im Phanerozoikum), werden definiert durch das Auftreten neuer biologischer Arten oder dem plötzlichen Verschwinden bestimmter Arten. Daher spiegelt diese zeitliche Einteilung auch immer die Evolutionsgeschichte selbst wider. Und auch wenn der Verlauf der Erdgeschichte stets in einem kontinuierlichen Fluss, ohne jegliche Lücken oder Unterbrechungen abgelaufen ist, so hilft uns diese hierarchische Einteilung, so künstlich sie auch sein mag, doch, ein tieferes Verständnis zu bekommen sowohl von der geologischen als auch von der biologischen Erdgeschichte.

Vielen Menschen wird es auch sehr schwerfallen, sich die bereits erwähnten Zeiträume überhaupt vorstellen zu können. Alleine schon die letzten 541 Millionen Jahre des Phanerozoikums sind ja schon eine erschreckend lange Zeit. Wie zu Beginn dieses Buches schon erwähnt, sind es genau diese zeitlichen Maßstäbe, die wir brauchen, um die Evolution und ihre schöpferische Kraft verstehen zu können. Wir werden schnell begreifen, dass unsere klassischen, kalendarischen Zeitrechnungen hier keinerlei Bedeutung mehr haben. Vielleicht kann ein einfaches Bild hier etwas Abhilfe schaffen. Versuchen wir doch mal, uns die letzten 4,567 Milliarden Jahre der Erdgeschichte als einen einzigen kalendarischen Tag vorzustellen, der um 0 Uhr mit der Entstehung der Erde beginnt. In diesem Bild entstehen die ersten einzelligen Lebensformen ungefähr um 4 Uhr morgens, der nächste große Wandel ist die Entstehung der eukaryotischen Zelle durch die Verschmelzung eines Archaeums mit einem Bakterium um schätzungsweise 17 Uhr. Die ersten wirklich komplexen vielzelligen Lebensformen betreten erst kurz vor dem Kambrium die Bühne des Lebens, und das gegen 21 Uhr abends. Wir sehen also, für was für einen unglaublich langen Zeitraum der Erdgeschichte die einzelligen Organismen die Erde für sich alleine hatten, und müssen damit auch anerkennen, dass die Evolution keinerlei Interesse daran hat, möglichst komplexe Organsimen wie Tiere oder Pflanzen zu erschaffen. Vielmehr sind wir alle das Produkt einer zufälligen Liaison zweier unterschiedlicher Einzeller.

Doch nun drehen wir noch etwas weiter an der Uhr, bis die Zeiger auf 22:05 Uhr stehen. Zu diesem Zeitpunkt der Erdgeschichte im späten Devon kommen die ersten Landwirbeltiere in der Gestalt der ersten Amphibien ins Spiel. Jetzt noch einmal zur Erinnerung, zu diesem Zeitpunkt sind bereits gute 22 Stunden unseres 24-stündigen Tages vorbei. Um ungefähr 22:45 Uhr übernehmen die Dinosaurier die Herrschaft der Welt, bis ihr Reich gegen 23:40 Uhr wieder in sich zusammenfällt. Sie haben richtig gelesen, die Dinosaurier sind erst vor knapp 20 Minuten ausgestorben, und wann haben die ersten Menschen dann das Licht der Welt erblickt? Das war vor knapp 3,6 Sekunden der Fall, also ungefähr während ihres letzten Augenzwinkerns!

Hoffentlich hilft dieser etwas andere Blickwinkel auf die zeitlichen Relationen, der von Hannes Grobe (Alfred-Wegener-Institute of Polar and Marine Research) erstellt wurde für das Verständnis dieser ungeheuren Zeitspannen, mit den wir uns hier konfrontiert sehen. Doch nach dieser kleinen Einleitung startet nun auch endlich unsere Reise durch die Geschichte des Lebens auf diesem unauffälligen Gesteinsplaneten am Rande unserer Galaxie, den wir Erde nennen. Und ich kann Ihnen versprechen, es wird zunächst sehr kalt.

Ära: Neoproterozoikum

Periode: Cryogenium, eine kalte Geburt (720–635 Millionen Jahre)

Wir beginnen unsere Reise vor rund 720 Millionen Jahren, in der vorletzten Periode des Proterozoikums, diese Periode wird auch Cryogenium genannt. Dieser Name setzt sich aus dem altgriechischen Wort kryos für kalt und dem Wort genesis zusammen, was so viel bedeutet wie Geburt oder Entstehung. Daher heißt Cryogenium übersetzt so viel wie „kalte Geburt". Dieser Name trifft gleich doppelt zu, denn die geologischen Umwälzungen dieses Zeitalters werden heute als einer der ursächlichen Gründe für die „Geburt" der komplexen vielzelligen Tiere angesehen und es war tatsächlich sehr, sehr kalt. Im Vergleich mit dem, was das Wetter während des Cryogeniums zu bieten hatte, war die letzte Eiszeit nicht viel mehr als ein laues Frühlingslüftchen. Zum Vergleich lag die globale Durchschnittstemperatur während der Hochphase der letzten Eiszeit nur circa 5 °C unter der heutigen, was knapp 9 oder 10 °C entspricht. Selbst wenn die Gletscher der damaligen Zeit bis in die gemäßigten Zonen vorwandern konnten, so waren die gesamten Tropen, Subtropen und die südlichen Bereiche der gemäßigten Zonen nach wie vor komplett eisfrei.

Die Eiszeiten im Cryogenium jedoch spielten sich in einer ganz anderen Liga ab, hier lagen die globalen Durchschnittstemperaturen nicht bei 10 °C über dem Gefrierpunkt, sondern bei 50 °C darunter. Und hierbei handelt es sich um globale Durchschnittstemperaturen, was also bedeutet, dass es in vielen Bereichen der Erde, vor allem rund um die Pole, noch deutlich kälter war. Auch wenn man sich das heute nur schwer vorstellen kann, doch wenn die durchschnittliche globale Temperatur bei –50 °C liegt, hat das auch enorme Folgen für das Wachstum der Gletscher. Tatsächlich geht man heute davon aus, dass zu dieser Zeit die gesamte Erdoberfläche vereist und von kilometerhohen Gletschern überzogen war. Deswegen nennt man dieses Phänomen der globalen Vereisung auch „Schneeball Erde". Hätte man sich zu dieser Zeit die Erde aus dem Weltraum betrachtet, hätte sie vermutlich wie ein riesiger Schneeball ausgesehen. Doch die Eiszeiten des Cryogeniums unterscheiden sich nicht nur durch ihre Intensität von den uns näher bekannten Eiszeiten, auch die Dauer dieser Kälteperioden war alles andere als durchschnittlich. Sie waren nicht schon nach wenigen 10 000Jahren wieder vorbei, nein, sie dauerten stattdessen mehrere Millionen Jahre lang und hielten damit die Erde fest in ihren eisigen Händen.

Was ist nur zu dieser Zeit auf der Erde passiert, dass sich so gewaltige Eiszeiten überhaupt entwickeln konnten? Heutzutage geht man von einem rein geologischen Phänomen aus, eines das auch aktuell noch wirkt und damit unsere Erde gestaltet: die Kontinentaldrift. Bis zum Beginn des Cryogeniums waren nahezu alle Landmassen zu einem Superkontinent vereint, den wir heute Rodinia nennen. Doch wie alle Superkontinente der Erdgeschichte, musste auch Rodinia eines Tages wieder auseinanderfallen und als das geschah, wurde gleichzeitig ein globaler Klimakollaps ausgelöst. Superkontinente zeichnen sich stets durch ein sehr trockenes Klima aus, weil ein Großteil ihrer Landmassen im Inneren des Kontinents keine Küstenlinie besitzen und dadurch auch weniger Regen bis in diese geschützten Bereiche vordringen kann. Nun ist die ständig ablaufende chemische Verwitterung von Gesteinen in küstennahen, feuchten Bereichen sehr viel ausgeprägter als in trockenen Bereichen, fernab der nächsten Küste. Eine der wichtigsten Eigenschaften dieser Gesteinsverwitterung ist, dass sie in der Lage ist, enorm große Mengen CO_2 zu binden und es damit auch aus der Atmosphäre zu ziehen. Gerade in der heutigen Zeit wissen wir, was für einen enormen Einfluss atmosphärisches CO_2 haben kann und dass es als Treibhausgas (in der richtigen Menge) einen kritischen Wärmespeicher für unser Klima darstellt. Nun vor rund 720 Millionen Jahre geschah vermutlich folgendes: Der Superkontinent Rodinia wurde aufgrund der Kontinentaldrift auseinandergerissen, wodurch viele vormals küstenferne und trockene Landmassen auf einmal einem feuchten Küstenklima ausgesetzt waren. Dadurch kam es auf einen Schlag zu einem enormen Anstieg der chemischen Verwitterung der betroffenen Gesteine und es wurden riesige Massen atmosphärisches CO_2 gebunden und damit aus der Atmosphäre entfernt. Als Folge daraus kühlte unsere Erde immer mehr ab, bis sie schließlich einem gigantischen Schneeball glich. Es ist schwer, sich auch nur ansatzweise vorzustellen, was Temperaturen von –50 °C und globale kilometerdicke Gletscher für einen Zeitraum von Millionen von Jahren für das damalige Leben auf der Erde bedeutet haben muss. Eins steht auf jeden Fall fest, es waren sehr schwere Zeiten für alle Lebewesen, die zu dieser Zeit existiert haben, auch wenn es sich ausschließlich um einzellige Organismen handelte.

Heute wissen wir, dass starke, wie auch immer geartete Selektionsdrücke stets mit genomischen Veränderungen einhergehen, und Millionen Jahre lange Eiszeiten sind wohl gelinde ausgedrückt ein sehr starker Selektionsdruck. Ein Großteil des damaligen Lebens wird unweigerlich ausgestorben sein und die globale Biomasse, also die Masse sämtlicher Bakterien, Archaeen und Eukaryoten der damaligen Zeit, wird auf einen Bruchteil zusammengebrochen sein. Doch diejenigen, die überleben konnten, passten sich an und wurden genetisch als auch morphologisch deutlich komplexer. So verglich man die fossilen Überreste einzelliger Lebewesen vor und nach diesen katastrophalen Vereisungen und fand erstaunlicherweise heraus, dass sie tatsächlich deutlich komplexere Strukturen aufwiesen als vorher.

Doch wie und vor allem an welchen Orten konnten bei diesen Bedingungen überhaupt Organismen überleben, um schließlich komplexer werden zu können? Eine Antwort auf diese Frage liegt vermutlich im Vulkanismus bedingt, der zu jener Zeit noch deutlich ausgeprägter war als heute. Bereiche mit ausgeprägter vulkanischer Aktivität werden räumlich stark begrenzt die Eisdecke aufgeschmolzen haben und dank der Wärme aus dem Erdinneren auch das umliegende Wasser auf angenehmere Temperaturen erhitzt haben. Dadurch entstanden wahrscheinlich wohl temperierte Inseln in einer Welt aus klirrender Kälte und Eis. Auf diesen Inseln, konnten jene Lebewesen, die das Glück hatten vor Ort zu sein überleben und versuchen, sich der neuen Situation genetisch anzupassen. Dadurch entstanden global betrachtet an diversen vulkanischen Hotspots unterschiedlichste Populationen von Organismen, die sich alle unabhängig voneinander entwickeln konnten, da keine aufgrund der eisigen Barriere Kontakt zur jeweils nächsten aufnehmen konnte. Und was passiert mit unabhängigen Populationen von Lebewesen, unter denen kein genetischer Austausch herrscht? Sie entwickeln sich alle in unterschiedliche Richtungen, wodurch jeder unterseeische Vulkan zu einem potenziellen Labor der Evolution werden konnte, das seine Experimente zu jenem Zeitpunkt in die Welt entlassen konnte, wenn sich die Bedingungen wieder verbessern sollten.

Dies geschah zum Ende des Cryogeniums hin, vermutlich bedingt durch den anhaltenden Vulkanismus jener Zeit. Die Vulkane stießen unablässig CO_2 und andere Treibhausgase in die Atmosphäre und dank der globalen Gletscher, die die Gesteine bedeckten, konnte auch keine chemische Verwitterung mehr stattfinden, welche das CO_2 hätte binden können. So konnte sich dieses potente Treibhausgas über Millionen Jahre hinweg immer weiter in der Atmosphäre anreichern und schließlich durch einen Supertreibhauseffekt alle Gletscher zum Schmelzen bringen. Die weichenden Gletscher sorgten allerdings noch für etwas anderes, etwas, was das Leben auf der Erde erst so richtig in Gang bringen sollte. Denn die Gletscher haben sich während ihrer unermüdlichen Wanderungen über die Landmassen des ehemaligen Superkontinents Rodinia hinweg tief in das Gestein hinein gegraben und damit eine nahezu unerschöpfliche Menge an Mineralien freigesetzt. Diese Mineralien konnten nun nach dem Verschwinden der Gletscher mit den Flüssen ins Meer gespült werden. Einige dieser Mineralien, allen voran Kalziumkarbonate und Phosphate, werden die Entwicklung des komplexen Lebens, das nun kurz bevorsteht, erst möglich machen. Diese gesättigten Urmeere und ihre vielseitige Nährstoffversorgung waren vermutlich die treibende Kraft hinter der Evolution der ersten Tiere.

Ich denke spätestens jetzt wissen wir, warum der Name Cryogenium „kalte Geburt" so treffend ist für diese wechselvolle Periode der Erdgeschichte. Es beendete das knapp drei Milliarden Jahre andauernde Gleichgewicht des einzelligen Lebens, das bis dahin auf der Erde herrschte, indem es die Voraussetzungen für komplexes Leben schuf. Auch wenn die einzelligen Bakterien und Archaeen in ihrer bis dahin schon über drei Milliarden Jahre alten Geschichte schon mehrere globale Katastrophen gemeistert haben, so meisterten sie auch die des Cryogeniums. Doch sie haben erneut nicht ihr Komplexitätslevel gesteigert, sie blieben schließlich Einzeller. Anders verhielt es sich jedoch bei den (für geologische Verhältnisse) noch jüngeren eukaryotischen Einzellern, den Protisten. Auch sie überstanden die kolossalen Eiszeiten dieser Erdperiode, aber aufgrund des dadurch entstandenen Selektionsdrucks bauten sie ihre Genome in einer Weise um, die eine kaum noch zu verschließende Tür in Richtung Komplexität öffnete. Das ist ein sehr schönes und eindrucksvolles Beispiel dafür, dass die Evolution keinerlei Streben nach höherer Komplexität kennt, schließlich hätte es ohne die extremen klimatischen Kapriolen des Cryogeniums wahrscheinlich kein komplexeres Leben als Bakterien, Archaeen oder Protisten gegeben und die ganze belebte Welt, wie wir sie kennen, würde so nicht existieren oder zumindest ganz anders aussehen. Doch wie sah denn nun das erste „komplexe Leben" tatsächlich aus?

Periode: Ediacarium, der Garten Eden (635–541 Millionen Jahre)

Abbildung 7: Eine Qualle treibt friedlich durch den Ozean, ein Anblick, den es so auch schon im Ediacarium gegeben hat. (Bild von Pexels auf Pixabay)

Vor nicht allzu langer Zeit hätte die Geschichte des vielzelligen Lebens wahrscheinlich im Kambrium begonnen, jener Zeit, in der scheinbar über Nacht nicht nur die ersten überreichen Fossilienlagerstätten entstanden, sondern aus der auch urplötzlich nahezu alle modernen, tierischen Körperbaupläne nachzuweisen sind. Auch wenn sich dieses Phänomen, das heute gern als „kambrische Explosion" bezeichnet wird, über einen Zeitraum von mindestens 20 Millionen Jahren erstreckte, so bescherte es vielen Wissenschaftlern sehr lange Zeit Kopfschmerzen. Denn die Fossilien der Tiere, die wir aus dem Kambrium kennen, sind bereits so vielgestaltig und komplex in ihrer Körperbauweise, dass sie eigentlich unmöglich in dieser kurzen Zeit hätten entstehen können. Des Weiteren haben genetische Untersuchungen über die Verwandtschaftsverhältnisse heute lebender Tiere gezeigt, dass die Aufspaltung zwischen den einzelnen Tierstämmen schon einige Millionen Jahre vor dem Kambrium stattgefunden haben müsste.

Die Methode, mit der man diese Verwandtschaftsverhältnisse rekonstruieren kann, nennen wir „molekulare Uhr" und dank dieser Uhr ist es uns möglich, den ungefähren Zeitpunkt der Auseinanderentwicklung fast jeder Tier- und Pflanzenart untereinander zu ermitteln.

Wir haben im vorherigen Teil dieses Buches bereits einiges erfahren über die genetischen Grundlagen der belebten Natur. Eine Erkenntnis, die wir auf diesem Weg erlangt haben, war, dass alles Leben auf der Erde auf einen universellen, gemeinsamen Vorfahren zurückgeht: LUCA. Das bedeutet im Umkehrschluss aber auch, dass sich alle Tier- und Pflanzenarten, welche die heutige Vielfalt des Lebens ausmachen, zu irgendeinem Zeitpunkt der Erdgeschichte einen gemeinsamen Vorfahren geteilt haben, von dem aus sie sich in unterschiedliche Richtungen weiterentwickelt haben. Der Hauptgrund für eine solche Auseinanderentwicklung ist in den meisten Fällen eine wie auch immer geartete geographische Barriere, die verschiedene Individuen einer vormals gemeinsamen Population voneinander trennt. Diese geographische Barriere zieht als Folge auch eine reproduktive Barriere mit sich, denn von nun an sind die voneinander getrennten Populationen nicht mehr in der Lage, ihre genetische Information miteinander auszutauschen. Da genetische Mutationen rein zufällig als Folge kleinerer Kopierfehler auftreten, bedeutet das für unsere isolierten Populationen, dass sie sich im Laufe vieler Hundert, Tausend oder sogar Millionen von Jahren in komplett andere Richtungen entwickeln werden. Innerhalb einer Population, die sich sexuell durchmischt, werden diese Mutationen ständig durchgetauscht. Doch ab dem Zeitpunkt der Trennung findet diese Durchmischung nicht mehr statt und die Uhr beginnt zu ticken. Wenn sie lang genug getickt hat, haben sich die beiden Populationen genetisch so weit voneinander entfernt, dass ihre Genome nicht mehr miteinander kompatibel sind, es ist eine neue Art entstanden.

Einen solchen Aufspaltungszeitpunkt besitzt ein jedes heute existierende Lebewesen mit jedem anderen Lebewesen, vollkommen egal, wie unterschiedlich sie auch sein mögen. Allerdings muss man anmerken, dass unterschiedliche Bereiche eines Genoms auch einem unterschiedlichen Selektionsdruck unterliegen und dieser Druck beeinflusst massiv die Taktgeschwindigkeit unserer Uhr. So unterliegen in erster Linie regulatorische und codierende Bereiche des Genoms, also jene, die in Protein übersetzt werden, einem besonders hohen Selektionsdruck. Dies hat zur Folge, dass etwaige Mutationen sich in der Regel nicht durchsetzen können, da sie die Überlebensfähigkeit eines Individuums stark beeinflussen können. Zum Glück enthält jedoch ein jedes Genom auch viele Bereiche, die weder regulatorische Funktionen besitzen noch in Protein übersetzt werden. Von daher ist die natürliche Selektion sozusagen „blind“ für Mutationen, die in diesen genomischen Abschnitten aufkommen. Diese Bereiche eignen sich optimal, um bei einer als konstant gesetzten Mutationsrate den Aufspaltungszeitpunkt zweier Arten errechnen zu können. Da jedoch die Mutationsrate jedweder biologischen Art, sprich die Taktgeschwindigkeit der molekularen Uhr, nicht wirklich konstant ist, werden zum Eichen unserer Uhr stets die handfesten Daten aus dem Fossilbericht genutzt. Dank der Kombination dieser beiden Datenbanken (der genetischen als auch der fossilen) ist man heute in der Lage, sehr detaillierte Abstammungslinien nachzeichnen zu können.

Dank der Entdeckung dieser molekularen Uhr wissen wir heute, dass die Kopfschmerzen der Wissenschaftler bezüglich der zeitlichen Entstehung der ersten Tiere durchaus gerechtfertigt waren. Heute wird das Aufkommen der ersten Tiere also nicht mehr im Kambrium platziert, sondern mindestens 100 Millionen Jahre vorher, in einer viel geheimnisvolleren Periode der Erdgeschichte, dem Ediacarium. Der Grund, warum dieses Zeitalter lange keine große Beachtung fand, liegt auch darin begründet, dass die Fossilien aus jener Zeit sehr viel unauffälliger und auch seltener sind als jene aus dem darauffolgenden Kambrium. Doch trotzdem öffnen uns gerade diese Fossilen ein kleines Fenster in eine fremdartige, aber gleichwohl faszinierende Welt, dessen Untergang durch ihre eigenen Nachfahren besiegelt wurde. Die Lebewesen dieser Ediacara-Welt waren gleichzeitig die ersten und auch die letzten Lebewesen, die in einer scheinbar durch und durch friedlichen Umwelt lebten, in der keiner den anderen angriff oder auffressen wollte. Wollten wir in unseren Köpfen die Welt des späten Ediacariums wiederaufleben lassen, so bietet sich uns ein wundersames Bild.

Eine Reise ins Ediacarium

Da die kontinentalen Landflächen zu diesem Zeitpunkt der Erdgeschichte noch komplett unbelebt und kahl waren, bieten sie uns auch keinen wirklich interessanten Ausgangspunkt für unsere Reise. Doch sobald wir in die flachen Schelfmeere der umgebenen Kontinente eintauchen, bietet sich uns schon ein gänzlich anderes Bild. Auch wenn dieses Bild nun nicht mehr kahl und leblos zu sein scheint, so ist es dennoch nicht weniger fremdartig. Sobald sich unsere Augen an das trübe, lichtdurchflutete Wasser gewöhnt haben, merken wir, dass etwas anders zu sein scheint. Der komplette Boden dieses Urozeans ist mit einer schimmernden Matte aus Bakterien bedeckt, die so weit zu reichen scheint, wie unsere Augen sehen können. Doch das, was da auf diesen Bakterienmatten wächst, ist noch um ein Vielfaches erstaunlicher. Es sieht aus wie ein unterseeischer Wald aus lebenden Blättern aller möglichen Formen und Größen, einige sind fast einen Meter groß, während andere nur wenige Zentimeter erreichen. Einige dieser bizarren Lebewesen haben die Form von Farnwedeln, andere erinnern eher an die Federn von Vögeln und wieder andere sehen aus wie kleine Weihnachtsbäume. Diese „Blätter" sitzen mit ihren Stielen direkt auf den Bakterienmatten und scheinen nur von den Meeresströmungen sanft hin und her gewedelt zu werden. Doch diese „Blätter" sind nicht das Einzige, was wir sehen können, da ist tatsächlich auch etwas, was unsere Augen zu kennen scheinen, und was uns das Gefühl gibt, vielleicht doch auf der Erde zu sein. In der Strömung überall um uns herum treiben Quallen, oder zumindest ihre frühesten Vorfahren. Je tiefer wir jedoch herab tauchen und uns damit diesem bizarren Meeresboden nähern, fällt uns noch etwas auf. Dinge, die von weiter oben betrachtet eher wie merkwürdig geformte Steine erschienen, entpuppen sich bei genauerer Betrachtung ebenfalls als fremdartige Lebewesen. Auch diese flach am Meeresboden lebenden merkwürdig segmentierten Organismen haben allesamt eine andere Gestalt und erreichen unterschiedliche Größen. Selbst die Art und Weise ihrer Fortbewegung erscheint uns fremdartig, doch sie alle hinterlassen ihre eigenen charakteristischen Spuren auf den alles bedeckenden Bakterienmatten dieses unheimlichen Ozeans.

Alles, was von diesen faszinierenden Ökosystemen heute noch geblieben ist, sind versteinerte Abdrücke und Spurenfossilien. Anders als spätere Lebewesen besaßen die Bewohner des Ediacariums noch keine gut fossilierbaren Körperteile wie Skelette, weshalb es auch so lang dauerte, bis man ihre Hinterlassenschaften überhaupt als das anerkannte, was sie wirklich sind – versteinerte Relikte einer längst untergegangenen Welt. Viele dieser einzigartigen Lebewesen kann man selbst heute noch nicht mit 100%iger Wahrscheinlichkeit richtig einordnen: Waren es die ersten Tiere, gehören sie eher den Pflanzen an oder waren sie vielleicht etwas ganz anderes, etwas Eigenes, etwas, das es heute nicht mehr gibt, weil sie ausgestorben sind, ohne Nachkommen hinterlassen zu haben? Heute geht man davon aus, dass alles irgendwie richtig ist. Einige Arten, die wir aus diesen Ökosystemen kennen, sind so grundlegend anders als alles, was man heute im Tier- und Pflanzenreich sehen kann, dass sie höchstwahrscheinlich ein kurzes Experiment der Evolution waren, angepasst an eine Welt, die so nicht allzu lange existieren sollte. Viele, wenn nicht sogar die meisten dieser Arten, starben am Ende des Ediacariums aus, ohne jedwede Nachkommen zu hinterlassen, die ihr genetisches Erbe hätten weitertragen können. Wie dieses vom heutigen Standpunkt unausweichliche Ende aussehen sollte, sehen wir gleich, doch vorher werfen wir noch einmal einen kurzen Blick auf die charismatischen Lebewesen dieser Zeit. Viele dieser Organismen tragen Namen, die beweisen, dass selbst Wissenschaftler dachten, sie hätten es mit Fantasiewesen zu tun, wie zum Beispiel *Trepassia*, *Valdainia*, *Dickinsonia*, *Kimberella*, *Glaessnerina*, *Cloudina* oder *Spriggina*.

Tatsächlich gehören die Farnblatt-ähnlichen Meeresbodenbewohner der Rangeomorpha, Erniettomorpha und der Arboreomorpha mit zu den häufigsten Fossilien aus dieser Zeit. Sie waren wohl durch eine knollenförmige Struktur am Ende ihres Stiels mit dem Meeresboden fest verankert. Sehr häufig findet man jedoch nur fossile Überreste eben dieser Verankerung, die man anfangs fälschlicherweise für die Fossilien von Quallen hielt. Wie nahezu alle Bewohner dieses Erdzeitalters besaßen auch diese noch keine Knochen oder ähnliche skelettartige Strukturen, die leicht zu Fossilien werden, daher sind fast alle Relikte dieser Zeit eher mit Totenmasken zu vergleichen. Nach dem Absterben fielen sie auf die allgegenwärtigen Bakterienmatten und hinterließen so nur die Abdrücke ihrer Körper, die mit viel Glück später zu Fossilien werden konnten. Trotz sehr detailreicher Abdrücke wurden niemals Mundöffnungen oder Darmreste nachgewiesen, weswegen man heute davon ausgeht, dass sich diese Lebewesen osmotroph ernährten. Einfach ausgedrückt bedeutet es, dass sie ihre Nahrung, in Form von organischen Molekülen, direkt durch ihre Körperoberfläche aus dem Meerwasser aufnahmen. Diese außergewöhnlichen Lebewesen, die im späten Ediacarium ganze „Wälder“ auf dem Meeresboden entstehen ließen, sind jedoch ausnahmslos am Ende dieses Erdzeitalters ausgestorben und selbst heute wissen wir nicht (und höchstwahrscheinlich nie), welchen heutigen Lebewesen sie näherstehen, den Tieren oder den Pflanzen, vielleicht passen sie aber auch gar nicht in unsere engen systematischen Schubladen.

Die ersten Tiere

Wenn wir nun einen genaueren Blick zwischen diese unterseeischen Wälder werfen, die nur aus Blättern zu bestehen scheinen, fällt uns noch etwas auf, womit noch vor wenigen Jahren niemand gerechnet hätte! Spuren von aktiver Bewegung auf dem Ozeanboden. Doch warum sollte Bewegung etwas Besonderes sein, schließlich kann sich doch fast jedes Tier mehr oder weniger aktiv bewegen. Doch genau hier liegt auch das Besondere an dieser Entdeckung. Lange dachte man, komplexe Tiere seien erst im Kambrium entstanden und selbst viele Wissenschaftler, die sich der Lebenswelt des Ediacariums bereits bewusst waren, hielten sie für durchweg bewegungslose, am Ozeanboden festsitzende Filtrierer. Die Fähigkeit der aktiven Bewegung setzt ein hohes Maß an organismischer Komplexität voraus: Schließlich benötigt man verschiedene Gewebetypen wie Muskeln oder Sehnen, die an einer festeren Struktur ansetzen können, man braucht einen höheren Stoffwechsel, um die notwendige Energie zu bekommen, und auch ein Nervensystem, das in der Lage ist, die Bewegungen zu koordinieren. Im Idealfall sind auch diverse Rezeptoren an diesen Abläufen beteiligt, welche Informationen aus der Umwelt aufnehmen und verarbeiten können, um eine gezielte und vorteilhafte Bewegungsrichtung ausmachen zu können.

Wie man sieht, ist Bewegung nicht ganz so einfach, wie man zunächst vermutet, und es galt lange als unglaubwürdig, dass Lebewesen zu dieser frühen Zeit der Erdgeschichte bereits diese Fähigkeit besessen haben sollen. Bei unserem Streifzug durch die „Wälder“ des Ediacariums fällt uns schnell ein merkwürdiger, flacher Organismus auf, der einfach auf dem Boden zu liegen scheint. Er erinnert ein bisschen an einen, von den Gezeiten glatt geschliffenen Stein, der von mehreren Furchen durchzogen ist. Doch bei genauerer Betrachtung ist ersichtlich, dass dieser „Stein“ sich bewegt und langsam über die ozeanischen Bakterienmatten hinweg kriecht. Dieses abstrakte Lebewesen trägt einen mindestens genauso abstrakten Namen, *Dickinsonia*, und es ist ein charakteristisches Mitglied der Ediacara-Fauna.

Dickinsonia kroch wahrscheinlich aktiv über die allgegenwärtigen Bakterienmatten und verdaute diese über seine gesamte Bauchseite hinweg, durch das Ausscheiden bestimmter Enzyme. Eine weitere besondere Eigenschaft dieses surrealen Lebewesens ist neben seinem großen Durchmesser von bis zu 1,40 Metern, dass man bereits ein Vorder- sowie auch ein Hinterende ausmachen kann. Sie besaßen also schon mehrere Symmetrieebenen und damit ein vergleichbar komplexes Organisationslevel. Soweit man das heute beurteilen kann, verschwand auch *Dickinsonia* trotz seiner Komplexität am Ende des Ediacariums, ohne jegliche Nachkommen zu hinterlassen. Doch es gibt auch bewiesene Fälle, bei denen das anders zu seien scheint.

Für ein einziges, fossilüberliefertes Lebewesen dieser Zeit scheint es heute mehr oder weniger bewiesen zu sein, dass es ein direkter Vorfahre eines heutigen Tierstammes ist. Dieses Lebewesen heißt *Kimberella* und es war ebenso wie *Dickinsonia* in der Lage, sich aktiv auf dem Ozeanboden zu bewegen. *Kimberella* wird auch als „Ur-Schnecke“ beschrieben, da man in ihr einen Vorfahren aller heutigen Weichtiere (Mollusken) sieht. Tatsächlich sieht *Kimberella* einer heutigen Schnecke auch durchaus sehr ähnlich, mit einer schalenförmigen Erhöhung in der Mitte des Körpers und dem gekräuselten Randsaum, der wahrscheinlich eine kiemenartige Funktion besaß. Der Hauptgrund jedoch für die Platzierung von *Kimberella* im Stamm der Weichtiere basiert zum einen auf dem zweitseitig symmetrischen Körperbau als auch auf einem weiteren einzigartigen Körperteil: Bei besonders gut erhaltenen Fossilien erkennt man am Vorderende eine rüsselartige Ausstülpung, die häufig von Kratzspuren umgeben ist. Daraus schließen Forscher, dass *Kimberella* eine Art Raspelzunge (Radula) besaß, die ein einzigartiges Merkmal aller Weichtiere ist. Damit wäre *Kimberella* das mit Abstand älteste Tier, das fossil überliefert ist und das man direkt einem heutigen Tierstamm zuordnen kann. Es beweist weiterhin, dass die Evolution der Tiere als solche nicht im Kambrium startete, sondern bereits viele Millionen Jahre früher, in einer Zeit, in der das Leben so vollkommen anders war, als wir es heute kennen. Doch über ein Merkmal von *Kimberella* bin ich unpassenderweise viel zu schnell hinweggegangen, seinen zweiseitig symmetrischen Körperbau. Die Erfindung dieser bilateralen Symmetrie war eine der wichtigsten Revolutionen in der Evolution der Tierwelt.

Bilateral symmetrisch bedeutet zunächst nichts anderes als zweiseitig symmetrisch und diese „Zweiseiten-Tieren“ sind spätestens seit dem Kambrium die absolut dominierenden Tiere, zu denen ganz beiläufig auch wir Menschen gehören. Das auffälligste Merkmal bei dem

Körperbau eines bilateralen Tieres ist seine (Sie ahnen es bereits) zweiseitige Symmetrie. Sie besitzen nur eine einzige Symmetrieachse, die mitten durch den Körper hindurch verläuft. Beide Körperseiten entlang dieser Achse sind komplett spiegelbildlich zur jeweils anderen. Diese Links-Rechts-Symmetrie ist die einzige Symmetrieachse bei einem bilateralen Körperbauplan, ansonsten gibt es eine ausgeprägte Vorder- und Hinterseite und auch eine Ober- und Unterseite, die sich jeweils von ihrem Gegenüber unterscheiden. Eine weitere Besonderheit liegt vor allem in der unterschiedlichen Aufgabenverteilung zwischen den verschiedenen Körperpolen, gerade das Vorderende wird hier bevorzugt behandelt. Hier befindet sich nicht nur eine zentrale Körperöffnung, die zur Nahrungsaufnahme dient (der Mund), sondern hier sitzen auch diverse unterschiedliche Rezeptorgemeinschaften, die für eine gezielte Interaktion mit der Umwelt unerlässlich sind, zum Beispiel Geruchs-, Geschmacks- oder Sehrezeptoren. Auch neuronal ist das Vorderende eines bilateralsymmetrischen Tieres sehr verwöhnt, denn um all die rezeptorvermittelten Informationen auch schnellstmöglich analysieren zu können, befindet sich stets eine Anhäufung von Neuronen in diesem Körperabschnitt. Da man jedoch bei vielen sehr einfach gebauten bilateralen Tieren noch nicht unbedingt von einem Gehirn sprechen kann, bedient man sich allgemein ausgedrückt des Wortes „Cephalisation“, um diese neuronale Überlegenheit zu beschreiben. Da nun dieses Vorderende geradezu dafür gemacht zu sein scheint, Informationen aus der Umgebung aufzunehmen und zu verarbeiten, ist natürlich auch die logische Fortbewegungsrichtung bereits festgelegt. Dieser bilaterale Körperbau ist geradezu für Bewegung gemacht. Mit seinem definierten, informationsverarbeitenden Vorderende und den entlang der Symmetrieebene paarig angeordneten Muskelzellen sind die Grundsteine gelegt für eine Gruppe von Tieren, die sich daran macht, die Welt zu verändern.

Der Fakt, dass nun mit *Kimberella* schon ein bilateral symmetrisches Tier bekannt ist, dass vor knapp 558 Millionen Jahren gelebt hat, widerlegt nicht nur die alte Vermutung, dass die heutigen Tierstämme (einschließlich der Bilateria) ausnahmslos im frühen Kambrium entstanden seien. Wir müssen sogar davon ausgehen, dass der bilateralsymmetrische Körperbau schon deutlich vor der Zeit von *Kimberella* entwickelt worden sein muss, da wir es bei *Kimberella* bereits mit einem verhältnismäßig großen und komplexen Tier zu tun haben. Die Ursprünge dieses Körperbauplans, der auch unseren Körpern zugrunde liegt, müssen schon wesentlich früher erfunden worden sein, von einem Tier, dessen fossile Überreste wir noch nicht gefunden haben und wahrscheinlich auch niemals finden werden. Nachdem, was wir heute wissen, wird das erste bilateralsymmetrische Tier den heutigen Plattwürmern am ehesten geähnelt haben. Es wird nur wenige Millimeter lang gewesen sein, mit einer kleinen Mundöffnung, die charmanterweise auch gleichzeitig als After diente, einer Anhäufung von Nervenzellen an seinem Vorderende sowie zwei primitiven optischen Sensoren, eins auf der linken und eins auf der rechten Seite. Molekulargenetische Berechnungen mittels der molekularen

Uhr haben einen Zeitpunkt vor circa 600 Millionen Jahren errechnet, zu dem dieser unser Vorfahre über den Meeresboden kroch.

Ein weiteres Indiz dafür, dass sich die bilateralsymmetrischen Tiere schon während des Ediacariums deutlich auseinander entwickelt haben, liefern uns die Fossilien anderer Tiere mit diesem Körperbauplan, die bereits neben *Kimberella* lebten. Auch wenn man diese Tiere nicht ganz so eindeutig einem heutigen Tierstamm zuordnen kann, so gibt es doch nur wenig zu diskutieren, wenn es um ihre Körper geht. Viele dieser Tiere, die unter dem Namen Bilaterialomorpha zusammengefasst werden, besaßen wie auch *Kimberella* zwei symmetrische Körperhälften sowie definierte Vorder- und Hinterenden, aber sie waren auch häufig in seriell hintereinander angeordnete Abschnitte gegliedert. Auch wegen dieser Gliederung sieht man in ihnen häufig die Vorfahren der heutigen Arthropoden (Gliederfüßer) wie zum Beispiel Insekten, Spinnen oder Krebse. Aufgrund dieses Körperbaus sind diese Tiere oder besser gesagt ihre fossilen Überreste stets im Fokus der Forschung gewesen, auch wenn sie im Verhältnis zu anderen Lebewesen aus der Zeit des Ediacariums deutlich kleiner waren. Doch zusammen mit den farnblattartigen Wunderwesen des Ediacariums, die auf ihren Bakterienmatten festsaßen, den weidenden *Dickinsonia*-Arten sowie der Ur-Schnecke *Kimberella* bildeten diese Organismen eine einzigartige Lebenswelt, die so grundlegend anders war, als alles was nach ihr kam, dass es einem anfangs schwerfällt, sie zu verstehen.

Der verwüstete Garten

Die Bezeichnung „Garten von Ediacara", als Anspielung auf den Garten Eden, kommt nicht von ungefähr. Trotz der reichhaltigen Fossilien aus dieser Zeit hat man noch nie Spuren von kämpferischem oder räuberischem Verhalten gefunden. Tatsächlich lebten diese Tiere, Pflanzen oder was sie auch zum Teil gewesen sein mochten zum letzten Mal in der Erdgeschichte zu einer Zeit, in der keiner den anderen fraß oder bekämpfte. Es war wohl wirklich eine Art „Garten Eden", in dem jeder für sich lebte und sich an den sich ständig erneuernden Bakterienmatten labte. Doch diese Friedfertigkeit und ihre Angepasstheit an die allgegenwärtigen Bakterienmatten war wohl auch der Grund für den Untergang dieses „Gartens von Ediacara". Die für Millionen von Jahren friedlich zusammenlebenden Lebensgemeinschaften verschwanden mehr oder weniger plötzlich aus dem Fossilbericht und das relativ zeitgleich mit dem vermehrten Auftreten von Spurenfossilien. Und hierfür kann man nur unsere Vorfahren verantwortlich machen, die dank ihres bilateralen Körpers immer mehr Bewegungsmöglichkeiten hinzuentwickelten, bis sie schließlich auch dazu in der Lage waren, sich vertikal durch die Ozeanböden zu bewegen, einen Vorgang, den man heute als Bioturbation bezeichnet. Heute ist dieses Durchwühlen allgegenwärtig und das

Natürlichste der Welt, doch zur Zeit des Ediacariums war dem eben noch nicht so und es führte schließlich dazu, dass die vorher nahezu unendlichen Bakterienmatten aus den Ozeanen verschwanden.

Wie man vermutlich schon herausgehört hat, waren diese bakteriellen Matten das Fundament der ediacarischen Lebenswelt und als dieses verschwand, folgten ihm auch die meisten daran angepassten Organismen, spurlos und für immer. Doch diese Bioturbation war vermutlich nur ein Faktor, der für das Verschwinden der Ediacara-Fauna verantwortlich war. Auch der zweite hat mit unseren Ahnen zu tun. So entwickelten sie mit der Zeit immer komplexere Verhaltensweisen und auch komplexere Körperstrukturen. Was nett formuliert bedeuten soll, sie fingen an, die wehrlosen Geschöpfe der damaligen Zeit zu fressen. Wenn wir davon ausgehen, dass unsere bilateralsymmetrischen Vorfahren sich vor mindestens 600 Millionen Jahren zum ersten Mal entwickelten, warum brauchten sie dann über 60 Millionen Jahre der Entwicklung, um diese Fähigkeiten zu erlangen? Diese Frage ist nach wie vor nicht abschließend geklärt, doch es scheint auf jeden Fall mit der verfügbaren Menge an Sauerstoff in den damaligen Meeren zu tun gehabt zu haben. Schließlich war während des Großteils des Ediacariums diese Menge sehr gering, im Vergleich zur heutigen Zeit. Schätzungsweise lag sie irgendwo zwischen 0,5 % und 3 % des heute messbaren Sauerstoffgehalts an der Meeresoberfläche. Beobachtungen an sehr sauerstoffarmen Meeresregionen haben allerdings gezeigt, dass selbst diese Sauerstoffmengen ausreichend sind, um sehr einfache Tiere zu unterhalten.

Allerdings gibt es bei diesen Sauerstoffkonzentrationen noch kein ausgeprägtes Jagdverhalten, die Nahrungsnetze sind so einfach konzipiert, dass sich die hier lebenden Organsimen direkt von Mikroorganismen ernähren. Doch zum Ende des Ediacariums hin haben sich die Sauerstoffkonzentrationen in den Ozeanen stetig gesteigert, bis sie schließlich einen für die Evolution der Tiere kritischen Wert überstiegen haben. Dieser Wert liegt vermutlich irgendwo zwischen 3 % und 10 % der heutigen Sauerstoffkonzentration an der Meeresoberfläche. Das bedeutet, dass schon ein relativ geringer Anstieg dieses Gases einen für die Evolution längst überfälligen Schritt herbeiführte. Auf diesen evolutionären Schritt waren die meisten der friedvollen ediacarischen Lebewesen nicht vorbereitet. Es war auf einmal kein Platz mehr für Organismen, die bewegungslos und ohne Verteidigungsoptionen das Meerwasser nach Nahrung filterten. Nach geologischen Gesichtspunkten geschah es geradezu über Nacht, dass zum ersten Mal in der Geschichte des komplexen Lebens ein Tier zum essenziellen Bestandteil des Lebens eines anderen Tieres wurde – und so war die Jagd eröffnet.

Nachdem der Garten verwüstet war, erwuchs eine andere, völlig neuartige und aber auch brutalere Welt, eine Welt des Fressens und Gefressenwerdens, eine Welt, die uns nur zu gut bekannt sein dürfte. Das erste Kapitel dieser neuen Zeit nennen wir heute Kambrium.

Ära: Paläozoikum

Periode: Kambrium, die Waffenkammer der Evolution wird geöffnet (541–485,5 Millionen Jahre)

Abbildung 8: Eine Gruppe versteinerter Trilobiten.
(Bild von PublicDomainPictures auf Pixabay)

Das Kambrium ist auch heute noch für die Wissenschaft ein Mysterium. Niemals wieder davor oder danach schien sich das Leben selbst in seiner Entwicklung so überschlagen zu haben. Schon in den Fossillagerstätten aus dem frühen Kambrium sind nahezu alle heute noch existierenden Tierstämme sowie die unterschiedlichsten Körperbaupläne bereits enthalten. Seien es Schwämme (Porifera), Ringelwürmer (Annelida), Moostierchen (Bryozoen), Nesseltiere (Cnidaria), Armfüßer (Brachiopoda), Weichtiere (Mollusken), Stachelhäuter (Echinodermata), Gliederfüßer (Arthropoden) oder auch die ersten Wirbeltiere (Chordata). Sie scheinen alle urplötzlich aus den Trümmern des „Gartens der Ediacara" erwachsen zu sein und das scheinbar ohne nennenswerte Vorfahren. Doch wie war diese Entwicklung scheinbar aus dem Nichts heraus überhaupt möglich? Schließlich war die Lebenswelt des vorherigen Ediacariums noch eine gänzlich andere. Tatsächlich hat diese Frage vielen Forschern schlaflose Nächte bereitet und selbst der Verfasser der Evolutionstheorie selbst, Charles Darwin, konnte sich dieses Phänomen nicht erklären. Wie nur konnten so viele verschiedene Tiergruppen nahezu gleichzeitig aus dem Nebel der Zeit hervortreten und uns ihre fossilen Körper hinterlassen? Daher sprach man lange Zeit bei der „kambrischen Explosion" auch von Darwins Dilemma, denn für viele war das gleichzeitige Auftreten so vieler unterschiedlicher Tierstämme nicht mit der graduellen Evolution nach Darwin zu vereinbaren. Und ich denke wieder einmal, Darwin wäre heute überglücklich zu sehen, wie dieses Dilemma schließlich gelöst werden konnte. Denn allen voran nehmen viele Menschen den Ausdruck „kambrische Explosion" sehr undurchdacht in den Mund. Auch wenn wir hier tatsächlich eine Art Explosion sehen, so fragen wir nicht detailliert genug, was denn hier überhaupt explodiert. Ist es wirklich eine Explosion der Artenvielfalt oder eher eine Explosion des Fossilberichts?

Wie wir bereits gehört haben, ist der handfeste Beweis der molekularen Genetik eindeutig, der besagt, dass die großen Aufspaltungen zwischen den einzelnen Tierstämmen bereits deutlich vor dem Kambrium und seiner umgangssprachlichen Explosion stattgefunden haben. Auch wenn wir diese Lücken im Fossilbericht vielleicht niemals vollständig schließen werden (was sehr, sehr wahrscheinlich ist), vor allem weil die betreffenden Tiere zu den jeweiligen Zeiten noch unglaublich klein, unauffällig und, was am wichtigsten ist, weich waren. So haben wir heute nichtsdestotrotz auch diverse fossile Beweise vor allem aus dem Ediacarium sammeln können, die belegen, dass viele der molekular bereits vorausgesagten Aufspaltungen auch tatsächlich schon früher stattgefunden haben.

Die Panzer einer feindseligen Welt

Doch auch wenn viele Tierstämme schon vor dem Kambrium existiert haben sollten, so fristeten sie doch ein sehr tristes und einfältiges Leben und es gibt daher auch keinen Grund, den Ruhm des Kambriums zu schmälern. Denn es steht außer Frage, dass sie alle während dieser Zeit an einer beispiellosen Erfolgsgeschichte teilhaben durften. Sie alle nahmen nicht nur sprunghaft an Größe zu, sie diversifizierten sich auch zu unzähligen Gattungen und Arten. Es entstanden (und an dieser Stelle kann man tatsächlich von einer Explosion sprechen) völlig neue, komplexe Nahrungsnetze, die mit nichts zu vergleichen waren, was es vorher einmal gab. Es entwickelten sich viele größere und kleinere Tiere, die ihren Energiebedarf durch Plankton oder Algen abdeckten. Und zum ersten Mal in der Geschichte tierischen Lebens gab es Raubtiere, die sich ausschließlich von anderen Tieren ernährten. Darunter befanden sich auch konkurrenzlose Spitzenprädatoren. Vermutlich war sogar das räuberische Verhalten der Fleischfresser selbst einer der Hauptantriebsfedern für die schnelle Entwicklung der Tiere zu dieser Zeit. Mit ihnen kam schließlich ein völlig neuer Selektionsdruck auf die Tierwelt zu. Dieser Selektionsdruck führte auch zu evolutiven Innovationen, von denen die Entwicklung schützender Panzer wahrscheinlich die bedeutendste darstellt.

Die Entstehung harter Körperbestandteile wie Krallen, Zähne, Scheren oder Klauen ermöglichte es den Raubtieren, immer erfolgreicher Beute zu greifen und festzuhalten. Aber die Tiere jener Zeit waren auch dazu in der Lage, Panzer zu bilden, die vor allem den Beutetieren ein gewisses Maß an Schutz ermöglichten. Diese gegenseitige Aufrüstung, die nach der Entwicklung der ersten Waffen dieser Art unausweichlich war, führte schließlich auch dazu, dass der Fossilbericht aus dieser Zeit nahezu explodierte. Diese harten Körperteile werden sehr leicht und schnell zu steinernen Fossilien, was man über die friedlichen weichen Wesen des Ediacariums nicht gerade behaupten kann. Diese haben uns nur die Abdrücke ihrer weichen Körper überliefert. Die Fähigkeit von Tieren, bestimmte chemische Stoffe so zu nutzen, dass sie zum Aufbau von harten Körperteilen dienen, nennt man Biomineralisation und, wie man heute weiß, entwickelte sie sich mehrmals unabhängig voneinander in unterschiedlichen Tierstämmen. Diese unabhängige Entwicklung lässt sich auch daran ablesen, dass verschiedene Tierstämme unterschiedliche Mineralien nutzen, um ihre Skelette aufzubauen, so zum Beispiel Hydroxylapatit, Kalziumkarbonat oder Siliziumdioxid. Der Grund hierfür liegt daran, dass die unterschiedlichen Tierstämme die Fähigkeit zur Herstellung von Biomineralen zu unterschiedlichen erdgeschichtlichen Zeitaltern erlangt haben. Der ausschlaggebende Grund für die Wahl des zu nutzenden Minerals für die Biomineralisation war stets der jeweilige Charakter der umgebenden Ozeanchemie. Abhängig davon sind immer andere Minerale chemisch einfacher zu verwerten und sind somit das Produkt der Wahl.

So besitzen Tiere wie zum Beispiel Muscheln Schalen aus Aragonit, da die chemischen Bedingungen zum Zeitpunkt der Entwicklung der Biomineralisation in diesem Tierstamm während des späten Ediacariums die Nutzung dieses Minerals begünstigten. Dagegen nutzen Tierstämme, welche diese Fähigkeit erst im Kambrium oder Ordovizium erlernten, andere Mineralien, wie zum Beispiel Apatit. Wenn ein Tierstamm einmal die Fähigkeit der Biomineralisation erlernt hat und sich damit auch auf die Nutzung eines bestimmten Minerals eingelassen hat, wird diese Entscheidung in aller Regel nicht mehr geändert. Daher kann man auch durch die Verwendung bestimmter Mineralien Erkenntnisse darüber erlangen, zu welcher Zeit ein bestimmter Tierstamm diese Fähigkeit zum ersten Mal erlernt hat.

Faszinierend ist ebenfalls die Tatsache, dass alle Tierstämme, die heute mit dieser Fähigkeit ausgestattet sind, die gleichen genetischen Werkzeuge verwenden zur Herstellung von Knochen, Panzern oder Schalen, unabhängig davon, welches Mineral nun eigentlich eingelagert wird. Das zeigt uns wieder einmal die wundersame Funktionsweise der Evolution, sie nutzt stets bereits vorhandene Werkzeuge und führt ihnen lediglich neue Funktionen hinzu. Welche Funktion genau diese genetischen Vorläufer der Biomineralisation innehatten, weiß man nicht, aber eine Möglichkeit wäre, dass sie daran beteiligt waren, die schädlichen Folgen zu hoher Kalzium-Ionen-Konzentrationen auszugleichen. Doch der evolutive Auslöser, der nahezu alle Tierstämme dazu brachte (fast) gleichzeitig diese sehr energieaufwendige Fähigkeit zu entwickeln, liegt wohl ursächlich in den steigenden Sauerstoffkonzentrationen in den Meeren des späten Ediacariums. Dadurch wurden die damaligen Tiere immer agiler und komplexer in ihren Verhaltens- und Bewegungsweisen. Schließlich entwickelten sich auch die ersten reinen Raubtiere, die alles daran setzten, andere Lebewesen zu erbeuten. Um diesen neuen Gefahren begegnen zu können, mussten sich auch die potenziellen Beutetiere weiterentwickeln.

Die einzige Möglichkeit bestand darin, sich mithilfe von mineralisierten Panzern vor den gefräßigen Kiefern der Räuber zu schützen. Wie unglaublich stark dieser Selektionsdruck gewesen sein muss, lässt sich nur erahnen, wenn so viele unterschiedliche Tierstämme eine solch komplexe genetische Maschinerie in einer erdgeschichtlich so kurzen Zeit aus dem Boden stampfen. Vor allem dank dieser Fähigkeit haben wir seit dem frühen Kambrium einen durchgehenden Fossilbericht und können daher die Evolution der Tiere sehr detailreich nachvollziehen. Auf jede Veränderung eines Raubtieres folgt auch eine Anpassung seiner Beutetiere, und so folgten den hungrigen Kiefern der ersten Raubtiere auch die ersten mineralisierten Panzer seiner vormals hilflosen Beutetiere. Dieser Rüstungswettlauf, der im Kambrium begann, dauert noch bis heute an und es ist ein Naturgesetz, dass sich stets nur jene Gene durchsetzen können, die ihren Überlebensmaschinen die dafür notwendige Ausrüstung mitgeben.

Doch nachdem wir nun schon so vieles über das Kambrium und seine Bewohner gehört haben, ist es nun an der Zeit, auch mal einen Blick zu wagen auf eine Ära, in der auch die Fundamente unserer eigenen Körper geformt wurden. Als wir die Unterwasserwelt des Ediacariums betrachteten, waren wir noch reine Zuschauer. Denn auch wenn unsere Vorfahren zu jener Zeit selbstverständlich schon zugegen waren, so wissen wir zu wenig über sie, um sie benennen zu können. Doch im Kambrium sieht das schon ganz anders aus, hier können wir unseren frühsten, fossilüberlieferten Vorfahren nicht nur in die Augen schauen, wir können auch versuchen, ihre Welt durch ihre eigenen Augen zu betrachten. Wenn wir noch einmal die Metapher vom Fluss der Evolution heranziehen möchten, so kann man sagen, dass wir nun zum ersten Mal unser Boot zu Wasser lassen und damit auch unsere Reise entlang dieses einzigartigen Flusses beginnen können. Eine Reise, bei der wir gewissermaßen mit unseren Genen durch die Zeit reisen und sehen werden, wie sie unsere wandelbaren Körper stets umformten und weiterentwickelten, um in einer sich beständig ändernden Welt bestehen zu können.

Eine Reise ins Kambrium

Abbildung 9: Die Lage der Kontinente zur Zeit des Kambriums, vor 520 Millionen Jahren (C. R. Scotese, 2016).

Betrachten wir uns die Welt zur Zeit des mittleren Kambriums, schätzungsweise vor 515 bis 520 Millionen Jahren, so sieht alles so ganz anders aus, als wir es von heute gewohnt sind. Die Kontinente haben nicht im Ansatz die uns vertraute Form, es gibt kein Afrika, Europa, Asien, Australien oder Amerika, zumindest nicht in der Anordnung, wie wir sie kennen. Ein Großteil der Landmassen ist zu einem Superkontinent verschmolzen, den wir heute Gondwana nennen. Dieser erstreckt sich vom Äquator bis hin zum Südpol, während auf der anderen Seite der Erde kleinere Kontinente wie Baltica, Siberia oder Laurentia vereinzelt in einem riesigen Ozean scheinbar verloren umhertreiben. Doch nicht nur die Form und Anordnung der Kontinente ist uns fremd, auch das Aussehen dieser Landmassen dürfte uns erstaunen. Es ist weit und breit kein Grün zu sehen. Nur scheinbar unendliche Wüsten und Gesteinsplateaus erstrecken sich, soweit das Auge reicht. Der Grund dafür ist einfach auszumachen. Das Leben hat das Land zu diesem Zeitpunkt der Erdgeschichte noch nicht für sich erobern können, daher gibt es auch keine Wälder, Wiesen oder Savannen, nur endlose wüstenähnliche Landschaften. Doch je näher wir der Oberfläche der flachen Schelfmeere kommen, welche die Kontinente umgeben wie ein hellblauer Rahmen, bekommen wir den Eindruck, dass da unten doch etwas lebt.

Wir können schon unterschiedliche Farben ausmachen, die uns, wenn wir es nicht besser wüssten, an Korallenriffe erinnern. Zwischen diesen farbigen Gebilden scheint sich auch etwas zu bewegen. Um uns einen genaueren Eindruck zu verschaffen, gibt es nur eine Möglichkeit, wir müssen in dieses uns vollkommen unbekannte Meer eintauchen. Um das zu tun, schließen wir unsere Augen, damit diese sich an das Salzwasser gewöhnen können. Doch wenn wir sie nach einiger Zeit wieder öffnen, fällt uns etwas auf. Wir können auf einmal glasklar sehen und das, obwohl wir eindeutig unter Wasser sind. Und noch etwas ist höchst ungewöhnlich, unser gesamter Bewegungsapparat scheint sich irgendwie anders anzufühlen. Dabei ist „anders“ noch sehr milde ausgedrückt, denn wir befinden uns nun im Körper unseres ältesten, durch Fossilien dokumentierten Vorfahren, des kieferlosen Fisches *Myllokunmingia*. All jene Gene, die heute unsere Körper und unseren Geist formen, befanden sich vor 520 Millionen Jahren einmal in einem kieferlosen Fisch wie diesen und mussten in einer Welt bestehen, in der sie eher am unteren als am oberen Ende der Nahrungskette standen. Zu diesem Zeitpunkt sind *Myllokunmingia* und seine näheren Verwandten die Vorfahren aller Wirbeltiere, das bedeutet aller Fische, aller Amphibien, aller Reptilien, aller Dinosaurier, aller Vögel und schließlich auch aller Säugetiere, einschließlich uns Menschen. Also begleiten wir doch unseren Vorfahren einmal für einen Tag durch seine Welt, für einige unserer Gene wird sie noch vertraut sein.

Als wir uns umschauen, nehmen wir zunächst das helle Blau des uns umgebenden Ozeans wahr. Das grelle Sonnenlicht strahlt durch die Wasseroberfläche direkt in unsere Augen und wir bemerken schnell, dass wir Teil einer ganzen Gruppe von kleineren fischähnlichen Tieren sind. Da wir keinen Spiegel dabeihaben, können wir nur dank unserer Artgenossen auch einen Eindruck unseres eigenen Körpers bekommen. Wir scheinen sehr klein zu sein, wahrscheinlich sind wir nicht viel größer als drei Zentimeter, haben einen stromlinienförmigen Körperbau mit einem deutlich abgesetzten Kopf mit zwei gut erkennbaren Augen. Zum Atmen unter Wasser haben wir bereits relativ modern anmutende Kiementaschen, doch das auffälligste Merkmal ist eine segelförmige Rückenflosse, die kurz hinter unserem Kopf beginnt und sich bis zum Schwanzende hin fortsetzt. Dank ihr können wir uns sehr flink und wendig durch das Wasser bewegen, aber eines unserer wichtigsten Merkmale liegt im Verborgenen. Dieses eine Merkmal setzt uns an den evolutionären Ursprung der gesamten Wirbeltierklasse – dank der höchstkoordinierten und eleganten Wellenbewegungen unseres Körpers kann man es bereits erahnen: Wir besitzen dort, wo später einmal die namensgebende Wirbelsäule sein wird, eine sogenannte Chorda dorsalis, einen langen biegsamen Stab aus speziellen Epithelzellen, der sich vom Vorderende bis hin zum Schwanz erstreckt. Dieser Stab dient nicht nur als eine Art nachgiebiges, aber stabilisierendes Endoskelett, sondern auch als Ansatzstelle für Muskelpakete entlang des gesamten Körpers. Es ermöglicht daher gezielte, wellenförmige Bewegungen. Dank dieses innovativen Bewegungsapparats können wir uns bereits schneller bewegen als die meisten anderen Tiere unserer Zeit. So beginnen wir nun gemeinsam unsere tägliche Reise durch die lichtdurchfluteten, kambrischen Schelfmeere, auf der Suche nach sicheren Futterquellen. Auch wir sind Fleischfresser und unsere bevorzugte Beute erstreckt sich von tierischem Plankton bis hin zu kleineren im Boden lebenden Würmern. Wenn wir uns nun, vom zentralen Platz in der Mitte unserer Gruppe, umschauen, fällt uns direkt eines auf. Wir hatten gar nicht mal so unrecht, als wir von oben betrachtet an Korallenriffe denken mussten.

Der Anblick, der sich uns nun bietet, ist geradezu faszinierend. Überall um uns herum sind riesige riffartige Strukturen, deren Formen- und Farbenreichtum mit den uns bekannten Korallenriffen zu vergleichen ist. Aber tatsächlich sind es keine wirklichen Korallen, denn diese werden sich erst viel später in der Erdgeschichte entwickeln. Es handelt sich hier um sogenannte Archaeocyathiden, die erste riffbauende Tiergruppe der Erdgeschichte, die eng mit den heutigen Schwämmen verwandt ist. Sie bilden in den meisten Fällen verkalkte Strukturen, die am ehesten an Becher oder hohle Kegel erinnern, ihre Oberfläche ist über und über mit Poren in den unterschiedlichsten Größen übersäht. Da sie ebenfalls wie heutige Korallen nur in den sonnendurchfluteten Flachwasserbereichen anzutreffen sind, sind sie ebenfalls Partnerschaften mit photosynthetisch aktiven Kleinstlebewesen eingegangen, um so bestmöglich mit Energie versorgt zu werden. Dank dieser Untermieter erstrahlen auch die Schwammriffe des Kambriums in allen möglichen Farben, einige sind knallrot, manche leicht gelblich und wieder andere erscheinen in einem zarten Rosa. So wie die Korallenriffe im heutigen Südostpazifik, so sind auch diese Riffe voll mit Leben.

Allerdings ist dieses Leben, das wir hier beobachten können, ein gänzlich anderes. Wir sehen zwischen den bunten Riffstrukturen zwar auch andere Schwärme kleiner fischähnlicher Lebewesen wie uns, doch auch viele fremdartige Tiere, die uns auch wegen unserer winzigen Körper sehr bedrohlich vorkommen. Allen voran erkennen wir unterschiedlichste Arten von freischwimmenden Gliederfüßern, den Vorfahren unserer Krebse und Insekten. Viele dieser Arthropoden besitzen knöcherne Außenskelette und sind mit scharfen Scheren und bedrohlichen Mundwerkzeugen ausgestattet. Um diesen Gefahren bestmöglich zu entgehen, schwimmen wir mit unserer Gruppe um die belebtesten Tummelplätze dieser Jäger herum und richten unseren Blick stets auf die sandigen Bodenbereiche zwischen den bunten Riffbildnern. Gerade auf diesen sandigen Ozeanböden versteckt sich unsere Leibspeise, kleine Sandwürmer, die nur darauf warten, aufgesammelt zu werden. Doch auch hier sind wir nicht die einzigen hungrigen Jäger. Diese flachen Meeresböden sind vor allem das Reich der artenreichsten Gliederfüßer des Kambriums, Trilobiten. Mit den Augen eines winzigen Fisches betrachtet, wirken sie wie riesige laufende Panzer, die mit ihren Facettenaugen, Antennen und Fühlern den Boden abtasten und alles auffressen, was ihnen in den Weg kommt. Um selber nicht zwischen diesen gepanzerten Kiefern zu enden, versuchen wir wie immer jene Sandböden zu meiden, auf denen sich gar zu viele dieser Fressmaschinen aufhalten. Auch wenn uns nicht alle Arten von Trilobiten gefährlich werden, denn manche sind auch friedliche Weidegänger und geben sich mit Algen und vereinzelten Bakterienmatten zufrieden, aber warum das Risiko eingehen. Doch in diesem Moment schert ein Mitglied unserer Gruppe aus und schwimmt vermutlich vom Hunger getrieben auf den Ozeanboden zu.

Er schwimmt geschickt zwischen mehreren riesigen, knapp 15 Zentimeter langen, stark gepanzerten Trilobiten hindurch und stoppt schließlich vor einem Loch, das vermutlich von einem Wurm gegraben wurde. Von oben können wir das ganze Schauspiel genau beobachten und sehen dabei etwas, was unser hungriger Freund nicht sehen kann. Während er versucht, den Wurm aus seinem Loch zu bekommen, schleicht sich von hinten ein ebenfalls hungriger laufender Panzer an ihn heran. Als er mit seinen langen Antennen direkt hinter ihm steht, bäumt er sich auf und präsentiert damit seine scharfen mit Dornen gespickten Beine. Seine blitzenden Mundwerkzeuge reflektieren für den Bruchteil einer Sekunde die grellen Sonnenstrahlen, im nächsten Moment greift er zu und unsere Gruppe ist um ein Mitglied ärmer.

Leicht geschockt, aber umso vorsichtiger, reisen wir weiter, da uns nun noch einmal vor Augen geführt wurde, wo wir in der Nahrungskette der kambrischen Meere stehen. Diese Ozeane gehören den Gliederfüßern, sie sind nicht nur die häufigsten, die artenreichsten, sondern auch die größten Tiere dieser Ökosysteme. Wir schwimmen weiter durch die bunten Riffe dieser längst vergangenen Zeit und bewundern nach wie vor das kräftige Blau seines Wassers, was in so starkem Kontrast zu den bunten Farben seiner Schwämme steht. Weiterhin machen wir einen großen Bogen um die Nahrungsgründe der Trilobiten und finden schließlich ein geeignetes Plätzchen für die Nahrungssuche. Unsere gesamte Gruppe schwimmt runter auf den sandigen Boden, auf dem nur hin und wieder mal ein vereinzelter Stein zu liegen scheint, der gleichzeitig ein Ankerpunkt für rötlich schimmernde Algenfäden ist. Ein perfekter Ort für ein potenzielles Mittagsessen. Nachdem wir eine Zeit lang allerdings noch erfolglos den Sandboden abgesucht haben, verdunkelt sich plötzlich der Himmel über uns. So schnell wie möglich versucht ein jeder von uns, sich unter einem der Steine zu verstecken. Doch ein Blick nach oben offenbart uns, dass wir keine Angst zu haben brauchen. Auch wenn jenes Tier, das den Himmel über uns verdunkelte, ein gigantischer Gliederfüßer ist, so stellt er doch keine Gefahr für unsere Gruppe dar. Denn dieser Riese ist ein friedlicher Filtrierer und besetzt in den kambrischen Meeren jene ökologische Nische, die in unserer Zeit von Walen, Rochen und Walhaien eingenommen wird. *Tamisiocaris borealis* ist der Name des ersten großen Filtrierers der Erdgeschichte und er gehört zu einer Familie von Gliederfüßern, die eigentlich nur aktive Räuber hervorbrachte, darunter auch den absoluten Spitzenprädator dieser Zeit.

Er besitzt keine wirklich sichtbaren Beine, sondern er bewegt sich mithilfe seiner gepanzerten, lappenähnlichen Fortsätze, die sich entlang seines gesamten Körpers erstrecken, um grazil schwebend durch das glasklare Wasser zu gleiten. An seinen länglichen Kopffortsätzen befinden sich lange, dünne Stacheln, die in ihrem Aufbau einem Kamm ähneln und die gleiche

Funktion erfüllen wie die Barten moderner Wale. Dieses faszinierende Wesen ist der erste Beweis dafür, dass sich ein früherer Spitzenprädator zu einer filtrierenden Lebensweise bekannt hat. Auch wenn Wale nicht die ersten Beispiele für einen solchen Wandel in der Erdgeschichte sind, so hätte es doch niemand für möglich gehalten, dass so etwas schon im Kambrium stattgefunden haben könnte. Hier haben wir auf jeden Fall den Beweis dafür, dass dem doch so war. Ein riesiger *Tamisiocaris* schwebt direkt über uns durch das tiefe Blau des Meeres und bewegt dabei rhythmisch seine kammtragenden Kopffortsätzen, um damit das Plankton aus dem Meerwasser zu fischen.

Da wir nun wissen, dass uns keine Gefahr droht, setzen wir unsere Futtersuche auf dem sandigen Ozeanboden fort. Auf einmal scheinen auch wir Glück zu haben, direkt vor uns schaut ein großer, dicker Wurm aus dem Boden hervor und reckt seinen Kopf Richtung Sonne. Langsam schwimmen wir näher an unsere heiß ersehnte Mahlzeit heran und versuchen dabei, so wenig wie möglich Sand aufzuwirbeln. Nach wie vor bewegt der Wurm seinen dicken Kopf hin und her, scheinbar ohne uns oder einen unserer Verwandten auch nur wahrzunehmen. Doch abgesehen davon fällt uns noch etwas sehr Ungewöhnliches an dieser Szenerie auf: Direkt hinter dem Wurm liegen fünf kleine, unbewachsene Steine in einer auffällig symmetrischen Anordnung. Nicht nur, dass die Steine nicht von Algen bewachsen sind, ganz im Gegensatz zu allen anderen Steinen, sie sind sogar so sauber, dass sie die Sonne reflektieren. Gerade als uns diese merkwürdigen Auffälligkeiten bewusst werden, geschieht etwas, womit wir noch weniger gerechnet haben. Der Wurm bewegt seinen Kopf genau in unsere Richtung und scheint uns anzusehen. Doch anstatt wieder im Boden zu verschwinden, öffnet er sein Maul, das sich über seinen gesamten Kopf erstreckt und gespickt ist mit messerscharfen Stacheln. In diesem Moment wird uns schmerzlich bewusst, dass wir hier keinen Wurm vor uns haben, sondern irgendein abscheuliches Raubtier. Bevor wir all das Gesehene wirklich verarbeiten können, überschlagen sich die Geschehnisse.

Das dornengespickte Maul, das wir gerade noch für einen wehrlosen Wurm gehalten haben, beginnt nach uns zu schnappen und wir können gerade noch so ausweichen, spüren aber noch die Wucht der zusammenschlagenden Kiefer. Auf einmal bewegt sich auch der gesamte Boden hinter dem „Wurm“ und scheint regelrecht zu pulsieren, in einer riesigen Staubwolke erhebt sich der als Wurm getarnte Jäger. Die fünf Steine sind in Wahrheit die gestielten Augen von *Opabinia*, eines räuberischen Gliederfüßers, die ihm eine 360°-Sicht ermöglichen. Der segmentierte Körper von *Opabinia* ist allerdings nicht gepanzert und daher sehr wendig und gewährt ihm ein hohes Maß an Beweglichkeit. Der Köder, den wir gerade noch für einen Wurm gehalten haben, entpuppt sich als Rüssel, an dessen Ende das dornengespickte Maul liegt, das nun immer wieder nach uns schnappt. Mit einem Mal ist unsere gesamte Gruppe in Aufruhr und versucht, diesem Lauerjäger zu entkommen. Nervös zucken unsere Körper hin und her, in der Hoffnung doch noch mit dem Schreck davonzukommen. Doch *Opabinia* ist nicht nur dreimal so groß wie jeder von uns, dank seines Rüssels hat er auch eine größere Reichweite und schließlich trifft sein wütend greifendes Maul doch noch ins Ziel und packt ein weiteres Mitglied unserer Gruppe. Während sich seine emotionslosen Facettenaugen seinem noch zappelnden Opfer widmen, schwimmen wir alle aufgeregt davon, von diesem nur scheinbar sicheren Fleckchen Ozeanboden. Wieder einmal mussten wir lernen, wo unser Platz in den von Gliederfüßern beherrschten Meeren des Kambriums ist.

Nach diesem Schock beschließen wir, für heute die Jagd zu beenden und kehren um. Vielleicht können wir ja auf dem Weg zumindest noch ein paar planktonische Larven zu uns nehmen. Wir schwimmen schließlich wieder an dem bunten Schwammriff vorbei, mit all seinem regen Treiben. Auf einmal schwimmt eine große Gruppe an Krebsen an uns vorüber, die allesamt mit wuchtigen Kopfpanzern ausgestattet sind, deren lange segmentierte Schwänze sich jedoch weitestgehend ungeschützt präsentieren. Viele dieser garnelenartigen Geschöpfe tragen unter ihrem Rückenschild die nächste Generation mit sich herum, was vermutlich die früheste Form von Brutpflege darstellen dürfte, die uns heute bekannt ist. Doch diese ruhigen Gesellen stellen keine Bedrohung für unsere Gruppe dar, daher betrachten wir ihr Vorbeischwimmen eher gelassen und sehen zu, wie sie im tiefen Blau des Riffs immer kleiner werden und schließlich verschwinden. Da sich unsere Gruppe nun langsam von dem zurückliegenden Schock erholt zu haben scheint, schwimmen wir nun wieder recht gemächlich durch die belebteren Gegenden unseres Riffs. Doch für uns dürfte das Trauma noch eine Zeit länger nachwirken, alleine schon die fremdartige, Alien-hafte Körpergestalt von *Opabinia* mit seinen fünf Facettenaugen und dem schrecklichen Rüssel dürfte uns noch Stoff für diverse Alpträume liefern.

Wie dem auch sei, die meisten von uns haben es geschafft, diesem Monster zu entkommen. Jetzt sind wir auch wieder fast an dem Ort, an dem wir unsere Reise begonnen haben. Auf der linken Seite befindet sich das in den verschiedensten Farben schimmernde Riff und auf der rechten Seite liegt das tiefblaue offene Meer. Doch gerade in diesem tiefen Blau scheinen wir etwas gesehen zu haben, eine merkwürdige dunkle Gestalt, ein schwebender Schatten. Je länger wir uns darauf konzentrieren, desto mehr nimmt er Form an. Es scheint ein geradezu riesiges Geschöpf zu sein, das sich uns da zu nähern scheint. Auf einmal fällt uns auf, dass wir etwas Ähnliches heute schon einmal gesehen haben, der filtrierende Riese *Tamisiocaris*. Denn auch dieser Schatten scheint mithilfe seiner knöchernen Seitenplatten durch das blaue Meer zu schweben, doch irgendwie ist seine Bewegungsweise eine gänzlich andere. Da wo *Tamisiocaris* gemächlich dahin schwamm, birgt dieser Schatten etwas Bedrohliches, seine Bewegungen sind schneller und irgendwie aggressiver. Auf einmal können wir auch wieder die zwei auffälligen Kopffortsätze erkennen, die der filtrierende Riese sanft hin und her bewegte. Doch bei diesem Geschöpf sind keine kammartigen Strukturen zu erkennen, stattdessen befinden sich hier lange spitze Dornen und anstelle der gemächlichen Auf-und-Ab-Bewegungen sieht man jetzt ein aufgeregtes Zucken. Die Gestalt wirkt nun immer bedrohlicher und kommt immer schneller näher, sie ist regelrecht gigantisch in ihren Ausmaßen und scheint es auf uns abgesehen zu haben. Bevor wir uns der Gefahr wirklich bewusst werden können, scheint sie schon direkt vor uns zu stehen, in Gestalt des absoluten Spitzenprädators des Kambriums, *Anomalocaris*. Ein mehr als ein Meter langer Gliederfüßer, der zu seiner Zeit keine Konkurrenz kennt, sondern nur Opfer. Scheinbar innerhalb nur weniger Sekunden wurde aus einer entfernten Gestalt im tiefen Blau ein rotleuchtender Riese, der mit seinen gestachelten Kopffortsätzen direkt in diese kleine Gruppe fischähnlicher Lebewesen einschlug. Auf einmal spüren auch wir einen stechenden Schmerz und merken, dass wir nicht mehr Herr sind über unsere Körper. Trotz sämtlicher Bemühungen werden wir und viele andere unserer Verwandten auf die Unterseite dieses Monsters gezogen, direkt auf ein schwarzes Loch zu. In diesem Loch soll nun alles verschwinden, was wir an diesem Tag gesehen haben, all die Schönheiten, aber auch all die Bedrohungen dieser fremdartigen 500 Millionen Jahre alten Meere, in denen die Gliederfüßer das Sagen haben.

Hox-Gene, der genetische Zündstoff hinter der „kambrischen Explosion“

Dass wir heute so detailreiche Bilder dieser längst vergangenen Zeit überhaupt malen können, verdanken wir vor allem zwei einzigartigen Fossillagerstätten. Zum einem dem kanadischen Burgess-Schiefer, der ungefähr vor 505 Millionen Jahren entstanden ist, und zum anderen der sogenannten Chengjiang Formation, aus der chinesischen Provinz Yunnan, die mit ihrem Alter von knapp 525 Millionen Jahren sogar noch älter ist als der Burgess-Schiefer. Doch eines haben diese beiden Fossillagerstätten doch gemein, sie sind nicht nur unglaublich artenreich, sondern die in ihren Gesteinen gefundenen Fossilien zeichnen sich auch durch eine ungewöhnlich hohe Weichteilerhaltung aus. Das bedeutet, wir haben nicht nur die fossilierten Überreste der gepanzerten Körperteile jener Tiere, sondern auch weiche Körperbereiche überliefert, die unter normalen Umständen nur sehr selten zu Fossilien werden. Dazu zählen zum Beispiel die Fühler und Antennen der meisten Gliederfüßer, die Körper und Bewegungsapparate vieler nicht gepanzerter Tierarten wie Würmer und sogar Weichtiere. Dank dieser fossilen Schatzkammern können wir zumindest einzelne kambrische Ökosysteme recht gut wiederaufleben lassen.

Doch so sehr uns diese vergangenen Tierwelten auch faszinieren mögen, so haben wir doch noch nicht das Geheimnis gelüftet, wie sie sich so schnell entwickeln und gleichzeitig eine so immense Formenvielfalt hervorbringen konnten. Zwar haben wir über bestimmte geologische sowie ökologische Faktoren geredet, welche das Aufkommen der komplexen Tiere gefördert haben, wie zum Beispiel die Anreicherung von Sauerstoff in den Urmeeren oder die Entstehung und Ausbreitung räuberischer Verhaltensweisen. Doch all diese Faktoren (zusammen mit wahrscheinlich unzähligen anderen) können selbst keine Veränderung organischer Körper bewirken, das können einzig und allein die Gene, welche die betreffenden Körper formen. Deshalb brauchen wir allen voran eine genetische Erklärung dieses Phänomens und die einzigen Gene, die hierfür infrage kommen, sind die sogenannten Hox-Gene.

Hox-Gene gehören zu einer großen Gruppe von regulatorischen Transkriptionsfaktoren, die allesamt auf eine ähnliche DNS-Bindedomäne zurückgreifen. Diese Homöodomäne besteht aus nur 60 Aminosäuren, dürfte aber trotz dieser geringen Größe zu den wichtigsten DNS-Bindedomänen im gesamten Tierreich zählen. Die dominante Aufgabe der Hox-Gene besteht darin, einzelnen Zellen und auch ganzen Körperabschnitten eine bestimmte Positionsinformation zu vermitteln. Schließlich bestehen die Körper aller komplexen Lebewesen (einschließlich uns Menschen) aus unglaublich vielen Zellen, die aber alle auf die gleiche genetische Information zurückgreifen. Daher ist es unerlässlich, dass eine jede Zelle in einem Körper genau wissen muss, „wo" sie sich im Gesamtsystem befindet. Nur so kann sie eine ihr aufgetragene Aufgabe auch sinnvoll erfüllen. Würde es diese Weitergabe von räumlicher Information nicht geben, so würden unsere Körper nur riesige Zellhaufen sein. Doch wie schaffen es diese Hox-Gene, unterschiedlichen Zellen zu sagen, wo sie sich befinden?

Nun Hox-Gene sind nicht allein unterwegs, sie befinden sich stets in Genclustern oder einfacher ausgedrückt in Gruppen. Jede Gruppe von Hox-Genen besteht aus diversen Genen, die entlang eines Chromosoms wie auf einer Kette aufeinander folgen. Das Interessante und auch Einzigartige bei diesen Genen ist nun, dass die Reihenfolge dieser Gene entlang des Chromosoms auch gleichzeitig der Reihenfolge entspricht, in der diese Gene entlang der anterior-posterioren Körperachse (Vorder-Hinter-Achse) gebildet werden. Das bedeutet, dass das erste Gen im Hox-Gencluster am vordersten Ende des sich entwickelnden Embryos gebildet wird, ein Stück weiter hinten wird nun das zweite Hox-Gen aktiv, darauf folgt das dritte und so weiter. Jedes Hox-Gen besitzt in der Regel eine relativ scharfe Vordergrenze, was seine Expression betrifft, jedoch ist die hintere Grenze sehr viel unklarer, wodurch es auch zu sehr vielen Überlappungen kommt. Nahezu in jeder Region entlang dieser Körperachse sind daher viele verschiedene Hox-Gene aktiv, allerdings in unterschiedlichen Konzentrationen. Am Ende werden entlang dieser Vorder-Hinter-Achse des Embryos in den unterschiedlichen Körperabschnitten auch unterschiedliche Kombinationen von Hox-Genen gebildet. Auf diese Art und Weise kann eine gegebene Genaktivität auch ganz bestimmte Positionswerte vermitteln, die wiederum von anderen Genen interpretiert werden können. Und da die Hox-Gene an der Spitze ganz bestimmter Genkaskaden stehen und damit zum Teil auf unzählige andere Transkriptionsfaktoren und Effektor-Gene wirken, wird dank ihnen genau festgesetzt, wo entlang dieser Vorder-Hinter-Achse der Kopf entstehen soll, wo sich Arme und Beine bilden oder auch wie viele Wirbel gebildet werden müssen. Man kann also ohne zu übertreiben sagen, dass die Hox-Gene die Meisterregulatoren der tierischen Körperbaupläne sind.

Eine weitere faszinierende Eigenschaft dieser Gene ist ihre evolutionäre Geschichte. Sie kommen in nahezu jedem höheren Tierstamm vor, von den Insekten, über die Krustentiere, bis hin zu uns Säugetieren, mit Ausnahme der Schwämme und Rippenquallen. Tatsächlich wurden die ersten Hox-Gene samt ihrer Funktion in der Fruchtfliege *Drosophila* entdeckt und beschrieben, das schönste Beispiel hier ist das Hox-Gen *antennapedia*. Dieses Gen ist normalerweise dafür verantwortlich, dass im mittleren Thoraxsegment der Fruchtfliege ein Paar Beine entstehen. Kommt es nun zu einer sogenannten Loss-of-function-Mutation im Promotor dieses Gens, so entstehen hier keine Beine, sondern Antennen, wie wir sie normalerweise am Kopf eines Insekts vorfinden. Haben wir es stattdessen mit einer Gain-of-function-Mutation zu tun, so bilden sich am Kopf der Fliege keine Antennen, sondern ein zusätzliches Beinpaar. Was könnte in Form einer körperlichen Veränderung einschneidender sein, als eine solche homöotische Mutation, die bestimmten Körperabschnitten eine gänzlich andere Identität verleiht. Dies zeigt uns allerdings auch, dass unsere scheinbar komplexen Körper nur aus Aneinanderreihungen verschiedener Variationen ähnlicher Baupläne bestehen. Diese Variationen entstehen in erster Linie durch die unterschiedlichen Aktivitätsmuster der Hox-Gene und je komplexer ein Organismus ist, desto mehr Gene dieser Art besitzt er in der Regel auch. Doch auch wenn sich die unterschiedlichen Hox-Gencluster in ihrer Größe und Anzahl unterscheiden, so gehen sie alle auf einen gemeinsamen Ursprung zurück und diesen Ursprung können wir heute recht gut nachvollziehen.

Um noch einmal auf die Fruchtfliege *Drosophila* zurückzukommen, so besitzt sie insgesamt elf Hox-Gene, die in einem gemeinsamen Cluster auf einem Chromosom nebeneinandersitzen. Damit teilen sie den gesamten Körper dieses Tieres in verschiedene morphologische Einheiten ein. Bei uns Säugetieren sieht das im Großen und Ganzen sehr ähnlich aus. Auch wir besitzen Hox-Gene, die die Gestalt unserer Körper kontrollieren, allerdings sind sie bei uns deutlich zahlreicher, denn wir besitzen 39 dieser Gene. Doch sitzen sie nicht alle in einem Cluster zusammen wie bei den Insekten, sie verteilen sich auf vier Cluster, auf vier verschiedenen Chromosomen. Doch dieser Fakt sollte nicht über ihre enge Verwandtschaft hinwegtäuschen, denn diese vier Hox-Cluster gehen alle auf einen gemeinsamen Ursprung zurück und sind letztendlich aus reinen Duplikationsvorgängen hervorgegangen.

Der große evolutionäre Vorteil, der durch diese Duplikationen entstanden ist, besteht darin, dass die sich entwickelnden Embryos nun auf deutlich mehr Hox-Gene zurückgreifen können. Diese können folglich auch mehr Zielgene kontrollieren, um so schließlich komplexere Körper zu gestalten. Der Fakt, dass nahezu alle Tiere, völlig egal ob Insekten, Würmer, Fische, Vögel oder Säugetiere, auf die gleichen Gene zurückgreifen, um ihren Körpern Gestalt zu geben, zeigt, was für ein evolutionärer Durchbruch die Entstehung der ersten regulatorischen Netzwerke dieser Art war. Bis heute hat sich daran nichts Grundlegendes verändert.

Es waren die direkten Vorfahren unserer heutigen Hox-Gene, die unseren wurmähnlichen Vorfahren vor mehr als 600 Millionen Jahren dazu in die Lage versetzten, sich gezielt in eine Richtung bewegen zu können, und das dank eines differenzierten Vorder- und Hinterendes. Doch auch wenn die Anzahl an Hox-Genen im Laufe der Evolution stets zunahm, genauso wie die Zahl der von ihnen regulierten Gene, so hat sich an ihrer grundlegenden Funktionsweise doch nichts geändert. Genau dort liegt auch die Schönheit der Evolution, sie verwendet stets bereits vorhandene Werkzeuge und fügt ihnen lediglich neue Funktionen hinzu.

Auch wenn das alles sowohl faszinierend als auch logisch klingen mag, so muss sich uns nun aber eine wichtige Frage stellen und zwar: „Wie“ kontrollieren die Hox-Gene diese unterschiedlichen Gennetzwerke, um so beispielsweise das Vorhandensein oder auch das Nicht-Vorhandensein bestimmter Körperstrukturen zu steuern? Schließlich greifen doch alle Hox-Proteine auf die gleiche DNS-Bindedomäne zurück (Homöodomäne), um ihre Zielgene zu steuern. Diese Domäne alleine wäre niemals in der Lage, die notwendige Spezifität zu gewährleisten, schließlich sind sich die Bindedomänen sämtlicher Hox-Proteine so ähnlich, dass sie alle an vergleichbare DNS-Sequenzen binden. Dieses Rätsel wird auf zwei unterschiedlichen Ebenen gelöst, die im Laufe der Evolution unabhängig voneinander die Rolle der Hox-Gene für den tierischen Körperbau zementiert haben. Auf der ersten Ebene liegen diverse regulatorische Proteine, sogenannte Co-Faktoren, die entweder das fertige Hox-Protein selbst binden oder aber zusammen mit den Hox-Proteinen die jeweiligen DNS-Bereiche erkennen, um so die notwendige Spezifität zu erreichen. Da in unterschiedlichen Körperabschnitten auch unterschiedliche Co-Faktoren vorhanden sind, die mit den Hox-Proteinen interagieren können, wird durch sie ebenfalls ein gewisses Maß an Positionsinformation vermittelt. Auch wenn die DNS-Bindedomäne der Hox-Proteine sehr klein und relativ unspezifisch ist, so besitzen diese Proteine dennoch ein sehr großes Potenzial an weiteren Domänen, die mit diversen Proteinen interagieren können. So regulieren die Hox-Proteine ihre Zielgene zum einen durch direkte Protein-Protein-Interaktionen mit vielen verschiedenen Co-Faktoren, die selbst gar nicht in der Lage sind, an DNS zu binden. Durch diese Bindung wird allerdings die räumliche Struktur eines Hox-Proteins so verändert, dass sich auch sein regulatorisches Potenzial verändert. Hox-Proteine besitzen aber auch Interaktionsdomänen für andere Transkriptionsfaktoren, die selbst auch an DNS binden können. Durch diese verschiedenartigen Interaktionsmuster der Hox-Proteine entsteht ein regelrechter Transkriptionskomplex, der sich von Zelle zu Zelle und von Zeitpunkt zu Zeitpunkt unterscheidet und durch seine variablen Teilnehmer auch verschiedenste Gene aktivieren oder reprimieren kann.

Es gibt jedoch noch einen weiteren Weg, durch den die Hox-Gene ganz spezifisch ihren regulatorischen Verpflichtungen nachkommen und der weiterhin beweist, dass die „kambrische Explosion“ nicht durch die Entstehung neuer Gene ins Rollen kam, sondern vielmehr durch die Modifikation bestehender genregulatorischer Netzwerke. Wir haben bereits im ersten Teil dieses Buches etwas von der Architektur unserer Genome gehört und ein entscheidendes Hierarchielevel dieser Architektur sind die sogenannten TADs. Diese topologisch assoziierten Domänen beschränken die potenziellen Interaktionen zwischen regulativen DNS-Sequenzen und den von ihnen regulierten Genen, wodurch genregulatorische Netzwerke entweder gefestigt oder bewusst vernachlässigt werden. Die Grenzen dieser Domänen werden durch einen einzigen Transkriptionsfaktor definiert, der den klangvollen Namen CCCTC-binding factor oder kurz CTCF trägt. Heute weiß man, dass es eine enge Co-Evolution gibt zwischen den CTCF-definierten genomischen Landschaften sowie der Aktivität der Hox-Gene. Selbst zwischen den einzelnen Genen innerhalb eines Hox-Genclusters gibt es Bindestellen für CTCF-Proteine, die abhängig von räumlichen und zeitlichen Faktoren der embryonalen Entwicklung entweder aktiv oder inaktiv sind. Diese Bindestellen wurden bis heute sowohl in *Drosophila*-Genomen als auch in den Hox-Clustern von Säugetieren wie uns Menschen nachgewiesen.

Wenn wir uns nun noch einmal vor Augen führen, wie unglaublich wichtig die korrekte Abfolge der Hox-Gen-Aktivität für die Entwicklung eines tierischen Organismus ist, dann wird uns auch Folgendes klar: Es muss sehr vielschichtige Mechanismen geben, die jedwede regulatorische Diskussion zwischen Hox-Genen und anderen Genprodukten kontrollieren. Einer dieser Mechanismen ist eben die dreidimensionale Organisation der ganzen Hox-Cluster, die sich in einer zeitlichen Abfolge stets ändern, um die korrekte Entwicklung des sich entwickelnden Tieres voranzutreiben. Eine der faszinierendsten Eigenschaften bei dieser Art der Entwicklung ist, dass kein Organismus wirklich neue Gene entwickeln muss, um sein Körperbauplan zu verändern. Es reicht vollkommen aus, wenn kleinste Mutationen den Einflussbereich bestimmter Hox-Gene verschieben. Schon dadurch können sich ganze Körper radikal wandeln und beispielsweise mehr und größere Gliedmaßen entwickeln, die im Laufe der Zeit nicht mehr nur zur Fortbewegung dienen, sondern gänzlich neue Funktionen erhalten, wie zum Beispiel das Greifen von Beutetieren.

Dank dieser Hox-Gene besitzen wir nun einen echten Hinweis darauf, wie sich die Auseinanderentwicklung der verschiedenen Tierarten im frühen Kambrium zugetragen hat. Denn neben den geologischen und ökologischen Faktoren muss es auch genetische Komponenten gegeben haben, die schlussendlich für die unglaublich erscheinenden Entwicklungen dieses Erdzeitalters verantwortlich sind. Am Ende sind nur die Gene dazu in der Lage, Körper zu verändern und sie nach den Vorgaben der natürlichen Selektion zu formen. Selbstverständlich waren die geochemischen Prozesse und die ökologischen Revolutionen dieser Zeit ebenso wichtig für die explosionsartige Ausbreitung der Tiere, schließlich brachten sie erst die notwendigen Voraussetzungen für jene genetischen Innovationen in die Welt.

In Anbetracht der relativ kurzen Zeit, in der so viele bahnbrechende Entwicklungen stattfanden, kann man erahnen, wie „ungeduldig“ die Evolution darauf wartete, endlich loslegen zu können. Bis heute fasziniert die kambrische Explosion jeden, der sich mit ihr beschäftigt und auch wenn wir noch lange nicht alles wissen (was wir niemals tun werden), so können wir doch einiges schon erklären, um zumindest ein grobes Verständnis für diese längst vergangene Zeit zu bekommen. Eine Zeit, in der auch das Fundament unseres eigenen Körperbauplans gelegt wurde.

Doch nun geht unsere Reise entlang des Flusses der Evolution weiter. Wir haben unser Boot im mittleren Kambrium zum ersten Mal zu Wasser gelassen, da wir hier den ersten fossilen Beweis für einen direkten Vorfahren unseres Selbst haben. Selbst zu diesem frühen Zeitpunkt haben wir gesehen, wie viele Seitenarme dieser Fluss hier bereits gebildet hat. Wir haben auch gesehen, wie unbedeutend unser eigener Flussarm zu dieser Zeit noch war, und doch ist er nie ausgetrocknet. Wir können entlang dieses Flussarms immer weiterfahren, bis wir zum Ende des Kambriums hin in gefährliche Stromschnellen geraten. Zu dieser Zeit kam es zum ersten größeren Massenaussterben in der Geschichte des komplexen tierischen Lebens. Wir können sehen, dass viele der Flussarme um uns herum langsam austrocknen, was mit dem Aussterben vieler Tierarten gleichzusetzen ist. Viele der charismatischen Lebewesen des Kambriums sind diesen Stromschnellen nicht gewachsen. Wir können sehen, wie die unterschiedlichen Flussläufe der dominierenden Anomalocariden nach und nach versiegen, somit verschwinden sowohl der räuberisch lebende *Anomalocaris* als auch der friedfertige Filtrierer *Tamisiocaris*. Mit ihnen sehen wir auch die letzten Individuen von *Opabinia* und vielen tausenden Arten von Trilobiten. Mit diesem Aussterbeereignis wird auch gleichzeitig die dominante Position der Gliederfüßer in den Ökosystemen mehr als infrage gestellt. Nach jedem solchen Ereignis werden die Karten neu gemischt. Für einen kurzen Zeitraum ist das dichte Netzwerk aus Flussarmen, das sich im Kambrium entwickelte, sehr viel dünner geworden und auch jene Flussarme, die nach wie vor Wasser führen, sind hier betroffen.

Phasen eines globalen Massensterbens sind für alle Lebewesen eine Herausforderung, doch jene, die es schaffen zu überleben, erwachen in einer Welt der neuen Chancen. Sie können nun vorher belegte, ökologische Nischen besetzen und sich selbst weiterentwickeln. Und so erreichen wir das Ordovizium, ein Zeitalter des Neuanfangs und der Konsolidierung.

Periode: Ordovizium, das Leben explodiert erneut (485,4–443,4 Millionen Jahre)

Abbildung 10: Fossilien einer marinen, ordovizischen Lebensgemeinschaft. (Bild von Gary Vorwald auf Pixabay)

Mit dem Zeitalter des Ordoviziums erreichen wir die zweite Periode in der Ära des Paläozoikums und gleichzeitig eine unglaublich wichtige Phase für das komplexe Leben auf unserer Erde. Was sehen wir eigentlich beim Übergang von Kambrium zum Ordovizium? Gibt es hier irgendwelche entscheidenden Wegpunkte oder verheerende Veränderungen, welche die Welt des Kambriums von der des Ordoviziums unterscheiden? Die Antwort lautet Nein. Wenn wir von unserem Boot aus sehen können, dass viele Flussläufe trockenfallen und andere merklich weniger Wasser führen als vorher, so spielen sich diese Prozesse doch über einen Zeitraum von vielen Millionen Jahren ab und sind für ein einzelnes Lebewesen nicht wahrzunehmen. Der Übergang vom Zeitalter des Kambriums in das Zeitalter des Ordoviziums ist für ein Lebewesen der damaligen Zeit ungefähr so, als würde unsereins an einem sonnigen Frühlingstag in einer abgeschiedenen Gegend über die deutsch-französische Grenze gehen. Es ändert sich, einfach ausgedrückt, nichts. Wir sehen die gleichen Pflanzen und Tiere, selbst die

Luft und das Klima haben sich trotz Grenzüberschreitung nicht merklich verändert. Genauso wie die Grenzführungen unserer heutigen Nationalstaaten rein willkürliche Linien in der Landschaft sind, so sind auch unsere Grenzführungen zwischen den einzelnen Zeitaltern der Erdgeschichte mehr oder weniger willkürlich. Auch wenn sie sich grob an bestimmten geologischen oder biologischen Ereignissen orientieren, so erwecken sie doch den Anschein einer etappenartigen Entwicklung und ziehen damit künstliche Grenzen in einem durch und durch kontinuierlichen Ablauf. Mit dem richtigen Bewusstsein für seine Schwächen kann uns diese Systematik allerdings durchaus behilflich sein für ein Verständnis der historischen Abläufe.

Ebenso wie das Kambrium, so hält auch das Ordovizium eine ganz besondere Revolution für uns bereit und diese Revolution ist nicht weniger faszinierend als die des Kambriums. In diesem Erdzeitalter hat die Evolution ein weiteres Mal richtig Gas gegeben: Im Kambrium war es die Explosion, im Ordovizium die Radiation. Radiation bedeutet nicht viel mehr als Strahlung und das tat das Leben während des Ordoviziums auch, es strahlte in alle nur erdenklichen Richtungen aus und erschloss dabei gänzlich neue Lebensräume und vor allem Lebensformen. Dieses evolutionäre Großereignis nennen wir heute „ordovizische Radiation" und leider ist es viel weniger bekannt als sein Vorgänger aus dem Kambrium. Wir wissen bereits, dass während des Kambriums nahezu alle heute noch existierenden Tierstämme entstanden (oder zumindest für uns sichtbar geworden) sind, was soll also im Ordovizium noch dazu gekommen sein, wenn doch schon alles da war? Nun ein Tierstamm ist eine der höchsten Hierarchiestufen in der Systematik und fasst alle Tiere mit einem bestimmten Körperbauplan zusammen. So sind zum Beispiel die Wirbeltiere (zu denen auch wir Menschen als Säugetiere zählen) nur ein Unterstamm des Stammes der Chordatiere. Da sich unsere Wirbelsäule aus der bereits erwähnten *Chorda dorsalis* entwickelt hat, ist auch der allgemeine Körperbauplan aller Chordatiere relativ ähnlich.

Stellen wir uns nun einmal alle Tierstämme, die während des Kambriums entstanden sind, als Gefäße vor, die durch die verschiedenen Familien, Gattungen oder Arten innerhalb eines Stammes aufgefüllt werden müssen. Diese Gefäße waren während des Kambriums noch nahezu leer, da es einfach noch nicht sonderlich viele Arten gab, die sich innerhalb dieser Tierstämme entwickelt haben. Doch während des Ordoviziums wurden diese Gefäße aufgefüllt, durch eine unglaubliche Vielzahl an neuen Familien, Gattungen und Arten. Daher kann man sagen, dass auch die ordovizische Radiation einer Explosion gleichkommt, wie wir sie im Kambrium erlebt haben. Nur das sich diese Explosion nicht auf der Ebene der Stämme abspielte, sondern auf den tieferen systematischen Ebenen. Dieses in der Evolution beispiellose Ereignis bezeichnen wir heute als GOBE, was abgekürzt für Great Ordovician Biodiversification Event steht und Hand in Hand geht mit einer Verdreifachung der Vielfalt auf der Ebene der Familien und sogar einer Vervierfachung auf der Gattungsebene. Diese neu entstandenen Tierarten kolonisierten auch viele bis dahin völlig unbewohnte Lebensräume und erschlossen damit auch neue ökologische Nischen, die bis dato gar nicht existierten. Das Leben wurde ganz allgemein viel dynamischer und die Nahrungsketten deutlich komplexer. Es entstand eine unermessliche Vielzahl an filtrierenden Lebensformen wie den Crinoiden, zu den die heute noch lebenden Seelilien zählen. Diese eher an Pflanzen erinnernden Tiere sind durch einen Stiel am Meeresboden verankert und filtern mit ihren gefiederten Armen Plankton und andere fressbare Partikel aus dem Meerwasser, die sie anschließend zu ihrem Mund transportieren. Außerdem gediehen auch die muschelartigen Brachiopoden prächtig und verdrängten sogar viele Trilobiten-Arten aus ihren angestammten Lebensräumen. Doch auch die Trilobiten selbst machten eine erstaunliche Transformation durch. Neben den ersten freischwimmenden Arten entwickelten viele makaber aussehende Stacheln, vor allem zum Schutz vor Fressfeinden. Eine weitere wichtige Errungenschaft, die diese Gliederfüßer während dieser Zeit erwarben, war die Fähigkeit, sich zu einer Kugel zusammenzurollen, was ihnen ebenfalls ein gewisses Maß an Schutz bot.

Eine weitere Revolution, die sich im Ordovizium abspielte, betrifft die riffbildenden Lebewesen. In den kambrischen Meeren haben wir noch die farbenprächtigen Schwammriffe bewundert, die von den sogenannten Archaeocyathiden gebildet wurden. Doch diese einzigartigen Landschaftsgestalter haben es nicht über die kambrisch-ordovizische Grenze geschafft, was bedeuten soll, dass sie ausgestorben sind. Ihren Platz haben schnell andere Lebensformen eingenommen, die uns auch heute noch von flachen tropischen Meeren bekannt sein dürften, Korallen. Im Ordovizium existieren zwei verschiedene Ordnungen dieser Blumentiere, die Rugosa und die Tabulata, die für viele Millionen von Jahren an der weltweiten Riffbildung maßgeblich beteiligt waren und in relativ kurzer Zeit eine beachtliche Artenvielfalt hervorgebracht haben.

Die neuen Herrscher der Meere

Im Ordovizium kam es nun zum ersten Mal zu einer nennenswerten Erschließung der Hochseegebiete, während sich das Leben im Kambrium noch vornehmlich in den küstennahen Gewässern tummelte. Zu den Pionieren, die diese Lebensräume für sich zu nutzen lernten, gehörten auch die großen Gewinner des evolutionären Wettrüstens in den ordovizischen Meeren, die Cephalopoden. Cephalopoden, bedeutet übersetzt so viel wie Kopffüßer und heute kennen wir sie in erster Linie durch Kraken, Tintenfische oder Kalmare. Doch die Kopffüßer aus dem Ordovizium sahen noch ganz anders aus als ihre heutigen Verwandten und sie nahmen auch einen gänzlich anderen Platz in der Nahrungskette ein. Sie waren die größten und gefährlichsten Raubtiere ihrer Zeit. Die Kopffüßer des Ordoviziums besaßen, ganz im Gegensatz zu ihren heutigen Nachkommen, allesamt ein äußeres Gehäuse, das in Form und Größe stark variieren konnte.

Man kennt heute Arten, deren Gehäuse nur wenige Zentimeter lang waren, dann gibt es auch diverse große Arten mit Gehäuselängen von bis zu 3,5 Metern. Aber es gab auch wahre Riesen unter diesen Kopffüßern, deren Gehäuse eine Länge von über 10 Metern erreichen konnten. Aber nicht nur die Größe war von Art zu Art unterschiedlich, sondern auch die Form der schützenden Gehäuse. Die meisten waren sehr lang und gerade so groß wie eine Eiswaffel, aus dessen offenem Ende unzählige, hungrige Arme nach allem griffen, was ihnen zu nahekam. Es gab aber auch Gehäuse, die eher wie eine Tonne geformt waren, wieder andere waren zwar lang und dünn, aber auch der Länge nach gebogen oder aufgerollt. Die hohe Artvielfalt unter diesen kopffüßigen Jägern, genauso wie ihre enorme Größenvariabilität, die sich von Winzlingen bis hin zu den größten Tieren der damaligen Zeit erstreckte, ist einer der Gründe, warum das Ordovizium das Zeitalter der Kopffüßer genannt wird. Kraken, genauso wie alle Kopffüßer, gehören zum Stamm der Weichtiere (Mollusken), den sie sich in erster Linie mit Muscheln und Schnecken teilen. Ist es nicht erstaunlich, wie sich diese unfassbar komplexen und intelligenten Tiere aus einem Stamm so einfach konstruierter Lebewesen entwickeln konnten? Gerade die Entwicklungsgeschichte dieser marinen Wunderwesen zeigt die einzigartige Schönheit der Evolution. Tatsächlich können wir den Evolutionsweg, der zu den Cephalopoden führt, heute relativ gut nachvollziehen und, glauben Sie mir, er beginnt sehr unscheinbar – mit einem schneckenartigen Lebewesen im späten Kambrium.

Die Vorfahren der Cephalopoden gehörten zur Klasse der Einschaler (Monoplacophora), die wie der Name schon sagt, nur eine große Schale besaßen, die den gesamten Weichkörper bedeckte. Sie bewegten sich noch kriechend über den Meeresboden mithilfe ihres großen muskulösen Fußes, wie wir es von den heutigen Vertretern immer noch kennen. Sie besaßen ein spitz zulaufendes Gehäuse, das sich nach oben hin konisch verjüngte. Mit der Zeit erwarben sie die Fähigkeit dank eines spezialisierten Organs, dem Sipho, das Wasser aus dem Inneren ihres Gehäuses zu verdrängen und es durch Gas zu ersetzen. Dadurch reduzierte sich schließlich die Gesamtdichte ihres Gehäuses und es verhielt sich wie ein perfektes Gerät zum Schweben – ganz ähnlich wie die Schwimmblase bei den heutigen Knochenfischen.

Dank dieser Fähigkeit konnten sich die frühen Cephalopoden so nach und nach vom Meeresboden lösen und damit einen ganz eigenen evolutionären Weg einschlagen. Dieser sollte sie im Ordovizium an die Spitze der Nahrungskette führen. Doch an dieser Stelle möchte ich noch einmal auf eine grundlegende Eigenschaft der Evolution verweisen, sie besitzt keine Voraussicht und bewertet jedwede Veränderung nur nach der momentanen Situation. Das bedeutet, dass auch das Sipho selbst nicht entwickelt wurde, um in einer fernen Zukunft aus schneckenähnlichen Bodenbewohnern schnell schwimmende, kopffüßige Jäger zu gestalten. Auch die evolutionäre Vorstufe des Siphos muss zu ihrer Zeit andere, positive Eigenschaften mitgebracht haben. Vielleicht diente es nur dazu, das spitz zulaufende Gehäuse leichter oben zu halten, um eine bessere Standfestigkeit zu erlangen. Wie dem auch sei, im Laufe der Zeit ermöglichte diese geringere Dichte des Gehäuses den Cephalopoden, sich vom Ozeanboden zu lösen. Vermutlich zu Beginn nur für kurze Etappen, aber von Generation zu Generation wurden diese Etappen immer länger und schließlich konnten sie sich gänzlich vom Boden lösen. Aus ihrem Fuß, der früher einzig und allein der Fortbewegung diente, entwickelten sich die uns bekannten Greifarme, die alles Fressbare greifen und auf direktem Weg zum zentral gelegenen Maul transportieren konnten.

Die ersten Panzer unserer Ahnen

Was spielte sich aber bei unseren eigenen Vorfahren in jener Zeit ab, welchen Weg der Anpassung an diese völlig neuartige Welt sind sie gegangen? Seit der Zeit von *Myllokunmingia* im mittleren Kambrium ist auch bei den Mitgliedern des Stammes der Chordatiere viel passiert. Sie sind vor allem sehr viel vielfältiger geworden und haben sich über die gesamte damalige Welt ausgebreitet. Auch was ihre Größe angeht, konnten sie noch einiges dazugewinnen. Während die ersten fischähnlichen Lebewesen wie *Myllokunmingia* noch nicht viel länger als 3 Zentimeter waren, so erreichten die kieferlosen Fische des Ordoviziums schon Längen von bis zu 40 Zentimeter. Schon in der Zeit des mittleren Ordoviziums tummelten sich unzählige Arten kieferloser Fische in sämtlichen Flachwasserbereichen rings um die damaligen Kontinente. Es wird sogar spekuliert, dass einige Arten schon im offenen Ozean gelebt haben. Eine besonders interessante Gruppe dieser kieferlosen Fische sind die sogenannten Ostracodermi, was übersetzt so viel bedeutet wie „Schalenhäuter“. Tatsächlich kommt dieser Name nicht von ungefähr, denn diese Lebewesen besaßen ein Dermalskelett oder anders ausgedrückt einen Hautknochenpanzer, der den gesamten Kopf sowie den vorderen Teil des Rumpfes bedeckte. Selbst der hintere Teil des Körpers und der muskulöse Schwanz waren mit verknöcherten Schuppen bedeckt. Allein schon der Fakt, dass diese stark gepanzerten Tiere so artenreich vertreten waren, zeigt, wie notwendig diese Art des Selbstschutzes war und wie gefährlich die Welt des Ordoviziums für diese Fische noch gewesen sein muss. Nur ging die größte Gefahr für unsere Vorfahren aus jener Zeit nicht mehr von den furchterregenden Gliederfüßern des Kambriums aus, sondern in erster Linie von den evolutionären Durchstartern dieser Zeit, den vielarmigen Cephalopoden.

Eine Reise ins Ordovizium

Um ein besseres Bild vom Leben in den ordovizischen Meeren zu bekommen, wenden wir unseren Blick nun noch einmal über den Rand unseres Bootes hinaus und versetzen uns in einen unserer potenziellen Vorfahren zurück. Zunächst sehen wir unseren Planeten wieder von oben und müssen erneut feststellen, dass er nach wie vor komplett anders aussieht, als er sich uns heute präsentiert. Die Kontinente, könnte man sie denn überhaupt erkennen, liegen nach wie vor gänzlich anders verteilt in dem weiten Blau des dominierenden Ozeans. Tatsächlich nehmen die Ozeane einen noch größeren Teil der Erdoberfläche ein als heute, das liegt vor allem an den hohen Temperaturen, die dieses Erdzeitalter ausmachen. Es gibt keinerlei Eis an den Polen und die Ozeane überfluten auch einen großen Teil der Kontinentalränder und bilden so riesige flache, sonnendurchflutete Meeresabschnitte. Wir erkennen einen besonders großen Kontinent, nämlich Gondwana, der sich vor allem auf dem Äquator und auf der südlichen Hemisphäre breit macht. Auch die anderen, kleineren Kontinente wie Siberia, Baltica oder Laurentia liegen allesamt in Äquatornähe und werden alle durch kleinere Meeresarme voneinander getrennt. Diese Anhäufung der damaligen Kontinente rings um den Äquator führte dazu, dass sich im Ordovizium die wahrscheinlich längste tropische Küstenlinie der Erdgeschichte bildete. Das war wohl auch ein Grund für die rasche Entstehung neuer Arten. Wir nähern uns wieder der Erdoberfläche und die großen Strukturen der Kontinente und riesigen Ozeane verlieren sich dabei nach und nach. Wir können sehen, dass die Landmassen der Kontinente immer noch karg und leblos sind. Es gibt keine Böden, wie wir sie heute kennen, überall liegt das Grundgestein der Erde frei und ist von den Gezeiten zu teils bizarren Formen gestaltet worden. Doch je näher wir der Erdoberfläche kommen, desto mehr bekommen wir auch das Gefühl, dass sie doch nicht so leblos ist wie gedacht. An den Rändern der

Abbildung 11: Die Lage der Kontinente zur Zeit des Ordoviziums, vor 460 Millionen Jahren (C. R. Scotese, 2016).

Ozeane und entlang von Flüssen, die sich durch das Land ziehen, sehen wir eine Farbe, mit der wir nicht gerechnet haben, Grün. Tatsächlich haben sich im Ordovizium auch die ersten Landpflanzen entwickelt. In Form von einfachen Moosen bedecken sie nun bereits jene Landstriche, die ausreichend mit Wasser versorgt werden, sei es durch die Ozeane oder durch Flüsse und Seen. Allein durch diese Farbe fühlen wir uns direkt ein bisschen mehr heimisch in dieser nach wie vor fremdartigen Welt.

Nun kommen wir auch den flachen Ozeanbereichen am Kontinentalrand Gondwanas immer näher und erneut können wir schon von hier oben sehen, wie voller Leben dieses Wasser ist. Soweit das Auge reicht, sehen wir die unterschiedlichsten Farbnuancen durch das klare Wasser schimmern. Man könnte sich allein schon an diesen Blickwinkel für Stunden aufhalten, doch wir kommen der Wasseroberfläche immer näher. Bevor wir jedoch aufprallen und mit den sanften Wellen dieses urzeitlichen Ozeans verschmelzen, schließen wir die Augen. Als wir sie wieder öffnen, ist alles anders.

Auf einmal hat sich unser Körpergefühl wieder vollkommen verändert. Wir erinnern uns an jenes Gefühl, wir haben es schon einmal verspürt, als wir ins kambrische Meer eingetaucht sind und uns im Körper von *Myllokunmingia* wiedergefunden haben. Voller Neugier versuchen wir, unseren Körper, wie immer er auch aussehen mag, zu drehen und hoffen vielleicht einen Artgenossen zu sehen, um ein Gefühl für unser eigenes Erscheinungsbild zu bekommen. Und tatsächlich, überall um uns herum sehen wir sie, es sind Fische, aber sie sehen so ganz anders aus als alle heute lebenden Exemplare. Unsere Körper sehen irgendwie aus wie riesenhafte Kaulquappen, aber auch irgendwie völlig anders. Wir scheinen komplett gepanzert zu sein, der gesamte vordere Teil unseres Körpers, wahrscheinlich knapp ein Drittel, ist von einem schweren Kopfschild umgeben und selbst unser kräftiger, muskulöser Schwanz ist mit gepanzerten Schuppen verkleidet. Nach unseren traumatischen Erlebnissen im Kambrium drängt sich uns direkt eine große Frage ins Bewusstsein, was muss in diesen Meeren nur vor sich gehen, dass wir eine solche Panzerung benötigen. Schließlich bringt die Evolution nicht ohne triftigen Grund solche Eigenschaften hervor.

Wie dem auch sei, uns fällt eine weitere interessante Eigenschaft unserer Körper auf, abgesehen von einer Schwanzflosse sind keine anderen Flossen zu erkennen, keine Brustflossen und auch keine Rückenflosse. All das scheint zugunsten unserer Panzerung verschwunden zu sein, und wieder stellen wir uns die Frage, wozu diese enormen Schutzmaßnahmen. Ohne helfende Flossen sind wir, was die Fortbewegung betrifft, komplett auf die kräftigen Schläge unseres Schwanzes angewiesen. Unsere Augen liegen, wie die Scheinwerfer eines Autos, ganz vorne an unserem Kopf und scannen permanent alles ab, was sich vor uns bewegt.

Auch wenn unsere Bewegungen nicht sonderlich grazil daherkommen, so sind sie aber dennoch äußerst effektiv. Schließlich scheint unsere ganze Gruppe mehr oder weniger synchron über den Meeresboden zu schwimmen. Ein Detail unterscheidet uns jedoch noch von heutigen

Fischen und hat damit auch großen Einfluss auf unser gesamtes Leben, wir besitzen nach wie vor keinen Unterkiefer. Dieser soll sich erst in einem späteren Zeitalter entwickeln. Nichtsdestotrotz ist unser Maul von unzähligen kleinen Knochenplatten umgeben, die sich durch Muskelkontraktionen bewegen lassen und so eine Saugwirkung erzielen, die potenzielle Nahrung direkt ins Maul befördert. Wir nehmen noch etwas anderes wahr, was nur schwer zu greifen oder zu erklären ist, weil wir noch nie etwas Vergleichbares gefühlt haben. Irgendwie können wir die Bewegungen unserer Artgenossen nicht nur sehen, sondern auch fühlen. Dieses „Fühlen" von Bewegungen scheint auch irgendwie das Gesehene zu verstärken und trägt damit direkt zu unserer gesamten Wahrnehmung der Umwelt bei. Das alles kann nur eines bedeuten: Selbst zu diesem frühen Zeitpunkt in der Entwicklungsgeschichte der Fische besaßen wir schon ein Merkmal, das auch heutige Fische noch besitzen, ein Seitenlinienorgan. Dabei handelt es sich um einen unter der Haut liegenden Kanal, der über Poren entlang der Seitenlinie eines Fisches mit der Außenwelt verbunden und mit einer gallertartigen Substanz gefüllt ist. In diesen Kanal ragen unzählige Sinneszellen hinein, die auf jede noch so kleine Bewegung reagieren, die von Wasserdruckwellen ausgelöst wird.

Durch dieses faszinierende Organ können wir feinste Strömungsänderungen des Wassers wahrnehmen und sind so in der Lage, anhand bestimmter Strömungsmuster blitzschnell zwischen Freund und Feind zu unterscheiden, selbst wenn unsere Augen noch in eine andere Richtung schauen. Schon lange haben wir uns gefragt, wie Fische diese Sinnesinformationen wahrnehmen, und hätten dabei nie gedacht, wie allumfassend diese Eindrücke sind. Diese gepanzerten Wunderwerke, die durch das warme Wasser der ordovizischen Kontinentalränder schwimmen, heißen *Sacabambaspis* und sind im Vergleich zu *Myllokunmingia* riesig und erreichen Längen von bis zu 35 Zentimeter.

Nachdem wir uns etwas an unseren neuen Körper gewöhnt haben, beginnen wir uns etwas umzuschauen. Wieder fällt uns eines besonders auf, das unglaublich helle Blau dieses Wassers, es ist einfach wunderschön. Erst jetzt, nachdem wir nicht mehr so sehr mit uns selbst beschäftigt sind, sehen wir, was um uns herum alles vor sich geht. Es bietet sich uns ein einmaliger Anblick: Vor uns liegen ausgedehnte Korallenriffe, die den Ozeanboden zu bizarren Formen gestaltet haben und dabei in allen nur erdenklichen Farben leuchten. Es sieht fast so aus wie in einer Hochglanzdokumentation über das Great Barrier Reef in Australien, aber eben auch nur fast. Das, was sich zwischen all diesen bunten Korallen tummelt, sieht so gar nicht vertraut aus. Die meisten Fische sind ähnlich stark gepanzert wie wir und besitzen teilweise beeindruckende Ornamente an ihren Kopfschilden. Manche haben spitze dornenartige Fortsätze, andere scheinen irgendwie gesägt zu sein und wieder andere haben beulenartige Auswüchse. Es ist ein fremdartiges, aber auch faszinierendes Schauspiel. Neben all den Fischen entdecken wir auch viele Lebewesen, die uns noch aus dem Kambrium bekannt sind. Darunter unzählige krebsartige Gliederfüßer, die ebenfalls in großen Schwärmen durch das Wasser ziehen oder sich in den diversen Höhlen des Korallenriffs versteckt halten, bis ein unvorsichtiges Beutetier vorbeikommt. Doch vor allem sehen wir wieder die Herrscher der kambrischen Ozeanböden, die Trilobiten. Auch hier sind sie überall zu sehen, wie sie über den Meeresboden patrouillieren, stets auf der Suche nach etwas Essbarem. Aber es gibt Unterschiede zu den Trilobiten des Kambriums, viele dieser Exemplare besitzen ebenfalls markante Erweiterungen ihrer Körperpanzerung. So gibt es die auffälligsten Dornenmuster, die wir bei Gliederfüßern jemals gesehen haben, und auch die komplexen Facettenaugen scheinen in ihrer Entwicklung nicht stillgestanden zu haben. Eines steht fest, man fühlt sich in diesem Riff stets beobachtet, und auch an die blitzenden Kieferwerkzeuge des kambrischen Trilobiten erinnern wir uns nur noch zu gut. Daher machen wir um diese antennentragenden, dornen- und kieferbewehrten Panzer einen großen Bogen.

Auf einmal zischt etwas unter uns hinweg, wir können zwar direkt den Wasserdruck spüren, aber sehen können wir nichts, zumindest nicht mit den Augen. Doch unser Seitenlinienorgan sagt uns, dass wir uns in Acht nehmen sollten. Wir versuchen, unseren Kopf so schnell es geht in die Richtung zu drehen, in die sich dieses Etwas zu bewegen scheint, aber wir sehen nur noch einen dünnen Schatten. Gerade als wir uns fragen, was das wohl gewesen sein könnte, wird unsere Frage beantwortet. Es ist ein Schwarm Tintenfische.

Allerdings sehen diese Kopffüßer noch ganz anders aus als unsere heutigen Arten, sie besitzen allesamt ein spitzzulaufendes Gehäuse, aus dem ihre unzähligen Fangarme herausschauen. Diese Jäger stellen jedoch keine wirkliche Gefahr für unsere Gruppe dar, denn sie sind nicht viel größer als wir, und damit fallen wir nicht in ihr Beuteschema. Das ist selbst uns als Neuankömmlingen in dieser Welt klar. Als sich dieser Schwarm Tintenfische dem Korallenriff nährt, fällt uns auf, dass sie überall zu sein scheinen, plötzlich scheint das ganze Riff von ihnen nur so zu wimmeln. All diese Tintenfische besitzen unterschiedlich geformte Gehäuse. Manche sind einfach langgestreckt, wie jene, die gerade unter uns hinweg geschwommen sind, andere sind an ihrem Ende scheinbar aufgerollt, wieder andere sind nur entlang ihrer Längsachse etwas gebogen oder haben tonnenförmige Gehäuse. Nur eines ist bei allen gleich, aus ihrem offenen Ende strecken sich unzählige, hungrige Arme, die von einem Paar großer Augen gelenkt werden – stets bereit, unvorsichtige Opfer zu greifen und nicht wieder loszulassen. Man sieht auf den ersten Blick, dass diese vielarmigen Jäger mit ihrer erdrückenden Artenvielfalt diese Ökosysteme zu beherrschen scheinen. Dieser neuen Gefahr gewahr, machen wir uns auf den Weg durch dieses urzeitliche Korallenriff, um nach etwas Essbaren zu suchen. Wir versuchen erneut, die enorme Vielfalt dieser Welt in uns aufzunehmen, doch es fällt uns sichtlich schwer, da sie regelrecht vollgestopft ist mit den unterschiedlichsten Lebensformen. Vor nicht allzu langer Zeit hätte man noch gedacht, die Meere dieser Zeit wären von wenigen schlecht angepassten Arten besiedelt gewesen, die sich einfach gegenseitig fressen wollten und zu mehr nicht imstande waren. Man dachte an eine „unfertige" Welt, die nur auf das Auftauchen unserer modernen Arten warten würde. Doch das Bild, das sich uns hier bietet, ist so vollkommen anders. Die bunten Korallenriffe stehen in ihrer Formenvielfalt den heutigen in nichts nach und die unzähligen Arten von Gliederfüßern, merkwürdig geformten Fischen, Muscheln und natürlich den alles dominierenden Kopffüßern scheinen uns fast zu erdrücken. Diese Welt ist alles andere als „unfertig", sie ist eine fast überladene Bühne des Lebens, wie wir sie uns heute, zu Zeiten des Menschen, nur noch in unseren Gedanken vorstellen können.

Wir schwimmen weiter an den Rand des Riffes, wo die flachen Sandbänke langsam den Weg zu den tieferen Abschnitten des offenen Ozeans freimachen und sehen, dass an den Stellen, wo die Dominanz der Korallen etwas nachzulassen scheint, plötzlich andere Geschöpfe auftauchen und ihren Platz einnehmen. Diese Geschöpfe sind wunderschön und erinnern irgendwie an Blumen, die unter Wasser zu blühen scheinen. Es sind Seelilien und trotz ihrer Ähnlichkeit zu Blumen handelt es sich um Tiere. Sie sind über einen langen, dünnen Stab mit dem Boden verankert und an ihrem höchsten Punkt sitzt eine riesige Krone aus filigran gefiederten tentakelartigen Fortsätzen. Diese Fortsätze scheinen für eine kurze Zeit mit der sanften Meeresströmung zu schwingen, um sich dann im nächsten Moment rhythmisch zu bewegen. Mit diesen Bewegungen filtern die Seelilien Kleinstlebewesen aus dem Meerwasser und befördern sie direkt zur zentral gelegenen Mundöffnung. Wir sehen, dass sich regelrechte Wiesen dieser einmaligen Tiere auf diesem Teil des Meeresbodens befinden, und es handelt sich nicht nur um eine Art. Nein, es sind unzählige, die alle eine unterschiedliche Gefiederkrone tragen, man fühlt sich tatsächlich an eine Blumenwiese im Frühling erinnert, auf der die verschiedensten Blumen in den unterschiedlichsten Farben blühen.

Schnell wird uns klar, dass diese Seelilienwiese der ideale Futterplatz für unsere Gruppe zu sein scheint. Auf einmal schwimmt unser gesamter Schwarm auf sie zu und beginnt knapp über den gefiederten, sich rhythmisch bewegenden Kronen mit merkwürdigen Schwimmbewegungen. Sie beginnen damit, im Kreis zu schwimmen und in regelmäßigen Abständen Wasser einzusaugen, in dem sie ihre Knochenplatten rings um das kreisförmige Maul bewegen. Jetzt verstehen wir auch, warum sie das tun, die Seelilien-Wiese ist wohl so etwas wie die Kinderstube für eine Vielzahl von Lebewesen. Hier tummeln sich überall die Larven kleiner Fische, Gliederfüßer oder auch die noch harmlosen Kinder der mächtigen Tintenfische.

Es ist ein reichhaltiges Buffet, das aber selbstverständlich auf viele Tiere anziehend wirkt, die hier zusammen mit uns auf Nahrungssuche sind. So beginnen schließlich auch wir damit, etwas Essbares aus dem Meerwasser zu fischen, aber aus unserer Erfahrung im Kambrium wissen wir noch, wie vorsichtig man sein sollte – gerade wenn alles so ruhig und friedlich zu sein scheint. Die Schönheit dieser Unterwasserwiese lässt uns für einen Moment vergessen, wie gefährlich diese Gewässer doch sind und dass auch wir diese enorme Panzerung nicht ohne Grund entwickelt haben. Neben all der filigranen Schönheit und der faszinierenden Fülle der filtrierenden Lebewesen um uns herum, bemerken wir zunächst noch nicht die unnatürlichen Bewegungen der Seelilien direkt unter uns. Auch die ersten leisen Warnsignale unseres Seitenlinienorgans werden anscheinend durch den massiven visuellen Input noch überlagert. Doch auf einmal passiert etwas Unvorhergesehenes und wir fühlen uns an unsere Begegnung mit *Opabinia* im Kambrium zurückerinnert.

Aus dem filigranen Kronendach der Seelilien schießen plötzlich gepanzerte Klauen hervor, die über und über mit Stacheln bewehrt sind. Diese Klauen schlagen genau in unsere Gruppe und verfehlen uns dabei nur um Haaresbreite. Wir spüren sogar, wie die Stacheln der Klauen an unserem Panzer kratzen. Auf einmal bricht Panik aus und alle Fische in der Umgebung versuchen, krampfhaft und so schnell wie möglich von hier wegzukommen, doch ihre gepanzerten Körper sind teils zu träge. Nun erhebt sich auch der restliche Körper des Lauerjägers und wir sind wie erstarrt.

Es ist ein sogenannter Eurypertid oder auch Seeskorpion genannt. Es handelt sich dabei um den größten Gliederfüßer, den die Welt bis hierhin gesehen hat, sein Name ist *Pentecopterus* und er erreicht eine Länge von bis zu 1,7 Metern. Gegen diesen Riesen sind selbst unsere Körper winzig und ich beginne zu verstehen, warum wir und unsere Verwandten diese enorme Panzerung entwickeln mussten. Der Riese erhebt sich nahezu schwebend aus den Seelilien mit kräftigen Schlägen seines gepanzerten Schwanzes und seiner hintersten Gliedmaßen, die zu abstrakten Paddeln geformt sind. Er schlägt ein weiteres Mal zu. Diesmal erwischt er ein unglückliches Mitglied unserer Gruppe, dessen Panzer er mit seinen stachelbewehrten Klauen einfach durchbohrt. Wir anderen schaffen es gerade noch, zu fliehen und uns mit unserer etwas unbedarften Schwimmtechnik vom Gefahrenort zu entfernen.

Der riesige Seeskorpion zieht sich derweil mitsamt seiner Beute zurück unter das Kronendach der Seelilien, um sie dort in Ruhe mit seinen gepanzerten Mundwerkzeugen zu zermahlen. Doch unsere Gruppe ist nach wie vor in hellem Aufruhr und schwimmt schnellstmöglich weiter und weiter ohne zu merken, dass wir nun bereits über den Rand des Riffs hinweg geschwommen sind und uns am Rand des offenen Ozeanes befinden. Nun, da die größte Aufregung etwas abflaut, merken wir plötzlich, dass sich auch die Farbe des Wassers verändert hat. Hier in den offenen Meeresbereichen ist das Blau um ein Vielfaches kräftiger und man kann keinerlei Konturen oder Wegpunkte erkennen. Alles scheint in diesem tiefen Blau zu verschwinden.

Aber etwas fällt uns doch auf: Ein bizarrer Schatten schwimmt in einiger Entfernung am blauen Horizont vorbei. Getrieben von unserer Neugier beschließen wir zu sehen, worum es sich da handelt. Wir kommen dem merkwürdigen Schatten immer näher und beginnen ihn zu erkennen. Es sieht aus wie eine der gepanzerten Gehäuse der gefräßigen Kopffüßer, äußerst lang und spitz zulaufend. Doch das, was da am Ende herausschaut, sieht vollkommen anders aus. Es erinnert irgendwie an einen Fallschirm, der falsch herum geöffnet ist, aber die Funktion dieses riesigen Trichters dürfte uns schnell klar werden. Dieser gigantische Kopffüßer namens *Cameroceras*, den wir hier vor uns haben, dürfte knappe zehn Meter lang sein und die

Arme, die aus seinem marmorierten Gehäuse herausschauen, sind allesamt durch Häute miteinander verbunden. Dank dieser Häute funktionieren seine Arme wie ein riesiger Trichter, der alles, woran er vorbeischwimmt, direkt zu seinem zentral gelegenen Maul transportiert. Bei genauerer Betrachtung fällt uns auf, dass auf den Innenseiten seiner Arme (im Innern des Trichters) anstelle von Saugnäpfen viele Reihen kleiner Härchen sitzen, die eine ähnliche Funktion innehaben wie die Barten bei heutigen Walen.

Was wir hier sehen, ist wieder ein Paradebeispiel dafür, wie die Evolution vorhandene ökologische Nischen stets neu besetzt und in diesem Fall schon wieder aus einem Spitzenprädator seiner Welt einen filtrierenden Riesen formte. Der Anblick dieses Riesen, wie er friedlich durch das tiefe Blau des Ozeans schwimmt, ist mehr als faszinierend, dieses Tier wirkt wahrlich wie aus einer anderen Welt.

Doch wir merken, dass der Tag sich langsam dem Ende zuneigt, also beschließen wir, uns wieder auf den Weg Richtung Riff zu begeben. Wir erkennen die bunten Farben der Korallen am Horizont und merken, dass wir hier hingehören als Teil dieses vielfältigen Treibens. Als wir über den Rand des Riffs hinwegschwimmen, sehen wir wieder die betörende Schönheit der Seelilienwiese. Aber dieses Mal bleiben wir in sicherer Höhe und glauben sogar von hier oben, den lauernden Körper des Seeskorpions erkennen zu können. Doch nun erreichen wir wieder die Korallenfelder mit all ihren unterschiedlichen Fischen und den stets jagenden Tintenfischen, deren große Augen uns immer im Blick behalten. Auf einmal scheint unser Seitenlinienorgan geradezu aufzuschreien, etwas Großes muss sich unter uns bewegt haben. Aber sehen oder spüren können wir nichts und doch erahnen wir einen Schatten in unserem Sichtfeld. Was auch immer das gewesen ist, wir müssen versuchen, so schnell wie möglich von hier wegzukommen. Doch trotz unserer Anstrengungen und unserer hektischen Bewegungen kommen wir nicht von Stelle, etwas scheint uns festzuhalten. Als plötzlich mehrere große Tentakel vor unseren Augen erscheinen, ahnen wir es bereits: Bei all der Bewunderung für die Schönheit dieser Welt waren wir zu unvorsichtig, als sich von unten ein über drei Meter langer Tintenfisch namens *Endoceras* näherte. Schon wenige Sekunden später befinden wir uns in seiner tödlichen Umarmung. Das letzte, was wir sehen von dieser faszinierenden, reichhaltigen Welt, ist der papageienartige Schnabel unseres Henkers, der nun mit wenigen Bissen unseren Panzer zerschmettern wird.

Die Vervielfachung unserer Gene

Es sind unglaubliche Momentaufnahmen, die wir aus der Zeit des Ordoviziums betrachten können, und doch sollten wir eines nie vergessen: Egal wie vielfältig der Fossilbericht aus einem jeden erdgeschichtlichen Zeitalter auch sein mag, es handelt sich immer nur um einen kleinen Ausschnitt der tatsächlichen biologischen Vielfalt dieser Zeit. Auch wenn wir unzählige Fossilien ein und desselben Alters finden sollten, so kann und muss man immer davon ausgehen, dass dies nur ein Bruchteil dessen ist, was zu jener Zeit an jenem Ort gelebt und geatmet hat. Die überwiegende Mehrheit der Lebewesen, die unsere Erde einst besiedelten, ist wohl nie zu Fossilien geworden oder ihre Hinterlassenschaften sind längst dem Wandel der Zeit zum Opfer gefallen. Aber auch von den Nachfahren dieser vergangenen Geschöpfe, die heute noch auf Erden leben, kann man Informationen über diese längst vergangene Zeit bekommen. In vielen Fällen sind es die Gene, diese allmächtigen Konstrukteure der lebenden Körper, die uns immer wieder neue Fenster in die erdgeschichtliche Vergangenheit öffnen. So verraten uns beispielsweise die Genome heutiger Wirbeltiere (einschließlich die von uns Menschen) etwas über eine genetische Revolution von geradezu unaussprechlicher Tragweite, die irgendwann während des Ordoviziums gleich zweimal stattgefunden hat. Diese Revolution bezieht sich auf einen Prozess, von dem wir schon im ersten Teil dieses Buches etwas gehört haben, es geht um Duplikationen. Jedoch nicht um die Duplikation eines bestimmten Gens oder eines Chromosomenabschnittes, nein, es geht um die Duplikation eines gesamten Genoms. Diese genetischen Verwerfungen betrafen nicht etwa die zu jener Zeit dominanten Kopffüßer oder die erschreckenden Seeskorpione, sondern sie fanden in den Zellen unserer direkten Vorfahren statt, jener kieferlosen Fische, die zu den damaligen Zeiten eher am unteren Ende jeder Nahrungskette standen.

Wir wissen heute, dass Duplikationsprozesse am Anfang nahezu jeder genetischen Innovation standen, da sie stets das Rohmaterial liefern, das die Evolution beliebig formen kann. Nehmen wir beispielsweise die Globine: Ein jeder von uns besitzt mehrere verschiedene Gene, die für unterschiedliche Globin-Proteine codieren. Jedes dieser Proteine entwickelte im Laufe der Evolution andere Funktionen in diversen oxidativen (auf Sauerstoff basierenden) Stoffwechselprozessen, was zu einer Art von physiologischer Arbeitsteilung führte. Das bekannteste Globin ist wohl ohne Zweifel das Hämoglobin, jenes Protein, das für den Sauerstofftransport in unserem Blut verantwortlich ist. Doch wir besitzen auch das sogenannte Myoglobin, das für die Speicherung und nicht für den Transport von Sauerstoff innerhalb der Muskeln verantwortlich ist und auch das Cytoglobin, das ebenfalls Sauerstoff speichert. All diese verschiedenen Globin-Moleküle mit ihrer zellulären Arbeitsteilung gehen auf ein und denselben genetischen Vorfahren zurück, ein einziges Globin-Gen in einem kieferlosen ordovizischen Fisch. Doch dank der bereits erwähnten Duplikationen war es der Evolution möglich, diese verschiedenen Proteine herzustellen, denn genau hier liegt der Kern der schöpferischen Kraft dieser Duplikationsprozesse. Sie erzeugen Kopien bereits vorhandener Gene, wodurch die neuen Kopien ungestraft Veränderungen durchlaufen können, die es ihnen erlauben, neue Funktionen zu erhalten.

Das Beispiel der Globin-Gene ist nur eines von unzähligen, die ich hier hätte wählen können. Man muss sich nur einmal vorstellen, was zwei komplette Genomduplikationen für ein evolutives Potenzial freisetzen können, wenn ein jedes Gen im Genom eines Organismus plötzlich eine frei zu gestaltende Kopie besitzt. Die evolutionäre Zukunft eines Duplikats ist keineswegs gesichert, sie kann genauso gut verloren gehen, sie kann durch epigenetische Mechanismen ruhiggestellt werden oder eben durch schrittweise Anhäufung von Mutationen einer neuen Funktion zugeführt werden (Subfunktionalisierung) und schließlich in einem neuen zellulären Kontext zu Hause sein. Man weiß heute, dass einem Prozess wie der Duplikation eines gesamten Genoms stets erhöhte Evolutionsraten folgen, man spricht hier auch von einem sogenannten evolutiven „Fenster der Möglichkeiten". Die betreffenden Organismen besitzen nun eine höhere Anpassungsfähigkeit aufgrund der überschüssigen Gene, die den Weg für neue potenzielle Anpassungen gegenüber einer sich ändernden Umwelt bieten. Dieses „Fenster der Möglichkeiten" haben unsere Vorfahren anscheinend sehr umfänglich genutzt. Schließlich waren es diese zwei Runden der Genomduplikation, die es ihnen ermöglichten, die notwendige genetische Komplexität zu erreichen, um sich schließlich zu Amphibien, Reptilien, Dinosauriern und Säugetieren zu entwickeln. Man kann also durchaus behaupten, dass das genetische Fundament jener wunderschönen und komplexen Natur, die wir nicht nur bewundern, sondern von der wir auch ein Teil sind, in den genetischen Revolutionen des Ordoviziums liegt.

Nach diesen faszinierenden Einblicken und schweren Herzens müssen wir unsere Reise entlang der Evolution jedoch fortsetzten. Wir haben gesehen, wie unglaublich vielfältig der Fluss der Evolution während des Ordoviziums geworden ist. Es entstanden so unglaublich viele Flussarme, kleine wie große, dass sie ein scheinbar undurchsichtiges Netzwerk formten. Man konnte regelrecht sehen, wie sich das Leben als solches auf unserer Erde festsetzte. Es schien gerade so, als könnte nichts mehr passieren, was diese Formenvielfalt gefährden konnte. Doch auf einmal, als unser Boot sich der unteren Grenze des Ordoviziums näherte, müssen wir mit ansehen, wie ein Großteil aller Flussarme austrocknet. Sie scheinen einfach zu verschwinden, einer nach dem anderen. An dieser Stelle werden wir Zeuge des ersten tatsächlich großen Massenaussterbens in der Geschichte des komplexen Lebens. Der Grund für diesen enormen Verlust an Artenvielfalt liegt in der tiefen Symbiose zwischen belebter und unbelebter Natur. Schließlich gibt es eine mehr als innige Beziehung zwischen unserem Planeten Erde und dem Leben, das sich auf ihm entwickelt. Gegen Ende dieses unvergleichlichen Erdzeitalters kommt es zu einer globalen Eiszeit, die mit all ihren Folgen das Leben in die Knie zwingt.

Die Gründe für diese Vereisungen scheinen sehr vielfältig zu sein, ein Grund liegt höchstwahrscheinlich in der Kontinentaldrift. Denn im Laufe des Ordoviziums wanderte der Riesenkontinent Gondwana immer weiter Richtung Südpol. Es entstanden hier große Gletschermassen, wodurch schließlich auch der globale Meeresspiegel stark sank. Ein weiterer Grund könnte allerdings auch auf biologische Faktoren zurückzuführen sein. Wir haben ja bereits gehört, dass sich während des Ordoviziums auch die ersten Algen zu Landpflanzen entwickelten und sich über die Süßwasserbereiche immer weiter ausdehnten. Diese ersten Pflanzen entzogen den damaligen Böden in großem Umfang viele chemische Stoffe wie Kalzium, Magnesium, Phosphor oder Eisen, wodurch sich schließlich auch die chemische Verwitterung der

Gesteine erhöhte. Das entzieht der Atmosphäre enorme Mengen an CO_2 und kann schließlich zu einer globalen Abkühlung beitragen.

Was auch immer die Gründe für dieses Massensterben waren, seine Folgen waren nachhaltig. Viele der faszinierenden Geschöpfe, die wir während unserer Reise kennengelernt haben, werden für immer verschwinden, allen voran die riesigen Kopffüßer, ihre Flussarme trocknen fast komplett aus. Doch unsere eigenen Vorfahren meisterten auch dieses evolutionäre Nadelöhr, auch wenn unser Boot etwas durchgeschüttelt wird. Es befindet sich noch immer genug Wasser in diesem Flussarm, der uns immer weiter in unsere eigene Richtung drückt. Und so überqueren wir die nächste unsichtbare Grenze und erreichen damit ein neues Zeitalter der Erdgeschichte, das Silur.

Periode: Silur, das Fundament der Moderne (443,4–419,2 Millionen Jahre)

Abbildung 12: Fossilien einer marinen Lebensgemeinschaft. (Bild von Sue Rickhuss auf Pixabay)

Mit dem Silur erreichen wir schließlich die dritte Periode des Paläozoikums. Ein Zeitalter, das leider sehr häufig übersehen wird, wenn es um die Geschichte des komplexen Lebens geht. Auch wenn sich das Silur mit seinen knapp 20 Millionen Jahren nur über eine verhältnismäßig kurze Zeitspanne erstreckt, im Vergleich zu den anderen Perioden des Paläozoikums, so sind doch die biologischen Revolutionen aus dieser Zeit ungemein wichtig für alles, was sich danach abspielen sollte. Doch zunächst sehen wir, wie sich das Klima zu Beginn des Silurs schnell wieder beruhigt. Im Gesamten betrachtet kann sich das Silur eines sehr stabilen und warmen Klimas erfreuen, was die tödliche Kälte zur Grenze des Ordoviziums nahezu vergessen lässt.

Die neuen, alten Herrscher und die ersten Schritte an Land

All jene einzigartigen Tierarten, die zu jener Zeit ausgestorben waren, sollten nie wiederkehren und damit konnten sie auch ihre ökologischen Nischen nicht wiederbesetzen. Doch es passierte das, was in einem solchem Moment immer passiert. Die Überlebenden der Katastrophe, völlig egal wie klein und unauffällig sie auch gewesen sind, schwangen sich zu den neuen Herrschern der Welt auf und besetzten in Windeseile alle freigewordenen Nischen. Jedoch sollte man im Falle des Silurs eher von den neuen „alten" Herrschern sprechen, denn die dominierende Rolle der nun ausgestorbenen Kopffüßer sollte von Vertretern der Gliederfüßer eingenommen werden. Jenen gepanzerten Alleskönnern, die uns schon im Kambrium das Leben schwer machten. Es waren jedoch nicht die Gliederfüßer im Allgemeinen, die erneut sämtliche Ökosysteme beherrschen sollten, es war vor allem eine Gruppe von ihnen, die eine unglaubliche Diversifizierung durchmachte, die Seeskorpione. Wir erinnern uns noch an unsere Begegnung mit dem ehrfurchtgebietenden *Pentecopterus* im Ordovizium, schließlich sind die Seeskorpione schon deutlich vor dem Silur entstanden, doch erst zu jener Zeit konnten sie sich so stark ausbreiten. Der Grund hierfür liegt in dem Verschwinden so vieler anderer Tierarten an der ordovizischen-silurischen Grenze.

Viele der so entstandenen Lücken konnten diese gepanzerten Fressmaschinen für sich einnehmen. Vor allem jene, die vorher von den dominierenden Kopffüßern in Anspruch genommen wurden. Ein Grund für ihren Erfolg war wohl auch ihre unglaubliche Vielgestaltigkeit, die meisten Arten waren kleiner als 20 Zentimeter und auf der gesamten damaligen Welt verbreitet. Doch es gab auch noch andere Größen unter ihnen, darunter die größten Gliederfüßer, die jemals auf der Erde leben sollten: Der größte bekannte Seeskorpion ist *Jaekelopterus*, ein Gigant von bis zu 2,5 Metern Länge. Wie alle Gliederfüßer so besaßen auch die Seeskorpione segmentierte Körper, doch vor allem der vordere Körperabschnitt war durch einen großen, massiven Schild geschützt, der nur von den aufliegenden Facettenaugen unterbrochen wurde. Sie entwickelten viele einzigartige Anpassungen für das Leben im Wasser, so war bei vielen

Arten ein Beinpaar abgeflacht und verbreitert, wodurch es perfekt als eine Art Paddel dienen konnte. Ein weiteres Merkmal dieser Jäger waren die unterschiedlich geformten und als Kieferklauen bezeichneten vordersten Gliedmaßen, die in erster Linie zum Ergreifen von Beutetieren dienten. Auch wenn die meisten Arten dieser Gliederfüßer im Meer lebten, so konnten sich doch auch viele von ihnen an ein Leben im Süßwasser anpassen, wodurch sie auch einen völlig neuen Lebensraum für sich erobern konnten. Gerade die Süßwassergebiete wurden im Laufe des Silurs immer wichtigere Lebensräume, dank einer weiteren Revolution der biologischen Welt. Während sich im Ordovizium die ersten Algen zu moosähnlichen Landpflanzen wandelten, um so neue Lebensräume zu kolonisieren, so ging diese Entwicklung im Silur einen riesigen Schritt weiter. Es entstanden die ersten echten Gefäßpflanzen, also Pflanzen, die in der Lage waren, Wasser und Nährstoffe aktiv zu speichern und über interne Verteilungsnetze zu transportieren. Dieser Vorteil ist für ein Leben an Land ungemein wichtig, denn erst dadurch wird es diesen Pflanzen möglich werden, sich vom Wasser der Seen und Flüsse zu lösen. Die Moose, die solche Leitungsbahnen noch nicht besitzen, müssen stets über ihre gesamte Oberfläche feucht gehalten werden, um nicht auszutrocknen. Daher können sie nur in feuchtem Klima oder an Flüssen und Seen gedeihen. Die erste uns bekannte Gefäßpflanze ist *Cooksonia*, sie wurde zwar nur wenige Zentimeter groß, doch war sie damit schon in der Lage, die aus Moosen bestehenden silurischen „Miniwälder“ rund um Flüsse und Seen zu überragen.

Wohin diese biologische Innovation des Silurs führen sollte, ist uns wohl allen bewusst. Sämtliche Bäume, die wir heute kennen und die wir für ihre Größe und Schönheit bewundern, stammen von diesen ersten Pionieren ab. Und sie waren es auch, welche die grüne Revolution auf den kontinentalen Landflächen erst ermöglichten. Ohne Pflanzen und die Ökosysteme, die sie erschufen, hätten auch unsere Vorfahren wohl nie das Wasser verlassen. Wozu auch, schließlich sind Pflanzen die Basis aller terrestrischen Nahrungsketten. Und so kam es, wie es kommen musste, zusammen mit den ersten echten Landpflanzen betraten auch die ersten echten, an das Leben auf dem Land angepassten Tiere die Bühne des Lebens. Wie kaum anders zu erwarten, handelte es sich hierbei aber nicht um unsere eigenen Vorfahren (dessen Landgang erst viele Millionen Jahre später stattfinden sollte), es waren wieder die Gliederfüßer. Der erste uns heute bekannte Pionier, der das Land für sich kolonisieren konnte, ist ein Verwandter der Tausendfüßer namens *Pneumodesmus*.

An dieser Stelle können wir deshalb so sicher sein, dass es sich hier tatsächlich um einen an das Landleben angepassten Organismus handelt, weil seine fossilen Abdrücke tracheenartige Löcher enthalten. Diese Organe zum Gasaustausch funktionieren ausschließlich an Land. Wir neigen gemein hin dazu, die Besiedlung des Festlandes mit unseren eigenen direkten Vorfahren in Verbindung zu bringen und versuchen damit gewissermaßen zu verdrängen, wem diese Krone tatsächlich zusteht. Als unsere fischartigen Vorfahren nach und nach das Wasser verließen, existierten schon unglaublich komplexe Ökosysteme an Land, die vor allem von diversen Pflanzen und Gliederfüßern wie Insekten, Spinnen oder Skorpionen gebildet wurden. Der Grund für diese Entwicklung liegt dabei auf der Hand: Mit den ersten Landpflanzen war auf einmal eine reichhaltige Nahrungsquelle vorhanden, die nur darauf wartete, genutzt zu werden, und es gab, wie das bei Pionieren so ist, noch keine nennenswerte Konkurrenz zu befürchten. Diesen ersten vielbeinigen Landgängern unter den Gliederfüßern sollten in den folgenden Jahrmillionen noch viele weitere folgen, allen voran kamen diesen friedlichen Pflanzenfressern auch die ersten Räuber nach, namentlich die Skorpione. Diese uns heute noch gut bekannten räuberischen Gliederfüßer waren wohl die ersten echten Landraubtiere der Erdgeschichte und sie kamen schon vor knapp 437 Millionen Jahren zum ersten Mal an Land. Wie in allen von uns bis heute rekonstruierten Fällen spielt hier das Süßwasser eine entscheidende Rolle, egal ob es um Pflanzen, Gliederfüßer oder Wirbeltiere geht, sie alle kamen wohl über das Süßwasser von Seen, Teichen oder Flüssen an Land. Die Gliederfüßer vollbrachten dieses evolutionäre Meisterstück viele Millionen Jahre bevor unsere Vorfahren es wagten, das nasse Element hinter sich zu lassen.

Das erste „Gesicht der Erdgeschichte“

Doch neben diesen kaum zu überschätzenden Revolutionen fand noch eine weitere statt, die uns und nahezu alle heutigen Wirbeltiere auch unmittelbar betrifft und ohne die wir heute alle nicht hier wären. Auch wenn unsere Ahnen zu jener Zeit nach wie vor Fische waren, so entwickelten sie sich dennoch stets weiter und gerade während des Silurs kam es zu einem bahnbrechenden Umbruch. Noch während des gesamten Ordoviziums besaßen unsere Vorfahren keine echten Kiefer, sondern ausschließlich Rundmäuler, wodurch ihnen viele ökologische Nischen verwehrt blieben. Doch das sollte sich während des Silurs auf dramatische Weise ändern, denn in dieser Zeit kam es zur schrittweisen Entwicklung eben jenes Kieferapparates, den wir auch heute noch unser Eigen nennen. Doch der evolutionäre Ursprung unserer Kiefer dürfte für viele Menschen nach wie vor unbekannt sein und glauben Sie mir, seine Entstehungsgeschichte ist mehr als faszinierend. Wir wissen ja bereits, dass die Evolution keine körperlichen Eigenschaften aus dem Nichts heraus entwickeln kann, sondern dass eine jede neue Entwicklung nur eine „Weiterentwicklung“ eines bereits existierenden Merkmals sein kann. Dank der evolutionären Entwicklungsbiologie wissen wir heute, dass sich die Kiefer aller Wirbeltiere aus den Kiemen unserer kieferlosen Vorfahren entwickelten.

Diese Umfunktionierung von Kiemen zu Kiefern war ein dramatischer Prozess und erforderte nicht nur einen potenziellen ökologischen Vorteil für den, der sie trägt, sondern wie bei jeder anderen morphologischen Weiterentwicklung musste vor allem ein genetischer Mechanismus vorhanden sein, der sie auch umsetzen kann. Ohne passende Konstrukteure gibt es auch kein Konstrukt. Heute kennen wir viele der genetischen Werkzeuge, die an der Formung unserer Kiefer beteiligt sind, und wir wissen auch, dass sie überwiegend erst während der zwei Genomduplikationen des Ordoviziums entstanden sind. Wir haben bereits von dem evolutiven „Fenster der Möglichkeiten" gehört, das sich nach Duplikationsprozessen auftut, und hier haben wir eine dieser „Möglichkeiten" sozusagen direkt vor Augen. Diese neue Innovation war so unglaublich erfolgreich, dass kiefertragende Wirbeltiere heute mehr als 99 % aller Wirbeltiere insgesamt ausmachen. Die einzigen Kieferlosen, die heute noch existieren, sind Neunaugen und Schleimaale.

Das notwendige regulatorische Gennetzwerk zur Formung eines definierten Kieferapparates erfordert viele unterschiedliche Gene und viele dieser Gene erblickten das Licht der Welt als duplizierte Kopien ihrer jeweiligen Vorfahren. Diese neuen Gene konnten sich anschließend durch Mutation so verändern, dass sie bereits vorhandenen Strukturen ein höheres Maß an Komplexität ermöglichten. Gerade für die Erklärung dieses prototypischen evolutiven Prozesses ist die Umwandlung von Kiemen zu Kiefern perfekt geeignet. Die Hauptverantwortlichen in diesem evolutiven Meisterwerk sind die sogenannten *Dlx*-Gene, welche, wie sollte es auch anders sein, zu den Transkriptionsfaktoren zählen. Sie besitzen eine DNS-Bindedomäne, die uns schon sehr gut bekannt sein dürfte. Genau wie die Hox-Gene binden sie die DNS über eine Homöodomäne. Und auch wenn sie nicht explizit zu den Hox-Genen gehören, so haben sie zumindest bei der Entwicklung des Kiefers eine sehr ähnliche Funktionsweise. Auch sie haben sich in Laufe von diversen Genduplikationsrunden ausgehend von einem Vorläufergen stark vervielfältigt und sich zu verschiedenen regulatorischen Clustern zusammengefunden. Diese Cluster sind auch funktionell ganz bestimmten Hox-Genen zugeordnet und werden durch diese selbst reguliert. Doch wie gelang es diesen Genen, aus den Kiemen kieferloser Fische Kiefer zu formen?

Nun eigentlich ist die Antwort auf diese Frage recht logisch: In den Kiemenbögen der ursprünglichen kieferlosen Fische, die noch die kambrischen und ordovizischen Meere durchschwommen, waren die ursprünglichen *Dlx*-Gene komplett homogen aktiv. Das bedeutet, im gesamten Kiemenbogen gab es die gleichen Konzentrationen von Dlx-Proteinen und somit war auch der von ihnen ausgehende regulatorische Einfluss über die ganzen Kiemenbögen hinweg identisch. So konnte auch keine unterschiedliche Positionsinformation vermittelt werden. Doch dank der, während des Ordoviziums stattgefundenen, Duplikationsprozesse vervielfältigten sich auch die vorhandenen Kopien der *Dlx*-Gene, wodurch die unterschiedlichen Kopien auch leicht unterschiedliche Funktionen erlernen konnten (bedingt durch die in ihnen aufgetretenen Mutationen versteht sich).

Von nun an war es möglich, dass entlang der Längsachse der Kiemenbögen unterschiedliche *Dlx*-Gene aktiv wurden. Diese verschiedenen regulatorischen Gene konnten nun auch alle leicht unterschiedliche Regulationsnetzwerke aufbauen. Das führte schließlich auch zum

Durchbruch bei der Konstruktion unserer Kiefer. Diese unterschiedlichen *Dlx*-Gene waren von nun an in der Lage, abhängig von der jeweiligen Kombination der unterschiedlichen *Dlx*-Gene, die Kiemenbögen in verschiedene Regionen zu unterteilen. Diese Regionen konnten sich aufgrund der unterschiedlichen Regulation getrennt voneinander entwickeln. So wurden im Laufe von vielen Millionen Jahren aus den ersten zwei bis drei Kiemenbögen unserer ursprünglich kieferlosen Vorfahren die ersten Wirbeltierkiefer konstruiert, bestehend aus Ober- und Unterkiefer.

Doch nun stehen wir wieder vor einem paradoxen Dilemma, vor dem wir schon einmal standen, als es um die Entstehung der Proteintranslation ging. Kein Konstrukt kann durch die Evolution als positiv selektiert werden, in der Hoffnung zu einem späteren Zeitpunkt einmal nützlich zu werden. Schließlich sollte jedem von uns klar sein, dass die Umwandlung von Kiemenbögen zu funktionsfähigen Kiefern nicht über Nacht stattfinden kann, und ohne jeden Zweifel wären die ersten Zwischenformen auf diesem langen Weg in keiner Weise nützlich bei der Aufnahme von Nahrung oder dem Greifen von potenzieller Beute. Also muss die ursprüngliche Funktion oder genauer gesagt der ursächliche Grund für diese Umwandlung woanders liegen. Der ausschlaggebende Selektionsvorteil ist also nicht bei der Nahrungsaufnahme zu suchen, sondern bei der Steigerung der respiratorischen Effizienz, anders ausgedrückt, es diente der höheren Sauerstoffzufuhr der Kiemen. Durch die kontrollierten Bewegungen der frühen Kiefer gelang es diesen Fischen, mehr Wasser zu den Kiemen zu transportieren, wodurch auch schlussendlich mehr Sauerstoff aufgenommen werden konnte. Kiefer, wie wir sie heute kennen, die Zähne tragen und dem Greifen und Zerkleinern von Nahrung dienen, entwickelten sich erst zu einem späteren Zeitpunkt. Die Entstehung von Kiefern verdeutlicht uns also gleich mehrere evolutionäre Kerneigenschaften: Zum einen zeigt es uns die innovative Kraft von Duplikationsvorgängen und zum anderen wird deutlich, wie sich die primäre Funktion eines Merkmals im Laufe der Zeit drastisch ändern kann. In manchen Fällen, wie beispielsweise hier beim Kiefer, überlagert die modernere Funktion die ursprüngliche so stark, dass man sie bisweilen ohne Wissen über die Evolution nicht mal mehr erahnen kann.

Doch wer ist nach heutigem Stand des Wissens der erste unter unseren direkten Vorfahren, der einen vollständigen, funktionsfähigen Kiefer besaß und damit gleichzeitig als gemeinsamer Vorfahre aller kiefertragenden Wirbeltiere gelten kann? Dieser Vorfahre aller Säugetiere, Reptilien, Dinosaurier, Amphibien und aller kiefertragenden Fische ist ein faszinierendes Geschöpf namens *Entelognathus primordiales*. Dieser gepanzerte Fisch gehört zur Klasse der Placodermi, was so viel bedeutet wie Plattenhäuter. Die Placodermi entwickelten sich aus den Ostracodermi, die wir bereits im Ordovizium kennengelernt haben, und waren wohl die ersten Wirbeltiere, die einen Kiefer entwickelten, der in seinem Aufbau den modernen gleicht. Ich denke, das ist mehr als Grund genug, uns diesen Vorfahren und die Welt, in der er lebte, einmal genauer anzuschauen.

Eine Reise ins Silur

Abbildung 13: Die Lage der Kontinente zur Zeit des Silurs, vor 420 Millionen Jahren (C. R. Scotese 2016).

Wieder betrachten wir uns die gesamte Erde von oben, wieder scheinen wir im Weltall zu schweben, doch schweben scheint das falsche Wort zu sein, schließlich kommen wir der Oberfläche immer näher. Wir merken auf den ersten Blick, dass erneut alles anders aussieht, als wir es gewohnt sind. Die gesamte Entourage an Kontinenten und Meeren scheint vollkommen fremdartig zusammengewürfelt zu sein. Die Südhalbkugel ist weitgehend bedeckt von einer riesigen zusammenhängenden Landmasse namens Gondwana, die aus dem heutigen Afrika, Südamerika und Teilen Australiens, Indiens und der Antarktis besteht. Diese Landmasse erstreckt sich vom Südpol bis hin zum Äquator, doch selbst der südlichste Punkt ist nicht von Eis bedeckt und überhaupt nirgendwo auf dieser Erde ist Eis zu sehen. Dieser Mangel an in Eis gebundenem Wasser führt auch dazu, dass der Wasserpegel der Meere sehr hoch ist und selbst weite Flächen der Kontinentalränder als warme Flachmeere daherkommen. Entlang des Äquators sehen wir weitere, jedoch sehr viel kleinere Landmassen, auch diese kennen wir bereits von unseren letzten Zeitreisen, doch etwas ist anders. Man kann deutlich sehen, dass durch die wandernden Kontinente das Antlitz der Welt im steten Wandel begriffen ist, die zwei kleineren Kontinente Laurentia und Baltica sind gerade kollidiert und formen nun eine einzige Landmasse namens Laurussia. Wir nähern uns nun immer schneller der Erdoberfläche und langsam wird es immer schwerer, die Kontinente als solche zu erkennen. Wir fallen direkt in

Richtung der Ostküste Gondwanas, an den Rand eines gigantischen Meeres, das einen Großteil der gesamten Erdoberfläche bedeckt, Panthalassa.

Uns fällt noch etwas auf: Je näher wir der Oberfläche dieses fremdwirkenden Planeten kommen, desto mehr sehen wir nun etwas Bekanntes. Im Vergleich zum Ordovizium ist nun die Erde sehr viel grüner geworden. Wir sehen große sanft-grüne Landschaften. Es sind zwar noch keine großen Wälder, aber immerhin sieht man, dass die Pflanzen es geschafft haben, immer größere Flächen dieser vorerst nackten Erde zu kolonisieren. Diese grünen Landschaften werden immer unabhängiger von der direkten Umgebung des Wassers. Und auch wenn die Zentren der Kontinente nach wie vor von kahlem Gestein dominiert sind, so sieht man doch, dass es nur noch eine Frage der Zeit ist, bis sich das ändern wird. Wir fallen weiter auf die Küste Panthalassas zu. Wir sehen ein großes Flussdelta, dass von einem riesigen Fluss genährt wird, der sich mäandernd durch die hügelige Landschaft zieht und seine Süßwasservorräte direkt ins schier endlose Meer ergießt. Das gesamte Land an den Seiten dieses Flusses, genauso wie die Küsten selbst, sind von diesem schönen weichen Grün umgeben. Wieder schließen wir die Augen, bevor wir in das türkisblaue Meer eintauchen, und plötzlich merken wir wieder den Wandel, einen Wandel, der so vollkommen zu sein scheint, dass unsere gesamte Wahrnehmung davon betroffen ist.

Wir öffnen unsere Augen und schauen uns um. Zunächst sehen wir nichts außer dem blassen Türkis des Meeres. Diese Farbe ist so ganz anders als die der Korallenriffe unserer letzten Reisen. Es ist kein klares, tiefes Blau, in das wir hier blicken, es scheint eher trüb zu sein, als würde man durch Milchglas schauen. Wir sehen auch keine bunten Korallen, es sieht eher aus wie eine unterseeische Wüste. Sand, wohin das Auge auch blickt. Vermutlich sind das die Unmengen an Sediment, die der große Fluss über sein breites Delta ohne Unterlass in das Meer pumpt. Jetzt sehen wir auch das, wonach wir gesucht haben, einen Artgenossen, und wir erblicken vermutlich eines der ersten echten „Gesichter" der Erdgeschichte, wir sehen *Entelognathus.*

Mit einer Länge von knapp 20 Zentimetern sind unsere Körper relativ klein, aber genau wie unsere Vorfahren aus dem Ordovizium sind wir immer noch stark gepanzert. Das gesamte vordere Drittel unserer Körper ist von dicken Panzerplatten umgeben und doch sehen wir schon wie echte Fische aus. Abgesehen von unseren Brustflossen besitzen wir nun auch eine Rückenflosse, die unseren Vorfahren aus dem Ordovizium noch fehlte. Der hintere Abschnitt unserer Körper läuft spitz auf die verlängerte Schwanzflosse zu, die uns mit kräftigen Schlägen durch das Wasser treibt. Doch das markanteste Merkmal, das uns von unseren Vorfahren unterscheidet, ist unser Gesicht. Dank der umgewandelten Kiemenbögen haben unsere Gesichter nun eine definierte Form und wir wirken nicht mehr wie überdimensionierte Kaulquappen. Diese Struktur, geformt von den ersten Kiemenbögen unserer Vorfahren, ermöglicht uns nicht nur eine effizientere Atmung, sondern sie eröffnete uns auch gänzliche neue ökologische Nischen.

Von nun an konnten wir aktiv jagen und auch durch Geräuschformung zaghaft kommunizieren. Die für uns faszinierende Wahrnehmung durch das Seitenlinienorgan ist nach wie vor ein durch und durch beeindruckendes Erlebnis. Wir sind eine sehr kleine Gruppe von Fischen, abgesehen von uns selbst sehen wir nur noch drei weitere Tiere.

Eines merken wir direkt und zwar ist unsere Fortbewegungsart deutlich filigraner als noch zu Zeiten von *Sacabambaspis*. Dies dürfte auch an den zusätzlichen Flossen liegen, die unsere Bewegungen sehr viel dynamischer gestalten. Nachdem wir uns in unseren neuen Körpern etwas besser zurechtgefunden haben, werfen wir nun einen genaueren Blick auf die Welt, in der wir leben. Das Wasser, das uns umgibt, ist tatsächlich eher trüb und regelrecht gesättigt von dem vielen Sand, der permanent vom Fluss hier abgeladen wird. Doch der Boden ist nicht nur von Sand bedeckt, wir sehen wieder etwas, das uns mittlerweile sehr gut bekannt ist, einen Trilobiten. Diese gepanzerten, antennentragenden Überlebenskünstler bevölkern die Meere nun schon seit dem Kambrium und haben selbst alle Massenaussterben bis hierhin überstanden. Auf seinen langen gegliederten Beinen patrouilliert er auf dem Meeresboden, stets auf der Suche nach etwas Essbaren. Doch eines ist uns allen klar, für uns stellt er keine Gefahr mehr da. Wir schwimmen über ihn hinweg und haben dabei schon fast vergessen, wie unsere Vorfahren im Kambrium auch Seinesgleichen noch zum Opfer fielen. Auf einmal sehen wir wieder etwas Bekanntes vor uns auf dem Meeresboden, eine Seelilie, doch diese ist nicht Teil eines regelrechten Waldes. Sie steht scheinbar allein in der Strömung und filtert mit ihren grazilen Bewegungen Nahrungspartikel aus dem Meerwasser.

Nach dem Trilobiten sehen wir auf einmal, dass noch unzählige andere Gliederfüßer über den Meeresboden huschen. Sie sehen so ganz anders aus als Trilobiten, sie sind länglich und haben lange, flache Schwänze, mit denen sie sogar schwimmen können. Sie heben einfach vom Boden ab durch kräftige Schläge ihrer Hinterleiber. Jedoch scheinen auch diese Gliederfüßer uns nicht wirklich gefährlich werden zu können, da die meisten nicht viel größer sind als 20 Zentimeter. Damit sind sie zwar so lang wie wir, doch immer noch sehr viel leichter gebaut und sie haben keine Chance gegen unsere Panzerung. Allerdings fällt uns bei der genaueren Betrachtung des Ozeanbodens noch eine weitere Revolution auf, die wir aus dem Ordovizium noch nicht kannten. Überall schwimmen Schwärme unterschiedlichster Fischarten herum und viele von ihnen besitzen ebenfalls Kiefer. Die meisten von ihnen benutzen ihre Kiefer, um mit ihnen den Sand auf dem Boden aufzuwirbeln, stets auf der Suche nach Nahrung. Davon gibt es hier tatsächlich genug, denn der Fluss trägt nicht nur Süßwasser ins Meer, sondern auch die Reste abgestorbener Pflanzenteile vom Festland. Es entsteht hier zum ersten Mal in der Erdgeschichte eine echte Verbindung zwischen der Lebenswelt an Land und der im Meer. Die meisten Fische, die wir hier sehen können, gehören nach wie vor zu den kieferlosen Fischen, die häufigsten unter ihnen sind *Cephalaspis*. Sie besitzen einen halbmondförmigen Kopfschild und einen nicht gepanzerten Hinterleib, der sich stets nervös hin und her bewegt.

Doch es gibt auch schon weitere kiefertragende Fische, die ungefähr unsere Größe besitzen sowie einen sehr stromlinienförmigen Körperbau. Sie schwimmen nah über dem Meeresboden und drücken dabei so viel Wasser wie möglich durch ihr Maul, um Sand aufzuwirbeln. Denn unter dem Sand verstecken sich allerhand Weichtiere und schmackhafte Würmer, die nur darauf warten, der neuen evolutiven Erfindung namens Kiefer zum Opfer zu fallen. Während wir dem regen Treiben so zuschauen, stellt sich uns plötzlich eine Frage: Wenn wir (*Entelognathus*) die ersten echten Kiefer besitzen, wie kann es dann sein, dass hier zusammen mit uns so viel andere kiefertragende Fische in den Meeren unterwegs sind? Die Antwort auf diese Frage wird uns allerdings im Rückblick auf unsere bisherige evolutive Bootsfahrt schnell deutlich. Die Evolution verläuft nie geradlinig, sie schlägt ständig neue Richtungen ein, vergleicht unterschiedliche Varianten und geht dann, gelenkt durch die natürliche Selektion, den erfolgversprechendsten Weg weiter.

Genauso verhielt es sich auch bei der Entwicklung der Kiefer. Dieser Prozess dauerte viele Millionen Jahre und zu jedem willkürlich gewählten Zeitpunkt dieses Prozesses gab es unterschiedliche Versuche der konkreten Umsetzung. So wurden die ursprünglichen Kiemenbögen mehrfach anders unterteilt und gestalteten so auch viele unterschiedliche Varianten von Kiefern, von denen viele vermutlich zur gleichen Zeit nebeneinander existierten. Genauso verhielt es sich wohl auch bei den anderen Fischen, die wir hier sehen können. Sie waren zwar nahe Verwandte unseres gemeinsamen Vorfahrens, doch aufgrund ihrer Kieferstruktur keine direkten Vorfahren. Auch wenn im Laufe der Millionen Jahre dauernden Konstruktion unserer Kiefer verschiedenste Varianten von Kiefern geformt wurden, so hat sich am Ende doch nur eine durchgesetzt. Nach allem, was wir heute wissen, waren es die Kiefer von uns, *Entelognathus*.

So beobachten wir trotzdem mit Faszination die komplexen Verhaltensweisen und die Vielfalt der Fischwelt des Silurs. Auf einmal ändert sich jedoch etwas an der Umgebung, der Untergrund wird steiniger und auf vielen der Steine wachsen große Algen, vergleichbar mit unserem heutigen Seetang. Und noch etwas fällt uns auf: Auf den Steinen befindet sich nicht nur Seetang, sondern auch allerlei Nahrung für sämtliche Fische aus der Umgebung, denn das gesamte steinige Seetangfeld ist voller Seeigel und Seesterne. Diese Stachelhäuter bilden die Nahrungsgrundlage für zahlreiche Tiere aus der Umgebung, so auch für uns selbst. Doch uns stecken immer noch die Erfahrungen der letzten Ausflüge in die Urzeit der Welt in den Knochen. So beschließen wir zumindest noch kurz zu warten, bis wir uns zu den anderen Fischen gesellen, die bereits mit ihrem Mahl begonnen haben. Überall um uns herum sind nun Schwärme von unterschiedlichsten Fischen zu sehen, von denen die meisten bereits Kiefer tragen, wenn auch andere Variationen von ihnen. Gerade dort, wo der Seetang immer dichter wird, gibt es auch die meisten Seeigel und gerade die gefräßigen kiefertragenden Fische stellen ihnen ohne Unterlass nach und kommen dabei dem undurchsichtigen Dickicht immer näher.

Vielleicht auch aufgrund unserer schlechten Erfahrungen wirkt dieser dunkle Seetangwald auf uns äußerst bedrohlich.

Doch in der nächsten Sekunde sehen wir, dass wir recht hatten mit unserer Vorsicht. Denn das Geschöpf, das sich in diesem Moment aus dem Seetang erhebt, sieht aus wie aus einem Horrorfilm. Gerade als sich einer der Fische über seinen nächsten Seeigel hermachen will, kommt eine unbeschreibliche Klaue aus dem Dickicht hervorgeschnellt. Sie ist genauso groß wie der Fisch selbst und dabei mit unfassbar langen Dornen besetzt, die sein überraschtes Opfer direkt durchbohren. Nun folgt eine zweite Klaue, die den wehrlosen, zappelnden Fisch auch noch von der anderen Seite durchbohrt. Jetzt scheint der gesamte Seetang zu beben und der Angreifer zeigt sein Gesicht oder besser gesagt sein Kopfschild. Es handelt sich um einen großen 1,5 Meter langen Seeskorpion namens *Mixopterus.*

Er hält sein nach wie vor zappelndes Opfer fest in seinen dornenbewehrten Klauen, doch nun zeigt er noch eine weitere Waffe, die sein gepanzerter Körper bereit hält, um allzu wehrhafte Beute so schnell wie möglich ruhigzustellen. An seinem langen Schwanz befindet sich ein großer gebogener Stachel, der nun mit voller Wucht in den Körper seiner Beute eindringt und ihn damit ein für alle Mal zur Strecke bringen soll. Wir beobachten das Ganze aus hinreichendem Abstand und sehen wie dieses alptraumhafte und gleichsam faszinierende Geschöpf wieder im Seetang verschwindet. Es dauert nicht lang, da haben sich die Fische wieder eingefunden und setzen ihr Treiben fort. Doch nun halten alle gebührlichen Abstand zu den dichteren Seetangwäldern. Jetzt wollen wir uns auch etwas Essbares greifen, um den langsam aufkommenden Hunger zu bekämpfen. Wir versuchen, alle unsere Sinne maximal zu schärfen, damit uns nicht auch so etwas passiert wie dem unglücklichen *Guiyu.* Nachdem wir uns auch ein Paar Seeigel genehmigt haben, spüren wir dank unseres Seitenlinienorgans, dass sich etwas Großes nähert, und sofort lassen wir unseren halbgefressenen Seeigel liegen und versuchen, uns einen Überblick zu verschaffen. Tatsächlich sehen wir, wie ein Schatten aus dem türkisfarbenen Wasser nach und nach beginnt Kontur anzunehmen. Es ist der größte Fisch, den wir auf unseren Reisen bis dato gesehen haben. Er ist mindestens einen Meter lang, was bei den hiesigen Größenverhältnissen beachtlich ist. Auch er besitzt große Kiefer und da wir nicht wissen, ob er sich mit Seeigeln zufriedengibt, beschließen wir, etwas weiter zu schwimmen und lieber kein Risiko einzugehen. So treiben wir weiter durch das leicht trübe Wasser dieses silurischen Meeresabschnitts und haben nach wie vor diesen unbeschreiblichen Seeskorpion vor Augen, wie er mit seinen Dornen und Stacheln unerbittlich auf sein wehrloses Opfer einschlägt. So sind die Meere des frühen Paläozoikums eben, wir Wirbeltiere gehören hier noch nicht ans Ende der Nahrungskette.

Wir begeben uns an einer ruhigen Stelle wieder auf den Meeresboden hinab und versuchen uns an ein paar Muscheln und Schnecken, die sich hier vor einem großen, algenbewachsenen Felsen tummeln. Dank unserer starken Kiefer sind die dünnen, bunt gefärbten Schneckenhäuschen leicht zu knacken und offenbaren uns ihr köstliches Inneres. Doch aus einer Höhle des großen Felsens krabbelt plötzlich eine uns bereits gut bekannte Silhouette hervor, es ist ein Seeskorpion. Er ist zwar deutlich kleiner als der schreckliche *Mixopterus*, doch ist er immer noch knapp dreimal größer als wir und auch er besitzt einen langen Stachel am Ende seines Schwanzes, mit dem er in unsere Richtung zeigt. Schnell gehen wir auf Abstand und merken, dass er uns nicht angreifen wollte, sondern nur seinen Nachwuchs beschützen wollte, den er oder wahrscheinlich eher sie auf dem Rücken trägt. Der Seeskorpion verfolgt uns weiter vom Boden aus und wedelt mit seinem Stachel, wahrscheinlich um uns damit zu sagen, wir sollen doch endlich verschwinden und ihn/sie in Ruhe lassen. Gerade als wir beschließen, dem Folge zu leisten, scheint der gesamte Boden unter uns in Schwingung zu geraten, es wirkt fast wie ein Erdbeben. Doch dieses Erdbeben scheint nur sehr begrenzt aufzutreten.

Das, was für die Bewegung des Bodens sorgt, ist kein physikalischer Prozess, es ist ein riesiger oder besser gesagt ein gigantischer Gliederfüßer. Erneut treffen wir hier einen Seeskorpion, aber dieser hat so ganz andere Ausmaße als die, die wir bisher gesehen haben. Er misst mindestens 2,5 Meter und greift mit seinen hummerartigen Scheren nach seinem kleinen Verwandten, der uns gerade noch von seiner Bruthöhle vertreiben wollte. Der kleinere Seeskorpion kann nur noch hilflos um sich schlagen und versucht, mit seinem Stachel den Panzer seines Angreifers zu durchbohren, was gelinde gesagt zwecklos ist. *Pterygotus* steht in den silurischen Meeren klar an der Spitze der Nahrungspyramide und zerteilt seinen kleineren Verwandten mühelos, bevor er ihn mit seinen Kieferklauen in mundgerechte Stücke verkleinert.

Nach diesem Schock beschließen wir, die Nahrungssuche für heute zu beenden, und schwimmen weiter durch das trübe Wasser vor der Küste Gondwanas und versuchen, keinem der allgegenwärtigen Seeskorpione zum Opfer zu fallen. Wir merken, dass das Wasser um uns herum immer trüber wird, und auch unsere Artgenossen, die direkt neben uns schwimmen, werden anscheinend immer blasser. Unsere Reise durch das Silur scheint sich dem Ende zu nähern.

Das Fundament unserer Welt

Mit all seinen evolutiven Innovationen kann man das Silur tatsächlich als das Fundament der heutigen Welt bezeichnen. Neben den Pflanzen, die sich immer weiter an das Leben auf dem trockenen Land anpassten und sich so stets weiter ausbreiten konnten, betraten auch die ersten Tiere die urzeitlichen Kontinente und bildeten in kürzester Zeit bereits komplexe Nahrungsnetze. Es gab friedliche Pflanzenfresser und kurz darauf auch die ersten aktiven Jäger. Es besteht sogar die Vermutung, dass fleischfressende Skorpione noch vor den ersten pflanzenfressenden Gliederfüßern diesen weitreichenden Schritt wagten, vermutlich um sich in relativer Ruhe über tote Fische herzumachen, die an die Ufer gespült wurden. Ganz genau werden wir das wohl nie erfahren. Aber eins wissen wir dennoch genau, es hat stattgefunden und wir wissen, dass die ersten Skorpione vor knapp 437 Millionen Jahren das Wasser verließen, auch wenn sie zu dieser Zeit vermutlich noch amphibisch lebten. Eine der wichtigsten Innovationen, die auch uns ganz speziell betrifft, war die Entwicklung von Kiefern unserer gepanzerten, stromlinienförmigen Vorfahren.

Wir haben auch gesehen, auf welche Weise ganz bestimmte genetische Mechanismen all das ermöglichten und wie sogar einzelne Gene und deren Aktivität Einfluss nehmen konnten auf einen Prozess von solch unglaublicher Tragweite. Doch unter unseren Fischvorfahren tat sich während des Silurs noch weit mehr als das. Wenn wir einen genaueren Blick auf die Entwicklungsgeschichte der Fische werfen, fällt es uns bereits auf. Heutige Fische gehören allesamt zwei verschiedenen Gruppen an: Auf der einen Seite gibt es die Knorpelfische, zu denen die Haie, Rochen und Chimären zählen, und auf der anderen Seite gibt es die Knochenfische, die alle anderen Fische umfassen und die heute zu den artenreichsten Wirbeltieren überhaupt zählen mit über 28 000 verschiedenen Arten. Diese Aufspaltung fand schon im späten Silur statt, viel früher als man es sich vor Kurzem noch hätte vorstellen können. Doch man kennt heute bereits die Fossilien der ersten Knochenfische, die auf die Zeit vor knapp 419 Millionen Jahren datieren. Die Geschichte der Fische wird im nächsten Zeitalter auf seinen Höhepunkt treffen und genau in diese Richtung führt nun auch unsere Reise.

Wieder betrachten wir uns die Flusslandschaft der irdischen Evolution von unserem kleinen Flussarm aus und machen uns selbst noch einmal deutlich, dass dieser Fluss nicht durch den Raum, sondern durch die Zeit fließt. Er nicht mit Wasser gefüllt ist, sondern mit den Genen und Genomen unserer Vorfahren. Durch diesen Fluss sind wir alle nicht nur indirekt, sondern auch ganz direkt mit allen unseren Vorfahren verbunden. Von daher führt diese Reise zu Schauplätzen, die die Gene in unseren Zellen alle schon direkt erlebt haben. Sie alle waren schon vor Ort und formten entsprechend ihrer genetischen Bauanleitung bereits Proteine und entwarfen Zellen für die Konstruktion ihrer Überlebensvehikel. Wenn wir uns nun an der silurisch-devonischen Grenze einmal umschauen, befürchten wir schon wieder das Austrocknen unzähliger Flussarme und damit auch das Aussterben von Arten, wie wir es bei den letzten beiden Übergängen mitansehen mussten. Doch an dieser Grenze, die genauso wie die letzten beiden Grenzen keine „echte“ Grenze darstellt, sehen wir nichts dergleichen. Es kommt zwar zu vielen kleineren Schwankungen, aber keine davon ist so umfangreich wie die am Ende des Ordoviziums. Und so kommen wir auf eher ruhigen Gewässern ins nächste Zeitalter der Erdgeschichte, das seine ganz eigenen Revolutionen zu bieten hat, das Devon.

Periode: Devon, die Kolonisierung des Landes (419,2–358,9 Millionen Jahre)

Abbildung 14: Fossil eines frühen Tetrapoden. (Bild von PublicDomainPictures auf Pixabay)

Während wir die unsichtbare Grenze zwischen dem Zeitalter des Silurs und dem des Devons überschreiten, merken wir in unserem Boot zunächst nicht, dass sich irgendetwas dramatisch ändert. Doch in dieser vierten Periode des Phanerozoikums wird sich vieles ändern, und zwar für immer. Im Laufe dieses Zeitalters, das zu Recht als das „Zeitalter der Fische" bezeichnet wird, übernehmen die Fische die Herrschaft über jedes einzelne marine Ökosystem. Auf ihrem Weg an die Macht verdrängen sie jede andere Tiergruppe, die sich ihnen in den Weg stellt. Selbst die alten Herrscher unter den Gliederfüßern und den Kopffüßern werden nur noch die Steigbügelhalter der neuen Herrscher. Die größten Gewinner unter den Fischen sind die uns bereits bekannten Placodermi. Diese gepanzerten Fische, die mit ihrem Aussehen so stereotypisch für die umgangssprachliche Urzeit sind. Wir erinnern uns, dass selbst unser eigener silurischer Vorfahre *Entelognathus* zu dieser Tiergruppe zählte, doch in den Jahrmillionen danach entwickelten sich die Evolutionslinien in gänzlich andere Richtungen. Während des Devons sind es vor allem diese Tiere, welche die Meere genauso wie die Flüsse und Seen gnadenlos regieren. Sie haben sich aus dem Schatten ihrer mageren Vergangenheit bis an die Spitze der Nahrungskette erhoben und vor ihren knöchernen Gebissen erzittern alle anderen Lebewesen dieses Zeitalters.

Neben diesen gepanzerten Königen streiften auch schon andere Fische durch die Meere, die uns deutlich bekannter sein dürften. Denn auch die ersten Haie entwickelten sich zu dieser Zeit und auch sie waren schon damals extrem erfolgreich. Wir haben ja bereits gehört, dass sich die kiefertragenden Nachfahren von *Entelognathus* vermutlich noch im späten Silur in zwei unterschiedliche Gruppen aufteilten, zum einen in die Knochenfische (zu denen auch wir Säugetiere gehören) und zum anderen in die Knorpelfische, die vor allem aus Haien und Rochen bestehen. Gerade die ersten Haie waren wohl vor allem aufgrund ihrer Geschwindigkeit besonders erfolgreiche Jäger in den devonischen Meeren. Doch bevor wir uns diese Jäger des Devons noch einmal genauer anschauen, werfen wir einen kurzen Blick zurück, um umfassender zu verstehen, wie genau wir und unsere Vorfahren in diesen Fischstammbaum hineinpassen.

Denken wir noch einmal an das Ordovizium zurück, dort begleiteten wir für einen kurzen Tag einen gepanzerten Fisch namens *Sacabambaspis*, der zu den Ostracodermi zählte, – von seinem Flusslauf aus fuhren wir weiter Richtung Gegenwart. Aus diesen Ostracodermi entwickelten sich schließlich auch die ersten Placodermi und irgendwo im späten Silur verließen wir den Flusslauf der klassischen Placodermi und bogen ab auf einen kleineren Flussarm. Von hier aus folgten wir ihm über *Entelognathus*, bis er immer breiter und breiter wurde und sich schließlich selbst zu teilen begann. An dieser Gabelung konnten wir entweder den Knorpelfischen folgen, einer Evolutionslinie, die zu Haien und Rochen führen sollte, oder aber wir folgten den Knochenfischen. Ich denke, wir alle wissen, welchen Weg wir einschlagen müssen, den der Knochenfische. Doch auch dieser Flusslauf wurde immer größer und größer und begann sich schon im späten Silur mehrfach zu teilen und brachte so viele verschiedene Arten hervor. Gerade das Gewirr aus Flussarmen unter den Knochenfischen brachte irgendwann im frühen Devon eine weitere, für unsere eigene Entwicklung unfassbar wichtige Innovation hervor. Diese Innovation sollte auch die Knochenfische als Ganzes in zwei unterschiedliche Lager aufteilen und damit kommen wir wieder an eine entscheidende Flussgabelung.

Wieder müssen wir uns entscheiden, folgen wir entweder den sogenannten Strahlenflossern (Actinopterygii), also jenen Fischen, deren Flossen in erster Linie aus knöchernen Flossenstrahlen und einer dazwischen gespannten Schwimmhaut bestehen, oder den Fleischflossern (Sarcopterygii), die ihren Namen einer muskulösen, fleischigen Flossenbasis verdanken? Wie man sich vielleicht denken kann, schlagen wir mit unserem Boot den Weg der Fleischflosser ein und dieser Weg wird uns auf eine faszinierende Reise führen. Diese muskulösen Knochenfische sollen zum Ursprung aller landlebenden Wirbeltiere werden. Es sind ihre fleischigen Flossen, die sich im Laufe von Jahrmillionen zu den vier uns bekannten Gliedmaßen aller landlebenden Wirbeltiere entwickeln sollen, und dank ihnen werden wir zusammen mit unseren Vorfahren aus den Seen und Sümpfen des Devons emporsteigen. Den Ursprung dieser

Reise werden wir im Devon hautnah miterleben und dabei verstehen müssen, dass wir alle eigentlich nichts anderes sind als Fische, die sich an das Leben an Land angepasst haben.

Wie wir heute wissen, kamen unsere Ahnen nicht direkt vom Meer aus auf das trockene Land, sie nahmen auf ihrer Reise dorthin den gleichen Umweg wie alle anderen Lebewesen vor ihnen auch, egal ob Pflanzen, Gliederfüßer oder Würmer: Sie kamen alle schlussendlich aus dem Süßwasser. Doch auch der Weg vom freien Ozean in das Süßwasser von Seen und Flüssen bringt seine Schwierigkeiten mit sich und erfordert viele aufwendige Anpassungen. Der Grund, warum sich diese evolutionären Anpassungen allerdings lohnen sollten, lag an einer weiteren kaum zu überschätzenden Revolution, die während des Devons vonstattenging. Diese Revolution betrifft allerdings nicht die Tiere, weder unsere Vorfahren noch jene der Gliederfüßer oder irgendwelche anderen, sie betrifft die Pflanzen.

Die ersten Wälder

Ihre explosionsartige Ausbreitung auf dem Land sollte das Antlitz der Erde für immer nachhaltig verändern und zwar stärker, als irgendwelche Tiere dazu jemals in der Lage gewesen wären. Hätten die Pflanzen diesen wichtigen Schritt nicht getan, so hätte sich auch keine einzige Tiergruppe die Mühe gemacht an Land zu gehen. Für was denn auch, schließlich sind Pflanzen die Grundlage fast jedes Ökosystems an Land und zu Wasser. Während des Devons bauten sie auf dem Fundament der silurischen Entwicklungen auf und zwar auf gigantische Art und Weise. Zu Beginn dieser erdgeschichtlichen Periode waren die meisten Pflanzen immer noch stets in relativer Nähe zu Süßwasservorkommen wie Seen, Teichen oder Flüssen angesiedelt. Zusätzlich gab es keine Pflanzen, die viel höher waren als unsere Hüften, doch am Ende des Devons überwucherten riesige Wälder fast die gesamten Kontinente. Die Pflanzen waren also nicht nur in der Lage, sich von der direkten Umgebung des Wassers unabhängig zu machen – vor allem dank der Entwicklung riesiger Wurzelsysteme zur Wasseraufnahme aus dem Boden. Vielmehr wuchsen sie auch zu wahren Giganten heran und erreichten Höhen von bis zu 30 Metern. Gerade das Höhenwachstum war ein unschätzbarer Evolutionsvorteil, da es den frühen Bäumen ermöglichte, die Konkurrenz hinter sich oder besser gesagt „unter" sich zu lassen, und es ihnen so erleichterte, Unmengen an Sonnenlicht für sich und die eigene Photosynthese zu sichern. Es kam also zu einem regelrechten Wettrennen in der Größenzunahme der frühen Bäume und da es abgesehen von kleineren Gliederfüßern noch keine wirklichen Pflanzenfresser gab, konnten sich die Wälder schnell über alle Kontinente ausbreiten, zumindest dort, wo es das Klima zuließ. Damit sind wir schon beim Thema „Klima" angekommen, auch dieses wurde durch die aufkommende Pflanzenwelt im globalen Maßstab mit beeinflusst.

Die sich stets weiterentwickelnden Pflanzen veränderten sowohl die chemische Zusammensetzung der Böden als auch die der umgebenden Atmosphäre. Mit dem Aufkommen der ersten großflächigen Waldgebiete wurde der Atmosphäre auch in immer größeren Maßstab CO_2 entzogen und das Schwinden von Treibhausgasen aus der Atmosphäre kann mitunter immense Folgen haben. Doch wie genau entzogen die ersten Bäume der damaligen Atmosphäre ihr CO_2? Dafür waren vornehmlich zwei Faktoren verantwortlich: Zum einen binden Pflanzen atmosphärisches CO_2 in ihrer eigenen Biomasse und von daher ist es nur logisch, dass sich mit den ersten ausgedehnten Wäldern des späten Devons auch die jeweiligen Konzentrationen in der Erdatmosphäre ändern mussten. Doch ein Faktor hat sogar einen noch größeren Einfluss auf die Zusammensetzung der Atmosphäre, nämlich die Verwitterung von Silikatgestein, Granit oder Sedimentgestein. Doch wie hatten die Bäume Einfluss auf die Verwitterung von Gesteinen? Die Antwort liegt bei den Wurzeln der Bäume. Diese drangen immer tiefer in die Gesteine vor und bewirkten damit eine immense Verstärkung dieser natürlichen Prozesse.

Die sich immer weiter ausdehnenden Pflanzen entzogen der Atmosphäre nicht nur CO_2, sondern pumpten auch gleichzeitig unglaubliche Mengen an freiem Sauerstoff hinein. Dieses Gas ist, wie wir bereits wissen, stets ein limitierender Faktor für die Entwicklung und vor allem die Weiterentwicklung von Tieren. Womit wir wieder zu unseren eigenen Vorfahren zurückkommen können, denn viele der tierischen Innovationen, die während des Devons umgesetzt wurden, waren nur dank der höheren Sauerstoffkonzentrationen möglich. Doch vor allem anderen drangen unsere Vorfahren aus den Meeren nun auch verstärkt in die kontinentalen Süßwasserbereiche vor, weil sich hier ganz neue Ökosysteme entwickelt haben. Während im Ordovizium und im Silur die Flüsse und Seen höchstens von flachen Moosteppichen umgeben waren, so standen nun riesige Wälder an dieser Stelle. Mit diesen neuen Ökosystemen waren zum ersten Mal in der Geschichte der Erde richtige Böden entstanden, die Unmengen organisches Material enthielten. Daher waren auch die ehemals kargen Wasserstellen übervoll mit kohlenstoffhaltiger Biomasse und damit war das Buffet reich gedeckt mit abgestorbenen Pflanzenteilen wie Blättern, Ästen oder sogar ganzen Bäumen, die über und über mit Algen bewachsen waren. Diese kontinentalen Süßwassergebiete waren damit nicht nur unglaublich vielfältig und reichhaltig, sie waren auch gänzlich neu und mussten daher aus rein evolutionärer Sicht zu einer Spielwiese der Innovationen werden.

Die neuen Herrscher einer neuen Zeit

Doch vermutlich hatten unsere Vorfahren noch weit mehr gute Gründe, sich aus den offenen Meeren vermehrt zurückzuziehen. Hier waren auch die gefräßigen neuen Herrscher des Devons unterwegs und diese kannten kein Erbarmen, gemeint sind die gepanzerten Placodermi. Diese ganz und gar eigenwillige Fischgruppe dominierte sämtliche marinen Ökosysteme. Wollten wir ihre Rolle mit den heutigen Tiergruppen der Ozeane vergleichen, so vereinigten sie vermutlich die Rolle von Haien und Walen gleichermaßen in sich. Sie sind in kürzester Zeit in so massiver Weise in alle Bereiche vorgedrungen, dass selbst die neuentstandenen Knochen- und Knorpelfische sie nicht wirklich bedrängen konnten.

Wie können wir uns diese urzeitlichen „Könige der Ozeane" aber vorstellen? Zunächst sollten wir etwas von unserem Bild, das wir von Fischen haben wegkommen, denn die Placodermi waren einzigartig. Ihre gesamte vordere Körperhälfte war bei den meisten Arten von schweren Panzerplatten geschützt, die einzelnen Platten waren deutlich sichtbar durch tiefe Furchen voneinander getrennt, was ihnen fast ein mechanisches Aussehen verlieh. Der hintere Teil ihres Körpers war entweder ungeschützt oder durch knöcherne Schuppen verstärkt, doch das konnte sich von Art zu Art unterscheiden. In den meisten Fällen jedoch war der Schwanz sehr kräftig, um trotz der schweren Panzerung einen schnellen Schwimmstil zu ermöglichen, und endete in einer langgezogenen Schwanzflosse. Eine weitere historische Besonderheit bei diesen Fischen wurde ebenfalls durch Fossilien belegt und zeigt, dass einige Arten von Placodermi, so zum Beispiel *Materpiscis,* die ersten Tiere waren, die lebende Junge zur Welt brachten. Ihre Eier wurden innerhalb des Körpers befruchtet und der wachsende Embryo mit Nährstoffen versorgt, bis er als fertiger Jungfisch das Licht der Welt erblickte. Diese Erkenntnis verschob das Datum der ersten uns bekannten Lebendgeburt um mindestens 200 Millionen Jahre nach hinten.

Eines der faszinierendsten, wenn auch für die anderen Bewohner der devonischen Meere eines der erschreckendsten Merkmale dieser Fische war wohl ihr Maul. Gerade bei den räuberischen Arten muss es eine schreckliche Waffe gewesen sein. Sie besaßen keine handelsüblichen Zähne, sondern große messerscharfe Knochenplatten, die aus ihren Kiefern herauswuchsen und durch die ständigen Bewegungen scharf gehalten wurden. Diese knöchernen „Zähne" gepaart mit dem gepanzerten Körper verliehen ihnen ein einzigartiges Aussehen, das heute regelrecht stereotypisch ist für urzeitliche Fische. Sie brachten auch den ersten wirklichen Spitzenprädator unter den Wirbeltieren hervor, ein Fisch, dem ganz bestimmt niemand heute begegnen möchte. Allein schon ein Blick auf die fossilen Überreste seines massiven Kopfschildes versetzen einen in Angst und Schrecken, vor allem seine rasiermesserscharfen, gezackten Knochenplatten, dank denen er mit Leichtigkeit jeden Panzer und jeden Knochen hätte zermalmen können. Die Rede ist hier von *Dunkleosteus*, einem Panzerfisch, der schätzungsweise acht bis zehn Meter Länge erreichte und damit wohl der mächtigste Jäger des Devons war.

Spätestens mit seinem Auftreten sind die Wirbeltiere ein für alle Mal aus dem Schatten ihrer früheren Fressfeinde herausgetreten und sollten sich auch nie wieder vollkommen unterordnen. Von nun an regierten die Nachkommen von *Myllokunmingia* die Meere und sie sollten nicht weniger furchterregende Herrscher werden, als es ihre Vorgänger waren. Die Zeiten der

Gliederfüßer und der Kopffüßer an der Spitze der marinen Nahrungsketten sind damit endgültig beendet.

Aber wieder zeigt sich ein allgemeines Merkmal der Evolution, denn auch einige der großen Placodermi haben sich von ihrem aktiven räuberischen Dasein gelöst und sind andere ökologische Wege gegangen. Sie sind filtrierende Riesen geworden, wie wir es schon in den vorherigen Erdzeitaltern bei Gliederfüßern (*Tamisiocaris*, Kambrium) und Kopffüßern (*Cameroceras*, Ordovizium) beobachten konnten. Doch in diesen Fall sprechen wir von *Titanichthys*, einem Panzerfisch, der vermutlich auch zehn Meter Länge erreichen konnte und in seinem Erscheinungsbild seinem jägerischen Verwandten *Dunkleosteus* glich. Doch er hatte sehr kleine, für die aktive Jagd wohl unbrauchbare Knochenplatten in seinem Maul, offenbar Anpassungen an seinen neuen Lebensstil. Er schwamm wahrscheinlich ähnlich wie heutige Wale durch große Schwärme kleinerer Fische oder Krill-ähnlicher Gliederfüßer und seine kleineren Zähne dienten dazu, die Beute im Maul zu behalten, während das Wasser herausgepresst wurde. Es ist immer wieder beeindruckend zu sehen, wie die Evolution jede ökologische Nische stets aufs Neue befüllt.

Dieser Blick in die Erdgeschichte verdeutlicht auch, dass die für uns so einzigartige Evolutionsgeschichte der Wale gar nicht so einzigartig ist, sondern eher einen ganz normalen evolutionären Trend darstellt. Wir haben nun bereits gesehen, dass die Klasse der gepanzerten Placodermi für viele evolutionäre Innovationen verantwortlich war, und auch wir Säugetiere sowie alle anderen landlebenden Wirbeltiere haben ihnen viel zu verdanken. Schließlich teilen auch wir einen gemeinsamen Vorfahren mit diesen urzeitlichen Fischen und diesen haben wir nicht nur unsere Kiefer zu verdanken. Nein, die Placodermi waren auch die ersten Fische, die die sogenannten paarigen Beckenflossen entwickelten. Diese speziellen Flossen sollten, wie wir nun bald sehen werden, zu den Hinterbeinen aller landlebenden Wirbeltiere werden. Doch neben den Kiefern und den Vorläufern unserer Gliedmaßen gibt es wahrscheinlich auch noch einen weiteren, etwas indirekteren Einfluss, den diese Fische auf unsere Entwicklungsgeschichte ausübten. Ihre unausweichliche Dominanz in den Meeren des Devons trieb vermutlich einige unserer Vorfahren raus aus den offenen Meeren und mitten hinein in die vollkommen neue Welt der kontinentalen Süßwassergebiete, mit ihren von dampfenden Sümpfen und von Wäldern umgebenen Flüssen und Seen. Dieses Ausweichmanöver führte schließlich dazu, dass sich unsere Vorfahren nicht nur an das Leben im Süßwasser anpassten, sondern das sie auch ein ganz neues Reich für sich beanspruchen konnten, das Land.

Der lange Marsch an Land

Die Eroberung des Landes stellt eine solch fundamentale Neuerung dar, dass nahezu jede vorher stattgefundene morphologische Änderung oder Innovation daneben blass aussieht. Der

Wechsel vom Leben im Wasser zu einem Leben auf dem trockenen Land stellt nahezu den gesamten Organismus auf eine radikale Bewährungsprobe. Von nun an muss er nicht nur gegen das allgegenwärtige Problem der Austrocknung kämpfen, auch die Gravitation selbst wird zu einer großen Hürde. Denn die Auftriebskraft des Wassers reduziert diese immens und dann ist da auch noch der Gasaustausch oder anders ausgedrückt die Atmung, die auf dem Trockenen ganz anders funktioniert als im feuchten Wasser. Wie wir sehen stellt dieser dramatische Lebenswandel massive Anforderungen an den gesamten Körper und das ist auch der große Unterschied zu den meisten anderen, vorher umgesetzten evolutiven Innovationen. Diese betrafen in aller Regel nur das betreffende Organ selbst. Nehmen wir beispielsweise die Entwicklung der Kiefer: Um sie zu erschaffen, musste kein Fisch seinen gesamten Körperbau revolutionieren oder seine Atmungsorgane anpassen. So groß und wichtig, wie uns die Entstehung der ersten Kiefer auch vorkommen mag, und so wichtig, wie sie für den restlichen Verlauf der organischen Evolution auch ohne jeden Zweifel war, so handelte es sich im Moment der Entwicklung doch „nur" um eine Verbesserung bereits vorhandener Strukturen. Die Eroberung des Landes jedoch war etwas anderes, etwas größeres, hier musste der gesamte Organismus fundamentale Änderungen durchlaufen, um bei der Umsetzung erfolgreich sein zu können.

Und wieder befinden wir uns in einer evolutionären Erklärungsnot, denn ohne jeden Zweifel waren die erforderlichen, körperlichen Anpassungen für ein Leben an Land nichts, was über Nacht passieren konnte. Ganz im Gegenteil, moderne Schätzungen gehen von einem Zeitraum von knapp 50 Millionen Jahren aus, der sich fast über das gesamte Devon erstreckte. Wir können weiterhin davon ausgehen, dass viele der kleinen Schritte auf diesem langen Marsch vom Fisch zum Amphibium keinen nennenswerten Einfluss hatten auf die Landtauglichkeit der betreffenden Tiere. Wir wissen mittlerweile auch, dass die Evolution nicht vorausschauen kann. Das bedeutet, dass jeder noch so kleine Entwicklungsschritt, den ein Tier macht und der es seinen viele Millionen Jahre später lebenden Nachkommen ermöglichen sollte, an Land zu gehen, muss auch für dieses entsprechende Tier bereits irgendwie von Vorteil sein, um weitergegeben werden zu können. Schauen wir einmal kurz auf die Atmung, dieser kritische Prozess, der einen jeden Organismus mit Sauerstoff versorgt und der bei unseren Fischvorfahren über die Kiemen geregelt wurde. Doch an Land sind Kiemen nutzlos, daher musste sich schon früh eine Lunge entwickeln, die diese Aufgabe auch an Land erledigen konnte. Wie lässt sich dieses Rätsel lösen, schließlich kann sich ein so komplexes Organ wie eine Lunge mit den dafür notwendigen Blutgefäßen nicht urplötzlich entwickeln, weil ein Fisch beschließt, er will nun an Land leben. Tatsächlich entstanden die ersten Lungen zu einem Zeitpunkt, an dem noch kein Fisch daran dachte, jemals das Land zu betreten.

Es war schlicht eine neue Anpassung an einen marinen Lebensstil. Das grundlegende Ursprungsorgan, auf das unsere Lungen zurückgehen, entstand wahrscheinlich wie auch unsere Kiefer zu einem Zeitpunkt, an dem unsere Vorfahren noch gepanzerte Fische waren. Die schweren Panzerplatten, die unseren Vorfahren den notwendigen Schutz vor größeren Raubtieren boten, machten ihnen aber auch das Schwimmen schwer und drückten sie vermutlich Richtung Meeresboden. Um hier einen Ausgleich zu erzeugen, formte sich die sogenannte Schwimmblase, eine mit Luft gefüllte Ausstülpung des Darmtraktes, die mit ihrem Auftrieb dem Gewicht der Panzerplatten entgegenwirken konnte.

Vermutlich bereits im frühen Devon kam eine weitere wichtige Funktion hinzu, und zwar die einer rudimentären Atmung. Denn der Sauerstoffgehalt der damaligen Atmosphäre lag noch deutlich niedriger als heute und die meisten Wirbeltiere sind sehr aktive Lebewesen und haben daher einen hohen Energiebedarf. Daher war Sauerstoff häufig ein limitierender Faktor für die Größenzunahme und das Aktivitätslevel vieler Organismen. Nun muss man noch wissen, dass Luft, gemessen an einer bestimmten Volumeneinheit, immer mehr Sauerstoff enthält als das gleiche Volumen an Wasser. Daher entwickelte sich die Schwimmblase vieler Fische zu einer primitiven Lunge, die es den Fischen ermöglichte, diese größeren Mengen an Sauerstoff aus der Atmosphäre ebenfalls für sich zu nutzen. Damit wäre das Rätsel der Lunge bereits gelöst, sie entwickelte sich ursprünglich nicht für ein Leben an Land, sondern war eine weitere Anpassung für ein aktiveres Leben im Meer und wurde später nur für andere Zwecke von der Evolution weiterentwickelt. Doch die wohl wichtigste und gleichzeitig populärste Anpassung unserer Vorfahren für ein Leben an Land war der Wechsel von Flossen zu Gliedmaßen. Um diesen Übergang besser nachvollziehen zu können, betrachten wir uns einmal unsere eigene Ahnenreihe etwas genauer, denn in ihr verbirgt sich ein Beispiel für die einmalige Schönheit der Evolution.

Wir haben ja bereits gehört, dass sich einige unserer fleischflossigen Vorfahren aus den offenen Meeren zurückgezogen haben, zum Teil wohl auch um den neuen Herrschern der Meere etwas aus dem Weg gehen zu können. Wer wollte schon zwischen den spitzen Knochenplatten der Placodermi enden? So passten sich einige der Fleischflosser dem Leben im Süßwasser an und begannen ihre Reise von den Flussdeltas bis hinauf zu den Flüssen und Seen auf dem Festland. Hier boten sich unseren Vorfahren gänzlich neue und unglaublich vielfältige Ökosysteme. Das Festland wurde ja schon seit langem von Pflanzen und allerhand Gliederfüßern bewohnt, die aus den Ufergebieten reichhaltige Buffets für Fleisch- und Pflanzenfresser machten. So passten sich viele dieser Fische mit ihren kräftigen Flossen dem Leben im freien Wasser der Seen und Flüsse an und vollbrachten hier etwas, das ihnen im Meer niemals gelungen wäre. Sie kämpften sich bis an das Ende der örtlichen Nahrungskette vor und wurden teilweise riesig. So wurden die Süßwassergebiete der devonischen Kontinente bald von gigantischen Fleischflossern beherrscht, die teilweise bis zu sieben Metern Länge erreichten und hier bald konkurrenzlos waren. Doch unsere eigenen Ahnen besiedelten bald ganz andere Wasserbereiche in diesen komplexen Ökosystemen, sie hielten sich dabei in gebührendem Abstand zu den Riesen des offenen Gewässers in den Flachwassergebieten auf.

In diesen komplex strukturierten Lebensräumen lebten sie in relativer Sicherheit vor ihren gefräßigen Verwandten. Denn in den flachen Uferbereichen war ganz einfach kaum Platz für solche Riesen. Überall ragten die Wurzeln der umliegenden Bäume in das Wasser hinein und formten damit ein regelrechtes Labyrinth in dem ohnehin schon trüben Wasser. Neben den Wurzeln waren auch stets abgestorbene Baumstämme in der Wassersäule verteilt und machten ein sicheres Navigieren immer schwieriger, vor allem für große Jäger. Es war diese Umgebung, in der unsere Vorfahren sich von Fischen zu den ersten Tetrapoden entwickelten. Das Wort Tetrapode bedeutet nichts anderes als „vier Füße" und ist ein Überbegriff für alle landlebenden Wirbeltiere. Sie alle besitzen in ihrem Grundbauplan vier Extremitäten, egal ob Amphibien, Reptilien, Dinosaurier oder Säugetiere. Auch wenn einige Arten diese Gliedmaßenformel sekundär verändert haben, wie zum Beispiel Schlangen oder Wale, sie alle zählen auf Grundlage ihrer Entwicklungsgeschichte zu den Tetrapoden.

Alle Gliedmaßen dieser Tetrapoden haben den gleichen, grundlegenden Aufbau. Sie beginnen mit einem Oberarm- oder Oberschenkelknochen, der als Stylopod bezeichnet wird. Darauf folgen je zwei weitere Mittelarm- oder Mittelbeinknochen, die man auch Zeugopod nennt, und am Ende folgt der sogenannte Autopod, die Hand oder der Fuß. Wenn wir im Folgenden über die Entwicklung von Gliedmaßen sprechen, kommt eine weitere wichtige Körperachse mit ins Spiel, von der wir bisher noch nicht gesprochen haben, die sogenannte proximo-distale Achse. Wir haben bereits die Vorder-Hinterachse von sich entwickelnden Tieren kennengelernt, die sich vom Kopf bis zum Schwanz erstreckt. Bei der Entstehung von Körperextremitäten wie Armen oder Beinen ist es zwar wichtig, wo diese entlang der Vorder-Hinterachse gebildet werden, doch spielt diese nur eine nebensächliche Rolle bei der Ausprägung der jeweiligen Extremität selbst.

Wenn es darum geht, einen Arm oder ein Bein zu gestalten, ist es für einen Organismus von weitaus größerer Bedeutung zu definieren, wo sich bestimmte Abschnitte der Gliedmaßen im relativen Abstand zur Körpermitte befinden. Nehmen wir beispielsweise einmal den Oberarm eines Menschen oder den eines Frosches (das spielt in unserem Beispiel keine Rolle), dann befindet er sich in relativer Nähe zur Mitte des Körpers, er ist also am proximalen Ende der Extremität. Nun betrachten wir uns die Hand, diese befindet sich logischerweise in größerer Entfernung zur Körpermitte und ist damit am distalen Ende der Extremität zu finden. Die regulative Einteilung unserer Gliedmaßen entlang dieser Körperachse wird von großer Wichtigkeit sein für den ersten Landgang unserer Vorfahren. Wenn wir uns einmal die Extremitätenknochen unserer fleischflossigen Ahnen betrachten, fällt uns eins direkt auf: Sie besitzen bereits die proximalen Armstrukturen, die wir auch heute noch unser Eigen nennen. Ein schönes Beispiel für einen Fisch mit muskulösen Flossen, der sich bereits auf den Weg Richtung Tetrapoden machte, war *Eusthenopteron*. Er lebte vor circa 375 Millionen Jahren und war mit einer Länge von gut 1,5 Metern bereits ein stattlicher Vertreter. Schon dieser kräftige

Fisch besaß in seinen Brustflossen die gleichen Knochen wie wir im Ober- und Unterarm, also den Oberarmknochen (Humerus) und die beiden Unterarmknochen (Elle und Speiche). Das bedeutet, dass sowohl der Stylopod als auch der Zeugopod bereits Erfindungen der Fische waren und erst der Autopod, also unsere Hände und Füße, als eine tatsächliche evolutionäre Innovation der landlebenden Tetrapoden durchgeht.

Dank eines guten Fossilberichts können wir heute den evolutionären Weg von muskulösen Fischen wie *Eusthenopteron* bis hin zu den ersten vollständig an Land lebenden Amphibien gut nachzeichnen. Wie bereits erwähnt, besaß *Eusthenopteron* bereits sowohl Oberarm- als auch Unterarmknochen, doch anstelle einer Hand trug er noch knöcherne Flossenstrahlen am Ende seiner Flossen. Ein weiterer Fleischflosser mit ähnlichen Merkmalen ist *Panderichthys.* Wie *Eusthenopteron* besitzt er die gleichen Knochen des Stylopods und des Zeugopods, jedoch hat er bereits eine weitere Eigenschaft mit den späteren Landbewohnern gemein, die ihn noch etwas näher in unsere eigene Richtung rückt: Sein Oberarmknochen (Humerus) ist bereits deutlich verlängert und bietet so auch eine größere Ansatzstelle für Muskeln, was ihn noch kräftiger macht als *Eusthenopteron.* Der nächste Vertreter dieser fantastischen Fische, den wir nun kennenlernen werden, ist ein perfektes „missing link", also in diesem Fall ein Bindeglied zwischen fleischflossigen Fischen und den ersten echten Tetrapoden. Der Name dieses Fisches ist *Tiktaalik* und seine Entdeckung war so etwas wie der Schlussstein für das Gebilde der Wirbeltierevolution. Die vorher bereits bekannten Fossilien waren entweder den Fischen zu ähnlich (wie *Eusthenopteron* oder *Panderichthys*) oder aber den landlebenden Amphibien (*Acanthostega* oder *Ichthyostega*). Aber bei *Tiktaalik* war das anders, er vereint in genau dem richtigen Verhältnis Fischmerkmale mit den Merkmalen, die man frühen Amphibien zugesagt hätte. Er dient damit als abschließender Beweis für den „nassen" Ursprung aller landlebenden Wirbeltiere, einschließlich uns Menschen. So gilt *Tiktaalik* als das erste uns bekannte Tier mit einem echten Hals, denn ihm fehlen bereits die bei Fischen verbreiteten Knochenplatten im Bereich der Kiemen, die normalerweise eine seitliche Kopfbewegung unmöglich machen. Diese Eigenschaft dürfte ihm einige Vorteile eingebracht haben, vor allem bei der Jagd nach Beutetieren. Eine weitere wichtige Eigenschaft für die Eroberung des Landes war ein kräftiger, knöcherner Brustkorb, der die immer wichtiger werdenden Lungen schützte und ihnen die notwendige Stabilität verlieh.

Doch auch die Gliedmaßen brachten wichtige Neuerungen mit: So waren die großen Knochen wie Oberarmknochen noch einmal größer und bildeten damit mehr Ansatzpunkte für eine noch stärkere Muskulatur. Auch das Becken von *Tiktaalik* war sehr kräftig und ermöglichte laut neusten Erkenntnissen bereits eine eingeschränkte Beweglichkeit an Land. Auch wenn *Tiktaalik* und seine uns bekannten Vorgänger nicht zwangsläufig direkte Vorfahren von uns selbst waren, so beweisen sie doch allesamt, dass die notwendigen Zwischenstufen zwischen Fischen und Tetrapoden in genau dem richtigen Zeitraum einmal existiert haben. Außerdem besaßen die Gliedmaßen von *Tiktaalik* immer noch Flossenstrahlen an ihrem distalen Ende, doch diese waren bereits stark reduziert im Vergleich zu Fleischflossern wie *Eusthenopteron*. Die uns bekannten Nachfahren von *Tiktaalik* wie beispielsweise *Acanthostega* oder *Ichthyostega* sahen schon deutlich mehr aus wie moderne Amphibien. So besaßen sie nicht nur die ersten Autopoden, sprich Hände und Füße, sondern auch bereits Finger und Zehen an ihrem Ende. Neuere Erkenntnisse legen jedoch nahe, dass selbst diese amphibienähnlichen Lebewesen, deren Erscheinungsbild schon so nach Anpassungen an das Festland aussieht, noch rein aquatisch lebten. Denn ihre Gliedmaßen waren schlicht und ergreifend noch nicht stark genug für eine längere Fortbewegung an Land. Das bedeutet allerdings auch, dass sich die ersten Gliedmaßen unserer Vorfahren nicht für die Fortbewegung an Land entwickelten, sondern für etwas anderes. Höchstwahrscheinlich ermöglichten diese frühen Beine eher eine gezielte Fortbewegung in seichten Gewässern, wo diese Art des Vorankommens dem freien Schwimmen deutlich überlegen ist. Außerdem deutet die abgeflachte Kopfform mit den auf der Oberseite befindlichen Augen darauf hin, dass diese Tiere wahrscheinlich Lauerjäger waren, die sich in flachen Gewässern mit zum Teil starker Strömung, dank ihrer kräftigen Gliedmaßen, am Boden festhalten konnten oder auch an der Wasseroberfläche nach terrestrischen Gliederfüßern jagten. Auch wenn *Ichthyostega* bereits für kurze Phasen an Land gehen konnte, so war er doch noch durch und durch an das Wasser gebunden und verbrachte dort auch den Großteil seines Lebens. Kurze Landgänge dienten vermutlich nur der Jagd nach leicht zu greifenden Gliederfüßern oder um kurzzeitig der starken Konkurrenz durch andere Artgenossen oder Fressfeinde zu entgehen.

Doch egal, wie stark ein jeglicher ökologischer Druck oder eine potenzielle Notwendigkeit auch sein mag, nichts von alledem hat die Kraft, eine anatomische Änderung herbeizuführen. Diese Macht besitzen nur die Gene, also jene genetischen Einheiten, die durch ihre enge Zusammenarbeit die Überlebensvehikel erschaffen, die wir als Tiere oder Pflanzen wahrnehmen. Nun kommen wir zu der wichtigen Frage, welche genetischen Mechanismen wohl für die dramatische Umformung von Flossen zu Gliedmaßen verantwortlich waren?

Ohne jeden Zweifel waren diverse Gene und Gennetzwerke daran beteiligt und es ist genauso eindeutig, dass wir diese nie in ihrer Vollkommenheit nachvollziehen können. Doch eines können wir trotzdem tun, wir können uns die Genome heutiger Landtiere genauer betrachten und sie mit denen von Fischen vergleichen, die unser aller Vorfahren darstellen. All das hat uns bemerkenswerte Einblicke verschafft in die genetischen Mechanismen, die zumindest mit daran beteiligt waren, aus Flossen Gliedmaßen zu erzeugen.

Wieder stoßen wir bei unserer Recherche auf die scheinbar allgegenwärtigen Hox-Gene, denn diese sind nicht nur daran beteiligt, die Vorder-Hinterachse eines Tieres zu unterteilen, sie definieren auch die unterschiedlichen Regulationsbereiche entlang der proximo-distalen Achse von Gliedmaßen. So wurde gezeigt, dass bei der Entwicklung der Fischflossen zunächst zwei verschiedene Hox-Gene, HoxA11 und HoxA13, in ihren Expressionsbereichen komplett überlappen und damit einen gemeinsamen regulatorischen Bereich formen, mit gleicher Positionsinformation. Doch im Laufe der Evolution hin zu den vierbeinigen Tetrapoden wurden diese Expressionsbereiche aufgefächert. Von nun an gab es einen Abschnitt weiter proximal (näher zur Körpermitte hin), in dem ausschließlich HoxA11 aktiv war, und einen weiter distalen Bereich (weiter weg von der Körpermitte), in dem nur HoxA13 aktiv war. Diese neue Regionalisierung sollte der Ausgangspunkt für die Entwicklung des Autopoden werden und damit der wirklichen Tetrapoden-Innovation, den Händen und Füßen am distalen Ende der jeweiligen Extremitäten. Bereiche, in denen unterschiedliche Hox-Gene aktiv sind, unterscheiden sich auch durch eine komplett andere Genaktivität, die ja von den Hox-Genen als Meisterregulatoren kontrolliert wird. So wurde beispielsweise gezeigt, dass diese Hox-Gene auch zusammen mit dem Transkriptionsfaktor CTCF an bestimmte DNS-Sequenzen binden. Falls Sie sich noch an den ersten Teil dieses Buches erinnern, wissen Sie wahrscheinlich noch, was CTCF als DNS-bindendes Protein bewirkt. Es erzeugt übergeordnete genomische Strukturen, sogenannte TADs.

Diese TADs sind mit Schleifen zu vergleichen und regulieren damit, welche regulatorischen DNS-Bereiche mit welchen Genen interagieren. Da wir davon ausgehen können, dass unterschiedliche Hox-Proteine auch verschiedene TAD-Strukturen zur Folge haben, verändern sie damit ganz aktiv die gesamten genomischen Ökosysteme einer Zelle. Bereiche, die gerade noch aktiv waren, sind nun inaktiv und anders herum. Daher haben Umformungsprozesse dieser genomischen Landschaften auch immer einen immensen Effekt auf den gesamten Organismus. Dank dieser engen Zusammenarbeit zwischen Hox-Genen und CTCF beeinflussen sie auch zusammen die gesamte genetische Aktivität der betreffenden Zellen und der gemeinsam regulierten anatomischen Bereiche.

Auch wenn wir nun wissen, auf welche Art und Weise diese neuen Hox-Bereiche die Gliedmaßen unserer Vorfahren neu strukturierten, so müssen wir uns immer noch die Frage stellen, wie die neue Aufteilung dieser Bereiche überhaupt entstehen konnte. Hier kommt uns wieder ein alter Bekannter aus dem ersten Teil dieses Buches zu Hilfe, um diese Frage zu beantworten. Namentlich handelt es sich um nicht codierende RNS-Moleküle. Jene RNS-Bausteine, die nie in Protein umgewandelt werden, aber dennoch durch regulatorische Mechanismen ein enormes evolutives Potenzial besitzen, da sie die Aktivität von Genen auf jede nur erdenkliche Weise beeinflussen können. Tatsächlich hat man bei vielen Tetrapoden sogenannte lange nicht codierende RNS-Bausteine nachgewiesen, die gezielt die Aktivität von HoxA11 in den distalen Bereichen der sich entwickelnden Gliedmaßen blockieren, während diese Regulation bei Fischen nicht existiert. Daher können wir daraus schließen, dass sich in unseren Fischvorfahren, irgendwann vor ungefähr 400 Millionen Jahren, dieses lange nicht codierende RNS-Molekül entwickelt hat und so den Startschuss gab für die weitere Regionalisierung der Flossenextremitäten und damit auch für die Entwicklung unserer Hände und Füße. Dies ist wieder ein faszinierendes Beispiel dafür, wie scheinbar kleine genetische Änderungen den Lauf der Evolution für immer dramatisch verändern können.

An dieser Stelle muss ich noch einmal an den letzten Satz der Einleitung denken, mit der ich dieses Buch eröffnet habe. Dort habe ich gesagt, dass man das „Große" nicht ohne das „Kleine" verstehen kann. Was könnte treffender sein an dieser Stelle, wo wir sehen, dass eine der größten Übergänge in der Geschichte der Wirbeltiere (unter anderem) von einer nicht codierenden RNS eingeleitet wurde? Ein Molekül, das nur wenige Hundert oder Tausend Nukleotide lang ist und niemals in ein funktionsfähiges Protein übersetzt wird. Es ist bewiesenermaßen der Fall, dass Mutationen in den proteincodierenden Bereichen von Genen eher kleinere Änderungen der zellulären Netzwerke zur Folge haben, dass aber die wirklich großen evolutionären Events und Übergänge durch Mutationen in regulatorischen Bereichen gesteuert wurden.

Eine Reise ins Devon

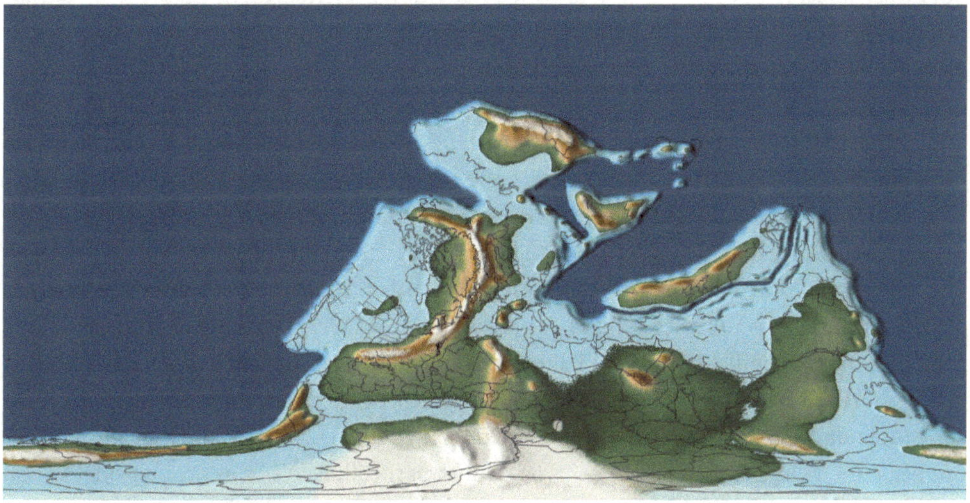

Abbildung 15: Die Lage der Kontinente zur Zeit des Devons, vor 360 Millionen Jahren (C. R. Scotese, 2016).

Damit wird es auch wieder Zeit für ein näheres Treffen mit einem unserer Vorfahren. Wir tauchen nun ein in die Welt des späten Devons und damit eine Zeit, in der sich für uns und unsere Vorfahren die Welt dramatisch ändern sollte. Wieder sehen wir die Welt von oben, wir sehen die Kontinente und Meere des späten Devons unter uns. Mittlerweile haben wir uns daran gewöhnt, dass die Zusammensetzung der Land- und Wasserflächen grundsätzlich anders ist als in unserer Zeit. Aber wir merken auch, dass die Landmassen übersichtlicher geworden sind. Es gibt nun vor allem zwei große Kontinente, Laurussia im Norden und Gondwana im Süden der Erdhalbkugel, die nur noch von einem immer kleiner werdenden Meer getrennt werden. Abgesehen von einigen anderen, kleineren Landmassen ist die restliche Erde nach wie vor von dem riesigen Ozean Panthalassa bedeckt, der den Herrschern dieser Zeit ein riesiges Reich zur Verfügung stellte.

Wieder nähern wir uns der Erdoberfläche, es ist als würden wir wie ein riesiger Asteroid auf die Erde herabstürzen, wir spüren sogar die Fallwinde, als wir in die Atmosphäre eintreten. Doch der Anblick dieser Erde lässt uns die Angst vor dem Aufprall direkt vergessen: Was wir nun sehen, ist nicht nur ungewohnt für unsere Augen, es ist auch wunderschön. Dort, wo sich bei unseren letzten Ausflügen in die Erdgeschichte noch riesige Wüsten und karge Gesteinsformationen erstreckten, ist nun alles von einer uns nur zu gut bekannten Farbe dominiert: Grün. Überall, wo wir hinsehen, scheinen sich nahezu unendliche Wälder zu erstrecken, die nur durch einzelne Gebirgszüge unterbrochen werden. Wir merken direkt, dass die Revolutionen des Devons nicht mehr im Verborgenen stattfanden, nein, sie drückten diesem Gesteinsplaneten am Rande seiner eigenen Galaxis ein für alle Mal ihren Stempel auf. Wir kommen der Oberfläche immer näher und es fallen uns immer mehr große Seen und Flüsse auf, die sich durch das unendlich scheinende Grün mäandern. Wir erkennen nun auch immer mehr die ungefähren Konturen der Bäume selbst, die wie riesige Farne aussehen. Unaufhaltsam kommen wir einem kleinen Flusslauf immer näher, aus dessen umliegenden Waldgebieten dicke, schwere Nebelschwaden sich zu erheben scheinen, und wir merken, dass wir bei diesem Ausflug zum ersten Mal nicht in die Ozeane geschickt werden. Immer näher kommt die Oberfläche dieses namenlosen Flusses auf uns zu und auf unserem Weg nach unten berühren wir sogar einige Blätter der dichtstehenden Bäume – dann wieder der Moment des tiefen Luftholens.

Wir spüren erneut, dass wir uns in einem neuen Körper befinden, aber es fühlt sich nicht gar so fremdartig an wie bei den letzten Reisen. Wir bemerken vier Gliedmaßen anstelle der uns bekannten Flossen, diese Erkenntnis ist so überraschend, dass es eins der ersten Dinge ist, auf die wir achten. Doch nun schauen wir uns erst einmal um, das Wasser, in dem wir uns befinden, ist sehr trüb. Wir können höchstens drei bis vier Meter weit sehen, es ist kein Vergleich zu den zum Teil kristallklaren Gewässern unserer letzten Ausflüge. Aber noch etwas fällt uns direkt auf, überall um uns herum liegen abgebrochene Baumstämme im Wasser, die teilweise von dicken Algenteppichen überzogen sind. Sie wirken in etwa so wie die Säulen eines untergegangen griechischen Tempels und geben der ganzen Kulisse um uns herum eine noch dichtere Atmosphäre. Abgesehen von den unzähligen Baumstämmen sehen wir auch die feinen und deutlich filigraneren Stängel von Wasserpflanzen, die alle versuchen, ihre Blätter dem Sonnenlicht entgegen zu strecken. Dieses Sonnenlicht ist jedoch noch sehr schwach und man kann vermuten, dass die Sonne gerade dabei ist aufzugehen, was auch die dichten Nebelschwaden erklärt, die wir bei unserem Anflug gesehen haben. Wir versuchen, einen Artgenossen ausfindig zu machen, aber wir scheinen alleine unterwegs zu sein in diesem trüben, namenlosen Fluss, der sich am Ende des Devons durch die ersten Dschungel der Erdgeschichte schlängelt. Wir können auch ohne diese Hilfe einiges erfühlen, was uns etwas über unseren neuen Körper sagen kann. Vier Gliedmaßen, die wir wie kräftige, muskulöse Flossen zum Schwimmen nutzen und mit deren Hilfe wir mit Leichtigkeit jedem der Baumstämme ausweichen können, denn sie verleihen uns eine unglaubliche Manövrierfähigkeit in diesem Unterwasserwald.

Jedes Mal, wenn uns einer dieser Riesen zu nah kommt, können wir ihn mit unseren hinteren Gliedmaßen kurz umklammern, um uns danach wieder von ihm abzustoßen, während wir mit unserem vorderen Flossenpaar kräftig Schwung holen. Ein weiterer Vorteil ist unser Schwanz, denn auch der gibt uns zusätzlichen Schub nach vorne und ist bei jedem Ausweichmanöver hilfreich. Und noch etwas merken wir wieder voller Begeisterung, unser siebter Sinn ist uns von unseren ozeanischen Vorfahren erhalten geblieben, wir besitzen immer noch ein funktionsfähiges Seitenlinienorgan, das uns über mögliche Gefahren oder Futterquellen jederzeit informieren kann. Gerade in diesen trüben Gewässern ist es von unschätzbarem Wert und erleichtert uns das Vorankommen. Während wir uns an unsere neue Umgebung gewöhnen, merken wir etwas Ungewöhnliches. Obwohl wir uns im Wasser befinden, haben wir das Gefühl, nicht ausreichend Sauerstoff zu bekommen.

Bevor wir uns der Panik hingeben, reagiert unser Körper bereits scheinbar automatisch und schwimmt in Richtung Wasseroberfläche. Als wir dort ankommen, strecken wir unseren Kopf aus dem Wasser empor – gerade soweit, dass die Spitze unseres Kopfes herausschaut, – und nehmen einen tiefen Atemzug. Es ist eine faszinierende Erfahrung, scheinbar im Körper eines Fisches zu sein, aber trotzdem an die Luft zu kommen, um zu atmen. Doch wie dem auch sei, nach diesem Abstecher an die frische Luft sind wir wieder voller Energie und lassen uns zunächst in Richtung Boden sinken. Diese Unterwasserwelt ist auf merkwürdige Weise faszinierend.

Nun sehen wir auch die ersten anderen Fische um uns herum, sie scheinen allesamt zu den Fleischflossern zu zählen, denn sie alle besitzen kräftige Flossenansätze, mit denen sie sich durch das Wasser bewegen oder sich sogar zum Teil an den umliegenden Baumstämmen festhalten. Es werden nun immer mehr Fische, die sich hier tummeln und die meisten von ihnen scheinen in etwa unsere Größe zu haben und sehen dabei sehr kräftig aus. In diesem Moment wird uns bewusst, warum das Devon als das Zeitalter der Fische bezeichnet wird. Auch wir verspüren plötzlich Hunger, doch nichts, was um uns herum schwimmt, scheint eine passende Beute zu sein, alle diese Fische sind viel zu groß. Doch wieder vertrauen wir auf unsere Instinkte und schwimmen Richtung Wasseroberfläche, hier in unmittelbarer Nähe zum Ufer beschließen wir, uns ebenfalls auf einen günstig gelegenen Baumstamm zu platzieren. Nur unsere Augen, die sich auf der Oberseite unseres Kopfes befinden, schauen aus dem trüben Wasser heraus und dank unserer kräftigen Gliedmaßen ist es ein Leichtes für uns, sich festzuhalten und in dieser Position abzuwarten. Der Anblick, der sich uns bietet, ist spektakulär, direkt über der Wasseroberfläche tanzen nach wie vor kleine Dampfwolken in der Morgensonne.

Die Ufer dieses Flusses sind von einer grünen Mauer umgeben, die sich aus unzähligen Bäumen zusammensetzt. Diese Bäume sehen aus wie gigantische Farne, die zum Teil mehr als 30 Meter hochwachsen und die umgebende Luft mit Sauerstoff anreichern. Direkt vor uns am Ufer ist ein schlammiger Abschnitt, der sehr viel flacher ist als die Uferbereiche um ihn herum, und auch die Böden sind bedeckt von farnartigen Gewächsen, die selbst mit dem spärlichen Licht noch zurechtkommen, dass die großen Bäume ihnen übriglassen. Auf einmal merken wir Bewegungen zwischen den bodennahen Blättern dieser Pflanzen und sind bereits gespannt, was da auf uns zukommt. Es ist ein großer Hundertfüßer, dessen gepanzerte Hülle selbst in diesem schwachen Licht noch glänzt. Mithilfe seiner unzähligen Beine kommt er immer näher aufs Wasser und damit auch auf uns zu. In Erwartung einer leckeren Mahlzeit beginnen unsere Muskeln bereits zu vibrieren und machen sich bereit, nach vorne zu schnellen. Der Gliederfüßer kommt immer näher und macht dann abrupt halt. Ob er uns wahrgenommen hat? Wir beschließen nicht länger zu warten, immerhin ist er mittlerweile nah genug. Unsere Hinterbeine und unser Schwanz katapultieren uns aus dem Wasser heraus und noch bevor der Hundertfüßer merkt, was vor sich geht, findet er sich zwischen unseren gezähnten Kiefern wieder. Während er noch zappelt, ziehen wir uns wieder zurück ins trübe Wasser und nach ein paar kräftigen Bissen schlucken wir die leblose Beute herunter.

Hier unten sieht man nichts mehr von den dampfenden Dschungeln, die uns umgeben, nur große Fische, die alle mit ihren muskulösen Flossen auf Patrouille gehen. Doch auch wir sind auf einer Reise, die nun schon viele Tage dauert und die uns durch ein ganzes Gewirr von unterschiedlichen Flüssen und Seen geführt hat. Das Ziel dieser Reise sind unsere Paarungsgründe. Wir treten diese lange Wanderung nun schon seit mehreren Jahren an, immer während der Regenzeit, um unseren Nachkommen die bestmöglichen Chancen auf ein Überleben zu geben. Mittlerweile sind wir fast angekommen, doch ein großes Hindernis liegt noch vor uns, ein großer See, in dem sich zu dieser Jahreszeit stets riesige Wassermassen aufstauen und in dem gefährlichere Tiere auf uns warten, als wir es sind. Doch nichtsdestotrotz ziehen uns diese Paarungsreviere magnetisch an, denn unsere Gene wollen nur eines, in die nächste Generation weitergetragen werden. So gehen wir also jedes Jahr erneut auf diese lange Reise, getrieben vom Überlebenswillen unserer Gene. Dieser letzte Abschnitt liegt nun direkt vor uns, der große See.

An der Stelle, an der unser Fluss in den großen See mündet, schwimmen wir noch einmal an die Oberfläche und verschaffen uns einen Überblick. Der See ist wirklich groß, in seiner Mitte befinden sich sogar mehrere kleinere Inseln und überall sieht man die Kronen von Bäumen aus dem Wasser ragen, die normalerweise viele Meter über dem Boden zu Hause sind. Wir beschließen, uns bei der Durchquerung des Sees stets an seinem Ufer zu halten, um so den größten Räubern zu entkommen. Plötzlich nimmt unser Seitenliniensystem andere Körper wahr, die den unseren zu ähneln scheinen. Als wir uns umdrehen, kommen tatsächlich noch andere Artgenossen aus dem trüben Wasser hervor und wir alle haben das gleiche Ziel. So begibt sich ein jeder für sich in den großen See und alle versuchen, sich so gut es eben geht am Rand aufzuhalten und sich zwischen den großen Wurzeln der umgebenden Bäume und den abgestorbenen Resten der anderen hindurchzubewegen. Doch auf einmal liegt vor uns ein großer Stein, der uns das Ufernahe-Passieren unmöglich macht, und so sind wir gezwungen, zumindest für einen kurzen Moment den sicheren Uferbereich zu verlassen und uns weiter ins Innere des Sees zu bewegen. Nun schwimmen wir nicht mehr zwischen den Wurzeln oder den Resten toter Bäume hindurch, sondern zwischen den Stämmen noch lebender Bäume, die normalerweise im Freien liegen. Wir alle sind vorsichtig hier und alle unsere Sinne sind maximal geschärft. Daher merken wir direkt, dass sich etwas Großes nähert, etwas das sehr viel größer ist als wir selbst mit unseren 1,5 Metern Länge. Doch was immer das auch ist, es ist nicht nur groß, sondern auch schnell, zumindest schneller als wir. Daher beschließen wir, so schnell es geht in Richtung Boden zu schwimmen, um uns dort zwischen den Pflanzenresten zu verstecken, während die anderen von uns es mit reiner Schnelligkeit versuchen. Doch bei diesem Kampf ist der Ausgang klar, bevor er begonnen hat. Von unten können wir mit unseren nach oben gerichteten Augen alles bestens sehen. Der Angreifer heißt *Hyneria* und ist ein vier Meter langer fleischfressender Fisch mit muskulösen Flossen. Mit weitaufgerissenen Kiefern überholt er unsere beiden Artgenossen und packt sich einen nach dem anderen. Den vorderen schleudert er mit solcher Wucht durch das Wasser, dass er gegen einen der Baumstämme prallt und leblos herab sinkt. Doch den Boden wird er trotzdem nie erreichen.

Nach diesem Blutbad beschließen wir, unsere Reise einfach auf dem Grund des Sees hinter uns zu bringen, und haben mit dieser Taktik auch Glück, wie es aussieht. Denn auf einmal erhebt sich der Grund vor uns wieder und wir können erneut in einen kleineren Flusslauf eindringen, der uns nun direkt zu dem Ziel dieser Reise führen soll. Wieder sind wir in einer uns bekannten Umgebung, flaches Wasser durchzogen von Wurzeln und abgestorbenen Ästen. Ein Gewirr, durch das kein großer Räuber hindurch passt, *Hyneria* allemal nicht. Doch schon nach ein paar hundert Metern wird das Wasser immer flacher und schließlich ist es nicht mehr tiefer, als unser Körper hoch ist, wie soll es nun weitergehen? So kurz vor dem Ziel doch noch gescheitert? Aber wir sind nicht alleine hier, hinter uns sind noch mehr paarungswillige Artgenossen, wir scheinen also doch den richtigen Weg eingeschlagen zu haben. Und da passiert etwas, was wir uns nie hätten vorstellen können: Unsere Artgenossen ziehen ihre schweren Körper aus dem Wasser heraus. Dabei bewegen sie sich ähnlich wie heutige Robben, indem sie beide Vordergliedmaßen synchron nach vorne schleudern und den restlichen Körper einfach nachziehen. Nicht gerade grazil, aber es funktioniert.

Wir beschließen, es ihnen nachzumachen, und ziehen unsere, an das Leben in diesen Gewässern angepassten Körper aus dem Wasser heraus an Land. Es ist irgendwie, als würde man die Evolution in den eigenen Körpern arbeiten sehen. Fische, die den Weg an Land wagen und sich hier sogar fortbewegen können, mithilfe jener Gliedmaßen, die eine Anpassung an das Leben in den hiesigen Gewässern waren. Wir merken direkt, dass wir nicht die ersten sind, die hier ankommen, denn es führt eine mehr oder weniger gerade Spur plattgedrückter Vegetation mitten durch den Wald. Dieses letzte Stück unserer Reise müssen wir tatsächlich an Land hinter uns bringen, doch auch hier kommt uns die Regenzeit entgegen, die den Boden komplett durchgeweicht hat. So ziehen wir unsere Körper einer nach dem anderen über den schlammigen Waldboden und kommen schließlich an einen kleinen Tümpel, in dem es nur so von unseresgleichen wimmelt. Wir vernehmen nun auch ein immer lauter werdendes Konzert von tiefen Tönen, die Paarungszeit hat begonnen.

Es sind nur noch wenige Meter bis zum Wasser, aber wir merken, wie anstrengend diese Art der Fortbewegung für uns noch ist, und beschließen, eine kleine Pause einzulegen. Der Wald um uns herum ist wunderschön und unglaublich dicht, obwohl die Sonne scheint, schafft es kaum ein Lichtstrahl bis hinunter zum matschigen Boden, auf dem wir uns bewegen. Vor uns liegen nun nur noch knapp 20 Meter schlammigen Bodens, bis wir an unserem Ziel angekommen sind. Doch kurz vor Schluss verlassen noch mehr von uns die Kräfte und so machen wir entlang des Weges einige Rast. Nur wenige Meter vor uns liegt ein noch kleineres Exemplar, dessen schwarz-gelbe Musterung auch noch sehr schwach wirkt. Er ruht sich genau neben einem dichten Farndickicht aus und bemerkt zunächst nicht die unnatürlichen Bewegungen der Pflanzen um ihn herum. Plötzlich erhebt sich über dem Jungtier ein großer, gepanzerter Schwanz aus dem dichten Pflanzengewirr. Wir erkennen diese Art von Schwanz genau, es muss ein Skorpion sein. Aber er ist viel größer als jedes heute lebende Exemplar, der Stachel am Ende des Schwanzes schnellt hernieder und bohrt sich in den Hals des noch jungen *Ichthyostega*. Dieser beginnt sofort sich vor Schmerzen zu winden und kriecht verzweifelt über den Boden, aber er hat den Kampf gegen das unsichtbare Gift seines Angreifers bereits verloren. Als seine Bewegungen schwächer werden, zeigt sich auch der Angreifer. Er ist wahrlich riesig und mindestens einen Meter lang, sein schwarz-roter Panzer glänzt im schwachen Sonnenlicht, als seine kräftigen Scheren diesen sich kaum noch bewegenden Fisch mit ins Gewirr aus verschiedenen Farnpflanzen ziehen, um sein Werk zu vollenden. In diesem Moment wird uns schmerzlich bewusst, dass wir vielleicht neu in diesem Ökosystem sind, aber andere Lebewesen sich hier schon länger niedergelassen haben und diese Vorteile auch zu nutzen wissen.

Von diesem Anblick aufgeschreckt beschließen wir, die Rast schnell zu beenden und uns so schnell es nur geht in Richtung Teich zu bewegen. Wieder werfen wir unsere Vordergliedmaßen nach vorne und ziehen unseren Körper in Richtung Wasser. Das Wasserloch vor uns ist nicht wirklich groß und regelrecht überfüllt mit unzähligen unserer Artgenossen, auch das Wasser scheint vom Laich all dieser Tiere schon sehr dickflüssig zu sein. Überall um den Teich herum liegen sie auf abgebrochenen Baumstämmen oder am Ufer und stoßen ihre etwas befremdlich klingenden Rufe aus. Wir zwängen uns zwischen mehreren Tieren hindurch in Richtung Wasser und als wir dort ankommen, beginnt die Welt um uns herum wieder zu verschwimmen. All die unterschiedlichen Grüntöne des Waldes um uns herum, genauso wie die schwarz-gelben Töne unserer Artgenossen, verblassen immer mehr und wir verstehen, dass unsere Reise an dieser Stelle wohl endet.

Ein schreckliches Finale

Es war ein faszinierender Ausflug in diesen Teil der devonischen Welt und wir müssen nun ein für alle Mal verstehen, dass wir, genauso wie alle anderen landlebenden Wirbeltiere, egal ob Amphibien, Reptilien, Dinosaurier, Vögel oder Säugetiere, nichts anderes sind als fleischflossige Fische, die sich an ein Leben an Land angepasst haben. Doch die wichtigste Erkenntnis, die wir in den letzten Jahren sammeln konnten war, dass jene anatomischen und physiologischen Anpassungen, die unseren Vorfahren das Leben an Land ermöglichen sollten, viel früher und aus einem gänzlich anderen Grund entstanden sind. Sie dienten ursprünglich nicht dazu, das Land zu besiedeln, sondern sie waren Anpassungen an ein Leben im Wasser, und zwar in einem ganz besonderen Gewässertyp. Die gliedmaßenähnlichen Flossen von *Ichthyostega* und anderen frühen Tetrapoden dienten wohl vor allem der sicheren Navigation durch komplex strukturierte Gewässer und erleichterten das Festhalten und langsame Fortbewegen am Gewässergrund. All diese Anpassungen an ganz bestimmte marine Lebensräume sollten im Verlauf der Evolution schließlich eine neue Funktion zugeschrieben bekommen und dienten dann der schrittweisen Kolonisierung des Festlandes. Diese opportunistisch wirkende Funktionsweise der Evolution ist für mich eine ihrer beeindruckendsten Eigenschaften, da sie die Vielfältigkeit körperlicher Anpassungen ins nahezu Unermessliche steigern kann.

Wir beschließen, wieder in unser Boot zu steigen und uns damit dem nächsten erdgeschichtlichen Zeitalter zu nähern. Es ist beeindruckend zu sehen, wie unglaublich vielfältig das Flusssystem der Evolution im Laufe des Devons geworden ist. Es haben sich so unfassbar viele neue Flussarme entwickelt, viele von ihnen sind zwar nur klein und mäandern langsam vor sich hin, während andere zu reißenden Strömen angewachsen sind. Alle diese verschiedenen Flussarme beeinflussen sich durch ihren Lauf gegenseitig. So sieht man an verschiedenen Stellen, wie besonders große Ströme andere kleinere zur Seite drängen und sie damit in gänzlich neues Terrain hineindrücken. Ähnlich, wie wir es bei unseren fischartigen Vorfahren gesehen haben, die von der Dominanz der gepanzerten Placodermi in die Süßwassergebiete der Kontinente verdrängt wurden. Doch als wir uns der unsichtbaren Grenze zwischen dem Devon und dem folgenden Karbon nähern, merken wir, dass etwas Schreckliches vor sich geht. Wir fühlen uns direkt an die Vorgänge erinnert, die am Ende des Ordoviziums die Vielfalt der belebten Welt dahinrafften. Wieder trocknen unzählige Flussarme aus, sie verschwinden einfach und verlaufen im sandigen Grund, und es trifft nicht nur die kleinen unter ihnen, auch die größten und breitesten Ströme beginnen auszutrocknen. Je weiter wir mit unserem Boot fahren, desto mehr Flüsse sind betroffen, das Verschwinden der Vielfalt am Ende des Devons erreicht nahezu apokalyptische Verhältnisse. Selbst die so unangreifbar wirkenden Placodermi verschwinden mit all ihren unzähligen Flussarmen komplett aus der Welt des Lebendigen. Der Grund für diesen erschreckenden Verlust an Vielfalt liegt in zwei aufeinanderfolgenden großen Aussterbewellen, die am Ende des Devons wüteten, das Kellwasser-Event und das Hangenberg-Ereignis. Im Zuge dieser durch extremen Vulkanismus ausgelösten Krisen verschwanden bis zu 75 % aller Arten weltweit und veränderten damit die Welt danach und den Lauf der Evolution für immer. Diese Aussterbewelle stellt das zweite große Massenaussterben der letzten 542 Millionen Jahre dar, das schlimmste nach den Geschehnissen am Ende des Ordoviziums. Auch unser kleiner Flussarm wird von Stromschnellen heimgesucht, aber er trocknet doch nicht aus und so kommen wir als einer der wenigen Überlebenden im Karbon an, wo sich das Leben auf grandiose Weise wieder ausdehnen wird.

Periode: Karbon, das Leben kehrt zurück (358,9–298,9 Millionen Jahre)

Abbildung 16: Fossil einer Libelle. (Bild von Ana Milena Gomez auf Pixabay)

Nun erreichen wir mit unserem Boot die fünfte Periode der Ära des Paläozoikums, das Karbon, einer Zeit, in der das Leben aufs Neue vorher unbewohnbare Lebensräume erobern sollte. Zu Beginn dieser erdgeschichtlichen Periode war das Leben noch gezeichnet von den verheerenden Aussterbewellen des späten Devons. Es gab keinen Lebensraum, der nicht davon betroffen war, aber es war trotz allem nicht jeder gleich stark in Mitleidenschaft gezogen worden. Besonders heftig traf es die Ozeane, selbst die Trilobiten, jene gepanzerten Gliederfüßer, die schon seit dem Kambrium die Meere bevölkerten, wurden regelrecht dezimiert. Es haben nur wenige Gattungen geschafft, die Grenze zum Karbon zu erreichen, und von nun an waren sie unwiederbringlich auf dem Weg des langsamen Aussterbens, der zwar noch einige Millionen Jahre andauern sollte, aber es war dennoch unausweichlich.

Auch ein Großteil der Riffbauer wie zum Beispiel Korallen, die während des Devons gigantische Riffe gestalteten, waren verschwunden und dort, wo einst bunte Riffe voller Leben standen, waren nun nur noch riesige Trümmerwüsten übriggeblieben. Eine andere Gruppe von Lebewesen, die stark dezimiert wurde, war das Phytoplankton. Es wurde so stark dezimiert, dass es erst knapp 200 Millionen Jahre später, im Jura, wieder seine ehemalige Vielfalt erreichen sollte. Doch besonders verheerend war es für die dominantesten Lebewesen des Devons, die scheinbar unangreifbaren gepanzerten Placodermi, die noch vor Kurzem jeden einzelnen marinen Lebensraum dominierten. Sie verschwanden für immer. Es schaffte keine einzige Art bis ins Karbon, sie alle sollten diese Grenze niemals übertreten, weder kleinere Allesfresser noch die gefürchtetsten Räuber des Devons wie *Dunkleosteus*.

Doch aus evolutionärer Sicht sind solche Aussterbewellen immer auch eine große Chance, denn die freigewordenen ökologischen Nischen bleiben nie lange unbesetzt. Daher bietet sich die einmalige Möglichkeit für ehemalige Underdogs, diese wieder zu besetzen. So sollte es auch mit den freigewordenen Nischen der gepanzerten Riesen geschehen, diese wurden nun von ihren ehemaligen Beutetieren besetzt, den Haien. Diese durchliefen während des Karbons eine sogenannte adaptive Radiation, was so viel bedeutet wie die Auffächerung einiger wenig spezialisierter Arten (Generalisten) in viele stark spezialisierte Arten. Ähnliches werden auch die Säugetiere nach dem Verschwinden der Dinosaurier durchmachen, doch das wird noch viele hundert Millionen Jahre dauern. Die Haie des Karbons schwangen sich an die Spitze der marinen Nahrungsketten empor und wurden so schnell zu den neuen Königen der Meere, auch dank der Anpassungen, die sie im Schatten der Placodermi durchlaufen mussten, um unter ihnen bestehen zu können. Viele Arten entwickelten teils auffällige Formen und merkwürdige anatomische Besonderheiten, deren Zweck man heute noch nicht abschließend benennen kann. Besonders Arten der Gattung *Stethacanthus* sind hier zu nennen. Sie besaßen mehr als auffällige Rückenflossen, die in ihrer Form an einen Amboss erinnerten, wohl nur bei männlichen Exemplaren zu finden waren und damit ein schönes Beispiel für einen Sexualdimorphismus sind. Ein weiteres Beispiel für die Vielgestaltigkeit dieser Fische während des

Karbons ist *Falcatus*, ebenfalls ein kleinerer Hai, der zwar keine ambossförmige Rückenflosse besaß, dafür aber einen langen gebogenen Schulterstachel, der hinter dem Kopf des Tieres begann und sich sogar über diesen erstreckte. Diese fleischfressenden Fische waren dank ihrer Anpassungsfähigkeit schnell in der Lage, die freien ökologischen Nischen zu besetzen, und sollten diese Position auch für lange Zeit halten.

Doch auch an Land schlug das Leben neue Wege ein, allen voran die Pflanzen gaben dem Karbon seinen einmaligen Charakter und sind sogar für seine Namensgebung verantwortlich.

Die legendären Wälder des Karbons

Während dieser Zeit entwickelten sich die größten Regenwälder und Sümpfe der Erdgeschichte, in einem breiten Streifen rund um den Äquator gab es nichts anderes als schier endlose Wälder und Sümpfe. Diese waren nun auch anders als im Devon nicht mehr nur von wenigen allgegenwärtigen Arten besiedelt, sondern setzten sich aus vielen unterschiedlichen Bäumen und Farnen zusammen. So standen in den riesigen Sümpfen bis zu 30 Meter hohe Siegelbäume, deren Stämme mit ihrem geschuppten Muster selbst wie urtümliche Tiere wirkten. Des Weiteren gab es neben riesigen Schuppenbäumen und auch bis zu 30 Meter hohe baumartige Schachtelhalme, die es zwar heute auch noch gibt, aber sie erreichen nur in Ausnahmen noch Größen von bis zu zwei Metern.

Ein Grund für diese enorme Ausbreitung von großen Waldflächen lag auch in der Geografie der damaligen Zeit. Die zwei Riesenkontinente dieser Epoche, Laurussia im Norden und der legendäre Südkontinent Gondwana, kamen immer näher aufeinander zu, bis sie schließlich begannen, sich zum Superkontinent Pangäa zu vereinen. Bei dieser Vereinigung entstanden riesige Gebirgsketten entlang der Kollisionskante. Die Reste dieses Riesengebirges sind selbst heute noch über fast den gesamten Erdball verteilt, in Form von Mittelgebirgszügen, wie zum Beispiel die Appalachen im Osten der USA, die Pyrenäen oder Überreste im deutschen Harz und Odenwald. Der Grund für diese Verteilung liegt in der Plattentektonik, die im Laufe von Jahrmillionen dieses einst zusammenhängende Gebirge auseinandergerissen hat. Dieses Gebirge sorgte durch seine Ost-West-Ausrichtung für gigantische Überschwemmungsflächen an seinen Rändern, die den damaligen Pflanzen einen perfekten Lebensraum boten.

Diese urzeitlichen Wälder mit ihren charismatischen Bewohnern, die sich entlang des Äquators über die damaligen Kontinente erstreckten und dabei regelmäßig entwurzelt wurden, brachten über viele Millionen von Jahren hinweg gigantische Mengen an Biomasse in die sumpfigen Böden ein, die heute für die großen Kohlevorkommen weltweit verantwortlich sind. Deshalb ist diese längst vergangene Pflanzenwelt auch für unsere heutige Energiewirtschaft so essenziell und gleichzeitig ist sie hauptverantwortlich für den menschengemachten

Klimawandel. Diese Kohlevorkommen sind auch für den Namen dieses Erdzeitalters verantwortlich, denn Karbon leitet sich von dem lateinischen Wort *carbo* für Kohle ab. Doch diese Wälder banden nicht nur unfassbare Mengen an CO_2, sie veränderten die atmosphärische Zusammensetzung noch auf andere Art und Weise, denn gleichzeitig pumpten sie gigantische Mengen an Sauerstoff in die Luft. Diesen produzieren Pflanzen als Abfallprodukt ihrer Photosyntheseaktivität. Damit sorgten die karbonischen Wälder für den höchsten Sauerstoffgehalt der Erdgeschichte, der liegt heute bei knapp 21 %, doch während des Karbons erreichte er Spitzenwerte von bis zu 35 %. Dies hatte auch bemerkenswerte Folgen für die damalige Tierwelt.

Eine neue Blütezeit der Gliederfüßer

Diese hohen Sauerstoffkonzentrationen brachten vor allem einen besiegten Feind unserer Vorfahren wieder zurück zu alter Stärke, die Gliederfüßer. Insbesondere die Insekten profitierten von diesen einzigartigen Bedingungen und sie wurden nicht nur schlagartig unglaublich vielfältig, sie wurden auch erstaunlich groß. Jene Insekten, welche die karbonischen Urwälder unsicher machten, möchte heute bestimmt niemand näher kennenlernen. Doch warum wurden ausgerechnet die Gliederfüßer so groß? Nun dazu muss man wissen, dass der verfügbare Sauerstoff stets ein limitierender Faktor für die Größe von Insekten und anderen Gliederfüßern darstellt. Denn Insekten besitzen kein internes Kreislaufsystem wie wir Wirbeltiere, das den aufgenommenen Sauerstoff gleichmäßig an alle Körperzellen verteilt. Stattdessen ist die Atmung bei Insekten ein eher passiver Vorgang: Über Öffnungen in dem Außenpanzer strömt Luft in das Innere der Tiere und diffundiert durch ein komplexes System von Röhren, den Tracheen. Diese Tracheen bilden ein dichtes Netz im Inneren der Tiere und sorgen so dafür, dass alle Bereiche ihres Körpers ausreichend mit Sauerstoff versorgt werden. Da es hier keine aktive Atmung gibt, die den internen Sauerstoffgehalt künstlich erhöhen kann, gibt es einen linearen Zusammenhang zwischen der potenziellen Größe von Insekten und den atmosphärischen Sauerstoffkonzentrationen.

Doch der Gigantismus vieler Insektenarten während des Karbons könnte auch noch weitere Gründe haben – neben den positiven Eigenschaften hoher Sauerstoffkonzentrationen. Es gibt nämlich auch negative Randeffekte dieses wichtigen Gases, denn in zu hohen Mengen kann es auch toxisch wirken und davon sind vor allem die Larven mancher Insekten betroffen, deren Lebenszyklus aquatische Phasen mit einschließt. Diese im Wasser lebenden Larven können die aufgenommene Sauerstoffmenge nicht regulieren, während erwachsene Insekten einfach ihre Tracheenöffnungen schließen können, um so die aufgenommene Luftmenge zu regulieren. Doch bei den aquatischen Larven wird der Sauerstoff über die gesamte Körperoberfläche aufgenommen, daher profitieren sie besonders von einer gesteigerten Größe. Je größer ein Körper ist, desto kleiner ist sein Volumen im Verhältnis zur Oberfläche, was die Gefahr der toxischen Sauerstoffeffekte drastisch reduziert. Und tatsächlich wurden während des Karbons gerade jene Insekten besonders groß, dessen Lebenszyklus aquatische Larvenformen mit einschließt.

Was sich hier so trocken anhört, hatte jedoch faszinierende Lebensformen zur Folge: Nehmen wir beispielsweise *Arthropleura*, ein 2,5 Meter langer Tausendfüßer, der mit seiner Länge und seiner starken Panzerung wohl keine nennenswerten Feinde hatte. Bis heute ist allerdings nicht bekannt, ob es sich um einen jagenden Fleischfresser oder einen friedlichen Pflanzenfresser handelte, da bis zum heutigen Tag leider weder Mundwerkzeuge noch ein fossiler Mageninhalt gefunden wurden. Fest steht aber eines, einem gepanzerten Gliederfüßer von dieser Größe möchte man wohl lieber nicht begegnen. Das gleiche gilt wohl auch für unser nächstes Beispiel, *Meganeura*. Hierbei handelt es sich um frühe Verwandte unserer heutigen Libellen, jedoch mit einem großen Unterschied. Die unterschiedlichen Arten von *Meganeura* erreichten zum Teil Flügelspannweiten von bis zu 75 Zentimeter und waren wohl für mehrere Millionen Jahre die Spitzenprädatoren der karbonischen Lufträume. Diesen riesigen Jägern sind auch zweifelsohne unsere eigenen Vorfahren zum Opfer gefallen, denn Libellen sind ausnahmslos Räuber. Für eine Libelle von solcher Größe ist es ein Leichtes, ein kleines Amphibium oder ein frühes Reptil von wenigen Zentimetern Länge zu erbeuten und mit ihren kräftigen Mundwerkzeugen zu erlegen.

Doch auch viele andere Insekten, die wohl weniger aggressiv waren, erreichten zum Teil erstaunliche Größen. So zum Beispiel *Mazothairos*, eine ebenfalls geflügelte Insektenart aus einer allerdings ausgestorbenen Insektenordnung, die eine Flügelspannweite von schätzungsweise 56 Zentimeter besaß. Doch im Gegensatz zu *Meganeura* gaben sie sich vermutlich mit Pollen und Pflanzensäften zufrieden und standen wohl selbst auf dem Speiseplan der großen räuberischen Libellen jener Zeit. Doch nicht nur Insekten profitierten von den hohen Sauerstoffkonzentrationen, auch andere Gliederfüßer wie zum Beispiel Skorpione wuchsen zu erschreckenden Größen heran. *Pulmonoscorpius* erreichte dabei eine Gesamtlänge von immerhin 70 Zentimeter und es gibt auch fossile Überreste anderer Arten, die wohl sogar einen Meter Länge erreichten, womit sie ebenfalls zu den gefährlichsten Jägern der karbonischen Wälder zählen sollten. Man sieht also, dass die Gliederfüßer, nachdem sie ihre Vormachtstellung in den Meeren an die Wirbeltiere verloren haben, nun auf dem Festland wieder am oberen Ende der Nahrungskette standen und sowohl die Luft als auch die Böden dominierten.

Auch wenn wir in diesem Teil dieses Buches vornehmlich über bestimmte Tier- und Pflanzenarten sprechen, um die irdische Evolution nachzuvollziehen, so sollten wir uns noch einmal vergegenwärtigen, dass wir nie aufgehört haben, über Gene und Genome zu sprechen. Denn schließlich ist ein jedes Lebewesen, das wir als Tier oder Pflanze kategorisieren, nichts anderes als das räumliche Echo einer bestimmten Zusammensetzung von Genen und ihrer genetischen Aktivität. So könnte ich beispielsweise auch anstelle von Libellen oder Fischen von Genomen sprechen, die Libellen oder Fische konstruieren, und es würde sich inhaltlich nichts ändern.

Die Eroberung des Landes geht weiter

Doch wie erging es eigentlich unseren eigenen Vorfahren in jener Zeit, in der schier unendliche Regenwälder und Sümpfe die Jagdwiese riesiger Gliederfüßer waren? Nun nach den unzähligen Anpassungen für ein Leben an Land entwickelten sich schließlich die ersten echten Amphibien, die zumindest teilweise den Großteil ihres Lebens an Land verbrachten. Einige von ihnen erreichten vorher ungeahnte Größen und wurden dank ihrer langen, spitzen Zähne zu den gefürchtetsten Räubern ihrer Zeit. Zumindest wenn sie ausgewachsen waren, stellten nicht mal die riesigen räuberischen Insekten für sie noch eine Gefahr dar. Ein schönes Beispiel für einen dieser amphibischen Riesen ist *Eyrops*, ein Koloss von bis zu drei Metern Länge und 90 Kilogramm Gewicht, der in den damaligen Flüssen und Seen sein Unwesen trieb.

Doch er war nur einer von vielen frühen Amphibien, die während des Karbons eine ungeheure Diversifizierung durchmachten und die von nun an alle Lebensräume in und um die damaligen Gewässer dominierten. Die Formenvielfalt war genauso immens wie die Vielfalt unter den Arten und sie war um ein Vielfaches größer als unter heutigen Amphibien. Einige bewegten sich auf kräftigen Beinen durch die feuchten Wälder auf der Suche nach Beutetieren, während andere ähnlich ihren Vorfahren eher schwache Extremitäten besaßen und sich vornehmlich im Wasser aufhielten und wieder andere sahen sogar heutigen Aalen oder Schlangen ähnlich. Es ist daher nicht übertrieben, das Karbon auch als das Zeitalter der Amphibien zu bezeichnen, auch wenn diese frühen Fleischfresser wahrlich wenig mit den heutigen Fröschen gemein hatten.

Es tat sich allerdings noch weit mehr unter unseren Vorfahren im Schatten der riesigen Wälder des Karbons. Einige Arten führten die Anpassungen an ein terrestrisches Leben immer weiter und versuchten schließlich ihren Lebenszyklus vollkommen vom Wasser zu entkoppeln. Auf jenen amphibischen Entwicklungszweig gehen auch wir zurück, denn die evolutiven Innovationen unter den Amphibien dieser Epoche sollten den Grundstein legen für die vollkommene Besiedlung unseres Planeten durch die Wirbeltiere. Somit veränderten sich die Gene und Genome immer mehr, um ihren Überlebensmaschinen immer neue Lebensräume zur Verfügung zu stellen. Eine der wichtigsten Anpassungen für ein erfolgreiches Leben an Land, in dem man nicht gezwungen ist, regelmäßig wieder ins kühle Nass einzutauchen, ist eine andere Struktur der Haut. Denn diese ist für jeden komplexen Organismus ein äußerst wichtiges Organ. Stellt sie doch die gesamte Oberfläche dar, mit der er mit seiner Umwelt interagiert und, noch viel wichtiger, sie auch mit ihm. Jede Umwelt stellt besondere Anforderungen an ein Tier, das in ihr leben will, und im Gegensatz zu Wasser ist das trockene Land sehr viel anspruchsvoller für seine Bewohner. Die größte Gefahr stellt der Verlust von Wasser dar, denn die Haut der Amphibien kann dieses nicht sicher halten, was an Land schnell zu einer tödlichen Austrocknung führen kann. Aber es gibt auch noch andere wichtige Funktionen, welche die Haut an Land erbringen muss, beispielsweise einen effektiven Schutz vor der durchaus tödlichen UV-Strahlung, die an Land ebenfalls um ein Vielfaches höher ist als im Wasser. Genauso wie der Schutz vor mechanischer Verletzung aufgrund der sehr viel raueren Umwelt an Land.

All diese Notwendigkeiten brachten Anpassungen mit sich, die viele der damaligen Amphibien wohl unabhängig voneinander entwickelten. Schließlich war das Leben an Land mit vielen Vorteilen verbunden, wenn man sich erstmal daran angepasst hatte. So waren die trüben Gewässer der karbonischen Regenwälder ein durchaus umkämpfter und sehr gefährlicher Lebensraum. Die wichtigste Fähigkeit für ein Leben an Land war ohne Zweifel der Schutz vor Austrocknung, und die genetischen Werkzeuge für diese Entwicklung waren bereits vorhanden. Sie mussten nur auf andere Weise reguliert werden.

Ein gemeinsames Merkmal aller landlebenden Wirbeltiere und damit auch ein Merkmal gemeinsamen Ursprungs ist eine Hautschicht, die genau das leistet, eine Schicht aus toten, verhornten Zellen, das *Stratum corneum*. Diese Schicht wird aus unzähligen spezialisierten Zellen gebildet, die massenweise ganz bestimmte Gene aktivieren, die sogenannten Keratin-Gene. Die daraus gebildeten Keratin-Moleküle formen lange Ketten und Fasern, bis sie schließlich die gesamte Zelle einnehmen. Am Ende sterben diese Keratin-produzierenden Zellen (Keratinozyten) ab und formen so eine einheitliche Hornschicht, die zusätzlich von verschiedenen Fetten durchsetzt ist und damit eine abschließende Schutzschicht bildet, die den gesamten Organismus vor der so gefährlichen Austrocknung bewahrt. Heute wissen wir, dass die Keratin-Gene aller landlebenden Wirbeltiere von einem gemeinsamen, genetischen Vorfahren abstammen, der von den ersten Stammesvätern landlebender Amphibien diese neuartige Funktion zugeschrieben bekommen hat.

Diese neuen Anpassungen ermöglichten es einigen Amphibien, sich zum Überleben auch weiter vom Wasser entfernen zu können und so auch den gefräßigen Mäulern der zum Teil riesigen Süßwasserfische fernzubleiben. Doch für eine Angelegenheit mussten sie nach wie vor zurück ins Wasser gehen, für die Reproduktion. Die Eier aller Amphibien müssen im Wasser abgelegt werden, da sie ansonsten direkt austrocknen und nicht überlebensfähig wären. Auch wenn viele der frühen Amphibien sich eine schützende Haut zugelegt haben, so waren ihre Eier jedoch nach wie vor von Austrocknung bedroht. Doch in unserer eigenen Abstammungslinie kam es zu einer weiteren evolutiven Innovation, die ein noch viel größeres Echo nach sich ziehen sollte. Hier entwickelte sich im Laufe von vielen Millionen Jahren ein genetisches Meisterstück, das den Lebenszyklus unserer Vorfahren schlussendlich von Wasser entkoppeln sollte, das amniote Ei.

Aus Amphibien werden Reptilien

Die Eiablage an Land bringt genau die gleichen Risiken mit sich, die wir bereits vom Leben an Land im Allgemeinen kennen. Es mussten also neue Strukturen gebildet werden, welche die Eier vor der so gefährlichen Austrocknung und der UV-Strahlung schützen, aber gleichzeitig noch einen effektiven Gasaustausch ermöglichen. Dank dieser Innovationen entwickelten sich schließlich die ersten echten Reptilien, die weder zum eigenen Überleben noch zur Reproduktion wieder in die alte Heimat des Wassers zurückkehren mussten. Man kann zwar heute bei Weitem nicht die gesamten genetisch notwendigen Revolutionen jener Zeit nachzeichnen, die zur Entwicklung dieser Eiform erforderlich waren, doch die vergleichende Untersuchung heutiger Lebewesen kann zumindest etwas Licht ins Dunkel bringen. Betrachten wir uns beispielsweise zwei essenzielle Eigenschaften, die ein solches Ei mitbringen muss, wie der Schutz vor Krankheitserregern (Pathogenen) und der Schutz vor Austrocknung oder mechanischem Stress. So wurden beispielsweise bei eierlegenden Vögeln zwei antimikrobielle Proteine nachgewiesen, die den sich entwickelnden Embryo vor Krankheitserregern schützen sollen (Ovocalyxin-36 und TENP). Eines dieser beiden Gene (*TENP*) teilt sich einen gemeinsamen Vorfahren mit dem Säugetiergen *BPIL1*, das einen Teil der angeborenen Immunität darstellt und ebenfalls auch bei uns Menschen dem Schutz vor Krankheitserregern dient. Nachdem sich die Entwicklungslinien von Säugetieren und Vögeln im späten Karbon endgültig trennten, kam es bei den Vorfahren der Vögel zu einer Genduplikation. Dadurch erblickte das heutige *Ovocalyxin-36*-Gen, oder genauer gesagt sein genetischer Vorfahre, das Licht der Welt und konnte damit die Embryos noch besser vor etwaigen Krankheiten schützen. Die Geschichte dieser Gene ist wieder einmal ein schöner Beleg dafür, wie die Evolution stets bereits vorhandenen Strukturen neue Aufgaben zuteilwerden lässt, um neue Herausforderungen meistern zu können.

Eine weitere wichtige Eigenschaft, die ein amniotes Ei besitzen muss, um an Land überlebensfähig zu sein, ist eine schützende Außenhülle, die gleichzeitig Schutz bietet vor den Gefahren des Austrocknens, aber auch noch den notwendigen Gasaustausch ermöglicht. Daher ist die Konstruktion eines solchen Eis auch immer eine Art Kompromisslösung. Denn je weniger Öffnungen einen Verlust von Wasser von innen nach außen ermöglichen, desto weniger Sauerstoff kann auch von außen nach innen diffundieren. Bei Vögeln ist diese Eihülle durch die Einlagerung von Kalzium verstärkt und bietet daher einen guten mechanischen Schutz vor Verletzungen. Eine Analyse der Gene, die für diese Kalzifizierung verantwortlich sind, hat erstaunliche Zusammenhänge ergeben. Das Protein Ovocleidin-116 gehört zur Familie der Kalzium-bindenden Phosphoproteine und ist ebenfalls an der Mineralisierung von Knochengewebe mit verantwortlich. Vergleiche mit humanen Genen haben gezeigt, dass Ovocleidin-116 einen gemeinsamen Vorfahren mit einem menschlichen Gen besitzt, das ebenfalls an der Knochenbildung beteiligt ist. Dies wurde nicht nur durch die Sequenz der jeweiligen Gene selbst bestätigt, sondern auch durch die nahezu identische Position der jeweiligen Gene innerhalb eines mineralisierungsspezifischen Genclusters, der zwischen Vögeln und Säugetieren bis heute konserviert ist. Hier kann man auch wieder sehen, wie eine Neuregulierung von bereits vorhandenen Genen völlig neue Entwicklungsmöglichkeiten bieten kann, ohne dass dafür die tatsächliche Genstruktur verändert werden muss. Trotz vieler hundert Millionen Jahre der unabhängigen Evolution besitzen sowohl das Protein Ovocleidin-116 in Vogelknochen und Eierschalen als auch das humane MEPE-Protein in menschlichen Knochengeweben fast die gleiche Funktion in der Stärkung von Knochen.

Selbstverständlich waren unzählige genetische Anpassungen erforderlich, um aus empfindlichen Amphibieneiern robuste Reptilieneier zu formen, die auch an Land nicht austrocknen. Und wir werden niemals alle Geheimnisse dieses Prozesses lösen können. Doch zumindest einige Hinweise auf die Entstehung zentraler Eigenschaften haben wir schon in Umrissen erkennen können. Wie dem auch sei, haben unsere Vorfahren zur Zeit des Karbons genau diese Eigenschaften nach und nach erworben, um sich vom Wasser unabhängig machen zu können und das mit Erfolg. Daher wird es nun Zeit, einem von ihnen einen Besuch abzustatten.

Eine Reise ins Karbon

Abbildung 17: Die Lage der Kontinente zur Zeit des Karbons, vor 330 Millionen Jahren (C. R. Scotese, 2016).

Wieder sehen wir die Welt von oben, ein großer runder Steinball mitten in der schwarzen Unendlichkeit des umliegenden Universums, ein großer blau-grüner Punkt in der Leere. Im Kontrast zur Schwärze drum herum wirken die Farben unseres Planeten umso intensiver. Der riesige tiefblaue Superozean Panthalassa erstreckt sich über fast den halben Planeten und auch die Landmassen haben eine große Änderung durchlaufen seit unserem letzten Besuch im späten Devon. Die zwei Riesenkontinente Laurussia im Norden und Gondwana im Süden haben begonnen zu kollidieren und haben damit den Startschuss gegeben für die Bildung des legendären Superkontinents Pangäa.

Schon von hier oben können wir sehen, dass entlang der Kollisionslinie ein riesiges Gebirge entstanden ist, das durch die unvorstellbaren Kräfte der Plattentektonik stetig in die Höhe gehoben wird. Nördlich und südlich dieser Gebirgskette verlaufen entlang des Äquators riesige, tiefgrüne Waldgebiete, die in ihrer Ausdehnung sogar die uns bekannten Regenwaldgebiete der Neuzeit weit in den Schatten stellen. Was ebenfalls auffällig ist, sind gigantische, weiße Gletschergebiete entlang des Südpols, die selbst große Teile von Gondwanas Süden dominieren. Nun nähern wir uns wieder der Erdoberfläche und die weißen Gletscher verschwinden nun aus unserem Blickfeld, auch die großen Meeresteile Panthalassas sind nur noch in den Augenwinkeln zu sehen. Dafür kommt ein anderer Meeresabschnitt in unseren Fokus, einer der deutlich flacher zu sein scheint als Panthalassa und der sich wie eine Pfeilspitze zwischen die beiden Kontrahenten Laurussia und Gondwana schiebt.

Es handelt sich um den Vorgänger des bekannten Urozeans Tethys, die Paläotethys. Doch auch die hellblauen Weiten dieses Urozeans rücken immer weiter aus unserem Blickfeld heraus, als wir der Erdoberfläche noch näherkommen. Wir fallen auf einen tiefgrünen Landabschnitt zu, der uns an heutige Regenwälder erinnert und der sich nördlich des großen Gebirges erstreckt. Je näher wir kommen merken wir, dass sich ein riesiger Flusslauf durch die dichten Wälder mäandert, als könnte sich der Fluss nicht entscheiden, welche Richtung er einschlagen will. Doch auch dieser Wald ist nicht so flach, wie er gerade noch aussah. Überall sehen wir kleinere Berge und Hügel sowie große Schluchten und Canyons, an dessen Steilwänden der nackte Stein die Sonne reflektiert. Nun können wir schon wieder die unterschiedlichen Bäume erkennen, da ein jeder von ihnen einen anderen Grünton sein Eigen nennt. Manche sind heller und wieder andere zeigen sich in dunkleren Farbnuancen. Wir kommen immer näher an den Wald heran und, während wir die Baumkronen durchbrechen, wird das helle Licht deutlich schwächer und wir spüren, wie die farnähnlichen Blätter der Baumriesen über unser Gesicht streifen. Kurz vor dem unausweichlichen Aufprall schließen wir die Augen und fragen uns bereits was uns in diesen Wäldern erwartet.

Als wir unsere Augen wieder öffnen, herrscht vorerst Dunkelheit, wir können nichts sehen, was uns Orientierung geben könnte. Doch einen Moment mal, da ist doch etwas: ein helles Licht, das von oben zu kommen scheint und der Dunkelheit etwas von ihrer Totalität nimmt.

Ohne lange darüber nachzudenken, bewegen wir uns auf das Licht zu. Es scheint, als würden wir geradewegs die Wände hinaufsteigen, bis das Licht schließlich immer größer wird. Langsam beginnen wir zu verstehen, „in was" wir uns befinden. Es ist ein abgestorbener Baumstumpf, dessen Inneres bereits weitgehend verrottet ist und uns damit als zu Hause dient. Wir strecken unseren Kopf aus einem Loch am oberen Ende des Baumstumpfes heraus und müssen einen Moment warten, bis sich unsere Augen an das grelle Licht gewöhnt haben. Was wir sehen, ist unglaublich: dichte Wälder, wohin man auch blickt. Die Bäume stehen dicht an dicht und überall sieht man Baumstämme, die den Kampf ums Überleben bereits verloren haben und unter der Konkurrenz ihrer Nachbarn abgebrochen sind. Die Stämme vieler Bäume sind auf eine Art und Weise geschuppt als seien sie die langen Beine riesiger Reptilien, die sich über uns hinwegbewegen. Auch die Intensität des Grüns selbst ist eine andere als in den uns bekannten Wäldern, sie scheint einen geradezu erdrücken zu wollen.

Wir können zwar unseren Kopf hin und her bewegen, aber es ist uns trotzdem nicht möglich, einen Blick auf unseren eigenen Körper zu werfen. Zum Glück scheint es letzte Nacht ausgiebig geregnet zu haben, sodass der Waldboden von vielen kleinen Pfützen regelrecht durchlöchert ist. Wir beschließen, unser zu Hause zu verlassen, und klettern aus dem Baumstumpf heraus in Richtung Waldboden. Unsere Bewegungen sind sehr schnell, doch wir merken, dass wir unseren Körper stets schlängelnd von links nach rechts bewegen müssen, um mit unseren Gliedmaßen voranzukommen.

Wir halten bei der ersten kleinen Pfütze und versuchen einen Blick zu erhaschen auf diesen unseren Vorfahren und in dem stillen Wasser sind wir damit auch erfolgreich. Wir schauen in die Augen einer kleinen, unscheinbaren Eidechse namens *Archaeothyris* mit einer Gesamtlänge von vielleicht 20 Zentimetern. Unsere geschuppte Haut hat zur Tarnung die Farbe des Waldbodens angenommen. Allerdings sind auch ein paar kleine Muster in Form von Streifen darauf zu erkennen, alles in allem scheint aber unser Erscheinungsbild auf Tarnung ausgerichtet zu sein. Eins merken wir direkt, unser so liebgewonnener Lieblingssinn des Seitenlinienorgans ist verschwunden, da er auf dem trockenen Land schlicht wertlos ist. Aber wir bedauern den Verlust trotzdem. Nach einem ersten Kennenlernen mit diesem neuen Körper meldet sich auch direkt unser Magen mit dem Wunsch gefüllt zu werden. Wir beschließen, den umgebenden Waldboden etwas zu erkunden, und beginnen, uns von unserem Spiegelbild zu lösen. Überall auf dem Boden wachsen dunkelgrüne Farne, die gemessen an unserer eigenen Körpergröße bereits riesig erscheinen. Doch im Vergleich zu den Bäumen, die uns alle umgeben, sind sie nichts als Zwerge.

Wir laufen über den nassen Waldboden, doch dank unserer langen Zehen und schnellen Bewegungen können wir nicht stecken bleiben. Nachdem wir die ersten Farne durchschritten haben, kommen wir an einen kleinen Bachlauf, dessen klares Wasser sich durch ein steiniges Bett schlängelt. Hier merken wir auch einen großen Unterschied zu den Wasserstellen, die wir im Devon gesehen haben. Überall über der Wasseroberfläche tanzen unzählige Insekten im Licht der Morgensonne, die meisten von ihnen ähneln heutigen Eintagsfliegen. Ein perfektes Frühstück für uns. Doch anscheinend nicht nur für uns, denn wir sehen noch weitere kleine Eidechsen. Diese ähneln uns zwar, doch hat ihr Schuppenkleid eine andere Färbung und auch ein anderes Muster als das unsere.

Direkt am Wasser sehen wir, wie kleine grünliche Echsen immer wieder in die Luft springen, um die flachfliegenden Insekten noch im Flug zu erwischen. Diese springenden Echsen heißen *Petrolacosaurus* und so klein wie diese unauffälligen Tiere auch sein mögen, ihre Nachfahren sollen einmal die größten Landtiere aller Zeiten werden. Wir beschließen, diese Jagdgründe den Petrolacosauriern zu überlassen, und bewegen uns etwas den Bachlauf entlang und suchen uns ein einsameres Plätzchen zum Jagen. Wir laufen entlang dieses Baches unter den Blättern der umliegenden Farne hindurch und werfen immer mal wieder einen Blick nach oben, auf das immergrüne Kronendach dieses prähistorischen Waldes. Denn ab und zu sehen wir einen Schatten über uns hinweg fliegen und merken nur einen sich bewegenden dunklen Fleck am Himmel, aber erkennen können wir nichts. Nichts außer den unzähligen fliegenden Insekten über der Wasseroberfläche. Nach einer kurzen Zeit kommen wir an einen See. Überall um den See herum sehen wir die geradezu gigantischen geschuppten Bäume dicht an dicht stehen und an den Ufern liegen immer wieder umgefallene Bäume, dessen merkwürdig aussehende Kronen sich nun im trüben Wasser befinden. Wir beobachten die Szenerie und merken viele Details.

Die Insekten sind hier sogar noch häufiger vorhanden und auch ihre Größe ist hier eine andere, einige von ihnen scheinen unfassbare Ausmaße zu erreichen und sind deutlich größer als wir selbst. Während wir hier am Ufer stehen, fliegt eine Art dieser Eintagsfliegen über unseren Kopf hinweg und seine Flügelspannweite ist deutlich größer als unsere gesamte Körpergröße. Wir spüren sogar die Luftbewegungen seiner Flügelschläge. Wieder sehen wir andere Echsen nach Insekten jagen, einige von ihnen sitzen sogar auf den abgebrochenen Baumstämmen, die das gesamte Ufer umgeben. Eine dieser Eidechsen schleicht sich gerade an ein Insekt heran, das genau am Ende eines Stammes sitzt, direkt am Rande des Seewassers. Seine langsamen, schleichenden Bewegungen sind unfassbar grazil und vorsichtig und gerade, als sie zum finalen Sprung ansetzen wollte, fängt das umliegende Wasser an sich aufzutürmen. Ein riesiges über drei Meter langes Amphibium schießt aus dem trüben Wasser heraus und greift mit seinen langen, spitzen Zähnen die ahnungslose Eidechse.

Der Körper des Amphibiums ist lang und aalförmig, er besitzt kaum nennenswerte Gliedmaßen, scheint aber trotzdem sehr muskulös zu sein. Durch die Wucht seines eigenen Sprungs wird sein kräftiger Schwanz über den eigenen Kopf hinweggeschleudert und schlägt wieder auf dem Wasser auf. Nach diesem Aufruhr beruhigt sich das Wasser und der aalförmige *Pteroplax* verschwindet wieder in der Trübnis des Gewässers.

Wir beschließen, uns lieber am seichten Ufer des Sees aufzuhalten und hier nach kleineren Insekten Ausschau zu halten. Am anderen Ufer des Sees sehen wir unzählige große Amphibien in der frühen Mittagssonne liegen, mit ihren großen Schädeln und den vielen spitzen Zähnen wirken sie wie heutige Krokodile. Genau wie diese nehmen sie eine deutlich dominantere Rolle ein, als ein jedes Reptil das zu dieser Zeit jemals könnte. Auf dem Weg zu einem seichten Platz am Wasser kommen wir noch einmal an einer tieferen Stelle vorbei und bei unserem Blick auf das Wasser sehen wir plötzlich einen fleischflossigen Fisch, der sich dank seiner kräftigen Flossen gekonnt durch das trübe Wasser navigiert. Wir betrachten ihn eine Zeit lang, bis er schließlich hinter einem umgekippten Baumstamm verschwindet. Der Anblick dieses Fisches löst plötzlich einen Gedanken in uns aus. Wir fühlen uns an etwas erinnert, können aber nicht genau erfassen, was es ist.

Doch dann sehen wir wieder zu den am Ufer liegenden Amphibien auf der anderen Seeseite hinüber, im nächsten Moment erblicken wir unser eigenes Spiegelbild im trüben Wasser. Es ist, als würden wir unzählige Millionen Jahre der Evolution in nur einem Moment an uns vorbeiziehen sehen, wir scheinen einen Blick auf die lebendige Entwicklungsgeschichte unserer Vorfahren werfen zu können. Wir sehen, wie diese Geschichte in Form eines Fleischflossers im trüben Wasser verschwindet, wie sie sich in Form von Amphibien am Ufer eines Sees sonnt und schließlich wie sie in Form eines kleinen Reptils ihr Spiegelbild im Wasser betrachtet.

Nach diesen komplexen Gedanken, die nur schwer zu greifen sind, beschließen wir, etwas Essbares zu erbeuten. Doch im Gegensatz zu den großen Amphibien müssen wir uns noch mit kleineren Insekten zufriedengeben und genauso eins haben wir auch gerade ausgemacht. Langsam schleichen wir uns an das ahnungslose Opfer von hinten heran. Mit jedem Schritt kommen wir ihm etwas näher, bis wir schließlich zum finalen Sprung ansetzen und mit unseren spitzen Zähnen zuschlagen. Zunächst wehrt sich das Opfer noch ziemlich stark, doch die Gegenwehr lässt schnell nach und ist schlussendlich ganz verschwunden. Um in Ruhe essen zu können, bewegen wir uns mit dem erlegten Insekt im Maul unter das Farndach, in der Hoffnung dort nicht selbst Opfer eines Angriffs zu werden. Aufgrund des Gesehenen beschließen wir, nicht zum See zurückzukehren, sondern weiter unsere Umgebung zu erkunden. Nach dieser stärkenden Mahlzeit entfernen wir uns wieder vom See und laufen schnellen Fußes durch das dichte Untergehölz. Wir laufen über den sumpfigen Boden, durch einen nicht enden wollenden Teppich aus Farnen, die sich scheinbar überall zwischen den riesigen Bäumen ausbreiten.

Auf einmal kommen wir an eine Lichtung mitten im Wald. Es wirkt hier alles sehr friedlich und das Licht der Sonne, die nun ungestört den Boden erwärmen kann, weckt in uns den Wunsch, hier kurz zu verweilen. In der Mitte der Lichtung liegen einige große Steine verteilt zwischen den Farnen und werden von der Sonne beschienen. Wir entscheiden uns, auf einen dieser Steine zu kriechen und uns etwas von der Sonne wärmen zu lassen. Ein solches Sonnenbad kommt wie gerufen. Von diesem Stein aus haben wir eine schöne Aussicht auf die gesamte Lichtung und auf den dichten Wald, der uns umgibt wie eine grüne Mauer. Wir beobachten, wie unzählige Insekten durch das grelle Licht der Sonne tanzen, auch hier gibt es verschiedenste Größen unter diesen geflügelten Gliederfüßern und sie alle scheinen die Ruhe dieses Ortes zu genießen.

Doch im nächsten Moment fällt uns etwas auf, am Ende der Lichtung beginnen die dichten Blätter des Farnteppichs sich unruhig hin und her zu bewegen. Etwas Großes muss sich unter ihnen hindurchbewegen und nach den zappelnden Blättern zu urteilen kommt es direkt auf uns zu. Wir machen uns bereit, diesen Ort so schnell wie möglich wieder zu verlassen, doch die Neugier lässt uns noch einen Moment warten, bis dieses Etwas aus den Farnen heraustritt. Am Ende des Farnteppichs geschieht genau das. Was wir nun sehen, versetzt uns in hellen Aufruhr. Es ist ein wahrlich gigantischer, gepanzerter Gliederfüßer, der sämtliche Größenverhältnisse aufzuheben scheint. Dieser Tausendfüßer muss mindestens 2,5 Meter lang sein und seine gepanzerten Rückenplatten reflektieren das Sonnenlicht auf ungeahnte Art und Weise. An seinem Kopf sitzen zwei riesige Antennen, die ununterbrochen den Boden abtasten und wir sehen auch große Mundwerkzeuge, von denen wir nicht wissen, ob sie darauf abzielen uns zu fressen oder nicht. Eins steht jedoch fest, wir haben nicht vor das herauszubekommen.

So schnell es nur geht springen wir von dem Stein herab und beginnen unseren Sprint auf dem Waldboden. Wir versuchen schnellstmöglich wieder Schutz zu suchen unter dem Dach der Farne und denken nur noch an eines, Laufen. Wir laufen so schnell und so lang, wie es nur geht, aber wir merken bald, dass wir in regelmäßigen Abständen Pausen einlegen müssen, um zu atmen. Denn aufgrund unserer Anatomie ist es nicht möglich, gleichzeitig zu laufen und zu atmen. Wie dem auch sei, wir laufen immer weiter, soweit es nur geht. Wir bekommen die krabbelnden Geräusche dieses gigantischen Tausendfüßers nicht mehr aus dem Kopf und die Gedanken an die glänzenden Mundwerkzeuge treiben uns immer weiter an.

Gerade noch rechtzeitig merken wir, dass unsere Umgebung plötzlich heller wird. Es sind keine Bäume mehr um uns herum und auch die Farne scheinen auf einmal zu verschwinden. Im letzten Moment kommen wir zum Stehen und sehen, wo wir uns befinden. Direkt an einem atemberaubend tiefen Abgrund, der kein Ende zu nehmen scheint. Wir stehen am Rand einer riesigen Schlucht, unter unseren Füßen endet der Boden abrupt und fällt mehrere hundert Meter gerade in die Tiefe. Da wir nun nicht mehr Gefahr laufen abzustürzen, können wir einen Moment innehalten und den Ausblick genießen, denn der ist wahrlich atemberaubend. Am Boden dieser Schlucht erstrecken sich weiterhin Wälder aus tiefem Grün und es schlängelt sich auch ein riesiger Fluss durch dieses Tal. Ein Fluss, den wir schon zu Beginn unserer Reise gesehen haben, als wir noch im Fall begriffen waren. Vermutlich war es auch dieser Fluss, der im Laufe von vielen Tausend Jahren diese Schlucht in den Boden gegraben hat. Auf der anderen Seite dieser Schlucht erhebt sich ebenfalls eine große Felswand aus nacktem Gestein in den Himmel. Und hinter dieser Schlucht deutet sich am Horizont die Silhouette eines riesigen Gebirges an, dessen Gipfel sogar mit Schnee bedeckt zu sein scheinen.

Bei dieser grandiosen Aussicht ist uns jedoch etwas Entscheidendes entgangen, nämlich, dass wir schon seit einiger Zeit von einem Paar großer Facettenaugen beobachtet werden. Sie verfolgen uns, wohin wir uns auch bewegen, vom Kronendach der umgebenden Bäume aus. Diese emotionslosen Augen haben bereits ihre nächste Beute fest anvisiert. Wir betrachten weiter dieses einmalige Panorama und wollen uns gerade davon lösen, als wir wieder diesen merkwürdigen Schatten über uns wahrnehmen. Aber dieses Mal scheint er größer zu werden und in dem Augenblick, als er sogar die Sonne bedeckt, blicken wir nach oben. Doch es ist schon zu spät, wir sehen nur ein Paar gigantische Flügel und ein Gewirr aus Beinen, das immer näherkommt. In diesem Moment greifen die Beine unseren schmalen Körper und halten ihn mit ihren Widerhaken fest. Wir werden in die Höhe gehoben und schweben nun direkt über der großen Schlucht. Wir versuchen so gut es nur geht uns frei zu bewegen, doch es scheint kein Vor und Zurück zu geben, die gepanzerten Beine mit ihren Widerhaken lassen uns keinen Freiraum. Wir überdehnen unseren Hals, soweit es nur geht, um erkennen zu können, wer uns da gepackt hat. Doch was wir dort sehen ist mit Worten kaum zu beschreiben. Vor den sechs Beinen, die uns festhalten, sehen wir einen Kopf, der nur aus riesigen Facettenaugen zu bestehen scheint und an dessen Unterseite gewaltige, zangenförmige Mundwerkzeuge sitzen, die nun beginnen sich zu öffnen. Diese gelb-schwarzen Zangen kommen immer näher und wollen uns anscheinend noch in der Luft zur Strecke bringen. Zwischen den weit aufgerissenen Mundwerkzeugen herrscht nur Schwärze und mit diesem Blick endet unsere Reise durch die karbonischen Wälder – in einer Zeit, in der riesige Insekten in der Lage waren, ausgewachsene Wirbeltiere zu töten.

Die frühe Aufspaltung der Reptilien

Nach dieser abenteuerlichen Reise müssen wir erstmal für einen Moment innehalten und versuchen, das Gesehene richtig einzuordnen. Wir haben diese karbonischen Wälder gesehen durch die Augen eines der ersten uns bekannten Reptilien, *Archaeothyris*. Eine kleine echsenartige Gestalt, die trotz ihrer geringen Körpergröße bereits die zukünftigen Herrscher der Welt in ihrem Genom verstecken sollte. Gerade die frühen Reptilien spalteten sich schon zu Beginn ihrer Entwicklung im mittleren bis späten Karbon in die drei heute noch bekannten Großgruppen auf, die Anapsiden, die Diapsiden und die Synapsiden. Alle Reptilien, die wir heute kennen, egal ob rezent oder ausgestorben, gehören diesen drei Gruppen an. Sie entwickelten sich schon in den tropischen, karbonischen Wäldern und gingen von da an auf völlig unterschiedlichen evolutionären Wegen in die Zukunft. Auch wenn die ersten Vertreter einer jeden

Großgruppe sich gegenseitig noch sehr ähnlich sahen (sie alle sahen aus wie kleine Eidechsen), so sollte sich das jedoch schon bald ändern.

Das namensgebende Unterscheidungsmerkmal dieser Gruppen sind die Löcher in ihrem Schädel, die entweder gar nicht vorhanden sind oder in mehrfacher Ausführung. Die Funktion dieser sogenannten Temporalfenster lag vor allem darin, dass sie zum einen den Schädel leichter machten und gleichzeitig mehr Ansatzstellen für die Kiefermuskulatur boten, wodurch auch ein kräftigerer Biss möglich wurde. Die Anapsiden besitzen keinerlei Schädelöffnung, abgesehen natürlich für die Augen oder die Nasen, worauf sich auch ihr Name selbst bezieht. Die Mitglieder der Anapsiden sollten in der folgenden Periode der Erdgeschichte, dem Perm, teilweise gigantische Ausmaße erreichen und sehr erfolgreich werden. Die Diapsiden dagegen besitzen zwei sogenannte Temporalfenster in ihrem Schädel und sollten vorerst keinen sonderlichen Erfolg haben, sie blieben noch für viele Millionen von Jahren kleine echsenartige Lebewesen. Doch ihre Zeit sollte noch kommen und sie werden dank ihrer Genome einmal aus diesem Schatten hervortreten und zu den größten landlebenden Tieren der Erdgeschichte werden, den Dinosauriern.

Die letzte Gruppe der Reptilien sind die Synapsiden, sie besitzen nur ein Temporalfenster in ihrem Schädel und sie sollten sich schnell zu der erfolgreichsten Gruppe dieser Landtiere entwickeln. Schon im späten Karbon waren einige ihrer Vertreter deutlich über zwei Meter lang und dominierten ihre Ökosysteme, wie zum Beispiel *Ophiacodon*. Diese nach wie vor echsenartigen Tiere konnten es mit ihren mächtigen Schädeln mit nahezu jedem anderen Tier ihrer Zeit aufnehmen. Sie hatten bereits eine weitere interessante Eigenschaft, die sie von den anderen Großgruppen der Reptilien unterschied. Ihre Knochen weisen ein bestimmtes Wachstumsmuster auf, das auf Warmblütigkeit schließen lässt und ihnen damit ein deutlich schnelleres Wachstum ermöglichte. Diese Synapsiden sind auch unsere eigenen Vorfahren, denn in den folgenden Jahrmillionen Jahren sollten sie nicht nur zu den dominantesten Tieren der Erde heranwachsen, einige von ihnen werden sich auch zu den ersten Säugetieren entwickeln.

Doch so weit sind wir noch nicht, erstmal muss man sich die Frage stellen, wie es diesen kleinen Eidechsen überhaupt möglich war, so schnell an Größe zuzunehmen und damit auch gleichzeitig in direkte Konkurrenz zu treten mit den zum Teil gigantischen fleischfressenden Amphibien des Karbons. Der Grund hierfür ist im Klima der damaligen Zeit zu finden. Wir haben bereits gehört, dass es eine sehr intime Verbindung gibt zwischen dem globalen Klima, der Geografie der Kontinente und dem Lauf der Evolution selbst. Auch diese abiotischen Faktoren haben stets einen enormen Einfluss auf alles was lebt. Im späten Karbon wurde das Klima immer kälter, was zu einer immer stärkeren Vergletscherung entlang des Südpols führte, sodass schließlich auch große Teile von Gondwanas Süden von Gletschern bedeckt waren. Zusammen mit der Kälte wurde es auch immer trockener, was schließlich zu einem Kollaps der karbonischen Regenwälder führen sollte. In Folge dieses Lebensraumverlusts kam es zu einem kleineren Massenaussterbeereignis, dem vor allem die großen und dominanten Amphibien dieser Zeit zum Opfer fallen sollten. Denn die lebenswichtige Partnerschaft, die diese Tiere mit dem Element des Wassers eingegangen sind, sollte ihnen nun zum Verhängnis werden! In dem trockenen Klima, ohne die großen Wälder, war ihre Reproduktion schlicht nicht mehr möglich und so sollten sich die neuentstandenen Reptilien über die freigewordenen ökologischen Nischen nur so hermachen.

Nun steigen wir wieder in unser Boot und setzen unsere Reise fort. Wir sehen, wie am Ende des Karbons wieder deutlich mehr Flussläufe austrocknen, als dies unter normalen Umständen der Fall ist. Dort, wo gerade noch ausgedehnte Flüsse sich ihren Weg durch die grüne Landschaft suchten, ist nun nur noch Ödnis zu sehen und je weiter wir fahren, desto mehr Bereiche dieser evolutionären Landschaft werden davon betroffen. Doch dieses Ereignis ist trotz allem nicht mit dem Verlust an Leben am Ende des Devons zu vergleichen, es scheint vor allem ganz bestimmte Flussläufe sowie ihre Nebenflüsse zu betreffen, während andere in ihrem Verlauf nicht weiter beeinträchtigt werden. So können wir beispielsweise unsere Reise ohne große Probleme fortsetzen. Es scheint sogar so weit zu gehen, dass wir von dem Verlust benachbarter Flüsse profitieren, da wir uns nun weiter ausdehnen können. Wir merken, wie sich unser eigener Flusslauf immer stärker auffächert, es entstehen ständig neue Seitenarme, die sich ihrerseits wieder aufteilen. So überschreiten wir die nächste unsichtbare Grenze zwischen den Erdzeitaltern eher komfortabel, während viele andere dieses nie erreichen werden. Willkommen im Perm, dem ersten Zeitalter der Reptilien.

Periode: Perm, das erste Zeitalter der Reptilien (298,9–251,9 Millionen Jahre)

Wir erreichen nun die sechste und damit auch letzte Periode der Ära des Paläozoikums, das Perm. Ein Zeitalter, das durch und durch charakterisiert ist durch seine Geografie und sein Klima. Das Perm ist das absolute Zeitalter des Superkontinents Pangäa. Dieser vereinigte sämtliche Landmassen der damaligen Zeit in sich und erstreckte sich schließlich vom Nordpol bis hin zum Südpol. Diese unfassbaren Dimensionen hatten selbstverständlich auch einen enormen Einfluss auf das Klima dieser Epoche. Durch die Kollisionen der vorherigen Kontinente wurden auch die klimarelevanten Meeresströmungen unterbrochen und mussten sich neue Wege suchen. So breiteten sich vor allem im Inneren dieses Riesenkontinents große Wüsten aus, da es durch die immense Entfernung zum Meer kaum noch Niederschläge gab. Die wenigen Wolken, die es bis in diese entlegenen Gegenden geschafft hätten, wurden durch neuentstandene Gebirgszüge aufgehalten, deren Formation mit der Entstehung Pangäas selbst zusammenhingen.

Abbildung 18: Rekonstruiertes Skelett eines Dimetrodon. (Bild von Yinan Chen auf Pixabay)

In einer Welt, die nur einen einzigen Kontinent kennt, gibt es auch nur ein riesiges weltumspannendes Meer, Panthalassa. Doch trotz seiner Größe gibt es nur wenig, was wir heute über diesen Ozean wissen, denn der Großteil seines Bodens ist schon längst wieder in den globalen Subduktionszonen verschwunden. Doch Schätzungen gehen davon aus, dass seine biologische Vielfalt während des Perms sogar die heutige Artenvielfalt in den Meeren übertraf.

Allen voran bauten Knorpelfische wie Haie ihre Dominanz immer weiter aus und erreichten schließlich auch immense Größen von bis zu 12 Metern. Abgesehen von ihrer Größe nahm auch ihre Formenvielfalt immer weiter zu. Einige der wohl faszinierendsten Hai-Arten der Erdgeschichte wohnten in den nicht enden wollenden Weiten des permischen Riesenozeans. Allen voran *Helicoprion* ist ein schillerndes Beispiel dafür, welche unfassbaren Spezialisierungen diese Tiere durchliefen. Diese Knorpelfische besaßen anstelle eines regulären Unterkiefers eine sogenannte Zahnspirale. Diese rundliche Anordnung von Zähnen sieht einer Kreissäge zum Verwechseln ähnlich und hatte vermutlich auch eine vergleichbare Funktion: Indem diese Fische mit hoher Geschwindigkeit auf ihre Opfer zu schwammen, konnten sie sie entweder schwer verletzen oder direkt in zwei Hälften zerteilen. Eine faszinierende, aber auch erfolgreiche Strategie, denn man geht davon aus, dass einige Arten dieser Gattung eine Größe von bis zu 12 Metern erreichen konnten. Damit wären sie vermutlich die dominantesten Jäger dieser Meere gewesen, zumindest nach dem Wenigen, was wir heute wissen. Aber die Meere waren auch erfüllt von einer unglaublichen Vielfalt an Knochenfischen, Kopffüßern, Muscheln und auch Gliederfüßern. So existierten auch die letzten Vertreter der Trilobiten in den permischen Ozeanen, doch diese gepanzerten Gliederfüßer, die schon seit dem Kambrium durch die Meere streiften, waren schon im Perm nur noch eine Art lebendes Artefakt einer längst vergangenen Zeit. Aber nichtsdestotrotz bereicherten sie noch die marine Artenvielfalt dieser Meere.

Mittlerweile ist es schon gut 100 Millionen Jahre her, dass die ersten Wirbeltiere in Form von fleischflossigen Fischen über die Flussdeltas die Meere verließen, um so neue Lebensräume für sich zu besiedeln. Diese unfassbare Reise führte schließlich zur Entstehung der ersten Amphibien und Reptilien, deren Ahnen in diesem Zeitalter die neuen Herrscher der Welt werden sollten, trotz aller widrigen, klimatischen Bedingungen, die dieses Zeitalter für sie bereithielt.

Die Dominanz der Reptilien

Eine der erfolgreichsten Reptiliengruppen des Perms waren die Anapsiden, also jene Reptilien ohne Temporalfenster in ihren Schädeln. Sie entwickelten sich gerade zum späten Perm hin zu großen Pflanzenfressern. Allen voran sind hier die Pareiasaurier zu nennen, sie wurden bis zu drei Metern lang und 600 Kilogramm schwer. Sie waren große, gepanzerte Pflanzenfresser, die sich durch einen massiven Knochenbau und gepanzerte Schuppen auszeichneten, welche ihnen einen gewissen Schutz vor großen Fleischfressern boten. Sie waren auch die ersten Reptilien, die den komplett aufrechten Gang entwickelten, denn ihre Beine kamen nun nicht mehr seitlich aus ihren Körpern heraus, wie wir es von typischen Reptilien kennen. Sie waren unter den Körper gewandert, um so das Gewicht des schweren Körpers besser tragen zu können. Sie zogen wahrscheinlich in großen Herden durch die unendlichen Landschaften Pangäas, stets auf der Suche nach etwas Fressbaren. Doch so erfolgreich sie auch im Perm gewesen sein mögen, schon zum Ende dieses Zeitalters sollten sie zusammen mit vielen anderen Tierarten für immer aussterben, ohne jegliche Nachkommen zu hinterlassen. Doch während ihrer Lebenszeit sollten die riesigen Herden dieser pflanzenfressenden Kolosse die Erde unter ihren Füßen erzittern lassen.

Nicht nur die Anapsiden waren in diesem Zeitalter besonders artenreich vertreten. Die wohl wichtigste und mit Abstand erfolgreichste Reptiliengruppe war die unserer eigenen Vorfahren, die Synapsiden. Diese sollten sich noch in diesem Zeitalter zu sehr säugetierähnlichen Reptilien weiterentwickeln. Doch zu Beginn des Perms hatten auch sie noch mehr Ähnlichkeit mit großen Echsen, wie den heutigen Waranen. Daher werden sämtliche frühe Synapsiden zu einer systematischen Gruppe zusammengefasst, den sogenannten Pelycosauriern. Sie entwickelten sich schon im späten Karbon zu sehr dominanten Tieren und fingen schnell an, die ökologischen Nischen der immer schwächer werdenden Amphibien zu besetzen. Mit dem immer trockneren Klima des frühen Perms verschwanden nicht nur die großen Regenwälder und Sümpfe des Karbons, nein, mit ihnen verloren auch viele der einst mächtigen Amphibien ihre Lebensgrundlage und verschwanden ebenfalls.

Die frühen Synapsiden verstanden es dank ihrer evolutiven Anpassungen, sich diese Nischen schnellstmöglich zu eigen zu machen, und wurden so zu den gefürchtetsten Raubtieren ihrer Zeit. Der wohl bekannteste Vertreter dieser frühen Säugetiervorfahren ist wohl *Dimetrodon*, ein 3,5 Meter langes Reptil, das auf seinem Rücken ein großes Segel trug. Dieses Segel diente wohl zwei unterschiedlichen Zwecken, zum einen als Merkmal der sexuellen Selektion, ähnlich dem prächtigen Federschmuck heutiger Pfauen. Ebenso wie dieser war wohl auch die Haut, die zwischen den großen Rückenwirbelfortsätzen aufgespannt war, mit aufwendigen Mustern bestückt und sollte sowohl Weibchen beeindrucken als auch Rivalen einschüchtern. Der zweite Zweck war wohl gleichzeitig ein erster Versuch der internen Thermoregulation, denn es ermöglichte den Tieren, sich in den frühen Morgenstunden schneller aufzuwärmen. Wenn sie ihr Segel senkrecht in die einfallenden Sonnenstrahlen hielten und Blut hineinpumpten, konnten sie ihre Körpertemperatur fast mit doppelter Geschwindigkeit erwärmen im Vergleich zu anderen kaltblütigen Reptilien ihrer Zeit, was ihnen auch einen aktiveren Lebensstil ermöglichte und somit einen immensen Selektionsvorteil darstellte.

Doch nicht alle Pelycosaurier waren gefräßige Fleischfresser.Viele unter ihnen waren auch mehr oder weniger friedliche Pflanzenfresser, so zum Beispiel *Edaphosaurus*. Wie *Dimetrodon*, so waren auch diese Pflanzenfresser mit einem großen Rückensegel ausgestattet, das sie jedoch unabhängig von ihrem fleischfressenden Verwandten erworben haben, durch einen Mechanismus der konvergenten Evolution. Das besondere an den Edaphosauriern ist, dass sie die ersten uns bekannten Tetrapoden sind, die sich rein pflanzlich ernährten. Bis dahin ernährten sie sich mehr oder weniger ausschließlich von fleischlicher Kost. Beide Arten, sowohl *Dimetrodon* als auch *Edaphosaurus*, bewohnten zur gleichen Zeit die gleichen Ökosysteme, die wohl ausgedehnten Feuchtgebieten entsprachen und somit diesen beiden großen Tierarten genügend Nahrung versprachen. Diese Pelycosaurier, die in allen Größenordnungen die Ökosysteme des frühen Perms dominierten, sollten das Zeitalter der synapsiden Reptilien jedoch erst einleiten. Im Schatten dieser zum Teil großen Tiere entwickelten sich auch die kleineren Arten weiter und sollten damit einen evolutiven Stein ins Rollen bringen, der schließlich zur Entstehung der Säugetiere führen sollte.

Der lange Marsch zu den ersten Säugetieren

So brachten schließlich die Pelycosaurier die sogenannten Therapsiden hervor, zu denen interessanterweise auch alle heute noch lebenden Säugetiere, einschließlich uns Menschen, zählen. Diese ersten (basalen) Therapsiden haben bereits bemerkenswerte Eigenschaften hervorgebracht, die man heutzutage in erster Linie mit modernen Säugetieren in Verbindung bringen würde. Diese Eigenschaften waren dafür verantwortlich, dass die Therapsiden zur Mitte des Perms ihre eigenen Vorfahren, die Pelycosaurier, von ihrem Herrscherthron stoßen konnten und so zu den erfolgreichsten Tieren des ausgehenden Perms wurden. Die Artenvielfalt, die sie während ihrer Herrschaft erreichten, war faszinierend. Uns Menschen sind heute alleine schon weit über 1000 verschiedene Arten bekannt, die in dieser längst vergangenen Epoche der Erdgeschichte das Leben auf Pangäa bestimmten. Die erste wirklich erfolgreiche Gruppe unter den frühen Therapsiden waren die Dinocephalen. Diese Tiergruppe breitete sich schnell über ganz Pangäa aus und brachte teilweise riesige Arten hervor, wie zum Beispiel den fünf Meter langen *Moschops*.

Diese Giganten ihrer Zeit stampften auf elefantenähnlichen Füßen durch die endlosen Steppen, immer auf der Suche nach frischem Grün, während andere Arten wie *Estemmosuchus* eher wie heutige Flusspferde lebten. Eine weitere Besonderheit dieser Tiergruppe haben wir vor Kurzem durch einzigartige Fossilfunde herausgefunden. Versteinerte Überreste der Haut von *Estemmosuchus* haben gezeigt, dass diese Tiere keine schuppige Haut hatten wie typische Reptilien, sondern eine glatte, drüsige Haut. Doch die Dinocephalen brachten nicht nur große Pflanzenfresser hervor, sondern auch respekteinflößende Fleischfresser, die zu den größten des gesamten Perms zählten. So zum Beispiel *Anteosuchus*, ein Koloss von bis zu 600 Kilogramm Gewicht. Er war wohl kein sonderlich schneller Läufer, sondern erlegte wahrscheinlich ähnlich schwerfällige Tiere durch die reine Masse seines muskulösen Körpers. Ein weiteres Merkmal, das diese Tiere näher in Richtung der Säugetiere stellt, ist die Entwicklung unterschiedlicher Zahntypen, die alle einer bestimmten Funktion dienten. So gab es bereits Schneidezähne im vorderen Bereich der Kiefer sowie vergrößerte Eckzähne zum Reißen von Beute und vor allem Backenzähne, die darauf spezialisiert waren, die Nahrung bereits im Mund zu zerkleinern. Vor allem bei den Raubtieren unter den Dinocephalen waren die großen Eckzähne besonders furchteinflößend und dürften unter den Pflanzenfressern extrem gefürchtet gewesen sein. Therapsiden wie die Dinocephalen wirken auf uns besonders faszinierend, da sie sowohl reptilienhafte, fremdartige Züge besaßen, genauso wie sehr familiäre, säugetierähnliche Körpermerkmale. Ein stattlicher *Anteosuchus* beispielsweise sieht in etwa so aus wie eine bizarre Kreuzung zwischen einem riesigen Bären und einem Krokodil, ohne Frage eine Kreatur, der man lieber nicht begegnen will.

Doch die Therapsiden besaßen noch weit mehr Ähnlichkeiten mit uns Säugetieren als eine drüsige Haut. So standen ihre Beine bereits fest unter ihrem Körper und kamen nicht mehr seitlich aus ihm heraus, wie es noch bei ihren Vorfahren, den Pelycosauriern, der Fall war. Durch diese Innovation konnten sie, nicht nur dank der erhöhten Stabilität, mehr Gewicht aufbauen, sie überwanden auch die sogenannte Carrier-Beschränkung ihrer Reptilienvorfahren, die es ihnen nicht erlaubte, gleichzeitig zu laufen und zu atmen. Durch diese neue evolutionäre Errungenschaft konnten diese Tiere viel ausdauernder laufen, als es ihren Ahnen noch möglich war.

Zusätzlich entwickelten mehrere Therapsidenlinien vermutlich schon im späten Perm das erste Fell, welches vermutlich hauptsächlich sensorischen Zwecken diente und später für die Thermoisolation kooptiert wurde. Es entstand ein sogenanntes verknöchertes Gaumendach, was diesen Tieren erlaubte, gleichzeitig zu essen und zu atmen. Diese Eigenschaft, die auf uns heute nicht sonderlich beeindruckend wirkt, hatte allerdings tiefgreifenden Einfluss auf ihre weitere Entwicklung, denn sie war ein essenzieller Faktor für die Erlangung der echten Warmblütigkeit. In Verbindung mit den hochspezialisierten Zahntypen, die es ermöglichten, die Nahrung bereits im Mund zu zerkleinern, konnten diese Tiere wesentlich mehr Energie aus der aufgenommenen Nahrung entnehmen. Und das stellt einen entscheidenden Faktor dar bei der sehr energieaufwendigen, warmblütigen Lebensweise. Wir sehen also, dass diese Tiere, so fremdartig sie auch auf uns wirken mögen, einen wichtigen evolutionären Schritt darstellten zwischen den Reptilien und uns Säugetieren. Doch es ist ein trügerischer Gedanke, diese faszinierenden Tiere nur als Übergangsstadium zu verstehen, irgendwo zwischen Reptilien und echten Säugetieren, denn die Evolution hatte niemals vor, Säugetiere zu erschaffen. Die Evolution plant nicht, sie entscheidet stets nur aus dem Moment heraus, welche Mutation einen Vorteil bringt für das Gesamtsystem und welche eben nicht.

Ohne Frage waren die Therapsiden dank ihrer neuartigen Innovationen völlig verdient die dominantesten Tiere ihrer Welt. Doch zum späten Perm hin verschob sich das Gleichgewicht zwischen den Lebewesen ein weiteres Mal. Die Dinocephalen hatten ihren Zenit überschritten und mussten ihre dominante Rolle anderen fleischfressenden Therapsiden überlassen, den Gorgonopsiden. Auch diese säugetierähnlichen Lebewesen müssen aus heutiger Sicht äußert bizarr und furchteinflößend gewirkt haben, irgendwo zwischen einer Säbelzahnkatze und einem großen Waran. Auch sie breiteten sich schnell über ganz Pangäa aus und wurden zum späten Perm hin teilweise riesengroß. Stellen Sie sich mal ein solches mit Säbelzähnen bestücktes Muskelpaket vor, das mit einer Länge von über vier Metern und einer Höhe von fast zwei Metern vor Ihnen steht, das ist *Inostrancevia*. Nicht alle Gorgonopsiden waren so groß, doch sie alle waren vermutlich die Spitzenprädatoren ihrer Ökosysteme. Im Schatten dieser großen Räuber entwickelten sich jedoch weitere faszinierende Therapsiden und diese sollten sich tatsächlich einmal zu echten Säugetieren weiterentwickeln. Die Rede ist von den Cynodonten.

Das äußere Erscheinungsbild dieser Tiere hätte uns schon sehr stark an heutige Säugetiere erinnert. Sie waren fast ausschließlich relativ kleine, allesfressende Jäger und besaßen bereits viele Anpassungen, die man heute mit den Säugetieren in Verbindung setzen würde. So hatten sie bereits alle sehr stark differenzierte Zähne, die man in Schneidezähne, Eckzähne und Backenzähne unterscheiden konnte. Auch wenn ihre Eckzähne selbstverständlich nicht so beeindruckend waren wie die der Gorgonopsiden, so waren sie jedoch gerade richtig für das Erlegen kleinerer Beutetiere, wie Amphibien, Eidechsen oder Insekten.

Doch neben diesen Eigenschaften entwickelten die Therapsiden auch eine durchweg neue Fähigkeit, die aus evolutionärer Sicht wohl die entscheidendste von allen sein sollte, die Fähigkeit zur Endothermie. Endothermie ist nichts anderes als ein Wort für Warmblütigkeit und bedeutet, dass jene Tiere, die diese Fähigkeit besitzen, in der Lage sind, ihre Körpertemperatur auf einem konstanten Niveau zu halten, unabhängig von der Außentemperatur.

Die innere Wärme unserer Vorfahren

Die Vorteile dieser neuen Eigenschaft liegen auf der Hand. Endotherme Tiere müssen in den Morgenstunden nicht erst warten, bis sich ihre Körpertemperatur nach einer kalten Nacht wieder erhöht hat, um jagen zu können, wodurch sie ein durchweg aktiveres Leben führen können. Doch dieser aktive Lebensstil hat auch seinen Preis: Ein solch aktiver Körper braucht auch jede Menge Treibstoff und endotherme Tiere benötigen ein Vielfaches der Nahrung von wechselwarmen Tieren. Doch wenn genügend Nahrung in einem Ökosystem vorhanden ist, so sind endotherme Tiere stets im Vorteil gegenüber ihren wechselwarmen Verwandten. Doch welche physiologischen und vor allem genetischen Umbrüche ermöglichten diesen neuen Lebensstil?

Schließlich ist der Wandel von der Kalt- zur Warmblütigkeit ein dramatischer Einschnitt, der den gesamten Körper betrifft. Um diesen Wandel nachvollziehen zu können, müssen wir einen kurzen Abstecher in die Physiologie einer Muskelzelle unternehmen, denn nach allem, was wir heute wissen, fand der Übergang zur Warmblütigkeit vor allem hier statt.

Muskelzellen sind vielkernige Gebilde, die durch die Verschmelzung vieler Einzelzellen miteinander entstanden sind und so große Muskelfasern formen, welche die Grundeinheit unserer gesamten Körpermuskulatur darstellen. In erster Linie enthalten diese vielkernigen Muskelzellen Unmengen an hochorganisierten, kontraktilen Proteinen, Aktin und Myosin, die sich bei einer Erregung der Zelle gegeneinander verschieben und so zu einer Kontraktion der gesamten Muskelfaser führen.

Gesteuert wird die Aktivität einer solchen Muskelfaser durch spezielle Motoneurone, die über sogenannte Synapsen mit den Muskeln verbunden sind. Wenn nun im zentralen Nervensystem eines Tieres beispielsweise entschieden wird, das linke Vorderbein soll einen Schritt nach vorne machen, so wird diese Information an bestimmte Motoneurone weitergegeben, die diese zentral entstandene Information an die betreffenden Organe weiterleiten. Auf diese Art und Weise wird ein elektrischer Impuls (ein Aktionspotential) von den Motoneuronen an die notwendigen Muskelfasern weitergegeben, damit diese sich unter einem bestimmten Energieaufwand zusammenziehen, um so die angestrebte Bewegung ausführen zu können. Doch wie kommt es nun zu einer Kontraktion, nachdem ein elektrischer Impuls eine solche Muskelfaser getroffen hat?

Zunächst kommt es zu einer Depolarisation der gesamten Zellmembran. Diese Zellmembran erreicht durch Einstülpungen auch die weiter innen liegenden Bereiche der großen Muskelfasern. Auch wenn die Muskelfasern in erster Linie aus Aktin- und Myosin-Molekülen bestehen, so werden diese kontraktilen Bereiche noch von einem großen, hohlen Zellkompartiment umgeben, ähnlich einem Spinnennetz, dem sarcoplasmatischen Retikulum. Dieses fungiert als zentraler Calciumspeicher (Ca^{2+}) innerhalb der Muskelfaser. Nach einer Depolarisation der Zellmembran kommt es zu einem gesteuerten Ausstrom von Ca^{2+}-Ionen aus dem sarcoplasmatischen Retikulum in das Zytoplasma der Muskelfaser. Wenn nun die Konzentration an Ca^{2+}-Ionen im Zytoplasma der Zelle steigt, kommt es zu einer Kontraktion der hochorganisierten Aktin- und Myosin-Moleküle und damit auch der gesamten Muskelfaser. Damit sich nun die Muskelfaser wieder entspannen kann, müssen allerdings die Ca^{2+}-Ionen wieder aus dem Zytoplasma zurück in das sarcoplasmatische Retikulum transportiert werden. Diese Aufgabe erfüllt ein ganz bestimmter Ionentransporter, der zahlreich in der Membran des sarcoplasmatischen Retikulums eingebaut ist, der Name dieses Ionentransporters ist SERCA. Diese kryptische Abkürzung steht für *Sarcoplasmatic/endoplasmatic reticulum calcium ATPase* und beschreibt damit auch bereits dessen gesamte molekulare Funktion. Er transportiert unter dem Verbrauch von Energie Ca^{2+}-Ionen aus dem Zytoplasma der Muskelfaser wieder zurück in das Innere des sarcoplasmatischen Retikulums. Dieser Prozess verbraucht allerdings viel Energie, denn SERCA muss die Ca^{2+}-Ionen entgegen ihres natürlichen Konzentrationsgradienten transportieren. Schließlich liegt die Konzentration von Ca^{2+} innerhalb des sarcoplasmatischen Retikulums viele tausendmal höher als im umgebenden Zytoplasma. Als Energieträger für diese Aktivität fungiert der universelle biologische Energielieferant schlechthin, ATP. Dieser besteht aus einem Adenosinnukleotid, dem drei Phosphatreste angehängt wurden. Durch Hydrolyse können diese Phosphatgruppen abgespalten werden, was eine bestimmte Menge an nutzbarer Energie freisetzt. Dieser Ca^{2+}-Ionen-Transporter ist vermutlich der molekulare Schlüssel zum Verständnis der Evolution der Endothermie. Denn Muskeln können Wärme auf zwei verschiedene Arten generieren. Die erste dürfte ein jeder von uns bereits kennen. Was tun unsere Muskeln, wenn uns kalt wird? Genau, sie fangen an zu zittern. Durch diese Muskelkontraktionen, die zu keinerlei Bewegung beitragen, wird in den Muskeln Wärme erzeugt. Das Problem bei dieser Art von Wärmeerzeugung ist jedoch, dass hierdurch keine kontinuierliche Endothermie entstehen kann. Würde ein Organismus ständig zittern, käme es nicht nur zu überlastungsbedingten Verletzungen der Muskulatur, er wäre auch nicht mehr in Lage, erfolgreich zu jagen oder vor einem Raubtier zu fliehen. Deshalb könnte die Evolution niemals einen solchen Mechanismus als positiv selektieren. Es muss also noch einen zitterfreien Weg geben, wie die Muskeln in der Lage sind Wärme zu erzeugen.

Tatsächlich existiert ein solcher Weg und der Schlüssel liegt in einem kleinen Gen, das ein geradezu winziges Protein codiert. Dieses Protein besteht gerade einmal aus 31 Aminosäuren. Doch trotz seiner geringen Größe ist das betreffende Gen Teil von nahezu jedem Wirbeltier-Genom und gerade bei Säugetieren extrem wichtig. Die Funktion und damit auch die evolutionäre Kraft dieses Proteins liegt in seiner Fähigkeit, den Energieverbrauch von SERCA (durch die Hydrolyse von ATP) von seiner Fähigkeit Ca^{2+}-Ionen zu transportieren zu entkoppeln. Der Name dieses molekularen Entkopplers ist Sarcolipin. Er sorgt dafür, dass der Ca^{2+}-Ionen-Transporter SERCA nach wie vor jede Menge ATP verbraucht, doch die Energie, die dabei frei wird, wird nicht mehr für den Transport von Ca^{2+} in das sarcoplasmatische Retikulum verwendet, sondern kann in Form von Wärme „verloren" gehen. Die umfassendere Nutzung dieses wärmeproduzierenden Mechanismus war höchstwahrscheinlich ein erster Schritt zur vollständigen Endothermie unserer Säugetiervorfahren. Er ermöglicht eine unabhängige und dabei noch kontrollierbare Produktion von Wärme im eigenen Körper. Doch Sarcolipin kann sogar noch weit mehr und beeinflusst durch die Kontrolle der zellulären Ca^{2+}-Ionen-Konzentrationen noch sehr viel weitreichendere Faktoren. Denn Ca^{2+}-Ionen beeinflussen gerade in Muskelzellen jeden Aspekt der Biologie.

Durch die höheren zytoplasmatischen Konzentrationen dieser Ionen kommt es auch zur Aktivierung ganz bestimmter genregulatorischer Netzwerke und Transkriptionsfaktoren. Was schließlich dazu führt, dass die Mitochondrien nicht nur mehr ATP produzieren, das SERCA dann wieder zur Wärmeproduktion nutzen kann, sondern es kommt sogar zu einer gesteigerten Biogenese der Mitochondrien selbst. Damit ermöglicht Sarcolipin nicht nur die endogene Produktion von Wärme in den Muskeln durch die entkoppelnde Wirkung auf den Ionentransporter SERCA, sondern es reguliert auch die Produktion und den Nachschub seines eigenen Treibstoffes.

Damit ist Sarcolipin ein beeindruckendes Beispiel dafür, wie die Evolution wieder bereits vorhandene Elemente nutzte, um völlig neuartige Eigenschaften zu erzeugen. Auch wenn das codierende Gen für Sarcolipin bereits in unseren Fischvorfahren vorhanden war, so wurde seine potenzielle Wirkung erst bei unseren säugtierähnlichen Vorfahren im späten Perm vollends entfaltet.

Eine Reise ins Perm

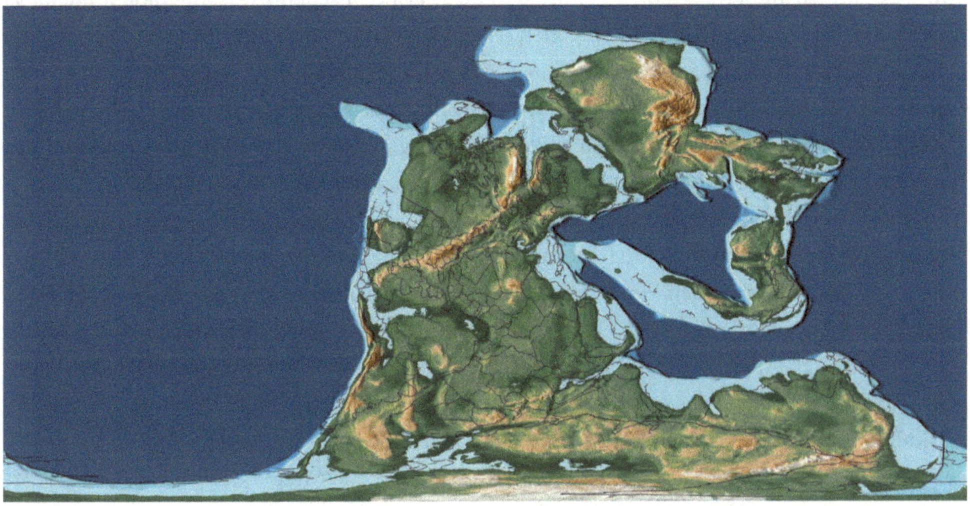

Abbildung 19: Die Lage der Kontinente zur Zeit des Perms, vor 255 Millionen Jahren (C. R. Scotese, 2016).

Nach diesen Einblicken ist es wieder mal an der Zeit, einen echten Blick in jene Zeit zu werfen, als unsere Ahnen sich immer weiter von ihren reptilienhaften Vorfahren entfernten, um eine völlig neue Dynastie zu begründen. Wieder sehen wir unsere Erde als kleinen blauen Punkt mitten im schwarzen Nichts des endlosen Universums. Tatsächlich sehen wir zunächst nichts als Blau. Es ist fast so, als gebe es nur diese eine Farbe und gleichbedeutend damit auch kein Land mehr auf der Erde. Doch als sich die Erde etwas um ihre eigene Achse dreht, kommt eine einzige riesige Landmasse zum Vorschein, Pangäa, der legendärste Superkontinent der Erdgeschichte. Diese gigantische Landmasse erstreckt sich vom Südpol bis zum Nordpol und scheint, vom richtigen Winkel aus betrachtet, fast die gesamte Erde einzunehmen. Sie bildet damit einen Gegenpol zum Superozean Panthalassa. Wieder nähern wir uns der Oberfläche unseres Planeten, doch erneut sieht es nicht so aus wie „unser" Planet.

Diese riesige Landmasse vor unseren Augen hat nichts gemein mit den Kontinenten, wie wir sie aus unserer heutigen Zeit kennen, kein Amerika, kein Afrika oder Europa, nur eine einzige trockene Landmasse, die von nur einem riesigen Ozean umgeben ist. Je näher wir kommen, desto mehr Details fallen uns auf: Wir erkennen wieder die riesige Gebirgskette, die einst entstand, als der Südkontinent Gondwana mit dem Nordkontinent Laurussia kollidierte. Sie erstreckt sich mit ihren hohen Bergen von Ost nach West und bildet so eine gut sichtbare Barriere zwischen den nördlichen Teilen Pangäas und den südlichen. Aber noch eines fällt uns direkt auf. Das viele Grün der letzten erdgeschichtlichen Perioden scheint verschwunden, nichts ist mehr zu sehen von den nicht enden wollenden Regenwäldern und Sümpfen des Karbons, sie scheinen ersetzt worden zu sein durch riesige Wüsten, die sich nördlich wie südlich des großen Gebirges ausbreiten. Nur entlang der Küsten und einiger großer Flüsse und Seen scheinen sich noch ausgedehnte Wälder erhalten zu haben, die aber gerade von hier oben aus betrachtet nur noch ein lächerliches Relikt darstellen – im Vergleich zu ihrer ehemaligen Größe.

Wir kommen immer näher auf die Oberfläche Pangäas zu, unsere Reise scheint uns in den Norden zu führen, zu unserer Erleichterung lassen wir auch die große nördliche Wüste hinter uns. Wir sehen einen großen Fluss, der sich von einem kleineren Gebirgszug aus in Richtung Ozean schlängelt. Entlang seines Ufers sieht man zumindest ein leichtes Grün durchschimmern von den Bäumen, die ihn umgeben. Überall entlang dieses namenlosen Flusses liegen auch viele kleinere Seen verstreut in der Landschaft. Wir fallen unaufhaltsam auf einen dieser kleinen Seen zu, auf einen kahlen Bereich, der von kleinen Erdhügeln übersäht zu seien scheint. Alle diese Hügel haben ein kleines Loch an ihrer höchsten Stelle und auf ein solches Loch steuern wir gerade zu. Vor dem Aufprall schließen wir unsere Augen voller Erwartung, was für eine fremdartige Welt nun vor uns liegt.

Als wir die Augen wieder öffnen, sehen wir zunächst nichts als Dunkelheit, abgesehen von dem kleinen, hellen Lichtkreis direkt über uns. Vermutlich handelt es sich um jenes Loch, durch das wir diese Höhle betreten haben. Wir versuchen, uns auf unsere anderen Sinne zu verlassen, und tatsächlich hören wir ein quietschendes Geräusch direkt neben uns. Es hört sich in etwa so an wie eine Maus, aber doch viel fremdartiger. Langsam aber sicher gewöhnen sich unsere Augen an die Dunkelheit der Höhle und wir sehen bereits die Umrisse des Geschöpfes, das hier direkt neben uns zu liegen scheint. Es sieht erstaunlicherweise schon einem Säugetier sehr ähnlich. Wir sehen ein durch Streifen dezent gemustertes Fell und große glänzende Augen am Ende einer langgezogenen Schnauze, es handelt sich um *Dvinia prima*.

Als sich dieses Tier allerdings bewegt, merken wir schnell einen großen Unterschied zu den uns bekannten Säugetieren. Es kommt eine Reihe von Eiern zum Vorschein, die das Tier mit seinem isolierenden Fell warmhält. Nun begreifen wir, in welcher Situation wir uns befinden. Das andere Tier in dieser Höhle ist die Mutter unseres gemeinsamen Nachwuchses, der sich geschützt durch die Dunkelheit der Höhle unter dem warmen Fell der Mutter in Sicherheit entwickeln kann. Gerade als sich unsere Augen an das gedämmte Licht dieses unterirdischen Verstecks gewöhnt haben und wir die Szenerie mit überraschter Faszination beobachten können, vernehmen wir eine Reihe lauter Geräusche ausgehend von unserer Partnerin, die uns damit auf unsere Aufgabe hinweisen will.

Wir müssen die Sicherheit unserer Unterkunft wieder verlassen und versuchen, etwas Essbares zu finden, für uns und unsere Partnerin. Mit einer Reihe quickender Geräusche verabschieden wir uns und bewegen uns langsam auf den hellen Lichtkreis zu, der den Ausgang unserer Höhle markiert. Zunächst recken wir nur unseren kleinen Kopf heraus, um unseren Augen etwas Zeit zu geben, sich wieder an die Helligkeit zu gewöhnen und um direkt die Gegend nach möglichen Gefahren abzusuchen. Dank unserer zurückliegenden Ausflüge in die Erdgeschichte wissen wir bereits, wie wichtig ein solches Verhalten ist, denn die Unachtsamen landen stets zuerst zwischen den Kiefern der großen Jäger.

Wir sehen eine fremdartige Landschaft, deren Pflanzen wenig mit den uns bekannten Wäldern der gemäßigten Zone zu tun haben. Nach wie vor dominieren unterschiedlichste Farne und ihre baumartigen Verwandten diese Welt. Doch wir sehen auch einige Koniferen und vor allem sogar Bäume mit echten Blättern, es sind Verwandte unserer heutigen Ginkgos. Direkt vor unserer Höhle liegt ein großes vegetationsfreies Gelände, das aus nackter, roter Erde besteht und auf dem sich unzählige Hügel wie der unsere verteilen. Umgeben ist dieses Gelände von einer Reihe flacher Farne, doch kurz dahinter stehen bereits viele große Bäume. Auf der anderen Seite des freien Geländes sind keine Bäume zu sehen, stattdessen schimmert zwischen den Farnen das Wasser eines kleinen Sees hindurch. Ein perfekter Ort, um auf die Jagd nach Insekten und kleineren Amphibien zu gehen. Doch wir sollten uns beeilen, bevor noch allzu viele unserer Nachbarn wach werden.

Nachdem wir nun das Gelände lange genug beobachtet haben, beschließen wir, so schnell wie möglich in Richtung See zu laufen, und machen uns direkt auf den Weg. Der sandige, rote Boden ist noch kalt von der letzten Nacht und wir müssen immer mehr Erdhügeln ausweichen auf dem Weg zum See, doch schließlich erreichen wir die schützenden Farne. Wir drosseln nun unser Tempo, um etwas langsamer in Richtung Wasser zu gehen. Schließlich wollen wir unserer potenziellen Beute keinen Anlass zur Flucht geben und auf der anderen Seite auch keinen der großen Räuber auf uns selbst aufmerksam machen. Die üppigen Wälder dieser Gegend sind auch ein beliebtes Jagdrevier für Tiere, die noch viel gefährlicher sind als wir selbst.

So schleichen wir mit leisen, grazilen Schritten durch die Farne in Richtung Wasser und tun das gleiche wie an unserer Höhle. Wir verschaffen uns einen genauen Überblick über das morgendliche Geschehen am See. Zunächst ist noch nicht viel zu sehen, die Sonne lässt den See erscheinen wie eine glatte, goldene Scheibe, die umgeben ist von nebeligen Wäldern. Doch man sieht schon jetzt, dass die wässrigen Nebelschwaden in Kürze von der Sonne vollends verdrängt werden. In der frühen Morgensonne kommen nun auch die ersten schmackhaften Insekten hervor und tanzen in den einfallenden Lichtstrahlen, darunter auch große Libellen. Diese können uns nun allerdings nicht mehr so gefährlich werden wie noch vor 70 Millionen Jahren. Doch am anderen Ende des Sees erspähen unsere Augen etwas noch viel Besseres als Insekten. Viele kleinere Eidechsen, die sich auf einem Stein sitzend etwas Wärme von der Sonne leihen wollen. Da wir noch keine anderen Artgenossen wahrnehmen können, beschließen wir, die etwas längere Reise an diesen Teil des Sees zu unternehmen. So lang wie es irgendwie geht, laufen wir entlang der Farne, um von deren dichten Blätterdach zu profitieren. Doch nun merken auch wir, dads eine Kleinigkeit zu Essen nicht schlecht wäre. Da kommt ein kleiner Bach wie gerufen, an dessen Ufer sich stets einige Tausendfüßer oder Insekten finden lassen. So klettern wir langsam in das Bachbett hinunter und versuchen, unter einigen Steinen ein paar schmackhafte Gliederfüßer zu erspähen, und tatsächlich werden wir hier auch fündig. Dieser Bach ist einer von vielen, die gerade nach der Regenzeit unseren See mit Wasser versorgen, doch zum Glück ist das Wasser heute relativ niedrig. So können wir nach unserem kleinen Frühstück unsere Reise fortsetzen. Immerhin haben wir die Hälfte schon geschafft und unsere Gedanken sind bei unserer Partnerin und unserem Nachwuchs, die alle auf unseren Jagderfolg angewiesen sind. Während wir so in Gedanken sind, ändert sich auf einmal die Umgebung, wir sehen nur noch die freiliegenden Wurzeln der Farne oder die kahlen Stämme der Baumfarne. Was ist hier nur los?

Auf einmal hören wir ein lautes Dröhnen, das aus unzähligen Kehlen nach außen dringt und die Luft um uns herum in Schwingungen versetzt. Zusätzlich zu dem Dröhnen fängt auch der Boden unter unseren Füßen an, bedrohlich zu beben. Als wir uns umschauen, können wir schnell erkennen, wer für diese Erschütterungen verantwortlich ist, es ist eine große Herde bestehend aus unzähligen Tieren der Art *Scutosaurus*. Diese riesigen anapsiden Reptilien ziehen durch die Landschaft und fressen dabei alles an Vegetation, was sie mit ihren Mäulern erreichen können. Diese schwerfälligen Tiere stampfen mit ihren elefantenartigen Füßen alles nieder, was sich vor ihnen befindet. Ihre Köpfe sind verhältnismäßig klein und wirken fast als säßen sie auf dem falschen Körper, denn diese sind geradezu riesig. Ihre Schädel sind umrahmt von einer auffälligen, verhornten Ornamentik aus großen, roten Stacheln, die an den ansonsten grünlichen Körpern die volle Aufmerksamkeit auf sich lenken und die Tiere damit sehr bedrohlich erscheinen lassen. Immer wieder stoßen einige dieser Tiere einen lauten Schrei heraus und stoßen mit ihrer gepanzerten Haut einen ihrer Nachbarn zur Seite, wenn dieser sich einen besonders leckeren Farn ausgesucht hat.

Zwischen diesen gepanzerten Riesen laufen aber auch etwas kleinere Tiere umher, die aber immer noch sehr groß sind und in etwa so aussehen wie eine Kreuzung aus einer großen Eidechse und einem Papagei. Diese Tiere gehören zur Art *Vivaxosaurus* und ziehen zumindest vorübergehend zusammen mit den riesigen Scutosauriern durch die Landschaften Pangäas. Ihre Haut ist aber im Gegensatz zu der ihrer größeren Begleiter nicht gepanzert und wirkt eher wie die Haut eines Nashorns oder eines Elefanten. An der Spitze ihrer Schnauze sitzt ein großer gebogener Schnabel, aus dem zwei lange Zähne herausragen. Mit diesen Zähnen durchpflügen sie den Untergrund und legen dabei die Wurzeln der Pflanzen frei, die von den Scutosauriern bereits von ihren Blättern befreit wurden. Zwischen den gewaltigen Füßen dieser ungleichen Fressmaschinen rennen schnell und flink noch viele weitere, jedoch viel kleinere Tiere herum. Vermutlich handelt es sich um Diictodons. Diese kleinen flinken Tiere sind uns in Größe und

Form gar nicht so unähnlich. Aber anders als wir besitzen sie kein Fell und haben einen kleinen Schnabel mit zwei langen Zähnen, mit dem sie ebenfalls im bereits aufgewühlten Boden nach dem suchen, was ihre großen Vorarbeiter haben liegen lassen.

So faszinierend diese Szenerie auch sein mag, wir dürfen nicht vergessen, weshalb wir hier sind, und so beschließen wir, so schnell wie möglich zwischen all den riesigen Füßen hindurchzukommen, ohne dabei plattgetrampelt zu werden. Auf dem aufgewühlten Boden ist es allerdings sehr schwer für uns zu laufen und so müssen wir stets extrem aufmerksam sein, die Füße dieser Riesen stehen nur selten still. Doch schließlich können wir das Frühstücksbuffet dieser Riesen hinter uns lassen und stehen nun wieder unter dem sicheren Farndach, um für einen kurzen Moment zu verschnaufen. Doch nun sehen wir, dass wir an unserem Ziel angekommen sind, direkt hinter den Farnen beginnt nun ein kurzer steiniger Abschnitt, der schließlich am goldenen Wasser des Sees endet.

Direkt neben dem Wasser liegen gleich mehrere kleinere Echsen und genießen die Morgensonne. Langsam schleichen wir uns gekonnt an sie heran und merken bereits, wie uns das Wasser im Mund zusammenläuft. Gerade als wir zum finalen Sprung ansetzen wollen, werden wir bemerkt und alle Echsen versuchen so schnell wie möglich zu fliehen. Doch wir sind schneller und können gerade noch eine dieser kleinen Reptilien erwischen. Wir spüren, wie unsere vergrößerten Eckzähne in den kleinen Körper eindringen und schnell jeglichen Widerstand im Keim ersticken. Gerade als wir uns nach erfolgreicher Jagd umdrehen wollen, bemerken wir noch eine zweite Eidechse, die sich fälschlicherweise auf einen Stein im Wasser retten wollte und nun dort festsitzt. Langsam nähern wir uns auch diesem flinken Tier, bereits in der Hoffnung gleich zwei Beutetiere mit nach Hause bringen zu können. Doch in diesem Moment erhebt sich plötzlich ein viel größeres Tier aus dem Wasser, dessen zahnbesetztes Maul größer ist als unser gesamter Körper. Dieser *Archosaurus*, der einem Krokodil zum Verwechseln ähnlich sieht, hatte es auch nicht auf die kleine Echse abgesehen, sondern auf uns. So drehen wir uns so schnell wie möglich um, überall um uns herum scheint das Wasser plötzlich zu kochen und spritzt nur so durch die Gegend, als der Riese versucht uns zu folgen. Am Ufer angekommen schnappen wir uns im Vorbeilaufen noch unsere erlegte Eidechse und fliehen so schnell es geht wieder zwischen die Farne. Unser Verfolger lässt nun von uns ab, da er uns im Dickicht niemals finden würde. Auch wenn sein Körper im Großen und Ganzen dem eines Krokodils gleicht, so sind seine Beine jedoch um ein Vielfaches länger und auf freier Fläche hätten wir wohl keine Chance gehabt seinen Kiefern zu entkommen.

Doch nun scheint alles gut zu sein und mit der Eidechse im Maul gehen wir eine Zeit lang langsam weiter durch das Dickicht der Farne, bis wir schließlich wieder das Gebrüllt und Getrampel der Scutosaurus-Herde hören. Dieses eine Hindernis müssen wir wohl oder übel noch hinter uns bringen.

Langsam nähren wir uns dem Ende des kleinen Farnwaldes und versuchen noch einmal einen kurzen Blick auf diese beeindruckenden Tiere zu werfen. Wieder sehen wir, wie mehrere Scutosaurier sich um die grünsten Pflanzen streiten und dabei den Boden unter sich zum Zittern bringen, während die friedlicheren Vivaxosaurier und die Diictodons im Schein der Morgensonne den Boden immer weiter aufwühlen. Doch plötzlich nehmen wir einen befremdlichen Geruch wahr, dieser Geruch verheißt nichts Gutes. Es riecht nach altem Blut und Tod. Als wir gerade loslaufen wollten, sehen wir plötzlich, von wem dieser beißende Geruch ausgeht. Auf der anderen Seite der freigefressenen Wiese recken sich zwei Köpfe aus den Farnen empor. Diese Schädel sind wahre Tötungsmaschinen und annährend so groß wie unsere gesamten Körper, aus ihren Kiefern ragen riesige Säbelzähne, von denen jeder wahrscheinlich 15 bis 20 Zentimeter lang ist. Die beiden Tiere scheinen sich gerade noch einmal miteinander abzustimmen und sich ein Opfer auszusuchen. Im nächsten Moment bricht in der bis eben noch friedlichen Landschaft die Hölle los.

Die zwei *Inostrancevia* stürmen mehr oder weniger gleichzeitig aus den Farnen hervor und legen mit ihren kräftigen, krallenbewehrten Füßen einen regelrechten Sprint hin. Nun bemerken auch die großen Pflanzenfresser die Gefahr und es bricht ein gigantisches Chaos aus. Alle laufen durcheinander und der Lärm der *Scutosaurus*-Rufe und ihres Getrampels wird ohrenbetäubend. Schnell stellt sich heraus, wer das Opfer dieser hochgerüsteten Riesen werden soll. Es handelt sich wohl um ein älteres Tier, das sich nicht mehr so schnell bewegen kann wie die anderen Scutosaurier. Der erste *Inostrancevia* springt mit der ganzen Kraft seines über 300 Kilogramm schweren Körpers auf das Tier und bohrt seine Krallen durch die gepanzerte Haut seines Opfers. Als auch das zweite Tier von der Seite dazu kommt, fällt das Opfer zu Boden und stößt dabei einen gequälten Schrei aus. Im nächsten Moment schlagen beide Tiere ihre gewaltigen Eckzähne in den Hals des fixierten Tieres und damit erlischt auch das Geschrei.

Die gesamte Szenerie wird mit einem Mal gespenstisch ruhig und auch die anderen Scutosaurier beenden ihr Gebrüll. Wir beschließen, diesen ruhigen Augenblick zu nutzen und so schnell wie möglich über die Freifläche zu laufen. Wir laufen durch die Beine mehrerer wie angewurzelt stehender Scutosaurier hindurch und kommen schließlich wieder bei den Farnen an. In deren Schutz fühlen wir uns endlich wieder sicher. Die restliche Strecke bis zu unserer Höhle legen wir im sicheren Schatten dieser allgegenwärtigen Pflanzen zurück und versuchen den Schock über das Gesehene zu verarbeiten. Endlich sehen wir wieder die hügelige Freifläche, auf der auch unsere eigene Höhle liegt, und bewegen uns gekonnt auf diese zu.

Da ist sie, wir gehen ein paar Schritte den Hügel hinauf und steigen dann herab, doch gerade als wir unsere Partnerin sehen können, wird alles wieder verschwommen und wir verlassen das Zeitalter des Perms.

Das Große Sterben

Das Perm, ohne Frage eine Zeit von unfassbaren evolutiven Innovationen, die vor allem auch in unserer eigenen Abstammungslinie stattfanden, also dem Flussarm der Evolution, der unter anderem auch zu uns Menschen führen sollte. Doch für viele ist das Perm vor allem mit einem ganz besonderen Ereignis untrennbar verknüpft, einem Ereignis, das alles Vorangegangene leider oft in den Schatten stellt. Der größte Verlust an Leben seit dem Beginn des komplexen Lebens auf der Erde überhaupt, das sogenannte „Großen Sterben“. Bevor wir uns näher mit diesem Ereignis beschäftigen wollen, ist das Ende des Perms auch eine gute Zeit, um einen kurzen Blick zurückzuwerfen auf alles, was wir bisher auf unserer Reise gesehen haben.

Mit dem Perm endet nicht nur eine weitere Periode der Erdgeschichte, sondern auch die gesamte Ära des Paläozoikums, dem Erdaltertum. Auf unserer Reise durch die Zeit, entlang des Flusses der Evolution, haben wir unzählige Wunder erleben dürfen. Wir sahen, wie die Körper unserer Vorfahren oder, aus genetischer Sicht, die räumlichen Echos ihrer genomischen Aktivität sich von wenigen Zentimeter großen kieferlosen Fischen stets weiterentwickelten, um so in einer Welt bestehen zu können, die bedingt durch den evolutiven Rüstungswettlauf stets im Wandel ist. Sie entwickelten Kiefer, um effektiver Sauerstoff zu ihren Kiemen zu transportieren und fingen schnell an, diesen neuen Mechanismus auch für die Nahrungsaufnahme zu nutzen. Einige eroberten schließlich sogar das Land für sich und passten sich auch dort immer besser an, an diesen Lebensraum, der so ganz anders war als ihre alte Heimat.

Doch sie bestanden auch diese Prüfung und wurden schnell zu den dominierenden Lebewesen in diesem neuen Reich. Viele dieser längst vergangenen Welten erscheinen uns heute unfassbar komplex in ihrer Zusammensetzung aus unterschiedlichsten Lebewesen. Doch gleich wie formenreich und vielfältig uns diese Ökosysteme auch erscheinen mögen, die uns heute bekannten Arten aus egal welcher Zeit bilden nur die Spitze des Eisberges. Denn viele Tiere und Pflanzen werden niemals zu Fossilien oder wenn doch ist die Wahrscheinlichkeit viel größer, dass sie bereits seit den vielen Millionen Jahren ihrer Entstehung verwittert, bei geologischen Prozessen zerstört oder schlicht durch eine kilometerdicke Gesteinsschicht vor uns verborgen sind. Und trotz all dieser Gegebenheiten entdecken wir stets neue Arten aus allen verschiedenen Erdzeitaltern, die unser Bild von diesen vergangenen Welten immer weiter schärfen.

Auf unserer Reise mussten wir immer wieder mit ansehen, wie der Fluss der Evolution durch verheerende Umweltbedingungen in seinem Verlauf stark beeinflusst wurde. Es kam immer wieder zu schrecklichen Massensterben, die unzählige Flussarme austrocknen ließen. Doch was auch der Grund für diese Phänomene gewesen ist, die Evolution war stets wieder in der Lage, aus den übriggebliebenen Flussläufen neue, vielfältige Lebensgemeinschaften zu formen. Fast immer führten diese Massenaussterben aber auch zu bahnbrechenden neuen Innovationen, da nur die anpassungsfähigsten Lebewesen diese Zeiten überstehen konnten. So unterschieden sich auch die Lebenswelten vor und nach diesen Phänomenen erheblich. Doch was am Ende des Perms passierte, war mit den vorherigen Aussterbeereignissen kaum zu vergleichen. Es war so dramatisch, dass nicht mehr viel gefehlt hätte, um das gesamte komplexe Leben auf der Erde zu zerstören.

Am Ende werden die marinen Ökosysteme, die während des Perms so florierten, zu 96 % vernichtet worden sein und auch auf dem Land werden 75 % aller Tierarten ausgestorben sein. Was genau für diesen unfassbaren Verlust an Leben verantwortlich ist, ist noch nicht vollständig geklärt. Doch fest steht, es gibt nicht nur einen Schuldigen, es handelt sich also um einen Mord mit vielen Tätern.

Der initiale Hauptgrund liegt höchstwahrscheinlich in einem Vulkanismus von unvorstellbarem Ausmaß. Vor gut 252 Millionen Jahren begann die Erde im Nordosten Pangäas, dem heutigen Sibirien, geradezu zu bersten. Der Grund war ein Mantelplume, ein riesiges Reservoir an geschmolzenem Gestein aus dem Erdmantel, das sich schlagartig entleerte und damit eine vulkanische Großprovinz erschuf – auf einer Fläche von mindestens sieben Millionen Quadratkilometern. Die Mengen an Basaltlava, die an die Oberfläche transportiert wurden, lagen zwischen unglaublichen 1 bis 4 Millionen Kubikkilometern. Nur mal zum Verhältnis: Beim Ausbruch des Mount St. Helens wurden gerade einmal 1,2 Kubikkilometer flüssigen Gesteins an die Oberfläche transportiert. Mit den damals freigewordenen Mengen an Basaltlava könnte man die gesamte Erdoberfläche unter einer sechs Meter dicken Schicht begraben. Es wird allerdings nicht nur flüssiges Gestein durch Vulkanismus nach oben transportiert, sondern auch allerhand vulkanische Gase. Darunter CO_2, Fluor, Chlorwasserstoff oder Schwefeldioxid, das schließlich als Schwefelsäure im Regenwasser die Ökosysteme stark beeinflussen kann. Während so der Schwefel für sauren Regen sorgte, ließ das CO_2 als Treibhausgas die globalen Temperaturen um mehrere Grad Celsius ansteigen. Durch das viele CO_2 in der Atmosphäre stiegen nicht nur die globalen Temperaturen, sondern es kam auch zu einer starken Versauerung der Meere.

Doch es sollte noch viel schlimmer kommen. Durch den Vulkanismus wurden auch riesige Mengen Methanhydrat aus den Meeren freigesetzt. Und wie man heute weiß, ist Methan ein noch viel potenteres Treibhausgas als CO_2, die Temperaturen stiegen also immer weiter. Das nächste Problem lag beim Sauerstoff, schließlich war dessen Konzentration am Ende des Perms ohnehin schon sehr niedrig mit 10 bis 15 %. Und je wärmer das Wasser der Meere wurde, desto weniger konnte es von diesem überlebenswichtigen Gas aufnehmen. So kam es zu einer großen Sauerstoffarmut in den Weltmeeren, die bereits viele der damaligen Tiere und Pflanzen das Leben kosten sollte. Doch damit war die folgenreichste Kettenreaktion der Erdgeschichte immer noch nicht beendet und so fielen noch mehr Dominosteine. Diese anoxischen Verhältnisse in den Meeren ließen bestimmte Schwefelbakterien extrem florieren und so vergifteten diese Einzeller die Meere mit Unmengen Schwefelwasserstoff. Irgendwann gelangte dieser Schwefelwasserstoff aus den Meeren auch in großen Mengen in die Atmosphäre und vergiftete nun auch noch die verbliebenen Pflanzen und Tiere. Und damit war es immer noch nicht genug, schließlich griff der Schwefelwasserstoff auch noch die Ozonschicht an und sorgte so dafür, dass große Mengen tödlicher UV-Strahlung bis auf die Erdoberfläche kamen und so für noch mehr Tod unter den damaligen Lebewesen sorgten. Es war also eine Verkettung von vielen verschiedenen todbringenden Faktoren, die um ein Haar dazu geführt hätte, dass zumindest das komplexe, vielzellige Leben auf der Erde verschwunden wäre.

Das Bild, das sich uns nun von unserem Boot aus bietet, ist ein Bild des Schreckens, es ist fast so, als würden wir nur noch auf einem kleinen Rinnsal durch die Wüste treiben. Das „Große Sterben" hat seinen Namen wirklich verdient. Dort wo eben noch das Leben in all seiner Komplexität florierte, ist nun fast nichts mehr geblieben, nahezu sämtliche Flussläufe neben uns sind komplett ausgetrocknet. Auf unserer gesamten 300 Millionen Jahre dauernden Reise haben wir noch nie ein solch trostloses Bild vor Augen gehabt. Auch in unserem Flusslauf ist das Wasser bereits so niedrig, dass wir immer wieder auf dem steinigen Grund aufsetzen. Und als wir die Grenze zur Periode der Trias überschreiten und damit auch gleichzeitig das faszinierende Paläozoikum hinter uns lassen und das Mesozoikum betreten, können wir uns kaum vorstellen, dass sich das Leben von einem solchen Schlag erholen kann.

Ära: Mesozoikum

Periode: Trias, Kampf um die neue Welt (251,9–201,9 Millionen Jahre)

Nachdem wir mit unserem Boot die Grenze zur Trias überschritten haben, ändert sich das trostlose Bild um uns herum zunächst kaum. Die ehemals üppig ausufernde Flusslandschaft mit all ihren unzähligen Nebenarmen ist verschwunden. Die Folgen des schlimmsten Massensterbens der Erdgeschichte sind nach wie vor unübersehbar, und auch in der frühen Trias ändern sich die Zeiten nur sehr langsam zum Besseren. Bis sich die Ökosysteme auch nur halbwegs von diesem Beben erholt haben, wird es schätzungsweise 10 bis 15 Millionen Jahre dauern. Der Sauerstoffgehalt der Atmosphäre ist nach wie vor sehr niedrig und er fällt sogar noch im Laufe der Trias, bis auf den niedrigsten Wert der letzten 542 Millionen Jahre. Als wäre das noch nicht genug, sind auch die Temperaturen nach wie vor unerträglich heiß. Vor allem in den tropischen und subtropischen Gebieten Pangäas breiten sich riesige Wüsten aus, die saisonal abhängig entweder von verheerenden Flächenbränden oder von sintflutartigen Megamonsunen heimgesucht werden.

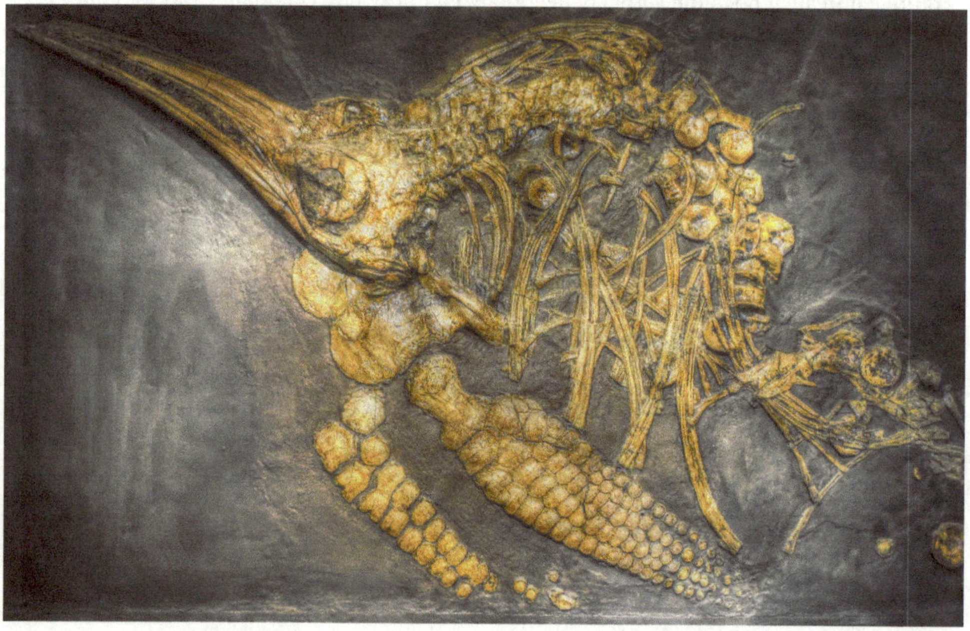

Abbildung 20: Fossil eines Ichthyosauriers. (Bild von kordula vahle auf Pixabay)

Diese Unbeständigkeit ist wohl auch der Hauptgrund dafür, dass sich kaum stabile Pflanzengemeinschaften ausbilden können. Die Trias fordert viel von den Lebewesen, die in ihr wohnen, und treibt die Evolution dadurch zu wahren Spitzenleistungen an. Für die wenigen Überlebenden der apokalyptischen Ereignisse an der Perm-Trias-Grenze sind die Zeiten zwar auch nicht gerade einfach, aber sie erben eine „leere" Welt, in der nahezu alle ökologischen Nischen neu besetzt werden müssen. Durch das Aussterbeereignis im ausgehenden Perm sind alle dominanten Tiergruppen, welche die Weiten Pangäas vormals beherrschten, für immer verschwunden. Darunter auch die mächtigen Pareiasaurier und mit ihnen ebenso die meisten anderen anapsiden Reptilien und selbst die Shootingstars des Perms, die Synapsiden mit ihren den Säugetieren so ähnlichen Vertretern, wurden schwer getroffen. Ob furchteinflößende Fleischfresser oder riesige Pflanzenfresser, noch vor wenigen Millionen Jahren sah es so aus, als sei der Siegeszug dieser Tiergruppe nicht mehr aufzuhalten.

Doch mit den verheerenden Entwicklungen jener Zeit wurden die Karten neu gemischt und die Profiteure dieser Situation waren die Angehörigen einer bis dato sehr unauffälligen Reptiliengruppe. Die diapsiden Reptilien sind zusammen mit den anapsiden und den synapsiden Reptilien bereits im späten Karbon entstanden und doch waren sie während des gesamten Perms nur sehr unauffällige echsenartige Tiere ohne jeglichen Herrscheranspruch. Doch mit den Verwüstungen der frühen Trias sollte sich das nun ändern, die Angehörigen dieser Reptiliengruppe sollten von nun an die Herrschaft der Welt unter sich auskämpfen und das sowohl an Land als auch im Wasser.

Zurück in die Weiten der Meere

Während die Ökosysteme an Land viele Millionen Jahre brauchen sollten, um sich wieder zu erholen, so verlief die Erholungsphase in den Meeren sehr viel schneller. Schon ein bis zwei Millionen Jahre nach diesem verheerendsten aller Massenaussterben haben sich in den Ozeanen wieder erstaunlich komplexe Ökosysteme entwickelt. Vor allem eine Tiergruppe schien sogar von den Ereignissen am Ende des Perms zu profitieren. Die Vorfahren dieser Gruppe beherrschten schon einmal die Ozeane, allerdings ist das schon viele hundert Millionen Jahre her. Die Rede ist von den Kopffüßern, allen voran gepanzerte Arten wie Ammoniten erlebten in den leergefegten Weiten des damaligen Riesenozeans Pantalassa eine wahre Renaissance und waren nur wenige Millionen Jahre nach dem „Großen Sterben" sogar artenreicher vorhanden als davor. Doch es gab auch allerhand andere Kopffüßer in den ozeanischen Weiten, darunter auch viele Arten, die ihre Panzerung aufgegeben haben und uns daher durchaus vertraut vorkommen würden, wie die Belemniten. Auch die Fische erholten sich verhältnismäßig schnell, wie auch einige Krustentiere oder Muscheln. Aus evolutionärer Sicht ist allein schon das Vorhandensein einer solchen Vielzahl von räuberisch lebenden Organismen ein klares Indiz für die schnelle Erholung der marinen Ökosysteme. Denn da diese Lebewesen an der Spitze der unterschiedlichen Nahrungsketten stehen, sind sie auch besonders anfällig für biologische Schwankungen jedweder Art und sie können sich nur in einer mehr oder weniger stabilen Umwelt entwickeln und weiterexistieren. Auch wenn am Ende des Perms schätzungsweise 96 % aller marinen Tiergruppen verschwanden, so waren die überlebenden 4 % doch dazu in der Lage, die Situation für sich zu nutzen und so eine neue Welt zu erschaffen.

Diese biologischen Kontraste zwischen den erneut florierenden marinen Ökosystemen und den nach wie vor gebeutelten terrestrischen Lebensräumen führten zu einer der faszinierendsten Errungenschaften der Evolution. Wir kennen vergleichbare Phänomene vor allem aus dem Klima: Dort wo sehr unterschiedliche Luftströme aufeinandertreffen, formen sich spektakuläre Wetterphänomene. Vor allem in den heutigen USA treffen häufig sehr kalte Luftströme aus dem Norden des Kontinents auf sehr warme aus dem Süden, an den Kontaktzonen dieser sehr ungleichen Luftströme formen sich dann mitunter riesige Tornados. Ganz ähnlich verhält es sich auch, wenn sehr unterschiedliche Ökosysteme aufeinandertreffen, nur, dass diese biologischen Phänomene nicht in wenigen Sekunden entstehen, sondern über einen Zeitraum von vielen Millionen Jahren hinweg. So kam es, dass die Kontaktzonen dieser beiden sehr unterschiedlichen Ökosysteme, namentlich die Küsten Pangäas, zur Bühne wurden für ein wahrlich meisterhaftes Glanzstück der Evolution.

Geplagt von den rauen Umweltbedingungen auf dem pangäischen Festland, begannen einzelne Gruppen von diapsiden Reptilien wieder, sich der alten Heimat aller Wirbeltiere anzunähern, dem Meer. Der Grund für diesen dramatischen Wechsel liegt dabei auf der Hand. Nicht nur dass sich die marinen Ökosysteme deutlich schneller von den Folgen des großen Massensterbens erholten, auch die unvorhersehbaren Temperatur- und Wetterschwankungen fielen hier sehr viel geringer aus als an Land. Die ersten Reptilien, die diesen Weg einschlagen sollten, taten dies vermutlich als küstennahe Aasfresser, da die reichhaltigen Meere immer wieder die Leichen toter Tiere an die Gestade Pangäas spülten. Einige besonders mutige Exemplare dieser schuppentragenden Kriechtiere begannen irgendwann damit, aktiv in den flachen Uferbereichen auf die Jagd zu gehen, und sie sollten dafür belohnt werden. Denn hier gab es mehr schmackhafte Beutetiere zu erlegen als in den staubigen Wüsten des Riesenkontinents. Schon eine Million Jahre nach dem verlustreichen Übergang zwischen Erdaltertum und Erdmittelalter in der frühesten Trias lebten bereits Reptilien wie *Cartorhynchus*. Diese Reptilien haben sich wieder an ein Leben im Wasser angepasst. Ihre Beine haben sich zu Flossen umgeformt und ihr ganzer Körper war sehr länglich, wodurch sie sich wahrscheinlich wie ein heutiger Aal durch das Wasser bewegten. Doch noch waren sie in der Lage, mit ihren Gliedmaßen auch über Land zu kriechen, und führten daher noch ein eher amphibisches Leben. Im Laufe der folgenden Jahrmillionen werden sie sich immer weiter an ein Leben im Wasser anpassen und so schließlich das trockene Land mit seinen unwirtlichen Lebensbedingungen für immer hinter sich lassen.

Die Erben dieser kleinen, mutigen Reptilien werden sich zu den sogenannten Ichthyosauriern weiterentwickeln. Dieser kryptisch klingende Name bedeutet so viel wie „Fischechse", was den Nagel so ziemlich auf den Kopf trifft. Die ersten echten Ichthyosaurier lebten, nach unserem Wissen, vor ungefähr 246 Millionen Jahren, also nur knapp fünf Millionen Jahre nach dem „Großen Sterben" und erreichten bereits Längen von über drei Metern. Von nun an waren sie an der Spitze der marinen Nahrungsketten endgültig angekommen. Auf ihrem Weg dorthin haben sie sich nahezu perfekt an das Leben und Jagen in den Meeren angepasst. Ihre Körper glichen immer weniger denen von länglichen, schwimmfähigen Echsen, sondern immer mehr denen von tatsächlichen Fischen. Aus heutiger Perspektive würden wir sie wohl am ehesten mit Delphinen oder anderen Walen vergleichen, und sie haben ja auch eine sehr ähnliche Evolutionsgeschichte durchlaufen. Beide haben sich im Laufe von wenigen Millionen Jahren von landlebenden Tieren zu Meeresbewohnern entwickelt und ihre ähnliche Erscheinung verdanken sie einer konvergenten Evolution. Was einfach bedeutet, dass komplett verschiedene Tierarten ein ähnliches Erscheinungsbild erwerben, wenn sie die gleiche ökologische Nische besetzen.

Die Ichthyosaurier besaßen allerdings, anders als Wale, vier große Flossen, mit denen sie sich im Wasser der schier unendlichen Ozeane schnell und effektiv fortbewegen konnten. Die meisten dieser erfolgreichen Fischechsen entwickelten lange Schnauzen, die mit unzähligen spitzen Zähnen ausgestattet waren und von der Evolution dafür optimiert wurden, schwergreifbare Tiere wie Tintenfische oder Fische festzuhalten. Eine weitere faszinierende Anpassung dieser Tiere an den marinen Lebensraum war die Geburt lebender Nachkommen.

Durch die schnelle Anpassung und Entwicklung dieser fischartigen Echsen konnten sie in den triassischen Meeren schnell die dominante Position an der Spitze der Nahrungskette einnehmen und sie sollten sie auch für viele Millionen Jahre verteidigen. Einige Vertreter dieser Ichthyosaurier sollten zum Ende der Trias zu den größten uns heute bekannten Meeresreptilien aller Zeiten heranwachsen und damit alles in den Schatten stellen, was bis dahin in den Meeren gelebt hat. *Shastasaurus* ist der Name eines dieser riesigen Fischechsen, die geschätzt eine Länge von über 21 Metern erreichen konnten und damit nur noch mit heutigen Walen zu vergleichen sind. Diese gigantischen Reptilien besaßen keine Zähne in ihren riesigen Mäulern, sondern ernährten sich höchstwahrscheinlich von großen Schwärmen von Tintenfischen, Krustentieren oder Fischen, ähnlich den heutigen Bartenwalen. Es ist schon ein nahezu unglaubliches Bild, das sich nun bereits von den triassischen Meeren abzuzeichnen beginnt. Man muss sich nur mal das tiefe Blau des weltumspannenden Riesenozeans Pantalassa vorstellen, durch den riesige Schwärme von Ammoniten und Tintenfischen schwimmen, stets umgeben von den unterschiedlichsten Fischarten. Zwischen diesen Schwärmen stechen immer wieder bis zu zehn Meter große Ichthyosaurier hervor, die mit ihren spitzen Zähnen stets auf der Jagd nach Fischen oder Kopffüßern sind. Auf einmal zeichnet sich ein riesiger Schatten am blauen Horizont ab, es ist eine große *Shastasaurus*-Mutter mit ihrem Kind, die es auf einen großen Tintenfisch-Schwarm abgesehen haben. In dem von Licht durchfluteten Wasser kann man ihre auffällig gestreifte Haut gut erkennen. Als die Mutter ihr Maul aufreißt, beginnt man erst zu verstehen, wie groß diese Tiere tatsächlich sind. Es ist ein wahrlich einzigartiges Schauspiel.

Doch so faszinierend diese Ichthyosaurier auch sein mögen, sie sind nicht die einzigen Reptilien, die den Weg ins Wasser der Meere gewagt haben. Es gab noch eine weitere Gruppe von Schuppentieren, die sich in diesem Lebensraum niederlassen wollten, die Pachypleurosaurier. Auch wenn diese ehemals landgebundenen Tiere erst etwas später den Weg zurück ins kühle Nass fanden, so war ihre evolutionäre Reise nicht weniger spektakulär als die der Ichthyosaurier. Allerdings ersann die Evolution bei ihnen einen anderen Weg der Anpassung als bei den „Fischechsen". Die Pachypleurosaurier entwickelten lange Hälse, an deren Ende sich ein kleiner Kopf mit spitzen Zähnen befand, und einen abgeflachten Schwanz, mit dem sie sich durch das Wasser manövrierten. Die Schulter- und Beckengürtel waren bereits so stark reduziert, dass sie kaum noch zu einem echten Landgang in der Lage gewesen wären. Beim Schwimmen legten sie ihre Hinterbeine an den Körper an, während sie die Vorderbeine zum Steuern nutzen konnten. Anders als die Ichthyosaurier verloren sie ihre reptilienhafte Körpergestalt nie vollständig und wurden trotzdem zu extrem erfolgreichen Jägern. Aus diesen anfangs recht kleinen, schwimmenden Echsen, die nicht viel länger wurden als maximal einen Meter, entwickelten sich jedoch schon bald die Nothosaurier. Diese Tiere konnten bereits Längen von über sechs Metern erreichen, wie zum Beispiel *Nothosaurus giganteus*. Auch diese Nothosaurier ähnelten weiterhin echten Reptilien, so hatten sie längliche Hälse, einen kräftigen Schwanz und vier Gliedmaßen, die weiterhin wie Reptilienbeine aussahen. Doch zwischen den einzelnen Zehen hatten sich Schwimmhäute entwickelt, die ihre stromlinienförmigen Körper durch das Wasser manövrierten.

Während die Ichthyosaurier in den triassischen Ökosystemen die Rolle der heutigen Wale einnahmen, so waren die Nothosaurier am ehesten mit Robben zu vergleichen. Sie hielten sich stets in der Nähe der Küsten auf und gingen hier im flacheren Gewässer auf die Jagd nach Fischen und Kopffüßern. Auch sie waren extrem erfolgreich und zeigten wahrscheinlich eine weltweite Verbreitung entlang der Küsten Pangäas. Sie sind ein weiterer Indikator dafür, wie verlockend der Reichtum der damaligen Meere gewesen sein muss im Vergleich zu den harten Bedingungen an Land. Im weiteren Verlauf der Trias werden aus einigen Nothosauriern die ersten Plesiosaurier hervorgehen, jene langhalsigen Meeresreptilien, die unserer Bild vom marinen Leben im Erdmittelalter so prägen. So hart wie die Lebensumstände während der Trias auch gewesen sein mögen, sie brachten die Evolution dazu, wahre Meisterleistungen zu vollbringen.

Wir haben hier auch ein eindringliches Beispiel dafür, wie die von der Geologie und dem Klima beeinflussten „äußeren" Ökosysteme Einfluss nehmen auf die Gestalt und die Funktion der genomischen Ökosysteme. Denn schlussendlich sind es diese Zusammenschlüsse und Schicksalsgemeinschaften von Genen, welche die Körper aller Lebewesen durch ihre abgestimmte Aktivität konstruieren. Durch die extremen Bedingungen jener Zeit konnten nur jene Genome überdauern, die ihren Überlebensmaschinen durch Form und Lebensweise die bestmöglichen Überlebenschancen verliehen. Wir begreifen an diesen Punkt unserer Reise auch immer mehr, wie unfassbar wichtig der Faktor Zeit ist, wenn es um ein Verständnis des Wesens der Evolution geht. Nur wenn wir unsere innere Uhr auf „ihre" Zeit einstellen, ergibt das Gesehene um uns herum einen Sinn. Wären die äußeren Bedingungen nach dem „Großen Sterben" nur etwas weniger rau gewesen, so wäre vermutlich auch die Eroberung der Meere durch die Reptilien nicht als positiv selektiert worden und es hätte die faszinierenden Meeresreptilien des Mesozoikums niemals gegeben.

Der umkämpfte Thron Pangäas

Doch die Evolution vollbrachte während der Trias nicht nur in den Ozeanen regelrechte Feuerwerke, sondern auch auf dem Land – auch wenn hier alles zunächst etwas gemächlicher vonstattenging. In den geradezu leergefegten Landschaften Pangäas, die fast aller ihrer ehemaligen Einwohner beraubt wurden, gab es während der frühen Trias nur noch wenige Tierarten. Jene, die das „Große Sterben" überlebten, mussten zwar keine großen Feinde mehr fürchten, allerdings waren die Umstände nach wie vor sehr hart. So florierten vor allem Tiere, die nicht sehr anspruchsvoll sind, wenn es um das eigene Überleben geht, sogenannte Katastrophenspezies. Eine dieser Gattungen ist *Lystrosaurus*. Diese Tiere gehörten zu den Synapsiden, die während des Perms so unglaublich erfolgreich waren. Doch in der frühen Trias ist von ihrem ehemaligen Glanz nichts mehr übriggeblieben. Während dieser Zeit ziehen fast nur noch größere Herden dieser recht anspruchslosen, zumeist schweinegroßen Tiere durch die vertrockneten Landschaften Pangäas. Sie sind sogar so zahlreich, dass sie in manchen Gegenden bis zu 95 % der gesamten Wirbeltierpopulation ausmachen. Sie besitzen gedrungene und eher schwerfällige Körper und abgesehen von zwei langen Eckzähnen, die sie zum Ausgraben von Wurzeln nutzen, keine weiteren Zähne.

Doch auch wenn diese synapsiden Reptilien in der frühen Trias zahlenmäßig erfolgreich zu sein scheinen, so hält die Evolution für sie keine große Zukunft mehr bereit. Denn schon kurz nach dem „Großen Sterben" hat sich eine neue Gruppe von Reptilien entwickelt und diese Neuankömmlinge auf der evolutionären Bühne des Lebens breiten sich unaufhaltsam aus und kämpfen fortan untereinander um den Thron der Weltherrschaft in diesen unruhigen Zeiten. Die Rede ist hier von den sogenannten Archosauriern, einer Untergruppe der diapsiden Reptilien.

Wie wir uns erinnern, spielten die Diapsiden während des gesamten Perms keine große Rolle in den Ökosystemen Pangäas. Sie blieben zumeist kleine echsenartige Lebewesen, die ihr Dasein im Schatten der großen und erfolgreichen Synapsiden fristeten. Doch die gigantische Lücke, die das Massenaussterben im späten Perm in die belebte Welt riss, führte dazu, dass die Karten neu gemischt wurden. Von nun an erhoben sich die Angehörigen dieser bis dato unauffälligen Reptiliengruppe aus ihrer Nische und wurden schnell zu den dominanten Herrschern dieser neuen Welt. Schon früh in der Trias teilten sich die Archosaurier in zwei große Lager auf, auf der einen Seite standen die Pseudosuchier und auf der anderen Seite die Avemetatarsalier. Beide dieser Großgruppen besitzen heute noch lebende Nachfahren: Auf der Seite der Pseudosuchier sind es die Krokodile und auf der Seite der Avemetatarsalier sind es die Vögel.

Einer der Gründe für den frühen durchschlagenden Erfolg der Archosaurier lag in ihrer Anatomie. Sie waren die ersten Reptilien, die den komplett aufrechten Gang erlernten, was ihnen erhebliche Vorteile verschaffte bei der Fortbewegung und der Nahrungssuche. Außerdem besaßen diese Tiere eine besondere Lungenanatomie, die es ihnen erlaubte, auch mit weniger Sauerstoff einen aktiven Lebensstil zu führen. Eine Gruppe der Avemetatarsalier schlug einen besonderen Entwicklungsweg ein, der ihre Nachfahren zu den erfolgreichsten Tieren der Erdgeschichte machen sollte. Diese Tiere bezeichnen wir heute als Dinosauromorphe. Die ersten Spuren dieser Tiere sind knapp 250 Millionen Jahre alt und stammen daher aus einer Zeit, die noch direkt vom „Großen Sterben" gezeichnet war. Diese Tiere waren relativ kleine, flinke Jäger, die auf ihren vier langen, aufrechtstehenden Beinen auf die Jagd nach Insekten gingen. Sie sahen wohl in etwa so aus wie heutige Eidechsen, mit den Beinen eines Magermodels. Dieser aufrechte Gang war ein wahrer Quantensprung für die weitere Evolution dieser Tiergruppe, denn wie ihr Name schon verspricht, werden sich die Nachfahren dieser noch relativ unscheinbaren Tiere zu den größten, erfolgreichsten und faszinierendsten Tieren der Erdgeschichte entwickeln, den Dinosauriern.

Doch bis dahin ist es noch ein langer Weg und sie sind auch nicht alleine an der Weltherrschaft interessiert, schließlich gibt es noch ihre evolutionäre Schwestergruppe, die Pseudosuchier aus der Krokodillinie. Und diese haben tatsächlich während der gesamten Trias die Nase vorn, wenn es um die dominante Rolle in den Ökosystemen geht. Auch sie gehen aufrecht und auch sie haben eine effektive Lunge, die es ihnen gestattet, mit wenig Sauerstoff auszukommen. So sind es schließlich die Pseudosuchier, die die Herrschaft über die triassischen Ökosysteme an sich reißen. Sie entwickeln sich teilweise zu großen Pflanzenfressern wie den gepanzerten Aetosauriern, zu schnellen flinken Jägern wie den Gracilisuchiden oder aber sie stellen die größten und gefährlichsten Raubtiere ihrer Zeit, die Rauisuchier. Diese vierbeinigen Raubtiere konnten bis zu neun Metern lang werden und besaßen in ihren riesigen Schädeln Zähne von der Größe von Bananen. Die Dominanz dieser riesigen Tiere war so gewaltig, dass sie auch eine ungeheure Formenvielfalt hervorbrachten, womit sie selbst die frühen Dinosaurier in den Schatten stellten. Diese entwickelten sich ungefähr vor 235 Millionen Jahre auf der südlichen Hemisphäre des Riesenkontinents Pangäa aus ihren dinosauromorphen Vorfahren.

Bevor wir uns nun etwas genauer mit der Entwicklung der ersten Dinosaurier beschäftigen, sehen wir auf jeden Fall, wie sich die Ökosysteme der Triaszeit zu stabilisieren beginnen. Auch wenn dieser Prozess viele Millionen Jahre lang andauert, so können wir nun trotzdem wieder sehen, wie unser Evolutionsfluss komplexer wird. Nach den Verheerungen des Massensterbens am Ende des Perms, die fast den gesamten Flusslauf des komplexen Lebens auf der Erde ausgetrocknet hätten, entstehen nun wieder immer mehr Flussarme und der Lauf wird wieder breiter, bis er zur Mitte der Trias wieder den Charakter eines Mangrovenwaldes besitzt. Immer mehr Flussarme entstehen aus jenen Rinnsalen, die den Übergang zur Trias vollbrachten und jeder dieser Arme bringt wiederum neue Arme hervor und auch diese diversifizieren sich immer weiter. Das Leben hat wieder Fahrt aufgenommen. Allerdings sind die Protagonisten von nun an komplett andere.

Wie wir bereits erahnen können, ist auch der Siegeszug der ersten Dinosaurier kein Selbstläufer. Früher dachte man, ihr Erscheinen auf der Bühne des Lebens hätte schlagartig alles verändert. Sie schienen so überlegen, dass keine andere Tiergruppe ihnen gewachsen war und sie alles und jeden im Moment ihrer Entstehung aus dem Weg geräumt hätten, um selbst die Herrschaft über die Welt zu übernehmen. Doch das war ganz und gar nicht der Fall. Die ersten echten Dinosaurier waren eher unscheinbare Gestalten, die sich zwar ganz gut schlugen und sich auch bis zu einem gewissen Grad diversifizieren konnten, doch gegen ihre großen Kontrahenten aus der Krokodillinie hatten sie nie wirklich eine Chance. Die frühesten Dinosaurier, die wir heute kennen, lebten im Süden des Riesenkontinents Pangäa und hatten bereits viele wichtige Anpassungen durchlaufen, die wir auch von späteren Dinosauriern kennen, sowie von heutigen Vögeln.

Dazu gehören ein S-förmig geschwungener Hals, der den Tieren ein hohes Maß an Beweglichkeit verschaffte, miteinander verschmolzene Schlüsselbeine, die damit das sogenannte Gabelbein formten, um die aufkommenden Kräfte beim Greifen nach Beutetieren abzufedern, und wahrscheinlich auch schon die ersten Protofedern, die den Tieren halfen, eine konstante Körpertemperatur aufrechtzuerhalten. Doch das auffälligste Merkmal war der aufrechte Gang, ausschließlich auf den langen Hinterbeinen, während die Vorderbeine stark verkürzt wurden und sich im Laufe der Zeit zu Händen weiterentwickelten, die mit ihren langen gebogenen Krallen perfekt dazu geeignet waren, Beutetiere zu greifen. Im Zuge dieser Entwicklungen kam es auch zu starken Modifikationen an den Schulter- und Hüftgelenken. Während die Schultergelenke immer kleiner wurden, da sie von nun an nicht mehr das Gewicht des Körpers mittragen mussten, wurden die Hüftgelenke immer größer, um so eine bestmögliche Ansatzstelle für die kräftige Beinmuskulatur zu bilden. Dank ihres langen Schwanzes waren ihre Körper auch dazu in Lage, ein optimales Gleichgewicht zu halten, obwohl die Vorderbeine nicht mehr den Boden berührten. Dieser komplett neuartige und äußerst innovative Körperbauplan sollte sich in den nächsten Millionen Jahren als das mit Abstand erfolgreichste Körperbauprinzip in der Geschichte des komplexen Lebens entpuppen. Denn die kleinen, flinken ersten Dinosaurier warfen gigantische Schatten voraus, Schatten von riesigen Zähnen, Krallen und massiven Körpern.

Doch zurück zu den ersten echten Dinosauriern der mittleren Trias. Zu ihnen zählt auch der kleine Allesfresser *Eoraptor*. Dieser „Jäger der Morgenröte" ist einer der ersten zweifelsfrei als früher Dinosaurier eingruppierten Reptilien. Er besitzt bereits viele Merkmale, die als typisch für diese einzigartige Gruppe von Tieren gelten, aber er hat auch nach wie vor noch Merkmale der früheren Vorfahren der Dinosaurier. Ein schönes Beispiel hierfür ist die Hand des *Eoraptor*. Diese besitzt immer noch fünf einzelne Finger wie die dinosauromorphen Vorfahren der Schreckensechsen. Doch schon bei ihm sind zwei dieser fünf Finger stark verkürzt und haben wohl auch keine größere Funktion mehr beim Greifen nach Beute. Im Laufe der nächsten paar

Millionen Jahre werden auch diese rudimentären Finger vollends verschwunden sein und damit den Weg freimachen für die typische mit drei Fingern versehene Dinosaurier-Hand. Dieser besondere Mix aus neuen und alten Merkmalen zeigt uns auf schöne Weise, was Fossilien für uns sind: Sie sind Schnappschüsse der Evolution, gewissermaßen steinerne Momentaufnahmen, die uns Einblicke gewähren in die lückenlosen, aber für uns heute leider größtenteils unsichtbaren Abläufe der Evolution.

Ein weiteres interessantes Merkmal dieser Tiere sind ihre Zähne. *Eoraptor* besitzt sowohl Zähne für die Verarbeitung von tierischem Fleisch als auch für die Zerkleinerung von pflanzlicher Kost, die man am ehesten bei den erst später auftretenden Vorfahren der großen pflanzenfressenden Dinosaurier findet. Daher geht man davon aus, dass *Eoraptor* ein früher Vorfahre der legendären, auf allen Vieren laufenden, langhalsigen Sauropoden darstellt. Es ist schon ein durchaus faszinierender Gedanke, sich vorzustellen, dass sich die größten Landtiere aller Zeiten aus einem kleinen, flinken, zweibeinigen Allesfresser wie *Eoraptor* entwickelten. Doch der evolutionäre Weg hin zu den riesigen Sauropoden der Jura-Zeit war ein langer Weg. Aus frühen allesfressenden Dinosauriern entwickelten sich zunächst einige Arten, die sich fast ausschließlich von pflanzlicher Kost ernährten, wie zum Beispiel *Panphagia* oder *Saturnalia*. Doch auch diese ersten Pflanzenfresser unter den Dinosauriern blieben zunächst eher klein, da die ökologischen Nischen der großen Pflanzenfresser bereits weitgehend belegt waren – vor allem von den gepanzerten Aetosauriern aus der Krokodillinie der Archosaurier oder aber durch große Dicynodonten, die zu den synapsiden Reptilien zählen. Doch in der späten Trias verschwanden mehr oder weniger plötzlich diese großen Pflanzenfresser aus den Feuchtgürteln Pangäas und damit war der Weg frei für diese pflanzenfressenden sauropodomorphen Dinosaurier. In nur wenigen Millionen Jahren entwickelten sich aus diesen vormals kleinen zweibeinigen Dinosauriern die ersten Prosauropoden. Ihr Name soll bereits verdeutlichen, dass eines Tages die riesigen Sauropoden des Jura und der Kreidezeit aus ihnen hervorgehen werden. Einige von ihnen erreichten auch schon während der späten Trias erstaunliche Ausmaße, wie zum Beispiel *Lessemsaurus* mit einem Gewicht von bis zu zehn Tonnen. Diese sekundär wieder vierbeinigen Tiere zogen nun bereits in großen Herden durch die nördlichen und südlichen Feuchtgürtel Pangäas und waren trotz ihrer Größe nur ein kleiner Vorgeschmack auf das, was noch kommen sollte.

Das faszinierendste aus diesen Erkenntnissen ist jedoch, dass selbst die gigantischen pflanzenfressenden Dinosaurier, die unsere Fantasie von der Urzeit der Erde so erblühen lassen, sich aus kleinen flinken, auf zwei Beinen laufenden Fleischfressern entwickelt haben. Das macht auch den Körperbauplan der Theropoden, der überwiegend fleischfressenden Dinosaurier, zum ursprünglichen Erscheinungsbild dieser gesamten Tiergruppe. Einer der ersten Theropoden, die wir heute kennen, ist *Herrerasaurus*. Dieses Tier konnte bereits eine Länge von mehr als fünf Metern erreichen und hatte ein Maul voller scharfer Zähne und

Hände voller spitzer Krallen. Auch wenn in den triassischen Ökosystemen die dominantesten Positionen durch die Pseudosuchier beansprucht wurden, so war dieser Räuber ohne Frage auch ein wichtiger Spieler. Der grundlegende Körperbau dieser Tiere war ein solches Erfolgsrezept, das er über fast 170 Millionen Jahre der Evolution kaum mehr verändert werden musste.

Doch eine der wichtigsten Eigenschaften bereits der ersten Dinosaurier, die einen maßgeblichen Einfluss hatte auf den Erfolg der ganzen Gruppe, liegt jedoch versteckt in ihren Körpern. Ihr Atmungsapparat war so unglaublich ausgetüftelt und effizient gestaltet, dass sie trotz der sehr geringen Sauerstoffkonzentrationen der triassischen Atmosphäre einen sehr aktiven Lebensstil führen konnten. Auch wenn sich die Tierwelt zur Mitte der Trias wieder halbwegs erholt hatte, darf man darüber hinaus nicht vergessen, dass die Lebensbedingungen nach wie vor sehr hart waren. Schließlich erreichte der Sauerstoffgehalt der Atmosphäre den tiefsten Wert seit dem Kambrium. Beim Atmen auf der Höhe des Meeresspiegels stand einem Tier ungefähr die gleiche Menge an Sauerstoff zur Verfügung, wie man sie heute auf einer Höhe von knapp 4500 Metern findet. Diese sehr anspruchsvollen Bedingungen waren auch einer der Hauptgründe, warum die Dinosaurier so aussahen wie sie aussahen und vor allem warum sie so erfolgreich werden sollten.

Gerade bei diesen geringen Sauerstoffmengen ist es umso wichtiger, der eingeatmeten Luft so viel dieses kostbaren Moleküls wie nur irgend möglich zu entziehen. Für genau diesen Zweck war die Lunge der Dinosaurier optimal konstruiert. Sie bestand aus einem System von Luftsäcken, die wie Blasebälge die eingeatmete Luft durch die Lunge transportierten und sie so sogar noch beim Ausatmen mit sauerstoffhaltiger Luft versorgten. Diese Luftsäcke mussten sich allerdings in den schlanken Körpern der ersten Dinosaurier ihren Platz suchen, ohne dabei die Funktion der anderen Körperorgane zu beeinflussen. So drangen sie bis in die Knochen vor, die sie dabei zum Teil aushöhlten oder anders ausgedrückt pneumatisierten. Durch diese teilweise Aushöhlung der Knochen bekamen nicht nur die Luftsäcke ihren Platz innerhalb der Dinosaurierkörper, sondern sie reduzierten auch noch das Gewicht dieser Tiere. Dadurch wurden sie nicht nur schneller, sondern sie mussten auch deutlich weniger Energie für die Fortbewegung aufwenden, ein weiterer großer Vorteil in einer Welt mit geringen Sauerstoffkonzentrationen.

Es ist wirklich faszinierend zu erkennen, wie viele Merkmale, die man vor kurzer Zeit noch ausschließlich den heutigen Vögeln zugeordnet hat, schon bei den frühesten Dinosauriern zu finden sind. Es zeigt auf beeindruckende Art und Weise, wie Merkmale, von denen wir lange dachten, sie seien erfunden worden, um den frühen Vögeln das Fliegen zu ermöglichen, wie zum Beispiel Federn, Gabelbeine, ein S-förmiger Hals oder sogar das Luftsacksystem mit seinen pneumatisierten Knochen, in Wahrheit ganz primitive Merkmale der frühesten Dinosaurier waren. Diese erleichterten ihnen das Leben in der anspruchsvollen Welt der Trias.

Die Ursprünge des Stillens

Doch was war eigentlich mit unseren eigenen Vorfahren während der Trias? Wir haben ja bereits gehört, dass das goldene Zeitalter der Synapsiden mit den Verwerfungen des „Großen Sterbens" jäh beendet wurde und dass von nun an die vormals unauffälligen diapsiden Reptilien das Ruder in die Hand genommen haben. Tatsächlich haben unsere säugetierähnlichen Vorfahren während der Trias nie eine wirkliche Chance gehabt. Sie wurden nur selten größer als ein Meter und mussten sich im Schutze der Dämmerung oder sogar der Nacht bewegen lernen. Der Grund für ihren plötzlichen Misserfolg liegt wohl in ihrer Physiologie verborgen. Als unsere synapsiden Vorfahren ihre Blütezeit während des Perms hatten, war der Sauerstoffgehalt der Atmosphäre ungewöhnlich hoch. In einer solchen Zeit ist es nicht wirklich relevant, wie effizient eine Lunge dazu in der Lage ist, Sauerstoff aus der Luft aufzunehmen. Von daher konnten unsere Vorfahren mit ihren, recht ineffizient arbeitenden, sackförmigen Lungen gut zurechtkommen. Bei diesem Lungentyp wird die Luft durch den gleichen Kanal (die Trachea) ein- und wieder ausgeatmet, die Lunge selbst ist jedoch eine Sackgasse und bei jedem Ausatemvorgang bleibt eine gewisse Menge Luft (Residualvolumen) in der Lunge zurück. Diese Restluft wird bei jedem erneuten Einatmen den prozentualen Sauerstoffgehalt der eingeatmeten Luft innerhalb der Lunge wieder reduzieren. Genau diesen Typ Lunge besitzen auch wir Menschen, neben allen anderen Säugetieren, heute immer noch. Was auch zuzeiten mit relativ hohem Sauerstoffgehalt nicht weiter dramatisch ist, doch in der Trias wurden eben jene Arten besonders erfolgreich, die der ohnehin sehr sauerstoffarmen Luft am effizientesten dieses lebenswichtige Gas entziehen konnten.

Aufgrund dieser ineffizient arbeitenden Lungen, dem geringen Sauerstoffgehalt der Atmosphäre und zusätzlich noch dem geradezu erstickenden ökologischen Druck der viel erfolgreicheren Archosaurier wurden unsere säugetierähnlichen Vorfahren in den Untergrund gedrängt. Doch hier in der Abgeschiedenheit ihrer unterirdischen Höhlen vollbrachten sie ihre ganz eigenen evolutionären Revolutionen.

Nun da die Spitze der Nahrungskette ohnehin in unerreichbarer Entfernung lag und sie sich auch nicht mehr frei an der Oberfläche bewegen konnten, erdachten sie sich einen neuen Weg, ihre Gene am Leben zu erhalten. Sie begannen, ihre Investitionen in den Nachwuchs rapide zu steigern, um so die Überlebensrate ihrer Nachkommen und damit auch die ihrer eigenen Gene zu erhöhen. So liegen der Ursprung und gleichzeitig auch der innerste Kern unseres Säugetierdaseins mitten in der Trias, denn hier wurde die Laktation erfunden oder anders ausgedrückt die Versorgung des Nachwuchses mit überlebenssteigernden Nährstoffen. Durch diese spezielle Art des elterlichen Aufwandes wurde nicht nur die Überlebenswahrscheinlichkeit des Nachwuchses gesteigert, es entstand auch ein immer enger werdendes Band zwischen den Eltern und den Kindern. Die Anfänge des „Stillens", wie wir heute sagen würden, waren jedoch noch ganz andere, als wir es zunächst erwartet hätten.

Zu diesem Zeitpunkt, irgendwann in der Mitte der Trias, als die furchteinflößenden Archosaurier ihren Herrscheranspruch längst zementiert hatten, legten unsere Vorfahren nach wie vor weichschalige Eier. Im Schutze ihrer Höhlen begannen die Weibchen damit, diese Eier auf spezielle Weise zu schützen. Dieser Schutz galt wahrscheinlich weniger großen Feinden als vielmehr den kleinsten unter ihnen. In ihren unterirdischen Höhlen konnte es sehr warm und vor allem feucht werden, also perfekte Grundlagen für die Vermehrung von Bakterien und Pilzen. Um ihre Eier und den Nachwuchs, der sich in ihnen entwickelte, vor diesen um sich greifenden Krankheitserregern zu schützen, begannen sie über umgewandelte Drüsen auf ihrer Bauchunterseite ganz besondere Sekrete abzusondern, um damit ihre Eier zu benetzen. Diese Sekrete enthielten ein bestimmtes Enzym, das fast so alt ist wie das komplexe Leben selbst und dazu dient, die Zellwand von Bakterien zu zerstören: Lysozym. Dieses Enzym oder zumindest Gene, die dafür codieren, findet man in fast allen lebenden Tieren. So wurde dieses uralte immunologisch aktive Enzym, das einst dafür entwickelt wurde, den eigenen Körper vor Krankheitserregern zu schützen, plötzlich für den Schutz des Nachwuchses genutzt. Der evolutive Vorteil, den dieser elterliche Mehraufwand bereithielt, war so enorm, dass sich die Gene jener „kümmernden" Eltern schnell in den damaligen Populationen durchsetzten. Der Aufwand wurde sogar noch erhöht, denn das Gen, welches für das entsprechende Lysozym codiert, wurde durch einen glücklichen Zufall dupliziert. So konnte die neuentstandene Kopie durch die Kraft der Evolution umgewandelt werden, ohne dass die ursprüngliche Funktion dieses lebenswichtigen Gens beeinträchtigt wurde. Durch einige kleine Veränderungen in der genetischen Sequenz dieses Gens wurde aus dem Lysozym das α-Lactalbumin, ein Schlüsselprotein bei der Herstellung von Milchzucker, Laktose. Milchzucker wird durch den Lactosesynthetase-Komplex hergestellt. Dieser besteht nur aus zwei verschiedenen Proteinen, auf der einen Seite dem ebenfalls uralten Enzym Galactosyltransferase und dem α-Lactalbumin. Die Galactosyltransferase ist in der Lage, zwei verschiedene biochemische Reaktionen umzusetzen, doch nur eine von beiden macht sie gern. Sie heftet neuentstandenen Proteinen den Zucker Galaktose an. Die zweite Reaktion besteht darin, der Galaktose ein Molekül Glukose anzuheften und damit Laktose, also Milchzucker, herzustellen. Diese zweite mögliche Reaktion findet allerdings so gut wie nie statt, einfach weil die Affinität zu Glukose zu gering ist.

Doch durch die Umwandlung von Lysozym zu α-Lactalbumin wurden die Karten neu gemischt. Dieses Protein erhöht die Affinität der Galactosyltransferase zu Glukose um den Faktor 1000 und so entstand aus einem ursprünglich immunologischen Schutzmechanismus des Nachwuchses gegen bakterielle Infektionen auch die Versorgung mit Nährstoffen. So wurde interessanterweise der Grundstein für das heutige Stillen bei Säugetieren zu einer Zeit gelegt, als unsere Vorfahren noch Eier legten und sich vor den Zähnen und Klauen der ersten Dinosaurier in Acht nehmen mussten.

Eine Reise in die Trias

Abbildung 21: Die Lage der Kontinente zur Zeit der Trias, vor 210 Millionen Jahren (C. R. Scotese, 2016).

Wieder sehen wir unseren Planten umgeben von der Schwärze des Universums. Zunächst erscheint er wie ein Planet, der nur von Wasser umgeben ist, wir sehen nichts als das Blau eines weltumspannenden Ozeans. Die einzigen Abwechslungen werden durch die bizarren Wolkenformationen gebildet, die über dem Ozean entstehen. Doch plötzlich beginnen wir uns zu drehen und am Horizont der Erde erscheint eine Landmasse. Eine Landmasse, die so ganz anders ist als alles, was wir von heute kennen. Sie ist riesig und erstreckt sich vom Nord- bis zum Südpol: Pangäa, jener Riesenkontinent, der sich während des Karbons gebildet hat und immer noch die Erde dominiert. In seinem Zentrum erstreckt sich ein gigantisches Gebirge und sowohl nördlich als auch südlich davon scheint es nichts als Wüsten zu geben. Riesige ausgedehnte und ausgetrocknete Landstriche. Nur ganz im Norden und im Süden, entlang der Pole, sind grüne Abschnitte zu erkennen, die jedoch schon in den gemäßigten Zonen der beiden Hemisphären wieder zu verschwinden scheinen und durch Wüsten ersetzt werden.

Wieder beginnt unsere Reise mit einem Fall. Als wir uns der Erdoberfläche nähern, verschwindet zunächst das Schwarz des Universums, das unseren Blick auf die Erde umrahmte. Erstaunlicherweise fallen wir direkt auf die südwestliche Küste Pangäas zu und nehmen damit Kurs auf das Wasser des Meeres. Wir kommen immer näher auf die Oberfläche zu und nach und nach verschwinden immer mehr Orientierungspunkte aus unserem Sichtfeld. Zuerst der nördliche Grüngürtel Pangäas, dann die große nördliche Wüste, das zentrale Gebirgsmassiv und sogar die Wüste der Südhalbkugel. Wir fallen auf einen Küstenabschnitt zu, der an dem südlichen Grüngürtel Pangäas liegt. Doch auch dieses Stück Land verschwindet und wir sehen zunächst nur noch Blau. Neben aller Verwunderung stellen wir fasziniert fest, was sich unter uns im weiten Wasser so alles tut. Wir erblicken einen großen sich ständig verändernden Schatten, der sich schnell unterhalb der Wasseroberfläche bewegt. Es muss sich um einen großen Fischschwarm handeln. Kurz bevor wir auf die Wasseroberfläche aufschlagen würden, hört unser Fall auf und wir beginnen uns horizontal zur Oberfläche zu bewegen. Aus dieser Perspektive ist von dem großen Fischschwarm direkt unter uns nicht mehr viel zu erkennen, doch wir genießen eine Zeit lang den Anblick der reflektierenden Sonne auf den seichten Wellen des Meeres. Doch schon einen Moment später scheint das Meer zu kochen, überall um uns herum springen die Fische hektisch aus dem Wasser, fast so als würden sie gejagt werden. Im nächsten Moment sehen wir auch, wer oder was für dieses Spektakel verantwortlich ist. Plötzlich sehen wir riesige Körper aus dem Wasser auftauchen, es ist ein Schwarm großer Ichthyosaurier. Sie springen mit weit aufgerissenen Mäulern aus dem Wasser und versuchen dabei, so viele Fische wie möglich aus dem großen Schwarm zu erwischen. Es fällt uns schwer, bei diesem Anblick nicht an eine Delfinschule zu denken. Auch diese Meeresreptilien scheinen die Jagd und das Spiel mit den Wellen geradezu zu genießen. Doch wir sind bei unserer Reise schneller als der Fischschwarm und die ihn jagenden Ichthyosaurier.

So wird das Meer wieder ruhiger und nach kurzer Zeit sehen wir die Küste des mächtigen Superkontinents Pangäa auf uns zukommen, es ist eine felsige Steilküste mit mächtigen Klippen. Doch vor diesen Klippen liegen überall im Wasser verteilt große steinerne Inseln und je näher wir ihnen kommen, desto deutlicher sehen wir, dass auch sie nicht unbewohnt zu sein scheinen. Sie sind voll mit großen, recht schwerfällig erscheinenden Echsen, die das Bad in der Sonne genießen. Doch eines ist extrem auffällig, sie alle schauen in die gleiche Richtung aufs offene Meer. Wie aus dem Nichts bricht ein ohrenbetäubendes Gebrüll los und alle Echsen, die sich bei näherer Betrachtung als Nothosaurier entpuppen, stürzen mehr oder weniger synchron ins Wasser. Sie schwimmen mit äußerster Eleganz, die ihr schwerfälliges Erscheinungsbild an Land vollends zunichtemacht, aufs offene Meer hinaus. In diesem Moment wird uns auch klar, worauf sie es abgesehen haben. Sie wollen sich ebenfalls ihren Anteil an dem großen Fischschwarm einholen, bevor die Ichthyosaurier alles für sich beansprucht haben. Unsere Reise geht weiter entlang der Steilküste Pangäas.

Nachdem wir einige Zeit diesen beeindruckenden Klippen gefolgt sind, kommen wir an eine flachere Stelle und schon von Weitem fällt uns etwas Merkwürdiges auf. Es scheint fast so, als ob riesige Schlangen entlang des Ufers einen Tanz vollführen. Wir können uns kaum vorstellen, was genau sich hier abspielt. Es ist eine Gruppe *Tanystropheus*, extrem langhalsige Reptilien mit vergleichsweise winzigen Köpfen, die entlang des flachen Küstenabschnitts nach

Fischen oder kleineren Reptilien jagt. Die Art und Weise, mit der sie ihre aufsehenerregenden Hälse bewegen, hat etwas Hypnotisches an sich, und schon als wir mitten durch das Gewirr aus schlangenartigen Hälsen hindurch fliegen, bedauern wir, dass der Anblick bald vorbei sein wird. Der flache Küstenabschnitt entpuppt sich derweil als kleines Flussdelta und genau diesem Fluss folgen wir nun Richtung Landesinnere, entlang an hellgrünen Koniferen-Wäldern und dem farnbewachsenen Ufer. Die Geschwindigkeit nimmt immer weiter zu und wir können kaum noch einen Blick nach links und rechts werfen. Wir verlassen den Flusslauf, kommen auf eine kleine Lichtung direkt am Rande des Waldes und fallen in ein schwarzes kleines Loch, wir sind angekommen.

Nach einem ersten Öffnen unserer Augen sehen wir zunächst nur Dunkelheit, aber wir spüren direkt die drückende, feuchte Wärme, die in diesem Erdloch vorherrscht. Neben der Wärme merken wir auch, wie schwer uns das Atmen fällt. Es fühlt sich in etwa so an, als würde man durch eine Stoffmaske atmen müssen. Nachdem wir uns nach einiger Zeit an das ungewohnt schwierige Atmen gewöhnt haben, können auch unsere Augen mehr erkennen. Aus schwachen Umrissen werden deutliche Formen und Details. Schnell wird uns bewusst, dass wir nicht alleine sind in dieser dunklen Höhle, direkt neben uns liegt noch ein anderes Tier, wahrscheinlich unsere Partnerin. Schon aus dem eigenen Körpergefühl heraus können wir sagen, dass wir uns auf vier Beinen fortbewegen und dass wir Fell tragen. Für weitere Details betrachten wir uns das andere Tier in unserer Höhle, zu dem wir eine merkwürdige tiefe Bindung verspüren. Sie besitzt einen etwas langgezogenen Körper, der wie vermutet von vier kurzen Beinen getragen wird. Am hinteren Ende des Körpers sitzt allerdings noch ein kräftiger Schwanz, der eher an unsere Reptilienvorfahren als an unsere Säugetiernachfahren erinnert. Der Kopf ist ebenfalls länglich und beherbergt viele spitze Zähne sowie zwei große Augen, die uns als dämmerungs- und nachtaktive Tiere kennzeichnen.

Als sich unsere Partnerin etwas bewegt, fällt uns noch mehr an dieser Szenerie auf. Unter ihrem Körper kommen mehrere Jungtiere zum Vorschein, die sich nach wie vor zur Körperwärme der Mutter hingezogen fühlen. Dieser unser Nachwuchs scheint schon aus dem gröbsten rausgewachsen zu sein, schließlich sind auch sie schon von einem dünnen Fell umgeben und lernen gerade durch ihre ersten Bewegungen den eigenen Körper kennen. Sie alle lecken nach wie vor an einer feuchten Stelle an der Bauchunterseite ihrer Mutter. Ein faszinierender Anblick, mit ansehen zu können, wie das Stillverhalten der Säugetiere Schritt für Schritt erfunden wurde und auch wie dadurch das unsichtbare Band zwischen Mutter und Kind immer enger gestrickt wurde.

Es wird nun nicht mehr sehr lange dauern, bis unser Nachwuchs alt genug sein wird, um die Welt außerhalb dieser Höhle zu erkunden, mit all den Gefahren, die dort oben auf sie lauern.

Doch in diesem Moment des Innehaltens unterbricht unsere Partnerin diese Gedanken mit einer lautstarken Aufforderung, die uns nur zu bekannt sein dürfte, wir brauchen Essen. Es ist also wieder an der Zeit für einen kleinen Jagdausflug. Auch wenn es draußen noch hell ist, so hat die Dämmerung trotz allem schon begonnen und vorsichtig müssen wir ohnehin immer sein. Also begeben wir uns auf das grelle Licht am Ende unserer flachen Höhle zu. Oben angekommen warten wir noch einen Moment, bis sich unsere Augen an das Licht der Oberfläche gewöhnt haben. Nach wenigen Momenten offenbart sich uns eine fremdartige Welt. Die Sonne steht nach wie vor als tiefroter Feuerball kurz über dem Horizont und taucht die gesamte Szenerie in ein rötliches Licht. Wir blicken zunächst auf eine kleine Lichtung, die mit unterschiedlichsten Farnen bewachsen ist. Umrahmt wird diese Lichtung von einem Wald aus großen Koniferen. Überall um uns herum hören wir das Gebrumm von umherfliegenden Insekten, die nach der Hitze des Tages nun ebenfalls auf Nahrungs- oder Partnersuche gehen. Wir setzen uns in Bewegung und sehen zu, dass wir so schnell wie nur möglich unter die schützenden Blätter der Farne kommen. Unser Instinkt sagt uns genau, wo wir zu dieser Jahreszeit am ehesten etwas Essbares finden können. Nicht weit von hier liegt ein großer Fluss, der selbst jetzt, kurz nach dem Ende der Regenzeit, noch viel Wasser führt. Während der Regenzeit selbst gibt es nahezu überall kleine Amphibien und Reptilien im Überfluss. Daher sind wir zu dieser Zeit des Jahres nicht gezwungen weite Strecken zurückzulegen, geschweige denn einen so gefährlichen Ort wie den großen Fluss aufzusuchen. Doch wie dem auch sei, müssen wir etwas essen und uns bleibt kaum eine andere Wahl.

Wir erreichen das Ende der Lichtung und kommen nun wieder in den Wald zurück, es wird merklich kühler und auch die Geräusche ändern sich abrupt. Das laute Gebrumm der Insekten ist nun fast vollständig verstummt und es wird durch die langgezogenen Schreie der neuen Herrscher der Lüfte ersetzt. Nachdem für viele Millionen von Jahren hinweg nur die Insekten diesen Lebensraum für sich zu nutzen wussten, haben nun auch die ersten Wirbeltiere damit begonnen, sich hier wohl zu fühlen. Unscheinbare Reptilien begannen damit, aus kleinen Hautlappen Flughäute zu entwickeln, die ihnen dabei halfen von Baum zu Baum zu gleiten. Aus diesem Gleitflug entstand im Verlauf der Trias eine vollkommen neue, elegante Art des Fliegens. Diese Pterosaurier gehen nun gezielt auf die Jagd nach fliegenden Insekten und kommen in diesen Wäldern äußerst häufig vor. Ihre Schreie begleiten uns durch das Dickicht des Koniferenwaldes und dienen uns auch als Orientierung, denn je näher wir dem großen Fluss kommen, desto lauter und zahlreicher werden auch ihre Rufe.

Doch wir können uns in diesen Wäldern nie wirklich sicher bewegen, auch wir stehen ganz oben auf der Speisekarte jener Tiere, die seit dem Beginn der Trias diese Welt dominieren. Auf einmal hören wir ein tiefes Gebrüll in einiger Entfernung von uns und abgesehen von dem Gebrüll selbst spüren wir auch leichte Erschütterungen des Bodens unter unseren Füßen. Wir kommen unserem Ziel offenbar immer näher und sind gleichzeitig gespannt und nervös, wer oder was für diese Erschütterungen verantwortlich ist.

Nach einiger Zeit merken wir, wie der Boden unter unseren Füßen immer feuchter wird, wir befinden uns in einem ehemaligen Bachbett. Während der Regenzeit muss sich hier, versteckt unter dem dichten Farndach, ein kleiner Bach in Richtung Fluss geschlängelt haben. Auch wenn jetzt nach der Regenzeit nur noch etwas feuchte Erde übriggeblieben ist, so verharren wir trotzdem für einen Moment. Wir schärfen alle unsere Sinne und versuchen so viel wie nur möglich von der uns umgebenden Umwelt aufzunehmen. Wir sehen den steinigen, feuchten Boden im Schatten der Farnwedel, wir hören die kreischenden Flugreptilien und das Gebrüll der entfernten Riesen und wir riechen etwas. Dieses Etwas verspricht uns eine reichhaltige Beute. Wir bewegen unsere Nase in die Richtung, aus der der Geruch kam, und entdecken zu unserer Verzückung direkt unter einem großen Farn ein kleines Loch, aus dem noch ein feucht glänzender Schwanz herausschaut. Ein großer Salamander, der wohl gerade dabei ist, sein Versteck für die Trockenzeit fertig zu stellen. In unserem gesamten Körper ist jeder Muskel angespannt und wir schleichen uns so grazil, wie es nur geht, an das kleine Amphibium heran. Wir müssen sehr langsam sein, denn unsere mit Krallen bestückten Füße sind auf dem feuchten Untergrund ansonsten zu laut. Als wir direkt vor der Höhle stehen, nutzen wir die Gunst der Stunde und schlagen unsere spitzen Zähne in den glitschigen Schwanz des schwarz glänzenden Salamanders und ziehen ihn damit aus seiner noch unfertigen Höhle heraus. Mit unseren Vordergliedmaßen drücken wir seinen zappelnden Körper auf den Boden und führen den finalen Biss aus. Das Abendessen für unsere kleine Familie ist damit gesichert.

Langsam wird es immer dunkler und wir müssen eine wichtige Entscheidung treffen. Unser Instinkt sagt uns, so schnell wie möglich wieder in unser sicheres Versteck zurückzukehren, um nicht selbst so zu enden wie der Salamander zwischen unseren Zähnen. Doch wir sind auch Besucher in diesem Körper und in dieser längst vergangenen Zeit, und als Besucher müssen wir einfach herausfinden, wer für dieses laute Gebrüll am Fluss verantwortlich ist. Wir beschließen zumindest noch einen kurzen Blick auf den großen Fluss zu werfen, aber egal was auch passiert, wir bleiben im Schatten der niedrigen Vegetation. Mit unserer Beute im Mund bewegen wir uns also langsam in Richtung der lauten Geräusche. Wir merken, dass auch die Erschütterungen des Bodens immer mehr zunehmen. Mit jedem weiteren Schritt in Richtung des Flusses wächst auch die Neugier auf das, was wir dort sehen werden. Plötzlich sind die großen Koniferen über unserem Kopf verschwunden, wir haben den Wald verlassen und auch die Farne werden immer lichter. Ich denke, wir haben unser Ziel erreicht, von der letzten Farnreihe aus erkennen wir einen großen Fluss, dessen gesamtes Flussbett von großen Steinen durchsetzt ist.

Überall um den eigentlichen Fluss herum liegen regelrechte Berge an Muscheln und Schneckengehäusen, die erahnen lassen, wie groß dieser Fluss während der Regenzeit gewesen sein muss.

Was wir auf der anderen Seite des Flusses sehen, verschlägt uns abrupt den Atem: Es ist eine riesige Gruppe von Tieren, wie wir sie noch nie zuvor gesehen haben. Riesige Reptilien mit tonnenförmigen Körpern, die von muskulösen Beinen getragen werden, und diese Beine sind es auch, die bei jedem Schritt die Erde erbeben lassen. Sie besitzen deutlich verlängerte Hälse, an deren Ende ein kleiner Kopf sitzt, und ihre langen Schwänze führen in der Luft regelrechte Tänze auf. Es ist ein faszinierender Anblick, diese Giganten zu beobachten. Wir hätten nie gedacht, schon in der Trias solche ehrfurchtgebietenden Dinosaurier zu sehen, mit Namen *Lessemsaurus*. Es ist mehr als eindeutig, dass diese Kolosse nur ein Vorgeschmack sind auf das, was noch kommen wird. Doch diese Tiere sind zweifelsohne die Vorfahren der riesigen Sauropoden der Jura- und Kreidezeit.

So besitzen sie nach wie vor Eigenschaften ihrer kleineren zweibeinigen Vorfahren als auch Merkmale ihrer gigantischen Nachfahren. Zum Beispiel sind ihre Beine bereits ähnlich geformt wie die muskulösen Säulen ihrer Nachfahren, allerdings besitzen sie nach wie vor deutlich erkennbare und mit Krallen bestückte Zehen und auch ihre Hälse sind noch nicht ansatzweise so lang wie die ihrer Nachfahren. Aber hier in der späten Trias sind sie die mit Abstand größten Pflanzenfresser, die die Welt bis dato gesehen hat. Sie scheinen sich permanent mit ihren Verwandten auszutauschen und sind doch immer mit Essen beschäftigt. Die meisten Koniferen sind bereits bis auf die Höhe ihrer Hälse abgefressen und so stellen sich einige dieser kolossalen Tiere auf ihre Hinterbeine, während sie ihre krallenbesetzten Vorderbeine dazu nutzen, sich an den Stämmen der Bäume festzuhalten. Jedes Mal, wenn einer dieser Riesen sich wieder auf den Boden fallen lässt, erzittert der Boden unter unseren Füßen und wir merken, wie unglaublich klein wir doch sind. Inmitten dieser *Lessemsaurus*-Gruppe, die den gesamten Uferbereich für sich einnehmen, können wir auch viele kleinere Jungtiere sehen, die stets im Zentrum der Gruppe zu finden sind. Für einen Moment tun wir nichts, außer wie gebannt dem Treiben dieser urzeitlichen Giganten zuzuschauen, doch dann dreht der Wind und mit ihm auch die Stimmung.

Der Wind scheint einen bedrohlichen Geruch zu transportieren, denn die gesamte *Lessemsaurus*-Gruppe scheint nervös zu werden und versucht sich zusammenzurotten. Zwischen den wuchtigen Stämmen der Koniferen auf der anderen Uferseite erkennen wir einen großen, sich langsam bewegenden Schatten. Gerade als die letzten Sonnenstrahlen das Flussufer berühren, erscheint in dem roten Licht der untergehenden Sonnen ein weiterer Riese aus dem dichten Wald. Doch dieses Tier ist alleine unterwegs und nicht an pflanzlicher Nahrung interessiert. Es ist ein fast zehn Meter langer *Fasolasuchus*, der absolute Spitzenprädator der späten Trias. Er gehört zu den Pseudosuchiern aus der Krokodillinie der Archosaurier. Er bewegt sich auf vier muskulösen Beinen und hat einen riesigen Schädel voller langer, dolchartiger Zähne. Als dieser Jäger aus dem Wald tritt, stößt er einen lauten Schrei aus, um noch mehr Aufregung unter den großen Pflanzenfressern zu streuen. Sein Opfer scheint er schon auserkoren zu haben, eines der Tiere hinkt und schafft es nicht rechtzeitig zum Rest der Gruppe aufzuschließen. Mit beängstigender Geschwindigkeit läuft der Jäger mit offenem Maul auf sein Opfer zu. Als er das kranke Tier erreicht hat, stellt er sich auf seine Hinterbeine, packt mit seinen Vorderbeinen die Flanke des Tieres und schlägt seine Zähne in den Hals des Riesen. Er lässt nicht mehr los und schließlich stürzt auch das tonnenschwere Opfer auf den steinernen Boden des Flussufers. Der gefallene Riese stößt dabei noch einen letzten lauten Schrei aus, der allerdings durch die Beißkraft des Angreifers schnell erstickt wird. Immer noch in hellem Aufruhr zieht die Gruppe der Lessemsaurier weiter und versucht so schnell wie möglich vom Ort des Geschehens zu fliehen. Währenddessen genießt der hungrige *Fasolasuchus* seine erfolgreiche Jagd und tränkt damit den gesamten Flussabschnitt in eine dunkelrote Farbe. Die untergehende Sonne lässt das Blut seines Opfers noch deutlicher hervortreten.

Gleichzeitig fasziniert und schockiert von dem gigantischen Schauspiel, das uns hier geboten wurde, haben wir allerdings selbst unseren Sinn für Gefahr unterdrückt, was sich nun leider rächen soll. Gerade als wir wieder unseren erlegten Salamander mit den Zähnen aufheben, um uns auf den Weg zu unserer Familie zu machen, hören wir ein verdächtiges Geräusch genau hinter uns. Als wir uns schließlich umdrehen, wird uns der Ernst der Situation urplötzlich bewusst. Zunächst sehen wir nur zwei große, schlanke Beine, die in einer Art Zebramuster gestreift sind und jeweils auf drei krallenbewehrten Zehen stehen. Weit über den Beinen, am oberen Ende unseres Sichtfeldes, pendeln zwei muskulöse Arme, die ebenfalls mit Krallen ausgestattet sind. Als wir unseren Blick nach oben richten, erkennen wir genau, wer uns da aufgelauert hat, es ist ein ausgewachsener *Zupaysaurus*. Sein langer Schwanz ist genauso auffällig gemustert wie seine Beine und ist permanent damit beschäftigt, den Körper im Gleichgewicht zu halten. Entlang seiner Wirbelsäule verläuft ein Band mit auffällig gefärbten Protofedern, beginnend am Schwanz, über seinen gesamten Körper, seinen langen S-förmig geschwungenen Hals, bis hin zu seinem Kopf. Dieser Kopf starrt uns mit seinen emotionslosen Augen an und macht dabei elegante Bewegungen nach links und nach rechts. Sein Maul ist dabei weit geöffnet und präsentiert uns damit sein gesamtes Arsenal an messerscharfen Zähnen. Wir beginnen zu verstehen, wie gewaltig der Fehler war, den wir begangen haben und uns bleibt nur noch eine Chance, so schnell wie nur möglich zu fliehen.

Wir lassen den erbeuteten Salamander auf den Boden fallen und laufen los, direkt zwischen den Beinen unseres großen Gegners hindurch. Für einen Moment haben wir das Gefühl, gar nicht verfolgt zu werden, es ist so leise hinter uns. Dann aber hören wir die Schreie unseres Verfolgers, er ist genau hinter uns. Während der Flucht merken wir plötzlich, wie schwer uns das Atmen fällt. Durch unsere ineffektiven Lungen ist es fast so, als würden wir durch einen Filter atmen müssen. Ein kurzer Blick nach hinten dagegen offenbart uns die unfassbare Eleganz und Effizienz in den Bewegungsabläufen unseres Verfolgers. Dieser wendige Dinosaurier scheint perfekt an diese Welt angepasst zu sein, die uns selbst vor so große Herausforderungen stellt. Er scheint sich gar nicht wirklich anstrengen zu müssen, es ist fast so, als wüsste er bereits, dass er sich seiner Mahlzeit sicher sein kann. In diesem Moment spüren wir einen brennenden Schmerz in unserem Hinterleib, der *Zupaysaurus* hat mit seinen langen Armen nach uns geschlagen und seine Klauen haben mehrere Wunden in unseren Körper gerissen. Durch die Wucht des Schlages werden wir von unserem Weg abgebracht und auf die Seite geschleudert. Gerade als wir versuchen, wieder auf die Beine zu kommen, kommt von oben einer der Füße des Angreifers auf uns nieder und drückt unseren Körper auf den harten Boden. In diesem Moment erscheint der Schädel des Dinosauriers vor unseren Augen, sein Speichel tropft auf uns herab und wir beginnen zu begreifen, dass unsere Reise hier enden wird. Doch eine Sache beruhigt uns etwas und zwar, dass unser Nachwuchs alt genug ist und unsere Partnerin vermutlich den Rest alleine schaffen wird.

Unseren letzten Blick richten wir noch einmal auf das Kronendach des Koniferenwaldes und auf die Schreie der Flugreptilien, die über uns ihre Kreise ziehen. Im nächsten Moment gibt es einen heftigen Schlag und alles um uns herum wird dunkel.

Eine Katastrophe mit weitreichenden Folgen

Die Trias ist eine faszinierende Periode der Erdgeschichte, während der das Leben und die Evolution wahre Höchstleistungen vollbringen mussten. Innerhalb von nur wenigen Millionen Jahren wurden aus kleinen, unauffälligen Eidechsen die dominantesten Tiere der Erde und das sowohl in den Ozeanen als auch auf dem Land. Es waren gerade die schweren Lebensbedingungen während dieser Zeit der Erdgeschichte, die die Evolution dazu gebracht haben, diese biologischen Wunderwerke zu konstruieren, die uns heute noch so faszinieren. Gene, die trotz all der Widrigkeiten die Zeiten überstehen wollten, mussten sich selbst und die von ihnen entworfenen Überlebensmaschinen immer weiter anpassen und dabei gänzlich neue Wege beschreiten. Diese Wege waren dabei so unfassbar erfolgreich, dass aus zunächst kleinen, evolutionären Trampelpfaden wahre Autobahnen wurden. Doch gerade als sich das Leben zur späten Trias hin wieder neu aufgestellt hatte und sich damit auch von den Folgen des „Großen Sterbens“ nachhaltig erholt hatte, folgte schon die nächste Katastrophe. Zum Ende der Trias hin, am Übergang zur nächsten Periode der Erdgeschichte, dem Jura, setzte das nächste große Massensterben ein. Auch dieses wird zu den sogenannten „Big Five“ gezählt. Damit ist die Trias regelrecht eingerahmt von katastrophalen Aussterbewellen und wieder ist ein ausgeprägter Vulkanismus schuld an dieser neuen Agonie.

Ähnlich wie beim Übergang vom Perm zur Trias sind auch hier nahezu alle Ökosysteme betroffen und die Opfer vielfältig. Der Grund für den buchstäblich apokalyptischen Vulkanismus dieser Zeit liegt erneut in den geologischen Vorgängen im Erdinneren. Die kontinuierlichen Ströme aus flüssigem Gestein im Inneren der Erde, die für die Bewegung der Kontinentalplatten verantwortlich sind, zerrten bereits seit vielen Millionen Jahren an den Fundamenten des altehrwürdigen Superkontinents Pangäa. Zum Ende der Trias hin geschah schließlich das Unvermeidliche, der gigantische Superkontinent Pangäa, der sich für weit mehr als 100 Millionen Jahre vom Nordpol bis zum Südpol erstreckte, zerbrach. Sein Zerbrechen wurde gleichzeitig zur Geburtsstunde des atlantischen Ozeans und es war auch die Initialzündung für die Entstehung der Kontinente, wie wir sie heute kennen.

Das Auseinanderreißen einer solch gigantischen Landmasse hatte auch ein nahezu beispielloses Ausmaß an vulkanischer Aktivität zur Folge. Die Überreste dieser verheerenden Ereignisse bilden heutzutage die flächenmäßig größte vulkanische Provinz, die uns bekannt ist, mit einer Fläche von unglaublichen elf Millionen Quadratkilometern. Verteilt liegen diese geologischen Formationen entlang der Ostküste des heutigen Nordamerikas, im südamerikanischen Amazonasgebiet, dem heutigen Europa und im Norden Afrikas. Auch wenn all diese Gebiete heute weit voneinander entfernt liegen, so lagen sie zu Zeiten Pangäas doch direkt nebeneinander, da der atlantische Ozean damals noch nicht existierte. Die unvorstellbaren Mengen an vulkanischen Gasen ließen das Klima dieser Zeit unweigerlich verrücktspielen und es kam zu einem massiven Treibhauseffekt. Die Ausbrüche dieser magmatischen Großprovinz lassen sich heute auf vier große Geschehen zurückführen, die sich über einen Zeitraum von 600 000 Jahren ereigneten und zeitweise die atmosphärischen CO_2-Level sogar verdoppelten. Diese Unmengen an CO_2 führten auch zu einer Versauerung der Meere. In Folge dessen starben zunächst viele der wirbellosen und riffbauenden Tiere wie Korallen aus und es folgten ihnen schließlich bis zu 34 % aller marinen Gattungen.

Auch unter den erfolgreichen Meeresreptilien waren große Opfer zu beklagen. So starben viele Arten von Ichthyosauriern aus und auch die Überlebenden sollten in den folgenden Jahrmillionen nie wieder so vielgestaltig werden wie während der Trias. Auch unter den diversen Gattungen der robbenähnlichen Nothosaurier und ihren Verwandten den Plesiosauriern schlugen sich diese Ereignisse nieder. Aus der gesamten Vielfalt dieser großen Gruppe von Reptilien sollten nur wenige Arten der Plesiosaurier überleben.

Doch nicht nur im Meer waren die Folgen dieser vulkanischen Aktivität dramatisch, auch an Land breiteten sich die Schockwellen durch sämtliche Ökosysteme aus. Fast alle Gattungen der dominanten Pseudosuchier sollten den Übergang zur Jurazeit nicht miterleben, egal ob die pflanzenfressenden Aetosaurier oder die triassischen Spitzenprädatoren wie *Fasolasuchus* – sie sollten alle vergehen. Doch eine Gruppe dieser Pseudosuchier überlebte die Folgen dieser Katastrophe, die Vorfahren unserer heutigen Krokodile. Sie waren relativ kleine, aufrechtgehende und wahrscheinlich warmblütige Jäger. Auch wenn sich viele nun wundern sollten, da heutige Krokodile schließlich ausnahmslos kaltblütige Spreizgänger sind und nur im Verborgenen auf ihr nächstes Opfer lauern, so tragen sie ihr aufrechtgehendes und warmblütiges Erbe nach wie vor in sich. Auch heutige Krokodile besitzen nach wie vor ein äußerst komplexes Atmungssystem, was nur mit dem der warmblütigen Vögel zu vergleichen ist (welche auch ihre nächsten heutigen Verwandten darstellen) und auch ihr Herz ist durch vier komplett voneinander getrennte Kammern charakterisiert. Ein solch gekammertes Herz kann nur durch einen aktiven, warmblütigen Lebensstil entstehen, da es dafür sorgt, dass die unterschiedlich mit Sauerstoff angereicherten Blutbahnen sich nicht vermischen und weiterhin auch die verschiedenen Blutdruckbereiche zwischen dem Körper auf der einen Seite und der Lunge auf der anderen voneinander getrennt sind. Doch durch die Dominanz der Dinosaurier in den folgenden Erdzeitaltern wurden die Vorfahren unserer heutigen Krokodile in die Nische der kaltblütigen Lauerjäger gedrängt, in der sie sich heute noch befinden.

So bizarr wie es sich auch anhören mag, es gab nicht nur Verlierer, sondern auch große Gewinner durch diese geologischen Verwerfungen. Die Dinosaurier überlebten diese schwere Zeit, vermutlich auch wegen ihres effektiven Atmungsapparates und ihrer „noch" geringen Größe. Von nun an konnte nichts und niemand mehr ihren Siegeszug aufhalten, sie überrannten regelrecht alle freigewordenen ökologischen Nischen und standen von nun an der Spitze sämtlicher Nahrungsketten an Land.

Wie man es sich schon denken kann, ist der Übergang von der Trias zur Jurazeit kein leichter für das Leben auf der Erde, der Fluss der Evolution hat viele seiner breitesten Flussläufe verloren und überall um uns herum sehen wir von unserem Boot aus, wie immer mehr von ihnen in der Hitze der vulkanischen Eruptionen austrocknen. Auch unser Wasserlauf wird hart getroffen, immer wieder stoßen wir mit unserem Boot auf den steinigen Boden. Doch egal wie knapp es auch wird, unser Flussbett bleibt stets schiffbar. So überqueren wir schließlich die Grenze zur Jurazeit und befinden uns zunächst erneut in einer Welt, in der die meisten Ökosysteme quasi leergefegt sind. Doch dies soll nicht lange so bleiben, die neuen Herrscher stehen bereits in den Startlöchern und läuten damit ein gänzlich neues Zeitalter ein, das Zeitalter der Giganten.

Periode: Jura, das Zeitalter der Giganten (201,9–145 Millionen Jahre)

Unser Boot überquert die unsichtbare Grenze zur nächsten Periode der Erdgeschichte, dem Jura. Ganz zu Beginn dieses Zeitabschnitts sieht die Welt um uns herum noch nicht viel anders aus als während der späten Trias. Der Flusslauf der Evolution, dem wir seit dem Beginn des Kambriums folgen, hat sich wieder sehr stark ausgedünnt, viele Seitenarme sind komplett ausgetrocknet und gleichbedeutend sind unzählige Tier- und Pflanzenarten ausgestorben. An diesem evolutionären Flaschenhals lassen wir die bisherige Reise noch einmal kurz Revue passieren und denken dabei an all die vergangenen Lebenswelten, die wir durch die Augen unserer eigenen Vorfahren betrachten konnten. Erst jetzt beginnen wir, die wahre Natur der Evolution, die Natur ihrer Kontinuität, zu begreifen, denn wir haben ja zu keinem Zeitpunkt unserer Reise diesen einen Flussarm verlassen. Trotz dieser Kontinuität haben sich unsere Körper dramatischer gewandelt, als man es sich je hätte vorstellen können.

Abbildung 22: Fossiles Skelett eines Allosaurus und eines Stegosaurus.
(Bild von dmusicat auf Pixabay)

Aus kleinen, wenige Zentimeter messenden, fischähnlichen Lebewesen entwickelten sich zunächst echte Fische. Nach der Entwicklung des Kiefers begannen wir, nach und nach das trockene Land zu kolonisieren, und aus unseren Flossen wurden kräftige, muskulöse Gliedmaßen. Zu diesem Zeitpunkt waren unsere Vorfahren auch noch die Vorfahren der Dinosaurier, jener Tiere, die so lang wie keine andere Tiergruppe die absoluten Herrscher der Erde sein sollten und in dessen Schatten auch wir erst zu echten Säugetieren heranwuchsen. Erst als aus diesen Amphibien die ersten echten Reptilien entstanden, begannen sich unsere Flussarme zu trennen und in jeweils andere Richtungen zu fließen. Unsere Genome entwickelten sich von nun an auch komplett unterschiedlich und erschufen auf diese Art auch unterschiedliche Überlebensmaschinen, mit unterschiedlichen Überlebenstechniken.

In der frühen Jurazeit stehen diesen, unseren entfernten Verwandten alle Türen offen, während wir uns nach wie vor im Schatten verstecken müssen. Doch neben diesen biologischen Verwerfungen kam es auch zu geologischen Veränderungen, die den Lauf der Evolution für immer verändern sollten. Der gigantische Superkontinent Pangäa, der für weit über 100 Millionen Jahre das Angesicht unseres Planeten dominierte, wurde durch die Kräfte der im Erdinneren wandernden Gesteine zerrissen. Dabei entstanden zwei neue große Landmassen, ein Nordkontinent namens Laurasia und ein südlicher Kontinent, dessen Name uns bereits bekannt sein dürfte, Gondwana. Doch das war noch nicht alles, denn auch der atlantische Ozean entstand zu jener Zeit durch den Kollaps Pangäas. Doch während des Jura öffnete sich zunächst nur der Nordatlantik und trennte damit als flaches Binnenmeer den Nordkontinent Laurasia.

Unruhige Meere

Diese „Zersplitterung" Pangäas hatte auch dramatische Folgen für das Klima jener Zeit. Plötzlich entstanden neue Küstenlinien an Orten, an denen für viele Millionen Jahre nichts als Wüsten existierten. Dank dieser neuentstandenen Meeresverläufe wechselte das gesamte Klima der Erde seinen Charakter. So folgte nach der extrem trockenen Trias eine Zeit, in der genug Feuchtigkeit zur Verfügung stand, um ausgedehnte subtropische Wälder über den gesamten Globus wachsen zu lassen. Auch die marinen Lebensräume profitierten von den neuentstandenen, warmen Flachmeeren jener Zeit. Da die Fische ohnehin nicht allzu stark von dem Massensterben betroffen waren, konnten sie schnell diese neuen Lebensräume besiedeln und wie es in der Evolution so Brauch ist, auch neue Arten hervorbringen. Doch nicht nur die damaligen Fische profitierten von den Veränderungen im frühen Jura, auch die Ichthyosaurier erlebten eine neue Blütezeit.

Diese Meeresreptilien, die sich auf so beeindruckende Art und Weise an ein Leben im Wasser angepasst haben, hatten schwer unter den Bedingungen des katastrophalen Vulkanismus am Übergang von Trias zur Jurazeit zu leiden. Unzählige Arten sind in dieser Zeit ausgestorben, darunter auch die gigantischen, walartigen *Shastasaurus* Arten, zusammen mit vielen anderen ursprünglichen Formen. Doch jene Arten, die den Übergang und die vielen Hunderttausende von Jahren des harten Lebens meisterten, wurden reichlich belohnt. Auch wenn die Ichthyosaurier nie wieder eine vergleichbare Formenvielfalt erreichen sollten wie während der Trias, so wurden sie doch wieder zu den erfolgreichsten Meeresreptilien der Jurazeit, mit unzähligen neuen Arten und einer globalen Verbreitung. Besonders auffällig wird ihr früher Erfolg in der Jurazeit, wenn man sich *Temnodontosaurus* anschaut: Einige Arten konnten bereits bis zu 12 Meter lang werden und waren die absoluten Spitzenprädatoren ihrer Lebensräume. Sie besaßen nicht nur ein Maul voller langer, spitzer Zähne, die es mit jeder nur erdenklichen Beute aufnehmen konnten, sie hatten auch die größten Augen, die jemals bei einem Tier gemessen wurden. Sie konnten einen Durchmesser von über 20 Zentimetern erreichen und zeigen damit, dass *Temnodontosaurus* ein ausgezeichneter visueller Jäger war, der es mit jedem anderen Tier in seinem Ökosystem aufnehmen konnte. Alleine schon die Existenz eines solchen Jägers zeigt, wie reich an Tieren die frühen jurassischen Meere gewesen sein müssen und wie schnell die Nahrungsketten nach dem Massensterben wieder an Komplexität zugenommen haben. Diese delfinähnlichen Ichthyosaurier werden für die gesamte Jurazeit ein absolut essenzieller und charakteristischer Bestandteil dieser urzeitlichen Meere sein. Ihre Genome werden also zweifelsohne dafür belohnt, dass sie Körper erschufen, die so perfekt an ein Leben im Wasser angepasst sind.

Doch es gibt noch eine zweite Gruppe von Meeresreptilien, die nicht den Folgen des apokalyptischen Vulkanismus zum Opfer gefallen sind, die Plesiosaurier. Diese Nachfahren der robbenähnlichen triassischen Nothosaurier sind wohl die charakteristischen Meeresreptilien, die wir alle mit dem Erdmittelalter (Mesozoikum) in Verbindung bringen. Vermutlich überlebten auch hier nur einige wenige Arten das katastrophale Massensterben am Ende der Trias. Doch ähnlich wie die fischartigen Ichthyosaurier sollten sie eine glorreiche Zukunft vor sich haben. Ihre Genome formten sie mithilfe des kontinuierlichen Drucks der natürlichen Selektion zu den wahrscheinlich erfolgreichsten marinen Organismen dieser gesamten Ära der Erdgeschichte. Die ersten Überlebenden waren vermutlich noch relativ kleine Arten mit einem leicht verlängerten Hals und vier flossenähnlichen Gliedmaßen, die ihnen nahezu perfekte Manövrierfähigkeiten verliehen. Diese Art der Fortbewegung im Wasser war und ist in der Geschichte des Lebens einzigartig. Sie konnten alle vier Flossen unabhängig voneinander bewegen, wodurch sie nicht nur zu schnellen Wendemanövern befähigt waren, sondern wohl auch eher durch das Wasser flogen als tatsächlich zu schwimmen.

Die freien ökologischen Nischen der frühen und auch mittleren Jurazeit, zusammen mit ihren dynamischen Genomen, formten und verformten diese Tiere zu einer unglaublichen Vielzahl an Arten und Erscheinungsformen. Die noch recht homogene Masse an frühen Plesiosauriern sollte sich in den Meeren des frühen Jura in zwei große Lager aufteilen, die sich zwar recht ähnlich waren, aber sich morphologisch doch erheblich unterschieden. Diese zwei Morphotypen bezeichnet man heute als plesiosauromorph und pliosauromorph. Die plesiosauromorphen Plesiosaurier besaßen allesamt einen extrem verlängerten Hals, der auch ihr auffälligstes Merkmal werden sollte, und einen sehr kleinen Kopf voller nagelspitzer Zähne. Der große Körper blieb weitestgehend unverändert mit seinen vier muskulösen Flossen und dem relativ kurzen, kräftig gebauten Schwanz. Die extrem verlängerte Halswirbelsäule konnte bei manchen Arten bis zu 72 Wirbel enthalten und verlieh diesen Tieren einen enormen Bewegungsspielraum. Es ist eine faszinierende Vorstellung, wie diese urzeitlichen Riesenreptilien, mit ihren surreal wirkenden Hälsen und ihren vier paddelartigen Flossen, durch die fisch- und ammonitenreichen Flachmeere des Mesozoikums schwammen. Der Grund für diese in der Evolution einmalig entstandene, exzentrische Erscheinungsform dieser Meeresreptilien lag wohl in ihrer Jagdtaktik. Schließlich war es ihnen dank der langen Hälse in Kombination mit den kleinen Köpfen möglich, sich großen Fischschwärmen zu nähern, ohne dass diese ihren riesigen, tonnenförmigen Körper wahrnehmen konnten und so auch nicht die Gefahr, die sich bereits mitten unter ihnen befand.

Der zweite Morphotyp besteht aus den pliosauromorphen Plesiosauriern. Diese Tiere behielten ebenfalls den massigen Körperbau mit seinen vier Flossen bei, entwickelten aber sehr kurze, muskulöse Hälse mit einem sehr großen Schädel samt riesigem Maul. Diese Tiere stellten die absoluten Spitzenprädatoren in den jurassischen Meeren und konnten Größen erreichen, die für aktiv jagende Meerestiere bis dato unerreichbar waren. Schätzungen besagen eine Größe von bis zu 20 Metern für einige Arten, von denen allein vier Meter auf den massigen Schädel entfallen, der vor riesigen Zähnen nur so strotzte. In diesem urzeitlichen Rüstungswettlauf konnten nur jene Gene und Genome auf ihren Fortbestand hoffen, die stets noch größere und noch besser bewaffnete Überlebensmaschinen formten.

Auch wenn selbstverständlich nur die wenigsten Arten dieses Ausmaß erreichen konnten, so zeigt sich dennoch, wie erfolgreich und konkurrenzfähig dieser Körperbauplan gewesen ist, denn es gab diese Pliosaurier in allen erdenklichen Größen und damit auch in unzähligen ökologischen Nischen. Kein Tier in den jurassischen Meeren war vor diesen grimmigen Jägern sicher, egal wie groß oder klein sie auch waren. Unter diesen Tieren finden wir vermutlich die größten, fleischfressenden Kiefer der Erdgeschichte. Allein schon die Existenz solcher Giganten sagt uns einiges über die Artenvielfalt in den Meeren des Jura. Schließlich können sich solche Räuber nur in Gewässern entwickeln, die auch genug Nahrung und potenzielle Beutetiere beherbergen. Das war in den warmen Meeren jener Zeit ohne Frage der Fall. Zu den potenziellen Beutetieren dieser riesenhaften Jäger zählten andere Meeresreptilien wie Ichthyosaurier, plesiosauromorphe Plesiosaurier oder andere pliosauromorphe Plesiosaurier, doch es gab auch Fische, die wohl auf ihrer Speisekarte standen. Denn zu jener Zeit schwammen auch die größten bekannten Fische der Erdgeschichte durch die Meere, wie zum Beispiel *Leedsichthys*. Ein Fisch, der auf eine Länge von bis zu 30 Metern geschätzt wird und sein riesiges Maul dazu nutzte, Plankton aus dem Wasser zu filtrieren, ähnlich den heutigen Walen. Nur einmal zum Vergleich, der größte heute lebende Fisch ist der Walhai, mit einer Maximallänge von 13,7 Metern. Die Jurazeit war also nicht nur an Land die Zeit der Giganten, sondern auch in den Meeren.

Die Meere dieser Periode der Erdgeschichte müssen ein unglaublicher Anblick gewesen sein, voller riesenhafter Meeresreptilien, die mit ihren vier Flossen elegant durch das blaue Wasser schweben oder wie heutige Delfine flink und fischartig auf die Jagd gehen. Ein Meer voller

Fische in allen Größenordnungen, das aber auch die Heimat ist von urzeitlichen Kopffüßern, wie den Ammoniten, die mit ihren gepanzerten Gehäusen durch die Wassersäule schweben wie tentakelbewehrte Ballons. In dieser Zeit ging die Evolution zweifelsohne an ihre Grenzen, es war ein Zeitalter der Extreme im Wasser wie auch an Land.

Das Zeitalter der Dinosaurier

Hier an Land erhoben sich die Dinosaurier schlussendlich aus dem Schatten ihrer triassischen Konkurrenten. Schließlich führten der Vulkanismus, der durch das Auseinanderbrechen Pangäas entstand, und die dadurch bedingten klimatischen Verwerfungen zum Aussterben ihrer größten Mitbewerber um den Thron der Weltherrschaft. Warum genau die Dinosaurier die zerstörerische Kraft dieser geologischen Phänomene überstanden, ist noch nicht abschließend geklärt. Waren es ihre effizienten Atmungsorgane, ihre Endothermie, ihr aufrechter Gang, ihr Sozialverhalten oder eine Mischung aus all diesen Faktoren? Wir wissen es nicht abschließend, doch Fakt ist: Sie überlebten nicht nur, sie gediehen sogar.

Schon kurz nach dem desaströsen Übergang von der Trias zur Jurazeit wurden die Dinosaurier immer größer und dominanter, sie waren urplötzlich auf der gesamten damaligen Welt die erfolgreichsten und häufigsten Tiere. Das zeigt sich vor allem, wenn man einen Blick wirft auf die Spitzenprädatoren der damaligen Zeit, diese waren scheinbar über Nacht große theropode Dinosaurier. Auf einmal waren sie, die erfolgversprechenden Underdogs der Trias, die Beherrscher der Ökosysteme. Schon in der frühesten Jurazeit wurden diese Theropoden größer als während der gesamten Trias. Es ist als hätten sie nur darauf gewartet, endlich die Rolle der Herrscher einzunehmen. Durch das Gebiet des neuentstandenen Nordkontinents Laurasia streifte beispielsweise *Dilophosaurus*, ein bis zu sieben Meter langer, leichtgebauter Räuber, dessen auffälligstes Merkmal zwei knöcherne Kämme auf seinem Kopf waren. Sie dienten vermutlich seinem Sozialverhalten und konnten mithilfe der Durchblutung auffällige Farben annehmen. Seine bevorzugte Beute waren wohl kleinere Dinosaurier, wie der gepanzerte *Scutellosaurus* oder *Scelidosaurus*. Diese kleinen mit Panzerplatten ausgestatteten Vogelbeckendinosaurier sollten der evolutionäre Ursprung für die schwergepanzerten Riesen der späten Jurazeit und der Kreidezeit werden. Aus ihren Reihen werden sich aufgrund der konstanten Bejagung und des daraus resultierenden ökologischen Druckes später der mächtige *Stegosaurus* oder der unangreifbare *Ankylosaurus* entwickeln. Doch in der frühen Jurazeit sind sie noch eine leichte Beute für Fleischfresser wie den *Dilophosaurus*.

In einem anderen Teil von Laurasia, dem heutigen Europa, lebte sogar ein noch größerer Theropode, sein Name ist *Saltriovenator*, und er konnte sogar bis zu acht Meter lang werden. Dieser Räuber war ohne Zweifel der Spitzenprädator seines Ökosystems und erreichte schon fast die Ausmaße des größten bekannten Pseudosuchiers der späten Trias. Was nur noch einmal verdeutlicht, mit welcher evolutionären Wucht die Dinosaurier die neue Welt erobert haben. All ihre Eigenschaften, die ihnen das Überleben während der Trias im Schatten der Pseudosuchier sicherten, verhalfen ihnen nun dabei, die Welt des Jura regelrecht zu überrennen. Doch auch auf dem Südkontinent Gondwana lebten bereits große Fleischfresser. Ein schönes Beispiel ist *Cryolophosaurus*, dessen Überreste in der heutigen Antarktis gefunden wurden. Zu dieser Zeit sah die Antarktis allerdings noch gänzlich anders aus, als sie sich heute präsentiert. Sie war noch ein Teil des südlichen Riesenkontinents Gondwana und lag wesentlich weiter nördlich, als das heute der Fall ist. Dementsprechend war auch das Klima sehr viel gemäßigter und es erstreckten sich große Wälder, die vielen pflanzenfressenden Dinosauriern eine Heimat boten. *Cryolophosaurus* wurde ebenfalls bis zu acht Meter lang und besaß neben seiner Größe noch eine weitere Besonderheit, auch er hatte einen geschwungenen Knochenkamm in der Mitte seines Schädels. Dieser war vermutlich auch auffällig gefärbt und ein essenzieller Bestandteil vom sozialen Repertoire dieser außergewöhnlichen Tiere.

Das diese drei mit Zähnen und Klauen ausgestatteten großen Raubtiere bereits so früh in der Jurazeit existierten, gibt uns zwei wichtige Informationen: Zum einem verdeutlicht es die evolutionäre Perfektion im Körperbauplan der Dinosaurier. Dass diese Tiere nur wenige 100 000 Jahre nach dem großen Massenaussterben eine solche Größe annehmen konnten, zeigt bereits sehr früh, wo die Reise noch hingehen wird. Und zweitens wissen wir durch die Existenz dieser Tiere, die an der Spitze ihrer Nahrungskette stehen, dass die Ökosysteme dieser Zeit bereits wieder sehr stabil gewesen sein müssen und auch große Pflanzenfresser beherbergt haben. Denn ohne ausreichend Nahrung können sich solche imposanten Geschöpfe nicht entwickeln.

Auch bei den Pflanzenfressern zeigt sich, dass die Evolution dieser Katastrophe, die noch so kurz zurückliegt, einiges abgewinnen konnte. Vor allem die Sauropoden gediehen während der Jurazeit prächtig. Diese gigantischen, auf vier Beinen laufenden Dinosaurier besitzen auch wegen ihrer langen Hälse nicht ohne Grund den wohl charakteristischsten Körperbau aller Dinosaurier überhaupt. Ihr Erscheinungsbild prägt unsere Vorstellung von dem Zeitalter der Dinosaurier mehr als jedes andere und gleichzeitig bringt uns ihre schiere Größe auch an den Rand unserer eigenen Vorstellungskraft. Im Laufe der Jurazeit wurden diese beeindruckenden Tiere immer größer und größer, bis sie schließlich die Grenze des biologisch Machbaren erreicht zu haben scheinen.

Wir haben während unseres Ausflugs in die späte Trias bereits die Ausmaße einiger großer Prosauropoden wie *Lessemsaurus* kennengelernt, in der frühen Jurazeit waren die ersten echten Sauropoden noch recht ähnlich gebaut. Die Bezeichnung „echte Sauropoden" wird hier aus rein systematischen Gründen genutzt – selbstverständlich in dem Bewusstsein der Tatsache, dass die Evolution zu jedem Zeitpunkt ein lückenloser, fließender Verlauf ist (Fluss), bei dem sich bestimmte Arten stets weiterentwickeln und so schließlich neue Arten hervorbringen. Unsere Art der Systematik erschafft künstliche Lücken in diesem Prozess, in dem sie Dämme baut und damit die Vorfahren von ihren Nachfahren trennt. Das ist in diesem speziellen Fall natürlich nicht anders, schließlich hat nie ein „Prosauropode" einen „echten Sauropoden" geboren. Vielmehr hat sich die Entwicklung jener Merkmale, die wir als sauropodentypisch bezeichnen würden, über viele tausende Generationen hingezogen. Es ist schlicht unsere Unkenntnis über die Einzelheiten dieser Prozesse, die uns dazu verleiten, diese künstlichen Grenzen zu ziehen. Unsere Art der biologischen Systematik ist also im besten Fall eine Annäherung an die tatsächlichen Abläufe der Evolution, doch sie ist auch zu jedem Zeitpunkt ein Spiegel unserer Unwissenheit.

Wie dem auch sei, die Sauropoden entwickelten sich während des Jura zu den größten Landtieren, die unsere Erde jemals gesehen hat. Schätzungen besagen, dass einige Arten bis zu 50 Meter Länge erreichen konnten und ein Gewicht von unglaublichen 70 oder 80 Tonnen auf die Waage brachten. Doch wie genau war es diesen Tieren nur möglich, diese fast unvorstellbaren Dimensionen zu erreichen, neben denen das größte heute lebende Landtier, der afrikanische Elefant, wie ein kleiner Dackel aussieht? Diese Frage wird man wohl nie vollends verstehen, jedoch können wir einige wichtige Faktoren für den Gigantismus der sauropoden Dinosaurier zweifelsohne benennen. Der erste liegt direkt in ihrem ureigenen Körperbauplan selbst verborgen.

Wenn man einen beliebigen Menschen nach dem hervorstechendsten Merkmal dieser einzigartigen Tiere fragt, wird vermutlich jeder die gleiche Antwort geben: der lange Hals. Dieser Hals, der bei manchen Arten bis zu 15 Meter lang werden konnte, ist tatsächlich nicht nur sehr auffällig, er ist auch ein essenzieller Teil des evolutiven Erfolgsrezepts dieser Tiere. Denn er ermöglichte ihnen, Nahrungsquellen zu erschließen, die allen anderen Tieren verborgen waren. Sie konnten damit bis in die höchsten Baumwipfel vordringen und all das unantastbare Grün konkurrenzlos für sich beanspruchen. Und nicht nur das: Von vielen Sauropoden weiß man, dass sie ihre Hälse nicht weit über ihre Schultern heben konnten, und trotzdem hatten sie unfassbar lange Hälse. Doch warum, wenn sie sie aus physiologischen Gründen doch nicht weit erheben konnten? Die Antwort liegt in der Energieeffizienz der Beschaffung selbst, denn dank dieser Hälse konnten sie in einem geradezu riesigen Radius Blätter und Nadeln abernten, ohne dabei ihre riesigen Körper bewegen zu müssen.

Doch die Länge des Halses war nicht der alleinige Grund für den Gigantismus dieser Tiere, auch der charakteristische sehr kleine Schädel trug sein Teil dazu bei. Denn ein so langer Hals kann nur einen sehr kleinen Schädel tragen, das wiederum bedeutet, dass der Schädel auch kaum Muskeln oder große Knochen enthalten kann und damit keinerlei Beitrag zum Zerkleinern der aufgenommenen Nahrung leisten kann. Der zierliche Kopf dieser Tiere diente tatsächlich nur zum „Ernten" der Nahrung, die komplette Verdauungsarbeit musste der riesige Magen-Darm-Trakt alleine leisten. Daher waren diese gigantischen Tiere auch den Großteil ihrer Lebenszeit mit fressen beschäftigt, um genügend Brennmaterial für die Unterhaltung der massigen Körper zu bekommen.

Ihre Körper jedoch hielten noch weit mehr Besonderheiten bereit. So waren ihre Knochen, genauso wie die vieler anderer Dinosaurier, pneumatisiert. Das bedeutet, sie verfügten über ein Luftsacksystem, wie auch die heutigen Vögel, was zum einen für eine extrem effiziente Atmung sorgte, bei der so viel Sauerstoff wie möglich aus der eingeatmeten Luft aufgenommen werden kann. Und zweitens wurde durch diese Luftsäcke auch das Gewicht der Knochen selbst stark reduziert, was ein weiterer essenzieller Faktor für die schier unglaubliche Größe mancher Sauropoden darstellte. Besonders stark waren vor allem die Halswirbel pneumatisiert, wodurch der Hals nicht nur sehr lang werden konnte, sondern auch verhältnismäßig leicht war.

Die Kombination dieser evolutiven Eigenschaften, nebst vermutlich vielen anderen, führte schließlich dazu, dass die Sauropoden nicht nur zu den größten Tieren der Erdgeschichte heranwuchsen, sondern auch zu den vielfältigsten Pflanzenfressern der gesamten Jurazeit wurden. Gerade im späten Jura durchstreiften unzählige Arten die tropisch warmen Landschaften Laurasias und Gondwanas. Riesige Herden dieser tonnenschweren Tiere ließen den Boden unter ihren Füßen erbeben und gestalteten ihre urzeitlichen Landschaften maßgeblich mit, indem sie Wälder rodeten und so gleichzeitig Platz schufen für ausgedehnte flache Farnsteppen.

Tatsächlich waren die Sauropoden weltweit verbreitet und ähnelten sich auch sehr stark, da die Bruchstücke Pangäas nach wie vor nahe beisammen waren und die flachen Meeresabschnitte zwischen den noch jungen Kontinenten immer wieder durch Landbrücken miteinander verbunden waren. Viele Ökosysteme beherbergten unzählige Arten von großen Sauropoden, die jedoch nur aufgrund ihrer starken Spezialisierung nebeneinander existieren konnten, da sie alle für den Verzehr unterschiedlicher Pflanzen prädestiniert waren. Beispielsweise der riesige aufrecht gehende *Brachiosaurus* erntete vorzugsweise die Baumkronen auf einer Höhe von 13 Metern ab, während der weit mehr filigran gebaute *Diplodocus* am liebsten bodennahe Farne aberntete und der mittelgroße *Camarasaurus* mit seinen 18 Metern Länge Pflanzen auf einer Höhe von 5 bis 6 Metern von ihren Nadeln und Blättern befreite. Diese starke Nischenbildung unter den Sauropoden war auch einer der Hauptgründe für ihren weltweiten Erfolg. Ohne Frage haben die Gene und Genome bei der Konstruktion dieser Lebewesen ganze Arbeit geleistet und sie wurden für ihre Arbeit auch reichlich belohnt, denn der Erfolg dieser Tiere spricht für sich und lässt uns heute noch vor Ehrfrucht erzittern – genauso wie die Böden der Jurazeit.

Gefiederte Raubtiere

Doch nicht nur die Pflanzenfresser wurden im Laufe des Jura immer gewaltiger, auch die fleischfressenden Theropoden konnten bei diesem evolutiven Wettrennen stets mithalten.

Schließlich waren auch ihre Knochen, dank des Luftsacksystems, in Leichtbauweise konzipiert. Dieses Atmungssystem haben sie noch von ihrem gemeinsamen Vorfahren mit den pflanzenfressenden Sauropoden vererbt bekommen. Die größten unter ihnen waren zum Beispiel *Saurophaganax*, mit einer Länge von bis zu 13 Metern, *Torvosaurus* mit bis zu 10 Metern oder *Ceratosaurus*, der ebenfalls über 8 Meter lang werden konnte. Doch der wohl bekannteste Theropode des gesamten Jura ist zweifelsohne auch der am weitesten verbreitete unter ihnen im westlichen Laurasia, seinen Namen kennt wahrscheinlich ein jeder von uns, *Allosaurus*. Dieser grazile Jäger konnte zwischen 9,5 und 12 Meter lang werden und verrät uns durch seine sehr zahlreich gefundenen Fossilien einiges über die Zeit des späten Jura.

Auf seiner Speisekarte standen sowohl große, stark bewaffnete Vogelbeckendinosaurier wie beispielsweise *Stegosaurus*, mit seinen großen Knochenplatten auf dem Rücken, als auch kleinere flinke Dinosaurier. Er war sogar in der Lage, sich mit großen Sauropoden zu messen, die er wahrscheinlich im Rudel zur Strecke bringen konnte. Gerade für die Jagd nach diesen riesigen Pflanzenfressern eignete er sich eine ganz besondere Taktik an. Er verwendete sein weit aufgerissenes, mit messerscharfen Zähnen ausgestattetes Maul wie eine Art Beil, das er in die Körper seiner Opfer schlug. Denn tatsächlich hatte er für ein Raubtier seiner Größe eine relativ schwache Beißkraft von schätzungsweise 8700 Newton (zum Vergleich: ein heutiger Löwe kommt auf eine Beißkraft von gerade einmal 1700 Newton), während sein Schädel aber eine Kraft von bis zu 55 000 Newton aushalten konnte. Diese Kombination aus einer weniger stark ausgeprägten Beißmuskulatur, einer flexiblen Schädelkonstruktionsweise, die ein weites Öffnen des Mauls ermöglichte, und einer extrem starken Nackenmuskulatur, zeichnet ein sehr detailliertes Bild vom Jagdverhalten dieses Tieres.

Alle diese großen Theropoden, wie *Allosaurus*, *Saurophaganax* oder *Torvosaurus*, waren aktive, schnelle Jäger, die mit einer Mischung aus Schnelligkeit und unvorstellbarer Körperkraft ihre Opfer zur Strecke bringen konnten. Diese unfassbar großen Raubtiere waren mit langen Krallen an ihren Gliedmaßen und scharfen Zähnen regelrecht hochgerüstet und zeigen uns auf faszinierende Weise, welch schlagkräftige Waffen sich in der Waffenkammer der Evolution verstecken. Da ist es kein Wunder, das es neben diesen dominanten Dinosauriern keinerlei Platz für andere Tiere auf der umkämpften Bühne des Lebens gab.

All diese großen Raubtiere vereint noch mehr als ein Arsenal an scharfen Zähnen und langen Krallen, und zwar ein Merkmal, über das sich vielleicht viele noch wundern werden, Federn. Heute wissen wir, dass Federn ein mehr oder weniger allgemeines Merkmal der Theropoden sind und zwar von den kleinsten bis hin zu den größten von ihnen. Große Raubtiere mit weit mehr als einer Tonne Gewicht, wie *Allosaurus* oder *Saurophaganax*, nutzten ihr Federkleid vermutlich nicht mehr zur Wärmeisolation, sondern vielmehr als Teil ihres Sozialverhaltens. Auffällig gefärbte Federn können sowohl Sexualpartner anziehen, Konkurrenten imponieren oder Beutetiere verwirren und selbstverständlich den Nachwuchs in seinen Eiern warmhalten.

Eine Sache ist für ein echtes Verständnis der Dinosaurier und ihres Verhaltens von essenzieller Bedeutung, man sollte die Parallelen nicht bei heutigen Reptilien suchen, sondern (was evolutionär nur logisch ist) bei ihren heute noch zahlreich lebenden Nachfahren, den Vögeln. Denn auch Vögel, die sekundär ihre Flugfähigkeit verloren haben, nutzen ihr Federkleid nach wie vor für ihr hochsoziales Verhaltensrepertoire und genau das taten auch ihre Vorfahren, die zu ihrer Zeit allgegenwärtigen Dinosaurier.

Das Wort allgegenwärtig ist hier auch buchstäblich zu verstehen, denn die Dinosaurier waren keinesfalls allesamt riesenhafte Pflanzen- oder Fleischfresser, die sich nur in diesen ökologischen Nischen wohlfühlten. Nein, sie beanspruchten nahezu alle für sich: Von gigantischen Sauropoden bis hin zu winzigen Insektenfressern, die weniger als ein Kilogramm wogen, war alles vertreten. An dieser Stelle ist es auch noch einmal wichtig zu betonen, dass niemals in der Geschichte des komplexen Lebens, weder vor noch nach den Dinosauriern, eine phylogenetisch so kleine Gruppe von Tieren eine dermaßen dominante Rolle einnehmen sollte und das auch noch für einen Zeitraum von über 170 Millionen Jahren.

Die Omnipräsenz von Federn unter den theropoden Dinosauriern zeigen uns vor allem Fossilien aus dem heutigen China, genauer gesagt aus der nördlichen Provinz Liaoning. Das Problem mit Federn besteht vor allem darin, dass sie nur sehr schlecht fossil überliefert werden. Anders als harte Knochen überstehen diese Weichteile nur sehr selten lang genug, um einen fossilen steinernen Abdruck zu hinterlassen. Doch in dieser Gegend im heutigen Asien ist das anders. Zur Zeit der Dinosaurier erstreckte sich hier eine ausgedehnte Flusslandschaft, die von üppigen Wäldern umgeben war. Hin und wieder wurde dieses Paradies von heftigen Vulkanausbrüchen erschüttert und diese vulkanische Aktivität ist der Schlüssel zu unserem heutigen Verständnis der gefiederten Dinosaurier.

Denn in dem feinkörnigen Gestein aus dieser Region wurden selbst weiche Körperteile ihrer ehemaligen Bewohner detailliert erhalten, darunter auch die Federn von unzähligen Dinosauriern. Nahezu jeder Theropode, der hier gefunden wurde, besitzt ein mehr oder weniger auffälliges Federkleid, vom winzigen Insektenfresser bis hin zu *Yutyrannus*, einem neun Meter langen räuberischen Vorfahren vom *Tyrannosaurus rex*. Der Fakt, dass so viele unterschiedliche Dinosaurier, die in dieser einzigartigen Region gefunden wurden, ein Federkleid trugen, ist dank der phylogenetischen Umklammerung ein klares Indiz dafür, dass es sich wohl um ein typisches Merkmal vieler Dinosaurier handelte. Wenn Tiere, die zum Teil so weitläufig miteinander verwandt sind wie *Yutyrannus* (Theropode und Echsenbeckendinosaurier) und *Psittacosaurus* (Vogelbeckendinosaurier) über Merkmale verfügen, die sich strukturell so stark ähneln, deutet es klar daraufhin, dass es sich hier um ein gemeinsam ererbtes Merkmal eines gemeinsamen Vorfahren handelt. Und wenn wir von *Tyrannosaurus rex* oder *Allosaurus fragilis* auch keine fossil erhaltenen Federn gefunden haben, liegt das mit Sicherheit nicht daran, dass sie keine besaßen, sondern dass sie lediglich nicht erhalten wurden.

Viele der Federn, die in Liaoning gefunden wurden, sind sogar so gut erhalten, dass wir heute dazu in der Lage sind, die ursprüngliche Färbung der Federn rekonstruieren zu können. Da die Farbpigmente (Melanosome, die auch heutigen Vogelfedern noch ihre Farbe verleihen) nach wie vor ersichtlich sind, kann man an Hand ihrer Form und Größe die Farbe naturgetreu nachempfinden. Vor allem in einem Entwicklungszweig der theropoden Dinosaurier häufen sich die Erkenntnisse, und zwar in jenem, der zu den uns heute bekannten Vögeln führen soll. Der erste Dinosaurier, von dem man die gesamte Körperfärbung rekonstruieren konnte, heißt *Anchiornis*. Er war weitestgehend grau gefärbt, jedoch mit auffällig schwarz und weiß gebänderten Mustern an seinen Konturfedern, an Armen und Beinen und einem rötlich braunen Irokesen-Schopf auf seinem Schädel.

Während der Jurazeit passten sich auch einige kleine fleischfressende Dinosaurier an ein Leben in den Bäumen an, um hier auf die Suche nach schmackhaften Insektenlarven zu gehen. Diese kleinen flinken Tiere nutzten bereits ihr ererbtes Federkleid, um ihre kleinen Körper warm zu halten und um während der Paarungszeit die bestmöglichen Sexualpartner von sich zu überzeugen. Doch ihre ursprünglichen Protofedern waren noch keineswegs für das Fliegen ausgelegt. Aus den primitivsten Formen, die nur aus einem hohlen Filament bestanden, wurden im Laufe der Evolution immer komplexere Strukturen. Diese wurden nicht nur immer farbenprächtiger, sondern auch die interne Struktur wurde immer aufwendiger, bis schließlich sogar echte Konturfeder entstanden, die dank unzähliger kleiner Häkchen immer stabiler wurden und sogar genügend Luftwiderstand boten um fliegen oder zumindest gleiten zu können. Vor allem kleine Theropoden wie *Microraptor* ließen die Herzen vieler Wissenschaftler höher schlagen.

Dieser vierflügelige Dinosaurier war dank der langen Federn an seinen Vorder- und Hinterbeinen dazu in der Lage von Ast zu Ast zu gleiten, ähnlich wie heutige Riesengleiter auf den Philippinen. Dank der unzähligen einzigartigen Fossilen aus Liaoning können wir zumindest erahnen, wie sich aus kleinen theropoden Dinosauriern die ersten Vögel entwickelten. Auch wenn es definitiv keine gerade Trennlinie gibt zwischen Vogel- und Nicht-Vogel-Dinosauriern. Doch eines können wir zweifelsfrei sagen und zwar, dass die Wälder des späten Jura übervoll waren an kleinen, buntgefärbten vogelähnlichen Theropoden, die sich dank ihrer komplexen Federn von Baum zu Baum bewegen konnten, ohne dabei den Boden zu berühren, der von gefährlichen Räubern nur so wimmelte.

Viren und die ersten echten Säugetiere

Der evolutionäre Druck, den diese Dinosaurier auf alle anderen lebenden Tiergruppen ausübten, ist wohl kaum zu überschätzen und gerade auf unsere Säugetiervorfahren hallt das Echo dieses Druckes noch heute nach. Auch wenn unsere eigenen Vorfahren es schon in der Trias nicht leicht hatten, sich zu behaupten, so war es während des Jura noch um einiges schwieriger. Die Dinosaurier dominierten dank ihrer Vielgestaltigkeit jede noch so kleine ökologische Nische und waren damit eine stete Gefahr für unsere nach wie vor eierlegenden Säugetiervorfahren, die sich ohnehin nur im Schutze der Dämmerung und der Nacht halbwegs frei bewegen konnten. Doch auch wenn jene Lebewesen, die sich in unserem evolutionären Flussarm aufhalten, nach wie vor sehr unscheinbare Geschöpfe waren, die nur selten größer wurden als eine Ratte, so spielten sich in ihren Genomen wahre Dramen ab. Irgendwann während des späten Jura entwickelte sich in unserem Entwicklungszweig ein komplett neues Organ, das für uns Säugetiere so charakteristisch ist wie kein zweites, die Plazenta. Dieses faszinierende Organ wird vom sich entwickelnden Embryo selbst gebildet und hat zwei primäre Funktionen: Es dient der Versorgung des sich entwickelnden Nachwuchses mit Sauerstoff sowie den erforderlichen Nährstoffen und ist gleichzeitig ein Entsorgungsorgan für anfallende Stoffwechselprodukte und CO_2.

Es hat allerdings noch eine weitere überaus wichtige Funktion und zwar schützt sie den Embryo vor dem stets wachsamen Immunsystem der Mutter. Schließlich besitzt ein jeder von uns jedes Chromosom in doppelter Ausführung, einmal von unserem Vater und einmal von unserer Mutter. Eben diese väterlichen Gene sind eine große Gefahr für ein Kind, das sich im Körper der Mutter entwickeln muss. Schließlich ist ein jedes Immunsystem darauf spezialisiert, körperfremde Moleküle schnellstmöglich abzustoßen. Doch wie schafft die Plazenta es, den Körper der Mutter so gekonnt zu überlisten?

Die Antwort auf diese Frage lässt sich nur mit einer ganz bestimmten Gruppe von Untermietern in unseren Genomen beantworten: Viren. Sie können nicht nur Krankheiten auslösen, sondern auch evolutionäre Innovationen maßgeblich beeinflussen. Tatsächlich verdanken wir die Existenz unserer Plazenta einer längst vergangenen Virusinfektion. Diese absolut essenzielle Kontaktfläche zwischen Embryo und Mutter, der Syncytiotrophoblast, kann nur dank der Funktion eines viralen Gens überhaupt gebildet werden. Ursprünglich nutzte das entsprechende Virus eben dieses Gen, um mit seiner Wirtszelle zu verschmelzen, damit es sein Genom in das Wirtsgenom einbauen konnte. Bei der Bildung der Plazenta wurde dieses Gen vom Körper des Embryos verwendet, um die Zellen des sich entwickelnden Syncytiotrophoblasten zu einer riesigen vielkernigen Zelle zu fusionieren. Diese einmalige Zellschicht dient als intime Kontaktfläche zwischen Mutter und Kind und erlaubt einen immensen Transport von Nährstoffen und den gleichzeitigen Abtransport von giftigen Stoffwechselnebenprodukten.

Der Fakt, dass wir Plazentatiere (einschließlich uns Menschen) heute allesamt dieses virale Protein für uns nutzen können, hat seinen Ursprung in einem riesigen evolutionären Zufall. Hätte jenes unbekannte Virus vor knapp 160 Millionen Jahren irgendeine x-beliebige Körperzelle befallen und sich in das betreffende Genom eingebaut, würden wir heute allesamt nicht existieren – genauso wenig wie Wale, Löwen, Elefanten, Schimpansen oder Mäuse. Das evolutionäre Potenzial dieses Proteins wurde erst freigesetzt durch die Infektion einer Keimbahnzelle, eines Spermiums oder einer Eizelle. Nach der Infektion mit dem betreffenden Virus kam es zu einem weiteren großen Zufall. Die infizierte Ei- oder Samenzelle hatte das Glück, mit einer anderen Keimbahnzelle zu verschmelzen und so ein neues Individuum entstehen zu lassen, das in jeder seiner Zellen den betreffenden Virus enthielt. Der Rest war evolutionäres Poker.

Dank dieser Infektion und dank der zufällig erfolgten Nutzung dieser viralen Proteine war es unseren Vorfahren schließlich möglich, das Eierlegen hinter sich zu lassen und lebende Junge zur Welt zu bringen. Allerdings haben wir Säugetiere die Geburt lebender Junge nicht nur einer viralen Infektion zu verdanken. Sie stellt nur den genetischen Mechanismus dar, durch den diese Innovation umgesetzt wurde. Es muss allerdings auch ein evolutionärer Druck vorhanden sein, um die dafür notwendigen Kosten erstrebenswert zu machen. Der Grund, warum sich die Geburt lebender Junge evolutionär gelohnt hat, war die ständige Gefahr durch die allgegenwärtigen Dinosaurier. Wenn man seine Jungen im eigenen Körper bei sich trägt, kann auch kein Nest geplündert werden und man kann schneller vor etwaigen Gefahren fliehen.

Dieser ökologische Druck, den die Dinosaurier auf unsere Vorfahren ausübten, war so immens, dass sich die Entwicklung einer Plazenta mit all ihren Kosten durchaus gelohnt hat. Jedes Mal, wenn wir heute eine schwangere Frau sehen, die ihr Kind im eigenen Körper trägt, sollten wir also auch gleichzeitig an jene Tiere denken, die diese Entwicklung erst ermöglichten, die Dinosaurier.

Trotz all den herzerwärmenden Bildern von stillenden und schwangeren Müttern sollte man eins nicht vergessen, die Entwicklung eines Kindes im Körper der Mutter ist biologisch vor allem eines, ein Kampf. Ein Kampf um Ressourcen und ein Kampf um die Vorherrschaft im eigenen Körper. Denn ein sich entwickelnder Fötus versucht mit allen Mitteln, so viele lebensnotwendige Ressourcen für sich zu ergattern, wie nur möglich und schreckt dabei auch vor Manipulationen nicht zurück. Dank der Durchlässigkeit der Plazenta kann der sich entwickelnde Nachwuchs stetig Hormone in den Blutkreislauf der Mutter einbringen, um sie und ihren Körper zu den eigenen Gunsten zu manipulieren. Um nur mal ein paar Beispiele zu nennen, produziert der Embryo Hormone, die sowohl den Blutzuckerspiegel als auch den Blutdruck der Mutter erhöhen, nur um die eigene Nährstoffversorgung zu steigern. Außerdem überflutet der sich entwickelnde Nachwuchs die Mutter mit Hormonen, die ihr Gehirn dazu veranlassen, die Produktion von Cortisol drastisch zu erhöhen, wodurch das Immunsystem der Mutter in Teilen lahmgelegt werden soll. Die Mutter versucht im Gegenzug, die Einflussnahme des Embryos so gering wie möglich zu halten, um auch noch Reserven für sich selbst und etwaige spätere Kinder zu behalten. Doch wo liegt der Ursprung für diese konkurrierenden Manöver auf beiden Seiten?

Der Grund hierfür ist auch gleichzeitig ein weiterer Beweis dafür, dass die Genselektionstheorie korrekt ist, die besagt, dass die Gene selbst den kleinsten selektierbaren Faktor für die Evolution selbst darstellen. Warum das so ist, erfahren wir gleich. Damit liegt der Grund für die beidseitigen Manipulationsversuche bei den gegensätzlichen „Interessen" der väterlichen und der mütterlichen Gene. Schließlich können die Gene des Vaters eines sich im Mutterleib entwickelnden Kindes nicht wissen, ob sie auch in der nächsten Schwangerschaft noch vor Ort sein werden. Denn es ist natürlich sehr gut möglich, dass sich die Mutter beim nächsten Mal für ein anderes Männchen entscheidet. Daher lautet der evolutionäre Imperativ der väterlichen Gene: „Holt euch so viel es nur geht und denkt nicht an die, die noch kommen." Diese Gene der väterlichen Chromosomen werden also stets ein starkes Wachstum fördern und versuchen, den Körper der Mutter so gut es geht zu ihren Gunsten zu manipulieren. Das „Interesse" der mütterlichen Gene ist dagegen ein ganz anderes. Sie wird immer auch an die folgenden Schwangerschaften denken (da ihre Gene ohnehin mit beteiligt sein werden) und von daher stets versuchen, noch einige Reserven für sich zu behalten und ein ausuferndes Wachstum zu unterdrücken.

Damit entstand zusammen mit der Plazenta in der Säugetierlinie auch ein völlig neuer genetischer Mechanismus, der ein Ausdruck ist für die Eskalation eines schon lange schwelenden Konflikts zwischen den Geschlechtern. *Genomic imprinting* ist ein Prozess, durch den bestimmte Gene auf den väterlichen und den mütterlichen Chromosomen auf epigenetischer Basis unterschiedlich reguliert werden. So gibt es eine bestimmte Anzahl an Genen, die besonders während der Schwangerschaft und der Embryonalentwicklung von großer Bedeutung sind und die ausschließlich vom mütterlichen oder vom väterlichen Chromosom des Fötus abgelesen werden. Auch wenn es sich dabei faktisch um die gleichen Gene handelt, so sind sie doch durch epigenetische Mechanismen unterschiedlich modifiziert und entfalten so auch verschiedene Potenziale. Während väterliche Gene eher auf schnelles Wachstum eingestellt sind, versuchen die mütterlichen Gene stets dem entgegenzuwirken. Schließlich müssen die Gene des Vaters und damit auch die von ihnen entworfene Überlebensmaschine keinen weiter großen Beitrag leisten zur Versorgung des Kindes (denn die findet ja im Mutterleib statt). Daher liegt es natürlich auf der Hand, dass sie immer ihre eigenen Interessen und ihre eigene Fitness in den Vordergrund stellen und nicht die der Mutter.

Ich denke nun ist auch klar, warum die Entstehung dieses genetischen Mechanismus eine Bestätigung für die Genselektionstheorie darstellt. Wären tatsächlich einzelne Individuen die kleinste selektierbare Einheit des biologischen Lebens, würde der elterliche Konflikt deutlich geringer ausfallen und hätte keine messbaren, chromosomalen Unterschiede zur Folge, die auf die Abstammungslinie der jeweiligen Chromosomen zurückzuführen wären. Nach der Individualtheorie wäre der Vater mitsamt seinen Interessen nach dem Prozess der Befruchtung komplett außen vor und es wäre allerhöchstens noch ein Konflikt zwischen Mutter und Kind.

In diesem Fall gäbe es dann auch keine strikte Trennung zwischen den Genen des väterlichen und jenen des mütterlichen Chromosoms. Der Fakt, dass dieser Mechanismus gerade in der Entwicklungslinie der Säugetiere (Beuteltiere und Plazentatiere) entstanden ist, in einem fließenden Prozess, der parallel verläuft mit dem immer stärker werdenden Ungleichgewicht zwischen Vater und Mutter in Bezug auf die Investition in den Nachwuchs, spricht eine deutliche Sprache. Damit zeigt uns die Evolution noch einmal ganz genau, wer tatsächlich die Geschicke der belebten Welt bestimmt. Es sind eben nicht die individuellen Lebewesen selbst, egal ob rattengroßes Säugetier oder 12 Meter langer mit Zähnen und Klauen bewehrter Dinosaurier. Es sind jene Moleküle, die jedem Lebewesen gemein sind, die Gene. Sie erzeugen durch ihre gemeinschaftliche Regulation nicht nur die gesamte belebte Welt, sie steuern und kontrollieren sie auch nach ihren ureigenen Interessen und Wünschen.

Dieser faszinierende genetische Mechanismus, der den Geschlechterkonflikt sogar auf die genetische Ebene gebracht hat und zusammen mit der Plazenta entstanden ist, hat sich im Laufe seiner ungefähr 160 Millionen Jahre währenden Geschichte geschickt eingespielt. So sorgen in jedem Embryo ganz bestimmte Gene des Vaters für eine ausreichende Versorgung des Nachwuchses, während die Gene der Mutter auch ihre eigenen Interessen versuchen zu bewahren. Ein schönes Beispiel für einen Imprinting-Mechanismus ist die Regulation der Gene für den *Insulin-like growth factor 2* (*igf2*) und *H19*. Beide Gene befinden sich in doppelter Ausführung sowohl auf dem mütterlichen als auch auf dem väterlichen Chromosom. Allerdings wird das Gen *H19* ausschließlich vom Chromosom der Mutter aktiviert, während das Gen *igf2* von der väterlichen Seite gebildet wird. Dieses markante Regulationsmuster, das in nahezu allen Säugetieren gleich zu sein scheint, wird durch mindestens zwei uns bekannte Mechanismen gesteuert.

Zum einen existieren sogenannte *imprinting control regions* (ICR), die durch unterschiedliche Methylierungsmuster die Aktivität der jeweiligen Gene steuern. Das Gen *igf2* (Aktivität auf dem väterlichen Chromosom) besitzt zwei solche ICR's und beide sind väterlicherseits stark methyliert. Einer dieser Kontrollstellen ist ein Repressor, der die Aktivität des Gens blockiert. Dieser wird durch die Methylierung selbst blockiert und kann damit seine Funktion nicht mehr wahrnehmen. Die andere Kontrollstelle ist ein Aktivator, der durch die Methylierung selbst aktiviert wird. Daher wird *igf2* auf dem väterlichen Chromosom gleich doppelt aktiviert, während die gleichen ICR's auf dem mütterlichen Chromosom beide unmethyliert vorliegen. Das bedeutet, dass das Gen hier zum einen durch den Repressor blockiert wird und gleichzeitig nicht durch den Aktivator stimuliert werden kann.

Doch neben diesen ICR's gibt es noch einen zweiten Weg, durch den das Imprinting umgesetzt werden kann. Der Schlüssel ist hier ein Mechanismus, von dem wir bereits im ersten Teil dieses Buches gehört haben und zwar die CTCF-propagierte Untergliederung des Genoms in aktive und inaktive Bereiche. Durch die Bindung von CTCF an bestimmte DNS-Sequenzen kommen Gene entweder in eine gewisse räumliche Nähe zu aktivierenden Sequenzen oder aber sie werden gewissermaßen ruhiggestellt. Nun besitzt auch die *imprinting control region* des *H19* Gens eine Bindestelle für CTCF, die nur im unmethylierten Zustand (auf dem mütterlichen Chromosom) gebunden werden kann. Durch diese Bindung von CTCF an die ICR vom *H19*-Gen wird der Zugang des benachbarten *igf2*-Gens zu seinem Aktivator noch einmal blockiert. Es findet also gewissermaßen eine doppelte Aktivierung des *igf2*-Gens auf dem väterlichen Chromosom statt und gleichzeitig eine Blockade des gleichen Gens auf dem mütterlichen Chromosom, während hier das H19-Gen aktiviert wird.

Wir können hier schnell die Vielschichtigkeit der *Imprinting*-Prozesse nachvollziehen und stehen trotzdem noch ganz am Anfang, wenn es darum geht, diesen Prozess vollständig zu verstehen. Doch nichtsdestotrotz sind seine Implikationen für die Natur der Evolution mehr als deutlich. Es geht stets um die Belange und Interessen unserer aller Konstrukteure, der Gene, die immer darauf bedacht sind, ihre eigene Verbreitung zu sichern, egal ob gigantischer Dinosaurier oder winziges Säugetier.

Eine Reise in die Jurazeit

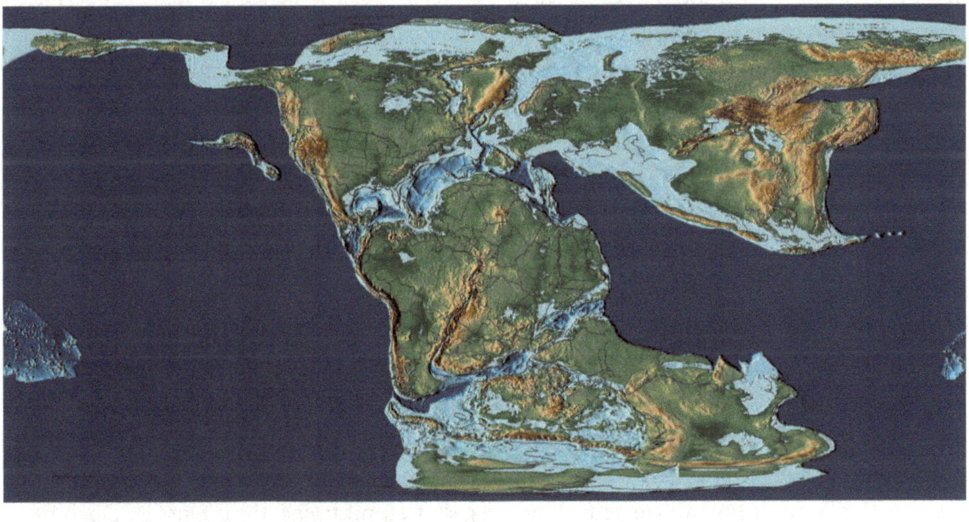

Abbildung 23: Die Lage der Kontinente zur Zeit des Jura, vor 150 Millionen Jahren (C. R. Scotese, 2016).

Nach all dem, was wir bisher über die Jurazeit gehört haben, ist es nun an der Zeit, einem unserer Vorfahren zu begegnen, der zu jener Zeit gelebt hat, und diese Welt durch seine Augen zu erkunden. Zunächst scheinen wir erneut im Weltraum zu schweben und mitten im schier endlosen Schwarz sehen wir unsere Erde genau vor uns als große blau-grüne Kugel. Da wir es mittlerweile gewohnt sind, andere Kontinente zu sehen, scheint uns der ungewohnte Anblick nicht weiter zu stören. Es gibt nach wie vor kein erkennbares Afrika, Amerika oder Europa. Im Großen und Ganzen sehen wir zwei Kontinente vor uns. Einen riesigen Südkontinent namens Gondwana, der aus dem heutigen Südamerika, Afrika, der Antarktis, Indien und Australien besteht, sowie einen gespaltenen Nordkontinent namens Laurasia, der sich aus Nordamerika, Europa und Asien zusammensetzt. Trotz des Auseinanderbrechens von Pangäa liegen seine Bruchstücke immer noch relativ nahe beisammen. Doch die Entfernungen zwischen ihnen werden kontinuierlich größer. Gerade als wir uns etwas an den Anblick gewöhnt haben, beginnt der Fall nach unten. Es wird immer schneller und plötzlich ist vom umgebenen Schwarz des Universums nichts mehr zu sehen. Im nächsten Moment sind wir auch schon durch die dünne Wolkendecke durchgebrochen und erkennen nun umso deutlicher die Umrisse der Kontinente und das ausgedehnte Grün, das sie erfüllt.

Unsere Reise geht anscheinend auf die westliche Küste Laurasias zu und schon von hier oben erkennen wir die ausgedehnten Wälder, die diesen Kontinent geradezu überwuchern. Wir sehen sattes Grün, wohin unsere Augen auch wandern. Doch je näher wir der Erdoberfläche kommen, desto mehr fällt uns auf, dass wir anscheinend erneut auf den küstennahen Ozean zusteuern, und auf einmal ist das Grün aus unserem Blickfeld verschwunden. Wir sehen nur unendliches Blau unter uns. Eine gewisse Ehrfurcht ergreift uns in Anbetracht der vielen Erfahrungen, die wir im Laufe unserer Reisen schon in diesem blauen Element gemacht haben. Doch wir fallen weiter und die leichte Gischt der Wellen verrät uns, dass wir nicht mehr weit von der Oberfläche entfernt sein können. Kurz vor dem Aufprall ändert sich unsere Fallrichtung und wir rasen knapp über der Wasseroberfläche dahin. Wir können beinahe die Wellenkämme berühren.

Auf einmal sehen wir direkt unter uns mehrere große Schatten schnell dahin rasen, wir können gerade so mit ihnen mithalten. Dann sehen wir eine Rückenflosse die Wasseroberfläche durchschneiden und schon passiert etwas Faszinierendes. Wir durchbrechen die Wasseroberfläche und befinden uns mitten im kühlen Nass dieses sonnendurchfluteten Ozeans. Was nun um uns herum zu sehen ist, lässt uns in einem ersten Moment an einen Schwarm Delfine denken. Große stromlinienförmige Körper, ausgestattet mit fischartigen Flossen. Doch beim genaueren Hinschauen bemerken wir die langen schmalen Mäuler und die riesigen Augen dieser Tiere, die hier in einem großen Schwarm durch das weite Blau reisen. Es sind Ichthyosaurier, jene Meeresreptilien, die wir schon in der Trias erleben durften. Im Laufe der letzten Millionen Jahre haben sich ihre Körper noch besser an ein Leben im Wasser angepasst.

Wir lassen diesen Schwarm hinter uns und rasen weiter durch das helle Blau des Meeres, vorbei an großen Fischschwärmen und einigen beeindruckenden langhalsigen Plesiosauriern, die unablässig versuchen, eben diese Fische zu erbeuten. Ihre langen Hälse vollführen regelrechte Tänze während der Jagd und bewegen sich dabei elegant von einer Seite zur anderen. Doch nun bewegen wir uns genau auf einen irgendwie bedrohlich wirkenden Schatten zu, der mit ungeheurer Geschwindigkeit unter uns hinweg rast. Seine vier kräftigen Flossen verleihen ihm eine erschreckende Wendigkeit und plötzlich schießt er genau vor unseren Augen nach oben und reißt dabei sein gigantisches Maul auf. Überall ragen lange Zähne aus seinen Kiefern heraus und schon im nächsten Moment greift dieser riesige Pliosaurier nach einem an der Oberfläche luftholenden langhalsigen Plesiosaurier. Im nächsten Moment färbt sich das Blau des Meeres in ein tiefes Rot und wir sehen, wie die kräftigen Bewegungen des Angreifers große Fleischstücke aus dem Körper seines Opfers reißen.

Zum Glück nehmen wir wieder an Fahrt auf und verlassen das Wasser mitsamt dieser düsteren Szene. An der Oberfläche angekommen können wir bereits die Küste vor uns erkennen. Diesmal ist es allerdings keine felsige Steilküste, stattdessen erstreckt sich der Wald genau bis an das Ufer des Meeres, sodass sogar die Äste einiger Bäume das Wasser berühren. Unter uns wechselt das Blau des Meeres gegen das Grün des Waldes und wir rasen weiter knapp über die Baumwipfel hinweg. Direkt hinter der Küste erstreckt sich ein kleines Gebirge, dessen Bergkämme ebenfalls von Bäumen bedeckt sind. Als wir die Bäume überqueren, vernehmen wir unter uns das kontinuierliche Gekreische kleiner Tiere. Vermutlich handelt es sich dabei um gefiederte Dinosaurier, die sich an ein Leben in den Bäumen angepasst haben. Ihr Geschrei wirkt zur gleichen Zeit seltsam vertraut und doch fremdartig. Doch wir haben keine Zeit, diesen Geräuschen in Frieden zu lauschen, wir rasen weiter über die niedrigen Bergkämme hinweg. Dann wird es plötzlich wieder flacher und zur gleichen Zeit wird auch der Abstand der einzelnen Bäume zueinander größer, der Wald scheint einer Art ausgedehnten Savanne Platz zu machen. Gerade als die Bäume immer seltener werden, durchbrechen wir die Baumkronen des Koniferenwaldes und verfehlen stets nur um wenige Zentimeter die kräftigen Stämme der Bäume. Nun scheinen wir genau auf einen dieser Stämme zuzuhalten. Wir kommen ihm immer näher und bemerken ein kleines dunkles Loch mitten im Stamm dieses hölzernen Riesen. Für einen kurzen Moment wird alles um uns herum dunkel, wir haben unser Ziel anscheinend erreicht.

Als wir unsere Augen nun wieder öffnen, können wir zunächst nur schwache Umrisse erkennen. Alles um uns herum wirkt irgendwie gedämpft, wir können in einiger Entfernung über uns ein kleines helles Loch erkennen. Dabei handelt es sich wohl um das Baumloch, auf das wir zugefallen sind. Es ist drückend warm hier drin und wir sind auch nicht allein, neben uns befindet sich ein kleines behaartes Tier, es sieht in etwa so aus wie eine Mischung aus einem Eichhörnchen und einem Marder. Sein braunes Fell ist nur durch zwei breite weiße Streifen auf seinem Rücken durchbrochen. Es kann sich nur schwer bewegen und gibt piepsende Geräusche von sich, die sich irgendwie wie eine Aufforderung anhören. Dann erkennen wir auch den Grund für die eingeschränkte Beweglichkeit des Tieres, es ist ein schwangeres Weibchen. Zum ersten Mal in unserer bereits knapp 400 Millionen Jahre währenden Reise haben unsere Vorfahren die Fähigkeit erworben, lebende Junge zur Welt zu bringen und sie bis zum Zeitpunkt ihrer Geburt im eigenen Körper zu versorgen. Wir können uns damit auch gut vorstellen, wozu unsere Partnerin uns auffordern will. Sie braucht etwas zu essen. Doch es ist Vorsicht geboten, denn mitten in der feuchten Jahreszeit, in der wir uns gerade befinden, sind die Gefahren für uns am größten. Überall um uns herum wimmelt es nur so von hungrigen Jägern. Doch auch wir brauchen schließlich etwas zu essen und uns treibt vor allem auch eines um: Wir wollen ein Blick auf diese faszinierende Umwelt werfen. Also machen wir uns auf den Weg zu dem hellen Loch über uns, der den Ausgang aus unserer Höhle markiert.

Dort angekommen werfen wir einen aufmerksamen Blick hinaus. Zunächst sehen wir nichts als die Stämme der Koniferen, die diesen Wald zum Großteil ausmachen. Ihr Dach aus Nadeln fängt den Löwenanteil des Sonnenlichts ab, sodass sich der Wald stets in einem Dämmerzustand zu befindet. Der weit unter uns liegende Waldboden ist dicht bewachsen mit unzähligen Farnen, denen das spärliche Angebot an Licht nicht viel ausmacht. Gerade dieser Waldboden ist für uns ein gefährlicher Ort, dort lauern überall schnelle und extrem aufmerksame Dinosaurier, die nur darauf warten, dass wir einen Fehler begehen. Es sind gerade diese kleineren, recht auffällig gefiederten Theropoden wie *Ornitholestes*, auf deren Speisekarte kleine Säugetiere wie wir ganz oben stehen. Ihre Augen und ihre Krallen sind stets zum Angriff bereit. Von daher versuchen wir, uns so gut es geht von einem Baum zum anderen zu bewegen, was auch nicht weiter schwierig ist, wenn die Bäume so eng stehen wie hier. Dann kann man einfach von Ast zu Ast spazieren.

Wir hören erneut diese seltsamen Geräusche, die wir schon bei unserem Anflug wahrgenommen haben, doch nun können wir auch sehen, welches Tier sie ausstößt. Es sind tatsächlich äußerst kleine Dinosaurier, die wie wir hier oben in den Bäumen leben. Sie besitzen teilweise ein sehr auffälliges Federkleid, das vornehmlich blau und weiß gefärbt ist. Besonders die langen Schmuckfedern an den Armen und am Schwanzende erregen unsere Aufmerksamkeit. Sie scheinen uns geradezu zu hypnotisieren, haben wir doch nun den fleischgewordenen Beweis vor Augen, wie sich die heutigen Vögel unserer Zeit aus kleinen Dinosauriern entwickelten. Einer dieser merkwürdigen Wesen mustert uns auffällig mit seinen großen Augen und beschließt dann doch lieber, das Weite zu suchen. Mit einem kräftigen Tritt seiner Hinterbeine stößt er sich vom Stamm des Baumes ab und gleitet sanft zu einem benachbarten Baum. Ein erster Schritt in eine wegweisende Richtung.

Wir gehen weiter von einem Baum zum nächsten und halten selbst Ausschau nach größeren Dinosauriern, die uns auch hier oben gefährlich werden können. Doch die Luft scheint soweit rein zu sein. Nur der Abstand der Bäume zueinander wird immer größer und damit wird es auch schwieriger für uns voranzukommen, ohne den Schutz der Höhe zu verlassen. Wir haben unser vorläufiges Ziel erst einmal erreicht. Wir kommen an den Rand des Waldes und können zwischen den vereinzelten Bäumen bereits die offene Farnlandschaft sehen. An diesem Ort können wir einem der beeindruckendsten Schauspiele zuschauen, welche die Erdgeschichte zu bieten hat, die größte und komplexeste Megafauna der Erdgeschichte.

Dank des ausgiebigen Regens der letzten Wochen sind die Wiesen und Wälder in ein sattes Grün getaucht und ziehen damit eben jene Tiere an, die fast ihr ganzes Leben mit Fressen verbringen müssen. Wir spüren selbst hier oben in den Bäumen noch das Vibrieren des Bodens unter den Füßen der größten Landtiere der Erdgeschichte. Überall auf dieser ausgedehnten Savannenlandschaft grasen riesige Herden von unterschiedlichen Sauropoden. Am nächsten an uns dran ist eine Gruppe *Diplodocus.* Diese bis zu 30 Meter langen Tiere sind gerade dabei, die flachwachsenden Farne in der Nähe des Waldes abzuernten. Sie scheinen permanent über tieffrequente Rufe miteinander zu kommunizieren und zusätzlich erzeugen sie laute Knallgeräusche mit der peitschenförmigen Spitze ihrer langen Schwänze.

Diese Schwänze ragen hoch nach oben in die Luft und sind permanent damit beschäftigt, ein schlangenähnliches Ballett aufzuführen. Sie sind ohne Unterlass dabei, in einer Sprache miteinander zu sprechen, die für uns nicht zu verstehen ist. Etwas weiter entfernt von uns stehen vereinzelte Giganten namens *Brachiosaurus.* Diese Tiere sind sehr viel schwerer gebaut als die filigranen *Diplodocus* und erheben ihre langen Hälse steil nach oben. Man spürt, wie jeder Schritt dieser Riesen den Boden unter ihren Füßen in Schwingungen versetzt, und doch ist ihre Fortbewegungsart auf verblüffende Weise grazil. Auch diese *Brachiosaurus*-Exemplare stoßen laute Töne aus, während sie damit beschäftigt sind, die Baumkronen besonders hoher Bäume von ihren Nadeln zu befreien. Etwas weiter entfernt erspähen wir sogar noch größere Giganten: Eine Herde *Barosaurus* ist gerade auf diesem Teil der Savanne angekommen. Sie ähneln in etwa einem *Diplodocus* haben jedoch eine andere Färbung und leicht unterschiedliche Proportionen. Und noch ein Unterschied ist selbst aus der großen Entfernung auffällig, ihre Größe. Einige der Tiere scheinen fast 50 Meter lang zu sein und übertreffen damit alle anderen Sauropoden, die wir hier sehen können. Viele dieser Tiere laufen nebeneinander und ihre unfassbar langen und dünnen Schwänze scheinen sich immer wieder gegenseitig zu umwickeln. Vermutlich dient dieses Verhalten ebenfalls der internen Kommunikation zwischen den einzelnen Tieren. Auch der Himmel selbst, der sich über diesen Tieren erstreckt, ist voll von Leben. Neben unzähligen Insektenarten bevölkern vor allem viele große und kleine Arten von Flugsauriern den Himmel, ihre mit Haut aufgespannten Tragflächen zeichnen ein charakteristisches Bild an diesen urzeitlichen Himmel.

Dieser Anblick ist so faszinierend, dass es uns schwerfällt, den Blick in eine andere Richtung schweifen zu lassen. Doch wir beschließen, uns noch etwas näher an die Baumgrenze vorzuwagen. Dafür müssen wir jedoch ein bisschen tiefer runter klettern, um wieder in die Nähe eines großen Astes zu kommen. Wir befinden uns nun auf dem letzten Baum vor der großen Savanne und bemerken nun noch ein weiteres beeindruckendes Tier, das nicht weit von uns entfernt aufgetaucht ist. Hier zwischen den Stämmen der letzten Bäume weidet ein riesiger *Stegosaurus*. Mit seinen neun Metern Länge kommt er zwar nicht an die umgebenden Sauropoden heran, doch für unsere spärlichen Verhältnisse ist er ein wahrer Riese. Seine knöchernen Rückenplatten wiegen sich elegant hin und her, während er geht, und man kann seine Muskeln bei jedem seiner Schritte durch die schuppige Haut arbeiten sehen. Vor allem sein erhobener Schwanz mit den vier langen aus purem Knochen bestehenden Dornen wedelt bedrohlich von links nach rechts und gibt damit jedem anderen Tier deutlich zu verstehen, dass man sich lieber nicht mit ihm anlegen sollte.

Für einen Moment betrachten wir einfach dieses Schauspiel der Natur vor unseren Augen. Unser Blick schweift von *Stegosaurus* wieder zurück zu den unzähligen Sauropoden und wir versuchen, für einen Moment noch einmal zu verstehen, wie die Evolution dazu in der Lage war, diese einzigartigen Lebewesen zu erschaffen. Doch plötzlich vernehmen wir ein knackendes Geräusch aus dem Wald hinter uns, gefolgt von bedrohlich klingenden, leisen knurrenden Geräuschen.

Vorsichtig drehen wir uns um und sehen einen der gefürchtetsten Jäger der späten Jurazeit, *Allosaurus*, der Löwe des Jura. Es ist nicht nur ein Tier, es sind mindestens fünf Tiere, die nebeneinander herlaufen und scheinbar das gleiche Ziel verfolgen. Sie sind ebenfalls unwahrscheinlich groß, keines dieser Tiere ist kleiner als neun Meter. Sie pirschen sich vorsichtig durch das Unterholz und versuchen dabei, so wenig Lärm wie möglich zu verbreiten. Sie sind auf der Jagd. Es ist fast schon erschreckend zu sehen, wie lautlos sich diese tonnenschweren Geschöpfe durch den Wald bewegen. Jedes Mal, wenn sie ihre muskulösen Beine anheben, ziehen sich ihre krallenbewehrten Zehen zusammen und breiten sich erneut elegant aus, bevor sie wieder Kontakt zum Boden aufnehmen. Ihre großen, dreifingrigen Arme bewegen sich nervös hin und her, als könnten sie es kaum noch abwarten, ihre Krallen endlich in ihre Opfer zu schlagen. Entlang ihrer Wirbelsäule verläuft ein Band aus rötlich gefärbten Federn, das sich vom Schädel bis zur Schwanzspitze hinzieht und sich rings um den kräftigen Hals der Tiere zu einer regelrechten Mähne verbreitert.

Uns fällt noch ein weiteres Detail auf, alle Tiere öffnen geräuschlos abwechselnd ihre riesigen Mäuler und zwar so weit, bis ihre Ober- und Unterkiefer fast eine Gerade bilden. Es wirkt in etwa so wie bei einer Schlange, die sich auf den Biss vorbereitet. Ihre schlanken Körper nähern sich immer näher dem Waldrand und wir bemerken nun auch, auf wen sie es abgesehen haben.

Direkt vor uns steht ein einzelnes *Diplodocus*-Jungtier am Waldrand und hat sich etwas zu weit von seiner Herde getrennt. Die Allosaurier nehmen an Geschwindigkeit zu und einer beginnt regelrecht auf den jungen *Diplodocus* zuzulaufen. Sein Maul ist weit aufgerissen, sodass seine blanken Zähne freiliegen. Als das Jungtier ihn bemerkt, ist es bereits zu spät, er ist mit voller Wucht gegen sein Opfer gelaufen und hat dabei mit seinem Maul eine riesige Wunde in seine Flanke gerissen.

Während das verwirrte Opfer sich versucht zu berappeln, kommen schon die anderen Allosaurier aus dem Wald gerannt und wiederholen das aggressive Verhalten ihres Alphatieres. Eines der Tiere verbeißt sich sogar im Hals seines Opfers und versucht, das Jungtier zu Boden zu drücken. Die Schreie werden nun auch von den anderen Mitgliedern der *Diplodocus*-Herde wahrgenommen und schon kommt ein besonders großes Tier dem Jungen zur Hilfe. Seine Rufe und sein Getrampel lassen den Boden und die Luft gleichzeitig vibrieren. Mit einem kräftigen, gezielten Schlag seines Schwanzes wirft der ausgewachsene *Diplodocus* einen der Allosaurier zu Boden, die anderen rennen schnell wieder zurück in die Sicherheit des Waldes. Doch sie wissen genau, dass sie gute Arbeit geleistet haben, das Jungtier wird in Kürze seinen enormen Verletzungen erliegen und bis dahin müssen sie die Herde nur noch verfolgen.

Der ausgewachsene Riese ist selbst noch in Rage und schlägt mit seinem Schwanz weiterhin auf die äußerste Baumreihe ein. Einer dieser gewaltigen Schläge trifft nun auch den Baum, auf dem wir uns befinden, und so werden wir auf den Boden geschleudert.

Doch wir haben Glück und landen sicher zwischen den umliegenden Farnen. Eines ist allerdings klar, wir müssen so schnell es geht von hier fliehen, bevor wir noch zertrampelt werden oder Schlimmeres passiert. Als wir zwischen dem Unterholz des Waldes dahinrasen, geraten die verzweifelten Rufe der aufgebrachten *Diplodocus*-Herde immer weiter von uns weg, bis wir sie kaum noch hören. Jetzt, in der untergehenden Sonne, erinnern wir uns wieder an unseren eigentlichen Auftrag. Wir waren so fasziniert von dieser Welt der Giganten und diesen Wundern der Evolution, dass wir ganz vergessen haben, nach Essen zu suchen.

So beschließen wir kurzerhand, noch einen kleinen Umweg zu machen, um zu einem nahegelegenen verborgenen Teich zu gelangen, an dem es zu dieser Jahreszeit von Amphibien nur so wimmelt. Wir gehen immer weiter im Schatten der Farne zwischen den breiten Stämmen der knorrigen Bäume um uns herum und vernehmen die permanenten Rufe der kleinen Dinosaurier, welche die Baumkronen besiedeln. Doch plötzlich vernehmen unsere geschärften Sinne noch ein weiteres Geräusch, das für uns eine große Gefahr darstellen könnte.

Wir beschließen, auf einen nahegelegenen Baumstumpf zu klettern, um zu sehen, ob die Gefahr real ist. Als wir einen fast komplett verwitterten und bemoosten Baumstumpf erklommen haben, stellen wir umgehend fest, dass diese Gefahr mehr als nur real ist: Wir wurden bereits entdeckt. In nicht einmal zehn Metern Entfernung steht ein auffällig gefiederter *Stokesosaurus*, ein kleiner, flinker Vorfahre von *Tyrannosaurus rex*. Er mustert uns eine Zeit lang aufmerksam, breitet dann seine langen, dreigliedrigen Arme aus und stößt dabei einen lauten Schrei aus.

In diesem Moment legt er seine, mit langen blauen Federn bestückten Arme eng an den Körper und läuft auf uns zu. Mit einem großen Satz springen wir vom niedrigen Baumstumpf runter auf den Boden und laufen so schnell es nur geht auf den nächsten Baum zu. Wir versuchen noch schnell ein Paar Haken zu schlagen, in der Hoffnung den Abstand zu unserem

Verfolger damit etwas zu vergrößern. Doch dieser flinke Jäger scheint schneller zu sein als wir. Wir können regelrecht spüren, wie er nach uns schnappt und um ein Haar unseren Schwanz erwischt.

Vor uns erhebt sich nun ein großer Baum und mit einem Satz springen wir an ihm hoch und schlagen unsere Krallen in seine raue Rinde. Schnell versuchen wir nach oben zu kommen und spüren plötzlich einen stechenden Schmerz an unserem Schwanz. Unser vier Meter langer Verfolger hat seine Zähne in unseren Schwanz geschlagen und versucht uns damit vom Baum runter zu ziehen. Doch wir versuchen den Schmerz auszublenden und halten dagegen. Im nächsten Moment scheint sich der Biss unseres Angreifers zu lösen und wir können auf den Baum fliehen, wohin er uns nicht folgen kann. Aus sicherer Entfernung werfen wir einen Blick nach unten, wo der aufgebrachte *Stokesosaurus* schreiend um den Baum herumspringt. Dann wird alles verschwommen und wir müssen unseren Vorfahren allein lassen, hier im Halbdunkel dieses jurassischen Waldes.

Ein Ende, das eigentlich keines ist

Diese Reise hat uns gezeigt, welch unmöglich erscheinenden Geschöpfe die Evolution hervorgebracht hat und wie komplex die Ökosysteme zu dieser Zeit waren. Der späte Jura war wahrlich das Zeitalter der Giganten. Doch wie endete diese einmalige Periode der Erdgeschichte? Wurde der Übergang von der Jurazeit zur Kreidezeit ebenfalls durch ein katastrophales Aussterbeereignis herbeigeführt? An dieser Stelle können wir eindeutig sagen, dass dem nicht so war. Die frühe Kreidezeit unterschied sich in keinerlei Weise von der späten Jurazeit. Aber es folgten trotz allem große Veränderungen in jener Übergangszeit. Diese geschahen allerdings nicht in einem kurzen geologischen Moment, ausgelöst durch katastrophale Umweltumwälzungen. Vielmehr änderte sich sowohl das Klima als auch die Vegetation im Laufe vieler Millionen Jahre, sodass einzelne Tiere diese Veränderungen niemals während ihrer Lebenszeit hätten wahrnehmen können, und doch veränderte sich die Welt der frühen Kreidezeit stetig und mit ihr auch die Lebewesen und die Genome, die sie erschufen.

Periode: Kreide, der Höhepunkt einer Herrschaft (145–66 Millionen Jahre)

Wieder sitzen wir in unserem Boot und segeln entlang des Flusses der Evolution. Da wir wissen, dass wir uns dem Ende einer Periode der Erdgeschichte nähern, erwarten wir bereits wieder voller Schreck ein katastrophales Ereignis, das den Verlauf dieses gigantischen Flusssystems stark in Mitleidenschaft zieht. Doch es passiert nichts dergleichen, wir segeln einfach weiter und überqueren die unsichtbare Grenze zur Kreidezeit, ohne dass etwas Unerwartetes passiert. Auch der Flusslauf, auf dem wir uns befinden, zieht sich unbeeindruckt weiter durch die üppige Landschaft, genauso wie die anderen Wasserläufe in unserer unmittelbaren Umgebung. Wir können sogar feststellen, dass sich unsere Flussarme immer weiter verästeln und diversifizieren. Es scheint eine gute Zeit vor uns zu liegen. Zumindest aus Sicht der Evolution nimmt die Vielfalt an Flussarmen und damit auch an biologischen Arten immer weiter zu.

Abbildung 24: Fossiles Skelett eines Tyrannosaurus rex. (Bild von batavia60510 auf Pixabay)

Der Grund für diese steigende Zahl an Arten liegt in dem engen Zusammenspiel zwischen Geologie und Biologie. Während der Kreidezeit vollzog sich die Trennung der Kontinente immer weiter. Der Prozess des Auseinanderbrechens Pangäas, der mit dem Übergang von der Trias zur Jurazeit begann, ging unaufhaltsam weiter. So wurde der Nordatlantik zwischen dem heutigen Nordamerika und Eurasien immer größer, sodass auch keine vorübergehenden Landbrücken mehr entstehen konnten. Zusätzlich brach auch während der frühen Kreidezeit der Riesenkontinent Gondwana schließlich auseinander. Zunächst trennten sich Australien und die Antarktis langsam aus ihrem Verbund und dann kam es auch noch zum Bruch zwischen Südamerika und Afrika.

Damit war auch der Atlantische Ozean in seiner vollständigen Nord-Süd-Ausdehnung entstanden, wenn er auch zu Beginn noch sehr schmal war. Die unaufhaltsam wandernden Gesteine im Erdinneren zogen und zerrten immer weiter an den Fundamenten der Kontinente und drückten sie damit stets weiter auseinander. Diese kontinuierlichen geologischen Abläufe trennten jedoch nicht nur die Kontinente selbst voneinander, sie sorgten auch dafür, dass die unterschiedlichen Populationen an Tieren und Pflanzen sich nicht mehr durchmischen konnten. Zusammen mit den großen Wanderungsbewegungen dieser Lebewesen war auch der genetische Austausch nicht mehr möglich. So wurden während der Kreidezeit nicht nur die Kontinente auseinandergerissen, sondern auch die Tier- und Pflanzenwelten.

Und was passiert schließlich mit isolierten Populationen (egal ob Pflanzen oder Tiere)? Sie gehen alle ihre eigenen evolutionären Wege und lassen so ganz unterschiedliche Lebenswelten entstehen. Von daher ist es nur verständlich, dass die Anzahl an Arten während der Kreidezeit stark zunahm. Aufgrund der geologischen Barrieren wurde die mehr oder weniger homogene Welt des Jura durch die sehr diversere Welt der Kreidezeit ersetzt.

Die neuen Meere

Auch in den Ozeanen gingen die Spuren dieser Aktivitäten nicht spurlos vorüber, auch wenn die frühen kreidezeitlichen Meere sich noch nicht stark von denen der späten Jurazeit unterschieden. Nach wie vor gab es große Gruppen von Ichthyosauriern, die in allen Meeren der damaligen Welt weit verbreitet waren.

Ebenso weit verbreitet waren sowohl die Plesiosaurier, darunter die langhalsigen Morphotypen, als auch die weit kräftigeren kurzhalsigen Pliosaurier, die in den Meeren der frühen Kreidezeit immer noch konkurrenzlos an der Spitze sämtlicher Nahrungsketten standen. Vor allem die Gattungen *Kronosaurus*, *Brachauchenius* oder *Megacephalosaurus* dominierten ihre marinen Ökosysteme. Sie erreichten Längen von bis zu 12 Metern und konnten mit ihren riesigen Schädeln jede nur erdenkliche Beute überwältigen. Sie ernährten sich wahrscheinlich vornehmlich von anderen Meeresreptilien wie plesiosauromorphen Plesiosauriern oder Ichthyosauriern. Doch solche Spezialisierungen führten auch zu Abhängigkeiten und sollten diesen Spitzenprädatoren im Laufe der Kreidezeit so zum Verhängnis werden.

Das Auseinanderbrechen der damaligen Kontinente hatte auch noch weitere geologische Folgen, so einen extremen unterseeischen Vulkanismus. Die Aktivität dieser Vulkane vor etwa 93 Millionen Jahren entließ nicht nur ungeheure Mengen an CO_2 in die Atmosphäre, was die globalen Temperaturen in die Höhe schnellen ließ. Es folgte auch eine starke Versauerung des

Meerwassers mit Schwefelverbindungen und CO_2. Nachdem der Vulkanismus etwas nachgelassen hatte, konnten diese mit CO_2 angereicherten Meere eine wahre Explosion des Bakterienwachstums verzeichnen, wodurch es schließlich zu einem großen Verlust an Sauerstoff im Oberflächenwasser der Meere kam. Diese anoxischen Verhältnisse führten unweigerlich zu einem Massensterben in diesen marinen Ökosystemen. Die Opfer dieses Massensterbens sind die zum Teil charismatischsten und vormals erfolgreichsten Meeresreptilien der Trias und Jurazeit, die fischähnlichen Ichthyosaurier, sowie die absoluten Spitzenprädatoren der damaligen Meere, die Pliosaurier. Die Schockwellen, die dieses Sterben in den marinen Ökosystemen auslöste, kann man sich kaum vorstellen. Schließlich zählten seine Opfer zu den wichtigsten Darstellern auf der Bühne des marinen Lebens und das für weit über 120 Millionen Jahre. Von den großen Meeresreptilien konnten sich nur die langhalsigen Plesiosaurier halten und sie sollten auch bis zum Ende der Kreidezeit erfolgreich bleiben.

Doch es gab nicht nur Verlierer durch dieses ozeanische Massensterben. Nur wenige Millionen Jahre vor dem verheerenden Vulkanismus passte sich eine weitere Gruppe von ehemals landgebundenen Reptilien an das Leben im Wasser an. Eine Gruppe, die am nächsten mit den heutigen Waranen verwandt sind, die Mosasaurier. In der Zeit vor dem Massensterben waren die frühen Vertreter der Mosasaurier noch kleine, amphibisch lebende Reptilien, die stets im flachen Küstengewässer nach Nahrung suchten. Der Grund, warum diese Reptilien sich ursprünglich an ein Leben im Meer anpassten, ist nicht bekannt, doch es dürfte ebenfalls an der Dominanz der Dinosaurier gelegen haben. Wie dem auch sei, die Evolution begünstigte die amphibische Lebensweise dieser Echsen aus der Familie der Warane, was bei der Vielfalt an Leben in den damaligen Meeren auch nicht sehr verwunderlich ist. Schließlich gab es allerhand Weichtiere, Kopffüßer oder kleine Fische zu erbeuten. Doch das Aussterben der großen Meeresreptilien wie den Pliosauriern veränderte alles. Von nun an waren die verlockendsten ökologischen Nischen leergefegt und warteten nur darauf, neu besetzt zu werden. Ab diesem Moment überrannten diese marinen Neuankömmlinge die kreidezeitlichen Meere und machten sich innerhalb kürzester Zeit in allen Weltmeeren breit.

Da von nun an kein größerer evolutiver Druck mehr auf sie ausgeübt wurde, konnten sie wachsen und wachsen. Innerhalb von nur wenigen Millionen Jahren wurden aus diesen vormals knapp ein Meter langen (amphibisch lebenden) Reptilien wahre Giganten, die vollständig an das Leben im Meer angepasst waren. Einige Arten wie *Tylosaurus*, *Mosasaurus*, *Hainosaurus* oder *Prognathodon* konnten Größen von bis zu 18 Metern erreichen. Sie waren so unglaublich erfolgreich, dass sich weltweit komplexe Mosasaurier-Faunen entwickelten, in denen eine jede Art seine ureigene Nische ausfüllte. Sie kamen in allen Größen vor und konnten trotzdem nebeneinander existieren, da jeder auf eine andere Nahrungsquelle zurückgriff. Einige Arten der Gattung Globidens entwickelten sogar eine Art von Brechgebiss, das aus abgerundeten breiten Zähnen bestand und darauf spezialisiert war, die dicken Gehäuse der allgegenwärtigen Ammoniten zu knacken.

Ihre Gene passten die Form ihrer Körper immer weiter an den marinen Lebensstil an und machten damit eine ähnliche Entwicklung durch wie heutige Wale. Ihre Körper wurden länger und stromlinienförmiger, ihre Gliedmaßen wandelten sich zu Flossen und selbst ihre langen Schwänze nahmen die Funktion kräftiger Antriebsorgane an. Sie lebten vermutlich in einer Welt der Gerüche und konnten mit ihrer nach wie vor reptilienhaften gespaltenen Zunge das umgebende Meerwasser analysieren und sich sogar anhand der Gerüche um sie herum orientieren. Ihre Anpassung an das Leben im Ozean ging sogar so weit, dass sie lebende Junge zur Welt brachten und keine Eier mehr ablegen mussten. Moderne Studien legen den Schluss nahe, dass die Mosasaurier für die Geburt ihres Nachwuchses auf das offene Meer heraus schwammen, fernab der damaligen Küsten. Evolutiv macht dieses Verhalten auch durchaus Sinn, da im Allgemeinen küstennahe Gewässer sehr viel gefährlicher sind für kleine, unbeholfene Tiere. Auf der anderen Seite ist es aber auch schwerer für die Jungen, sich selbstständig zu ernähren. Von daher kann man davon ausgehen, dass Mosasaurier sich um ihren Nachwuchs kümmerten, bis er selbst alt genug und vor allem erfahren genug war, um sich selbst zu ernähren. Es gibt sogar fossile Funde, die für ein solches Verhalten sprechen, – in Form von Ammonitengehäusen, die abwechselnd die Zahnandrücke ausgewachsener und junger Mosasaurier enthalten. Hier hat vermutlich ein ausgewachsenes Tier einem Jungtier gezeigt, wie man seine Beute am besten erlegt.

Die Dominanz dieser Meeresreptilien auf die marinen Ökosysteme ihrer Zeit hatte vielerlei Folgen, auch für andere frühere Spitzenprädatoren. Selbst wenn die großen Pliosaurier verschwunden waren, so waren die Meere nach wie vor voll von Haien. Auch diese Jäger profierten vom überreichen Nahrungsangebot der kreidezeitlichen Meere. So wurden Arten wie *Cretoxyrhina* immerhin bis zu acht Meter lang und waren damit weit größer als heutige Weiße Haie. Doch an der Spitze der Nahrungskette ist stets nur Platz für einen König und dieser Platz gehörte ausnahmslos den Mosasauriern. So steht gerade das Aufkommen sehr großer Mosasaurierarten, wie *Tylosaurus*, in einem zeitlichen Zusammenhang mit dem Aussterben von großen Haien wie *Cretoxyrhina*. Doch auch andere Fischarten entwickelten sich in dieser Zeit zu großen Räubern, wie zum Beispiel *Xiphactinus*. Diese Knochenfische wurden ebenfalls bis zu sechs Metern lang und waren eine stete Gefahr für junge Haie und Mosasaurier. Alles in allem waren die warmen Meere der späten Kreidezeit übervoll mit großen Raubtieren und zeigen damit auch, wie unfassbar komplex die Ökosysteme jener Zeit gewesen sein müssen.

Die uneingeschränkten Herrscher (Pflanzenfresser)

Doch das Leben während der Kreidezeit proliferierte nicht nur im Wasser, auch an Land brachte die Evolution immer neue Wunder hervor. Allen voran bauten die Dinosaurier ihre Vormachtstellung immer weiter aus. So war der Beginn der Kreidezeit dem späten Jura noch sehr ähnlich: Es gab große Herden gigantischer Sauropoden und eine Vielzahl kleinerer ebenfalls pflanzenfressender Vogelbeckendinosaurier, die allesamt von großen und kleinen Raubdinosauriern gejagt wurden. Doch im Laufe mehrerer Millionen Jahre kam es zu einem steten klimatischen Wandel, der das Leben an Land langsam aber kontinuierlich ändern sollte. Der klimatische Wandel war nicht im Ansatz so schnell, wie wir es heute durch den menschlichen Einfluss beobachten können, vielmehr vollzog er sich über einen Zeitraum von Hunderttausenden von Jahren oder sogar Millionen von Jahren. Ein einzelnes Individuum hätte diesen Wandel im Laufe seiner begrenzten Lebenszeit gar nicht wahrnehmen können, und doch war er da. Dieser Wandel sollte vor allem für die größten Tiere der Erdgeschichte verheerende Folgen haben, denn im Laufe der frühen Kreidezeit kam es zu einem wahren Massensterben unter den Sauropoden. Sie starben zwar nicht komplett aus, aber sie sollten nie wieder eine vergleichbare Diversität hervorbringen wie im späten Jura.

Gerade die filigran gebauten langen Riesen wie *Diplodocus* und alle seine näheren Verwandten (Diplodocidae) sollten in dieser Zeit für immer verschwinden. Allerdings sollten gerade die letzten Arten, die zu dieser Familie gehörten, eindrucksvolle Formen annehmen, vor allem unter den Dicraeosauriden entstanden faszinierende Arten. So besaßen viele dieser eher mittelgroßen Sauropoden lange, gespaltene Wirbelfortsätze entlang der Hals- und Rückenwirbelsäule, die gerade bei *Amargasaurus* und *Bajadasaurus* eindrucksvolle Ausmaße annehmen konnten. Die genaue Funktion dieser teils stacheligen Wirbelfortsätze sind heute nicht wirklich bekannt (und werden es wohl auch nie sein), aber sie besitzen das Potenzial, unsere Fantasie anzuregen, und sind gleichzeitig ein Indikator für die spektakuläre Formenvielfalt dieser Tiere. Doch all das sollte ihnen nicht dabei helfen zu überleben, im Verlauf der frühen Kreidezeit sollten sie alle aussterben, einzig die Titanosaurier sollten unter den Sauropoden überdauern und ihrem Namen alle Ehre machen. Unter ihnen sollten sich gerade während der späten Kreidezeit einige der größten bekannten Tiere der Erdgeschichte entwickeln, darunter *Argentinosaurus*, *Patagotitan* oder *Dreadnoughtus*. Diese riesenhaften Sauropoden sollten schließlich bis zum Ende der Kreidezeit weiter die Landschaften dieser Erde bevölkern und unter ihren Füßen erzittern lassen.

Die Gründe für den Verlust von so vielen Sauropoden-Arten zu Beginn der Kreidezeit liegen höchstwahrscheinlich nicht nur an einem klimatischen Wandel, sondern auch in der Zusammensetzung der Pflanzen jener Zeit. Wie wir bereits im ersten Teil dieses Buches gehört haben, fand während der frühen Kreidezeit eine wichtige Revolution unter den Pflanzen statt, die Entstehung der ersten Blütenpflanzen. Diese neuen Pflanzen, die dank ihrer Allianz mit den Insekten bald weltweit verbreitet waren, besaßen keine spitzen, nadelförmigen Blätter wie die alles dominierenden Koniferen der Jurazeit. Sie entwickelten breite, flächige Blätter, wie wir sie von heutigen Laubbäumen kennen. In der frühen Kreidezeit jedoch war diese Blattform etwas weitgehend Neues, zumindest in dem Ausmaß. Wenn wir uns nun noch einmal an das Erfolgsrezept der Sauropoden zurückerinnern, wird es uns vielleicht auch klar, warum sie es in dieser Zeit so schwer hatten. Sie waren ja darauf spezialisiert, ihre kleinen, schwachen Köpfe nur zum Abernten von Koniferen und Farnen zu nutzen, während die gesamte Verdauungsarbeit von ihrem riesigen Magen-Darm-Trakt erledigt wurde. Und ihre Köpfe mussten schließlich auch so klein sein, damit ihre Hälse so lang werden konnten, und das war schlussendlich einer der Gründe für ihren einmaligen Gigantismus.

Dieses hohe Maß an Spezialisierung wurde ihnen schließlich zum Verhängnis, denn die breitblättrigen Sonnenkollektoren dieser neuen erfolgreichen Pflanzen waren deutlich schwieriger zu verdauen und mussten im besten Fall mit den Kiefern vorverarbeitet werden. Schließlich waren viele Sauropoden-Arten so groß geworden, dass sie sich evolutionär auf sehr dünnem Eis bewegten und nur bestehen konnten, solange sich die Welt, in der sie sich entwickelten, nicht allzu sehr veränderte. Doch genau das tat sie in der frühen Kreidezeit und das war wohl auch einer der Hauptgründe für das Verschwinden vieler dieser ehrfurchtgebietenden Tiere.

Doch auch in diesem Fall blieben die ökologischen Nischen nicht lange unbesetzt und so wurden andere pflanzenfressende Dinosaurier immer größer und zahlreicher. Zu jener Zeit waren es bestimmte Arten der Vogelbeckendinosaurier, allen voran Angehörige aus der Familie der Iguanodons. In der späten Jurazeit waren die meisten Arten wie *Dryosaurus* oder *Camptosaurus* noch relativ klein und lebten stets im Schatten der gigantischen Sauropoden. Doch als die ehemaligen Riesen immer seltener wurden, wuchsen stattdessen die Angehörigen dieser pflanzenfressenden Arten heran und breiteten sich immer weiter aus. Der große evolutionäre Vorteil dieser Tiere lag wohl vor allem in ihrem Gebiss. Dieses war mit seinen langen Zahnreihen geradezu perfekt darauf ausgelegt, die breiten Blätter der Blütenpflanzen zu zerkauen und zu zerkleinern, sodass ihr Körper die darin enthaltenen Nährstoffe bestmöglich für sich nutzen konnte. Ein ausgewachsener *Iguanodon* wurde schließlich bis zu zehn Metern lang und lief beim ruhigen Gehen auf allen vieren, um sein stattliches Gewicht von circa fünf Tonnen besser zu verteilen. Doch wenn sie schnell laufen mussten, bewegten sie sich ausschließlich auf ihren Hinterbeinen. In jener Zeit wurden diese Tiere und ihre näheren Verwandten so zahlreich, dass man sie umgangssprachlich als die „Kühe der Kreidezeit" bezeichnet.

Auch wenn sie nicht so groß wurden wie die meisten Sauropoden, so konnten sie sich dennoch gut zur Wehr setzen. So besaßen sie eine sehr lange Daumenkralle, die sie vermutlich zum Schutz vor Raubtieren einsetzen konnten. Im Verlauf der Kreidezeit wurden diese großen Pflanzenfresser immer zahl- und artenreicher und brachten schließlich die Hadrosaurier hervor, deren grundsätzlicher Körperbauplan dem der Iguanodons sehr ähnlich war. Doch sie besaßen zum Teil faszinierende Spezialisierungen. Arten wie *Parasaurolophus* gehören heute zu den bekannteren Tieren unter den Hadrosauriern, sie konnten sich ebenfalls sowohl vierbeinig als auch zweibeinig fortbewegen, besaßen einen zahnlosen Schnabel und viele große

Zähne zum Zerkauen von harter Pflanzennahrung. Doch ihr mit Abstand auffälligstes Merkmal war ein langer nach hinter gebogener Knochenkamm auf ihrem Schädel. Aufgrund dieses Knochenkamms wurden die Schädel einiger *Parasaurolophus*-Arten allein bis zu zwei Metern lang. Dieser Knochenkamm war durchzogen von filigranen Luftkanälen, die sich von Art zu Art unterschieden, und diente damit der Lauterzeugung und zweifelsohne der innerartlichen Kommunikation. Dank aufwendiger Rekonstruktionen und digitaler Paläontologie gelangt es sogar, die Rufe, die diese Tiere mittels ihres Knochenkamms erzeugten, zu rekonstruieren. So konnten die nebelhornartigen Rufe von *Parasaurolophus* nach über 70 Millionen Jahren wieder erschallen. Einige Arten wie zum Beispiel *Edmontosaurus* oder *Shantungosaurus* wurden mit bis zu 15 Metern ebenfalls besonders groß und auch sie werden in ihren großen Familienverbänden den Boden unter ihren Füßen zum Beben gebracht haben, ebenso wie die Sauropoden im späten Jura.

Gerade diese Hadrosaurier wurden gegen Ende der Kreidezeit extrem vielgestaltig und spiegeln damit nicht nur ihren eigenen evolutionären Erfolg wider, sondern auch die fortschreitende Trennung der Kontinente.

Doch es gab noch eine weitere Gruppe von Vogelbeckendinosauriern, die gerade während der späten Kreidezeit sehr artenreich vertreten waren, die Ceratopsier. Sie gehören wie die Sauropoden zu den bekanntesten Dinosauriern überhaupt und das vor allem aufgrund von zwei charakteristischen Merkmalen. Zum einen wegen ihres Knochenschildes, den sie am Hinterkopf trugen und der vermutlich zu ihren Lebzeiten auffällig gefärbt war, und natürlich wegen ihrer zum Teil sehr langen Hörner, die genau wie der Kopfschild bei jeder Art unterschiedlich geformt waren. Die größten Arten wie *Triceratops* wurden bis zu neun Metern lang und zogen als hochsoziale Tiere wohl auch in zum Teil riesigen Herden durch die Kontinente der späten Kreidezeit. Diese sehr wehrhaften Tiere, die heute am ehesten mit Nashörnern zu vergleichen sind, waren nicht ohne Grund so gut mit Waffen ausgestattet, ebenso wie die nahezu komplett gepanzerten Ankylosaurier hatten sie allen Grund dazu. Denn es waren nicht nur die Pflanzenfresser, die sich während der Kreidezeit immer weiter ausbreiteten und veränderten.

Die uneingeschränkten Herrscher (Fleischfresser)

Schon aus rein evolutionärer Sicht ist es unumgänglich, dass durch diese Veränderungen in der Welt der Pflanzenfresser auch die sie jagenden Raubtiere neue Wege beschreiten müssen. Das taten sie auch ohne jeden Zweifel. Gerade die Verwerfungen, die wir heute bei den Theropoden während der Kreidezeit nachzeichnen können, sprechen eine deutliche Sprache und bezeugen damit den Wandel in der damaligen Welt. Während der Jurazeit war die Ausgangslage noch relativ einfach zu verstehen: Es gab jede Menge große, mittelgroße und kleine Pflanzenfresser, die von verschieden großen Raubdinosauriern wie *Allosaurus, Torvosaurus, Saurophaganax, Stokesosaurus* und so weiter gejagt wurden. Doch sie alle waren relativ ähnlich gebaut und konnten sich damit in ihren stabilen ökologischen Nischen häuslich einrichten. Doch der Wandel des Klimas, der Vegetation und schließlich auch der Kontinente stellte einen jeden von ihnen vor eine große Bewährungsprobe. Ihre Genome mussten die altbekannten Körperbaupläne und Verhaltensweisen ihrer Überlebensmaschinen anpassen, um in dieser neuen Welt bestehen zu können, und das taten sie auch auf beeindruckende Art und Weise. Ich werde hier nur einige Beispiele nennen, die diesen Wandel am besten verdeutlichen können. Allen voran sind hier die Therizinosaurier zu nennen. Diese Gruppe von ehemals fleischfressenden Theropoden durchlief die wahrscheinlich extremste Form der Anpassung. Sie wurden zu Pflanzenfressern. Selbstverständlich fand dieser Wechsel nicht von einer Generation auf die nächste statt, sondern erforderte viele Tausende, wenn nicht gar Hunderttausende Generationen und ging vermutlich von einer Gruppe kleiner Theropoden aus, die zur Ergänzung ihrer fleischlichen Ernährung hin und wieder auch Pflanzen mit in ihren Speiseplan aufnahmen. Dieser Anteil wurde dann Stück für Stück erhöht und endete schließlich in einer komplett pflanzlichen Ernährungsweise. Es muss also für diese Tiere ein großer evolutionärer Vorteil gewesen sein, sich und ihre Körper für den Verzehr von pflanzlicher Nahrung anzupassen. Die Therizinosaurier liefen weiterhin wie ihre fleischfressenden Vorfahren auf zwei Beinen, sie besaßen ein daunenartiges Federkleid und vor allem kräftige Arme. Diese Arme sind sogar eines der markantesten Merkmale dieser Tiergruppe, denn sie waren nicht nur sehr lang und massiv gebaut, sie waren auch mit aufsehenerregenden Krallen bestückt. Diese Krallen waren bei so ziemlich allen Therizinosauriern sehr lang, aber bei einer Art erreichten sie schon nahezu abstrakte Ausmaße. Die Krallen des neun Meter langen *Therizinosaurus*, ganz nebenbei die längsten Krallen, die jemals von einem lebenden Tier getragen wurden, waren bis zu einem Meter lang und wurden bei ihrer Entdeckung zunächst für die Rippen einer Schildkröte gehalten. Wofür genau diese überproportional langen Krallen im Detail dienten und wo ihr evolutionärer Nutzen lag, ist nicht im Detail bekannt. Sie waren vermutlich sowohl ein guter Abwehrmechanismus gegen räuberische Dinosaurier als auch ein Werkzeug, um weiter entfernte Äste zu erreichen.

Eine weitere Gruppe von theropoden Dinosauriern, die auf die ökologischen Schockwellen der frühen Kreidezeit reagierte, waren die Spinosaurier. Diese Gruppe verlagerte ihr Jagdrevier auf das Wasser, sie wurden zu Fischfressern. Einer der ersten uns heute bekannten Spinosaurier ist *Baryonyx*. So wie alle nach ihm kommenden Spinosaurier besaß er einen sehr krokodilähnlichen Schädel, der lang und dünn war. Seine Zähne waren, wie die aller Spinosaurier, ebenfalls für das Fangen von Fischen optimiert, sie waren eher schmal und spitz, wieder wie jene der Krokodile. Ein weiteres Merkmal waren die langen gebogenen Krallen an den Armen dieser Tiere, die auch gut zum Greifen von glitschigen Fischen geeignet waren. Spätere Arten wie *Suchomimus* erreichten sogar Längen von bis zu elf Metern und bildeten ein immer größer werdendes Rückensegel aus, das seinen Höhepunkt allerdings erst noch erreichen sollte.

Zusammen mit einem der letzten uns bekannten Spinosaurier überhaupt erreichte nicht nur das charakteristische Rückensegel seine maximale Größe, sondern auch die Theropoden insgesamt. Denn *Spinosaurus* war nicht nur einer der letzten Spinosaurier, er war auch der wahrscheinlich längste Theropode der Erdgeschichte. Mit einer Länge von bis zu 18 Metern war er ein wahrer Koloss. Doch es ist nicht nur seine Größe, die dieses Tier zu etwas durch und durch Besonderem macht, es ist sein gesamter Körperbau. *Spinosaurus* jagte nicht nur große Fische, er passte sich sogar immer weiter an ein Leben im Wasser an. Seine Hinterbeine waren für einen Theropoden seiner Größe geradezu lächerlich klein, sie waren nicht viel länger als seine langen, mit Krallen bestückten Arme, weshalb man davon ausgehen kann, dass er an Land weitestgehend auf allen vieren lief. Abgesehen von seinem 1,5 Meter hohen Rückensegel war sogar sein langer Schwanz zu einer Art Flosse umgeformt. Seine Schwanzwirbel bildeten lange Fortsätze aus, die mit Haut überzogen waren und ihm damit als Antriebsorgan beim Schwimmen halfen. Selbst die Dichte seiner Knochen war einmalig hoch unter den Dinosauriern, wodurch sich sein Auftrieb im Wasser extrem verringerte. Ähnliches kennen wir bereits von frühen Walen. Damit ist *Spinosaurus* der erste Dinosaurier, von dem man behaupten kann, dass er nicht nur schwimmen konnte, sondern sogar den Großteil seines Lebens im Wasser verbrachte. Diese Tiere zeigen auf beeindruckende Weise, wie kreativ die Evolution auf etwaige Veränderungen der Umwelt reagieren kann und welche extremen Abwandlungen der Körperbaupläne und Verhaltensweisen möglich sind.

Eine weitere Gruppe von faszinierenden Theropoden, die ihre Blütezeit in der frühen Kreide startete, waren die Dromaeosaurier. Jene Dinosaurier, die am engsten mit den heutigen Vögeln verwandt sind. Auch ihr Aufstieg war wohl nur durch die Verwerfungen jener Zeit überhaupt möglich. Spätestens seit Jurassic Park sind diese Dinosaurier vermutlich jedem ein Begriff, allerdings nennt man sie umgangssprachlich nur Raptoren. Die berühmtesten unter ihnen sind ohne Frage *Velociraptor* und *Deinonychus*, doch der allgemeine Körperbauplan ist bei allen Dromaeosauriern mehr oder weniger gleich. Sie waren grazil gebaute, auf Geschwindigkeit ausgelegte Raubtiere mit einer außergewöhnlichen Bewaffnung. Neben einem Maul voller messerscharfer Zähne und langen Armen, die in jeweils drei spitzen Krallen mündeten, besaßen sie vor allem eine einzigartige Sichelkralle, die gezielt zuschnappen konnte. Diese sichelförmige Kralle wurde beim Gehen durch bestimmte Sehnen hochgehalten, damit sie nicht abgenutzt werden konnte. Auch wenn die klassischen Dromaeosaurier erst in der frühen Kreidezeit auftauchten, so begann ihre faszinierende Evolutionsgeschichte bereits im Jura, jedoch in anderer Form als vielleicht erwartet.

Heute geht man davon aus, dass selbst die großen Raptoren allesamt von kleinen baumbewohnenden Dinosauriern abstammen, von denen sich eine Entwicklungslinie zu den heutigen

Vögeln weiterentwickelte und eine andere sich sekundär wieder an ein Leben auf dem Boden anpasste. Es gibt neben vielen anderen vor allem zwei wichtige Indizien für diese „Tree-down"-Hypothese. Die erste bezieht sich direkt auf die Fossilien kleiner, baumbewohnender Dinosaurier aus der Jurazeit, die zweifelsohne als Vorfahren oder zumindest als nahe Verwandte der heutigen Vögel betrachtet werden können. So besaßen viele von ihnen, wie zum Beispiel auch der berühmte *Archäopteryx*, eine eben solche deutlich vergrößerte Sichelkralle. Die ursprüngliche Funktion dieser Kralle lag allerdings nicht bei der Jagd (wie bei den späteren Raptoren), sondern sie diente den Tieren wohl als eine Art Steigbügel für das Erklimmen hoher Bäume. Und als wäre dieser fossile Beweis noch nicht ausreichend, hat man noch einmal die Krallen der Dromaeosaurier selbst genauer betrachtet und dabei eine einheitliche, sehr auffällige Krümmung gemessen. Heute weiß man durch Forschung an Säugetieren und Vögeln, dass man anhand der Krümmung der Krallen baumbewohnende Spezies von Arten unterscheiden kann, die vorwiegend auf dem Boden leben. Und siehe da, die Krümmung der Krallen von eben diesen schnellen Jägern der Kreidezeit weisen eine Krümmung auf, die auf einen Baumbewohner schließen lässt, da sie optimal für das Klettern geeignet ist. Anhand dieser Daten können wir mit relativer Sicherheit sagen, dass die faszinierende Gruppe der räuberischen Dromaeosaurier von kleinen baumbewohnenden Dinosauriern abstammen, die sich die ökologischen Verwerfungen der frühen Kreidezeit zunutze machten, um schließlich wieder auf dem Boden zu leben.

Durch die entstandenen Lücken in den damaligen Nahrungsketten konnten nun einige Arten deutlich an Größe zunehmen, so zum Beispiel *Utahraptor*, der knapp sechs Meter lang war. Und was geschah mit der zum Klettern geformten Sichelklaue dieser neuen Top-Jäger? Hier zeigte sich die Evolution erneut von ihrer pragmatischsten Seite und nutzte dieses bereits vorhandene Kletterwerkzeug nun für die Jagd. Mithilfe dieser spezialisierten Klaue konnten sich die Tiere an ihren zum Teil deutlich größeren Beutetieren festkrallen und damit erheblichen Schaden verursachen.

Gerade bei diesen flinken Dinosauriern kommt meistens noch eine ganz besondere Frage mit auf, und zwar die nach der Intelligenz dieser Tiere und der Dinosaurier im Allgemeinen. Zwar ist die Frage nach der Intelligenz bei bereits ausgestorbenen Tieren immer schwer zu beantworten, doch dank moderner Forschung und neuen Fossilfunden sind wir der Antwort auf diese Frage schon sehr viel nähergekommen. Vorweggesagt deuten schon seit langer Zeit viele Fossilfunde auf ein ausgefeiltes und äußerst komplexes Sozialverhalten dieser Tiere hin. Seien es die Überreste von aktiv brütenden Dinosauriern, von erwachsenen Tieren, die häufig zusammen mit Jungtieren verschiedener Altersklassen gefunden werden, oder auch Spurenfossilien, die nicht nur belegen, dass viele Dinosaurier in großen Herden zusammenlebten, sondern auch wie komplex diese Herden durchmischt waren.

Jedoch nicht nur diese Fossilien verdeutlichen die für uns neue Realität über diese Tiere. Auch aus evolutionärer Sicht ist es nahezu unmöglich, an der Vorstellung festzuhalten, die

Dinosaurier hätten in ihrer 170 Millionen Jahre währenden Evolution keine besonderen kognitiven Fähigkeiten erlangt.

An dieser Stelle gilt es, noch einmal auf die letzten, heute noch lebenden Dinosaurier zu verweisen, die Vögel. Diese Tiere werden aufgrund ihrer zum Teil außergewöhnlichen Fähigkeiten nicht umsonst als „gefiederte Primaten" bezeichnet. Forschungen an diesen heute noch lebenden, fliegenden Dinosauriern haben uns gezeigt, auf welche einfallsreiche Weise die Evolution diesen (heute zum Großteil ausgestorbenen) Tieren ihre Intelligenz verlieh. Lange Zeit quälten sich Forscher mit der Tatsache, dass viele Vögel mit ihren kognitiven Leistungen höheren Primaten zum Teil in nichts nachstehen oder sie sogar übertreffen. Doch wie soll das nur möglich sein, haben Vögel doch, was die Größe betrifft, wesentlich kleinere Gehirne als sämtliche Primaten.

Nun Größe ist halt nicht alles, denn Vögel besitzen einen enormen neurophysiologischen Vorteil gegenüber uns Säugetieren: Sie haben eine deutlich höhere Neuronendichte. Das bedeutet einfach ausgedrückt, dass Vögel pro Volumeneinheit Gehirnmasse deutlich mehr Neuronen besitzen. Dadurch können sie mit einem kleineren Gehirn mehr Informationen schneller verarbeiten als Säugetiere. Da das für alle heute lebenden Vögel zutrifft, muss es sich hierbei um ein gemeinsam ererbtes Merkmal ihrer theropoden Vorfahren handeln, was auch einen Hinweis auf die Intelligenz dieser Tiere gibt.

Um noch einmal auf die Dromaeosaurier zurückzukommen, so besitzen gerade sie im Vergleich zu vielen anderen Theropoden ein sehr großes Gehirnvolumen (das man aus fossilen Schädeln abmessen kann). Daher waren sie vermutlich nicht nur sehr clevere Jäger, sondern auch hochsoziale Tiere, die in mehr oder weniger großen Verbänden lebten und jagten. Auch ihr äußeres Erscheinungsbild dürfte sich von heutigen großen Vögeln nicht allzu stark unterschieden haben, denn sie waren auch auffällig gefiedert. Vor allem an ihren Armen besaßen sie große Schmuckfedern und ihr langer Schwanz mündete in einem regelrechten Fächer aus markanten Federn. Dieses Gefieder diente wahrscheinlich, wie auch bei vielen heute noch lebenden Vögeln, dem Balz- und Sozialverhalten der Tiere und unterlag vermutlich als Merkmal der sexuellen Selektion dem Geschmack der weiblichen Tiere. Gerade die Dromaeosaurier sind ein faszinierendes Beispiel dafür, wie stark sich unsere Auffassung von den Dinosauriern im Laufe der Zeit gewandelt hat.

Doch auch während dieser frühen Abschnitte der Kreidezeit gab es jene großen Raubtiere, die mehr als alle anderen unsere Fantasie zum Glühen bringen. Die größten und erfolgreichsten unter ihnen waren zweifelsohne die Carcharodontosaurier. Sie gingen evolutionär betrachtet vermutlich aus den Allosauriern hervor und hatten ähnlich wie diese eine globale Verbreitung. Diese großen Raubtiere übertrafen ihre Vorfahren allerdings noch um einiges, wenn es um die Körpergröße geht. So stehen heute einige Vertreter dieser Familie unter der Auswahl der größten landlebenden Raubtiere, die jemals gelebt haben. Gerade

Arten wie *Giganotosaurus, Mapusaurus* oder *Carcharodontosaurus* konnten Längen von 13 bis 14 Metern erreichen und stellten damit alles in den Schatten, was vor ihnen gelebt hat. Alleine ihre immensen Schädel konnten bis zu 1,90 Meter lang werden und waren übervoll mit spitzen Zähnen ausgestattet. Genau wie der „Löwe des Jura" waren sie die unangefochtenen Herrscher ihrer kreidezeitlichen Welt und es schien fast so, als sollte sich daran nie etwas ändern.

Doch wie so häufig in der Geschichte der Evolution werden Könige gerade auf dem Höhepunkt ihrer Macht vom Thron geworfen und so erging es schließlich auch den Carcharodontosauriern. Irgendwann vor knapp 90 Millionen Jahren verschwanden diese Giganten schließlich von der Bühne des Lebens. Warum genau, wissen wir leider nicht, aber es gibt einen engen zeitlichen Zusammenhang zu eben jenem Massensterben, das auch in den Meeren dieser Zeit für Unruhe sorgte und dabei die Ichthyosaurier und die Pliosaurier auslöschte. Vermutlich waren es die gleichen Vulkane und ihre ausufernde Aktivität, die die Herrscher der Meere und des Landes gleichermaßen dahinrafften.

Doch genauso wie die Mosasaurier zu den neuen Herrschern der Meere aufstiegen, so gab es auch erfolgversprechende Anwärter für den Thron an Land. Von nun war die Zeit der tyrannischen Echsen gekommen. Die Tyrannosaurier sind eine ehrfurchtgebietende Familie räuberischer Dinosaurier und sie überrannten regelrecht die Ökosysteme des heutigen Nordamerikas und Asiens während der späten Kreidezeit. Der wohl berühmteste unter ihnen ist gleichzeitig mit bis zu 13 Metern Länge und fast 9 Tonnen Gewicht eines der größten Raubtiere der Erdgeschichte und ohne Frage der charismatischste Fleischfresser aller Zeiten, es ist der König höchstpersönlich, *Tyrannosaurus rex*.

Doch die Tyrannosaurier selbst entwickelten sich bereits mehr als 100 Millionen Jahre, bevor der König seine Ökosysteme unterwerfen sollte. Bereits im späten Jura vor knapp 170 Millionen Jahren trennte sich der evolutionäre Flussarm der Tyrannosaurier von dem seiner Vorfahren und folgte von dort an seinem eigenen Weg. Während dem Großteil ihrer Entwicklungsgeschichte waren sie allerdings alles andere als Spitzenprädatoren. Die frühen Tyrannosaurier lebten in einer Welt, die von den Allosauriern beherrscht wurde. Sie waren allesamt mittelgroße bis kleine Raubtiere, die höchstens die Größe eines Pferdes annahmen, und lebten damit im Schatten weit gefährlicherer Tiere. Doch sie passten sich unglaublich gut an diese ökologische Nische an, verbreiteten sich auf fast der gesamten damaligen Welt und entwickelten immer größere Gehirne, was ihnen vermutlich dabei half, so erfolgreich zu werden. Mit dem Ende der mächtigen Carcharodontosaurier war ihre Zeit endlich gekommen. Spätestens vor 86 Millionen Jahren durchstreiften großwüchsige Tyrannosaurier wie *Lythronax, Gorgosaurus, Albertosaurus, Daspletosaurus* und schließlich *Tyrannosaurus* den heutigen nordamerikanischen Kontinent, während in Asien *Zhuchengztyrannus, Alectrosaurus* oder *Tarbosaurus* ihre Ländereien in Angst und Schrecken versetzten.

Der grundlegende Körperbau dieser Raubtiere ist etwas ganz Besonderes. Sie waren unheimlich kräftige, muskulöse Tiere, die mit ihren Schädeln alles bisher Dagewesene in den Schatten stellten. Der Hauptgrund für ihre charakteristischen kurzen Arme war, dass der Schwanz nach wie vor den Vorderkörper ausbalancieren musste und dieser war aufgrund ihrer massigen Schädel bereits sehr schwer. Tatsächlich besaß keine Gruppe räuberischer Dinosaurier jemals zuvor solche wuchtigen Schädel. Sie bestanden zum Teil aus dicken Knochen, die unglaubliche Kräfte aushielten, und zum anderen aus einer unfassbaren Muskelmasse, die ihnen die größte Beißkraft aller Dinosaurier verlieh. Berechnungen ergaben eine Kraft von bis zu 57 000 Newton für einen einzelnen Backenzahn eines ausgewachsenen *Tyrannosaurus*, das entspricht einem Gewicht von 5700 Kilogramm an der Spitze dieses Zahns. Zum Vergleich kam ein *Allosaurus* gerade einmal auf eine Beißkraft von 8700 Newton.

Man kann sich gar nicht vorstellen, welche knochenbrechende Wirkung ein solcher Biss gehabt haben muss, und tatsächlich war das Gebiss eines *Tyrannosaurus* darauf ausgelegt, Knochen zum Bersten zu bringen und so größtmöglichen Schaden anzurichten. Neben diesen unschlagbaren Waffen waren die Tyrannosaurier allerdings auch noch sehr intelligent, sie besaßen verhältnismäßig große Gehirne und hatten wahrscheinlich auch ein ausgeprägtes Sozialverhalten, was sie ebenfalls sehr erfolgreich machte.

Vor allem aber kann man davon ausgehen, dass alle Tyrannosaurier, einschließlich *T-rex*, Federn besaßen, da es viele Funde von gefiederten kleinen Tyrannen aus der frühen Kreidezeit gibt. Das verrät uns, dass Federn ein allgemeines Merkmal dieser Tierfamilie zu sein scheinen. Auch wenn sehr große Tiere wie *Tyrannosaurus* oder *Tarbosaurus* wahrscheinlich kein Gefieder am gesamten Körper trugen, so werden sie an einzelnen Körperpartien Federn besessen haben. Am wahrscheinlichsten sind die kurzen Arme, denn diese sind zwar sehr klein für Tiere von ihrer Größe, doch sind sie keineswegs nur noch rudimentäre Körperanhänge. Ihre Arme sind sehr muskulös und kräftig gebaut, was aus rein evolutionärer Sicht bedeutet, dass sie sehr wohl noch eine Funktion besessen haben müssen. Höchstwahrscheinlich waren es lange Federn an ihren Armen, die dem Balz- oder Drohverhalten dieser Tiere dienten und ihren Trägern damit immer noch eine wichtige Funktion zukommen ließen. Für eine erfolgreiche Jagd allerdings waren die einmaligen Kiefer dieser Tiere vollkommen ausreichend.

Der Ursprung unserer Vielfalt

Alleine schon an diesen paar Beispielen erkennen wir die Komplexität, welche die Dinosaurier gerade während der Kreidezeit erreichten, und wir haben uns hier nur einige wenige große Tiere näher angeschaut. Die allermeisten Dinosaurier waren jedoch kleinere und zum Teil unauffällige Tiere, die jedoch nicht weniger faszinierend waren und mit dieser einmaligen

Formenvielfalt die Welt der Kreidezeit fest in ihren krallenbewehrten Händen hielten. Doch es gab auch eine andere Gruppe von Tieren, die sich im Schatten der Dinosaurier in jener Periode der Erdgeschichte weltweit ausgebreitet und diversifiziert hat, nämlich unsere eigenen Vorfahren, die Säugetiere.

Auch sie hatten sich mittlerweile über die gesamte damalige Erde ausgebreitet, da ihre evolutionär erworbene Fähigkeit, lebenden Nachwuchs zu gebären, sich als sehr vorteilhaft erwiesen hat. Sie waren zwar in keinem Ökosystem jener Welt ein dominierender Spieler, aber in ihren ureigenen Nischen waren sie nichtsdestotrotz überaus erfolgreich und konnten auch hier bereits mit einer beträchtlichen Artenvielfalt hervorstechen. Heute geht man davon aus, dass alle heute existierenden Säugetierordnungen bereits während der späten Kreidezeit entstanden sind.

Mit die wichtigsten Hierarchielevel in der Systematik der höheren Säugetiere sind die vier Überordnungen, die Nebengelenktiere (Xenarthra), die Afrotheria, die Laurasiatheria sowie die Euarchontoglires. Alle heute lebenden höheren Säugetiere gehören einer dieser vier Überordnungen an und sind wahrscheinlich alle in einem geologisch sehr kurzen Zeitraum vor ungefähr 120 Millionen Jahren durch das fortschreitende Zerbrechen Pangäas entstanden.

So sind die Nebengelenktiere wohl in Südamerika entstanden und auch heute noch auf die amerikanischen Kontinente beschränkt, während die Afrotheria (wie der Name schon vermuten lässt) sich auf dem afrikanischen Kontinent entwickelten. Sie beinhalten so unterschiedliche Tiergruppen wie Rüsseltiere, Seekühe oder Tenreks. Dann gibt es noch die vielgestaltigeren Laurasiatheria, zu denen heute die überwiegende Zahl an Säugetieren zählt wie Raubtiere, Paarhufer, Unpaarhufer oder auch Insektenfresser. Alle diese Gruppen gehen aus einem gemeinsamen Vorfahren hervor, der vor knapp 120 Millionen Jahren auf dem nördlichen Superkontinent Laurasia lebte und sich noch vor den gewaltigen Dinosauriern in Acht nehmen musste.

Die letzte Überordnung ist jene, zu der auch wir Menschen zählen, und sie hat wohl auch den am schwierigsten auszusprechenden Namen von allen: Euarchontoglires. Aus den gemeinsamen Vorfahren dieser Tiergruppe werden einmal die Nagetiere sowie die Primaten mit ihren nächsten Verwandten, den Spitzhörnchen und Riesengleitern, hervorgehen. Genetische Untersuchungen vor allen an nicht codierenden Bereichen der Genome haben gezeigt, dass die Aufspaltungen in diese vier Überordnungen der höheren Säugetiere in einem evolutionär sehr kurzen Zeitraum stattgefunden haben. Der Hauptfaktor für diese entscheidende Diversifizierung liegt wohl wieder einmal in der engen Beziehung zwischen Evolution und Geologie. Die sich immer weiter voneinander entfernenden Kontinente der Kreidezeit unterbrachen auch den genetischen Fluss zwischen unterschiedlichen Populationen, wodurch schließlich eine jede von ihnen ihren ureigenen Weg beschreiten sollte. Von diesem Zeitpunkt der Trennung an konnte jedes Genom seine eigenen zufälligen Mutationen und Veränderungen hervorbringen und jede noch so kleine Mutation trennte die vormals gemeinsamen Populationen immer weiter voneinander und brachte so in der späten Kreidezeit bereits einen Großteil der heutigen Säugetiervielfalt hervor. Auch wenn die Säugetiere der Kreidezeit rein morphologisch betrachtet noch nicht sehr vielgestaltig waren, so schlummerte in ihren Genomen bereits jene Vielfalt, die wir heute noch bewundern können.

Eine Reise in die Kreidezeit

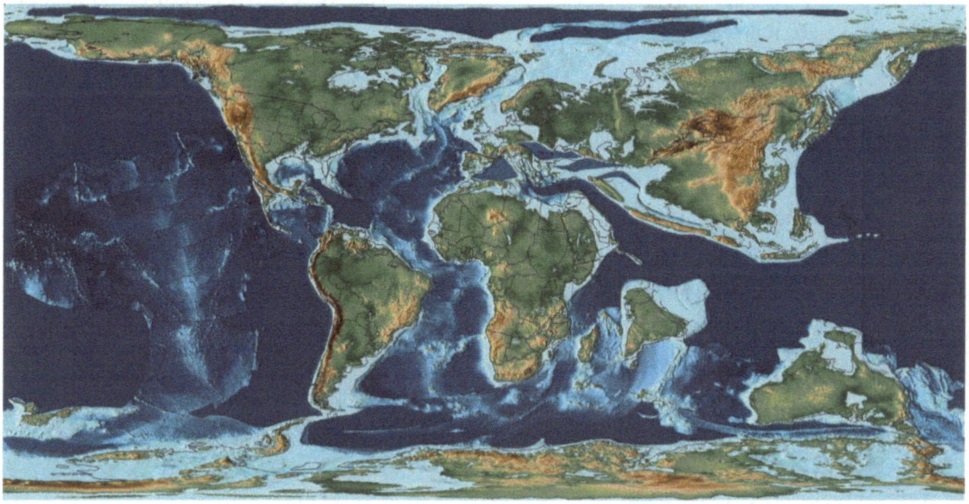

Abbildung 25: Die Lage der Kontinente zur Kreidezeit, vor 70 Millionen Jahren (C. R. Scotese, 2016).

Wieder sehen wir unsere Erde von oben. Sie erscheint uns so hell, dass alle hinter ihr liegenden Sterne und Galaxien in ein tiefes Schwarz getaucht werden. Aber vor allem eines überrascht uns, zum ersten Mal seit dem Beginn unserer Reise scheinen uns die Kontinente dieses Planeten bekannt vorzukommen. Selbstverständlich gibt es noch beträchtliche Unterschiede, aber man kann bereits alle heutigen Kontinente erahnen. Selbst die hohen Temperaturen dieser Zeit können wir bereits von hier oben erkennen. Es gibt keinerlei Eis an den Polkappen und die hohen Meeresspiegel überfluten große Teile der Kontinentalflächen und bilden so ausgedehnte, flache Meeresbereiche. So ist zum Beispiel Nordamerika der gesamten Länge nach durch einen Seeweg getrennt, den sogenannten „Western Interior Seaway“, und auch Europa besteht zu jener Zeit ausschließlich aus kleinen, unzusammenhängenden Inseln mitten in einem subtropischen Meer. Auch der afrikanische Kontinent trennte sich bereits aus seiner innigen Verbindung mit Gondwana und bewegt sich langsam in Richtung Norden auf Europa zu. Auch wenn die Verteilungen und Größenverhältnisse noch nicht mit unserer heutigen Welt übereinstimmen, so erkennt man aber dennoch, wo die Reise hingehen wird.

Wir beginnen zu fallen und es geht immer schneller in Richtung Erdoberfläche. Zuerst verschwinden die amerikanischen Kontinente aus unserem Blickfeld, dann schließlich auch der noch junge afrikanische Kontinent. Wir scheinen auf ein Teil des heutigen Asiens zuzusteuern, doch auch hier erstreckt sich ein großes Binnenmeer, das bis Westeuropa nur durch kleinere, grüne Inseln durchschnitten wird. Im Osten allerdings erstreckt sich eine große Landmasse, die das ausgedehnte Meer noch nicht verschlungen hat.

Erneut stürzen wir auf das offene Wasser dieses flachen Meeres zu, bis das tiefe Blau jede andere Farbe verdrängt hat. Kurz vor dem Aufprall schließen wir in einer unfreiwilligen Reaktion die Augen. Als wir sie wieder öffnen, sehen wir überall um uns herum das helle Blau des sonnendurchfluteten Wassers. Direkt vor uns schwimmen gigantische Fischschwärme in einer wundersamen Formation dahin. Doch plötzlich ändern sie abrupt die Richtung und in der nächsten Sekunde wird der riesige Schwarm regelrecht zerschnitten und es erscheinen die Körper großer Elasmosaurier, die mit ihren langen Hälsen versuchen, so viele Fische wie möglich zu fangen. Ihre wundersame Art der Fortbewegung ist uns noch von unserer letzten Reise in Erinnerung geblieben, sie verwenden ihre vier muskulösen Flossen wie Flügel und sind dabei für ihre enorme Größe unfassbar wendig.

Für einen Moment wenden wir unseren Blick jedoch von dieser wundersamen und eleganten Aufführung ab und schauen nach unten. Wir sehen, wie die letzten Sonnenstrahlen nach kurzer Zeit nicht mehr weiter vorankommen und wie das Blau dadurch immer dunkler wird und schließlich in ein tiefes Schwarz übergeht. Da fällt uns etwas auf: Genau unter uns scheint sich ein Schatten aus dem unendlichen Schwarz zu lösen und kommt mit enormer Geschwindigkeit auf uns zu. Nach einiger Zeit beginnen wir zu verstehen, wobei es sich bei diesem Schatten handeln muss, es ist ein Mosasaurier. Diese 18 Meter lange schwimmende Raubechse nimmt immer weiter an Fahrt auf und steuert direkt auf die Elasmosaurier zu, die an der sonnendurchfluteten Oberfläche nach wie vor ihr Ballett aufführen. Kurz vor der Wasseroberfläche schnappt das gigantische Maul des Räubers zu und erwischt eines der Tiere direkt an seinem langen Hals. Die Geschwindigkeit des Angriffs ist so immens, dass sowohl der tonnenschwere Räuber als auch seine Beute mehrere Meter aus dem Wasser geschleudert werden.

Nach dem Aufprall wird es für einen Moment ruhig, das Wasser beginnt sich rot zu verfärben und der Körper des Opfers treibt leblos an der Oberfläche. Langsam und besonnen dreht der Mosasaurier seine Runden um das erlegte Tier und beginnt dann zu fressen. Bevor das große Fressen jedoch weitergeht, beginnen auch wir wieder, uns vorwärts zu bewegen. Wir rasen knapp unter der Wasseroberfläche dahin und können stets die Sonne über uns genau verfolgen. Wieder erreichen wir große bunte Fischschwärme und noch etwas fällt uns auf: Immer wieder wird die Wasseroberfläche durch kleine punktuelle Nadelstiche in Aufruhr versetzt. Als wir näherkommen, müssen wir zu unserem eigenen Erstaunen feststellen, dass es sich hierbei um Wasservögel handelt, die in diesen Gewässern auf Fischjagd gehen und scheinbar bereits perfekt an diesen Lebensstil angepasst sind. Die Nadelstiche werden immer zahlenmäßiger und nach einiger Zeit sind überall um uns herum tauchende Dinosaurier, die mit ihren gezahnten Schnäbeln nach Fischen schnappen.

Wir rasen weiter dahin und kommen an ein ausgedehntes Korallenriff, das in allen Farben des Regenbogens leuchtet, und verlassen an dieser Stelle das Wasser. Unsere Reise geht nun weiter, direkt über den seichten Wellen dieses Meeres, und wir sehen bereits die Küste vor uns. Sie empfängt uns mit einem üppigen Grün, das, soweit wir das beurteilen können, von einem Horizont bis zum nächsten reicht. Wir rasen über die dichtgepackten Wipfel der Bäume hinweg und sehen kaum eine Erhebung vor uns, nur Grün soweit das Auge reicht. Doch plötzlich ändert sich die Landschaft, es bleibt zwar grün, aber die dichten Wälder müssen einer Art Sumpf oder Binnendelta weichen, durch das unzählige Flussarme mäandern. Die großen Schleifen, die diese Flüsse bilden, durchziehen die gesamte Landschaft unter uns und nur an ihren Ufern stehen noch größere Bäume, ansonsten erstrecken sich zwischen ihnen ausgedehnte Farnsavannen. Wir steuern direkt auf eine Gruppe von Bäumen zu, die in der Mitte einer solchen Wiese steht. Wir durchbrechen das Astwerk und spüren immer wieder, wie die Blätter an uns vorbeiziehen. Wir schließen die Augen, um uns vor den dahinrasenden Zweigen zu schützen, und scheinen plötzlich zum Stehen zu kommen.

Als wir unsere Augen wieder öffnen, befinden wir uns hoch oben in den Bäumen, mitten in einem kugelförmigen Nest, bestehend aus Zweigen und Blättern. Um uns herum versuchen drei kleine, behaarte Geschöpfe verzweifelt auf ihre kleinen Beine zu kommen. Wir erkennen sofort, wobei es sich hier handeln muss. Es ist unser Nachwuchs, der vermutlich vor nicht weniger als ein paar Tagen das Licht dieser kreidezeitlichen Welt erblickt hat. Hinter diesen noch sehr unbeholfen wirkenden Tieren liegt demnach unsere Partnerin, immer noch erschöpft von der Geburt und dem Stillen.

Sie ist in ein braunes Fell gehüllt, das über und über mit kleinen weißen Flecken gesprenkelt ist, ihre Beine sind verhältnismäßig lang und zeigen damit ihren aktiven Lebensstil. Wir werfen einen Blick nach unten und heben dabei unsere „Hände“ an, sie enden in langen Fingern mit spitzen Krallen und scheinen damit bestens für das Klettern geeignet zu sein. Auch ohne weitere Anweisungen wissen wir, was wir nun zu tun haben. Normalerweise gehen wir zwar gemeinsam auf die Jagd, aber unter diesen Umständen ist es unsere alleinige Aufgabe, für das Essen zu sorgen, und wir wissen auch, wo es die schmackhaftesten Amphibien zu dieser Jahreszeit gibt.

Wir werfen noch einen letzten Blick auf unsere Partnerin samt dem Nachwuchs und verlassen schließlich die Sicherheit unseres Nestes. Nachdem wir das Nest verlassen haben, merken wir einen warmen Luftzug, der durch die Baumwipfel weht, es ist drückend warm. Wir halten für einen Moment inne und lauschen den Geräuschen, die in der warmen Luft liegen. Sie ist erfüllt von einer wahren Kakophonie der unterschiedlichsten Geräusche, es sind einfach zu viele, um sie zuordnen zu können. Hier oben im dichten Blätterdach der Laubbäume können wir zwar noch keine weiteren Tiere sehen, aber das, was wir hören, erfüllt uns bereits mit mehr als hohen Erwartungen.

Gekonnt springen wir von Ast zu Ast und klammern uns dabei mit unseren bereits verlängerten Fingern an der knorrigen Rinde der Bäume fest. Nun merken wir, dass das Laubwerk dünner wird und gleichzeitig die Rufe lauter. Wir bewegen uns schneller und können es kaum noch erwarten, endlich einen Blick auf die offene Landschaft zu werfen, mit all den Wundern, die dort auf unsere Augen warten.

Angekommen, wir blicken vom äußersten Ast eines Baumes auf die weite Ebene, die sich vor uns ausbreitet und sind vollkommen überwältigt. Abgesehen von der Schönheit der Landschaft selbst, mit ihrem tiefen Grün und den unzähligen mäandernden Flussläufen, sind hier Tiere, die sich unserer Vorstellungskraft nahezu vollständig entziehen. Über uns am Himmel schweben gigantische Flugsaurier mit Flügelspannweiten von bis zu 13 Metern, die in etwa so aussehen wie überdimensionierte Fledermäuse. Sie stoßen ununterbrochen langgezogene Rufe aus und vollführen teilweise waghalsige Manöver. In weiterer Entfernung von uns grast eine große Herde Sauropoden. Sie sind zwar nicht so groß wie jene Tiere, die wir im Jura gesehen haben, aber ihre unverwechselbare Gestalt hat sich bis jetzt unverändert erhalten. Friedlich ziehen sie durch diese feuchtwarme Landschaft und haben dabei nichts von ihrer Einzigartigkeit eingebüßt. Direkt vor diesen langhalsigen Dinosauriern grast eine weitere Gruppe pflanzenfressender Tiere, es sind unzweifelhaft Hadrosaurier, vermutlich gehören sie der Gattung *Saurolophus* an. Auch sie sind mindestens 12 Meter lang und bewegen sich auf allen vieren, die Schwänze hoch erhoben, durch diese Flusslandschaft. Ununterbrochen stoßen sie laute, dröhnende Geräusche aus, um miteinander in Kontakt zu bleiben. Sie weisen eine auffällige Färbung auf: Ihre vordere Körperhälfte ist leicht grünlich gefärbt und geht in Richtung Schwanz in ein rot-weißes Streifenmuster über. Ihre donnernden Rufe erfüllen die gesamte Luft um uns herum.

Direkt unter uns verläuft einer jener unzählbaren Flussarme und sein Ufer ist voll mit großen Krokodilen, die sich und ihre gepanzerten Körper in der warmen Sonne erwärmen und nur auf ein unvorsichtiges Opfer warten. Sie haben sich mittlerweile zu kaltblütigen Lauerjägern entwickelt und haben daher nicht mehr viel gemein mit ihren warmblütigen Vorfahren aus der Trias.

Wir hören ein lautes Rascheln ganz aus der Nähe. Einer der benachbarten Bäume wird gerade kräftig durchgeschüttelt, sodass das gesamte Laub in Schwingung gerät. Wir wagen einen Blick auf den Boden und sehen ein Tier, das fast unmögliche Proportionen zu haben scheint. Es ist gigantisch, mindestens neun Meter lang und geht dabei auf nur zwei kräftigen Beinen. Sein Körper ist leicht tonnenförmig und weist einen langen Hals auf, an dessen Ende ein relativ kleiner Kopf sitzt. Er ist auffällig blau-weiß gefiedert und an seinen 2,5 Meter langen Armen sitzen Krallen, wie wir sie noch nie an einem realen Tier gesehen haben. Sie sind bis zu einem Meter lang und selbst für ein Lebewesen dieser Größe geradezu lächerlich groß. Es muss sich hier zweifelsohne um einen *Therizinosaurus* handeln. Er bewegt seine unwahrscheinlichen Krallen langsam hin und her und scheint sie irgendwie gegeneinander zu reiben, als wolle er sie schärfen.

Wir bemerken ein weiteres Detail in dieser surreal wirkenden Szenerie. Zwischen seinen massigen Beinen springen mehrere kleine Tiere umher, es müssen seine Kinder sein. Dann plötzlich merken wir, warum die Bäume um uns herum so durchgeschüttelt wurden. Der *Therizinosaurus* erhebt einen seiner krallenbewehrten Arme und reißt hochgelegene Zweige von den großen Bäumen ab, anschließend wirft er sie auf den Boden, direkt vor seinen hungrigen Nachwuchs. Er versorgt seine hungrigen Kinder mit frischem Grün, an das sie selbst nie herangekommen wären.

Beeindruckt beobachten wir diese Fülle des Lebens, die sich vor uns ausbreitet. Im Vergleich hierzu wirkt eine Safari durch das heutige Afrika wie ein Besuch im Streichelzoo. Plötzlich hören wir weitere laute und schrille Rufe, die von unzähligen Tieren stammen müssen. Ein Gefühl sagt uns, wir sollten lieber hierbleiben, aber unsere Neugier ist einfach zu groß. Wir haben das unstillbare Bedürfnis, so viel wie nur möglich von dieser einzigartigen Natur in uns aufzunehmen.

Die Rufe kommen von Osten, also müssen wir für einen Moment die Sicherheit der Baumkronen verlassen. Wir klettern herunter und bewegen uns so vorsichtig wie nur möglich durch das Gemisch aus Gras und Farnen, bis wir schließlich wieder an eine Baumreihe gelangen, die direkt an einem der Flüsse verläuft. Schnell klettern wir wieder auf einen der nächstgelegenen Bäume und können uns nun entlang des Flusses von Baum zu Baum bewegen. Nach einer kurzen Zeit wird aus dieser Baumreihe erneut ein kleines, aber dichtes Wäldchen, die Rufe werden lauter, dröhnender. Wir huschen durch das lichte Blätterdach, kommen schließlich an eine große Lichtung und merken direkt, die Reise hat sich gelohnt. Wir haben hier nicht nur eine Lichtung vor uns, sondern eine regelrechte Brutkolonie. Es ist eine große staubige Freifläche, die vollgestopft ist mit unzähligen kreisrunden Nestern, und wir sehen auch die Tiere selbst, die hier nisten.

Auch sie sind riesig, wahrscheinlich sogar bis zu 12 Meter lang, und jede ihrer Bewegungen lässt Unmengen an Staub in die Luft wirbeln. Sie sind ähnlich gebaut wie der *Therizinosaurus*, haben allerdings einen sehr langgezogenen Schädel, der in einem abgerundeten Schnabel mündet. Ihre Arme sind auch gut 2,5 Meter lang und enden in massigen spitzen Krallen, die den Tieren auch ihren Namen zu verdanken haben – *Deinocheirus*, was übersetzt so viel bedeutet wie „schreckliche Hand". Viele der Tiere sitzen auf ihren Nestern und bebrüten ihre Eier, während andere durch die Kolonie zu patrouillieren scheinen. Dieser Anblick ist wahrlich ehrfurchtgebietend. Doch plötzlich kippt die Stimmung und einige der herumwandernden Tiere ändern ihre Rufe, was auch einen direkten Einfluss auf das Verhalten der anderen hat.

Ein Blick auf die gegenüberliegende Baumreihe verrät uns auch den Grund für den abrupten Stimmungswechsel. Es sind zwei bedrohlich schleichende, große Schatten, die sich der Kolonie nähern. Dann schreitet der erste von ihnen ins Licht und lässt damit die Stimmung vollends kippen. *Tarbosaurus*, ein 12 Meter langer Tyrannosaurier und der absolute Spitzenräuber dieser Gegend. Sein Körper ist massig und muskulös und sein kräftiger Schwanz wedelt hin und her, stets damit beschäftigt, den Vorderkörper auszubalancieren, an dessen Ende einer der kräftigsten Schädel und Gebisse der Erdgeschichte liegt. Sein Schädel ist riesig und sein Maul ist vollgepackt mit bananengroßen Zähnen, die unter ihrer Wucht Knochen zum Bersten bringen können. Dann kommt auch das zweite Tier aus dem Schatten hervor und huscht in einer fast schlängelnden Bewegung neben das andere Tier.

Auf einmal erheben sich sämtliche *Deinocheirus* in einer großen Staubwolke und bilden eine dichte Mauer aus Tieren, um den Nachwuchs zu schützen. Sie präsentieren regelrecht ihre muskulösen Arme und die spitzen Krallen. Es erscheint unmöglich, hier für die Tarbosaurier einen Erfolg verbuchen zu können. Vor allem eines der Tiere scheint dies regelrecht wütend zu machen. Er stapft mit seinen fünf Tonnen Gewicht auf den Boden, entfaltet seine langen blutig roten Schmuckfedern entlang seiner kurzen Arme und stößt dabei einen wütenden Schrei aus, der einem das Mark erzittern lässt. Diese Mäuler und die darin liegenden Zähne sind durch ihre schiere Größe fast schon hypnotisch und zeigen uns, welche schaurig schönen Wunder die Evolution hervorzubringen vermag.

Der zweite *Tarbosaurus* jedoch scheint gelassener zu sein, sein Blick wandert durch die Landschaft und scheint bereits etwas anderes erfasst zu haben. In einer schlängelnden Bewegung streift er den Körper seines wütenden Kameraden und läuft ungewöhnlich grazil davon. Sein Partner schaut ihm nach und reißt noch einmal, ohne dabei ein Geräusch von sich zu geben, sein riesiges Maul auf in Richtung der *Deinocheirus*-Kolonie. So als wolle er ihnen noch einmal zeigen, welches Schicksal ihnen entgangen ist. Schließlich folgt er dem anderen Raubtier.

Sie kommen direkt auf uns zu gelaufen und es ist mehr als verwunderlich, wie diese tonnenschweren Geschöpfe so leise durch das Unterholz laufen. Ihre kurzen Vorderarme mitsamt ihren Schmuckfedern liegen nun eng am Körper an und ihre Schädel scheinen einen einzigen Punkt zu fixieren. Als wir uns kurz umdrehen, sehen wir auch bereits ihr nächstes Opfer. Ein alter *Saurolophus*-Bulle grast alleine zwischen den weit auseinander stehenden Bäumen. Seine Sinne scheinen ihn nicht mehr gut zu schützen, denn als er seine Angreifer wahrnimmt, ist es bereits zu spät. Der erste *Tarbosaurus* rammt ihn aus vollem Lauf und wirft ihn damit gegen einen nahegelegenen Baum, der umgehend unter dem Gewicht des tonnenschweren Tieres bricht. Als er versucht, wieder auf die Beine zu kommen, ist bereits der zweite *Tarbosaurus* zur Stelle und drückt ihn mit seinen krallenbewehrten Füßen zu Boden. Er bohrt seine Krallen in die Seite des auf dem Boden liegenden Hadrosauriers und stößt dabei erneut einen lauten Schrei aus. Im nächsten Moment reißt er sein Maul auf und entfesselt die todbringende Kraft seiner Kiefer. Wir hören das Brechen und Splittern der Knochen bis hinauf auf den Baum, auf dem wir sitzen. Der Kampf ist schnell vorbei und die zwei Tarbosaurier zerlegen ihre Beute und färben damit den umliegenden Waldboden in ein dunkles Rot.

Diese Wucht und Gewalt noch vor Augen beschließen wir nun doch, diesen Ausflug zu beenden und uns selbst auf die Suche nach etwas Essbaren zu begeben. Wir springen erneut von Ast zu Ast und hören immer noch die knochenbrechenden Bisse hinter uns. Doch nach einiger Zeit bemerken wir unter uns eine passende Stelle für einen kleinen Jagdausflug. Eine kleine Wasserstelle, die sich gerade noch im Wald befindet und von hohen schilfartigen Pflanzen umgeben ist. Bis hier oben hören wir das Quaken der Frösche und sehen auch gleichzeitig einige bunte Vögel am Ufer sitzen, die in der Hitze etwas trinken. Ihr Gefieder ist in irisierenden Farben gestreift und sie haben lange Schwanzfedern, die besonders hervorstechen. Ein durch und durch idyllisches Bild, das selbst in unsere heutige Zeit passen würde.

Wir klettern wieder runter von unserem Baum und spüren bereits die Nässe des Bodens unter unseren Füßen, die Luft ist voller Insekten und nach wie vor zum Schneiden warm. Langsam pirschen wir uns an das Wasser heran, um ein genaueres Bild zu bekommen von dem, was es uns zu bieten hat. Schritt für Schritt versinken unsere Füße tiefer im matschigen Boden. Aber es scheint sich zu lohnen, es tummeln sich jede Menge Frösche rings um dieses Wasserloch. Wir schleichen uns an ein besonders großes Exemplar heran, stets darauf bedacht, keine Geräusche von uns zu geben. Wir strecken jeden unserer Schritte bis zum Maximum und lassen uns Zeit, um ja keine Geräusche zu erzeugen. Doch im nächsten Moment erheben sich plötzlich alle Vögel von den umliegenden Steinen und auch die Frösche springen zurück ins Wasser, irgendetwas scheinen wir überhört zu haben.

Dann hören auch wir das zarte Knacken eines brechenden Astes und drehen uns um. Hinter uns stehen zwei kleine, vogelähnliche Dinosaurier, die trotzdem noch ungefähr dreimal größer sind als wir selbst. Sie mustern uns eingehend und lassen uns keine Sekunde aus den Augen. Sie haben lange Beine und ungewöhnlich große Federn, vor allem an den Armen, ihre s-förmigen Hälse bewegen sich grazil von einer Seite zur nächsten und trotzdem fixieren sie uns. Wir merken allerdings direkt einen großen Unterschied zu den uns bekannten Vögeln, denn diese Tiere besitzen ein Maul voller spitzer Zähne und lange Krallen – sowohl an den Händen als auch an den Füßen. Gerade an ihren Füßen sitzen lange, sichelförmige Krallen, die sie stets vom Boden weghalten. Wir beginnen zu verstehen, dass wir uns in großer Gefahr befinden.

Gerade als wir versuchen zu fliehen, versperrt uns ein drittes Tier den Weg und dann erheben nahezu synchron alle Tiere ihre langen Schwänze, an deren Ende ein großer sehr auffälliger Fächer aus langen Federn sitzt. Es ist ein geradezu hypnotisierender Anblick. Trotz der unmittelbaren Gefahr schauen wir wie gebannt auf diese eleganten Tiere und vergessen, dass jederzeit einer von ihnen nach vorne stürmen kann, um uns zu töten.

Dann plötzlich vernehmen wir noch ein weiteres Geräusch hinter uns. Als wir uns schreckartig umdrehen, blicken wir bereits in ein weit geöffnetes Maul voller Zähne, eine Falle. Dann wird es wieder dunkel und unsere Reise durch die späte Kreidezeit endet, mitten an einem längst vergessenen Wasserloch, irgendwo im heutigen Asien. Doch eines hat uns diese Reise abschließend vor Augen geführt: Jeder, der verstehen will, wie die Dinosaurier gelebt haben und wie sie ihre Welt wahrgenommen und manipuliert haben, darf nicht allzu lange bei Reptilien suchen, sondern muss sich die „Dinosaurier von heute“ als Beispiel nehmen, die Vögel.

Das abrupte Ende einer goldenen Ära

Doch gerade als sich die Dinosaurier auf dem Höhepunkt ihrer Macht befanden, geschah es: Ein einziger Tag, ein einziger Moment, so unfassbar unbedeutend im Vergleich zu ihrer 170 Millionen Jahre währenden Existenz, sollte alles verändern. Es schien ein ganz normaler Tag zu sein, abgesehen von dem hellen Punkt am Himmel, der immer größer wurde. Ein Asteroid mit mindestens 14 Kilometern Durchmesser raste mit einer Geschwindigkeit von circa 20 Kilometern pro Sekunde auf die Erde zu.

Diese Kollision sollte die Geschichte des Lebens auf der Erde für immer verändern. Der Zusammenstoß geschah vermutlich in einem tropischen Flachmeer, dort wo sich heute die Halbinsel Yucatán befindet. Die Energie, die durch die Kollision frei wurde, entsprach mindestens der von ungefähr 200 Millionen Hiroshima-Bomben und schleuderte Tausende Kubikkilometer Sedimentgestein in die Stratosphäre.

Es entstanden gigantische Megatsunamis, welche die Kontinente überfluteten. Eine Druck- und Hitzewelle breitete sich mit Überschallgeschwindigkeit über die Erde aus. Erdbeben der Stärke 11 traten vermutlich global auf und auf der gesamten Welt entstanden verheerende Waldbrände.

Dies war ein wahrlich dunkler Tag für das Leben auf unserem Planeten. Doch abgesehen von diesen unmittelbaren Folgen der Katastrophe sollte es sogar noch schlimmer kommen. Der Asteroid traf auf einen Bereich der Erdoberfläche, dessen Gestein sehr viel Schwefel und Carbonate enthielt. Aufgrund des sehr steilen Aufprallwinkels wurden diese ebenfalls massenweise in die Atmosphäre geschleudert und bildeten Schwefel- und Ruß-Aerosole, die für Jahre hinweg das Sonnenlicht daran hinderten, auf die Erdoberfläche durchzudringen. Wegen des fehlenden Sonnenlichts wurde die Erde nicht nur sehr kalt, es führte auch dazu, dass jene Pflanzen, welche die Waldbrände und den sauren Regen überlebten, keine Photosynthese mehr betreiben konnten. Damit wurde ein jedes Ökosystem direkt an seiner Basis zum Einsturz gebracht. Keine Pflanzen bedeutet auch keine Pflanzenfresser und das wiederum lässt auch die Fleischfresser untergehen. Damit waren alle so faszinierenden Dinosaurierarten zum Aussterben verdammt. Nie wieder sollte das Leben auf der Erde solche beeindruckenden Ausmaße annehmen, die Welt des Mesozoikums war verloren. Nachdem sich also die Tsunamis zurückgezogen hatten und die Waldbrände erloschen waren, wurde es für Jahre hinweg dunkel, kalt und trocken, was schließlich dazu führte, dass 75 % allen Lebens auf der Erde vergehen musste. Darunter waren alle großen Meeresreptilien, sämtliche Nichtvogeldinosaurier, alle Flugsaurier, und auch unter den Säugetieren und Vögeln kam es zu einem großen Massensterben, dem nur wenige entgehen konnten.

Wir steigen wieder in unser Boot. Der Flusslauf, den die Evolution gerade zur späten Kreidezeit hat entstehen lassen, ist so unglaublich komplex, dass wir das Ende gar nicht erblicken können. Er erstreckt sich von einem Horizont zum nächsten. Doch scheinbar ein einziger Moment, ungefähr 66 Millionen Jahre vor unserer heutigen Zeit, durchschneidet die gesamte Komplexität dieser Welt. Es ist kein langsames Austrockenen, wie wir es von vielen der früheren Massensterben her kennen, es ist ein unfassbar abruptes Ende. Von einer Sekunde zur nächsten stehen wir nahezu alleine da, die üppigen Landschaften sind verschwunden, um uns herum ist es dunkel und kalt geworden. Der Grund, warum sich unser bescheidener Flusslauf am Leben halten kann, ist, dass unsere Vorfahren aus jener Zeit extrem klein und nur wenig anspruchsvoll waren, was ihr Überleben betrifft.

Mit diesem einen, scheinbar unbedeutenden Tag der Erdgeschichte verschwanden die ach so erfolgreichen Dinosaurier von der Bühne des Lebens. Obwohl nicht ganz, denn einige Vogeldinosaurier haben schließlich überlebt und sie sind nicht nur Nachfahren dieser Schreckensechsen, sie sind echte Dinosaurier. Doch auch die meisten der spätkreidezeitlichen Säugetiere überlebten diese Verheerungen nicht, vermutlich hatten unsere Vorfahren einfach Glück. Wie dem auch sei, der Fluss unserer Gene ging weiter, über die Grenze zwischen Kreidezeit und Paläogen hinweg und damit auch von der Ära des Mesozoikums hinein in die Ära des Känozoikums.

Ära: Känozoikum

Periode: Paläogen, eine neue Weltordnung (66–23,03 Millionen Jahre)

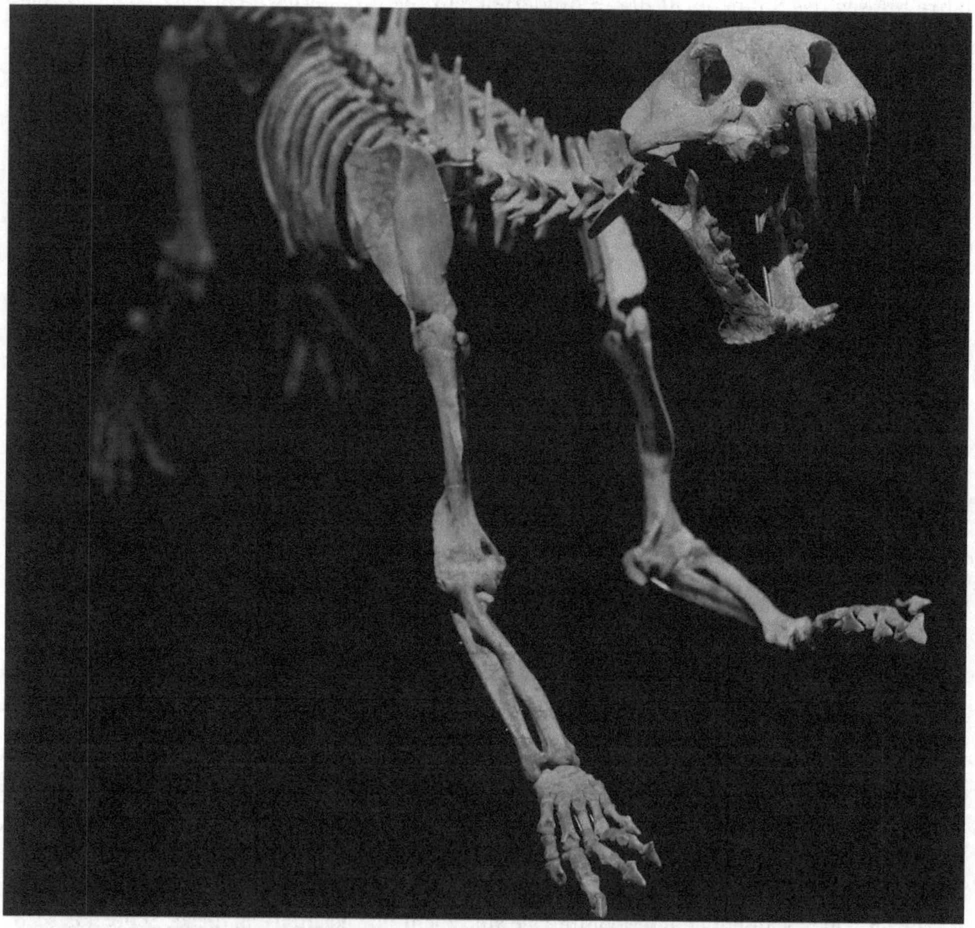

Abbildung 26: Fossiles Skelett einer Säbelzahnkatze. (5350755 auf Pixabay)

Unsere Reise durch die Evolution geht immer weiter und mit dem fatalen Massensterben am Ende der Kreidezeit verlassen wir nicht nur eine Periode der Erdgeschichte, wir wechseln sogar erneut in eine neue Ära, das Känozoikum. Zu Beginn ist das Bild um uns herum erschreckend. Dieser winzig kurze Moment des Einschlags hatte wahrlich erschütternde Folgen für das Leben auf der Erde, nahezu jeder Flussarm ist ausgetrocknet, vollkommen egal, wie breit er noch vor kurzer Zeit gewesen sein mag. Die Welt um uns herum gleicht einem Trümmerfeld, doch es gibt Überlebende.

Vor allem kleine Tiere ohne besondere Ansprüche und Spezialisierungen konnten in dieser postapokalyptischen Welt überleben. Auch wenn der besagte Asteroideneinschlag ein kurzes, singuläres Ereignis darstellt, so war die Regenerationsdauer unseres Planeten doch verhältnismäßig lang. Sowohl im Meer als auch an Land eroberten kleine Arten die Welt für sich und bildeten so die neue Grundlage für das zukünftige Leben auf der Erde. Erneut formten die Hände der Evolution aus diesen Überlebenden neue Tier- und Pflanzenarten und brachten so eine neue Vielfalt hervor.

Nach nur wenigen Tausend Jahren hatte sich das Klima wieder weitestgehend normalisiert. Es war immer noch sehr warm und daher konnten sich weltweit Regenwälder ausbreiten, die jedoch zu Beginn dieser Periode der Erdgeschichte vornehmlich aus Pionierpflanzen wie Farnen und Palmen bestanden. Da es keine großen Pflanzenfresser mehr gab, waren diese Wälder unglaublich dicht und es dauerte mehrere Millionen Jahre, bis sie wieder eine höhere Artenvielfalt erreichten. Die Kontinente setzten ihre Reise unbeeindruckt fort und näherten sich damit immer mehr ihren heutigen Positionen an. Der Atlantik wurde sowohl im Norden als auch im Süden immer breiter. Während Afrika gen Norden in Richtung Europa driftete, brachen mit Australien und der Antarktis auch die letzten Teile Gondwanas auseinander. Das globale Klima erreichte knapp zehn Millionen Jahre nach dem Asteroideneinschlag vor gut 55 Millionen Jahren ein weiteres Maximum, mit den höchsten Temperaturen des gesamten Känozoikums. Der Grund für diese Klimaanomalie ist noch nicht abschließend bekannt, aber vermutlich hatten auch hier Vulkane ihre feurigen Finger mit im Spiel. Schließlich kam es durch das Wachstum des Atlantiks zu einer starken Aktivität entlang des mittelozeanischen Rückens. Auch die Destabilisierung von Methanhydratfeldern entlang der Kontinentalränder führte dazu, dass diese vermutlich unglaubliche Mengen des Treibhausgases in die damalige Atmosphäre entließen. Es folgte ein weiteres Massensterben, das allerdings deutlich geringere Ausmaße erreichte als das vorangegangene. Doch nach dieser geologisch betrachtet kurzen Hitzewelle folgte eine kontinuierliche Abkühlung des Weltklimas, was in erster Linie der geografischen Isolation der Antarktis zu verdanken ist.

Durch das Aufbrechen der letzten Landverbindungen zwischen Südamerika und Australien mit der Antarktis änderten sich die Meeresströmungen auf dramatische Art und Weise. Von nun an entstand ein geschlossener Stromkreis um die Antarktis herum, der antarktische Zirkumpolarstrom. Dieser hielt die warmen Meeresströmungen auf Distanz zur Antarktis und aus dem vormals gemäßigten Klima dieser Region entstand eine Welt aus Schnee und Eis, was auf der gesamten Erde für ein kühleres Klima sorgte. Die Abkühlung des Klimas dauerte bis zum Ende dieser Periode und hatte auf seinem Weg weitreichende Folgen für die damalige Lebenswelt.

Der mühsame Weg an die Macht

Betrachten wir uns noch einmal genauer, wie sich das Leben nach dem katastrophalen Massensterben an der Kreide-Paläogen-Grenze wieder erholte. Gerade in den Ozeanen dauerte diese Erholungsphase verhältnismäßig lange, da durch die lange Dunkelheit des nuklearen Winters und die Versauerung der Meere der Großteil der Primärproduzenten verschwand. Erst nachdem sich die mikroskopische Welt des Planktons wieder regeneriert hatte, konnten auch die größeren Tiere hier wieder Fuß fassen. Doch durch das K-Pg-Ereignis waren sämtliche große Top-Jäger der mesozoischen Ozeane verschwunden, das betraf sowohl die Mosasaurier, die Plesiosaurier als auch viele der großen räuberischen Fischarten jener Zeit. Ohne diesen enormen Konkurrenzdruck durch die großen Meeresreptilien konnten im frühen Paläogen die Haie sich diesen Platz wieder erkämpfen. Einige von ihnen wuchsen zu unglaublichen Größen heran, wie zum Beispiel *Otodus obliquus*. Dieser Hai konnte bis zu 12 Meter lang werden und war damit doppelt so groß wie ein heutiger weißer Hai. Doch die warmen Meere des frühen Paläogens waren auch die Bühne für eine der faszinierendsten Übergänge in der Geschichte der Evolution. Ähnlich den Ereignissen in der frühen Trias, nach dem Massensterben am Ende des Perms, sollte sich wieder eine Gruppe von landlebenden Tieren an ein Leben im Meer anpassen. Das einzigartige Ergebnis dieses evolutiven Bühnenstücks sollten die Wale werden. Jene fast schon mythischen Riesen der Ozeane, die uns auch heute noch vor Augen führen, welche unmöglich erscheinenden Wege die Evolution in der Lage ist zu beschreiten. Die geografische Bühne dieses evolutiven Übergangs liegt im heutigen Indien und Pakistan. Doch vor gut 50 Millionen Jahren sah die Welt in diesem Gebiet noch deutlich anders aus als heute. Indien hatte sich bereits während der späten Kreidezeit von Gondwana gelöst und machte sich kontinuierlich auf den Weg nach Norden. Die Kollision mit dem asiatischen Kontinent war unausweichlich.

Vor 50 Millionen Jahren lag immer noch ein flaches Meer zwischen diesen beiden Landflächen, jedoch hat die Kollision bereits unter der Meeresoberfläche stattgefunden und begann den heutigen Himalaya zu bilden. Die ersten Bergspitzen formten eine Gruppe aus kleineren Inseln zwischen den kollidierenden Landmassen und genau hier begann die einzigartige Geschichte der Wale.

Vom gehenden Wal zu den Riesen der Ozeane

Das erste Tier aus dem Fossilbericht, das wir direkt den heutigen Walen zuordnen können, ist ein wahrlich merkwürdiges Geschöpf. Es lebte vor circa 50 Millionen Jahren und war ungefähr so groß wie ein kleiner Wolf, besaß lange, dünne Beine mit verlängerten Zehen und vor allem einen langgezogenen Schädel, der mit großen Zähnen ausgestattet war. Der Name dieses Tieres lautet *Pakicetus*, was so viel bedeutet wie „Wal aus Pakistan". Dieses Tier lebte noch teilweise an Land, war allerdings bereits in einigen Bereichen an ein Leben im flachen Wasser angepasst. Gut schwimmen konnte es vermutlich noch nicht, sondern wohl eher paddeln, wie wir es von Hunden kennen. Der Grund für diesen unwahrscheinlichen Wechsel des Lebensraums lag wohl im Klima der damaligen Zeit.

Es war sehr trocken und es gab daher wohl nicht viele Beutetiere an Land für ein Tier seiner Größe. Die flachen Meere dieser Region jedoch waren sehr viel reicher mit potenzieller Nahrung bestückt. Auch wenn er noch nicht sonderlich gut schwimmen konnte, so waren aber seine Knochen bereits sehr viel dichter als bei anderen landlebenden Säugetieren. Das erleichterte ihm das Tauchen erheblich, da sein Körper so dem Auftrieb des Wassers etwas entgegenzusetzen hatte. So verbrachte *Pakicetus* immer mehr Zeit seines Lebens im Wasser und passte sich immer weiter an diesen neuen Lebensraum an.

Auf diese Weise entstanden im Laufe von nicht einmal einer Million Jahre neue Arten, so zum Beispiel der bereits deutlich größere *Ambulocetus*. Der Körper dieses „gehenden Wals" war bereits deutlich besser an seinen neuen Lebensraum anpasst. Seine Beine wurden kürzer und paddelartiger, sein Schwanz dicker und damit muskulöser und der Schädel noch einmal deutlich größer. Er sah in etwa so aus wie ein krokodilähnliches Säugetier, das im flachen Wasser auf unvorsichtige Beute wartete, um dann urplötzlich zuzuschnappen. Bis zu diesem Zeitpunkt waren die frühen Wale noch nicht in der Lage, auf das offene Meer hinauszuschwimmen, unter anderem, weil sie immer noch auf Süßwasser zum Trinken angewiesen waren. Doch in den nächsten paar Millionen Jahren sollten die evolutionären Anpassungen immer weiter gehen und so einen der faszinierendsten Transformationsprozesse des gesamten Känozoikums umsetzen.

Ungefähr vor 47 Millionen Jahren entstanden aus diesen krokodilähnlichen Tieren die ersten Protocetidae. Sie lebten zwar auch noch zum Großteil amphibisch, also sowohl an Land wie auch im Wasser, hatten allerdings bereits wichtige neue Anpassungen durchlaufen. Eine der grundlegendsten war die Modifizierung des Gleichgewichtsorgans im Innenohr. Dabei bestehen die sogenannten Bogengänge aus drei miteinander verbundenen, ringförmigen Schläuchen. Diese Schläuche sind mit einer zähflüssigen Endolymphe gefüllt, die bei Drehbewegungen in Schwingung gerät. Feine Sinneshärchen in diesen Kanälen registrieren diesen Drehimpuls und wandeln ihn in ein elektrisches Signal um, das an das Gehirn weitergeleitet wird. Dieser gesamte Vorgang ist bei allen Säugetieren nahezu identisch und dient der richtigen Balance des Körpers.

An Land ist dieser Gleichgewichtssinn unerlässlich für das Überleben, doch im freien Wasser hindert er die Tiere daran, sich frei durch alle Dimensionen des zur Verfügung stehenden Raumes zu bewegen. Bei frühen Walen wie *Rhodocetus* sind diese Bogengänge so stark reduziert, dass die Endolymphe sich so gut wie nicht mehr bewegen kann. Dank dieser Anpassung sind die Tiere nun als erste dazu in der Lage, sich frei durch das Wasser zu bewegen, ohne dabei die Orientierung zu verlieren und unter ständigem Schwindel zu leiden.

So unabdingbar diese Entwicklung auch war, so stellt sie evolutionär betrachtet einen Point of no Return dar, denn damit war den Tieren der Weg aufs Land für immer verwehrt. Nun konnten sich die ersten Wale entwickeln, die ausschließlich im offenen Wasser lebten. Und nur knapp neun Millionen Jahre, nachdem der kleine *Pakicetus* zum ersten Mal für die Jagd ins Wasser stieg, waren sie in manchen Bereichen bereits die beherrschenden Meerestiere geworden. So lebte vor knapp 41 Millionen Jahre *Basilosaurus*, ein 18 Meter langer räuberischer Wal, an der Spitze seiner Nahrungskette – neben vielen kleineren Walen, die in vielerlei Hinsicht den heutigen Delfinen glichen, wie zum Beispiel *Durodon*. Zu diesem Zeitpunkt in der Evolutionsgeschichte dieser besonderen Tiere waren alle Wale mit großen Zähnen ausgestattete Raubtiere, die mit ihren einzigartigen Anpassungen die marinen Ökosysteme ihrer Zeit regelrecht aufmischten.

Doch es stand bereits eine weitere Revolution ins Haus. Als sich vor ungefähr 30 Millionen Jahren die Drake Straße zwischen Südamerika und der Antarktis öffnete und damit nicht nur den antarktischen Zirkumpolarstrom ins Leben rief, sondern auch das globale Klima beeinflusste, veränderte sich auch die Evolution der Wale. Zu eben jenem Zeitpunkt kam es zu einem kleineren Massensterben, auch unter den noch jungen Meeressäugern. Die großen Basilosaurier starben ausnahmslos aus, während die kleineren Durodon-Arten zum Teil überleben sollten und so zu den Vorfahren aller heutigen Wale erhoben wurden. Damit noch nicht genug: Ebenfalls zu dieser Zeit spalteten sich die Wale in die uns heute noch bekannten Großgruppen auf, die Zahnwale wie Pottwale oder Delfine auf der einen Seite und die gigantischen Bartenwale auf der anderen.

Gerade die Entstehung der filtrierenden Lebensweise der großen Bartenwale stellte für lange Zeit die Forscher vor große Rätsel, doch heute können wir diese Entwicklung sehr detailliert nachempfinden. Die frühesten Bartenwale lebten vor gut 30 Millionen Jahren und besaßen sowohl große Zähne als auch als neues Merkmal keratinöse Barten zwischen diesen Zähnen. Diese Tiere waren damit in der Lage, eine neuartige Nahrungsquelle für sich zu nutzen: Schwärme kleiner Fische oder Krustentiere, die in den nährstoffreichen Meeren zuhauf vorkamen. Damit hatten sie einen enormen Vorteil erlangt gegenüber anderen jagenden Walen, die ausschließlich auf die Jagd nach einzelnen großen Tieren gehen mussten.

Der Vorteil dieser neuen filtrierenden Lebensweise ermöglichte es diesen Tieren, gänzlich neue Wege zu beschreiten, und so verließen sie sich im Laufe der Zeit immer mehr auf diese neuen Nahrungsquellen. Aus evolutionär genetischer Sicht ist nun auch klar, warum heutige Bartenwale keine Zähne mehr besitzen. Da sie sie nun immer weniger für die Jagd einsetzen mussten, verringerte sich auch der evolutionäre Druck für ihren Erhalt. So schlichen sich im Laufe nur weniger Jahrmillionen immer mehr Mutationen ein in Genen, die für die Zahnbildung verantwortlich sind, bis diese schließlich vollends verschwunden waren. Eines der wichtigsten Gene hier ist zum Beispiel das Gen für Enamelin, ein Strukturprotein, das wichtig ist für die Mineralisierung des Zahnschmelzes bei allen höheren Säugetieren. Dieses Gen musste in der Evolutionsgesichte der Wale in kurzer Zeit so viele Mutationen erdulden, dass es schließlich zu einem nutzlosen Pseudogen degradiert wurde.

Heute existieren Zähne nur noch in den Embryonen von Bartenwalen, während ausgewachsene Tiere keinerlei Zähne mehr besitzen. Dies ist wieder einmal ein schönes Beispiel dafür, inwiefern Geologie, Evolution und Genetik ineinandergreifen, wenn es um die Gestaltung von Überlebensmaschinen geht.

Doch auch bei den Zahnwalen, also jener Gruppe von Walen, die ihre Zähne bis heute behalten haben, gab es große Veränderungen und neue Anpassungen, die nicht weniger spektakulär waren. Die räuberischen Zahnwale entwickelten sozusagen einen sechsten Sinn. Mit der sogenannten Echoortung sind sie bis heute in der Lage, ohne die Hilfe ihrer Augen ein genaues Bild ihrer Umgebung zu erzeugen, auch an Orten, an denen es gar kein sichtbares Licht mehr gibt. Für diese Fähigkeit stoßen die Wale hochfrequente Töne aus und registrieren die von Objekten jeder Art zurückgeworfenen Echos dieser Laute, um sich daraus ein Bild ihrer Umgebung machen zu können. Dank dieser einmaligen Fähigkeit können beispielsweise Pottwale in mehreren tausend Metern Tiefe, in absoluter Dunkelheit, auf die Jagd nach Tintenfischen und anderen Beutetieren gehen.

Ihre großen Gehirne formen aus den Echos ihrer eigenen Laute ein exaktes visuelles Bild ihrer Umgebung, so wie unsere Gehirne das Gleiche mit dem visuellen Input unserer Augen tun. Es entsteht sozusagen ein akustisches Bild der Welt um sie herum.

Warum die Entwicklung dieser Eigenschaft für die frühen Wale von Vorteil war, dürfte dabei auf der Hand liegen. Genauso wie Bartenwale durch ihre Barten konnten die Zahnwale dank der Echoortung völlig neue Nahrungsgründe erschließen, die ihnen bis dahin verborgen waren. Auch die grundlegende Physik des Meerwassers selbst half bei der Evolution dieses Sinnes, schließlich verhält sich Schall im Wasser grundlegend anders als in der Luft. Die Schallgeschwindigkeit im Meerwasser beträgt in etwa 1500 m/s, während sie in der Luft gerade einmal auf 343 m/s kommt. Daraus ergibt sich, dass die Orientierung mittels Schall im Wasser sehr viel vorteilhafter ist als an Land. Doch welche genetischen Veränderungen ermöglichten die Evolution dieses Sinnes?

Auch darauf haben wir heute bereits einige Antworten finden können. Vor allem zwei Gene, die bei allen Säugetieren für den Gehörsinn wichtig sind, durchliefen bei Walen Phasen einer erhöhten Evolution und das in etwa zur gleichen Zeit, als sich auch die Zähne der ersten Bartenwale zurückbildeten. Alle Säugetiere nutzen bestimmte Sinneszellen in ihren Ohren für die Schallwahrnehmung, sogenannte innere und äußere Haarzellen. Diese werden durch eine mechanische Schallschwingung aktiviert und wandeln so dieses „mechanische" Schallsignal in ein elektrisches Aktivitätsmuster um, das dann vom Gehirn interpretiert werden kann.

Unerlässliche Proteine für diese Sinneszellen sind unter anderen Prestin und Claudin-14. Ein Verlust jener Gene, die für diese Proteine codieren, führt auch bei uns Menschen zu Taubheit. Molekulare Studien haben gezeigt, dass es bei beiden Genen, zum gleichen erdgeschichtlichen Zeitpunkt, unter den Zahnwalen erhöhte Evolutionsraten gab, was auf einen gemeinsamen evolutionären Entwicklungstrend hindeutet. Bei Walen kam es vor knapp 30 Millionen Jahren zu gehäuften, positiv selektierten Mutationen in eben diesen Genen, wodurch die Sensitivität der Schallwahrnehmung wohl zum Zwecke der Echoortung modifiziert wurde.

Auch dank dieser bahnbrechenden Neuentwicklungen, sowohl bei den Barten- als auch bei den Zahnwalen, konnten diese Tiere zu ungeahnten Größen heranwachsen und wurden so zu den mächtigsten Tieren der marinen Ökosysteme.

Von winzigen Überlebenden zu den neuen Herrschern der Welt

Doch nicht nur im Wasser, sondern auch an Land durchbrach das Leben nach dem verheerenden Asteroideneinschlag neue Grenzen und wuchs erneut heran. Die ersten Jahre nach dem plötzlichen Massensterben am Ende der Kreidezeit waren nur für sehr kleine und wenig spezialisierte Tiere zu bewältigen. Bereits nach wenigen Tausend Jahren hatte sich das Klima auf der Welt wieder halbwegs normalisiert und es wuchsen erneut weltweite Regenwälder. Diese Wälder waren jedoch noch sehr artenarm und ausschließlich von einigen wenigen Pionierpflanzen bewohnt, wie Palmen und Farnen. Dafür waren diese Regenwälder, die sich fast über den gesamten Globus erstreckten, unglaublich dicht. Schließlich gab es keine großen pflanzenfressenden Dinosaurier mehr, die sie in Schach halten konnten.

Bewohnt wurden diese Wälder neben kleinen Vögeln auch von unauffälligen Säugetieren, die im dichten Unterholz stets auf Nahrungssuche waren und dabei immer zahlreicher wurden. Auch diese kleinen behaarten Lebewesen wurden von nun an kontinuierlich größer. Während die tatsächlichen Überlebenden des Einschlags wohl nicht viel mehr als 500 Gramm auf die Waage gebrachten haben, so lebten nur 100 000 Jahre später bereits Säugetiere mit bis zu sechs Kilogramm Gewicht und der Größe eines Waschbären, was bereits ungefähr den Ausmaßen der größten mesozoischen Säugetiere entsprach. Nach 300 000 Jahren kamen einige

Arten bereits auf 30 Kilogramm Gewicht und nach nur 700 000 Jahren streifte mit *Eoconodon* bereits ein knapp wolfsgroßer und 50 Kilogramm schwerer Räuber durch die dichten Wälder Nordamerikas.

Man kann hier also bereits sehr anschaulich sehen, wie schnell sich aus den initialen Überlebenden unter den Säugetieren größere Arten entwickelten und damit den neuentstanden ökologischen Freiraum für sich zu nutzen wussten. Die Größenzunahme setzte sich während des gesamten Paläogens fort und führte schließlich zu den größten landlebenden Säugetieren der Erdgeschichte am Ende dieser Periode. Doch zu Beginn zählten die ersten wirklich großen Säugetiere zu den Dinocerata, einer Gruppe schwergebauter Pflanzenfresser, die immerhin auf ein Gewicht von bis zu 2,5 Tonnen kommen sollten. Das auffälligste Merkmal dieser Tiergruppe waren jedoch die großen Hörner auf ihrem Schädel und ihre stoßzahnähnlichen Eckzähne. Trotz dieses martialischen Auftretens waren sie ruhige Pflanzenfresser, für die ihre Größe bereits ausreichend Schutz bot, denn größere Fleischfresser hatten sich bis hierhin noch nicht entwickelt.

Doch nicht nur die Säugetiere machten nach dem Verschwinden der Nichtvogel-Dinosaurier eine sogenannte adaptive Radiation durch, also eine starke Auffächerung in viele spezialisierte Arten, ausgehend von einem oder mehreren eher unspezialisierten Vorfahren. Auch die überlebenden Dinosaurier selbst betraten erneut mit breiter Brust die Bildfläche, die Vögel. Sie wurden allerdings nicht nur zu den hübschen kleinen Singvögeln, die wir aus unseren Gärten kennen, sie nahmen zum Teil wieder die Rolle ihrer nun verschwundenen Vorfahren ein und wurden Spitzenprädatoren. Einige Arten verloren sekundär ihre Flugfähigkeit und wuchsen zu enormer Größe heran. Sie patrouillierten von nun an auf ihren muskulösen Beinen durch die dichten Wälder dieser neuen Welt und machten Jagd auf alles was kleiner war als sie. Vor allem im heutigen Südamerika dominierten diese als „Terrorvögel“ bezeichneten Riesen für unzählige Millionen von Jahren ihre Ökosysteme.

Das Klima spielte gerade während des Paläogens stets eine große Rolle für die Entwicklung der Tier- und Pflanzenwelt. Während das Klima zu Beginn dieser Periode noch sehr warm und tropisch war, so kühlte es sich doch beginnend vor etwa 50 Millionen Jahren kontinuierlich ab. Bedingt durch dieses Abkühlen schrumpften auch die vormals globalen tropischen Regenwälder auf ein Kerngebiet rings um den Äquator zusammen, während sich andernorts weniger dichte, saisonale Trockenwälder ausbreiteten, die immer wieder durch große Grassavannen durchbrochen wurden. Durch diesen Wechsel sowohl im Klima als auch in der Vegetation konnten nun auch die Säugetiere immer größer werden.

Es waren gerade jene Anpassungen, die unsere Vorfahren im Schatten der übermächtigen Dinosaurier entwickeln mussten, die ihnen und ihren Genomen von nun an zu einem ungeahnten Erfolg verhalfen. So wurden die Säugetiere von nun an zu den mächtigsten Tieren der Welt und dominierten nahezu jedes Ökosystem, vom kleinen flinken Bodenbewohner bis hin zu den größten landlebenden Tieren ihrer Zeit. So stampfte gegen Ende des Paläogens *Parace-*

ratherium durch die weiten Ländereien des damaligen Eurasiens. Diese Tiere waren wahrhafte Giganten. Mit einer Schulterhöhe von bis zu 4,8 Metern und einer Länge von mehr als 7 Metern wurden sie größer als jedes andere uns heute bekannte Säugetier an Land.

Seine säulenartigen Beine trugen ein Gewicht von knapp 20 Tonnen, womit diese Tiere mehr als alle anderen an die untergegangene Majestät der großen Sauropoden erinnerten. Doch neben diesen Riesen betraten auch viele andere, uns heute noch bekannte Tierformen die Bühne des Lebens, so zum Beispiel die ersten Katzen, Pferde, Nashörner, Rüsseltiere oder Kamele.

In jedem Ökosystem brachte die Evolution neue Spieler auf die Bühne, manche scheinen uns in Gestalt und Größe bekannt zu sein, während andere seltsam fremd und furchteinflößend erscheinen. So zum Beispiel die Entelodonten, große bis sehr große Allesfresser, die entfernt an heutige Wildschweine erinnern. Daher rühren auch ihre Spitznamen wie „Terminator Schweine" oder „Höllenschweine".

Auch wenn diese Tiere nach neueren Erkenntnissen näher mit den Nilpferden verwandt sind, so kann ein jeder diese Namensgebung nachvollziehen, der einen Blick auf ihre Skelette wirft. Sie besaßen bullige, muskulöse Körper, die von vier relativ dünnen Beinen getragen wurden. Doch ihr auffälligstes Merkmal ist ihr großer, langgezogener Schädel, der bestückt ist mit vielen großen Zähnen, von denen die hauerartigen Eckzähne am eindringlichsten sind.

Alles in allem entstand gerade zu dieser Zeit eine vormals nicht bekannte Fülle an neuen Säugetierarten, die sich über die gesamte Welt erstreckte. Die einmaligen physiologischen Eigenschaften dieser Gruppe von Überlebensmaschinen, allesamt aus der Not heraus entstanden, erlaubte es diesen Genomen, die Welt, in der sie lebten, zu dominieren. Unter dieser neuentstandenen Vielfalt an Plazentatieren gedieh auch eine, zumindest aus unserer Sicht, besondere Gruppe von Säugetieren, eine Gruppe sehr kleiner, baumbewohnender Tiere, die wir heute als Primaten bezeichnen und zu der auch wir Menschen gehören.

Primaten: Ein Leben in den Bäumen

Nun wird es wieder einmal Zeit, einen genaueren Blick auf unseren eigenen Evolutionsarm zu werfen, denn während des Paläogens ist es uns zum ersten Mal wirklich möglich, unsere ureigenen Vorfahren, die ersten Primaten, direkt zu betrachten. Auch wenn die ersten Primaten vermutlich schon zur Zeit der Dinosaurier lebten, so sollte ihre große Zeit doch erst nach deren Ende auf sie warten, in den dichten tropischen Wäldern des frühen Paläogens. Diese heiße Zeit war gewissermaßen die goldene Ära der Primaten. Sie verbreiteten sich über ganz Nordamerika und Eurasien, wo ihnen die dichte, tropische Vegetation ausreichend Nahrung und Schutz bot. In dieser Welt, die nahezu ausschließlich von dichten Wäldern bedeckt war, schien ihr Lebensraum kein Ende zu nehmen.

Während sich die meisten anderen frühen Säugetiere auf dem hart umkämpften Boden durchschlagen mussten, bewohnten sie einen sehr viel sicheren Lebensraum, die Baumkronen. Auch wenn diese frühen Primaten sehr erfolgreich waren und sich demnach weit verbreiten konnten, so blieben sie sehr klein. Die meisten von ihnen waren sogar kleiner als die kleinsten heute noch lebenden Primatenarten. Es war vermutlich gerade ihre kleine Größe, die sie so erfolgreich machte, denn in den dichten Wäldern jener Zeit war die Größe eines Tieres stets ein limitierender Faktor. Und für Tiere ihrer Größe boten diese Wälder mehr als ausreichend Blätter, Früchte oder Insekten – es war für jeden Geschmack etwas dabei.

Die erste wirklich nennenswerte Größenzunahme in der Entwicklungslinie unserer Vorfahren kam erst zum Ende dieser Periode der Erdgeschichte zum Tragen und zwar zu eben jener Zeit, als sich das Klima weltweit abkühlte. Ab dem mittleren Paläogen verloren die Primaten viele ihrer ursprünglichen Lebensräume für immer. In Nordamerika kam es aufgrund der Plattentektonik zur Entstehung von Gebirgsketten, wie den Rocky Mountains, durch die deutlich weniger Regen bis in das Landesinnere kam. Zusammen mit dem kühleren Klima verschwanden so die ausgedehnten Regenwälder dieser Region und mit ihnen die Primaten, die sie bewohnten. Ein weiterer Faktor, der das Weltklima massiv bestimmen sollte, war die Entstehung des Himalaya-Gebirges.

Als der indische Subkontinent auf seiner Reise gen Norden vor circa 50 Millionen Jahren mit dem asiatischen Kontinent kollidierte, erschuf er so im Verlaufe des Paläogens innerhalb vieler Millionen Jahren das heute größte Gebirge der Welt. Durch diese enorme Exposition von Grundgestein mit der Atmosphäre nahm auch die chemische Verwitterung eben jener Gesteine zu und dieser Prozess bindet unglaubliche Mengen an CO_2, die so aus der Atmosphäre gezogen werden und damit in der Lage sind, das weltweite Klima abzukühlen. Diese Abkühlung war eine wahrhafte Katastrophe für unsere Vorfahren, denn zusammen mit den warmen Regenwäldern verschwanden auch sie aus weiten Teilen ihrer ehemaligen Verbreitungsgebiete.

Doch zum Glück dienten ihnen die weiterhin tropischen Bereiche Nordafrikas, Saudi-Arabiens, Indiens oder Süd-Ost-Asiens als Refugien, in denen sie weiterhin gedeihen konnten. Wahrscheinlich zu jener Zeit kam es unter unseren baumbewohnenden Vorfahren auch zu einigen genetischen Veränderungen, die unser Leben auch heute noch maßgeblich beeinflussen, die Entstehung unseres Farbensehens. Doch bevor wir genauer auf diese genetischen Mechanismen eingehen, sollten wir uns einmal kurz fragen: Was ist überhaupt „Sehen"?

Eine bunte Welt

Als Sehen bezeichnet man die Fähigkeit vieler Tiere, sich anhand des sichtbaren Lichts zu orientieren und sich ein Bild der eigenen Umgebung zu erschaffen. Das sichtbare, weiße Licht unserer Sonne ist eine Art Potpourri aus elektromagnetischer Strahlung unterschiedlichster Wellenlängen. Darunter ist sehr kurzwelliges Licht wie Ultraviolett oder Blau, Licht mittlerer Wellenlängen wie zum Beispiel Grün oder eher langwelliges Licht wie Rot oder Infrarot. Damit ist das, was wir als „Licht" bezeichnen, nichts anderes als der von uns wahrnehmbare Bereich der allgegenwärtigen elektromagnetischen Strahlung um uns herum. Wir Menschen können weder sehr kurzwelliges (ultraviolett) noch sehr langwelliges (infrarot) Licht wahrnehmen. Unser Sehvermögen ist auf Licht zwischen den Wellenlängen für blaues und rotes Licht beschränkt, während viele andere Tierarten in der Lage sind, auch die extremeren Wellenlängenbereiche mit abzudecken.

Wie funktioniert überhaupt die Wahrnehmung von Licht? Ist sie doch von so entscheidender Bedeutung nicht nur für uns, sondern auch für so viele andere Tierarten gleichermaßen. Damit Licht und die in ihm enthaltenen Informationen von unserem Gehirn überhaupt verarbeitet werden können, muss zunächst das visuelle, optische Signal in ein elektrisches umgewandelt werden. Dafür verantwortlich sind ganz bestimmte Sinneszellen in unseren Augen, die Photorezeptoren.

Wirbeltiere, wie auch wir Menschen, besitzen in aller Regel zwei verschiedene Arten von lichtsensitiven Zellen, zum einen die sogenannten Stäbchen und zum anderen die Zapfen. Die grundlegende, molekulare Funktionsweise ist allerdings bei beiden Zelltypen sehr ähnlich. Sie beinhalten in ihrer Membran das Transmembranprotein Opsin, das mit dem photosensitiven Chromophor, dem Retinal, verbunden ist. Trifft nun eine elektromagnetische Welle des sichtbaren Spektrums (Licht) auf diesen Proteinkomplex, verändert das Chromophor seine Struktur und löst sich damit aus seiner Verbindung mit dem Opsin-Protein. Das wiederum führt über eine komplexe Signaltransduktion zur Schließung bestimmter Ionenkanäle innerhalb der Membran der photosensitiven Zelle und damit zur Umwandlung eines optischen Signals in ein elektrisches, das nun über komplexe Zellverbindungen bis ins Gehirn weitergegeben werden kann.

Die Stäbchen-Photorezeptoren sprechen vor allem auf Licht von sehr geringer Helligkeit an und sind daher für ein Sehen bei Dämmerung oder sogar bei Nacht ausgelegt. Da sie jedoch alle auf Licht der gleichen Wellenlänge ansprechen, ist mit ihnen keine Farbwahrnehmung möglich. Das uns so bekannte Farbensehen entsteht nicht in unseren Augen, sondern in unserem Gehirn und benötigt Sinneszellen, die unterschiedliche Empfindlichkeiten gegenüber Licht verschiedener Wellenlängen besitzen und diese Informationen weiterleiten können. Diese Fähigkeit besitzen nur die Zapfen-Photorezeptoren, denn sie verwenden verschiedene Opsin-Proteine, bei denen stets nur einzelne Aminosäuren ausgetauscht sind und so die spektrale Empfindlichkeit moduliert wurde. Schon eine kleine Veränderung der Sequenz eines Opsin-Gens kann das Absorptionsspektrum dieser Proteine verschieben, entweder in Richtung kurzwellig oder langwellig. Daher kann man sagen, je mehr verschiedene Zapfentypen eine gegebene Art besitzt, desto ausgeprägter ist auch seine Farbwahrnehmung. Schließlich entstehen Farben immer durch Vergleiche und je mehr unterschiedliche Informationen im Gehirn zusammenlaufen, desto mehr Farben können auch herausgefiltert werden.

Wie steht es nun bei uns Säugetieren mit dem Farbensehen? Tatsächlich nicht sehr gut. Die überwiegende Mehrheit von uns besitzt nur zwei verschiedene Zapfentypen, einen für eher kurzwelliges Licht und einen für langwelliges. Daher zählen wir zu den „Dichromaten". Damit können unsere Gehirne zwar ungefähr 40 000 Farben voneinander unterscheiden, aber es bestehen dennoch große Lücken im Gesamtspektrum. Auch wir besaßen in unserer Evolutionsgeschichte ursprünglich deutlich mehr Zapfentypen, auch heute noch sind viele der Nachfahren unserer gemeinsamen Vorfahren unter den Fischen, Amphibien oder Reptilien „Tetrachromaten" und besitzen damit sogar vier verschiedene Zapfentypen.

Doch warum sehen gerade wir Säugetiere so schlecht im Vergleich zu anderen Tieren? Die Antwort auf diese Frage führt uns erneut zu den ehemals allmächtigen Dinosauriern. Ihre Dominanz hatte ungeheure Folgen für uns Säugetiere. Sie zwangen uns einst in die Dunkelheit von Höhlen und Löchern, weshalb wir die Laktation erfunden haben, sie plünderten unsere Nester, weswegen wir anfingen, unseren Nachwuchs in unseren eigenen Körpern zu behalten, und sie zwangen uns für viele Millionen von Jahren in die Dunkelheit der Nacht. Und wenn man nachts auf Jagd geht, ist Farbensehen nicht sehr relevant. Von daher verloren unsere Vorfahren viele ihrer ursprünglichen Zapfentypen, weil sie einfach nicht mehr von Vorteil waren.

Ohne einen erhaltenden, positiven Selektionsdruck können sich sehr leicht Mutationen in bestimmte Abschnitte eines jeden Genoms einschleichen, die auf Dauer zum vollständigen Funktionsverlust einzelner Gene führen können. Bei vielen Säugetieren hat sich daran in den letzten Millionen Jahren nicht viel geändert, doch an dieser Stelle sind wir etwas Besonderes. Denn irgendwann während des Paläogens kam es zu einem genetischen Ereignis in unserer Abstammungslinie der Altweltaffen (zu der auch wir Menschen zählen), wodurch uns ein großes Geschenk zuteilwurde.

Dieses genetische Ereignis erzeugte ein Echo, das in unserem Flussarm der Evolution bis zum heutigen Tag zu hören ist, oder besser gesagt zu „sehen". In jenem Zeitraum kam es in einem unserer kleinen, baumbewohnenden, dichromatischen Vorfahren zu einer Duplikation in jenem genomischen Abschnitt, in dem ein Gen für Opsin enthalten ist. Nun zeigte sich die Evolution erneut von ihrer spielerischen Seite, denn da die Originalkopie des Gens nach wie vor vorhanden und dabei vollständig funktionsfähig war, konnte die „überflüssige" Kopie erneut Mutationen anhäufen. In einigen, glücklichen Individuen führten diese Mutationen zu einer Verschiebung des Absorptionsspektrums des betreffenden Proteins und damit kam es zur (erneuten) Geburtsstunde unseres trichromatischen Sehens.

Dank dieses „neuen" Opsins war es unseren Vorfahren plötzlich möglich, mehr Farben wahrzunehmen als die direkte Konkurrenz. Sie konnten nun besser reife Früchte oder junge

Blätter erkennen und wahrscheinlich auch die sich tarnenden Jäger besser ausmachen. Ohne Frage war dieses kleine genetische Vorkommnis für unsere Vorfahren und damit auch für uns selbst von allergrößter Bedeutung, denn es brachte uns erhebliche evolutionäre Vorteile im kontinuierlichen Kampf ums Überleben.

Eine Reise ins Paläogen

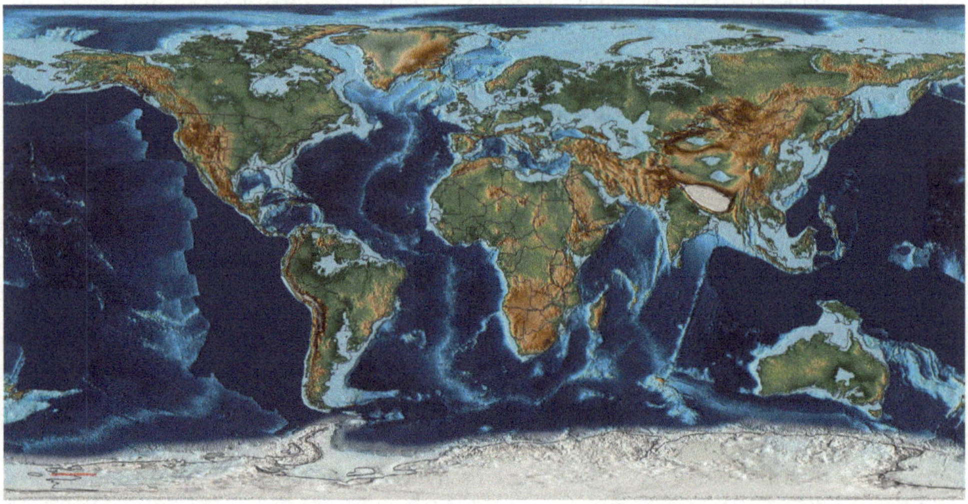

Abbildung 27: Die Lage der Kontinente zur Zeit des Paläogens, vor 30 Millionen Jahren (C. R. Scotese, 2016).

Dies ist der perfekte Übergang, um uns erneut auf eine Reise zu unseren Vorfahren zu begeben, denn ihre Welt und auch sie selbst haben sich seit unserem letzten Besuch deutlich verändert. Wieder betrachten wir unsere Erde von oben und hinter der schwarzen Kulisse des Universums wirkt sie wie ein bunter Diamant, der in unterschiedlichen Farben erstrahlt. Wir betrachten die Kontinente voller Erstaunen. Zum ersten Mal können wir wirklich unsere heutige Welt wiedererkennen, selbst Indien ist bereits weitestgehend mit dem asiatischen Festland verbunden. Die großen Landmassen unseres Planeten haben bereits fast ihre heutige Position und Form erreicht. Die größten Unterschiede sind vor allem, dass Nord- und Südamerika noch durch ein Meer voneinander getrennt sind und das weite Teile Europas, Vorderasiens und auch Nordafrikas ebenfalls unter einem flachen Ozean verborgen liegen. Auch die Antarktis ist noch teilweise grün gefärbt von der sie bedeckenden Vegetation, es sind nur kleinere Teile ihres Zentrums von Eis bedeckt. Doch dieses gefräßige Weiß wird sich in den kommenden Jahrmillionen noch über den gesamten südlichen Kontinent ausbreiten.

Erneut nähern wir uns der Oberfläche dieses wunderschönen Planeten, bereits voller Erwartungen über das, was uns dort unten so alles an neuen Eindrücken bevorsteht. Nach gefühlt nur wenigen Sekunden ist vom Schwarz des Universums bereits nichts mehr zu sehen. Die Erde mit all ihren Farben erstreckt sich nun über unser gesamtes Blickfeld. Wir steuern auf den südlichen Teil Asiens zu und sehen durch die dünne Wolkendecke plötzlich den indischen Subkontinent genau vor uns, er ist riesig und weitgehend von einem dichten Grün bedeckt.

Seine stete Wanderung gen Norden führt dazu, dass sich der Himalaya immer höher auftürmt. Doch zu diesem Zeitpunkt der Erdgeschichte ist er noch weit davon entfernt, das höchste Gebirge der Welt zu sein. Wir können die Gebirgskette dennoch bereits gut erkennen und fallen auf seine nördlichen Ausläufer zu, die ebenfalls von einem satten Grün vereinnahmt werden. Doch zunächst gerät das weite Blau des noch jungen indischen Ozeans in unser Blickfeld.

Wir nähern uns diesen Küstengewässern mit immer höherer Geschwindigkeit und können bereits die Wellenberge auf seiner Oberfläche gut erkennen. Im nächsten Moment tauchen wir in das Blau dieser Welt ein, die unsere Vorfahren bereits vor vielen Hundert Millionen Jahren verlassen haben. Noch für einen kurzen Moment müssen wir an die vergangenen Schrecken dieser urzeitlichen Meere denken, wie die Seeskorpione des Silurs oder die gepanzerten Fische des Devons. Doch als wir uns umzuschauen beginnen, merken wir, dass diese Zeiten schon lange vorbei sind. Direkt vor uns ist ein riesiger Fischschwarm, der aufgeregt unter der Wasseroberfläche dahinschwimmt. Die Strahlen der Sonne werfen lange Säulen grellen Lichts durch die trennende Barriere zwischen Wasser und Luft.

Plötzlich bemerken wir große Schatten unter uns und fokussieren unseren Blick nach unten. Zum ersten Mal seit Beginn unserer Reise sind uns die Urheber dieser Bewegungen nicht mehr fremd, es sind Wale. Auch wenn diese Art zu unserer Zeit schon lange nicht mehr existiert, so kommen sie uns dennoch seltsam bekannt vor. Sie besitzen bläulich schwarze Körper und erinnern uns entfernt an Buckelwale, nur das sie bei näherer Betrachtung noch Zähne besitzen. Sie scheinen den Fischschwarm zu verfolgen und geben ununterbrochen faszinierende Laute von sich. Doch im nächsten Moment rasen wir wieder aus dem Wasser heraus, bis wir einige Meter über der Wasseroberfläche sind. Wir können bereits die grüne Küste vor uns erkennen. Gerade als wir uns auf das Festland konzentrieren, springt einer der Wale aus dem Wasser heraus und lässt es bei seinem erneuten Aufprall regelrecht unter sich explodieren, ein überwältigender Anblick.

Die Küste kommt immer näher, wir sehen bereits ausgedehnte Mangrovenwälder vor uns, die sich bis zu den Horizonten erstrecken. Die langen Wurzeln dieser merkwürdigen Bäume durchbohren die Wasseroberfläche und erschaffen damit ein ganz eigenes Ökosystem. Wir fliegen in einem atemberaubenden Tempo über die Kronen dieser Bäume hinweg, bis sich die Vegetation ändert, der flache Mangrovenwald geht über in einen tropischen Wald, der von teils gigantischen Baumriesen dominiert wird. Man kann die hohe Luftfeuchtigkeit regelrecht sehen. Diese Luft ist nicht nur unglaublich feucht, sie ist auch geschwängert von den Rufen unzähliger Vögel und anderer Waldbewohner. Wir scheinen in einem Paradies gelandet zu sein. Wir kommen immer tiefer und nähern uns damit immer mehr den Kronen der großen Bäume unter uns. Wir rasen vorbei an dicken Stämmen, die selbst noch von allen möglichen anderen Pflanzen bewachsen sind. Dann wird alles dunkel.

Als wir die Augen wieder öffnen, bietet sich uns ein spektakulärer Anblick. Wir scheinen hoch oben in dem Kronendach eines riesigen Baumes frei zu pendeln. Unter uns sehen wir die Dächer kleinerer Bäume und sogar ein Teil des Waldbodens, er ist unglaublich weit weg. Da bekommen wir es doch etwas mit der Angst zu tun, intuitiv holen wir etwas Schwung und klammern uns mithilfe unserer langen Arme an dem Ast fest, an dem wir hingen. Oben angekommen betrachten wir unseren Körper, wir haben ein kurzes schwarz-weißes Fell und lange Arme mit kräftigen Fingern, unsere Beine sind dagegen relativ kurz, aber ebenfalls muskulös gebaut. Dieser Körperbau kommt uns direkt sehr bekannt vor, es ist der Körper eines typischen Primaten.

Wir schauen uns noch einmal für einen Moment um und können uns an dieser üppigen Landschaft kaum satt sehen. Es sind nicht nur die unzähligen Bäume mit diesem satten Grün um uns herum, es sind auch die Geräusche, die uns fesseln. Überall hört man die Rufe von unterschiedlichen Vögeln, welche die Atmosphäre noch einmal zu verdichten scheinen. Im nächsten Moment werden wir jedoch jäh aus dieser Schwärmerei herausgerissen, jemand rempelt uns an. Wir drehen uns um und sehen, dass wir nicht allein hier oben sind. Wir sind wohl Teil einer ganzen Gruppe von kleinen Primaten, welche die Krone dieses Baumes als Ruheort für sich nutzen. Sie alle haben ein schwarzes Fell, das immer wieder durch weiße Streifen durchbrochen wird. Viele klammern sich mithilfe ihrer langen Schwänze an den umliegenden Ästen fest und pendeln so in luftiger Höhe. Vieles an dieser Welt kommt uns bereits so unglaublich bekannt vor, doch nun ist es an der Zeit, mehr von ihr zu sehen. Laute Rufe erschallen von den anderen Mitgliedern unserer Gruppe, wir kennen diese Art von Rufen, es ist Zeit für die Suche nach Nahrung.

Wir warten einen Moment, bis sich der Großteil unserer Gruppe in Bewegung gesetzt hat, und folgen ihr dann. Zunächst klettern wir unseren Baum etwas hinunter, bis wir auf der Höhe der anderen Bäume angekommen sind. Von nun an springen und schwingen wir uns von Baum zu Baum. Diese Art der Fortbewegung ist zwar komplett neu für uns, aber unsere Körper scheinen diesen Ablauf fest eingespeichert zu haben und es macht wirklich Spaß. Nach kurzer Zeit erreichen wir einen besonderen Baum, der voll hängt mit kräftig rot leuchtenden Früchten. Mit unserem lauten Gebrüll verscheuchen wir die Vögel, die sich bereits an den

Früchten bedienen, und nehmen diesen Baum für uns ein. Wir setzen uns auf einen Ast, etwas abseits der anderen Gruppenmitglieder, und versuchen ihr Verhalten untereinander besser zu beobachten, um einen Blick für die Hierarchie innerhalb der Gruppe zu bekommen. Plötzlich wird unsere Aufmerksamkeit von einem lauten, tiefen Ruf von der Gruppe weggelenkt. Wer oder was hat diesen Ruf nur ausgestoßen?

Wir wissen selbstverständlich, dass es sehr gefährlich sein kann, die Gruppe zu verlassen, doch unsere Neugier auf diese unbekannte Welt ist einfach zu groß. Wir müssen sehen, was da draußen noch so alles ist. Also verlassen wir so unauffällig wie möglich diesen früchtetragenden Baum und springen von einem Ast zum nächsten immer in Richtung der unbekannten Geräusche.

Es ist unglaublich, was für eine Vielfalt an unterschiedlichen Pflanzen auf einem einzigen Baum wachsen kann. In jeder Astgabel sitzen große, blühende Epiphyten, also Aufsitzerpflanzen, deren bunte Blüten die unterschiedlichsten Insekten anlocken. Wir machen immer wieder mal eine Pause und genießen die Vielfalt der Natur um uns herum, die man sich üppiger kaum vorzustellen vermag. Dann wieder dieses dröhnende Geräusch. Es ist mittlerweile deutlich näher, wir sind also auf dem richtigen Weg.

Wir schwingen uns weiter von Baum zu Baum, immer abwechselnd greifen wir mit unseren Armen oder mit unserem langen Schwanz. Dann ändert sich unverhofft die Umgebung. Wir befinden uns vor einer großen Schneise mitten im Wald, es wirkt beinahe wie ein Trampelpfad, nur in unglaublich groß. Wir bleiben am äußeren Rand dieser Schneise auf einem der Bäume stehen und versuchen darauf zu kommen, wer dazu in Lage sein soll, so einen Weg durch den dichten Wald zu schlagen.

Auf dem schlammigen Waldboden sind große Fußspuren zu sehen, sehr große. Sie sehen aus wie jene von Elefanten, nur eben viel größer. Dann wieder dieses Gebrüll. Wir scheinen definitiv auf dem richtigen Weg zu sein und folgen daher der Schneise. Wir springen weiterhin von Ast zu Ast, immer entlang dieses Pfades durch den Wald. Die Geräusche werden immer lauter und plötzlich mischen sich auch andere Rufe und Schreie mit darunter. Wir können unter uns auf dem Waldboden auf einmal einen kleinen Fluss sehen, der in die gleiche Richtung fließt, aus der auch die Rufe kommen.

Dann ist es plötzlich soweit, die Bäume hören auf und vor uns liegt eine enorme sattgrüne Freifläche, in dessen Mitte ein großer See liegt. Man kann viele unterschiedliche Tiere hier sehen, aber eine Art sticht deutlich hervor. Es handelt sich zweifelsohne um die Urheber der lauten, dröhnenden Rufe. Direkt am Ufer steht eine Gruppe *Paraceratherium*, das größte Landsäugetier aller Zeiten. Seine Dimensionen stellen alles in den Schatten, was Säugetiere vor und nach ihm erreichen sollten. Trotz ihrer oberflächlichen Ähnlichkeit zu den Elefanten sind diese Tiere näher mit den uns bekannten Nashörnern verwandt. Ihre kolossalen, grauen Körper stellen einen beeindruckenden Kontrast zum Grün des Waldes dar.

Es ist faszinierend zu sehen, mit welcher Wucht die Evolution die Aufspaltung der Säugetiere seit dem Aussterben der Dinosaurier vorantrieb. Bei unserer letzten Reise zu einem unserer Vorfahren während der Kreidezeit waren sowohl die Vorfahren von *Paraceratherium* als auch jene von uns Primaten noch kleine, sehr ähnlich aussehende Tiere, die sich stets in Höhlen verstecken mussten, um nicht gefressen zu werden. Doch nun müssen sich diese Riesen vor niemandem mehr verstecken. Ihre jetzige Größe ist mehr als Schutz genug. Diese Tiere, die nahezu 20 Tonnen wiegen können, haben vermutlich die maximale Größe erreicht, die ein Säugetier aufgrund seiner physiologischen und reproduktiven Eigenschaften an Land überhaupt erreichen kann, größer geht es wohl einfach nicht.

Einige dieser tonnenschweren Tiere gehen mit ihren säulenartigen Vorderbeinen in die Knie, um etwas zu trinken. Jede Bewegung dieser Giganten wirkt wie ein Akt der puren Kraft. In dem Wasser dieses großen Teiches halten sich noch große Gruppen anderer, deutlich kleinerer Nashornverwandter auf. Sie scheinen eine ähnliche ökologische Nische einzunehmen wie die Nilpferde des heutigen Afrikas. Die dröhnenden Rufe dieser Giganten, zusammen mit den wunderschönen Gesängen der allgegenwärtigen Vögel macht diese gesamte Szenerie zu einem einzigartigen Erlebnis.

Hingerissen von der Schönheit dieser Natur scheinen wir zu vergessen, wie gefährlich sie sein kann. Wir beschließen, trotz besseren Wissens, die Sicherheit der Bäume für einen Moment hinter uns zu lassen und uns diese Tiere aus der Nähe zu betrachten. Langsam klettern wir den Stamm unseres Baumes hinunter und als wir den ersten Fuß auf den schlammigen Boden setzen, merken wir, dass wir gerade eine andere Welt betreten. Eine, in der wir uns stets wachsam zeigen müssen, schließlich haben wir diese Welt schon lange hinter uns gelassen.

Vorsichtig setzen wir einen Fuß vor den anderen und gehen so auf allen vieren langsam in Richtung hohes Gras. Dieses ist auf der nahezu baumfreien Ebene allgegenwärtig. Auf dem Weg in Richtung Teich müssen wir unsere Sinne maximal schärfen, denn wir sehen nichts außer dem Grün des Grases, das uns wie ein Vorhang zu allen Seiten von der restlichen Welt abschirmt. Jedes Rascheln und jedes Knacken kann ein potenzieller Räuber sein, von denen es hier auf dem Boden nur so wimmelt. Wir gehen weiter und kommen an einen kleinen Bach, den wir von oben gar nicht wahrgenommen haben. Er liegt versteckt im Schatten des hohen Grases, für alle die waagemutig genug sind, sich hier zu bewegen.

Dieser namenlose Bach hat bereits ein tiefes Bett in den weichen Boden geschnitten, an dessen Rändern die Wurzeln der Gräser und der vereinzelten kleinen Bäume hervortreten. Die Wände dieses Bachbettes sind gesäumt von kleinen Löchern, die unzähligen Nagetieren Unterschlupf gewähren. Wir beschließen die Gunst der Stunde zu nutzen, um etwas zu trinken. Vorsichtig klettern wir in das schluchtartige Bachbett und schauen angespannt zu allen Seiten, die Luft ist rein, es tummeln sich nur Myriaden kleiner Insekten über der Wasseroberfläche.

Das Wasser ist kalt, aber es schmeckt unglaublich gut. Dann hören wir das Knacken eines Astes direkt hinter uns und nehmen einen gefährlichen Geruch war, es riecht nach Verwesung.

So schnell wie nur möglich springen wir über den Bach und klettern auf der anderen Seite die Steilwand hinauf. Auf dieser Seite des Baches steht ein kleinerer Baum, den wir regelrecht im Sprung besteigen, bis wir auf seiner gerade einmal sechs Meter hohen Spitze angekommen sind. Völlig außer Atem werfen einen Blick nach unten und merken direkt, wie richtig unsere Entscheidung zu fliehen doch war.

Aus dem hohen Gras schreitet ein großes katzenähnliches Raubtier hervor. Es hat ein gelbliches Fell mit großen schwarzen Flecken darauf, sein Schädel ist massig geformt und besitzt schreckliche Waffen, denen unsereins schon häufiger zum Opfer gefallen ist. Unglaublich lange, säbelzahnähnliche Eckzähne, die weit über den Unterkiefer des Tieres hinausragen. Trotz seiner Größe wirken seine Bewegungen ungemein grazil und erzeugen dabei kaum Geräusche. Doch dieser Räuber scheint nicht auf der Jagd zu sein, auch er möchte wohl nur einen Schluck dieses kalten Wassers trinken, bevor er sich wieder in die Tiefen des Dschungels zurückzieht. Wir atmen für einen Moment durch und versuchen das Gesehene zu verarbeiten. Wo wir schon hier oben sind, können wir uns ja auch gleich einen Überblick über unsere derzeitige Position verschaffen. Wir merken, dass wir den Riesen, nach denen wir gesucht haben, schon recht nah gekommen sind. Wir nehmen sogar ihren sehr strengen Körpergeruch wahr. Für den Moment sind wir mit unserer Position sehr zufrieden, dieser kleine Baum bietet uns den perfekten Beobachtungsort. Die *Paraceratherium*-Gruppe besteht auch aus einigen Jungtieren, die wahrscheinlich noch nicht sehr lange auf der Welt sind, sie werden von den großen Tieren bei all ihren Bewegungen stets angeleitet. Wasserstellen wie diese sind selbst für Tiere dieser Größe eine potenzielle Gefahrenquelle, denn hier leben immerhin Krokodile, die ohne Probleme länger als zehn Meter werden können und damit in der Lage sind, ein junges *Paraceratherium* leicht zu erlegen. Doch die erwachsenen Tiere sind stets wachsam.

Es ist unglaublich sich vorzustellen, wie vielfältig die Bandbreite der unterschiedlichen Säugetiere innerhalb der letzten Millionen Jahre hier bereits geworden ist und auf welche Art und Weise die Evolution durch die zufällige Veränderung von Gensequenzen aus kleinen, nagetierähnlichen Lebewesen diese Riesen erschuf. Eines wird uns auf dieser Reise immer wieder deutlich, und zwar dass unsere Körper nichts anderes sind als eine verformbare Masse in den Händen der Evolution.

Dieser Überfluss an Leben vor unseren Augen und die Gedanken, die er hervorruft, lassen uns jedoch blind und taub werden für die Gefahr, die sich uns gerade schleichend nähert. Denn die Evolution hat nicht nur friedliche Pflanzenfresser hervorgebracht, sondern auch ungemein grazile Jäger. Und eine dieser neuen evolutiven Erfindungen hat gerade damit begonnen, lautlos eben jenen Baum zu erklimmen, auf dem wir sitzen. Eine Raubkatze. Sie ist zwar deutlich kleiner als der säbelzahntragende Koloss, den wir gerade beobachtet haben, aber nicht weniger gefährlich. Lautlos kommt sie immer näher an uns heran, während wir immer noch von der Natur um uns herum in den Bann gezogen werden.

Erst als es bereits zu spät ist, sehen wir den dunklen Schatten unter uns mit seinen freiliegenden Zähnen. Gerade als wir versuchen wegzuspringen, schlägt sie mit ihren ausfahrbaren Krallen nach unserem kleinen Körper. Wir spüren die spitzen Krallen in unser Fleisch eindringen, während die gesprenkelte Raubkatze unseren Körper mit einer unglaublichen Wucht an sich heranzieht. Das letzte, was wir sehen können, sind ihre strahlend weißen Zähne, vor allem die leicht verlängerten Eckzähne, die ihr Ziel bereits erkoren haben. Dann wird alles dunkel, unsere Reise ist wieder einmal vorbei.

Die Reise geht weiter

Mit noch deutlich erhöhtem Puls betreten wir erneut unser Boot und machen uns bereit für die weitere Reise entlang des Flusses der Evolution, hin zu unserer heutigen Gestalt. Wieder lassen wir für einen kurzen Moment einige der bisher gesammelten Eindrücke Revue passieren und verstehen damit auch immer mehr von der ureigenen Natur der Evolution selbst. Wir haben auf dieser Reise etwas hautnah miterleben können, was unter anderen Umständen kaum greifbar ist, die grenzenlose Kontinuität der Evolution. Wir haben gesehen und irgendwie auch gefühlt, wie sich unsere ersten Wirbeltiervorfahren in den kambrischen Meeren gegen scheinbar übermächtige Gliederfüßer durchsetzen mussten und wie sie sich von diesem Moment an stetig weiterentwickelten, um mit der sich ändernden Welt Schritt halten zu können. Wir wurden Zeugen der wichtigsten Entwicklungsschritte in der Evolution der Wirbeltiere und haben gesehen, wie fließend diese Prozesse abliefen. Damit gibt es auch nicht den einen Zeitpunkt des Übergangs von einer Art zur nächsten oder den von einem bestimmten Lebensstil hin zu einem anderen. In der Geschichte der Evolution ist alles ein kontinuierlich fließender Prozess, in dem sich erfolgversprechende Merkmale durchsetzen und stets weiterentwickelt werden. Von daher ist es zwingend erforderlich, über unsere strikte „menschliche" und durch und durch künstliche Systematik hinwegzuschauen, um die Natur der Evolution vollends zu begreifen. Sie ist kein großes Regal, in dem hinter verschiedenen Schubladen unterschiedliche Arten und Gattungen zu finden sind, sondern sie ist aufgebaut wie ein Fluss, der ununterbrochen fließt und sich ständig weiter auffächert.

Genau das sehen wir auch in unserem Boot: Unser Flussarm hat sich gerade im Paläogen unglaublich weit verästelt und zum ersten Mal in unserer Evolutionsgeschichte haben wir uns bei unserer Reise im Körper eines echten Primaten wiedergefunden. Während wir unseren Flussarm entlangfahren, sehen wir immer mehr neue Abzweigungen, die inzwischen parallel zu uns verlaufen. Auch der Fluss als solches hat seit dem schrecklichen letzten Massensterben wieder ungeahnte Ausmaße angenommen und spiegelt damit den neuen Reichtum der Natur wider, den wir bei unserer Reise teilweise sehen konnten. Zu unserer Erleichterung kommt es beim Übergang zur nächsten Periode der Erdgeschichte, dem Neogen, zu keinem nennenswerten Aussterbeereignis, der Großteil der Flussarme bleibt bestehen und verästelt sich sogar noch weiter. Das Leben auf der Erde hat sein neues Gleichgewicht gefunden und proliferiert ohne Unterlass. Zweifelsohne hält es gerade für uns Menschen die größten Überraschungen noch bereit.

Periode: Neogen, eine Welt des Überflusses (23,03–2,58 Millionen Jahre)

Abbildung 28: Skelett eines großen Bartenwals. (Bild von just-pics auf Pixabay)

Voller Ehrfurcht lassen wir unseren Blick schweifen entlang des immer größer werdenden Einzugsgebietes dieses einzigartigen Flusssystems. Die Katastrophe am Ende der Kreidezeit scheint endgültig vergessen zu sein. Das Leben hat seine Komplexität zurückerlangt, auch wenn zum jetzigen Zeitpunkt so ganz andere Tiere diese Welt bevölkern. Aus einer Welt der Dinosaurier wurde eine Welt der Säugetiere, die von Groß bis Klein und von Land zu Wasser erfolgreich waren. Diese Reise, auf der wir den Weg unserer eigenen Gene durch die Zeit versuchen nachzuzeichnen, hat uns bereits vieles gelehrt, auch über unsere eigene Geschichte. Denn jene Gene, die heute unsere ureigenen Körper formen, waren stets zugegen, sie existierten im Schatten der Dinosaurier und überstanden schließlich sämtliche Aussterbeereignisse bis zum heutigen Tag. Im ständigen Kampf ums Überleben veränderten sie die Form ihrer Überlebensvehikel, fanden so immer eine Nische für sich selbst und stellten so den kontinuierlichen Fluss ihrer genetischen Information sicher.

Hier im Neogen erscheint die Welt unserer heutigen bereits sehr ähnlich. Die Lage der Kontinente, jener sich stets in Bewegung befindlichen Landmassen, hat fast ihre uns so bekannte Position angenommen. Zum Ende dieser Periode der Erdgeschichte vereinte sich sogar der amerikanische Doppelkontinent durch den Isthmus von Panama, einer schmalen Landverbindung zwischen diesen beiden vormals getrennten Landmassen. Aufgrund dieser neuen Verbindung kam es auch zu einem großflächigen Faunenaustausch, denn schließlich waren zusammen mit den Landmassen auch die Tierwelten dieser Kontinente stets voneinander getrennt. Dies ist erneut ein schönes Beispiel dafür, wie die Geologie ihren Einfluss auf die Biologie geltend machen kann, sowohl an Land wie auch im Wasser.

Die neuen Herrscher der Meere

Auch in den Ozeanen ging das Leben munter weiter. Vor allem die Wale machten während des Neogens eine unglaubliche Radiation durch, sie wurden zu den bestimmenden Großtieren dieser Ökosysteme. Die Vielfalt der Walarten während des Neogens übersteigt die der heutigen Wale um ein Vielfaches, hier stehen über 20 unterschiedliche Gattungen den heutigen 6 gegenüber. Allen voran die neuentstandenen Bartenwale diversifizierten sich immens. Dank ihrer filtrierenden Lebensweise wurden sie zu den erfolgreichsten marinen Säugetieren ihrer Zeit. Allerdings waren diese frühen Bartenwale noch nicht die Riesen, die wir von heute kennen und waren damit auch nicht mit einem Blauwal gleichzusetzen. Die meisten von ihnen überstiegen die Länge von zehn Metern nicht und doch schrieben ihre Gene zweifelsohne eine einmalige Erfolgsgeschichte.

Sie formten aus ihren landgebundenen, räuberischen Vehikeln geradezu riesige und gleichsam majestätische Meeresbewohner, die uns heute so faszinieren wie kaum eine andere Lebensform. Doch dort wo Licht ist, ist zumeist auch Schatten, und so mussten auch die frühen Bartenwale den Preis für ihren Erfolg zahlen, man könnte es auch als die „Tragödie des Triumphs“ bezeichnen. Durch ihre Größe und den Verlust ihre schützenden Zähne wurden sie auch zu einer erfolgsversprechenden Beute für Raubtiere und diese passten sich ihrer Größe schnell an und übertrafen sie sogar noch. Einer jener Räuber, der sich auf die Jagd nach diesen neuen Walarten spezialisierte, ist gleichzeitig auch heute noch eine Ikone der Meere, ein

Tier dem zweifelsohne niemand gerne begegnen würde. *Otodus Megalodon* ist der größte Hai der Erdgeschichte und wurde wohl bis zu unglaubliche 20 Meter lang und über 100 Tonnen schwer. In seinem aufgerissenen Maul könnte ohne Probleme ein großer Mann aufrecht stehen und hätte immer noch genug Platz. Zum Vergleich: Die durchschnittliche Größe eines weißen Hais, der größten heute lebenden rein räuberischen Hai-Art, liegt bei gut vier Metern, was in etwa der Geburtsgröße eines Megalodon entspricht. Ein Raubtier von solcher Größe erscheint heutzutage geradezu grotesk und auch im Neogen konnten einzelne Haie nur so groß werden, weil es genügend große Beutetiere gab. Es erfordert schon einiges an Fantasie, um sich auszumalen, mit welcher Kraft ein Tier von solcher Größe einen Wal erlegt und ihn dann mit seinen gigantischen Kiefern regelrecht zerfetzt.

Doch selbst ein Raubtier von dieser Größe hatte in den Meeren des Neogens noch eine starke Konkurrenz zu ertragen, denn es gab noch einen Räuber mit einer ähnlichen Größe, der es auch auf die friedfertigen Wale abgesehen hatte – und zwar ein anderer Wal. Der frühe Verwandte der heutigen Pottwale jagte anders als seine heutigen Verwandten nicht in der Tiefsee nach Tintenfischen, sondern machte Jagd auch seine näheren Angehörigen. Der *Levyatan* wurde ebenfalls mindestens 18 Meter lang und hatte ein furchteinflößendes Gebiss, das ausgestattet war mit den größten Zähnen aller uns bekannten Raubtiere der Erdgeschichte. Sie wurden bis zu 40 Zentimetern lang und hatten dabei einen Durchmesser von noch einmal 12 Zentimetern. Die Kraft, die diese Kiefer auf die Körper ihrer Beute ausübten, ist wohl kaum vorstellbar und durch und durch beängstigend. Die pure Existenz zweier solcher Raubtiere, die zur gleichen Zeit Jagd auf die gleiche Beute machten, zeigt eindrücklich, wie zahlreich die Wale in den Meeren des Neogens vorhanden waren.

Gerade während des Neogens waren die Meere von den tropischen Gebieten rund um den Äquator bis hin zu den immer kälter werdenden Meeren um die Pole übervoll mit Leben aller Art. Gerade die starken Temperaturunterschiede zwischen dem Äquator und den Polen sorgten dafür, dass die thermohalinen Strömungen des Meerwassers alle Bereiche der Ozeane, von der Tiefsee bis zu den tropischen Flachmeeren, mit ausreichend Sauerstoff und Nährstoffen versorgten. Das marine Leben konnte gerade während dieser Periode der Erdgeschichte aus dem Vollen schöpfen.

Die Riesen einer neuen Zeit

Doch auch auf dem Festland stand die Zeit nicht still, auch hier erschuf die Evolution immer komplexere Lebewesen und Nahrungsnetze. Auch hier wurden die Tiere immer größer und die ökologischen Verflechtungen immer dichter. So ging auch der Trend hin zu einer uns bekannteren Tierwelt immer weiter. So wurden neben den frühen Pferden auch die Kamele immer häufiger, einige Arten wie zum Beispiel *Titanotylopus* erreichten dabei Körpergrößen von bis zu 3,5 Metern und stellten damit die heutigen Kamele weit in den Schatten. Doch vor allem eine Gruppe von großen Säugetieren positionierte sich vorwiegend während des Neogens am oberen Ende der Größenskala, die Rüsseltiere. Selbst die letzten heute noch existierenden Arten dieser ehemals so formenreichen Tiergruppe sind heute die größten Landtiere der Erde, doch es war ein langer Weg bis dahin.

Die ersten uns heute bekannten Mitglieder dieser außergewöhnlichen Gruppe von Tieren lebten bereits im frühen Paläogen, doch für die ersten Millionen Jahre ihrer Auseinanderentwicklung blieben sie noch relativ klein und unscheinbar. Arten wie *Moeritherium* waren in etwa so groß wie heutige Tapire und pflegten eine amphibische Lebensweise rund um Flüsse und Seen des nördlichen Afrikas, ähnlich den heutigen Nilpferden. Doch auch diese frühen Vertreter besaßen bereits Vorstufen der auffälligsten Merkmale dieser gesamten Tiergruppe, einen Rüssel, der durch die Verschmelzung der Oberlippe mit der Nase entstand, und auch kleinere Stoßzähne, die wahrscheinlich dazu genutzt wurden, um Pflanzen aus den schlammigen Uferböden zu ziehen. Im Verlaufe des Paläogens kam es zu den ersten bescheidenen Größenzunahmen unter manchen Arten, doch ihre volle Pracht sollten diese Tiere erst während des Neogens entfalten.

Die Deinotherien waren ein besonders beeindruckender Zweig der Rüsseltiere. Sie entstanden zwar auch schon während des Paläogens, doch wurden sie erst im darauffolgenden Neogen zu wahren Riesen mit einer Schulterhöhe von deutlich über vier Metern. Ihr gesamtes Erscheinungsbild unterscheidet sie von allen anderen Mitgliedern dieser Tiergruppe, so besaßen sie relativ lange, schlanke Beine und Stoßzähne, die nur im Unterkiefer vorkamen und nach unten zeigten. Andere erfolgreiche Rüsseltierfamilien waren die Gomphotherien und die Stegodonten, beide waren sehr arten- und formenreich und gleichsam weit verbreitet.

Bis zum frühen Neogen waren alle Rüsseltiere auf den afrikanischen Kontinent beschränkt und kamen auch nur dort vor. Erst mit der Entstehung von Landbrücken mit dem eurasischen Kontinent konnten Mitglieder dieser Tiergruppe auch dorthin wandern. Sie verbreiteten sich sehr schnell und passten sich weiter an. Die Erschließung dieser neuen Lebensräume führte auch zu einer erneuten Radiationswelle dieser Tiere. Es entstanden immer mehr neue Arten und Formen, einige waren eher klein, aber viele erreichten auch ungeahnte Größen mit Schulterhöhen von bis zu 4,5 Metern. So wurden diese einzigartigen Tiere zu den größten und dominantesten Großtieren Amerikas, Afrikas und Eurasiens. Dabei wurden alle Kontinente von unterschiedlichen Arten bevölkert, die jedoch in ihrem grundsätzlichen Körperbauplan ähnlich waren. Sie alle besaßen lange Stoßzähne, auffällige Rüssel und säulenartige Beine. Auch die ersten Mitglieder der heutigen Elefantenfamilie entstanden zu jener Zeit im östlichen Afrika und brachten die klangvollen Gattungen *Mammuthus*, *Loxodonta* und *Paleoloxodon* hervor. Es war eine neue Zeit der Riesen angebrochen, wie es sie seit dem Ende der Dinosaurier-Ära nicht mehr gegeben hat, und das im Meer wie auch an Land.

Zusätzlich zu diesen beindruckenden Rüsseltieren mit ihrer einmaligen Artenvielfalt entstanden aber auch viele andere Großtiere. So zum Beispiel das Riesenfaultier *Megatherium*, das ebenfalls die Größe eines heutigen Elefanten erreichen konnte und mit ehrfurchtgebietenden Krallen ausgestattet war. Neben diesen bereits beeindruckenden Säugetieren lebte allerdings noch eine weitere Gruppe von großen Tieren, die unser Interesse wecken sollte, die Chalicotherien. Sie sahen in etwa so aus wie eine Kreuzung aus einem riesigen Pferd und einem Gorilla. Ihre Vorderbeine waren dabei extrem verlängert und mündeten in krallenbewehrten Händen und sie liefen (ähnlich wie heutige Gorillas) auf der Außenfläche ihrer Hände, vermutlich um ihre Krallen vor Abnutzung zu bewahren.

Es erscheint nahezu unglaublich, in wie viele komplett unterschiedliche Arten und Lebensweisen sich die Säugetiere nach dem Ende der Dinosaurier entwickelten. Sie erfüllten eine jede ökologischen Nische und existierten in allen nur erdenklichen Größenordnungen, vom winzigen Nagetier bis hin zum gigantischen, tonnenschweren Rüsseltier. Noch wenige Millionen Jahre vor dieser Zeit der Riesen waren alle Säugetiere in ihrem Erscheinungsbild recht ähnlich, kleine behaarte Allesfresser, deren großartige Zukunft noch vor ihnen lag.

Doch nicht nur die Pflanzenfresser gediehen zu dieser Zeit, auch die Raubtiere, die sich von ihnen ernährten, fanden ihren Platz im natürlichen Gefüge jener Zeit. Allen voran die Säbelzahnkatzen erhoben sich zu den dominantesten unter ihnen. Sie brachten im Laufe des Neogens besonders kräftige Tiere hervor, wie zum Beispiel *Smilodon* oder *Homotherium*. Diese Katzen, die ungefähr die Größe heutiger Tiger besaßen, dabei aber wesentlich kräftiger gebaut waren, hatten ein ganzes Arsenal an tödlichen Waffen zur Verfügung. Das auffälligste und auch namensgebende Merkmal waren die überproportional vergrößerten Eckzähne dieser Tiere. Sie waren so lang, dass sie weit über die Unterkiefer der Tiere hinausragten. Um die todbringende Wirkung dieser Waffen richtig nutzen zu können, waren sie in der Lage, ihre Kiefer über einen Winkel von 95 ° zu öffnen. Viele dieser hochgerüsteten Raubtiere waren deutlich massiver gebaut als heutige Großkatzen und besaßen auch nur einen relativ kurzen Schwanz, was sie eindeutig zu schlechteren Läufern machte. Sie waren viel mehr Lauerjäger, die sich so nah wie möglich an ihre Opfer heranschlichen, um sie dann mit ihrer Körpermasse auf dem Boden zu fixieren. Dann erst folgte der gezielte Einsatz ihrer mächtigsten Waffe, ihrer Säbelzähne.

Sie verbreiteten sich im Laufe dieser erdgeschichtlichen Periode auf allen Kontinenten außer Australien und der Antarktis und waren damit weltweit erfolgreiche Raubtiere. Doch sie waren trotz ihres Erfolgs nicht allein auf der Jagd, eine weitere Gruppe erfolgreicher Räuber waren die sogenannten Bärenhunde wie Agnotherien. Sie besaßen in etwa den Körperbau heutiger Bären, jedoch mit längeren Beinen, und sahen daher in etwa so aus wie eine Mischung aus Bären und Hunden. Sie erreichten auch Körpermassen von knapp 300 Kilogramm und konkurrierten daher für eine lange Zeit mit den Säbelkatzen. Doch die Welt des Neogens versprach genug für alle und so entstanden immer größere und komplexere Nahrungsnetze auf allen Kontinenten der damaligen Welt.

Der Weg zum modernen Menschen

Gerade auch für uns Menschen war das späte Neogen eine enorm wichtige Phase unserer Entwicklung. Schließlich brachte sie auch die ersten Hominiden hervor. Irgendwo in den immergrünen Wäldern Zentral- und Ostafrikas erwuchs eine neue Entwicklungslinie unter den Primaten, mit schwerwiegenden Folgen nicht nur für uns Menschen, sondern für die gesamte belebte Welt. Vor ungefähr sechs Millionen Jahren, also im späten Neogen, trennte sich die Entwicklungslinie zwischen uns Menschen und unseren nächsten noch lebenden Verwandten, den Schimpansen.

Bis zu diesem evolutionshistorischen Moment schwamm unser Boot noch auf dem gleichen Flussarm wie die heutigen Schimpansen, wir teilten uns unser Boot sozusagen mit ihnen. Das bedeutet allerdings nicht, dass Schimpansen unsere Vorfahren sind, denn der gemeinsame Vorfahre von uns Menschen und den heutigen Schimpansen war weder Mensch noch Schimpanse. Es war ein Primat, dessen Nachfahren getrennte Entwicklungswege einschlagen sollten und der nach sechs Millionen Jahren sowohl Menschen als auch Schimpansen hervorbringen sollte, auch wenn dieser ominöse Vorfahre einem Schimpansen wohl ähnlicher gesehen hat als einem Menschen. Nichtsdestotrotz schlagen wir mit unserem Boot zu diesem Zeitpunkt eine neue Richtung ein.

Schon kurz nachdem wir diesen neuen Seitenarm der Evolution betreten haben, stellen wir auch schon fest, dass unsere Körper eine wichtige Änderung erfahren, die uns von unseren näheren Verwandten bis heute unterscheidet. Schon vor ungefähr 5,7 Millionen Jahre waren unsere Vorfahren in der Lage, auf zwei Beinen zu gehen. Einer der ersten, dem das gelang, war wohl *Orrorin*, eine kleine Primatenart aus den Wäldern des östlichen Afrikas, dessen weitere Entwicklungslinie wohl bis zu uns Menschen reicht. Das faszinierende dabei ist aber vor allem, dass *Orrorin* noch in einem dichten Wald lebte. Dachte man doch bis vor Kurzen, dass sich das Gehen auf zwei Beinen als Anpassung an ein Leben in der offenen Savanne entwickelte. Nun ja, dem ist wohl nicht so. Doch warum entstand es denn dann? Die wahrscheinlichste Antwort liegt dabei in der Fortbewegungsweise in den Bäumen. Die Veränderungen vor allem der Hüft- und Beinknochen erlaubten in erster Linie die bessere Nutzung von sehr flexiblen Ästen und damit eine „springende" Fortbewegung von Ast zu Ast. Vermutlich kommt auch noch ein sozialer Aspekt hinzu, denn aufrechtstehende Tiere wirken größer und erhöhen damit wahrscheinlich auch den Erfolg bei der Paarung. Wie dem auch sei, entstand die Fortbewegung auf den zwei Hinterbeinen schon sehr früh nach der evolutionären Aufspaltung von Menschen und Schimpansen und zementierte damit auch die weitere Trennung in unterschiedliche Arten. Aufgrund des trockener werdenden Klimas in der gesamten Region wurden aus den Heimatwäldern unserer Vorfahren Stück für Stück Savannen und mit den Wäldern wichen auch viele der hier ansässigen Primatenarten.

Anders war es jedoch bei unseren Vorfahren. Bei ihnen zeigte sich die Evolution erneut von ihrer pragmatischen Seite. Sie nutzte einfach ein bereits entwickeltes Merkmal und fügte ihm eine neue Funktion hinzu. Da die Fortbewegung auf zwei Beinen bereits etabliert war, wenn auch zum besseren Vorankommen in den Bäumen, konnte sie nun auch genutzt werden, um sich weitgehend auf dem flachen Boden zu bewegen.

Da anderen Primaten die notwendigen Anpassungen bei Hüft- und Beinknochen fehlten, mussten sie dem weichenden Wald folgen und hatten in der offenen Savanne nur wenige Überlebenschancen.

Unsere Vorfahren jedoch konnten nun das Gehen auf zwei Beinen immer weiter verfeinern, was nicht nur die Energieeffizienz der Fortbewegung erhöhte, sondern auch die Hände und Arme unabhängig von der Fortbewegung machte. Dadurch waren die Hände nun frei für andere Tätigkeiten, wie zum Beispiel für die Nahrungssuche sowie das Tragen der Nahrung oder des Nachwuchses. Damit diente diese, ursprünglich in den Bäumen erlangte, Fähigkeit der optimalen Anpassung an das sich ändernde Klima.

In jener Zeit entwickelten sich unsere Vorfahren in den neuen Savannen des östlichen Afrikas zu den Australopethicen, einer Gruppe bereits vorwiegend aufrechtgehender Primaten. Die Fußspuren, die sie uns hinterlassen haben, zeigen, wie weit fortgeschritten der Prozess der Umformung der Füße bei ihnen bereits war. Sie dienten ihnen nicht mehr als Greiffüße, sondern waren viel eher „Stoßdämpfer“ für den aufrechten Gang.

Diese Gruppe unserer Vorfahren lebte nach wie vor in einer sehr gefährlichen Welt. Sie mussten zu jedem Zeitpunkt aufpassen, nicht von großen Rüsseltieren, wie den Deinotherien, niedergetrampelt oder von großen Raubkatzen gefressen zu werden. Zu jenem Zeitpunkt der Erdgeschichte, der aus Sicht unserer gesamten Reise betrachtet wirklich nicht sehr weit zurückliegt, waren unsere Vorfahren noch ganz natürliche Bestandteile ihrer Ökosysteme. Doch arbeiteten gerade diese Australopethicen in den Savannen Afrikas an einer Revolution, welche die Welt in eine ihrer größten Krisen stürzen sollte. Sie vergrößerten ihr Gehirnvolumen.

Die frühen *Australopethicus*-Arten hatten noch ein ähnliches Gehirnvolumen wie beispielsweise Schimpansen, ungefähr 360 cm^3, im Verlaufe ihrer Entwicklung kamen sie aber am Ende des Neogens bereits auf immerhin 510 cm^3. Wir sehen also, dass unsere Vorfahren durch das sich ändernde Klima ihre aufrechte Fortbewegung, die neuen potenziellen Tätigkeitsfelder ihrer Hände und Arme sowie auch ein weiteres Merkmal entwickelten, das uns als einziges wirklich von anderen Tieren abhebt, unser Gehirn. Dieses ermöglichte unseren Vorfahren und auch uns heute noch, die Welt um uns herum zu unserem Vorteil zu manipulieren. Es war jedoch nicht nur die reine Vergrößerung des Gesamtvolumens an Gehirnmasse, wichtig war vor allem, welche Areale einen Zuwachs erfuhren. Hier ist besonders der Neocortex zu nennen, der uns dazu befähigt, komplexe Entscheidungen zu treffen und das vielfältigere Sozialleben zu moderieren. Zweifelsohne entwickelte sich die Gehirnmasse für unsere Vorfahren zu einem dominanten Selektionsvorteil gegenüber anderen Arten.

Je mehr wir über unsere eigene Entwicklungsgeschichte erfahren, desto mehr begreifen wir auch, dass der Großteil in den Weiten der längst vergangenen afrikanischen Wälder und Savannen für immer verborgen bleiben wird. Doch einen Teil davon können wir noch lüften. Ein Detail unserer Evolutionsgeschichte fasziniert mich besonders und das nicht nur, weil es mit unserer Gehirnentwicklung zu tun hat, sondern auch weil es sich in den Tiefen der Genome unserer Vorfahren abspielte und zeigt, wie wichtig auch kleinste Veränderungen sein können.

Es ranken sich viele Mythen und Theorien um die Geheimnisse hinter der enormen und einmaligen Entwicklung des menschlichen Gehirns. Auch wenn diese Entwicklung zweifelsohne ein Ergebnis vieler unterschiedlicher genetischer Prozesse war, so haben wir vor Kurzem doch einen entscheidenden Baustein hinzufügen können. Dieser Baustein ist aus vielen Gründen etwas Besonderes, doch seine Größe zeichnet ihn am meisten aus, denn er ist unglaublich klein. Heute weiß man, dass artspezifische Genduplikationen einen enormen Einfluss haben können auf die evolutionäre Ausprägung bestimmter Eigenschaften einer jeden Art. Von daher war es interessant zu sehen, welche Gene sich speziell im menschlichen Genom angereichert oder verflüchtigt haben, im Vergleich zu unseren näheren Verwandten.

Eine Analyse eines jeden humanen Gens hinsichtlich dieser Frage hat unsere Augen geöffnet für die durchaus verwinkelten Wege, welche die Evolution bereit ist einzuschlagen. Tatsächlich haben diese Analysen gezeigt, dass mindestens 1004 Gene eine signifikante Änderung in ihrer Häufigkeit aufzeigen, zwischen uns und unseren näheren Verwandten, den großen afrikanischen Affen. Doch trotz dieser interessanten Erkenntnisse wurde unser Augenmerk nicht auf ein bestimmtes Gen gerichtet, sondern auf eine einzelne Proteindomäne oder anders ausgedrückt einen einzelnen konservierten Genabschnitt. Dieser Genabschnitt zeigte eine über die Maßen erstaunliche Anreicherung innerhalb des menschlichen Genoms, die zunächst schwer zu interpretieren war. Diese Proteindomäne ist nicht einmal besonders groß, nur 65 Aminosäuren lang, und kommt vor allem in einer ganz besonderen Genfamilie vor, den NBPF-Genen. Im gesamten menschlichen Genom finden sich mindestens 270 Kopien dieser Proteindomäne, während in den genomischen Ökosystemen, welche die Körper unserer nächsten Verwandten, den Schimpansen, konstruieren, nur etwa 125 Kopien vorkommen. Gehen wir nun speziell unsere Ahnenreihe immer weiter zurück, so nehmen auch die Kopien dieser anscheinend besonderen Proteindomäne immer weiter ab. So sind es beim Gorilla noch 99 Kopien, beim Orang-Utan noch 92, beim Gibbon 53 und bei den meisten Lemuren, von denen wir uns vor etwa 60 Millionen Jahren getrennt haben, in etwa zwei. Alle anderen Nicht-Primaten-Säugetiere haben weniger als zehn Kopien dieser Domäne und Nicht-Säugetiere besitzen schließlich gar keine. Wir können also genau sehen, dass sich dieser kleine Genabschnitt vor allem in den anthropoiden Flussarmen der Evolution besonders angereichert hat und gerade in der menschlichen Entwicklung eine regelrechte Explosion durchgemacht hat. Doch was genau macht diese kurze Aminosäuresequenz so besonders?

Wir können diese Frage noch nicht abschließend beantworten. Allerdings wissen wir, dass jene Gene, die besonders viele dieser humanspezifischen Domänen besitzen, die NBPF-Proteine, sehr stark in Neuronen des zentralen Nervensystems aktiviert werden. Und dort sind sie nach neusten Erkenntnissen daran beteiligt, die Teilungsphase neuronaler Stammzellen zu verlängern. Was schließlich bedeutet, dass das vermehrte Auftreten dieser Proteindomäne dazu führt, dass mehr Nervenzellen gebildet werden und damit das Gehirn anwächst. Dadurch konnte es schließlich im Laufe der Evolution immer komplexere Verarbeitungsprozesse umsetzen. So wurde weiter gezeigt, dass es eine durch und durch signifikante Korrelation gibt zwischen der Anzahl dieser Proteindomänen im Genom unserer Vorfahren mit der Anzahl an kortikalen Neuronen im Gehirn und der Gehirngröße selbst. Dagegen gibt es keinerlei Korrelation zwischen der Körpergröße eines bestimmten Primaten und der Anzahl dieser Genabschnitte im Genom.

Aufgrund all dieser Erkenntnisse bekam diese Proteindomäne auch einen besonderen Namen, Olduvai-Domäne. Benannt nach der Olduvai-Schlucht im Osten Afrikas, in der viele der wichtigsten Fossilien unser Vorfahren, wie den Australopethicen, gefunden wurden. Auf diese Weise zeigt uns die Olduvai-Domäne, welchen unglaublich großen Einfluss selbst kleine Veränderungen der Genome bewirken können, finden sie nur an der richtigen Stelle statt. Ohne Frage war die Existenz und die Anzahl dieser Olduvai-Domänen in den Genomen unserer Vorfahren ein evolutionäres Schlüsselelement unserer eigenen Entwicklung und der Entstehung unseres auffälligsten Merkmales, unseres großen Gehirns.

Eine Reise ins Neogen

Mit diesem Wissen können wir uns nun auf unsere nächste und auch letzte Reise begeben. Sie führt uns in das ausgehende Neogen und damit an einen enorm wichtigen Punkt unserer Entwicklung in der evolutionären Raumzeit. Wieder sehen wir die Erde von oben und wieder erscheint sie uns wie ein leuchtender Diamant, umgeben von der Schwärze des Universums. Zu diesem Zeitpunkt der Erdgeschichte sind die Kontinente kaum noch von ihrem heutigen Aussehen zu unterscheiden. Der Atlantik hat beinahe seine heutige Größe angenommen und isoliert damit den amerikanischen Doppelkontinent von der restlichen Welt und auch die Antarktis ist bereits von einer dicken Eisschicht bedeckt. Gerade im Vergleich zu unseren vorherigen Reisen durch die Zeit fühlen wir uns nun wieder fast wie zu Hause. Dann beginnt unser Fall und bereits einige Sekunden später erfüllt die Erde unser gesamtes Blickfeld, uns fallen immer Details ihrer komplexen Oberfläche auf.

Abbildung 29: Die Lage der Kontinente zur Zeit des Neogens, vor 6 Millionen Jahren (C. R. Scotese, 2016).

Es ist eindeutig, wo unsere Reise hingeht, wir steuern direkt auf den afrikanischen Kontinent zu, in dessen Norden sich bereits eine große Wüste ausbreitet (sozusagen ein Vorfahre der heutigen Sahara). Doch das Zentrum Afrikas ist von einem satten Grün dominiert und genau dahin scheint unsere Reise zu führen, wir steuern auf die küstennahen Gewässer des östlichen Afrikas zu. Das gebirgige Grün gerät aus unserem Blickfeld und plötzlich sehen wir nur noch Blau.

Das Meer hier hat eine wunderschöne türkisblaue Farbe und spiegelt bereits die Fülle an Leben wider, die sich in ihm tummelt. Nun da wir kurz über der Oberfläche dieses Meeres angekommen sind, sehen wir auch schon einen großen, dunklen Fischschwarm, der scheinbar hektisch immer wieder seine Richtung ändert. Wir betrachten das grazile Spektakel eine Zeit lang, ohne wirklich zu verstehen, was hier vor sich geht. Doch dann erscheinen urplötzlich fünf große Schatten hinter den Fischen, sie scheinen es auf den Schwarm abgesehen zu haben. Auch sie vollführen auffällige Manöver und versuchen die Fische einzukesseln. Dann völlig unverhofft springt einer der Riesen aus dem Wasser und zeigt uns damit sein wahres Gesicht. Es sind Wale, die scheinbar spielerisch versuchen die Fische in die Enge zu treiben. Immer wieder springen einige der tonnenschweren Tiere aus dem Wasser und lassen sich dann wieder zurückfallen.

Noch voll und ganz hingerissen von der Schönheit dieser Tiere kommen nun jedoch zwei große Schatten direkt unter dem Fischschwarm empor, durchbrechen mit ihren riesigen Mäulern die Oberfläche des Meeres und lassen einen Großteil der Fische darin verschwinden.

Wir könnten noch gefühlt ewig hier verharren und diesem Schauspiel zu sehen, doch unsere Reise geht weiter. Wir rasen über das Meer hinweg und lassen die Wale dabei hinter uns. Immer wieder haben wir das Gefühl, so nah über dem Wasser zu sein, dass wir die Wellenkämme berühren könnten, und schaffen es doch nicht. Dann plötzlich erscheint die Küste vor unseren Augen, im flachen Wasser unter uns können wir das Farbenspiel der Korallen für einen kurzen Moment bewundern, doch dann sind wir am Strand angekommen. Wir fliegen jedoch so schnell über ihn hinweg, dass wir ihn kaum zu Gesicht bekommen, dann beginnt schon ein ausgedehnter Palmenwald unter uns und wir fliegen immer weiter. Irgendwann werden die Abstände zwischen den Bäumen immer größer und größer und schließlich erstreckt sich vor uns eine ausgedehnte Graslandschaft, eine leuchtend grüne Savanne, in der nur immer mal wieder eine kleine Gruppe von Bäumen steht.

Unsere Geschwindigkeit nimmt immer weiter zu, während wir krampfhaft versuchen, irgendwelche Details unter uns auszumachen. Dann sehen wir direkt vor uns einen übergroßen, nackten Felsen aus diesem gräsernen Meer herausragen, genau auf ihn rasen wir zu und schließen unmittelbar vor der Kollision die Augen.

Als wir sie wieder öffnen, blicken wir zunächst in das tiefe Rot der aufgehenden Sonne. Das Licht ist gleichzeitig weich in seiner Intensität und doch stark in seinen Kontrasten. In diesem einmaligen Licht, dessen Schönheit uns bereits zu Beginn der Reise sprachlos zurücklässt, erscheint das Grün der Landschaft wie ein blutiges Orange und die Umrisse der vereinzelten Bäume sind so scharf, dass wir gefühlt ein jedes Blatt sehen können. Noch bevor wir einen genaueren Blick auf unsere eigenen fremden Körper werfen, sind wir noch gefesselt von diesem Anblick. Doch der laute Schrei eines vorbeifliegenden Vogels holt uns aus diesem Trance-ähnlichen Zustand zurück.

Wir sitzen auf dem höchsten Punkt des großen Felsens, den wir gerade gesehen haben, und werfen zunächst einen ungläubigen Blick auf unsere Hände. Wir halten sie direkt vor unser Gesicht und bewegen abwechselnd jeden Finger einzeln. Sie sehen fast genauso aus wie „unsere“ Finger, nur deutlich behaarter. Gerade auf den Handrücken sind lange, rötliche Haare zu sehen und die Innenseiten unserer Hände sind in ein tiefes Schwarz gehüllt. Dann plötzlich merken wir, dass wir aufrecht auf zwei Beinen stehen können, zum ersten Mal in unserer gut 540 Millionen Jahre währenden Geschichte besitzen wir diese Fähigkeit und es erscheint uns komischerweise sehr ungewohnt. Vorsichtig setzen wir einen Fuß vor den anderen und versuchen das Gleichgewicht zu halten, was auf diesem großen, rauen Felsen gar nicht mal so einfach ist. Dann merken wir auf einmal, dass wir nicht alleine hier sind, überall um uns herum liegen mindestens noch 15 weitere Tiere, die so aussehen wie wir, und sie scheinen zu schlafen. Dann wird uns klar, was diese merkwürdige Szenerie zu bedeuten hat. Wir gehören alle zu einer gemeinsamen Gruppe von Tieren und unsere Aufgabe scheint es zu sein, Wache zu halten, während die anderen Tiere schlafen.

Vorsichtig nähern wir uns einem der schlafenden Primaten und versuchen so ein besseres Bild auch von uns selbst zu bekommen. Wir sind relativ klein, vielleicht maximal 1,30 Meter, und auch wenn wir bereits aufrecht laufen können, so sind unsere Beine doch noch bedeutend kürzer, als wir es wahrscheinlich gewohnt sind. Dafür besitzen wir nach wie vor verhältnismäßig lange Arme, was vermutlich daher rührt, dass wir immer noch einen Teil unseres Lebens auf Bäumen verbringen. Es ist ein faszinierender Anblick, einen unserer Vorfahren genauer zu betrachten, auch wenn sie uns bereits recht ähnlich sind, so stehen sie doch anderen Primaten noch näher als uns selbst. Nichtsdestotrotz ist es schon klar, wo die Reise dieser Tiere und der Genome, die sie formen, hingehen soll. Viele von ihnen liegen auf einem provisorischen Bett aus langen Grashalmen, um nicht auf dem blanken Stein schlafen zu müssen.

Im nächsten Moment lässt uns ein dröhnendes Gebrüll erstarren. Dieser Ruf brachte förmlich die Luft um uns herum zum Schwingen und versetzte schlagartig unseren ganzen Körper in Alarmbereitschaft. Wer oder was hat diesen Ruf nur ausgestoßen? Da die anderen Primaten nach wie vor ruhig schliefen, beschließen wir, uns für einen Moment von der Gruppe zu entfernen, um die nähere Umgebung etwas zu erkunden und gleichzeitig den Verursacher dieses eindringlichen Rufes ausfindig zu machen. So vorsichtig wie nur irgend möglich schleichen wir um die schlafenden Körper unserer Bande herum, stets bedacht keinen von ihnen zu berühren. Die Oberfläche dieses großen Steines ist sehr rau, was unsere Bewegungen nicht gerade einfacher macht. Schließlich erreichen wir das Ende dieser steinernen Insel und springen von einer kleinen Anhöhe mitten in das grüne Meer der offenen Savanne. Wir wissen instinktiv, wie vorsichtig wir hier sein müssen. Abgesehen von großen Raubtieren, wie Säbelzahnkatzen, sind diese Graslandschaften auch übervoll an Schlangen und anderen gefährlichen Tieren. Das Gras um uns herum reicht uns bis an Kinn, was den Eindruck eines Meeres für uns noch verstärkt. Überall im hohen Gras verborgen könnten Räuber auf uns lauern. Unser Vorteil ist lediglich die frühe Stunde, zu der wir gerade unterwegs sind, jetzt sollten die meisten Tiere noch schlafen. Das tiefe Rot der aufgehenden Sonne wechselt immer schneller in ein helles Orange, was jedoch der Magie dieses Lichtes nichts anhaben kann.

Wir haben das Ziel unserer kurzen Reise fast erreicht, einen großen, einsam stehenden Baum, der um einiges höher ist als unser Heimatfelsen. Von hier sollten wir einen guten Blick auf die uns umgebende Landschaft bekommen. Am Baum angekommen, tasten wir mit unseren Händen behutsam die raue Rinde ab, fast so als wollten wir ihn um Erlaubnis bitten, ihn besteigen zu dürfen.

Überall entlang des Stammes sind tote Äste, an denen wir uns gekonnt in die Höhe arbeiten. Zweifelsohne sind wir immer noch begabte Kletterer, dank unserer langen Arme haben wir Krone des Baumes schnell erreicht. In dem Moment, als wir das lichte Blätterdach durchbrechen, stockt uns erneut der Atem. Das Licht und die Landschaft scheinen gerade in diesem Moment regelrecht miteinander zu verschmelzen. Das weiche Orange der aufgehenden Sonne geht am Horizont über in eine Landschaft, die aus weichen grasbedeckten Hügeln besteht und in der Mitte dieses endlosen Grüns befindet sich ein großes Wasserloch. In weiter Entfernung offenbart uns die Sonne noch einen einzelnen großen Berg, der wie ein Mahnmal aus der flachen Landschaft herausragt, wahrscheinlich handelt es sich um einen Vulkan. Doch die eigentlichen Wunder sehen wir rings um das Wasserloch stehen und die immer höher am Himmel stehende Sonne gibt auch mit jeder Minute mehr von ihnen preis.

Wir sehen eine große Gruppe von abstrakt wirkenden Wasserbüffeln. Ihre grundlegenden Körper ähneln den Tieren, die wir noch aus der heutigen Zeit kennen, aber ihre Geweihe sind anders. Sie sind mindestens drei Meter breit und wirken fast schon unrealistisch mit ihrer wuchtigen, geschwungenen Form. Es sind wahrscheinlich knapp 20 Tiere, die in diesen frühen Morgenstunden ans Wasserloch kommen – vermutlich auch, weil die anhaltende Kühle der letzten Nacht die großen Krokodile dieser Region noch in ihren starren Händen hält.

Dann ertönt wieder dieser markerschütternde Ruf, den wir schon einmal gehört haben. Nun sehen wir auch, wie die niedrigen Bäume entlang des Wasserlochs anfangen zu zittern, und dann sehen wir urplötzlich den Urheber dieser bizarren Rufe, es ist ein *Deinotherium*. Ein riesiges Rüsseltier, ähnlich den heutigen Elefanten und doch ganz anders. Es ist schlanker gebaut, aber irgendwie auch muskulöser, seine Beine sind länger und sein Rüssel etwas kürzer und dicker als bei den uns bekannten Elefanten. Doch der größte und markanteste Unterschied sind die Stoßzähne. Sie ragen anders als bei heutigen Elefanten aus dem Unterkiefer hervor und zeigen nach unten, was dem gesamten Tier ein durch und durch besonderes Erscheinungsbild verleiht. Dieser Riese vertreibt zunächst die Büffel von dem angenehm flachen Uferbereich und stößt erneut seine tiefen, dröhnenden Rufe aus, woraufhin eine ganze Gruppe dieser imposanten Tiere aus dem Unterholz hervorkommt, einschließlich mehrerer kleiner Jungtiere. Gerade die Kleinen stürmen verspielt ins Wasser und lassen sich dort ins kühle Nass fallen. Für einen Moment fesseln diese beeindruckenden Tiere unsere komplette Aufmerksamkeit, besonders die nach unten zeigenden Stoßzähne. Sie geben diesen Tieren ein wahrlich majestätisches Erscheinen.

Am anderen Ende des Wasserlochs pirscht sich eine Gruppe von Tieren heran, für die es in unserer Zeit keinerlei Entsprechung mehr gibt, es handelt sich um *Ankylotherium*. Diese Tiere sehen aus wie eine Kreuzung aus einem Gorilla und einem Pferd. Sie gehen auf allen vieren, doch ihre unglaublich verlängerten Vorderbeine heben den pferdeähnlichen Kopf in die Höhe und sorgen so für einen unverwechselbaren Auftritt. Der Anführer dieser Gruppe lässt die großen Rüsseltiere nicht für einen Moment aus den Augen, so als wüsste er, dass man respektvollen Abstand halten muss zum König der Savanne.

Dieser Anblick, der sich uns vom Baum her bietet, ist einfach nur atemberaubend in jeder nur erdenklichen Weise. Doch er sollte sogar noch unglaublicher werden, denn erneut vernehmen wir einen tiefen, donnernden Ruf. Es ist zweifelsohne wieder ein Rüsseltier, doch es hört sich anders an als der Ruf der Deinotherien. Aufgeregt beginnen wir uns umzuschauen. Doch zunächst können wir abgesehen vom Wasserloch nichts sehen außer Unmengen an Antilopen, die durch das immer noch in Orange getauchte Gras laufen. Wieder ein Ruf.

Dann plötzlich sehen wir, wer diesen Ruf ausgestoßen hat. Aus dem Schatten einer nicht weit entfernten Baumgruppe erscheint ein weiteres riesiges Rüsseltier, es ist aber kein *Deinotherium*. Es handelt sich tatsächlich um eine gänzlich andere Art, die sogar noch surrealistischer auftritt als jene Großtiere, die wir bereits gesehen haben. Es ist ein großer *Stegotetrabelodon*-Bulle. Er besitzt in etwa die Größe und Statur eines großen heute lebenden afrikanischen Elefanten, doch seine Stoßzähne sind um ein Vielfaches spektakulärer. Er besitzt immerhin vier von ihnen, zwei wachsen aus seinem Oberkiefer heraus und ein zweites Paar wächst parallel zueinander aus seinem Unterkiefer. Durch diese vier bis zu zwei Meter langen Stoßzähne wirkt er fast wie ein Fantasielebewesen.

Dieses große Tier stampft stolz aus dem Schatten der Bäume hervor und bewegt seinen massigen Kopf hin und her, so als wolle er jedem seine riesigen Stoßzähne präsentieren. Auch er bewegt sich jetzt auf das Wasserloch zu, an dem bereits die *Deinotherium*-Familie eingetroffen ist. Die Ankylotherien laufen direkt zurück ins hohe Gras, als sich der Riese von hinten nähert. Am Wasserloch angekommen hebt der Riese seinen Rüssel hoch in die Luft, präsentiert damit seine Stoßzähne, stößt einen eher leisen Ruf aus und beginnt zu trinken. Diese zwei verschiedenen Arten großer Rüsseltiere nehmen sich zwar gegenseitig war und tauschen auch den ein oder anderen Blick miteinander aus, aber sie scheinen sich gegenseitig komplett zu tolerieren. In diesem Moment wird uns klar, dass es eigentlich der Normalzustand ist, dass unterschiedliche Arten dieser Riesen nebeneinander koexistieren. Sie haben zu diesem Zeitpunkt der Erdgeschichte, genauso wie in den vorangegangenen Millionen Jahren, die Landflächen Afrikas, Europas, Asiens und Amerikas besiedelt. Und in jedem dieser einzigartigen Ökosysteme leben unterschiedliche Arten stets friedlich nebeneinander. Der Anblick dieser fremdartigen Riesen ist geradezu atemberaubend und zieht uns voll und ganz in seinen Bann.

Dann jedoch hören wir die aufgebrachten Rufe unserer eigenen Verwandten. Sie scheinen aufgewacht zu sein. Ein Blick in ihre Richtung offenbart uns sogleich ihren Gemütszustand. Sie sind aufgebracht, weil wir unseren Posten verlassen haben, aber es schwingt auch Besorgnis mit, weil wir uns allein von der Gruppe entfernt haben. Aufgeregt springen sie auf und ab und wollen, dass wir uns wieder der Gruppe anschließen. Angesichts der potenziellen Gefahren, welche diese schöne Landschaft für uns bereithält, ist ihr Wunsch auch nur verständlich. Immerhin stehen wir mit auf der Speisekarte großer Raubtiere, für die unsere kleinen, schwachen Körper eine leichte Beute darstellen. Die Sonne steht bereits relativ hoch und hat auf ihrer Reise den Himmel von einem tiefen Rot zu einem Blau verfärbt. Wir werfen einen letzten Blick auf das Wasserloch und die extravaganten Rüsseltiere, die an ihm versammelt sind. Dann klettern wir den Baum wieder herab und begeben uns erneut in das grüne Meer der Savanne. Wieder sind wir sehr vorsichtig und versuchen unsere Sinne maximal zu schärfen, doch die gesammelten Eindrücke sind einfach zu überwältigend, vor allem als wir erneut die Rufe der Riesen hören, achten wir auf nichts anderes mehr.

Dann plötzlich ertönen wieder die Rufe unserer Angehörigen, nur dass sie dieses Mal sehr ängstlich und schrill klingen. Anscheinend wollen sie uns auf etwas aufmerksam machen, das unserer eigenen Wahrnehmung entgangen ist. Ihre Rufe werden dabei immer nervöser und lauter. Dann spüren wir selbst auch etwas hinter uns und hören das Brechen eines kleinen Astes. Das Gras vor uns bewegt sich, etwas kommt immer näher. Es zeichnet sich auf einmal ein Muster zwischen den Gräsern ab, wir kennen dieses Muster nur zu gut. Es ist die Säbelzahnkatze *Megantereon*. Sie muss uns schon eine Zeit lang verfolgen.

Ihr Fell ist gemustert wie das eines Leoparden und im Vergleich zu unserer Größe ist sie geradezu riesig. Starr vor Angst können wir uns nicht bewegen und angesichts der Umgebung ist die Lage wohl auch aussichtslos. Plötzlich durch eine Lücke im dichten Gras kann ich ihren Schädel sehen und die darin enthaltenen säbelartigen Zähne. Gerade als wir doch loslaufen wollen, springt sie mit voller Wucht hervor und reißt uns zu Boden. Das letzte, was wir sehen, sind die riesigen Zähne dieses Räubers, danach verschwimmt alles wieder in dem gleichen tiefen Rot, das wir bereits beim Sonnenaufgang gesehen haben.

Das Finale einer langen Reise

Mit dieser wundersamen Reise durch die beeindruckende Welt unserer noch sehr verwundbaren Vorfahren verlassen wir diese Periode der Erdgeschichte und steigen damit wieder in unser Boot. Unaufhaltsam nähert sich unsere Reise entlang des Flusses der Evolution unweigerlich seinem Ende. Auf dieser Reise haben sich nicht nur unsere Genome konstant verändert, sondern auch die von ihnen entworfenen Überlebensmaschinen. Von einfachen kieferlosen Fischen, in einer Welt, die von Gliederfüßern beherrscht wurde, hin zu Amphibien, die das Land für sich entdeckten. Es folgten kleine Reptilien, welche die Fesseln, die sie ans Wasser gebunden haben, sprengten, und schließlich der lange, steinige Weg hin zu den ersten echten Säugetieren, die sich in einer Welt der Dinosaurier durchschlagen mussten.

Nun haben sich die Körper unserer Vorfahren bereits so stark verändert, dass sie uns, den modernen Menschen, schon recht ähnlichsehen. Auch ihre kognitiven Fähigkeiten nahmen dank spezieller genomischer Veränderungen (wie der Olduvai-Domäne) immer weiter zu. Und so führt uns unsere Reise nun in die letzte, bis heute andauernde Periode der Erdgeschichte, dem Quartär. Die Flussläufe der Evolution passieren diese Grenze unbeeindruckt, das Leben läuft weiter wie gehabt, es floriert ohne Unterlass. Auf jede Art, welche den Wettlauf nicht durchhält, entstehen neue Arten. Doch die stetig wachsenden Gehirne unserer Vorfahren werfen bereits dunkle Schatten voraus und bringen im Verlaufe dieser erdgeschichtlichen Periode die größte biologische Massenvernichtungswaffe hervor, die das komplexe Leben im Laufe seiner 542 Millionen Jahre währenden Geschichte gesehen hat, den *Homo sapiens*.

Periode: Quartär, auf Gedeih und Verderb (2,58 Millionen Jahre bis heute)

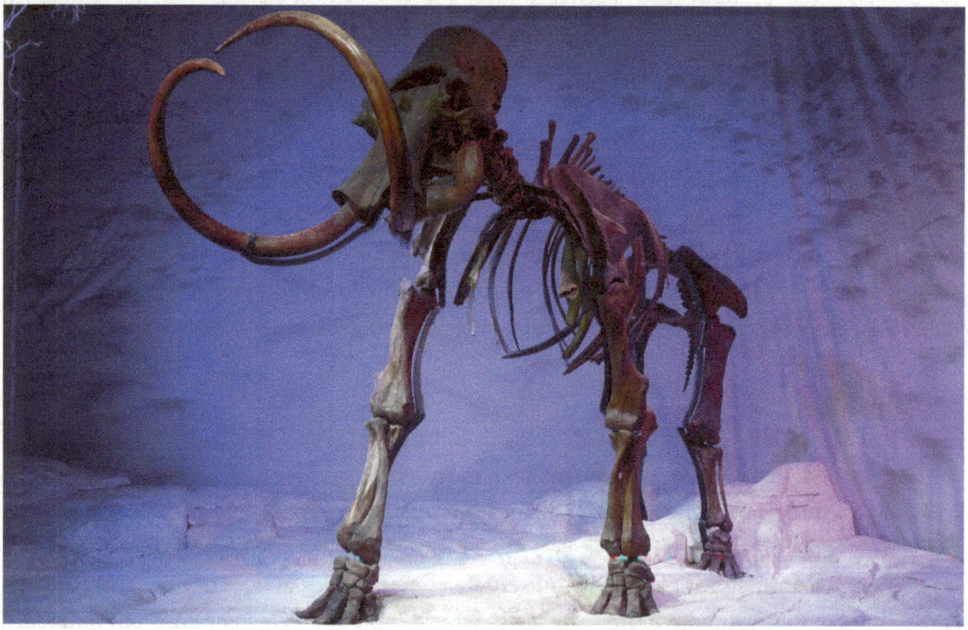

Abbildung 30: Skelett eines großen Mammuts. (Bild von Jens Hummelmose auf Pixabay)

Als unser Boot die unsichtbare Grenze zur letzten, heute noch andauernden Periode der Erdgeschichte, dem Quartär, überquert, sind wir immer noch überrascht von der Vielfalt des Lebens um uns herum. Ständig entstehen heute Flussarme und das gesamte System aus den unzähligen Nebenarmen der Evolution erscheint uns wie ein undurchsichtiger Mangrovenwald, in dem die Grenzen zwischen den einzelnen Wasserläufen zu verschwimmen scheinen. Alles in allem sieht die Welt schon zum Beginn dieser Periode aus wie die heutige, mit nur einem kleinen Unterschied.

Bis zum späten Neogen war ausschließlich die Antarktis mit einer festen Eiskappe überzogen, die sich bereits vor über 30 Millionen Jahre gebildet hat. Doch der Nordpol war noch bis zum Beginn des Quartärs weitestgehend eisfrei. Die Bildung der ersten Gletscher in diesem Teil der Erde bildet die definierte Grenze zwischen dieser aktuellen Periode und dem davorliegenden Neogen. Mit der Vereisung des Nordpols und dem Beginn des Quartärs nimmt der globale Trend hin zu kühleren Temperaturen, der bereits seit dem mittleren Paläogen andauert, immer schneller an Fahrt auf. So kann man sagen, dass die Erde mit dem Beginn des Quartärs in ein globales Eiszeitalter eingetreten ist. Dieses ist definiert als ein Abschnitt der Erdgeschichte zu dem beide Pole, also sowohl Nord- als auch Südpol, mit einer konstanten Eisschicht bedeckt sind.

Nur noch einmal zur Erinnerung: Man kann unser derzeitiges Eiszeitalter keineswegs vergleichen mit den Zuständen, die während des Cryogeniums vorherrschten, als die gesamte Erde unter einer kilometerdicken Eisschicht bedeckt war. Denn selbst zu jedem Kältemaximum unseres Zeitalters existierten ausgedehnte tropische Regenwälder, subtropische Sümpfe und Mangroven, genauso wie heiße und trockene Wüsten.

Nichtsdestotrotz wurde das Klima vor allem entlang der Polregionen immer kälter, sodass sich teilweise riesige Gletscher ausbreiten konnten. Das wichtigste, was wir heute über den Verlauf des eiszeitlichen Quartärs sagen können, ist, dass er stark periodisch ablief. In der Regel wechseln sich Zeiten mit deutlich kälteren Temperaturen und starker Gletscherbildung, sogenannte „Glaziale“, immer wieder ab mit wärmen Phasen, in denen die Gletscher wieder zurückweichen, sogenannten „Interglazialen“. Allein in den letzten 800 000 Jahren wurden insgesamt elf warme Interglaziale beschrieben, die immer wieder von langen Phasen mit starker Gletscherbildung durchbrochen wurden.

Ein Grund für diesen ständigen Wechsel zwischen warm und kalt ist in den periodischen Schwankungen der Erdumlaufbahn um die Sonne zu suchen, wodurch vor allem die Variabilität der Sonneneinstrahlung auf der Nordhalbkugel das Kommen und Vergehen großer Gletscher maßgeblich mitbeeinflusste. Dieser ständige Wechsel zwischen Warm- und Kaltzeiten, vor allem während der letzten eine Million Jahre, wird zu einem späteren Zeitpunkt dieses Kapitels noch einmal argumentativ sehr wichtig werden. Doch vor allem hatten diese klimatischen Schwankungen auch einen großen Einfluss auf die Evolution und sorgten für ausgeprägte Migrationsmuster bei Tieren und Pflanzen.

Vor allem während der kalten Glazialphasen wurden die dichten Wälder Nordamerikas und Eurasiens, aufgrund der niedrigen Temperaturen und des trockenen Klimas, weiter in

Richtung Süden verdrängt – nur um während einer jeden wärmeren Interglazialphase ihre angestammten Gebiete wieder zurückzuerobern. Dieser Wanderungsbewegung der Pflanzen folgten selbstverständlich auch jene Tiere, die direkt oder indirekt von dieser Vegetation abhängig waren. Andere Tiere jedoch passten sich auch an die schier endlosen Steppen und Graslandschaften an und wurden zu regelrechten Ikonen des quartären Eiszeitalters.

Die letzten Riesen

Auf diesen weiten Landschaften lebten teils riesige Herden unzähliger Großtierarten wie zum Beispiel unterschiedliche Antilopen, Moschusochsen, Rentiere, Steppenbisons mit einer Schulterhöhe von bis zu zwei Metern oder auch große behaarte Nashörner wie das *Elasmotherium* oder das Wollhaarnashorn. Über dieser eindrucksvollen Menagerie an Großtieren thronte jedoch der unbestrittene König der Steppe, das Wollhaarmammut. Mit einer Schulterhöhe von knapp unter vier Metern und einem Gewicht von bis zu acht Tonnen waren sie die auffälligsten Tiere dieser Lebensräume. Diese perfekt an die Kälte angepassten Rüsseltiere waren in ganz Nordamerika, Europa und Asien weit verbreitet. Sie lebten wie heutige Elefanten in großen sozialen Verbänden und folgten einem komplexen, jahreszeitlich gebundenen Wanderungsverhalten.

Selbstverständlich gibt es neben so vielen großen Pflanzenfressern eine Vielzahl an Raubtieren, die es auf sie abgesehen haben. So lebten hier auch Höhlenlöwen, Höhlenhyänen, unterschiedliche Bärenarten und Wölfe, die allesamt Jagd machten auf das schier endlose Buffet an Weidegängern. In wärmeren, weiter südlich gelegenen Gebieten kamen noch weitere erfolgreiche Raubtiere dazu, wie die unverwechselbaren Säbelzahnkatzen und deren nähere Verwandte, allen voran *Smilodon* und *Homotherium*.

Auch gab es noch viele weitere Arten großer Rüsseltiere, die sich im warmen Klima deutlich wohler fühlten, wie zum Beispiel das Präriemammut, das mit seinen vier Metern Schulterhöhe zu den größten Rüsseltieren zählt, die je gelebt haben. Ohnehin waren die Rüsseltiere ein weltweites Phänomen. Sie lebten und gediehen auf allen Kontinenten außer Australien und der Antarktis und das bereits seit vielen Millionen Jahren. Und sie waren nicht die einzigen Riesen jener Tage, vor allem auf dem südamerikanischen Kontinent gab es viele Arten gigantischer, bodenbewohnender Faultiere, die nur sehr wenig mit den uns heute noch bekannten Baumbewohnern gemein hatten. Sie konnten bis zu sechs Meter lang werden und brachten schließlich sechs Tonnen auf die Waage. Dann gab es auch noch gepanzerte Riesengürteltiere, wie das *Glyptodon*, die ebenfalls ein Gewicht von knapp 1,5 Tonnen erreichten, und nicht zu vergessen die großen, flugunfähigen Terrorvögel, die seit dem frühen Paläozän ihre Lebensräume dominierten.

Ohne hier weiter ausschweifen zu wollen, lässt sich sagen, dass es auf jedem Kontinent der damaligen Zeit eine Vielzahl großer bis sehr großer Tiere gab, die sich alle auf andere Art und Weise entwickelten und damit zu einer ungeheuren Biodiversität beitrugen. Diese großen Tiere fasst man regulär unter dem Begriff „Megafauna" zusammen, was allerdings alle Tiere mit einem Gewicht über 44 Kilogramm miteinschließt.

Doch in den Landschaften des östlichen Afrikas fand gerade zu dieser Zeit die Entwicklung einer besonderen Tierart statt, eine, die das Schicksal nahezu aller anderen Tiere besiegeln sollte.

Der moderne Mensch

Viele Details der exakten menschlichen Evolution werden zweifelsohne für immer verborgen bleiben, doch nichtsdestotrotz kann man ziemlich genau sagen, wann es zu den wichtigen Aufspaltungen kam. Wir haben bereits unsere Ahnen, die Australopethicen kennengelernt, doch vor ungefähr zwei Millionen Jahren entwickelte sich eine Population dieser noch sehr affenähnlichen Hominiden zu der ersten Art, die wir der Gattung *Homo* zuordnen, dem *Homo rudolfensis*. Vermutlich ging aus seinen Reihen schließlich der *Homo habilis* hervor, der sich wiederum zum *Homo erectus*, dem aufrecht gehenden Menschen, weiterentwickelte.

Selbstverständlich waren all diese von uns heute so schön systematisch aufgearbeiteten Übergänge komplett fließend. Schließlich hat nie ein Weibchen der Art *Homo habilis* ein Kind der Art *Homo erectus* geboren, sondern es war wie bei der Entwicklung einer jeden biologischen Art so, dass sich bestimmte Merkmale, gelenkt durch die Kraft der natürlichen Selektion, immer weiter ausgeprägt haben, während andere im fließenden Prozess der Anpassung kontinuierlich reduziert wurden. Irgendwann waren die Unterschiede so groß, dass wir heute von einer anderen Art sprechen.

So wurden in unserem Entwicklungsstrom die ursprünglichen, affenähnlichen Merkmale stets weiter reduziert. Die langen Arme wurden immer kürzer, da wir weniger Zeit auf Bäumen verbrachten, dafür wurden allerdings unsere Beine immer länger, da wir uns an ein Leben in der offenen Savanne anpassten. Doch vor allem das stete Wachstum eines Organs brachte unseren Ahnen den durchbrechenden Erfolg, das Gehirn. Sein Volumen wurde immer größer und erlaubte ihnen daher, sich immer weiter auszubreiten und sich neuen Lebensbedingungen anzupassen. So waren Angehörige der Art *Homo erectus* die ersten Menschen, die den afrikanischen Kontinent verließen und sich in Europa und Asien niederließen. Damit lebten diese erfolgreichen Urmenschen sowohl in Afrika als auch in den Weiten Eurasiens und passten sich überall an die vorhandenen Umweltbedingungen an.

Allerdings blieb ihre Entwicklung auch hier nicht stehen. So ging vermutlich aus den europäischen *Homo-erectus*-Populationen der *Homo neanderthalensis* hervor, während er sich in

Afrika vor knapp 200 000 Jahren zu unserer eigenen Art weiterentwickelte, dem *Homo sapiens*. Noch einmal einige tausend Jahre später, schätzungsweise vor gut 70 000 Jahren, verließen die ersten Gruppen unserer Art den afrikanischen Kontinent und fingen an, sich auf der damaligen Welt zu verbreiten. Das ist gewissermaßen mit dem Anfang vom Ende der biologischen Vielfalt gleichzusetzen und setzte eine ökologische Katastrophe in Gang, die bis heute anhält.

Das sechste große Sterben

Heute sind wir es nicht mehr gewohnt, große Tiere in freier Wildbahn zu sehen, geschweige denn, sie uns außerhalb Afrikas überhaupt vorzustellen. Doch die Welt, in der die ersten Menschen geboren wurden, war voll von ihnen. Auf allen Kontinenten zogen riesige Herden großer Tiere durch die Landschaften und formten damit nicht nur die Ökosysteme selbst, sondern auch die komplexen Nahrungsnetze jener Zeit. Über Millionen von Jahren hinweg waren Großtiere ein essenzieller Bestandteil nahezu aller funktionierenden Ökosysteme, doch mit der Ausbreitung des modernen Menschen sollte damit Schluss sein. Überall dort, wo die ersten Mitglieder der Art *Homo sapiens* auftauchten, verschwanden innerhalb weniger Tausend Jahre nahezu sämtliche Großtiere.

Zunächst führte sie ihr Weg nach Asien mit katastrophalen Auswirkungen auf die dortige Tierwelt. Als nächstes stand vor gut 45 000 Jahren Australien auf der Liste der zu besiedelnden Kontinente. Mit dem Eintreffen der ersten Menschen auf diesem seit Jahrmillionen isolierten Kontinent mit seiner einzigartigen Tier- und Pflanzenwelt sollte sich der menschliche Fußabdruck in der Geschichte des komplexen Lebens zum ersten Mal wirklich festigen. Innerhalb nur weniger Tausend Jahre starb fast die gesamte australische Megafauna aus – vom 1,5 tonnenschweren *Diprotodon*, Riesenkängurus, über den Beutellöwen bis hin zu riesigen flugunfähigen Vögeln und bis zu sechs Metern langen Waranen. Die Gründe für das schnelle Aussterben dieser beeindruckenden Tiere waren vielfältig. Zum einen wurden sie direkt gejagt, aber die Menschen nutzten auch bereits die Technik der Brandrohdung, um das undurchsichtige Buschland „beherrschbar“ zu machen.

So spielte auch der immer weiter fortschreitende Verlust des angestammten Lebensraums eine große Rolle beim Verschwinden dieser Tiere. Schließlich kamen die Veränderungen einfach zu schnell über diesen Kontinent hinweg gebrochen, sodass den Tieren nicht genug Zeit blieb, um sich anzupassen.

Doch Australien blieb mit seiner traurigen Geschichte nicht allein. Auch in Europa mussten innerhalb von wenigen Tausend Jahren fast alle großen Tiere den australischen ins Grab folgen, seien es die großen Mammuts, die Wollhaarnashörner, die Höhlenbären, die Höhlenlöwen oder Steppenbisons. Sie alle fielen einem neuartigen Spitzenprädator zum Opfer, der sich aufgrund seiner Intelligenz an fast alle Lebensräume anpassen konnte.

Die modernen Menschen fielen regelrecht über die Welt her und löschten eine Spezies nach der anderen aus – und das in einem Tempo, das vollkommen neu war. Nach Europa, Asien und Australien war schließlich auch Amerika an der Reihe. Hier kamen die ersten Menschen vor knapp 16 000 Jahren an, über eine vorübergehende Landverbindung zwischen Sibirien und Alaska.

Aufgrund der extremen Vergletscherung war der globale Meeresspiegel deutlich niedriger als heute und so konnten unsere Vorfahren trockenen Fußes von einem Kontinent zum anderen gelangen. In Amerika angekommen sahen sie sich erneut einer unglaublichen Tier- und Pflanzenwelt gegenüber, viele verschiedene Arten großer Rüsseltiere streiften durch die schier endlosen Landschaften, von Wollhaarmammuts, über Präriemammuts bis hin zu unterschiedlichen Mastodon-Arten, Bisons, Antilopen, Riesenkamelen, Wildpferden oder Riesenfaultieren. Die Fülle an Leben muss beeindruckend gewesen sein, doch auch sie folgte schließlich dem Weg, den auch viele der Großtiere Asiens, Europas und Australiens bereits gehen mussten.

Neben den unzähligen großen Pflanzenfressern verschwanden schließlich auch die Raubtiere, die sich von ihnen ernährten, wie zum Beispiel die Säbelzahnkatzen mitsamt ihren näheren Verwandten, die seit gut 50 Millionen Jahren prächtig gediehen. In Nordamerika starben insgesamt mindestens 90 Gattungen von Großsäugetieren aus und Südamerika wurde sogar noch härter getroffen.

Doch warum genau waren ausgerechnet die großen Tiere so stark vom Aussterben betroffen? Dafür gibt es gleich mehrere Gründe, doch der wichtigste dürfte in der langsamen Reproduktionsgeschwindigkeit dieser Tiere liegen. Gerade große Säugetiere balancieren aus evolutionärer Sicht stets auf einem Drahtseil, denn der Preis, den sie für ihre Größe bezahlen, ist immens. Sie bekommen häufig nur ein einziges Kind, das in den meisten Fällen für viele Jahre auf die Hilfe der Mutter angewiesen ist, und die Zeit zwischen zwei Geburten ist meistens sehr lang. Das macht die Tiere in ihrer Population sehr anfällig für auftretende Schwankungen. Doch trotz alledem war es für viele Millionen von Jahre eine sehr erfolgreiche Überlebensstrategie, so groß zu sein. Schließlich machte diese Größe sie ab einem bestimmten Alter gewissermaßen unangreifbar für jedwedes Raubtier.

Dieses ungeschriebene, evolutionäre Gesetz, auf das sich so viele Tierarten weltweit berufen haben, wurde durch die Ankunft des modernen Menschen schließlich gebrochen. So wurden sogar die zum Teil mehr als zehn Tonnen schweren Rüsseltiere weltweit beinahe komplett ausgerottet. Als der Mensch damit begann, sich global zu verbreiten, existierten fast zwölf unterschiedliche Gattungen von Rüsseltieren, die sich alle noch einmal in verschiedene Arten aufteilten, darunter waren *Mammut*, *Stegomastodon*, *Notiomastodon*, *Cuvieronius*, *Stegodon*, *Loxodonta*, *Palaeoloxodon*, *Elephas* und *Mammuthus*. Heute haben wir Menschen noch zwei

Gattungen übriggelassen und auch diese werden vermutlich in den kommenden Jahrzehnten ihren Verwandten folgen. Damit werden sie den gesamten evolutionären Flussabschnitt der Rüsseltiere zu Grabe tragen, womit eine fast 60 Millionen Jahre währende Erfolgsgeschichte zunichte gemacht wird. Ein weiterer Grund ist gewissermaßen eine Folge des ersten, denn warum hätten diese tonnenschweren Riesen Angst verspüren sollen in Gegenwart dieser neuartigen, schwächlichen Affen, die ihnen körperlich nichts entgegenzusetzen hatten? Waren sie doch bis zu diesen verhängnisvollen Tagen mehr oder weniger unantastbar gewesen.

Jede einzelne dieser globalen Aussterbewellen auf den verschiedenen Kontinenten deckt sich genau mit den menschlichen Migrationsmustern und lässt daher keinen Zweifel daran, wer für dieses Verschwinden die alleinige Verantwortung trägt! Und doch gibt es immer wieder zweifelhafte Wissenschaftler, die wider besseres Wissen versuchen, das Verschwinden der großen Tiere auf einen ominösen Klimawandel zu schieben. Doch in den folgenden Zeilen werde ich noch einmal den wahren Täter aufdecken und keinen Zweifel daran lassen, dass unsere eigene Art in allen Punkten der Anklage als schuldig zu benennen ist:

<u>Punkt 1</u>: Wäre ein Klimawandel für das Aussterben verantwortlich, hätte er auch die Meere treffen müssen. So viel haben wir während unserer Reise durch die Zeit gelernt, dass alle klimabedingten Aussterbeereignisse auch von einem massenhaften Sterben in den Ozeanen begleitet oder sogar eingeleitet werden. Gerade die Meere sind sehr empfindlich für klimatische Veränderungen und wenn die Schockwellen eines Klimawandels so groß sind, dass sie nahezu jedes größere Tier auf der Erde dahinraffen, dann wäre ihr Einfluss auf das Leben in den Ozeanen zwangsläufig immens. Aber es gibt nicht den geringsten Hinweis auf eine wie auch immer geartete Aussterbewelle in den Meeren jener Zeit.

<u>Punkt 2</u>: Kuba und Neuseeland. Warum zähle ich gerade diese zwei Inseln als Gründe gegen die Hypothese eines klimabedingten Aussterbens? Nun beginnen wir mit Kuba. Diese Insel liegt mitten im Golf von Mexiko und damit sehr nah vor den Küsten Nord- und Südamerikas. Daher muss man davon ausgehen, dass ein folgenschwerer Klimawandel diese Insel genauso treffen muss wie das amerikanische Festland selbst. Die jüngsten Hinterlassenschaften eines Riesenfaultiers auf dem Festland sind beispielsweise 14 000 Jahre alt, danach existiert nichts dergleichen mehr, während die Riesenfaultiere auf Kuba noch weitere 7000 Jahre lang friedlich weiterleben konnten. Warum nun sollte ein Klimawandel die Ökosysteme auf dem amerikanischen Festland derart verwüsten, aber gleichzeitig einen großen Bogen machen um Kuba und andere karibische Inseln und hier erst 7000 Jahre später zuschlagen? Und noch eins, was denken Sie denn, wann genau die ersten Menschen Kuba besiedelten? Überraschenderweise vor 7000 Jahren. Ganz ähnlich verhält es sich mit Neuseeland. Auch diese Inselgruppe liegt sehr nah am australischen Festland. Genau wie im Falle von Amerika versuchen einige Forscher das Massensterben, das Australiens Großtierwelt vor 45 000 Jahren zerstörte, auf einen Wandel des Klimas zurückzuführen. Doch wieder wurde die vorgelagerte Inselgruppe (namentlich Neu-

seeland) wie durch ein Wunder verschont und das nicht nur für 7000 Jahre, sondern für ganze 45 000 Jahre. Erst vor 800 Jahren begann der rasante Zerfall der neuseeländischen Ökosysteme, überraschenderweise wieder zu just dem Zeitpunkt, als die ersten Menschen hier eintrafen. Diese Geschichte ließe sich endlos wiederholen, für jede vormals isolierte Insel, deren Tierwelt zu genau dem Zeitpunkt ausstarb, als der Mensch seinen Fuß auf den Boden setzte, sei es Hawaii, Madagaskar oder Samoa.

Punkt 3: Die Periodizität des Klimas im Verlaufe der letzten Millionen Jahre. Schließlich hat das Klima in den letzten Hunderttausenden von Jahren ständig gewechselt. Es kam zu einem steten Wechsel von Eiszeiten (Glazialen) und Warmzeiten (Interglazialen). Dabei war die letzte Eiszeit nicht einmal die kälteste und es gab auch Warmzeiten, deren Temperaturen sogar noch über der heutigen lagen. Keine dieser klimatischen Wechselspiele jedoch führte zu einem Aussterben von Arten. Von daher ist es sehr unwahrscheinlich, dass Arten, die bereits mehr als eine Million Jahre lang existierten und dabei unzählige Klimaveränderungen überstanden, just zu dem Moment alle gleichzeitig tot umfallen, als der Mensch ihren Lebensraum betreten sollte.

Punkt 4: Die exakte Deckungsgleichheit zwischen den Migrationsbewegungen der frühen Menschen und den verheerenden Aussterbewellen der globalen Megafauna. Sie lässt keinen Zweifel daran, wer hierfür die alleinige Verantwortung trägt. Es ist wirklich traurig, feststellen zu müssen, auf welch katastrophale Art und Weise unsere Art Naturgeschichte schreibt. Sollten wir in irgendeiner Weise dem Klima zumindest eine Mitverantwortung geben wollen, dann besteht sie wohl nur darin, dass sich das wandelnde Klima am Ende des letzten Glazials so veränderte, dass es dem Menschen leichter gemacht wurde sich auszubreiten. Damit wäre auch der lange gültige Mythos dahin, dass unsere Vorfahren unter den Jägern und Sammlern im Einklang mit der Natur gelebt hätten und nur wir modernen Menschen diesen Bezug verloren haben. Der Mensch hat schon lange vor der industriellen Revolution und sogar noch vor der landwirtschaftlichen Revolution fast die gesamte globale Megafauna ausgelöscht.

Der gesamte Verlust an Leben zu dieser Zeit lässt sich ohnehin nicht korrekt bemessen, da gerade die großen Tiere essenzielle Bestandteile ihrer Ökosysteme sind und damit selbst die Lebensgrundlage anderer Tiere sichern oder sogar darstellen. Auch heute ist dieser Verlust noch in den Ökosystemen messbar, denn die Megafauna erfüllt viele Aufgaben innerhalb ihres Lebensraumes, und ein wichtiger ist der horizontale Transport von Nährstoffen und Mineralien.

Diese Nährstoffe werden an einem bestimmten Ort, an dem sie in ausreichender Menge vorhanden sind, aufgenommen und durch die Wanderungsbewegungen der Tiere über ihre Exkremente und schließlich auch Kadaver an andere Orte transportiert. Einer dieser essenziellen Nährstoffe, die nur sehr ungleich in der Natur verteilt sind, ist Phosphor. Experimente haben ergeben, dass der horizontale Transport dieses Nährstoffs im Amazonasbecken, durch das Verschwinden der Megafauna, bis zum heutigen Tag um 98 % eingebrochen ist. Dadurch ist gerade das östliche Amazonien von einem heftigen Phosphormangel betroffen. Ein dunkles Relikt also in einem Ökosystem, das seine ehemalige Komplexität verloren hat.

Mit dem Verlust der großen Säugetiere endete die Aktivität der Menschen allerdings noch lange nicht, denn mit den ersten festen Siedlungen und der Erfindung der Landwirtschaft kam es zur zweiten großen Aussterbewelle. Nun jedoch nicht mehr ausschließlich getrieben durch direkte Jagd, sondern vielmehr durch „Landnahme". Auf der ganzen Welt zerstörten wir natürliche und vielfältige Ökosysteme, um darauf Monokulturen zu züchten, die rein unserer eigenen Ernährung dienten. Andere Lebewesen spielten keinerlei Rolle mehr, außer sie waren in der Lage uns zu dienen. Dieser Prozess dauert noch bis heute an und hat von der Welt, wie sie einmal war, nichts mehr übriggelassen.

Der Mensch hat in seinem schamlosen Streben nach „Mehr von Allem" die Natur nicht nur verdrängt, er hat sie nahezu zerstört. Wenn wir zu diesem Zeitpunkt erneut in unser Boot steigen und uns einmal umsehen, fällt uns etwas Erschütterndes auf. Der Mensch hat durch sein Handeln etwas ausgelöst, dessen Muster wir bereits häufiger auf unserer Reise gesehen haben. Wir befinden uns heute zu unserer Lebenszeit mitten in einem globalen Massensterben, wie es die Welt seit dem Ende der Dinosaurier nicht mehr gesehen hat. Nur dass diesmal keine natürlichen Phänomene oder ein Asteroid dafür verantwortlich zu machen sind, sondern wir selbst. Es scheint fast, als wollten wir nicht verstehen, was gerade um uns herum passiert, aber es passiert trotzdem. Durch unsere individuellen Augen betrachtet mag es sehr langsam vonstattengehen, aber aus Sicht der Evolution oder der Geologie betrachtet vollzieht sich dieses Massensterben geradezu in Überschallgeschwindigkeit.

Von unserem Boot aus müssen wir erneut mit ansehen, wie immer mehr Flussarme nach und nach austrocknen und schließlich vollends versiegen. Dieser Anblick fiel uns zu jedem Zeitpunkt der Erdgeschichte sehr schwer, aber diesmal ist es noch einmal etwas anderes, weil wir dafür verantwortlich sind. Das Gefährliche an diesem Massensterben ist vor allem seine Dynamik. Irgendwann sind die Resilienzkräfte der Natur aufgebraucht und anschließend kollabieren ganze Ökosysteme innerhalb weniger Jahre. Doch uns Menschen scheint das nicht weiter zu stören, wir wachsen immer weiter und das sowohl, was die Bevölkerungszahl betrifft, die schon längst über jedes natürliche Maß hinausgeschossen ist, aber auch bei unseren Eingriffen in die Natur. Die heutige Macht, mit der wir dieses Massensterben vorantreiben, ist geradezu schwindelerregend, wir beuten die Natur in immer höherem Tempo aus und das an jeder nur erdenklichen Front.

Die größte Front von allen ist wohl zweifelsohne der Klimawandel. Wir Menschen stoßen momentan jedes Jahr gut 37 Milliarden Tonnen CO_2 in die Atmosphäre. Schon heute sehen wir immer längere Dürrephasen und verheerende Waldbrände oder Überschwemmungen, deren

Intensität immer weiter zunimmt und das sogar in Gegenden, wo es solche Phänomene vormals gar nicht gab.

Doch das CO_2 wirkt sich nicht nur auf das Klima direkt aus, seine Schatten reichen weiter, als viele das lange wussten. So wird ein enormer Teil des von uns produzierten CO_2 von den Meeren aufgenommen. Das mag zunächst positiv klingen, da das CO_2 so gebunden wird und die Atmosphäre nicht weiter aufheizen kann. Aber das verhängnisvolle Treibhausgas verschwindet nicht einfach in den Weiten der Ozeane, es wird dort in Kohlensäure umgewandelt und führt zu einer folgenreichen Versauerung der Meere. Stand heute ist das Wasser der Meere bereits um 30 % saurer als noch zu vorindustriellen Zeiten.

Die massive Erwärmung gepaart mit der immer weiter fortschreitenden Versauerung ist gleich ein doppelter Schlag für die marinen Ökosysteme, vor allem Korallen zeigen sich hier besonders empfindlich. Einige Forschungsinstitute haben bereits berechnet, dass die gesamten verbliebenen Korallenriffe, allein durch unser Handeln, in 30 Jahren verschwunden sein könnten. Der Grund dafür sind vor allem die steigenden Temperaturen, denn, wenn das Wasser sich zu sehr erwärmt, stoßen die Korallen ihre einzelligen Partner, die Zooxanthellen, aus, wodurch sie ausbleichen und anschließend absterben. Durch die zusätzliche Versauerung wird es für die Korallen zudem immer schwerer, Kalk zu bilden, was für ihr Wachstum unersetzlich ist.

Würden die Korallenfelder tatsächlich innerhalb der nächsten Jahrzehnte komplett verschwinden, wäre damit ein unübersehbarer ökologischer Kipppunkt erreicht. Schließlich sind Korallenriffe sozusagen die Kinderstube unzähliger Fischarten, auch jener, die im Erwachsenenalter in der Hochsee leben. Für lange Zeit haben die Meere Unmengen unseres CO_2 einfach geschluckt, ohne dass wir viel davon mitbekommen haben, aber diese Zeiten scheinen jetzt vorbei zu sein. Schon heute haben wir die Resilienz der Meere deutlich überstrapaziert und das zeigt sich nicht nur beim Thema CO_2.

Wir Menschen haben die Meere auch gnadenlos überfischt, sodass die heutigen Fischbestände höchstens noch als Restbestände durchgehen. Gerade die industrielle Fischfangindustrie, mit ihren hochmodernen Techniken und ihrer unersättlichen Gier, treiben die Meere endgültig in die ökologische Katastrophe. Auch wenn die Meere die erste Aussterbewelle des aktuellen Massensterbens noch unbeschadet überstanden haben, so stehen sie bei der zweiten mitten im Zentrum des Sturms. Das, was der Mensch den Meeren innerhalb nur weniger Jahrhunderte angetan hat, ist in der Geschichte der Erde beispiellos. Selbst die katastrophalen Vulkanausbrüche im späten Perm brauchten viele Tausende, wenn nicht sogar Hunderttausende von Jahren, um den Meeren so massiv zu schaden. Es ist gerade diese unbeschreibliche Geschwindigkeit, welche die Folgen dieses Massensterbens für die Natur so schrecklich in die Höhe treibt. Die Techniken unserer Fischtrawler werden immer ausgefeilter, um auch noch die letzten verblieben Fischschwärme aus den einst so übervollen Meeren zu ziehen.

Neben Erwärmung, Versauerung und Überfischung sehen sich die Meere noch weiteren Gefahren ausgesetzt, denn wir Menschen entnehmen den Ozeanen nicht nur etwas, wir führen ihnen auch etwas zu, massenweise Plastik und Umweltgifte. Wenn wir nicht damit aufhören, die Meere als kostenlose Mülldeponien zu missbrauchen, wird zum Jahr 2050 mehr Plastik in den Meeren sein als Fisch. Schon heute ist Mikroplastik in nahezu allen Bereichen der Meere nachweisbar, mit zum Teil apokalyptischen Folgen für die dortige Tierwelt.

Auch an Land ist unser Wirken nicht weniger geworden. Wir Menschen beanspruchen fast die gesamte nutzbare Landfläche dieser Erde für unsere Zwecke und lassen dabei keinen Raum mehr für andere Lebewesen. Der Mensch hat schon lange aufgehört, sich als einen Teil der Natur wahrzunehmen, er will scheinbar nur noch herrschen und akzeptiert dabei keine „wilde Natur", sondern allerhöchstens eine „dienende". Nahezu alle wilden Wälder wurden bereits gerodet und durch Felder oder Baumplantagen ersetzt, die kaum bis gar keine Biodiversität mehr aufweisen. Feuchtgebiete werden mit immer höherer Geschwindigkeit trockengelegt, um noch mehr Farmfläche zu generieren. Mittlerweile erstreckt sich das Massensterben nicht mehr nur auf größere Tiere, selbst die ach so erfolgreichen und stressresistenten Insekten befinden sich immer stärker in einer Abwärtsspirale. Dank unserer pestizidverseuchten Landwirtschaft sind aus unseren schier endlosen Feldern nichts als grüne Wüsten geworden, deren Besuch für die meisten Insekten mit dem Tod endet. Mit ihrem Verschwinden und dem fortlaufenden starken Rückgang werden wir einen weiteren Kipppunkt erreichen, der unumkehrbar sein wird, da die Insekten einen großen Teil der von ihnen abhängigen Pflanzenwelt mit zu Grabe tragen wird.

Selbst hiermit endet die Geschichte noch nicht, denn wir Menschen zerstören nicht nur unfassbare Mengen an hochproduktiven Ökosystemen in einer beispiellosen Geschwindigkeit, wir haben die einst so wilde Welt auch in ein Korsett aus geometrischen Formen gepresst. Diese „Fraktionierung" der Natur hat weitere verheerende Folgen für die belebte Welt. Diese einzelnen Reservate, in denen wir Menschen versuchen, eine halbwegs natürliche Kulisse aufrechtzuerhalten, sind vor allem eines, Barrieren. Zum einen sind die kleinen Gebiete nicht dazu in der Lage, die ehemalige Biodiversität aufrechtzuerhalten, und zweitens sind sie dem sich wandelnden Klima schutzlos ausgeliefert. Sowohl Pflanzen wie auch Tiere können in einer sich erwärmenden Welt nur bestehen, wenn sie „wandern" können. Ohne ihr natürliches Ausbreitungsgebiet zu verschieben, werden noch einmal unzählige Arten aussterben.

Hinzu kommt noch unser uneingeschränkter Bewegungsrahmen, der es erlaubt, dass sich diverse Arten auf der ganzen Welt verbreiten können und so zu einem invasiven Problem für vormals isolierte Populationen werden. Diese invasiven Arten können andere Arten aufgrund direkter Konkurrenz verdrängen oder sogar vormals unbekannte Krankheiten mit einschleppen, welche diese neuen Ökosysteme vor große Probleme stellen können.

Mit unserem Verhalten erschaffen wir Menschen eine sich in ihrer Artenarmut immer ähnlichere Welt, die nur noch von wenigen Tier- und Pflanzenarten bewohnt werden kann. Wie verheerend diese Zustände heute schon sind, haben neuere Studien gezeigt, die sich mit der Verteilung der Biomasse unter den Säugetieren dieser heutigen Welt beschäftigt haben. Demnach stellt alleine unsere Art, *Homo sapiens,* 36 % der gesamten Biomasse unter den Säugetieren dieser Welt und erschreckende 60 % entfallen auf unsere gepeinigten Sklaven, die Nutztiere wie Rinder oder Schweine. Lediglich 4 % der globalen Biomasse an Säugetieren entfallen noch auf wildlebende Säugetiere und das vom Blauwal bis hin zur Feldmaus. Zusammen mit ihrem Lebensraum schrumpfen auch die Populationen dieser wildlebenden Tiere immer weiter. Laut dem aktuellen *Living Planet Report 2020* des WWF zeigte sich, dass die Wirbeltierbestände unseres Planeten allein innerhalb der letzten 50 Jahre um 68 % zurückgegangen sind. Für die besonders artenreichen Feuchtgebiete sieht die Lage sogar noch verheerender aus, in den letzten 300 Jahren haben wir mindestens 90 % dieser ehemals vor Leben nur so wimmelnden Flächen verloren und in den letzten 50 Jahren ging der Wildtierbestand in diesen Gebieten noch einmal um unglaubliche 84 % zurück.

Man könnte diese Liste noch endlos weiterführen, aber ich denke, die erklärte Aussage ist deutlich genug. Wir Menschen haben bereits vor mindestens 45 000 Jahren ein neues Kapitel der Erdgeschichte und des Lebens geöffnet. In einer ersten Aussterbewelle wurden besonders die großen Landtiere nahezu komplett ausgerottet und die seit der landwirtschaftlichen Revolution andauernde zweite Welle trifft nun die gesamte belebte Welt, vom größten lebenden Tier, dem Blauwal, bis hin zum kleinsten Insekt. Vor allem die Geschwindigkeit dieser Prozesse ist aus evolutionärer Sicht einmalig innerhalb der Erdgeschichte und wird zweifelsohne zu einer der schlimmsten biologischen Katastrophen des komplexen Lebens führen.

Es ist unfassbar schade, dass wir unsere faszinierende Reise an einem so traurigen Punkt der Erdgeschichte beenden müssen, an dem so viele einmalige Tier- und Pflanzenarten wieder einem Prozess zum Opfer fallen, der sich selbst in der unvorstellbar langen Geschichte des komplexen Lebens so selten ereignet hat. Wir sehen, dass schon unzählige Flussarme um uns herum ausgetrocknet sind, während andere nur noch wenig Wasser führen, das sich durch die steinigen Flussbetten schlängeln muss. Ohne Zweifel werden noch viele von ihnen in naher Zukunft austrocknen, was den Gesamtprozess nur noch beschleunigen wird. Leider ist für die nähere Zukunft kein nachhaltiger positiver Trend zu erwarten. Dem Leben auf der Erde stehen dunkle Zeiten bevor.

Doch es gibt natürlich auch Positives zu berichten.

Epilog, der Blick zurück nach vorn

Doch was kann man an einer solchen Zeit als positiv auffassen? Diese Frage mag zunächst berechtigt klingen und tatsächlich verliert die Erde gerade ein gewaltiges evolutionäres Erbe innerhalb kürzester Zeit und das für immer. Mit jeder Art, die vergeht, schließen sich auch evolutive Fenster und Möglichkeiten, die nie wieder geöffnet werden können. Doch trotz aller Verzweiflung hat uns unsere Reise durch die Erdgeschichte einiges gelehrt – sowohl über unsere eigene Abstammungsgeschichte, aber auch über das Leben und die Evolution als Ganzes. Und Massensterben, so schlimm sie auch sein mögen, sind Vorgänge, die sich in der Geschichte des Lebens häufiger wiederholt haben und dabei unzählige Arten auf ihrem Weg auslöschten. Doch sie gingen auch immer wieder zu Ende und so wird es auch bei diesem der Fall sein. Das große Sterben wird spätestens mit uns enden.

Nach jedem dieser verheerenden Ereignisse zeigte sich jedoch die Evolution von ihrer wundersamsten Seite und brachte immer wieder eine neue Artenvielfalt hervor, die sogar in vielen Fällen die vorherige noch übertraf. So wie viele kleine Tiere den massiven Vulkanismus am Ende des Perms oder den Asteroideneinschlag vor 66 Millionen Jahren überlebten, so werden auch einige gewitzte Generalisten (wie beispielsweise Mäuse, Ratten oder Krähen) unsere Zeit überstehen. Ihre Erben werden dann die Erde neu bevölkern und neue Arten entstehen lassen. So schlummern bereits heute in den Genomen vieler unscheinbarer Tiere um uns herum die neuen Riesen von morgen. Sie werden die lehrgefegten Ökosysteme neu besetzen und eine adaptive Radiation durchmachen, wie einst unsere Vorfahren nach dem Ende der Dinosaurier. Das Leben als solches wird immer weiter gehen, die Evolution ist daran gewöhnt, schwere Zeiten zu überstehen, sei es extremer Vulkanismus, Asteroideneinschläge oder die Gier der Menschen.

Noch einmal lassen wir diese einmalige Reise vor unserem inneren Auge Revue passieren. Noch einmal denken wir daran, wie aus kleinen Molekülen die ersten molekularen Lebensgemeinschaften heranwuchsen und wie diese im Laufe von Jahrmillionen immer komplexer wurden und so schließlich lernten, eine andere Molekülklasse, die Aminosäuren, für sich zu nutzen. Damit war auch der Weg zur ersten echten Zelle geebnet. Auch dieses zelluläre Leben ließ sich nicht bändigen und so erschuf die Evolution, durch die stetig wirkende natürliche Selektion, schließlich die erste eukaryotische Zelle, der Startschuss für das wahrlich komplexe Leben. Wir sehen die Weichtiere des Ediacariums vor uns und die vielfältigen Gliederfüßer der kambrischen Meere. Zwischen all diesen fremdartigen Lebewesen jener längst vergangenen Zeiten sind auch unsere Vorfahren zu finden. Kleine, unauffällige, kieferlose Fische, welche die Vorfahren aller anderen Fische und Landwirbeltiere der Erdgeschichte sein sollen.

Die Gene, welche diese kleinen Fische erschufen, formten im Verlaufe der Erdgeschichte auch die ersten Amphibien, die Reptilien, die Dinosaurier und auch die Säugetiere, zu denen auch wir Menschen zählen. Während wir auf unserem Boot durch die Geschichte des komplexen Lebens fuhren, sahen wir, wie sich unsere Körper immer wieder massiv veränderten, um sich neuen Lebensräumen oder einer sich verändernden Umwelt anzupassen. Und wir haben bis zu einem gewissen Grad verstehen gelernt, dass unsere Körper, genauso wie die Körper aller anderen Lebewesen, in erster Linie die Überlebensvehikel unserer Gene sind und dass wir durch den Fluss der Evolution und durch unsere Gene mit der gesamten belebten Welt vereint sind. Dieses Wissen lässt uns auch die Verheerungen unserer Zeit besser einordnen, denn das Leben selbst wird nicht mit oder durch uns enden, es wird sich zweifelsohne für immer verändern, aber das musste es schon oft. Nur dieses Mal trägt die Evolution gewissermaßen selbst daran die Schuld. Diesen Fakt hat niemand treffender auf den Punkt gebracht als der Biologe Edward O. Wilson in seinem Buch „Der Wert der Vielfalt“:

> „Die Gefahr, die der Menschheit auf ihrem Weg in die Zukunft droht, bezieht sich weniger auf das Leben unserer eigenen Art als vielmehr auf die Erfüllung der höchsten Ironie der organischen Evolution: dass Leben in dem Augenblick, da es durch den Geist des Menschen zur Selbsterkenntnis gelangt, seine schönsten Schöpfungen dem Untergang geweiht hat.“

Doch das Leben auf der Erde hat noch etwa eine Milliarde Jahre Zeit weiter zu existieren. Dann wird es schließlich von der einst lebensspendenden Kraft der Sonne hinweggefegt werden. Seit ihrer eigenen Geburt erzeugt die Sonne Wärme durch die Fusion von Wasserstoffatomen zu Helium. Doch mit der Zeit lagert sich das Helium in der Sonne an und steigert aufgrund seiner höheren Dichte den Druck und gleichzeitig auch die Temperaturen im Kern der Sonne. Sie wird anwachsen und dabei immer mehr Wärme produzieren. Damit verschiebt sich auch die habitable Zone der Sonne stets weiter nach hinten und rückt immer näher an die Erde heran. Wie man es dreht und wendet, wird komplexes Leben auf der Erde wohl nur noch für gut 600 Millionen Jahre möglich sein. Demnach haben wir gerade erst die Halbzeit erreicht. Nach diesen 600 Millionen Jahren durchläuft das Leben auf der Erde gewissermaßen noch einmal seine Anfänge. Nach dem Verschwinden des komplexen Lebens werden wieder Bakterien für weitere 500 Millionen Jahre das Sagen haben, bis auch sie in gut 1,2 Milliarden Jahren nicht mehr auf diesem abgeschiedenen Gesteinsplaneten, den wir Erde nennen, überleben können.

Doch bis dahin ist noch viel Zeit für unzählige neue Dynastien des Lebens auf der Erde. Das einmalige Spektakel der Evolution wird nicht mit uns Menschen untergehen. Es wird nach unserem Verschwinden wieder auferstehen wie der Phoenix aus der Asche, und damit neue Kapitel im Buch des Lebens schreiben – und das alles mit nur vier unterschiedlichen Buchstaben, den Nukleotiden unserer Genome.

Quellen

Einleitung – (R)evolutionäre Gedanken

Brüls, Thomas; Weissenbach, Jean (2011): The human metagenome: our other genome? Human Molecular Genetics 20, Review Issue 2, R142–R148.

Dobzhansky, Theodosius (1973): Nothing in Biology Makes Sense Except in the Light of Evolution. The American Biology Teacher 35, 125–129.

Smolin, Lee (1999): Warum gibt es die Welt. C. H. Beck, München.

Raum – Gene und Genome

Albertin, Caroline B.; Simakov, Oleg; Mitros, Therese; Wang, Z. Yang; Pungor, Judit R.; Edsinger-Gonzales, Eric; Brenner, Sydney; Ragsdale, Clifton W.; Rokhsar, Daniel S. (2015): The octopus genome and the evolution of cephalopod neural and morphological novelties. Nature 524, 220–224.

Bartel, David P. (2018): Metazoan MicroRNAs. Cell doi:10.1016/j.cell.2018.03.006.

Bekpen, Cemalettin; Marques-Bonet, Tomas; Alkan, Can; Antonacci, Francesca; Leogrande, Maria Bruna; Ventura, Mario; Kidd, Jeffrey M.; Siswara, Priscilla; Howard, Jonathan C.; Eichler, Evan E. (2009): Death and Ressurection of the Human IRGM Gene. PLoS Genetics doi: 10.1371/journal.pgen.1000403.

Belshaw, Robert; Pereira, Vini; Katzourakis, Aris; Talbot, Gillian; Paces, Jan; Burt, Austin; Tristem, Michael (2004): Long-term reinfection of the human genome by endogenous retroviruses. PNAS doi: 10.1073/pnas.0307800101.

Celotto, Alicia M.; Graveley, Brenton R. (2001): Alternatively Splicing of the Drosophila Dscam Pre-mRNA Is Both Temporally and Spatially Regulated. Genetics 159(2), 599–608.

Charoesawan, Varodom; Wilson, Derek; Teichmann, Sarah A. (2010): Genomic repertoires of DNA-binding transcription factors across the tree of life. Nucleic Acid Research 38(21), 7364–7377.

Chorev, Michal; Carmel, Liran (2012): The Function of Introns. Frontiers in Genetics doi.org/10.3389/fgene.2012.00055.

Darwin, Charles: Über die Entstehung der Arten durch natürliche Zuchtwahl oder die Erhaltung der begünstigten Rassen im Kampfe um's Dasein. 2002 Lizenzausgabe für Parkland Verlag.

Dawkins, Richard (2007): Das egoistische Gen. Springer Spektrum, Heidelberg.

de Mendoza, Alex; Sebe-Pedros, Arnau; Sestak, Martin Sebastijan; Matejcic, Marija; Torruella, Guifre; Domazet-Loso, Tomislaw; Ruiz-Trillo, Inaki (2013): Transcription factor evolution in eukaryotes and the assembly of the regulatory toolkit in multicellular lineages. PNAS 110 (50), E4858–E4866.

Felsenfeld, Gary; Groudine, Mark (2003): Controlling the double helix. Nature 421, 448–453.

Fromm, Bastian; Billip, Tyler; Peck, Liam E.; Johansen, Morten; Tarver, James E.; King, Benjamin L.; Newcomb, James M.; Sempere, Lorenzo F.; Flatmark, Kjersti; Hovig, Eivind; Peterson, Kevin J. (2015): A Uniform System For The Annotation Of Human microRNA Genes And The Evolution Of The Human microRNAome. Annual review of genetics 49, 213–42.

Human microRNA Genes And The Evolution Of The Human microRNAome. Annual review of genetics 49, 213–42.

Garwood, Russel J. (2012): Pattern in Palaeontology: the first 3 billion years of evolution. Palaeontology online Volume 2, Article 11, 1–14.

Godfrey-Smith, Peter (2017): Other Minds, The octopus and the evolution of intelligent life. HarperCollins Publishers, London.

Harima, Yukiko; Takashima, Yoshiki; Ueda, Yuriko; Ohtsuka, Toshiyuki; Kageyama, Ryoichiro (2012): Accelerating the tempo of the segmentation clock by reducing the number of introns in the Hes7 gene. Cell Reports 3(1), 1–7.

Heimberg, Alysha M.; Sempere, Lorenzo F.; Moy, Vanessa N.; Donoghue, Philip C. J.; Peterson, Kevin J. (2008): MicroRNAs and the advent of vertebrate morphological complexity. PNAS 105(8), 2946–2950.

Hernando-Herraez, Irene; Prado-Martinez, Javier; Garg, Paras; Fernandez-Callejo, Marcos; Heyn, Holger; Hvilsom, Christina; Navarro, Arcadi; Esteller, Manel; Sharp, Andrew J.; Marques-Bonet, Tomas (2013): Dynamics of DNA Methylation in Recent Human and Great Ape Evolution. PLOSgenetics doi.org/10.1371/journal.pgen.1003763.

Higgs, Paul G.; Lehman, Niles (2015): The RNA World: molecular cooperation at the origins of life. Nature Reviews Genetics 16, 7–17.

Knippers, Rolf (9. Auflage 2006): Molekulare Genetik. Georg Thieme Verlag, Stuttgart.

Koonin, Eugene (2006): The origin of introns and their role in eukaryogenesis: a compromise solution to the introns-early versus introns-late debate? Biology Direct doi: 10.1186/1745-6150-1-22.

Lambowitz, Alan M.; Zimmerly, Steven (2011): Group II Introns: Mobile Ribozymes that invade DNA. Cold Spring Harb Perspect Biol. 3(8): a003616.

Lavialle, Christian; Cornelis, Guillaume; Dupressoir, Anne; Esnault, Cecile; Heidmann, Odile; Vernochet, Cecile; Heidmann, Thierry (2013): Paleovirology of „syncytins", retroviral env genes exapted for a role in placentation. The royal society Publishing 368(1626): 20120507.

Ma, Lina; Cao, Jiabao; Liu, Lin; Du, Qiang; Li, Zhao; Zou, Dong; Bajic, Vladimir B.; Zhang, Zhang (2019): LncBook: a current knowledgebase of human long non-coding RNAs. Nucleic Acids Research 47(5), 2699.

Marlaire, Ruth (2015): NASA Ames Reproduces the Building Blocks of Life in Laboratory. NASA.

Martianov, Igor; Ramadass, Aroul; Serra Barros, Ana; Chow, Natalie; Akoulitchev, Alexandre (2007): Repression of the human dihydrofolate reductase gene by a non-coding interfering transcript. Nature 445, 666–670.

Minezaki, Yoshiaki; Homma, Keiichi; Kinjo, Akira R.; Nishikawa, Ken (2006): Human transcription factors contain a high fraction of intrisically disordered regions essential for transcriptional regulation. J Mol Biol 13; 363(1), 309.

Morgan, Jeffrey T.; Fink, Gerald R.; Bartel, David P. (2019): Excised linear introns regulate growth in yeast. Nature 565, 606–611.

Neukamm, Martin; Beyer, Andreas (2011): Die Endosymbionten Theorie. AG Evolutionbiologie, Die Endosymbiontentheorie: Grundlagen, Fakten, Kritik (ag-evolutionsbiologie.net).

Parenteau, Julie; Maignon, Laurine; Berthoumiuex, Melodie; Catala, Mathieu; Gagnon, Vanessa; Abou Elela, Sherif (2019): Introns are mediators of cell response to starvation. Nature 565, 612–617.

Patthy, Laszlo (2003): Modular assembly of genes and the evolution of new functions. Genetica 118, 217–231.

Pei, Baikang; Sisu, Cristina; Frankish, Adam; Howald, Cedric; Habegger, Lukas; Mu, Xinmeng Jasmine; Harte, Rachel; Balasubramanian, Suganthi; Tanzer, Andrea; Diekhans, Mark; Reymond, Alexandre; Hubbard, Tim J.; Harrow, Jennifer; Gerstein, Mark B. (2012): The GENCODE pseudogene resource. Genome Biology 13, R51.

Pray, Leslie A. (2008): Eukaryotic genome complexity. Nature Education1(1), 96.

Reyes, Alejandro; Huber, Wolfgang (2018): Alternative start and termination sites of transcription drive most transcript isoform differences across human tissues. Nucleic Acid Research 46(2), 582–592.

Root-Bernstein, Meredith; Root-Bernstein, Robert (2015): The ribosome as a missing link in the evolution of life. Journal of Theoretical Biology 367, 130–158.

Schmitz, Jonathan F.; Zimmer, Fabian; Bornberg-Bauer, Erich (2016): Mechanisms of transcription factor evolution in Metazoa. Nucleic Acids Research 44(13), 6287–6297.

Silva, Catarina S.; Puranik, Shriharsha; Zubieta, Chloe (2015): Evolution of the Plant Reproduction Master Regulators LFY and the MADS Transcription Factors: The Role of Protein Structure in the Evolutionary Development of the Flower. Frontiers in Plant Science 6, 1193.

Spang, Anja; Saw, Jimmy H.; Jorgensen, Steffen L.; Zaremba-Niedzwiedzka, Katazyna; Martijn, Joran; Lind, Anders E.; van Eijk, Roel; Schleper, Christa; Guy, Lionel; Ettema, Thijs J. G. (2015): Complex archea that bridge the gap between prokaryotes and eukaryotes. Nature 521, 173–179.

Steigerwald, Bill (2011): NASA Researchers: DNA Building Blocks Can Be Made in Space. NASA.

Szabo, Quentin; Bantignies, Frederic; Cavalli, Giacomo (2019): Principles of genome folding into topologically associating domains. Science Advances doi: 10.1126/sciadv.aaw1668.

Tan, June H.; Fraser, Andrew G. (2017): The combinatorial control of alternative splicing in C. elegans. PLoS Genetics doi.org/10.1371/journal.pgen.1007033.

Vermunt, Marit W.; Zhang, Di; Blobel, Gerd A. (2019): The interdepence of gene-regulatory elements and the 3D genome. JCB 218(1), 12–26.

Wang, Zhibin; Zang, Chongzhi; Rosenfeld, Jeffrey A.; Schones, Dustin E.; Barski, Artem; Cuddrapah, Suresh; Cui, Kairong; Roh, Tae-Young; Peng, Weiqun; Zang, Michael Q.; Zhao, Kej (2008): Combinatorial patterns of histone acetylations and methylations in the human genome. Nature Genetics 40(7), 897–903.

Weiss, Madeline C.; Sousa, Filipa L.; Mrnjavac, Natalia; Neukirchen, Sinje; Roettger, Mayo; Nelson-Sathi, Shijulal; Martin, William F. (2016): The physiology and habitat of the last universal common ancestor. Nature microbiology 1, 16116.

Wolf, Yuri I.; Koonin, Eugene V. (2007): On the origin of the translation system and the genetic code in the RNA world by means of natural selection, exaptation, and subfunctionalization. Biology direct doi: 10.1186/1745-6150-2-14.

Zeit – Der Fluss des Lebens

Ward, Peter; Kirschvink, Joe (2018): Eine neue Geschichte des Lebens, Pantheon Verlag, München.

Scotese, C. R. (2016): PALEOMAP PaleoAtlas for GPlates and the PaleoData Plotter Program, PALEOMAP Project, www. Earthbyte.org/paleomap—paleoatlas—for-gplates/, März 2021.

Ediacarium

Cunningham, John A.; Liu, Alexander G.; Bengston, Stefan; Donoghue, Philip C.J. (2016): The origin of animals: Can molecular clocks and the fossil record be reconciled? BioEssays 39(1), 1–12.

Fox, Douglas (2016): Was explodierte bei der kambrischen Explosion? Spektrum – die Woche, www.spektrum.de/news/was-explodierte-bei-der-kambrischen-explosion/1404349, November 2020.

Kambrium

Daley, Allison C.; Peel, John S. (2010): A possible anomalocaridid from the Cambrian Sirius Passet Lagerstätte, North Greenland. Journal of Paleontology 84(2), 352–355.

Heger, Peter; Marin, Birger; Bartkuhn, Marek; Schierenberg, Einhard; Wiehe, Thomas (2012): The chromatin insulator CTCF and the emergence of metazoan diversity. PNAS 109(43), 17507–17512.

Hrycaj, Steven M.; Wellik, Deneen M. (2016): Hox genes and evolution. F1000 Research doi: 10.12688/f1000research.7663.1.

Mann, Richard S.; Lelli, Katherine M.; Joshi, Rohit (2009): Hox Specificity: Unique Roles of Cofactors and Collaborators. Current topics in developmental biology 88, 63–101.

Porter, Susannah M. (2007): Seawater Chemistry and Early Carbonate Biomineralization. Science 316 (5829), 1302.

Spektrum.de (2015): Mama ist die Beste – seit über 500 Millionen Jahren, www.spektrum.de/news/mama-ist-die-beste-seit-ueber-500-millionen-jahren/1390869, Juni 2020.

Storch, Volker; Welsch, Ulrich (2014) Kükenthal – Zoologisches Praktikum. Springer Spektrum, Heidelberg.

Wolpert, Lewis (2007): Principles of Development. Springer Spektrum, Heidelberg.

Wood, Rachel; Ivantsov, Andrey Yu; Zhuravlev, Andrey Yu (2017): First macrobiota biomineralization was environmentally triggered. Royal Society Publishing doi.org/10.1098/rspb.2017.0059.

Wood, Rachel; Zhuravlev, Andrey Yu; Debrenne, Francoise (1992): Functional Biology and Ecology of Archaeocyatha. Palaois 7(2), 131–156.

Ordovizium

Crow, Karen D.; Wagner, Günter P. (2005): What Is the Role of Genome Duplication in the Evolution of Complexity and Diversity? Molecular Biology and Evolution 23(5), 887–892.

Droser, Mary L.; Finnegan, Seth (2003): The Ordovician Radiation: A Follow-up tot he Cambrian Explosion? Integrative and Comparative Biology 43(1), 178–184.

Edwards, Cole T.; Salzman, Matthew R.; Royer, Dana L.; Fike, David A. (2017): Oxygenation as a driver of the Great Ordovician Biodiversification Event. Nature Geosciene 10, 925–929.

Jemth, Per; Karlsson, Elin; Vögeli, Beat; Guzovsky, Brenda; Andersson, Eva; Hultquist, Greta; Dogan, Jakob; Güntert, Peter; Riek, Roland; Chi, Celestine N. (2018): Structure and dynamics conspire in the evolution of affinity between intrinsically disordered proteins. Science Advances 4(10), eaau4130.

Lenton, Timothy M.; Crouch, Michael; Johnson, Martin; Pires, Nuno; Dolan, Liam (2012): First Plants cooled the Ordovician. Nature Geoscience 5, 86–89.

Mironenko, Aleksandr A. (2018): Endocerids: suspension feeding nautiloids? Historical Biology, 281–289.

Silur

Fossil find „oldest land animal", BBC News, 2004, http://news.bbc.co.uk/2/hi/uk_news/scotland/3427499, Juni 2020.

Lingenhöhl, Daniel (2020): Ältester Skorpion war vielleicht erster Landgänger. Spektrum.de, www.spektrum.de/news/fossil-eines-skorpions-deutet-ersten-landgang-an/1699548#:~:text=Im%20Jahr%201985%20entdeckten%20Paläontologen,vor%20437%20Millionen%20Jahren%20lebte. Juli 2020.

Schilling, Thomas. (2003): Evolution and development: Making jaws. Heredity (Nature) 90, 3–5.

Zhu, Min; Yu, Xiaobo; Ahlberg, Per Erik; Choo, Brian; Lu, Jing; Qiao, Tuo; Qu, Qingming; Zhao, Wenjin; Jia, Liantao; Blom, Henning; Zhu, Yuo'an (2013): A Silurian placoderm with osteichthyan-like marginal jaw bones. Nature 502, 188–193.

Devon

Leite-Castro, Joao; Beviano, Vanessa; Rodrigues, Pedro Nuno; Freitas, Renata (2016): HoxA Genes and the Fin-to-Limb Transition in Vertebrates. Journal of Developmental Biology 4(1): 10.

Morelle, Rebecca (2008): Fossil reveals oldest live birth. BBC News, http://news.bbc.co.uk/2/hi/science/nature/7424281, Juli 2020.

Paschall, Olivia; Carmichael, Sarah K.; Königshof, Peter; Waters, Johnny A.; Ta, Phoung H.; Komatsu, Toshifumi; Dombrowski, Allison (2019): The Devonian-Carboniferous boundary in Vietnam: Sustained ocean anoxia with a volcanic trigger for the Hangenberg Crisis? Global and Planetary Change 175, 64–81.

Pierce, Stephanie E.; Clark, Jennifer A.; Hutchinson, John R. (2012): Three-dimensional limb joint mobility in the early tetrapod Ichthyostega. Nature 486, 523–526.

Wood, Thomas W. P.; Nakamura, Tetsuya (2018): Problems in Fish-to-Tetrapod Transition: Genetic Expeditions Into Old Specimens. Frontiers in Cell and Developmental Biology doi.org/10.3389/fcell.2018.00070.

Karbon

Chang, Cheng; Wu, Ping; Baker, Ruth E.; Maini, Philipp K.; Alibardi, Lorenzo; Chuong, Cheng-Ming (2010): Reptile scale paradigm: Evo-Devo, pattern formation and regeneration. The international journal of developmental biology 53(5-6), 813–26.

Sciencedaily (2015); Ancestry of mammalian „warm-bloodedness“ revealed, www.sciencedaily.com/releases/2015/10/151029134252.htm, März 2020.

Tian, Xin; Gautron, Joel; Monget, Philippe; Pascal, Geraldine (2010): What makes an Egg Unique? Clues from Evolutionary Scenarios of Egg-Specific Genes. Biology of Reproduction 83(6), 893–900.

Verberk, Wilco C. E. P.; Bilton, David T. (2011): Can Oxygen Set Thermal Limits in an Insect and Drive Gigantism? PlosOne doi.org/10.1371/journal.pone.0022610.

Perm

Bai, Naresh C.; Periasamy, Muthu (2020): Uncoupling of sarcoendoplasmatic reticulum calcium ATPase pump activity by sarcolipin as the basis for muscle non-shivering thermogenesis. The royal society publishing 375(1793):20190135.

Bardot, Thomas; Beswick, Veronica; Montigny, Cedric; Quinou, Eric; Jamin, Nadege; Mouawad, Liliane (2019): Deciphering the mechanism of inhibition of SERCA1a by Sarcolipin using molecular simulations. Cold Spring Harbor Laboratory doi.org/10.3389/fmolb.2020.606254.

Clarkson, Matthew Oliver; Kasemann, Simone; Wood, Rachel; Lenton, Timothy Michael; Daines, Stuart; Richoz, Sylvain; Ohnemueller, Frank; Meixner, Anette; Poulton, Simon; Tipper, Edward (2015): Ocean acidification and the Permo-Triassic mass extinction. Science 348(6231), 229–232.

Trias

Brayard, Arnaud; Escarguel, Gilles; Bucher, Hugo; Monnet, Claude; Brühweiler, Thomas; Goudemand, Nicolas; Galfetti, Thomas; Guex, Jean (2009): Good genes and Good Luck: Ammonoid Diversity and the End-Permian Mass Extinction. Science 325(5944), 1118–21.

Brayard, Arnaud; Krumenacker, L. J.; Bottig, Joseph P.; Jenks, James F.; Byland, Kevin G.; Fara, Emmanuel; Vennin, Emmanuelle; Olivier, Nicolas; Goudemand, Nicolas; Saucede, Thomas; Charbonnier, Sylvain; Romano, Carlo; Doguzhaeva, Larisa; Thuy, Ben; Hautmann, Michael; Stephen, Daniel A.; Thomazo, Christophe; Escarguel, Gilles (2017): Unexpected Early Triassic marine ecosystem and the rise of the Modern evolutionary fauna. Science Advances 3 (2), e1602159.

Lefevre, Christophe M.; Sharp, Julie A.; Nicholas, Kevin R. (2010): Evolution of Lactation: Ancient Origin and Extreme Adaptations of the Lactation System. Annuel Review of Genomics and Human Genetics 11, 219–38.

Oftedal, Olav (2012): The evolution of milk secretion and ist ancient origins. Cambridge University Press 6(3), 355–68.

Scheyer, Torsten M.; Romano, Carlo; Jenks, Jim; Bucher, Hugo (2014): Early Triassic Marina Biotic Recovery: The Predators Perspetive. PlosOne doi.org/10.1371/journal.pone.0088987.

Jura

Li, Quangua; Gao, Ke-Qin; Vinther, Jakob; Shawkey, Matthew D.; Clarke, Julia A.; D'Alba, Liliana; Meng, Qingjin; Briggs, Derek E. G.; Prum, Richard O. (2010): Plumage Color Patterns of an Extinct Dinosaur. Science 327 (5971), 1369–1372.

MacDonald, William A. (2012): Epigenetic Mechanisms of Genomic Imprinting: Common Themes in the Regulation of Imprinted Regions in Mammals, Plants, and Insects. Hindawi doi.org/10.1155/2012/585024.

Rayfield, Emily J.; Norman, David B.; Upchurch, Paul (2001): Cranial design and function in a large theropod dinosaur. Nature 409, 1033–1037.

Sadedin, Suzanne (2014): War in the womb. Aeon, aeon.co/essays/why-pregnancy-is-a-biological-war-between-mother-and-baby, Januar 2020.

Sander, P. Martin; Christian, Andreas; Clauss, Marcus; Fechner, Regina; Gee, Carole T.; Griebeler, Eva-Maria; Gunga, Hanns-Christian; Hummel, Jürgen; Mallison, Heinrich; Perry, Stephen F.; Preuschoft, Holger; Rauhut, Oliver W. M.; Remes, Kristian; Tütken, Thomas; Wings, Oliver; Witzel, Ulrich (2011): Biology of the sauropod dinosaurs: the evolution of gigantism. Wiley Online Library 86(1): 117–155.

Wildman, Derek (2011): Review: Toward an integrated evolutionary understanding of the mammalian placenta. Europe PMC doi: 10.1016/j.placenta.2011.01.005.

Kreide

Bates, Karl; Falkingham, Peter Lewis (2012): Estimating the bite performance in Tyrannosaurus rex multi-body dynamics. The royal society publishing doi.org/10.1098/rsbl.2012.0056.

Ibrahim, Nizar, Sereno, Paul C.; Dal Sasso, Cristiano; Maganuco, Simone; Fabbri, Matteo; Martill, David M.; Zouhri, Samir; Myhrvold, Nathan; Iurino, David Adam (2014): Semiaquatic adaptations in a giant predatory dinosaur. Science 345(6204), 1613–1616.

Kaiho, Kunio; Oshima, Naga (2017): Site of asteroid impact changed the history of life on Earth: the low probability of mass extinction. Scientific reports 7, 14855.

Kauffman, Erle G. (2004): Mosasaur Predation on Upper Cretatious Nautiloids and Ammonites from the United States Pacific Coast. PALAIOS 19(1), 96–100.

Manning, Phillip L.; Margetts, Lee; Johnson, Mark Richard; Withers, Philip J.; Sellers, William I.; Falkingham, Peter Lewis; Mummery, Paul M.; Barrett, Paul M.; Raymont, David R. (2009): Biomechanics of Dromaeosaurid Dinosaur Claws: Application of X-Ray Microtomography, Nanoindentation, and Finite Element Analyses. The Anatomical Record: Advances in Integrative Anatomy and Evolutionary Biology doi.org/10.1002/ar.20986.

Olkowicz, Sewerin; Kocourek, Martin; Lucan, Radek K.; Portes, Michal; Fitch, W. Tecumseh; Herculano-Houzel, Suzana; Nemec, Pavel (2016): Birds have primate-like numbers of neurons in the forebrain. PNAS 113(26), 7255–7260.

Smithonian Magazine: How Parasaurolophus Set the Mood. 2014, www.smithsonianmag.com/science-nature/how-parasaurolophus-set-the-mood-94657740/ , Juli 2020.

Paläogen

Demere, Thomas A.; McGowen, Michael R.; Berta, Annalisa; Gatesy, John (2008): Morphological and Molecular Evidence for a stepwise Evolutionary Transition from Teeth to Baleen in Mysticete Whales. Systematic Biology 57(1), 15–37.

Pickrell, John (2019): Remarkable fossils capture mammals recovery after the dino-killing asteroid. ScienceNews, www.sciencenews.org/article/fossils-capture-mammals-recovery-after-dinosaur-killing-asteroid, August 2020.

Surridge, Allison K.; Osorio, Daniel; Mundy, Nicholas I. (2003): Evolution and selection of trichromatic vision in primates. Trends in Ecology and Evolution 18(4), 198–205.

Thewissen, Johannes (2014): The walking whales, from Land to Water in Eight Million Years, University of Califormia Press, Oakland.

Whittle, Rowan J.; Witts, James D.; Bowman, Vanessa C.; Crane, J. Alastair; Francis, Jane E. (2019): Nature and timing of biotic recovery in Antarctic benthic marine ecosystems following the Cretaceous-Palaeogene mass extinction. The palaeontology Association doi.org/10.5061/dryad.v1265j8.

Williams, Blythe A. (2016): Effects of Climate Change on Primate Evolution in the Cenozoic. Nature Education Knowledge 7(1):1.

Williams, Blythe A.; Kay, Richard F.; Kirk, E. Christopher (2010): New perspectives on anthropoid origins. PNAS 107(11), 4797–4804.

Xu, Huihui; Liu, Yang; He, Guimei; Rossiter, Stephen J; Zhang, Shuyi (2013): Adaptive evolution of tight junction protein claudin-14 in echolocating whales. Gene 530(2), 208–14.

Neogen

Dooley, Jr, Alton C.; Fraser, Nicholas C.; Luo, Zhe-Xi (2004): The earliest known member of the Rorqual-Grey whale clade. Journal of Vertebrate Paleontology doi.org/10.1671/2401.

Dumas, Laura; Sikela, James M (2010): DUF1220 Domains, Cognitive Disease, and Human Brain Evolution. Cold Spring Harbor symposia on quantitative biology 74, 375–82.

Keeney, Jonathan G.; Dumas, Laura; Sikela, James (2014): The case for DUF1220 domain dosage as a primary contributor to anthropoid brain expansion. Frontiers in human neuroscience doi: 10.3389/fnhum.2014.00427. eCollection 2014.

Thorpe, Susannah K. S.; Holder, Roger L.; Crompton, Robin H. (2007): Origin of human Bipedalism As an Adaptation for Locomotion on Flexible Branches. Science 316(5829), 1328–31.

Quartär

Bar-On, Yinon M.; Philips, Rob; Milo, Ron (2018): The biomass distribution on Earth. PNAS 115(25), 6506–6511.

Doughty, Christopher E.; Wolf, Adam; Malhi, Yadvinder (2013): The legacy of the Pleistocene megafauna extinctions on nutrient availability in Amazonia. Nature Geoscience 6, 761–764.

Stoppel, Kai (2019): Wie lange gibt es noch Leben auf der Erde? Ntv, www.n-tv.de/wissen/frageantwort/Wie-lange-gibt-es-noch-Leben-auf-der-Erde-article20831601.html, September 2020.

Surovell, Todd; Waguespack, Nicole; Brantingham, P. Jeffrey (2005): Global archaelogical evidence for proboscidean overkill. PNAS 102(17), 6231–6.

Wilson, Edward O. (1996): Der Wert der Vielfalt. Piper, München.

WWF (2020): Living Planet Report, www.wwf.de/living-planet-report, September 2020.

MIX
Papier | Fördert gute Waldnutzung
FSC® C083411

Zeitfracht Medien GmbH
Ferdinand-Jühlke-Straße 7
99095 Erfurt, Deutschland
produktsicherheit@kolibri360.de